卷烟烟气中氰化氢的形成机制及降低技术

聂　聪
孙学辉　主编
杨　松

中国轻工业出版社

图书在版编目（CIP）数据

卷烟烟气中氰化氢的形成机制及降低技术 / 聂聪，孙学辉，杨松主编．--北京：中国轻工业出版社，2025. 1

ISBN 978-7-5184-4548-6

Ⅰ．①卷… Ⅱ．①聂… ②孙… ③杨… Ⅲ．①烟气分析（烟草）—有害物质—研究 Ⅳ．①TS41

中国国家版本馆 CIP 数据核字（2023）第 175825 号

责任编辑：刘逸飞

策划编辑：张　靓　　责任终审：许春英　　封面设计：锋尚设计

版式设计：砚祥志远　　责任校对：吴大朋　　责任监印：张　可

出版发行：中国轻工业出版社（北京鲁谷东街 5 号，邮编：100040）

印　　刷：三河市万龙印装有限公司

经　　销：各地新华书店

版　　次：2025 年 1 月第 1 版第 1 次印刷

开　　本：720×1000　1/16　印张：13

字　　数：240 千字

书　　号：ISBN 978-7-5184-4548-6　定价：88. 00 元

邮购电话：010-85119873

发行电话：010-85119832　010-85119912

网　　址：http://www. chlip. com. cn

Email：club@ chlip. com. cn

201597K1X101ZBW

本书编写人员

主　　编　聂　聪　孙学辉　杨　松

副 主 编　孙培健　王宜鹏　余晶晶　王晓瑜　杨乾栩

参　　编　颜权平　郝菊芳　尚平平　潘立宁

彭　斌　贾云桢　王　猛　郭吉兆

赵　乐　崔华鹏　秦亚琼　朱保昆

前言

PREFACE

当前，随着社会的发展与进步，人们对健康的关注程度越来越高，为数亿不愿戒烟者的健康考虑，降低卷烟烟气有害成分释放量势在必行。《中华人民共和国烟草专卖法》中明确提出：“国家加强对烟草专卖品的科学研究和技术开发，提高烟草制品的质量，降低焦油和其他有害成分的含量。”

氰化氢是我国烟草行业重点关注的七种代表性有害成分之一，同时出现在加拿大卫生部烟气有害成分测试名单、美国国家环境保护局化学毒性发布清单中。氰化氢是一种剧毒物质，可通过口鼻吸入使人中毒，是人体中多种呼吸酶的活跃抑制剂。系统梳理卷烟烟气中氰化氢的形成机制、影响规律，构建烟气氰化氢降低技术体系，对降低卷烟烟气有害成分释放量、提高卷烟吸食安全性具有重要意义。

本书第一章梳理了卷烟主流烟气中氰化氢的形成机制，为从根源上降低氰化氢提供思路和研究基础；第二章和第三章分别阐述了原料配方和辅助材料对烟气氰化氢释放量的影响规律；第四章到第六章介绍了不同功能材料去除烟气氰化氢释放量新技术。本书旨在让烟草行业科研人员对烟气氰化氢的形成、释放及降低全过程有一个全面的了解。

本书由中国烟草总公司郑州烟草研究院、河南中烟工业有限责任公司、福建中烟工业有限责任公司等共同编写。全书由聂聪负责统筹编写，孙学辉、杨松、孙培健、王宜鹏、余晶晶、王晓瑜、杨乾栩等负责通稿、定稿。

由于编写人员学识有限，时间仓促，书中难免存在不妥之处，恳请专家、读者批评指正，使其渐臻完善，共同为推进行业降焦减害技术的不断进步做出贡献。

编者

目录

CONTENTS

第一章　卷烟主流烟气中氰化氢形成机制 / 1

　第一节　氰化氢形成机制研究进展 / 1

　第二节　卷烟模拟裂解氰化氢分析方法研究 / 5

　第三节　前体成分与氰化氢的量效关系研究 / 13

　第四节　前体成分裂解释放氰化氢影响因素研究 / 23

　第五节　烟气中氰化氢形成机制研究 / 25

　参考文献 / 54

第二章　原料配方对卷烟烟气氰化氢释放量的影响 / 57

　第一节　烟叶原料对卷烟烟气氰化氢释放量的影响 / 57

　第二节　三丝掺兑对卷烟烟气氰化氢释放量的影响 / 74

　参考文献 / 83

第三章　辅助材料对卷烟烟气氰化氢释放量的影响 / 85

　第一节　卷烟纸对烟气氰化氢释放量的影响 / 85

　第二节　接装纸和成形纸对烟气氰化氢释放量的影响 / 90

　第三节　滤棒对烟气氰化氢释放量的影响 / 96

　第四节　辅助材料综合设计对烟气氰化氢释放量的影响 / 99

　参考文献 / 105

第四章　碱性及络合材料降低卷烟烟气氰化氢释放量研究 / 107

　第一节　碱性及络合材料的制备与性能评价 / 107

第二节　碱性及络合材料在降低烟气氰化氢中的应用研究 / 144
第三节　碱性及络合材料降低烟气氰化氢技术的应用 / 160
参考文献 / 161

第五章　天然植物多孔材料降低卷烟烟气氰化氢释放量研究 / 166
第一节　多孔葛根颗粒料降低烟气氰化氢技术研究 / 166
第二节　复合香料植物颗粒降低烟气氰化氢技术研究 / 174
第三节　植物模板多孔材料降低烟气氰化氢技术研究 / 177
第四节　添加植物颗粒卷烟安全性评价 / 180
第五节　天然植物多孔材料降低烟气氰化氢技术应用 / 181
参考文献 / 181

第六章　金属络合材料降低卷烟烟气氰化氢释放量研究 / 183
第一节　金属络合材料的制备、表征及评价 / 183
第二节　金属络合材料卷烟应用研究 / 192
参考文献 / 198

第一章
卷烟主流烟气中氰化氢形成机制

随着《烟草控制框架公约》在我国正式生效和履约，卷烟烟气中的有害成分将受到政府和社会公众的日益关注。氰化氢（Hydrogen Cyanide，HCN）是卷烟烟气中一种代表性有害成分，是世界卫生组织（WHO）优先管制的18种有害成分之一，也是我国烟草行业确定的卷烟烟气7种代表性有害成分之一。因此，明确氰化氢主要前体成分和形成机制，对于控制和降低卷烟烟气危害性有着非常重要的意义。

围绕卷烟主流烟气中氰化氢的形成机制，在梳理国内外研究进展的基础上，从烟气氰化氢的主要来源和前体成分出发，确定了前体成分与氰化氢释放量的量效关系，考察了前体成分裂解影响因素，提出了较为明确的氰化氢形成机制。

第一节　氰化氢形成机制研究进展

据文献报道，氰化氢形成机制的研究主要采用三种方法：①裂解可能的前体成分并分析裂解产物，推断其形成机制；②将可能的前体成分加入卷烟烟丝中，分析裂解产物的变化；③采用同位素标记技术研究其形成过程。大多数研究者通过裂解氰化氢的前体成分，分析裂解产物来推测其形成机制，或是改变裂解条件，研究不同条件下氰化氢的形成规律。采用同位素标记的前体成分进行形成机制研究相对较少。

氰化氢主要来源于氨基酸、蛋白质[1]，但也有报道说含氮化合物都可能产生氰化氢[2]。氨基酸是氰化氢的重要前体物，许多研究者在氨基酸的裂解产物中都检测到氰化氢[3-7]。如 Heyns 等[3] 在 310℃和 340℃下裂解了几种氨基酸，发现甘氨酸、丙氨酸可以产生氰化氢；Patterson 等[4] 在 850℃下赖氨酸的裂解产物中检测到氰化氢。Johnson 等[8] 采用裂解气相色谱-质谱法在700～1000℃下裂解不同结构的氨基酸和相关化合物，通过比较不同结构氨基酸生成氰化氢的量来推断其形成机制。结果表明，不同结构的氨基酸裂解后氰化氢生成量是不同的，一般为8%~45%；对于直链和支链氨基酸，氰化氢生成量为γ-氨基酸≫β-氨基酸>α-氨基酸，环状氨基酸中脯氨酸和4-羟脯氨酸的氰化氢生成量最高；氰化氢生成量随温度升高而增加。氨基酸在裂解过程中生成环状中间产物有利于生成氰化氢（图1-1）。

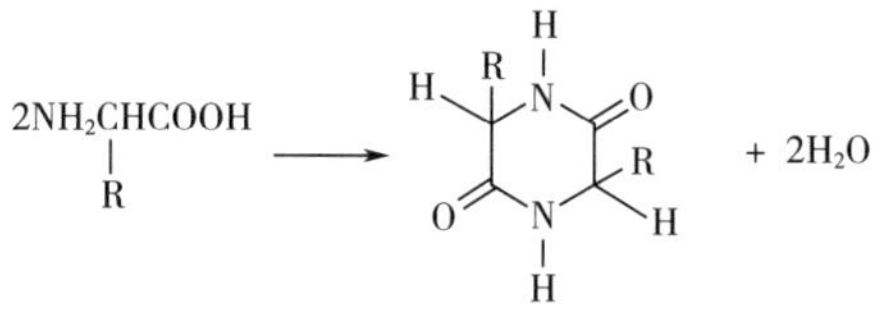

图1-1　氨基酸裂解生成环状中间产物示意图

当图1-1中R=H时，环化最易发生而生成亚甲胺，亚甲胺经过脱氢后生成氰化氢，其形成过程如图1-2所示。

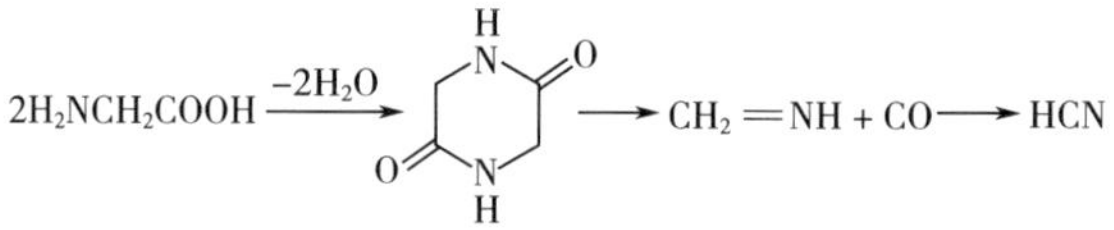

图1-2　甘氨酸裂解生成氰化氢示意图

同时该研究还考察了氮杂环化合物裂解生成氰化氢的产率，推测其形成途径（图1-3），得出环的大小、不饱和度以及取代基都对氰化氢的生成有影响，其中四氢吡咯生成氰化氢的量最高，在1000℃下释放量几乎达到100%。

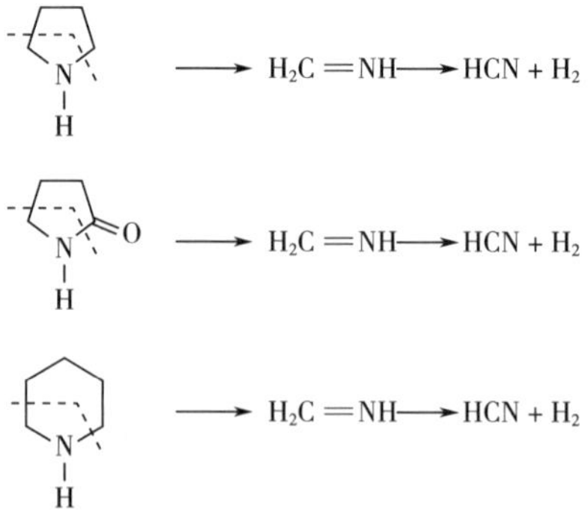

图1-3　氮杂环化合物裂解生成氰化氢示意图

Haidar 等[9] 采用离线裂解方式考察了不同结构的氨基酸在 850℃ 下裂解生成的气体含量，结果表明氨基酸结构对气体的释放有显著影响，其中脯氨酸、谷氨酸、苯丙氨酸、色氨酸生成氰化氢的量较高，原因是这些氨基酸在热裂解过程中可以形成氮杂环化合物，脯氨酸和谷氨酸形成吡咯[9,10]，苯丙氨酸和色氨酸形成吲哚[4]，而这些含氮环在高温下可以产生大量的氰化氢[11]，这与 Johnson 的研究结果是一致的。Patterson 等[12] 分析了 650℃ 和 850℃ 氮气气氛下苯丙氨酸及其在低温下裂解中间产物 3,6-二甲基-2,5-哌嗪二酮和苯乙胺的裂解产物，根据裂解产物量的不同来推断反应过程。结果表明，上述三种物质在 850℃ 下裂解生成氰化氢的量均比在 650℃ 下的生成量高，表明高温有利于氰化氢的生成，这与 Johnson 的研究结果一致。该研究给出哌嗪二酮生成氰化氢可能的重排和中间过程，见图 1-4。

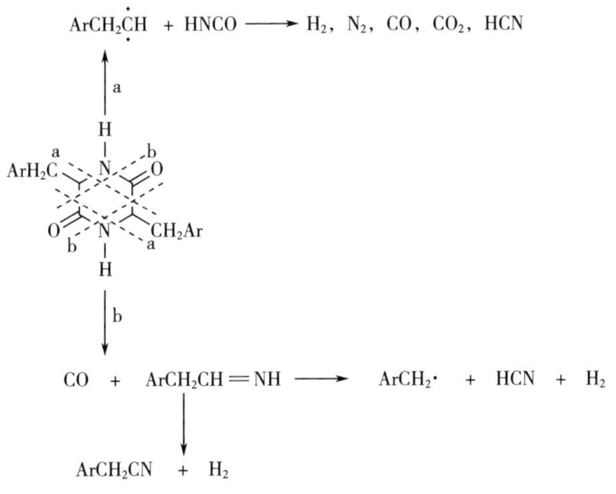

图 1-4　哌嗪二酮断裂生成氰化氢示意图

Torikai 等[13] 分析了白肋烟和烤烟的成分含量，然后将 0.5 倍和 1.0 倍含量的该成分添加到烟丝中，分析对裂解产物的影响。研究结果表明，氨基酸含量增加，氰化氢释放量无显著变化；蛋白质含量增加，白肋烟中氰化氢的释放量显著增加，说明蛋白质是氰化氢的一种前体成分；无机成分如钙、镁能增加氰化氢的释放量，一般认为金属离子在烟草裂解脱水过程中可起到催化作用，且氰化氢的形成需要脱水和脱氢。Hansson 等[14] 裂解聚亮氨酸构成的蛋白质产生大量氰化氢，也证明蛋白质是氰化氢的前体物。

烟气中的氰化氢与烟草硝酸盐之间也存在关联性，在烟草中加入一定量的硝酸钠后，氰化氢释放量相应增加[15]。Johnson 等[16]通过对添加^{15}N标记硝酸盐的烟气分析，能够在主流烟气中检测到相应的氰化氢。Norman 等[1]分析了不同硝酸盐含量烟草的主流和侧流烟气，表明硝酸盐含量增加，主流烟气气相中氰化氢释放量增加，但主流烟气粒相和侧流烟气中氰化氢释放量与硝酸盐无相关性，且侧流烟气和主流烟气中氰化氢的释放量比例小于 1，说明氰化氢的生成与温度相关。同时该研究认为酸性环境有利于氰化氢的生成，碱性环境则相反。

含氮杂环化合物也是氰化氢的一个来源，以往研究中从单环的含氮化合物（如吡咯[17]、四氢吡咯[18]、吡啶[19-21]、甲基吡啶[22]）到多环含氮化合物（如喹啉[23-26]）的裂解产物中都发现氰化氢。

此外，研究表明烟草中的挥发碱也是氰化氢的来源之一，烟碱在 570℃下裂解会产生氰化氢[27]。

裂解温度、气氛是影响氰化氢形成的重要因素。Torikai 等[28]采用离线裂解溶剂捕集方式考察了不同温度、反应气氛和 pH 对氰化氢释放量的影响。结果表明，在氮气气氛下，当烟草样品从 25℃升至 500℃和 800℃时，氰化氢的生成量无显著变化，当温度升至 1000℃时，氰化氢生成量急剧增长，说明氰化氢在高温下释放量高，这与 Johnson[8]和 Patterson[11]的研究结果一致；氰化氢在 1000℃空气气氛下释放量比氮气气氛下降低 65%，归因于氰化氢氧化分解或中间物的氧化分解。此外还发现，氰化氢在酸性环境下生成量较高，这与 Norman[1] 的研究结果一致。Osvalda 等[29]采用非等温热重裂解和质谱分析了三种烟草样品在 He 气氛和 He-O_2 气氛下的产物，结果显示 Homogenized 烟草在惰性环境下氰化氢生成量高，而 Kentucky 烟草在有氧环境下生成量高，表明氰化氢的形成不仅和裂解气氛有关，还和烟草类型及品种相关。

此外，烟草中的其他物质也会与氰化氢前体物相互反应而影响其形成。Ren 等[30]研究了金属离子对氰化氢形成的影响，结果表明生物质本身含有的和添加的金属离子都会影响氰化氢的形成。Hansson[14]的研究结果也证实了此观点，认为无机成分如钙、镁能增加氰化氢的释放量，其原因是氰化氢的形成需要脱水和脱氢，而金属离子在烟草裂解脱水过程中可起到催化作用。Ren 等[31]将纤维素、半纤维素、木质素与氨基酸混合裂解，研究结果发现纤维素、半纤维素和木质素对氨基酸裂解产生氰化氢都有影响。

上述研究对卷烟烟气中氰化氢的形成有了一些认识，但氰化氢的主要前体物和生成条件并不明确，前体成分和氰化氢之间的量化关系研究较为欠缺。一方面，烟草组成复杂，机制研究直接采用烟草燃烧很难得到明确结论；另一方面，研究过程中多采用热裂解模拟卷烟燃吸条件，所用的商品化裂解装置与烟草实际燃烧条件差异较大，且样品量小、裂解气氛单一、难以准确定量等，使得卷烟烟气中氰化氢的形成机制不够明晰。

近年来，现代燃烧裂解分析仪器和检测技术不断发展，在燃烧裂解过程检测、产物分析、燃烧热释放测量及裂解残留物表征等取得了长足的进步，热裂解与现代分析检测技术结合已成为研究烟气中有害成分形成机制的有效手段。如 Baker 等[32] 采用热裂解与气相色谱-质谱联用法研究了烟草中 291 种挥发性和半挥发性组分、159 种难发挥性组分的热裂解产物及其转移规律，建立了一个更加接近燃吸行为特征的程序裂解模式，改变了此前固定温度下裂解的传统模式，为研究卷烟燃烧这一复杂体系下特定成分的形成机制提供思路。

第二节 卷烟模拟裂解氰化氢分析方法研究

一、卷烟裂解模拟装置研制

文献中用于研究化合物裂解的装置主要是商品化的热裂解仪和热重分析仪两类。热裂解仪升温速率快，在研究化合物可能的裂解产物时方便快捷，但其可承载样品量小，通常只能分析毫克级样品，且难以对裂解产物进行定量。热重分析仪虽然承载样品量大，但是升温速度过低，不能模拟卷烟燃吸过程的快速升温。而升温速度和样品量是裂解实验比较关键的因素，对裂解结果具有重要影响。因此，为了更真实的模拟卷烟燃吸过程，研制了一种能够在升温速度、样品量等与卷烟实际裂解过程一致的基于红外聚焦加热的卷烟裂解模拟装置（图 1-5）。

该装置包括气体流量控制计、红外线聚焦金面反射炉、程序升温控制器、捕集器以及吸收瓶等。其中，样品置于石英管中，通过程序升温控制器和热电偶控制聚焦红外炉进行快速加热；裂解气氛通过两个气体流量控制计实现，流量计的进气口端分别与氮气、氧气源相连，其出气口端与聚焦红外炉的石英管一端相连通；裂解产物通过剑桥滤片和吸收瓶进行定量捕集。

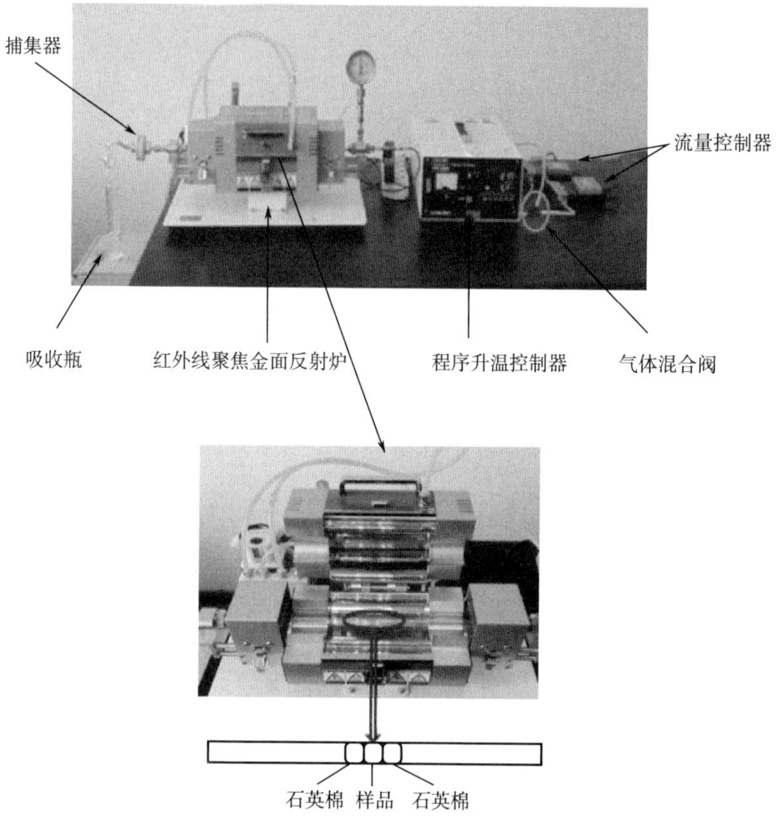

图 1-5　基于红外聚焦加热的卷烟裂解模拟装置

该装置具有以下特点：

（1）样品床均匀加热体积为 $\Phi10\times40$mm，可承载烟丝样品量大。

（2）加热装置采用红外聚焦反射炉，加热快速且精度高，能够在 50～1200℃准确控温，加热速度根据样品量可以达到 50～150℃/s。

（3）载气流速及气氛可调节，氮气流量范围 0～1L/min，氧气流量范围 0～1L/min，载气（O_2/N_2）比例任意可调。

（4）裂解产物捕集便捷，裂解产物可采用标准剑桥滤片、吸收瓶定量捕集。

考察了 20℃/s 和 100℃/s 的升温曲线以及 50，100，150℃/s 三个升温速率空载及载样情况下的温度曲线精密度，结果见图 1-6 和表 1-1。

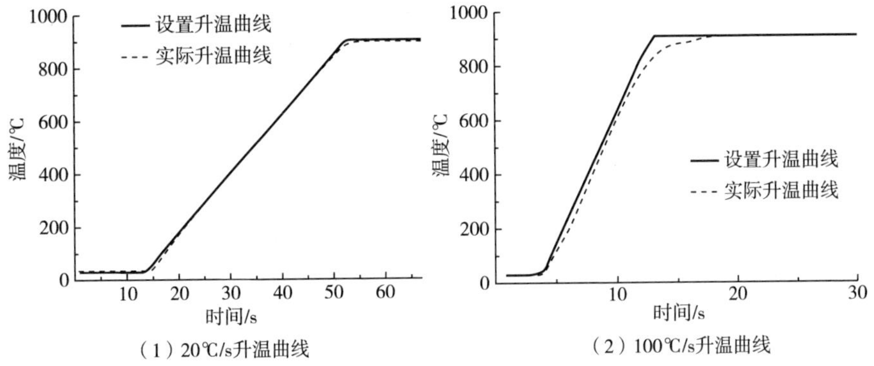

图 1-6　20℃/s 和 100℃/s 的升温曲线

表 1-1　　不同升温速率空载和载样条件下温度曲线精密度

温度区间	升温程序	实测温度曲线精密度/%	
		空载	装填样品
40~900℃	50℃/s，5s	4.80	3.50
	100℃/s，5s	5.10	3.65
	150℃/s，5s	8.10	9.02

可以看出，该装置在不同升温速率下，实际升温曲线基本达到设置的升温曲线，具有较好的加热和控温能力。同时，升温速率越快，空载和装填样品的实测温度曲线精密度变化越大。

二、卷烟模拟裂解条件研究

依据 Baker 等 1979 年[33] 和 1981 年[34] 的研究成果以及 ISO 4387：2000，设定一个基础条件：气氛含氧量 9%、升温速率 100℃/s、终温 900℃、气体流量 17.5mL/s。以烤烟型及混合型烟丝为样品，采用卷烟裂解模拟装置，考察裂解温度、升温速率、裂解气氛含氧量、载气流量对氰化氢裂解量的影响，以确定卷烟模拟裂解条件。

1. 裂解温度

裂解温度设置 8 个梯度，依次为 300，400，500，600，700，800，900，1000℃，裂解温度对烤烟型、混合型烟丝的氰化氢裂解量影响见图 1-7。可见，随着裂解温度的升高，烤烟型和混合型烟丝的氰化氢裂解量均增加，

900℃达最大，1000℃出现下降。

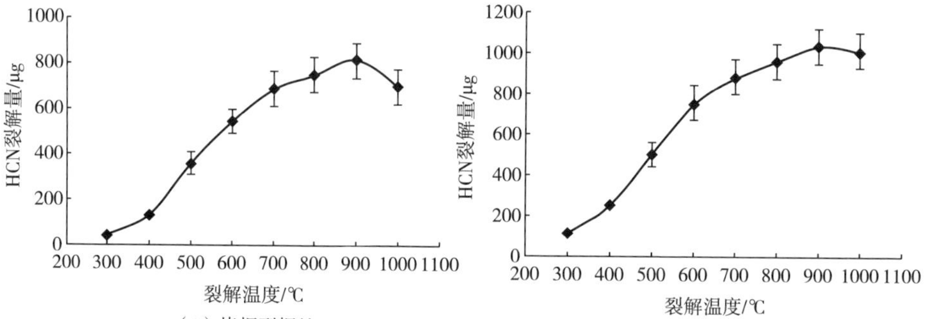

（1）烤烟型烟丝　（2）混合型烟丝

图 1-7　裂解温度对烟丝氰化氢裂解量的影响

2. 升温速率

升温速率设置 5 个梯度，依次为 30，70，100，120，150℃/s，升温速率对烤烟型、混合型烟丝的氰化氢裂解量影响见图 1-8。可见，升温速率增加，烤烟型和混合型烟丝的氰化氢裂解量均随之增加。

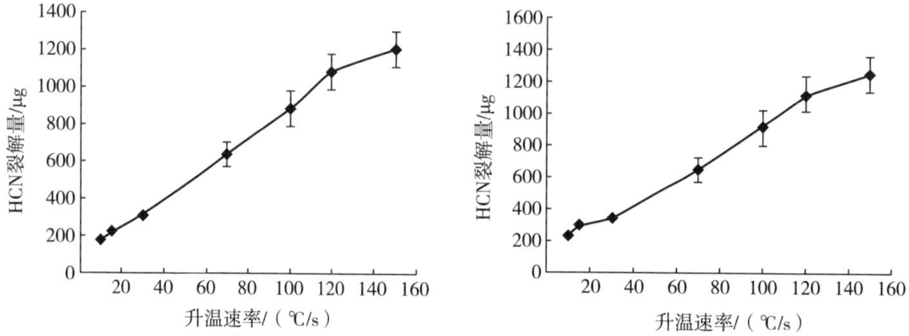

（1）烤烟型烟丝　（2）混合型烟丝

图 1-8　升温速率对烟丝氰化氢裂解量的影响

3. 裂解气氛含氧量

裂解气氛的含氧量设置 3 个梯度，依次为 0，9%，21%，气氛含氧量对烤烟型、混合型烟丝的氰化氢裂解量影响见图 1-9。可见，裂解气氛含氧量增加，烤烟型和混合型烟丝的氰化氢裂解量均随之降低。

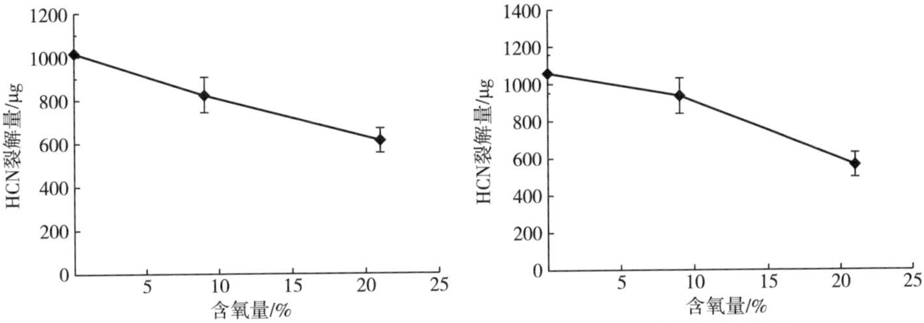

（1）烤烟型烟丝　　（2）混合型烟丝

图 1-9　含氧量对烟丝氰化氢裂解量的影响

4. 载气流量

载气流量设置 3 个梯度，依次为 2.5，17.5，27.5mL/s，载气流量对烤烟型、混合型烟丝的氰化氢裂解量影响见图 1-10。可见，不同载气流量下烤烟型和混合型烟丝的氰化氢裂解量均无明显变化。

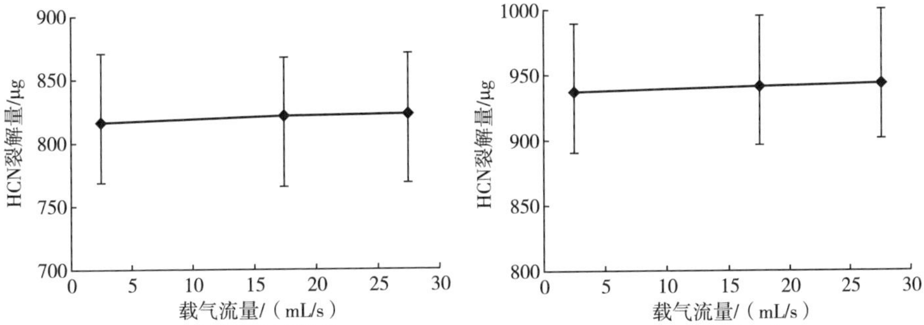

（1）烤烟型烟丝　　（2）混合型烟丝

图 1-10　载气流量对烟丝氰化氢裂解量的影响

上述结果表明，裂解温度、裂解气氛含氧量和升温速率对氰化氢的生成均有明显的影响，温度的影响最为明显，载气流量的影响较小。随着裂解温度的升高，氰化氢裂解量增加，900℃达最大值；升温速率越高，氰化氢裂解量越大；裂解气氛中含氧量越多，氰化氢裂解量越低。根据以往文献报道，主流烟气生成时，燃烧区的温度在 2~3s 可以从 600℃迅速升高至 800~900℃，含氧量在 9%左右。因此，卷烟主流烟气的模拟裂解条件确定为：终温 900℃、含氧量 9%、升温速率 100℃/s，载气流量 17.5mL/s。

三、卷烟模拟裂解氰化氢分析方法建立与评价

在上述确定的卷烟模拟裂解条件下，采用离子色谱法建立卷烟模拟裂解氰化氢的分析方法，并对方法进行评价。

1. 卷烟模拟裂解氰化氢分析方法建立

按照下列条件进行卷烟模拟裂解生成氰化氢的分析。

（1）样品量　100mg 烟丝，装填时称取 20mg 石英棉 2 份，将烟丝样品置于石英棉中间。

（2）裂解条件　初温 40℃，以 100℃/s 速度升温到 900℃，保持 5s；载气是含氧量为 9%的氧气/氮气混合气体，载气流量 17. 5mL/s。

（3）捕集条件　采用 44mm 玻璃纤维滤片及吸收溶液捕集，吸收溶液为 30mL 0. 1mol/L NaOH 溶液。

（4）萃取条件　用 30mL 0. 1mol/L NaOH 溶液机械振荡萃取滤片 30min，萃取溶液与吸收溶液 1∶1 混合均匀，再根据样品浓度稀释若干倍后进行分析测定。

（5）离子色谱法分析条件

①仪器条件：色谱柱 IonPac AS7；流动相为 0. 5mol/L 乙酸钠溶液、0. 1mol/L NaOH 液、0. 5%（体积分数）乙二胺；进样量 20μL；检测器 ED40。

②工作曲线绘制：分别移取一定量 50mg/L 氰化物标准溶液于 50mL 容量瓶中，用 0. 1mol/L NaOH 溶液定容至刻度，摇匀，然后用离子色谱进行测定，按峰面积和 CN^- 离子浓度绘制工作曲线（图 1-11）。典型的样品离子色谱图见图 1-12。

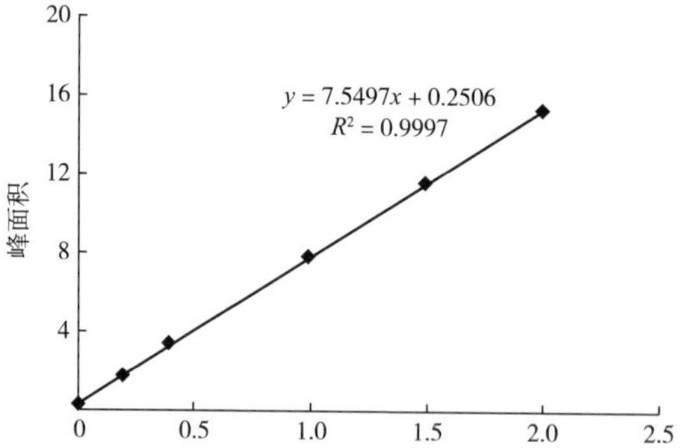

图 1-11　CN^- 离子的工作曲线

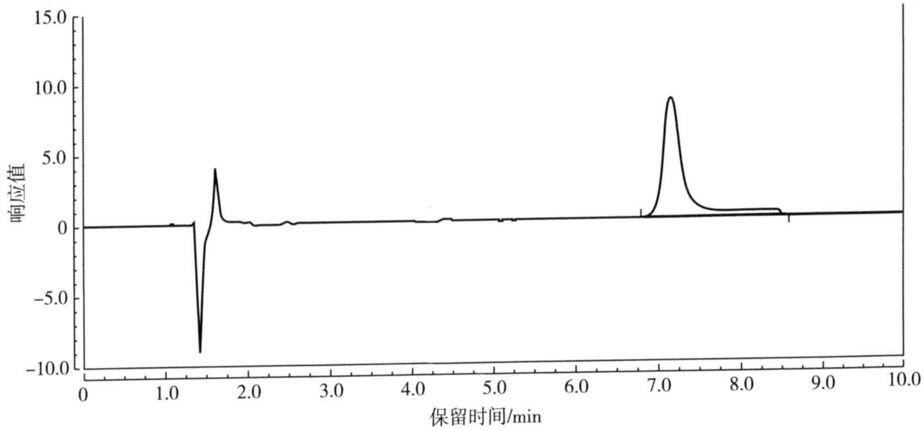

图 1-12　烟草样品裂解产物氰化氢的离子色谱图

2. 卷烟模拟裂解氰化氢分析方法评价

采用烤烟型及混合型两种卷烟烟丝，考察卷烟模拟裂解氰化氢分析方法的精密度。由表 1-2 可以看出，对于烤烟型和混合型两种烟丝类型，6 次平行测定结果具有较好的一致性，RSD 小于 5%，表明所建立的评价方法具有较好的稳定性，分析结果可靠，适用于卷烟模拟裂解生成氰化氢的实验研究。

表 1-2　卷烟模拟裂解氰化氢分析方法精密度

序号	烤烟型烟丝氰化氢/（μg/100mg 烟丝）	混合型烟丝氰化氢/（μg/100mg 烟丝）
1	410.40	517.44
2	408.47	467.24
3	409.43	492.34
4	448.05	461.63
5	442.03	505.04
6	445.04	483.33
平均值	427.23	487.83
RSD/%	4.59	4.42

四、卷烟模拟裂解与卷烟烟气氰化氢释放量的相关性研究

采用不同类型、产地、等级的 9 种烤烟、1 种白肋烟、1 种香料烟以及薄片、膨胀烟丝和膨胀梗丝各 1 种，使用相同的卷烟辅材，制作了单配方卷烟样品 14 个，采用建立的卷烟模拟裂解氰化氢分析方法对卷烟烟丝的氰化氢进行测定，并与卷烟主流烟气氰化氢释放量结果进行对比，结果见表 1-3、图 1-13 和图 1-14。

表 1-3　　卷烟样品烟丝模拟裂解和主流烟气氰化氢测定结果

卷烟样品	烟丝信息			主流烟气氰化氢释放量/（μg/支）	模拟裂解氰化氢生成量/（μg/支）
	产地	品种	等级		
CY-1	玉溪	云 87	X2F	80.6	2650
CY-2	三门峡	云 85	C3F	91.9	3010
CY-3	临沂	NC89	B3F	160	4790
CY-4	奉节	鄂烟 4 号	白肋片 B3F	184	6610
CY-5	南阳	云 85	C3F	129	3840
CY-6	遵义	云烟 85	C3F	120	3600
CY-7	郴州	云烟 87	C3L	117	3620
CY-8	哈尔滨	K326	B2L	129	3820
CY-9	龙岩	—	X2F	92.4	3080
CY-10	毕节	—	TCF	146	4450
CY-11		薄片		67.9	2000
CY-12		膨胀烟丝		97.8	3150
CY-13		膨胀梗丝		77.3	2730
CY-14		香料烟		196	5130

结果表明，在选定裂解条件下，热裂解模拟装置能够很好地模拟卷烟实际裂解状态，得到的测试结果与卷烟主流烟气中氰化氢释放量具有良好的相关性。

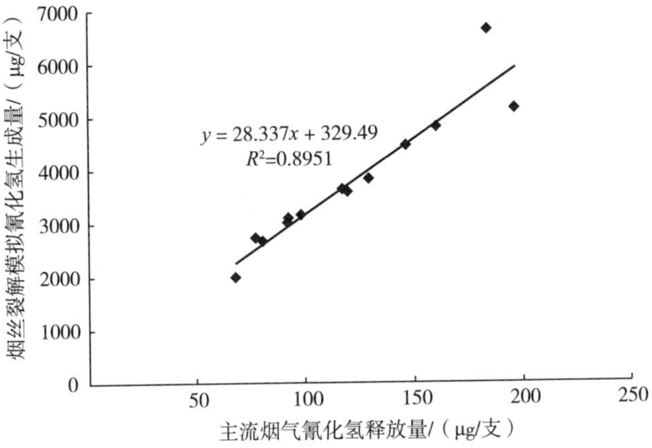

图 1-13　全部卷烟样品模拟裂解氰化氢生成量和主流烟气氰化氢释放量关系图

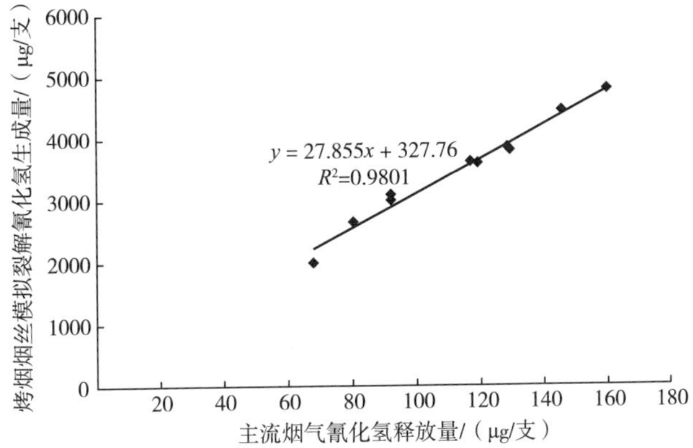

图 1-14　9 个烤烟型样品模拟裂解氰化氢生成量和主流烟气释放量关系图

第三节　前体成分与氰化氢的量效关系研究

采用前述建立的卷烟模拟裂解氰化氢分析方法，研究了不同溶剂烟丝提取物、烟丝基质对烟丝氰化氢裂解量的影响，确定了氰化氢的重要前体成分，明确了重要前体成分和氰化氢裂解量的量效关系，并进行卷烟验证。

一、不同溶剂烟丝提取物对氰化氢裂解量的贡献

为全面了解烟气中氰化氢的来源，采用不同溶剂依次对烟丝进行提取，得到不同溶剂的提取物，开展提取物与氰化氢的量效关系研究，为进一步确定氰化氢的前体成分提供依据。

提取方法：称取 25g 烤烟型参比卷烟烟丝，装入索氏提取器，依次用 250mL 的石油醚、丙酮、乙醇和甲醇分别提取 12h，各提取溶液真空挥发掉溶剂后称重。再用蒸馏水对提取剩余物提取 12h，水提物真空冷冻干燥，残渣 50℃烘干，得到不同集份提取物和剩余残渣。表 1-4 表明，25g 烟丝中，剩余残渣为 39. 2%，这部分主要是纤维素、木质素、蛋白质等生物大分子；其次是乙醇提取物为 25. 9%。提取物总和占初始烟丝的 94. 0%，烟丝提取物损失 6. 0%，损失的质量组成主要是烟丝中的水分和少量挥发性化合物。

表 1-4　各溶剂提取物和残渣质量

组分	质量/g	质量比例/%
石油醚提取物	0. 859	3. 44
丙酮提取物	2. 75	11. 0
乙醇提取物	6. 47	25. 9
甲醇提取物	1. 93	7. 74
水提取物	1. 67	6. 68
剩余残渣	9. 81	39. 2
提取物总和	23. 5	94. 0

将上述提取得到的各烟叶组分约 10mg，分别加入 100mg 烟丝样品中进行裂解，测定氰化氢的裂解量，其结果见表 1-5。

表 1-5　烟叶各组分与氰化氢裂解量的关系

组分	质量比例/%	氰化氢裂解量/（μg/g 烟丝）
石油醚提取物	3. 44	1. 25
丙酮提取物	11. 0	7. 37

续表

组分	质量比例/%	氰化氢裂解量/（μg/g 烟丝）
乙醇提取物	25.9	4.93
甲醇提取物	7.74	7.10
水提取物	6.68	23.6
剩余残渣	39.2	51.4
总和	94.0	95.6

从各提取物裂解释放氰化氢的比例来看，各提取物裂解产生氰化氢的总和占烟丝裂解产生氰化氢的95.6%，其中剩余残渣对裂解产生氰化氢的贡献最大，占烟丝裂解产生氰化氢的51.4%，其次是水提取物，占烟丝裂解产生氰化氢的23.6%，剩余残渣和水提取物裂解产生的氰化氢占提取物总量的75%。结果表明不溶性残渣是烟丝裂解氰化氢的主要来源，其中包含蛋白质等不溶性大分子化合物，其次是水提取物，主要包含水溶性氨基酸和铵盐等。

二、烟丝基质对前体物裂解氰化氢释放量的影响

通过文献调研，选择可能裂解产生氰化氢的前体成分，主要包括：甘氨酸、丙氨酸、亮氨酸、异亮氨酸、脯氨酸、天冬氨酸、天冬酰胺、丝氨酸、硝酸钠、硝酸钙、乙酸铵、草酸铵、柠檬酸铵和蛋白质，其中蛋白质通过烟草提取制备，其他化合物均为市售分析纯产品。

采用模拟装置对前体成分纯品以及在烟丝基质条件下裂解产生的氰化氢分别进行了分析，考察烟丝基质对前体成分模拟燃吸生成氰化氢的影响结果见表1-6。

表1-6　烟丝基质对前体成分裂解产生氰化氢的影响

化合物	产率/（μg/mg）		转化率/%	
	纯品	加入烟丝基质	纯品	加入烟丝基质
蛋白质	60.4	32.3	6.04	3.23
甘氨酸	34.5	44.1	3.45	4.41
天冬酰胺	26.1	43.1	2.61	4.31
丝氨酸	18.9	15.3	1.89	1.53

续表

化合物	产率/（μg/mg）		转化率/%	
	纯品	加入烟丝基质	纯品	加入烟丝基质
天冬氨酸	10.4	19.4	1.04	1.94
丙氨酸	0.68	14.2	0.068	1.42
亮氨酸	0.36	12.4	0.036	1.24
异亮氨酸	0.14	15.1	0.014	1.51
脯氨酸	0.02	28.1	0.002	2.81
柠檬酸铵	6.92	6.73	0.69	6.73
草酸铵	3.76	9.35	0.38	0.93
乙酸铵	0	5.24	0	5.24
硝酸钙	0	4.38	0	4.38
硝酸钠	0	-2.52	0	-2.52

可以看出，蛋白质、甘氨酸、天冬酰胺、丝氨酸、天冬氨酸、丙氨酸、亮氨酸、异亮氨酸、脯氨酸、柠檬酸铵、草酸铵 11 种物质，在纯品和加入烟丝基质两种模式下模拟裂解后均产生氰化氢，表明这些物质均为烟气中氰化氢的潜在前体成分；而乙酸铵、硝酸钙、硝酸钠 3 种物质纯品裂解几乎不产生氰化氢，但加入烟丝基质裂解后会对氰化氢的产生存在促进或抑制作用。结果表明，前体成分纯品裂解结果与烟丝基质下的裂解结果存在明显差异，因此进一步的研究均在烟丝基质条件下进行。在选择的各种前体成分中，单位质量甘氨酸产生的氰化氢最多，每克甘氨酸产生氰化氢达到 44.1mg，其次是天冬酰胺。

三、氰化氢前体成分的确定

由于烟草中各种前体成分的含量差异较大，采用固定加入量的方法对前体成分进行筛选。实验方法为：在 100mg 烟丝基质中，分别添加 10mg 氰化氢潜在前体成分，进行模拟裂解实验，分析裂解产物中氰化氢的释放量。根据潜在前体成分在烟丝中的含量及其在烟丝基质下裂解产生氰化氢的转化率，可以计算不同潜在前体成分对烟气氰化氢释放量的贡献率，结果见表 1-7。

表 1-7　　氰化氢的前体成分筛选结果

前体成分	前体成分裂解生成氰化氢量/（μg/g）	烟丝中前体成分		烟丝裂解生成氰化氢量/μg	贡献率/%
		含量/（μg/g）	贡献量/μg		
蛋白质	32251	78852.46	254.307	307.98	82.57
脯氨酸	28092	3895.99	10.945		3.55
天冬酰胺	43057	1140.69	4.911		1.59
铵盐（以草酸铵计）	9346	542.73	0.507		0.16
硝酸根（以硝酸钙计）	43378	904.84	0.396		0.13
丝氨酸	15336	188.66	0.289		0.09
丙氨酸	14210	175.26	0.249		0.08
天冬氨酸	19444	74.67	0.145		0.05
亮氨酸	12353	85.10	0.105		0.03
甘氨酸	44138	7.61	0.034		0.01
异亮氨酸	15080	8.65	0.013		0
总量	—	85876.66	271.90	—	88.26

注：贡献率/% =（烟丝中前体成分含量×0.1×10^{-6}×前体成分模拟裂解生成氰化氢量）×100% / 烟丝模拟裂解生成氰化氢量。

结果表明，所选择的前体成分对烟丝裂解产生氰化氢的贡献率之和占烟丝裂解生成氰化氢量的88.26%，表明所选择的前体成分能够代表烟丝中氰化氢 的主要前体成分。其中，蛋白质、脯氨酸、天冬酰胺对烟丝裂解产生氰化氢的贡献较大，表明烟草中蛋白质、脯氨酸和天冬酰胺为烟气氰化氢的主要前体成分。

由于不同烟叶原料中各前体成分含量差异较大，仅采用单一烟丝样品计算前体成分对烟气氰化氢贡献率代表性不强，因此，考察了10种卷烟烟丝中各前体成分对烟气氰化氢贡献率，结果见表1-8。

表 1-8　　前体成分对氰化氢的贡献率　　单位:%

化合物	烤烟	白肋烟	香料烟
蛋白质	73.3~84.5	70.9	73.7
脯氨酸	1.6~5.0	12.4	4.2

续表

化合物	烤烟	白肋烟	香料烟
天冬酰胺	1.4~5.8	4.5	8.4
铵盐	0.1~0.4	3.7	1.1
丝氨酸	0.0~0.2	1.1	0.3
丙氨酸	0.0~0.1	0.0	0.1
硝酸根	0.1~0.2	0.1	0.1
天冬氨酸	0.1~0.3	0.2	0.0
亮氨酸	0.0~0.0	0.0	0.0
甘氨酸	0.0~0.2	0.1	0.0
异亮氨酸	0.0~0.0	0.0	0.0

可以看出，蛋白质、脯氨酸和天冬酰胺对烟丝裂解产生氰化氢的贡献仍较大，贡献率分别为73.3%~84.5%、1.6%~5.0%和1.4%~5.8%。

四、重要前体成分与氰化氢的量效关系研究

对选定的蛋白质、脯氨酸、天冬酰胺三种氰化氢的重要前体成分，进行进一步的量效关系研究。分别在烤烟型和混合型烟丝基质条件下，以烟丝实际前体成分含量为基础，分别加入大约1，2，3倍的三种重要前体成分，按照前述方法进行裂解，考察前体成分加入对氰化氢裂解量增量的影响，结果见图1-15~图1-17。

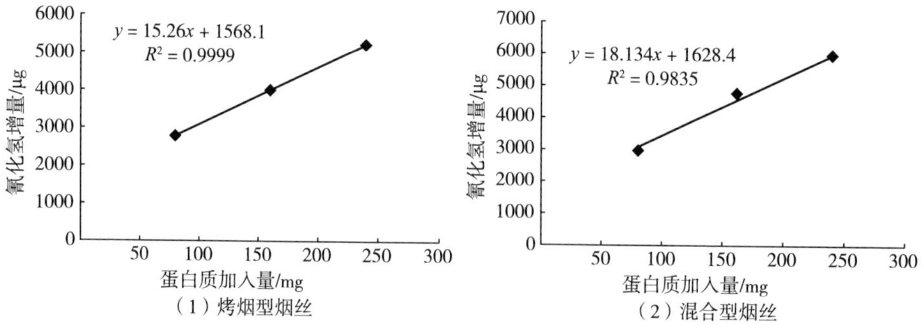

图1-15 蛋白质与氰化氢的量效关系图

结果表明，在烤烟型和混合型两种不同烟丝基质条件下，蛋白质、脯氨

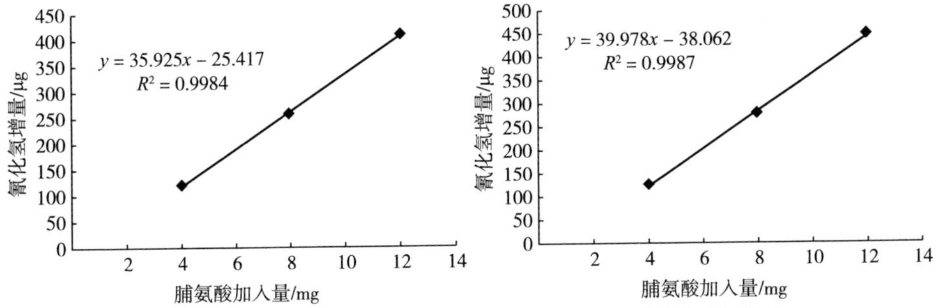

（1）烤烟型烟丝　　（2）混合型烟丝

图 1-16　脯氨酸与氰化氢的量效关系图

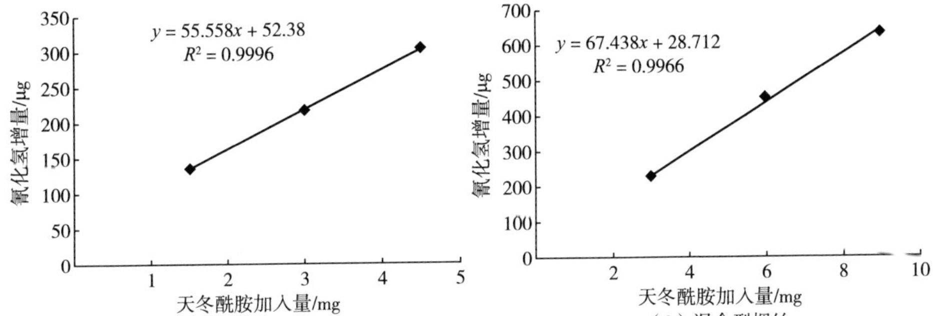

（1）烤烟型烟丝　　（2）混合型烟丝

图 1-17　天冬酰胺与氰化氢的量效关系图

酸和天冬酰胺三种前体成分加入量与氰化氢增量之间均存在显著的线性相关关系，且不同前体成分对应的氰化氢增加幅度不同。

两种烟丝基质下，同一种前体成分与氰化氢的量效关系曲线略有差别（表 1-9），但斜率平均偏差小于 10%，表明无论是烤烟型卷烟还是混合型卷烟，三种前体成分含量增加，烟气氰化氢释放量的增加是基本一致的。

表 1-9　　不同类型烟丝基质量效关系曲线斜率比较

前体成分	烤烟型烟丝	混合型烟丝	平均偏差/%
蛋白质	15.3	18.1	8.60
脯氨酸	35.9	40.0	5.34
天冬酰胺	55.6	67.4	9.66

根据上述得到的重要前体成分与氰化氢模拟裂解量效关系，结合第二节建立的模拟裂解氰化氢生成量与主流烟气氰化氢释放量的方程（图 1-13 和图 1-

14)，对三种重要前体成分与烟气氰化氢释放量的量效关系进行半定量推断，结果见图 1-18~图 1-20。

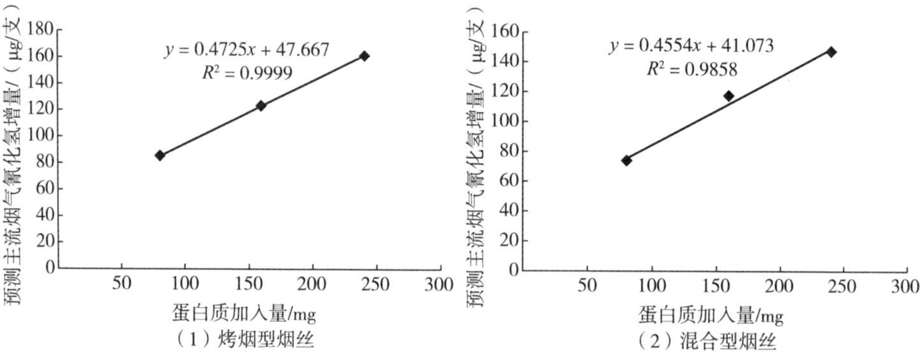

图 1-18　蛋白质加入量与预测主流烟气氰化氢增量的量效关系

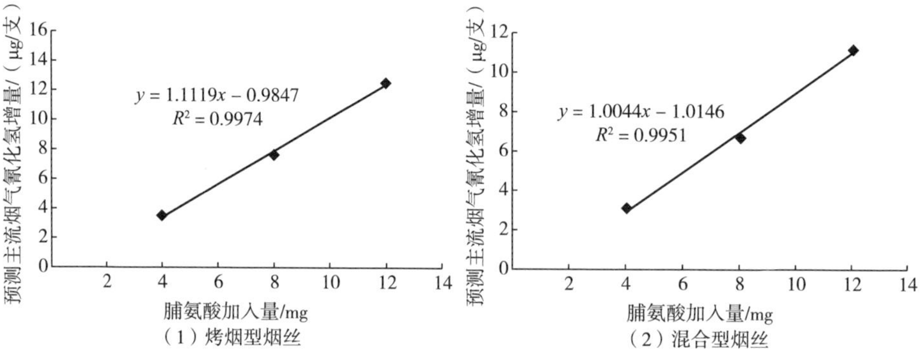

图 1-19　脯氨酸加入量与预测主流烟气氰化氢增量的量效关系

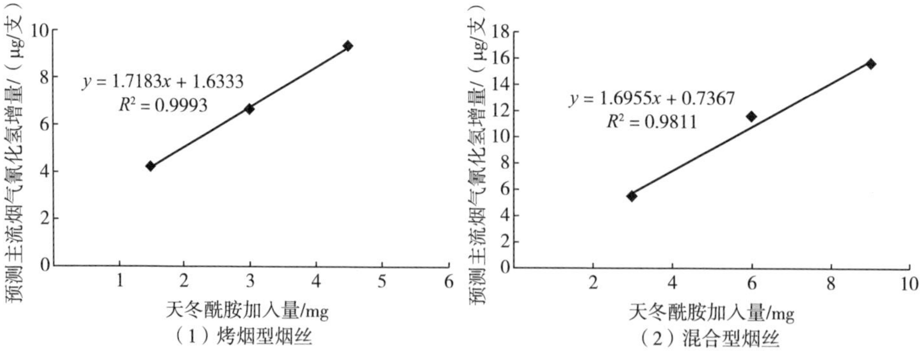

图 1-20　天冬酰胺加入量与预测主流烟气氰化氢增量的量效关系

可以看出，在烤烟型和混合型烟丝基质条件下，随着蛋白质、脯氨酸、天冬酰胺加入量的增加，主流烟气氰化氢释放量的增量也逐渐增加，二者呈显著线性关系（$R^2>0.98$），这也进一步表明：蛋白质、脯氨酸、天冬酰胺是烟气中氰化氢的前体成分，且与烟气氰化氢释放量具有显著正相关关系。

五、卷烟验证实验

选择脯氨酸和天冬酰胺分别加入烤烟型烟丝和混合型烟丝中（蛋白质难以溶解，未进行卷烟验证实验），研究前体成分加入量与烟气氰化氢增量的关系，结果见图 1-21 和图 1-22。

结果表明，无论是烤烟型烟丝还是混合型烟丝，脯氨酸和天冬酰胺的加入量与主流烟气中氰化氢释放量的增量均具有显著线性相关关系。实测与推断的量效关系方程斜率有一定偏差（<22%），依据前体成分的加入量可推断主流烟气中氰化氢释放量的增量，结果见表 1-10。

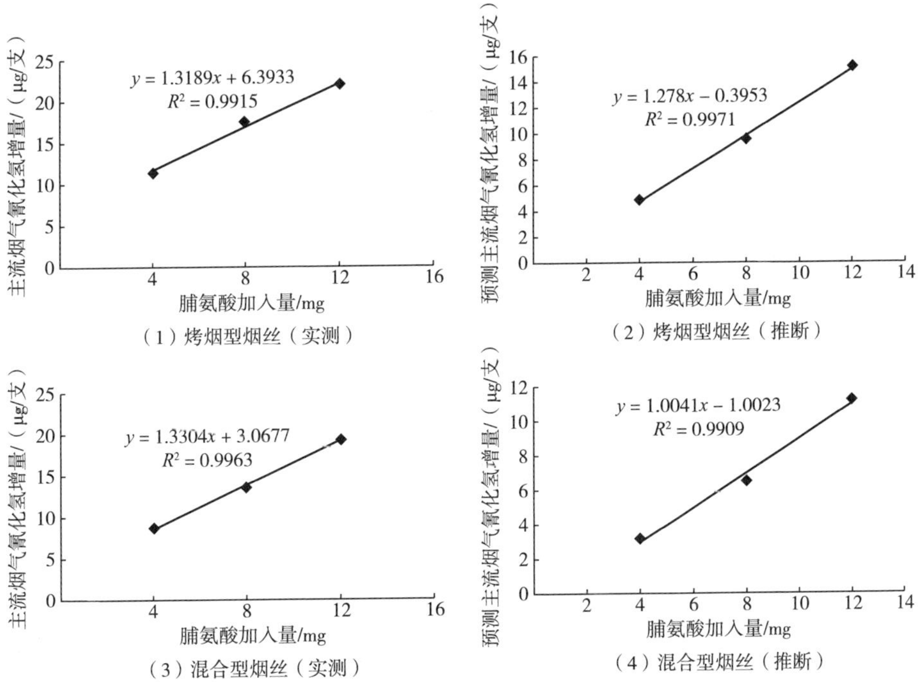

图 1-21 主流烟气氰化氢增量与烟丝脯氨酸加入量量效关系验证

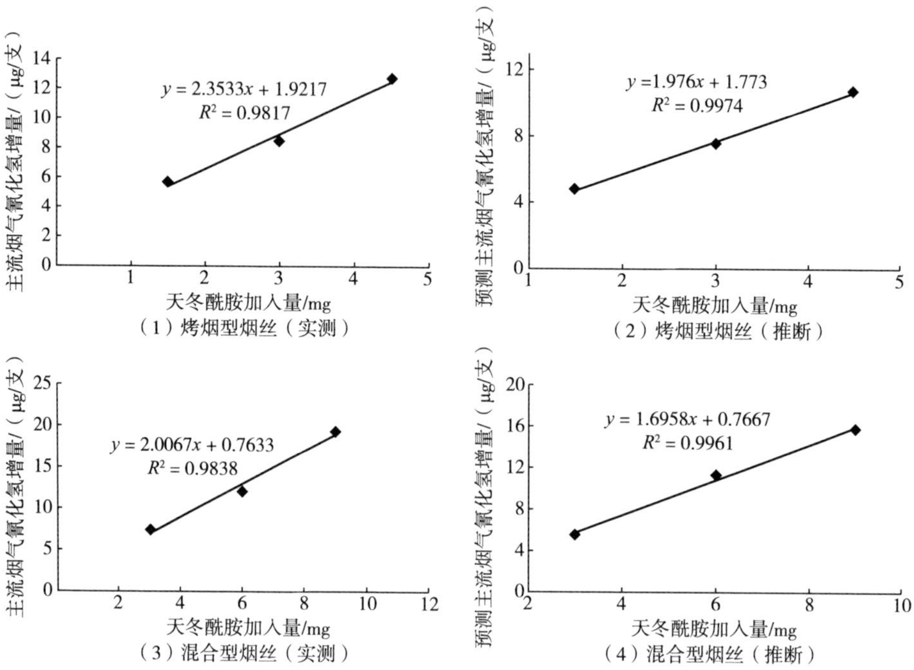

图 1-22　主流烟气氰化氢增量与烟丝天冬酰胺加入量量效关系验证

表 1-10　实测和推断的前体成分与主流烟气氰化氢增量关系

前体成分	烤烟型			混合型		
	实测	推断	偏差/%	实测	推断	偏差/%
脯氨酸	1. 32	1. 28	-3. 03	1. 33	1. 04	-21. 8
天冬酰胺	2. 35	1. 98	-15. 74	2. 01	1. 70	-15. 4

通过以上研究，明确烟草中蛋白质、脯氨酸、天冬酰胺为氰化氢的重要前体成分，对烟气中氰化氢的贡献率分别为 73. 3%～84. 5%、1. 6%～5. 0%和 1. 4%～5. 8%。考察了烟丝基质对前体成分模拟裂解生成氰化氢的影响，确立了重要前体成分与氰化氢裂解量之间的量效关系，并建立了重要前体成分与卷烟主流烟气中氰化氢释放量模型；经卷烟验证实验，对于脯氨酸和天冬酰胺而言，无论是主流烟气还是侧流烟气，在卷烟验证实验中都得到了良好的量效关系。

第四节　前体成分裂解释放氰化氢影响因素研究

针对蛋白质、脯氨酸和天冬酰胺三种烟气氰化氢的重要前体成分，采用卷烟裂解模拟装置，考察了裂解温度、升温速率、裂解气氛含氧量对烟丝基质下前体成分裂解产生氰化氢的影响。

一、裂解温度对氰化氢裂解量的影响

采用卷烟裂解模拟装置，考察烤烟型烟丝基质条件下裂解温度对蛋白质、脯氨酸和天冬酰胺三种前体成分裂解产生氰化氢的影响。

实验条件：烤烟型烟丝基质 100mg，前体成分 10mg，气氛含氧量 9%，升温速率 100℃/s，载气流量 17.5mL/s、终温温度保持 5s，裂解温度依次为 300，400，500，600，700，800，900，1000℃。

裂解温度对三种前体成分裂解产生氰化氢的影响见图 1-23。需要说明的是，不同前体物对应的氰化氢裂解量是相对于烤烟烟丝基质氰化氢生成量的增加量。

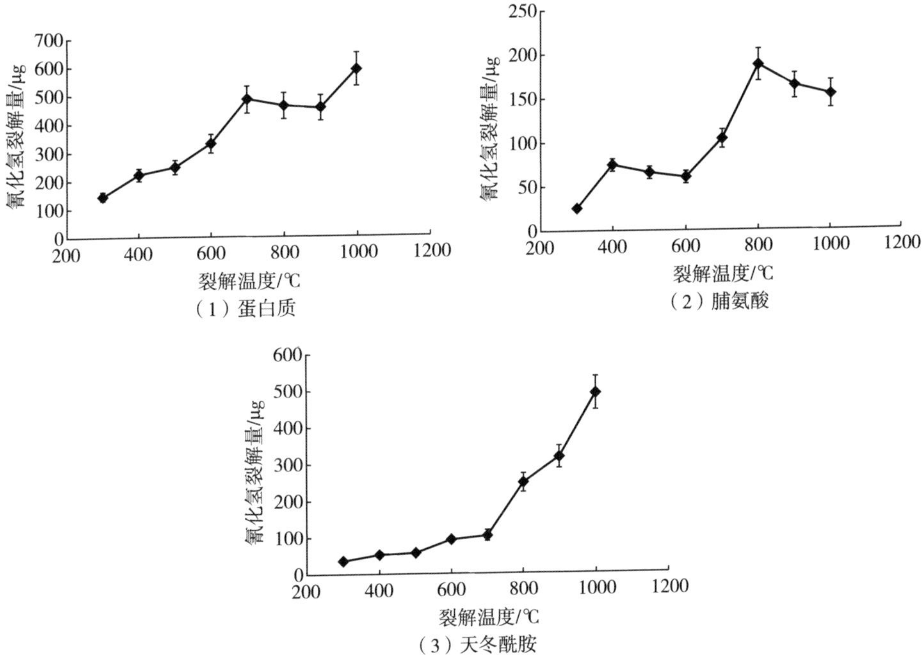

图 1-23　裂解温度与重要前体成分氰化氢裂解量关系

结果表明，随着裂解温度的升高，氰化氢裂解量逐渐增加，900℃时达到

最大值，之后开始降低。三种前体成分的氰化氢裂解量随裂解温度的变化趋势不同：①蛋白质裂解生成氰化氢的量随裂解温度的升高而增加，在700~900℃变化较缓，1000℃时达到最大值；②脯氨酸裂解生成氰化氢的量随裂解温度的升高呈先增加后降低趋势，在800℃达到最大值；③天冬酰胺在700℃以下裂解产生的氰化氢增加缓慢，700℃后氰化氢生成量迅速增加。

二、裂解升温速率对氰化氢裂解量的影响

考察的升温速率为10，15，30，70，100，120，150℃/s，其他实验条件同上。

升温速率对三种前体成分裂解产生氰化氢的影响见图1-24。结果表明，随着裂解升温速率加快，蛋白质和天冬酰胺氰化氢裂解量升高，升温速率低于100℃/s时氰化氢裂解量增速较缓慢，升温速率高于100℃/s时氰化氢裂解量增速较快；脯氨酸氰化氢裂解量随温速升高呈峰谷态变化，升温速率在100℃/s时氰化氢裂解量最小。

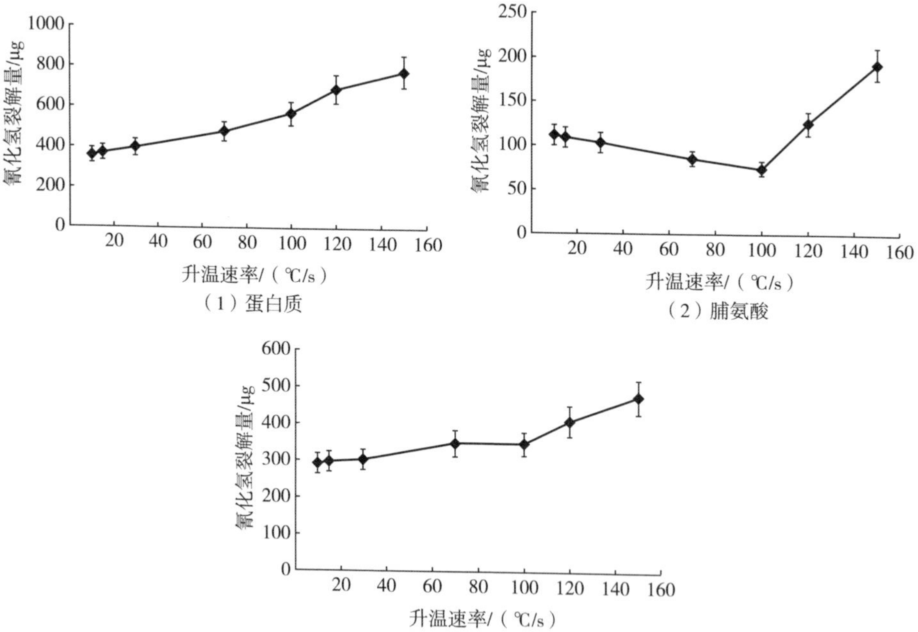

图1-24 升温速率与重要前体成分氰化氢裂解量关系

三、裂解气氛含氧量对氰化氢裂解量的影响

考察的裂解气氛含氧量条件为0，9%，21%（体积分数），其他实验条件同上。

裂解气氛含氧量对三种前体成分裂解产生氰化氢的影响见图1-25。结果

表明，随着裂解气氛中含氧量的增加，三种前体成分氰化氢的裂解量减少，说明富氧条件可以抑制烟丝及前体成分裂解生成氰化氢。

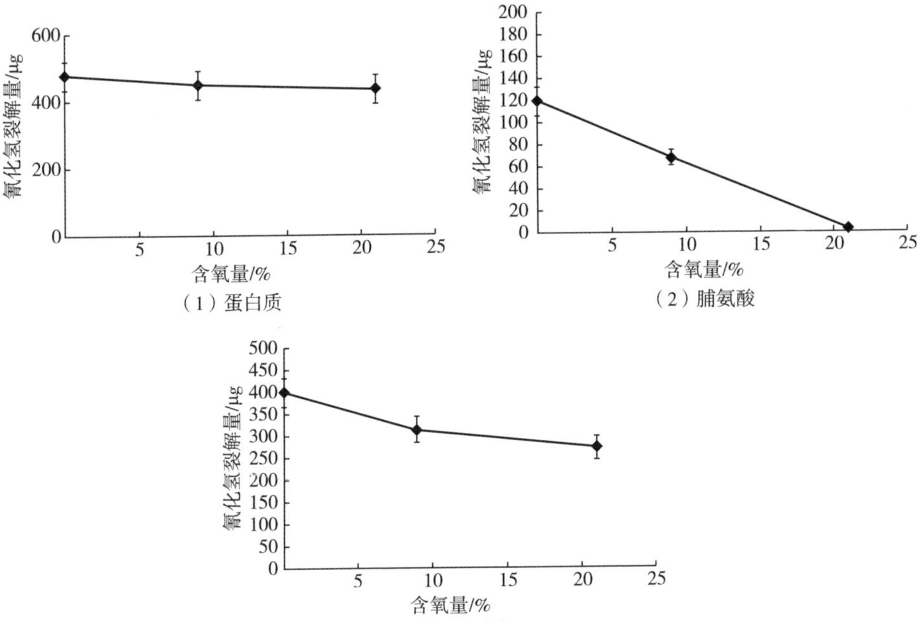

（1）蛋白质　（2）脯氨酸　（3）天冬酰胺

图 1-25　裂解气氛含氧量与重要前体成分氰化氢裂解量关系

采用卷烟燃吸模拟装置，考察了燃吸温度、升温速率、气氛含氧量等因素对蛋白质、脯氨酸和天冬酰胺三种前体成分裂解生成氰化氢的影响，结果表明，燃吸温度、升温速率和气氛含氧量对三种前体成分裂解生成氰化氢均有明显影响，富氧气氛、较低升温速率、较低燃吸温度能够抑制前体成分裂解生成氰化氢。

第五节　烟气中氰化氢形成机制研究

通过对前体成分和氰化氢裂解的量效关系研究，筛选出了蛋白质、脯氨酸、天冬酰胺为烟气氰化氢的重要前体成分。为了明确这三种前体成分裂解产生氰化氢的机制，采用在线裂解气相色谱-质谱联用、热重分析、热重-红外、热重-质谱联用等技术，开展了三种前体成分的裂解机制研究，并采用同位素标记法开展卷烟验证。

一、蛋白质的裂解机制

蛋白质是一类对生命活体有重要作用的天然大分子化合物，是由 α-氨基酸按一定顺序结合形成一条多肽链，再由一条或一条以上的多肽链按照特定方式结合而成的。蛋白质相对分子质量分布范围较大，一般最小的蛋白质相对分子质量在 5000 左右，较大的蛋白质相对分子质量超过 100000。烟草中蛋白质含量占干叶基质量的 10%左右，是烟草中含量最大的含氮化合物，因此蛋白质对卷烟烟气中含氮化合物具有较大贡献。

1. 蛋白质热重分析

热重分析的温度区间为 30~900℃、升温速率 10℃/min、载气流量 35mL/min，考察 N_2、9% O_2+91% N_2、20% O_2+80% N_2 三个不同裂解气氛下蛋白质的热重变化，结果见图 1-26。

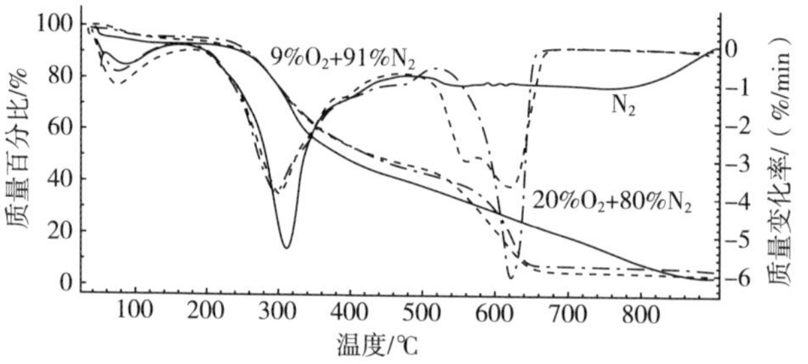

图 1-26　不同气氛下蛋白质的热重曲线

结果表明，在惰性气氛下，蛋白质在 30~900℃的加热区间内持续不断的发生失重反应：①200℃以下热失重较少，应该是蛋白质内部失去吸附水产生的失重；②320℃附近有较大的热失重，应该是蛋白质分子内化学键相继断裂产生的失重；③400℃后进入一个稳步失重阶段。在含氧气氛下，蛋白质热失重在 600℃之前与惰性气氛基本一致，但在 600~650℃有一个快速失重过程，表明氧气参与了蛋白质的裂解反应，温度继续升高，热失重不再明显变化。

固定裂解气氛为 9% O_2+91% N_2，考察 5，10，20℃/min 不同升温速率下蛋白质的热重情况，结果见图 1-27。

可见，对于蛋白质 310℃附近的热失重，增加升温速率，最大失重速率峰增加，并且向高温移动。对于 620℃附近的热失重速率峰，在 5℃/min 的升温速率时，只显示为单峰，然而当升温速率增加，该区间出现两个失重速率峰，表明该温度附近发生的热失重反应非常复杂，可能存在竞争性的反应途径。

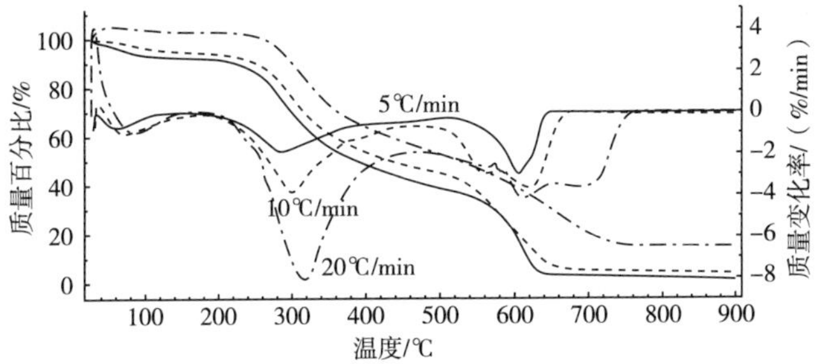

图 1-27　不同升温速率下蛋白质的热重曲线

2. 蛋白质的裂解质谱分析

（1）蛋白质裂解产物定性分析

①裂解条件：称取 1mg 样品，置于石英样品管中，装入裂解器裂解探针进行裂解。热裂解条件为 300℃保持 5s 后以 30℃/s 升至 900℃保持 5s，裂解气氛为 9%O_2+91%N_2，反应气流速 4. 6mL/s。

②色谱质谱条件：7890GC-MS，DB-WAXTER（30m ×0. 25m×0. 25μm ）毛细管气相色谱柱。程序升温条件：初温 40℃保持 5min，以 3℃/min 升至 240℃保持 20min，分流比 50∶1。EI 源：离子源温度 230℃，四极杆温度 150℃。

蛋白质裂解产物的总离子流图见图 1-28，裂解产物见表 1-11。

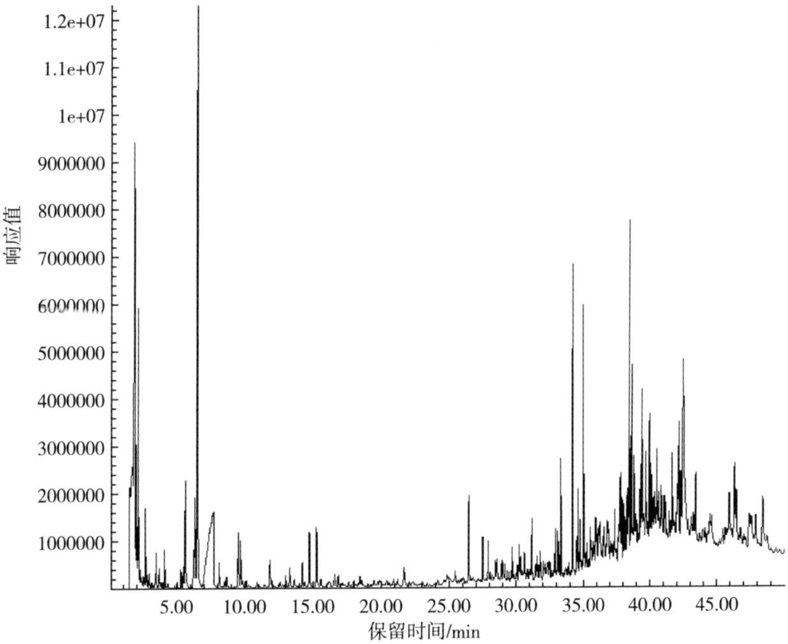

图 1-28　蛋白质裂解产物的总离子流图

结果表明，蛋白质的裂解产物非常复杂，裂解产物中主要为含氮化合物，如吡咯类、吡唑类、酰胺类、腈类等，这与蛋白质结构中含氮量高相关。裂解产物中氰化氢的归一化面积为2.23%，产率较高，与离线裂解中蛋白质对氰化氢贡献量较大的结果一致。

表1-11　　蛋白质热裂解产物谱图解析结果

序号	保留时间/min	产物	归一化面积/%	序号	保留时间/min	产物	归一化面积/%
1	1.949	氨	2.80	25	9.727	异丁腈	0.91
2	2.131	甲基硫醇	2.17	26	11.864	吡啶	0.67
3	2.192	乙醛	0.42	27	13.018	丙基苯	0.22
4	2.306	庚烯	0.07	28	13.322	2-甲基吡啶	0.42
5	2.554	4-甲基环戊烯	0.10	29	14.252	未知	0.52
6	2.694	丙酮	0.70	30	14.769	4-甲基戊腈	1.17
7	2.848	1,3-环己二烯	0.11	31	15.286	苯乙烯	1.34
8	3.157	3-甲基呋喃	0.04	32	15.601	2-丙烯基苯	0.17
9	3.487	2-丁酮	0.32	33	16.607	3-甲基吡啶	0.32
10	3.652	2-甲基丁醛	0.17	34	16.887	4-甲基吡啶	0.27
11	3.724	3-甲基丁醛	0.24	35	17.645	丁基苯	0.10
12	4.113	苯	0.43	36	18.016	2,5-二甲基吡啶	0.18
13	4.359	2,5-二甲基呋喃	0.09	37	18.454	3,4-二甲基吡啶	0.18
14	5.009	2-甲基-2-丙腈	0.08	38	19.492	2,3-二甲基吡啶	0.13
15	5.321	2-丙烯腈	0.29	39	20.443	未知	0.14
16	5.505	异丁腈	0.34	40	20.954	未知	0.17
17	5.648	乙腈	2.10	41	21.245	2-乙基-6-甲基吡啶	0.13
18	6.269	丙腈	0.59	42	21.721	1-丙烯基苯	0.62
19	6.34	氰化氢	2.23	43	25.461	2-甲基-6-丙基吡啶	0.34
20	6.544	甲苯	11.44	44	26.472	吡咯	1.71
21	7.748	水	10.35	45	27.517	2-甲基吡咯	0.70
22	8.147	2-甲基丁腈	0.45	46	27.923	3-甲基吡咯	0.54
23	8.709	丁腈	0.19	47	28.474	苯腈	0.30
24	9.558	乙基苯	1.05	48	28.574	2,5-二甲基吡咯	0.42

续表

序号	保留时间/min	产物	归一化面积/%	序号	保留时间/min	产物	归一化面积/%
49	28.945	2-乙基吡咯	0.25	73	38.619	2,5-吡咯烷二酮	2.52
50	29.057	2-异戊基吡嗪	0.33	74	38.818	3-甲基-1H-吲哚	0.69
51	29.193	2,3-二氢吲哚	0.24	75	38.856	2-甲氧基-1,4-苯二醇	0.57
52	29.738	4-吡啶甲醇	0.44	76	39.236	5-甲基-2-(1-甲基乙基)-环己酮	0.56
53	30.227	*N*-乙酰基-4(H)-吡啶	0.52	77	39.297	未知	0.61
54	30.365	5-甲基-3-1,4-氧氮六环-庚-2,4-二烯	0.36	78	39.371	未知	1.68
55	30.651	未知	0.34	79	39.45	2,4-二氨基-1,3,5-三嗪	1.16
56	31.196	乙酰胺	0.72	80	39.704	未知	1.22
57	32.926	2-氨基吡啶	0.50	81	39.955	未知	1.59
58	33.122	3-甲基丁酰胺	0.39	82	40.065	3-氨基-2,6-二甲基-4-吡啶醇	1.13
59	33.209	未知	0.21	83	40.16	未知	0.74
60	33.346	苯乙腈	1.30	84	40.334	5-甲氧基-2,3,4-三甲基苯酚	0.34
61	34.191	苯酚	3.72	85	40.517	未知	1.16
62	34.454	已酰胺	0.37	86	40.657	苯乙酰胺	0.68
63	34.52	2-吡咯烷酮	0.48	87	41.431	未知	0.46
64	34.585	苯丙腈	0.88	88	41.652	2-甲基-6-氧-2,4-庚二烯醛	1.08
65	34.721	4-甲基戊酰胺	0.70	89	42.064	未知	1.11
66	34.983	4-甲基苯酚	3.22	90	42.139	吡咯-2-甲酰胺	1.75
67	37.354	戊二酰胺	0.44	91	42.277	苯丙酰胺	1.02
68	37.784	未知	0.94	92	45.947	未知	1.14
69	37.902	2,3-二氢苯并呋喃	0.65	93	46.33	5-异丙基-咪唑烷-2,4-二酮	2.07
70	37.996	吡啶酰胺	0.82	94	46.459	4-羟基-苯乙腈	1.53
71	38.31	1,4-环已二酮	1.13	95	47.897	3-(4-羟基苯基)-丙腈	1.04
72	38.427	吲哚	4.89	96	48.405	5-(2-甲基丙基)-咪唑烷-2,4-二酮	1.84

（2）裂解温度对蛋白质主要裂解产物的影响　根据蛋白质的热重曲线，将蛋白质的裂解分为30~200℃、200~500℃、500~700℃和700~900℃四个裂解阶段，不同阶段裂解产物色谱图见图1-29，裂解产物见表1-12。可以看出，蛋白质在200~500℃温度区间的裂解产物多、峰面积较高，其次是500~700℃，表明这两个温度区间是蛋白质的主要裂解区间。裂解产物中氰化氢的主要释放区间是200~500℃，其次是500~700℃和700~900℃，温度低于200℃没有氰化氢生成。

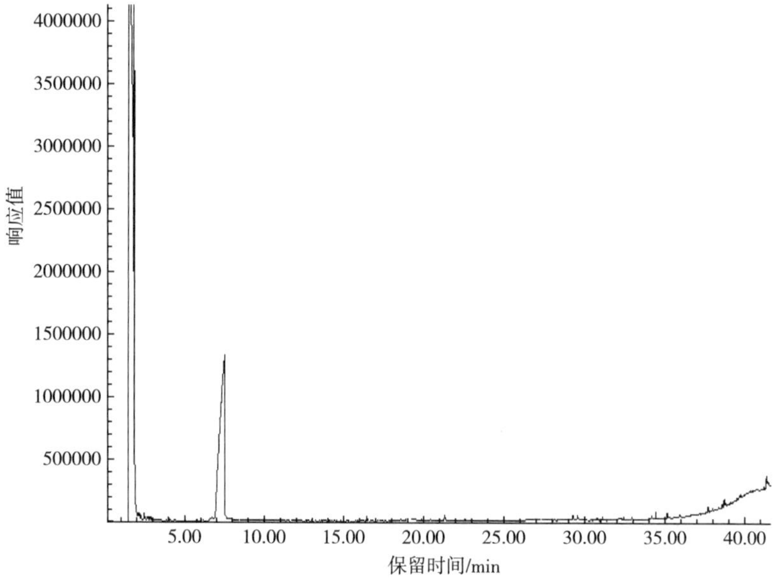

（1）30~200℃

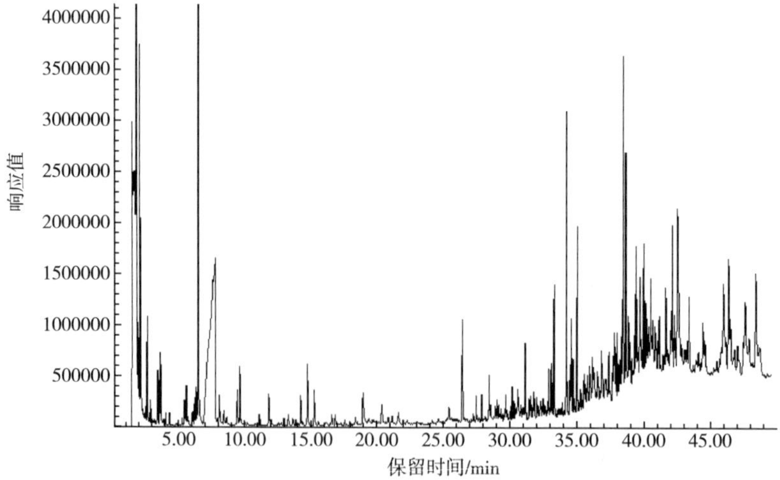

（2）200~500℃

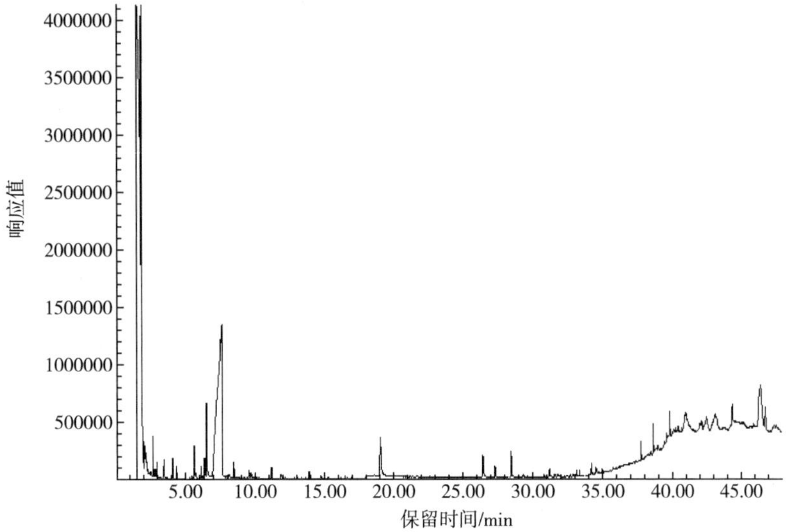

（3）500～700℃

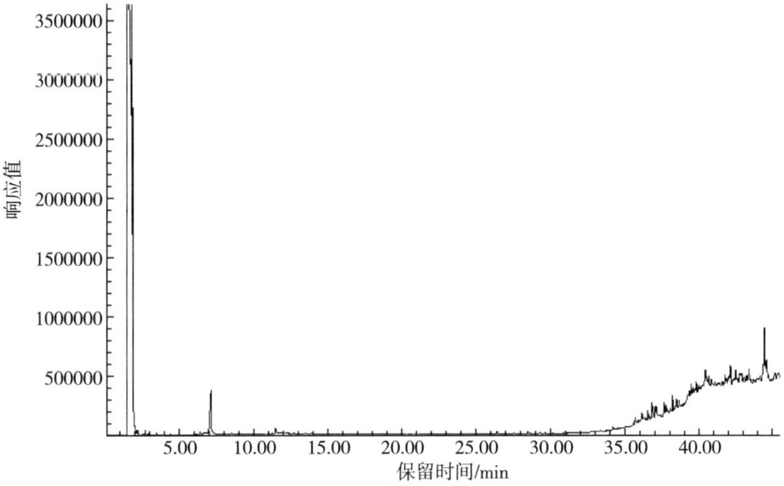

（4）700～900℃

图 1-29　不同温度下蛋白质裂解产物的色谱图

表 1-12　蛋白质不同裂解阶段产物及其峰面积

序号	产物	30～200℃	200～500℃	500～700℃	700～900℃
1	氨		1.69×10^{7}	1.19×10^{7}	
2	甲基硫醇	6.65×10^{5}	5.36×10^{7}		4.72×10^{5}

续表

序号	产物	30~200℃	200~500℃	500~700℃	700~900℃
3	乙醛	2.32×10^6	2.84×10^7	1.88×10^6	
4	庚烯		5.76×10^5		
5	4-甲基环戊烯		2.08×10^6	3.84×10^5	
6	丙酮	1.43×10^6	1.67×10^7	6.74×10^6	6.46×10^5
7	1,3-环已二烯		1.93×10^6	1.27×10^6	1.96×10^5
8	3-甲基呋喃		3.58×10^4		
9	2-丁酮		1.10×10^7	3.50×10^6	5.41×10^5
10	2-甲基丁醛		1.55×10^7		
11	3-甲基丁醛		1.39×10^7		
12	苯		2.92×10^6	4.80×10^6	
13	2,5-二甲基呋喃		4.20×10^6	2.88×10^6	3.70×10^5
14	2-甲基-2-丙腈		8.25×10^5		
15	2-丙烯腈		2.64×10^6		
16	异丁腈		8.64×10^6	9.31×10^5	
17	乙腈		1.47×10^7	1.12×10^7	
18	丙腈		9.51×10^6		
19	氰化氢		1.48×10^7	8.15×10^6	1.42×10^6
20	甲苯		1.68×10^8	2.78×10^7	
21	水	2.84×10^8	5.01×10^8	2.95×10^8	
22	2-甲基丁腈		1.11×10^7	1.21×10^6	
23	丁腈		2.67×10^6		
24	乙基苯		1.40×10^7	2.78×10^6	
25	异丁腈		2.32×10^7	2.04×10^6	
26	吡啶		1.62×10^7	2.48×10^6	

续表

序号	产物	30~200℃	200~500℃	500~700℃	700~900℃
27	丙基苯		3.39×10^{6}	4.49×10^{5}	
28	2-甲基吡啶		5.60×10^{6}	5.59×10^{5}	
29	未知		1.33×10^{7}	6.12×10^{5}	
30	4-甲基戊腈		2.83×10^{7}	1.25×10^{6}	
31	苯乙烯		1.72×10^{7}	1.16×10^{6}	
32	2-丙烯基苯		2.16×10^{6}		
33	3-甲基吡啶		5.60×10^{6}		
34	4-甲基吡啶		5.44×10^{6}		
35	丁基苯		2.36×10^{6}		
36	2,5-二甲基吡啶		2.21×10^{6}		
37	3,4-二甲基吡啶		2.68×10^{6}		
38	2,3-二甲基吡啶		2.11×10^{6}		
39	未知		9.04×10^{6}		
40	未知		3.35×10^{6}		
41	2-乙基-6-甲基吡啶		3.08×10^{6}		
42	1-丙烯基苯		8.42×10^{6}		
43	2-甲基-6-丙基吡啶		6.76×10^{6}		
44	吡咯		5.04×10^{7}	9.99×10^{6}	1.12×10^{6}
45	2-甲基吡咯		8.05×10^{6}	3.45×10^{6}	
46	3-甲基吡咯		8.38×10^{6}		
47	苯腈		1.23×10^{7}	7.41×10^{6}	5.94×10^{5}
48	2,5-二甲基吡咯		5.48×10^{6}		
49	2-乙基吡咯		3.45×10^{6}		
50	2-异戊基吡嗪		5.82×10^{6}		

续表

序号	产物	30~200℃	200~500℃	500~700℃	700~900℃
51	2,3-二氢吲哚		4.55×10^{6}		
52	4-吡啶甲醇		7.36×10^{6}		
53	*N*-乙酰基-4(H)-吡啶		8.28×10^{6}		
54	5-甲基-3-1,4-氧氮六环-庚-2,4-二烯		4.77×10^{6}		
55	未知		7.93×10^{6}		
56	乙酰胺		1.94×10^{7}	2.78×10^{6}	
57	2-氨基吡啶		1.16×10^{7}		
58	3-甲基丁酰胺		1.07×10^{7}	1.03×10^{6}	
59	未知		6.31×10^{6}		
60	苯乙腈		3.11×10^{7}	1.41×10^{6}	
61	苯酚		6.74×10^{7}	2.53×10^{6}	9.33×10^{5}
62	己酰胺		7.09×10^{6}		
63	2-吡咯烷酮		1.17×10^{7}	1.84×10^{6}	
64	苯丙腈		1.85×10^{7}		
65	4-甲基戊酰胺		1.07×10^{7}		
66	4-甲基苯酚		3.89×10^{7}	8.52×10^{5}	
67	戊二酰胺		9.82×10^{6}		
68	未知		1.47×10^{7}	4.32×10^{6}	1.54×10^{6}
69	2,3-二氢苯并呋喃		1.15×10^{7}		
70	吡啶酰胺		1.65×10^{7}	6.15×10^{6}	
71	1,4-环己二酮		1.05×10^{7}		
72	吲哚		8.28×10^{7}		1.46×10^{6}
73	2,5-吡咯烷二酮		5.04×10^{7}		1.47×10^{6}

续表

序号	产物	30～200℃	200～500℃	500～700℃	700～900℃
74	3-甲基-1H-吲哚		1.05×10^{7}		
75	2-甲氧基-1,4-苯二醇		1.02×10^{7}		
76	5-甲基-2-(1-甲基乙基)-环己酮		8.23×10^{6}		
77	未知		8.40×10^{6}		
78	未知		2.85×10^{7}		
79	2,4-二氨基-1,3,5-三嗪		1.59×10^{7}		
80	未知		2.50×10^{7}	4.14×10^{6}	
81	未知		2.87×10^{7}		
82	3-氨基-2,6-二甲基-4-吡啶醇		1.79×10^{7}		
83	未知		1.24×10^{7}		
84	5-甲氧基-2,3,4-三甲基苯酚		7.50×10^{6}		
85	未知		2.35×10^{7}		
86	苯乙酰胺		1.26×10^{7}		
87	未知		4.07×10^{6}		
88	2-甲基-6-氧-2,4-庚二烯醛		2.03×10^{7}		
89	未知		1.89×10^{7}		
90	吡咯-2-甲酰胺		4.15×10^{7}		
91	苯丙酰胺		1.27×10^{8}		
92	未知		5.40×10^{7}		
93	5-异丙基-咪唑烷-2,4-二酮		6.19×10^{7}		4.02×10^{7}
94	4-羟基-苯乙腈		3.00×10^{7}		
95	3-(4-羟基苯基)-丙腈		1.80×10^{7}		
96	5-(2-甲基丙基)-咪唑烷-2,4-二酮		6.34×10^{7}		6.70×10^{7}

（3）氨基酸的裂解　由于蛋白质分子的组成和结构复杂，直接研究蛋白质的裂解过程非常复杂。研究表明，蛋白质的裂解产物与对应氨基酸混合物的裂解产物组成一致，并且多数裂解产物的相对含量也一致。因此，可以通过研究氨基酸的裂解推断蛋白质裂解过程中特定裂解产物的形成。对构成蛋白质的20种主要氨基酸分别进行裂解，裂解产物按照色谱图峰面积从大到小排序，结果如表1-13所示。

表1-13　20种主要氨基酸裂解结果

氨基酸	主要裂解产物
甘氨酸	2,5-哌嗪二酮,3-甲基-2,5-哌嗪二酮,2,4-咪唑二酮,**氰化氢**
丝氨酸	乙基吡嗪,氨,吡嗪,吡咯,2,6-二乙基吡嗪,吡咯基乙醇,2-甲基吡啶,2-乙基-6-甲基-吡嗪,**氰化氢**
苏氨酸	1-氨基-2-丙醇,3-乙基-2,5-二甲基吡嗪,2,5-二甲基吡嗪,2-乙基-3,5-二甲基吡嗪,氨
天冬氨酸	吡咯-2,5-二酮,马来酰酐,2,5-吡咯二酮,**氰化氢**,氨,2-丙烯酸,1-乙基-吡咯-2,5-二酮
谷氨酸	**氰化氢**,2,5-吡咯烷二酮,2-吡咯烷酮,4-氨基嘧啶,吡咯,3-氨基-2-环己烯酮,4,5-二氨基嘧啶,吲哚,苯乙烯,2-甲基-1H-吡咯
丙氨酸	3,6-二甲基哌肼-2,5-二酮,*S*-氨基己内酰胺
缬氨酸	*N*-(2-甲基丙烯基)-2-甲基丙胺,2-甲基丙醛,异丁腈,2-乙酰基-1,4,5,6-四氢吡啶
亮氨酸	1-丁胺-3-甲基-*N*-(3-甲基丁烯),3-甲基-1-丁胺,3-甲基丁醛
异亮氨酸	2-甲基-*N*-(2-甲基亚丁基)-1-丁胺,2-甲基丁醛,2-甲基丁腈,2-丁酮
半胱氨酸	2-甲基噻唑烷,乙基异氰酸酯,4-乙基-5-甲基噻唑,2-丙基噻唑烷,5-乙基-2-甲基噻唑,5-甲基-2-乙基吡啶,4,5-二氢-2-甲基噻唑,2-甲基吡啶,噻吩,2-甲基噻唑,氨
甲硫氨酸	3-甲硫基-1-丙胺,1-甲硫基丙烯,3-甲基吡啶,四氢噻吩,二甲基二硫
天冬酰胺	吡咯-2,5-二酮,2,5-吡咯烷二酮,氨,2-甲基吡咯,吡咯,**氰化氢**
谷氨酰胺	氨,4,5-二氨基嘧啶,2,5-吡咯烷二酮,4-氨基嘧啶,3-氨基-2-环己烯酮,2-吡咯烷酮,吡咯,戊二酰亚胺,2-甲基-吡咯,2-乙基-吡咯,**氰化氢**
赖氨酸	l-氨基-己内酰胺,2,5-二氢-吡咯,吲哚-3-乙胺,2-甲基吡啶,吡啶, 氨,3-甲基吡啶
苯丙氨酸	苯乙胺,甲苯,苯甲胺,二苯乙烷,苯甲醇,苯乙烯,苯乙腈,氨
酪氨酸	4-(2-氨基乙基)-苯酚,4-甲基苯酚,苯酚, 4-乙基苯酚,甲苯,苯,氨,**氰化氢**
色氨酸	6-甲基吲哚,吲哚,5-甲基吲哚,酪胺,吲哚-3-乙腈,2,3-二氢-4-甲基吲哚,9H-吡啶并[3,4-b]吲哚,2,4,6-三甲基苯腈,4-甲基喹啉,2,6-二甲基苯基异氰酸,2,3-二甲基吲哚,氨,**氰化氢**

续表

氨基酸	主要裂解产物
精氨酸	二氢吡咯,2-环己烯-1-酮,2-氨基吡啶,氨,**氰化氢**,吡咯,吡啶,丁腈,2-甲基吡咯,2-甲基吡啶,3-甲基吡咯,戊腈,3-甲基吡啶,苯乙烯,2-乙基吡啶
脯氨酸	二聚脯氨酸,吡咯烷,2,5-二氢吡咯,2-吡咯烷酮,吡咯
组氨酸	4-甲基-1H-咪唑,**氰化氢**,4-乙腈基咪唑,5-乙烯基咪唑,1,3-二甲基吡唑,氨,2-氨-苯并咪唑,4,5-二甲基咪唑,2-甲基咪唑,吡咯,乙腈,2-甲基吡咯,乙酰胺,丙腈,甲酰胺,2-乙基吡咯

3. 蛋白质裂解产生氰化氢的机制

由于组成蛋白质的氨基酸结构各有不同，蛋白质中的氮原子有多种存在形态。而氰化氢分子中含有一个碳原子和一个氮原子，碳原子和氮原子以牢固的碳氮三键相连。因此，氨基酸分子中碳和氮之间的连接形式与氰化氢的形成应该有密切关系。氨基酸中氮原子与邻近碳原子之间的连接形态见表 1-14。

表 1-14　　　　氨基酸中氮原子与邻近碳原子之间的连接形态

氮原子存在形式	氨基酸
氨基氮	甘氨酸、丝氨酸、苏氨酸、天冬氨酸、谷氨酸、丙氨酸、缬氨酸、亮氨酸、异亮氨酸、半胱氨酸、甲硫氨酸、天冬酰胺、谷氨酰胺、赖氨酸、苯丙氨酸、酪氨酸、色氨酸、精氨酸、组氨酸
酰胺氮	天冬酰胺、谷氨酰胺
吲哚氮	色氨酸
亚胺氮	精氨酸
吡咯氮	脯氨酸
咪唑氮	组氨酸

可以看出，绝大多数氨基酸中的氮原子以氨基氮的形式存在，其他氨基酸中的氮存在形态包括酰胺氮、吲哚氮、亚胺氮、吡咯氮和咪唑氮。

（1）肽键氮生成氰化氢的机制　1973 年，Johnson 等[16] 系统研究了单氨基酸多肽在不同温度的气态裂解产物（水、二氧化碳、一氧化碳和腈类等，包括氰化氢），裂解的多肽有甘氨酸多肽、丙氨酸多肽、亮氨酸多肽、脯氨酸多肽、天冬氨酸多肽和谷氨酸多肽，并提出了肽键裂解形成氰化氢的机制。多肽在 500℃ 裂解的主要裂解产物是水和二氧化碳；但在 700℃ 和 900℃ 裂解时，主要裂解产物是氰化氢和一氧化碳，定量研究发现腈类和一氧化碳的摩尔比为1∶1，表明在多肽链断裂时，腈类和一氧化碳极可能是同时产生的。肽键的裂解机制如图1-30所示。

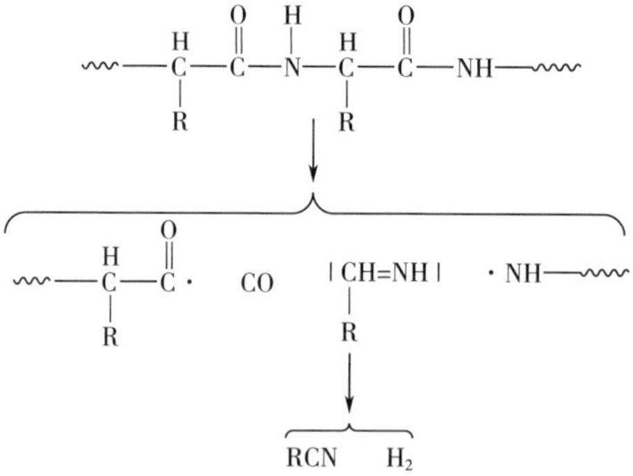

图1-30　肽键的裂解机制示意图

肽键断裂时，同时生成羰基自由基、氨基自由基、一氧化碳和不稳定的亚胺RCH = NH。RCH = NH分解产生腈RCN和氢气。当R为氢原子时，RCH=NH分解产生氰化氢。另外，生成的RCN会进一步热裂解产生乙腈。氢自由基与腈发生自由基交换[35]，可以进一步产生氰化氢。

$$RCN+H\cdot \longrightarrow R\cdot +HCN$$

（2）氨基氮形成氰化氢的机制　脂肪胺的氨基与邻近碳原子上的氢一起脱去两分子的氢气，形成腈类化合物。形成的腈类化合物可以与氢自由基反应进一步形成氰化氢。

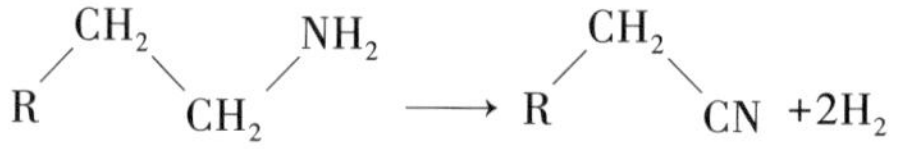

（3）酰胺氮形成氰化氢的机制　酰胺在裂解时容易发生脱水反应，生成腈，腈进一步裂解产生氰化氢。

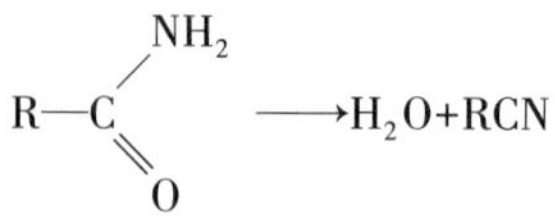

$$RCN+H\cdot \longrightarrow R\cdot +HCN$$

（4）亚胺氮生成氰化氢的机制　精氨酸是20种氨基酸中唯一含有亚胺氮的氨基酸，其裂解生成氰化氢的机制如图1-31所示。

（5）吲哚氮、吡咯氮和咪唑氮生成氰化氢的机制　Johnson等[8]对一系

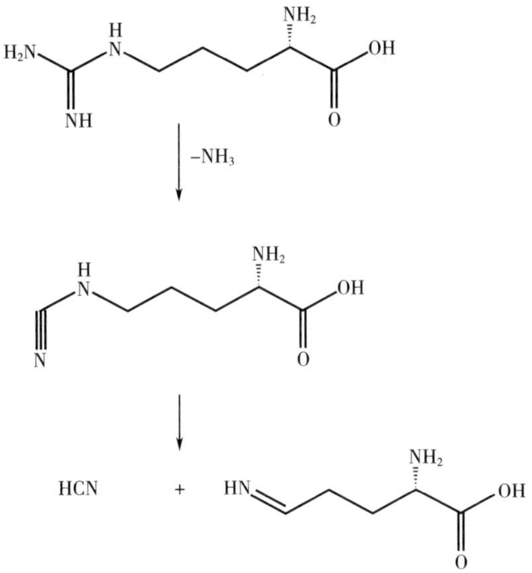

图 1-31　亚胺氮生成氰化氢的机制示意图

列氨基酸和相关化合物裂解生成氰化氢的规律进行了研究，提出氮杂环中间产物有利于氰化氢形成。当形成氮杂环后，容易发生环的断裂，形成亚胺中间体，进一步脱氢形成氰化氢，如图 1-32 所示。

色氨酸、脯氨酸和组氨酸分别含有吲哚基团、四氢吡咯基团和咪唑基团。这些氮杂环基团可以按照上图所示的机制形成氰化氢。

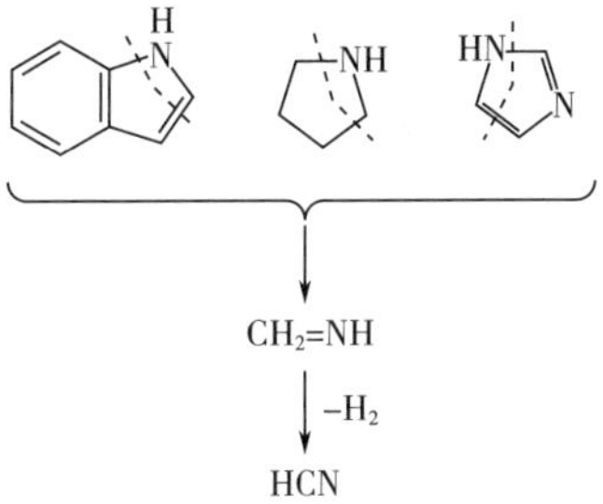

图 1-32　吲哚氮、吡咯氮和咪唑氮生成氰化氢的机制示意图

二、脯氨酸的裂解机制

脯氨酸是植物蛋白质的组分之一，且可以游离状态广泛存在于植物体中。脯氨酸除了作为植物细胞质内渗透调节物质外，在稳定生物大分子结构、降低细胞酸性、解除氨毒以及作为能量库调节细胞氧化还原势等方面起重要作用。脯氨酸与一般 α-氨基酸不同，没有自由的 α-氨基，是一种 α-亚氨基酸，可看成是 α-氨基酸的侧链取代了自身氨基上的一个氢原子而形成的杂环结构（图 1-33）。脯氨酸是烤烟烟叶中含量最高的游离氨基酸。

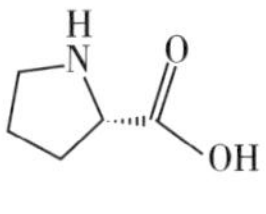

图 1-33　脯氨酸的结构式

1. 脯氨酸的热重分析

热重分析的温度区间 30~900℃、升温速率 10℃/min、载气流量 35mL/min，考察 N_2、9%O_2+91%N_2、20%O_2+80%N_2 不同裂解气氛下脯氨酸的热重变化，结果见图 1-34。

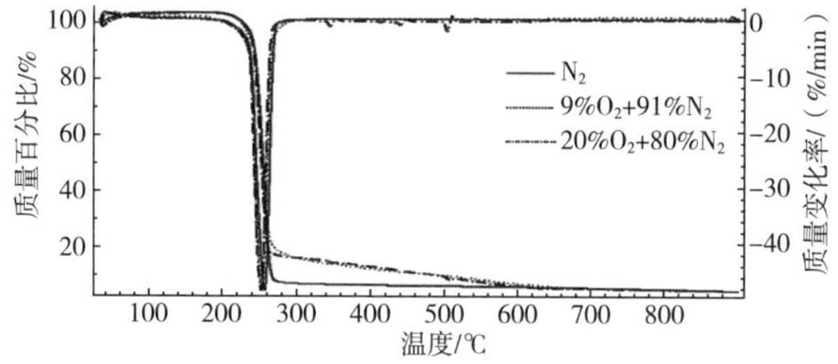

图 1-34 不同气氛下脯氨酸的热重曲线

在惰性气氛下，脯氨酸在 30~900℃的加热区间内仅在 260℃附近存在一个明显的失重过程，失重率超过 90%；此后继续升温，脯氨酸处于缓慢失重状态，900℃时失重率达到约 95%。在含氧气氛下，脯氨酸的失重有所不同，除了 260℃附近存在最大失重峰外，在 260~600℃增加了一个新的失重过程，表明该失重过程与氧气相关。260℃附近的失重率明显低于惰性气氛下的失重率。

固定裂解气氛为 9%O_2+91%N_2，考察了 5，10，20℃/min 不同升温速率下脯氨酸的热重情况，结果见图 1-35。

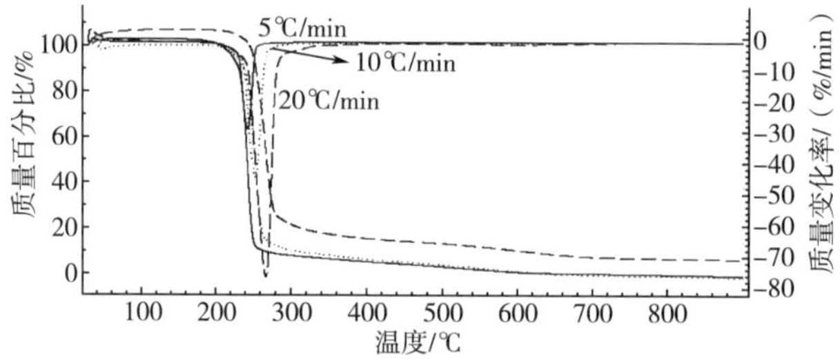

图 1-35 不同升温速率下脯氨酸的热重曲线

可见，升温速率增加，最大失重速率峰向高温移动，失重率有所降低，表明快的升温速率对 260℃附近的失重过程有抑制作用。

2. 脯氨酸的裂解质谱分析

（1）脯氨酸裂解产物定性分析　裂解条件和色谱质谱条件与蛋白质裂解

部分相同。脯氨酸裂解产物的总离子流图见图 1-36，裂解产物见表 1-15。可知，脯氨酸的裂解产物相对比较简单，产物中最多的是二聚脯氨酸，其次是四氢吡咯，氰化氢的裂解量较低。脯氨酸在受热条件下分子间的羧基和氨基容易发生脱水反应形成酰胺键，从而形成二聚脯氨酸，该反应是脯氨酸最重要的裂解反应。此外，羧基官能团受热易发生脱羧反应，产生四氢吡咯。

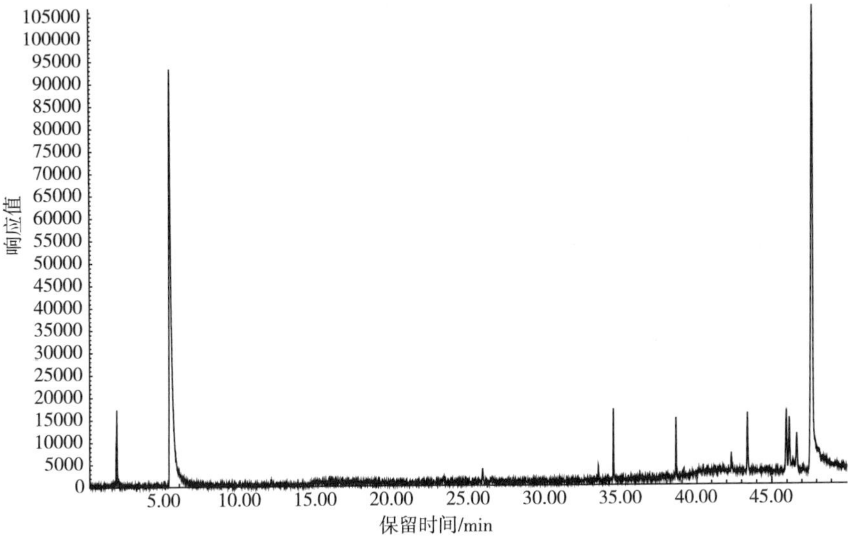

图 1-36 脯氨酸裂解产物的总离子流图

表 1-15 脯氨酸主要裂解产物

序号	保留时间/min	产物	峰面积
1	2. 38	氨	9.25×10^5
2	5. 385	四氢吡咯	4.78×10^8
3	6. 34	氰化氢	8.45×10^5
4	7. 302	水	8.75×10^7
5	10. 337	1-甲基吡咯	1.82×10^6
6	12. 06	1-乙基吡咯	3.08×10^6
7	23. 353	3-甲基-2-环戊烯-1-酮	6.61×10^6
8	33. 498	*N*-甲基-*N*-苯基-甲酰胺	1.18×10^7
9	34. 509	2-吡咯酮	2.01×10^7
10	38. 603	2,5-吡咯二酮	1.55×10^7
11	41. 143	未知	1.38×10^7
12	43. 391	未知	5.57×10^7

续表

序号	保留时间/min	产物	峰面积
13	46.645	3,6-二甲基吡嗪-2,5-二酮	3.53×10^7
14	47.698	二聚脯氨酸	1.73×10^9

（2）裂解温度对脯氨酸主要裂解产物的影响　根据脯氨酸的热重曲线，将脯氨酸的裂解分为 30～320℃、320～900℃两个裂解阶段，不同阶段裂解结果见图 1-37 和表 1-16。与热重分析结果一致，脯氨酸 30～320℃的裂解产物较多，且峰面积高，如二聚脯氨酸、四氢吡咯等；320～900℃裂解产物相对简单，氰化氢仅在该温度段有检出。

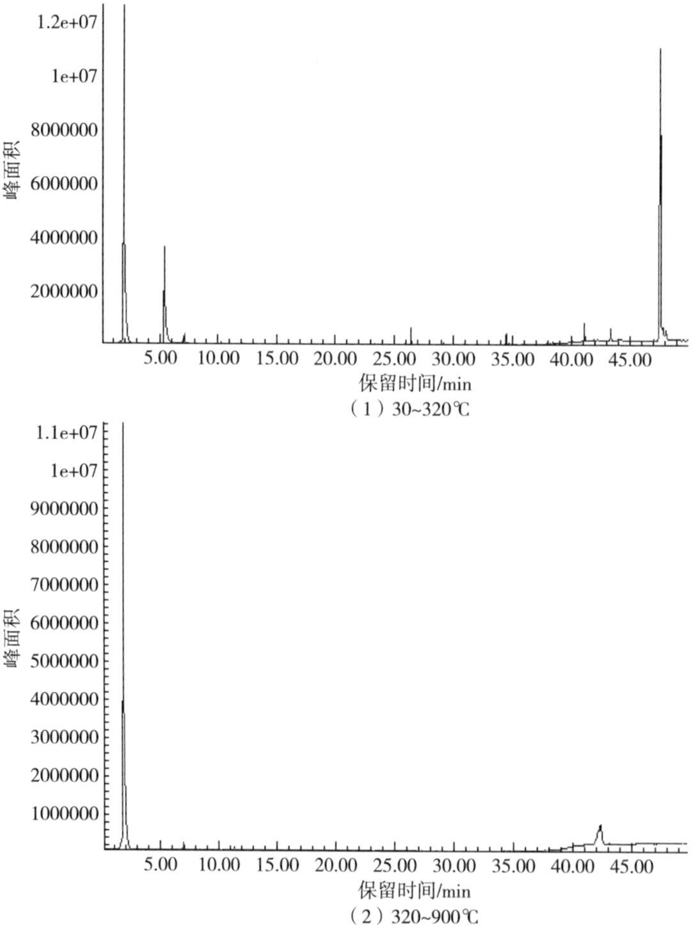

图 1-37　不同温度下脯氨酸裂解产物的色谱图

表 1-16　　　　　　　　脯氨酸各裂解阶段主要裂解产物比较

序号	保留时间/min	产物	峰面积	
			30~320℃	320~900℃
1	2.38	氨	1.8×10^5	3.9×10^5
2	5.385	四氢吡咯	2.9×10^8	
3	6.34	氰化氢		3.7×10^5
4	7.302	水	2.9×10^7	1.1×10^7
5	10.337	1-甲基吡咯	5.4×10^6	
6	12.06	1-乙基吡咯	3.4×10^6	
7	23.353	3-甲基-2-环戊烯-1-酮	3.4×10^6	
8	33.498	*N*-甲基-*N*-苯基-甲酰胺	8.4×10^5	
9	34.509	2-吡咯酮	1.3×10^7	2.0×10^5
10	38.603	2,5-吡咯二酮	9.7×10^5	6.0×10^5
11	41.143	未知	1.9×10^7	8.7×10^5
12	43.391	未知	1.9×10^7	1.2×10^7
13	46.645	3,6-二甲基吡嗪-2,5-二酮	2.0×10^6	
14	47.698	二聚脯氨酸	8.0×10^8	

3. 脯氨酸裂解产生氰化氢的机制

脯氨酸分子结构简单，在热裂解过程中容易脱羧形成四氢吡咯，或者通过分子间脱水反应，形成相对分子质量较大的中间产物，如二聚脯氨酸。四氢吡咯为脯氨酸的主要裂解产物之一。Johnson 等[8] 在研究四氢吡咯裂解时发现，吡咯在 800℃ 裂解产生氰化氢的产率为 77%，在 1000℃ 裂解时产率达 95%。这一结果表明，四氢吡咯在高温下能够产生氰化氢。因此，在脯氨酸的裂解过程中产生的吡咯可能发生二次裂解产生氰化氢。而脯氨酸的另一主要裂解产物二聚脯氨酸中氮的存在形式是叔胺，在发生键断裂时，难以生成氰化氢。因此，脯氨酸裂解产生氰化氢应该主要是通过四氢吡咯这一中间体产生的，其机制如图 1-38 所示。

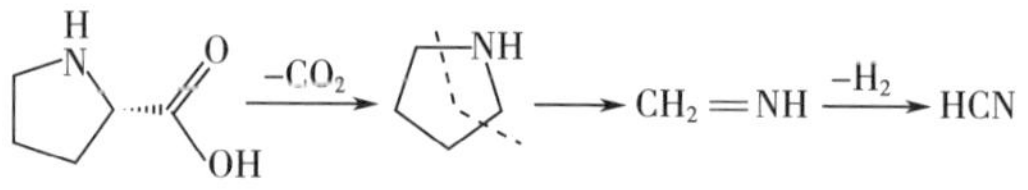

图 1-38　脯氨酸裂解产生氰化氢的机制

为验证脯氨酸在卷烟抽吸时生成氰化氢，将^{15}N标记的脯氨酸注射进卷烟中，每支卷烟约 5mg。采用衍生化方法将烟气中氰化氢衍生为氯化氰，结果见图 1-39。

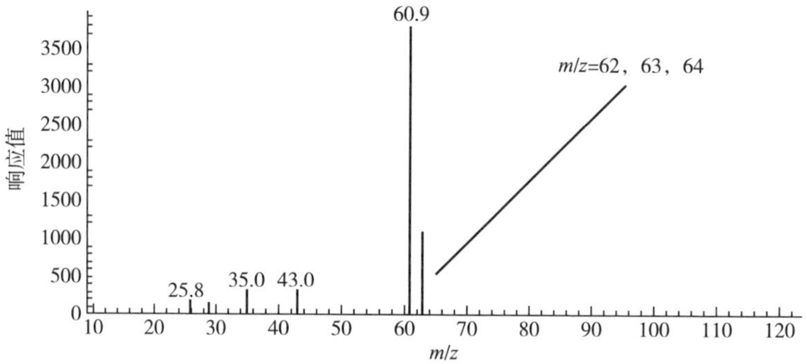

（1）添加^{15}N脯氨酸主流烟气

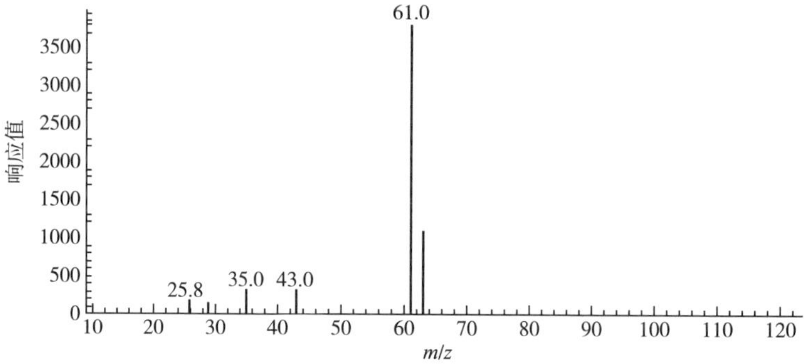

（2）空白卷烟主流烟气

图 1-39　卷烟烟气样品衍生后氯化氰峰的质谱图

氯化氰的分子离子为 $m/z=61$，其氯同位素离子为 $m/z=63$。可见，添加有^{15}N 脯氨酸的卷烟抽吸、衍生后，氯化氰的同位素离子 $m/z=62$ 显著增加，表明添加的^{15}N 脯氨酸在卷烟抽吸时可以转化为氰化氢。

三、天冬酰胺的裂解机制

天冬酰胺是一种非必需氨基酸，以游离形式或结合蛋白质形式存在于植物体内。生物体内天冬氨酸在天冬酰胺合成酶作用下氨化生成天冬酰胺

(图 1-40)。天冬酰胺是烟草中一种重要的氨基酸，在烤烟和白肋烟中含量均较高：烤烟 1.12mg/g，白肋烟 10.30mg/g[36]。天冬酰胺容易与还原性糖类反应生成美拉德反应产物，被用作反应性卷烟香料添加在烟草、再造烟叶等卷烟原料中。

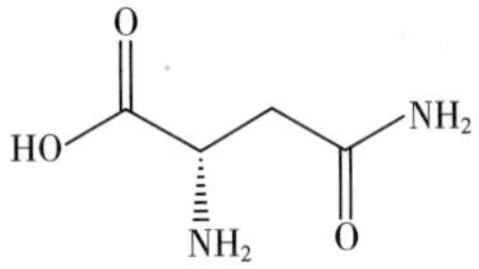

图 1-40　天冬酰胺的结构式

1. 天冬酰胺的热重分析

热重分析的温度区间 30~900℃、升温速率 10℃/min、载气流量 35mL/min，考察 N_2、$9\%O_2+91\%N_2$、$20\%O_2+80\%N_2$ 不同裂解气氛下天冬酰胺的热重变化，结果见图 1-41。

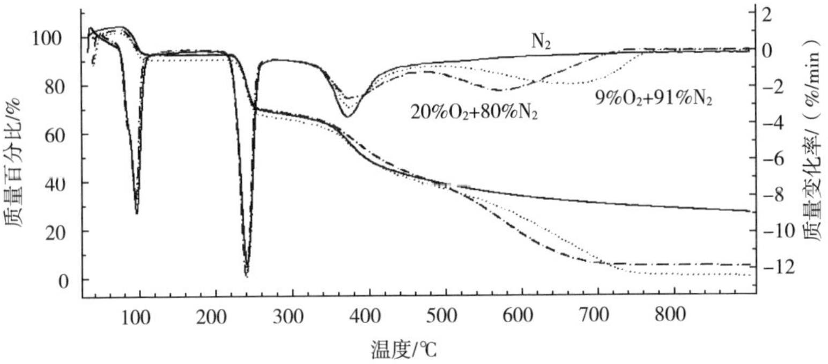

图 1-41　不同气氛下天冬酰胺的热重曲线

在惰性气氛下，天冬酰胺在 30~900℃ 的加热区间内存在几个明显的失重过程：①100℃附近有一个显著的失重过程，失重率约为 10%；②240℃附近存在一个热失重阶段，失重率约为 20%；③380℃附近存在一个相对较宽的失重过程，表明该过程发生的热反应速率相对较慢；④400℃后进入一个稳步失重阶段，直到 900℃时失重达到 70%。

在含氧气氛下，天冬酰胺的前三个热失重过程基本一致，但在 500~800℃存在一个更宽的失重过程，并且随着裂解气氛中含氧量增加，该失重峰向低温方向移动，表明该失重的存在与氧气相关。在含氧条件下，随着 500~800℃的热失重过程终止，失重达到将近 100%。

固定裂解气氛为 $9\%O_2+91\%N_2$，考察了 5，10，20℃/min 不同升温速率下天冬酰胺的热重情况，结果见图 1-42。可见，升温速率增加，天冬酰胺在

100，240，380 以及 500~800℃的 4 个主要失重过程的最大失重速率增加，且向高温移动。

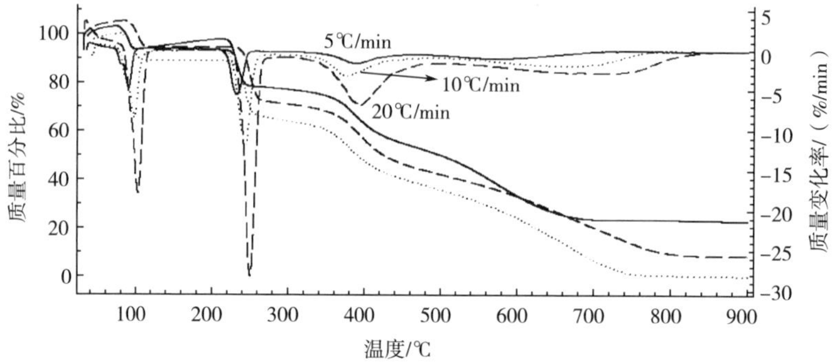

图 1-42　不同升温速率下天冬酰胺的热重曲线

2. 天冬酰胺的裂解质谱分析

（1）天冬酰胺裂解产物定性分析　裂解条件和色谱质谱条件与蛋白质裂解部分相同。天冬酰胺裂解产物的总离子流图见图 1-43。采用 NIST08 质谱库对天冬酰胺裂解产物进行检索，检索到的主要化合物如表 1-17 所示。可知，天冬酰胺的裂解产物除了水外，都是含氮化合物，如氨、酰胺类、腈类等。

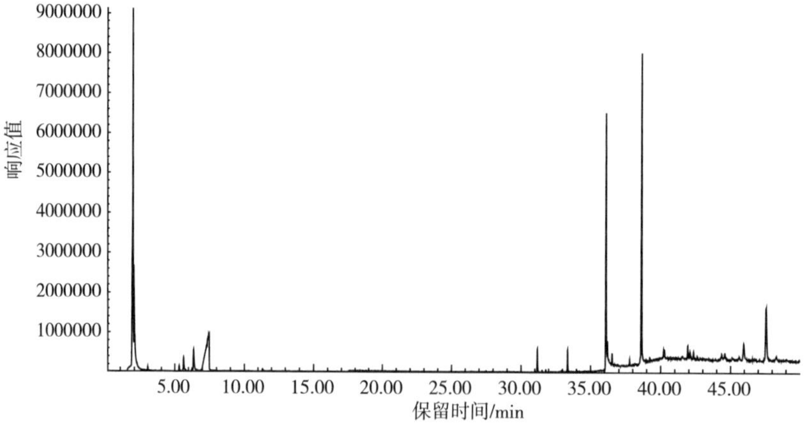

图 1-43　天冬酰胺裂解产物的总离子流图

表 1-17　　　　天冬酰胺主要裂解产物

序号	保留时间/min	产物	峰面积	结构
1	1.965	氨	4.66×10^{7}	NH_3
2	5.321	丙烯腈	5.37×10^{6}	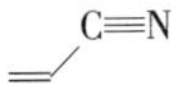
3	5.647	乙腈	1.37×10^{7}	—C≡N
4	6.367	氰化氢	2.19×10^{7}	H—C≡N
5	7.474	水	1.65×10^{8}	H_2O
6	31.181	乙酰胺	1.60×10^{7}	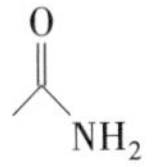
7	33.366	丙烯酰胺	1.32×10^{7}	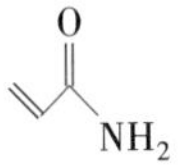
8	36.076	马来酰亚胺	1.75×10^{8}	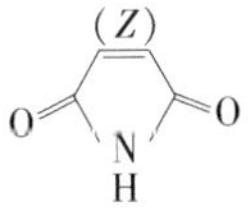
9	38.628	琥珀酰亚胺	2.40×10^{8}	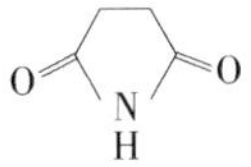

（2）裂解温度对天冬酰胺主要裂解产物的影响　根据天冬酰胺的热重曲线，将天冬酰胺的裂解分为 30～160℃、160～300℃、300～500℃ 和 500～900℃四个裂解阶段，不同阶段裂解结果见图 1-44。结果表明：①30～160℃对应天冬酰胺的第一个裂解过程，失重率约为 12%，对应的是天冬酰胺脱结晶水的过程。②160～300℃对应天冬酰胺的第二个裂解过程，裂解产物有氨和水，水应该来自分子内或分子间的羧基与氨基发生酰胺化反应，氨来自分子内氨基的脱氨过程。③300～500℃对应天冬酰胺的第三个裂解过程，裂解产物包含了天冬酰胺 40～900℃的所有裂解产物，表明该温度范围是天冬酰胺主要裂解产物的产生温度，各种化学键的断裂形成均能发生。④500～900℃对应天冬酰胺的第四个裂解过程，失重曲线缓慢降低，裂解产物仅发现氰化氢和水，表明在前期裂解过程中产生的含氮、氢的大分子化合物未能挥发出，在后续温度升高过程中逐渐分解。

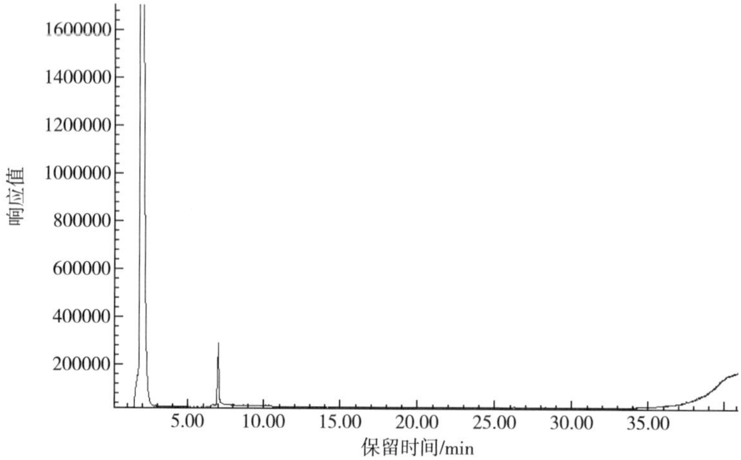

（1）30~160℃

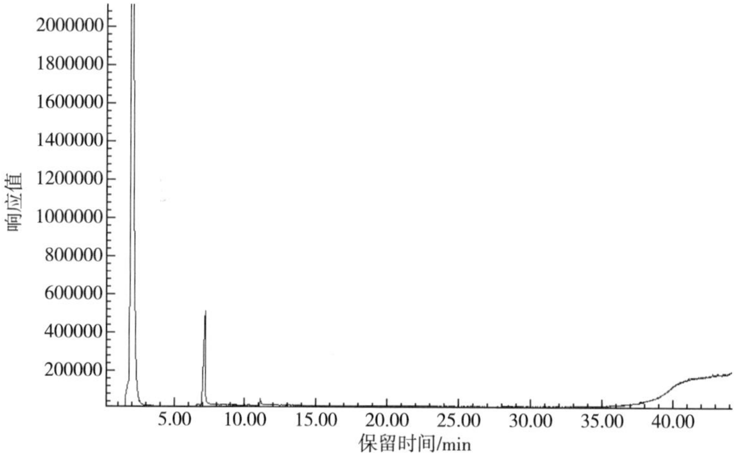

（2）160~300℃

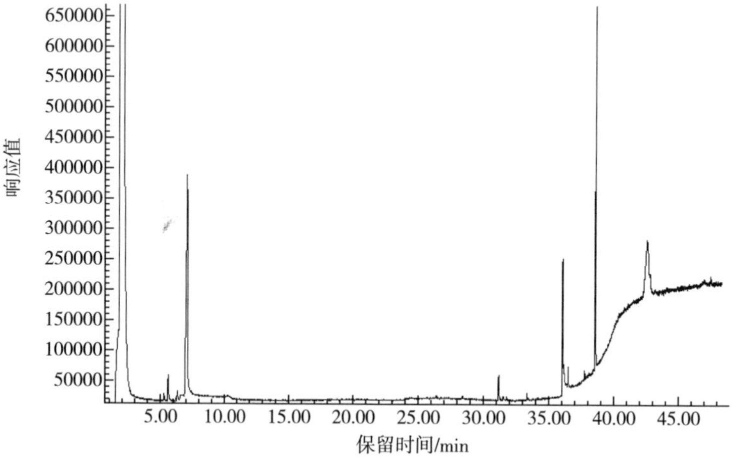

（3）300~500℃

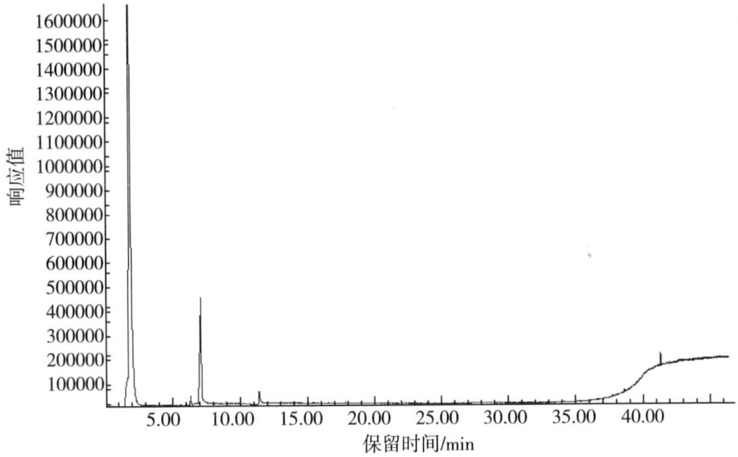

（4）500~900℃

图 1-44　不同温度下天冬酰胺裂解产物的色谱图

不同温度下天冬酰胺裂解产物的相对含量见表 1-18。可知，不同温度下天冬酰胺主要裂解产物的变化较大。300℃时，除水、二氧化碳和氨外，马来酰亚胺和琥珀酰亚胺为主要的裂解产物，而吡咯物质未检测到。随着温度升高，腈类和酰胺类物质生成量持续增加，吡咯类物质在 600℃ 开始产生，900℃时生成量明显增加。氰化氢在低温下生成量较小，600℃和 900℃时迅速增加。

表 1-18　　不同温度下天冬酰胺裂解产物的相对含量　　单位：%

裂解产物	300℃	450℃	600℃	750℃	900℃
水	49. 35	34. 56	18. 74	15. 31	19. 77
二氧化碳	16. 92	15. 67	14. 67	13. 34	14. 57
氨	10. 71	11. 34	8. 78	7. 86	9. 32
丙烯腈	0. 07	0. 14	0. 42	0. 56	1. 29
乙腈	0. 13	0. 39	0. 94	0. 88	1. 54
氰化氢	—	0. 11	0. 59	0. 78	1. 51
丙腈	—	—	0. 25	0. 22	0. 31
吡咯	—	—	0. 03	0. 03	0. 08
2-甲基-1H-吡咯	—	—	0. 06	0. 07	0. 13

续表

裂解产物	300℃	450℃	600℃	750℃	900℃
乙酰胺	0. 23	0. 84	1. 16	0. 95	1. 17
甲酰胺	—	0. 04	0. 10	0. 09	0. 11
丙酰胺	—	0. 08	0. 16	0. 16	0. 19
丙烯酰胺	0. 14	0. 56	1. 71	2. 33	2. 72
马来酰亚胺	5. 07	16. 80	22. 12	20. 66	20. 08
琥珀酰亚胺	13. 34	14. 57	21. 01	18. . 06	14. 37

马来酰亚胺和琥珀酰亚胺在300~900℃均有产生。马来酰亚胺的相对含量在300~600℃增加迅速，600℃后增长缓慢，而琥珀酰亚胺的相对含量在600℃达到最大值，推测马来酰亚胺和琥珀酰亚胺在高温下会发生二次反应而裂解。

（3）主要裂解产物的裂解　马来酰亚胺和琥珀酰亚胺是天冬酰胺的主要裂解产物，为了考察这两种主要裂解产物是否会发生二次裂解产生氰化氢，在同样的裂解条件下分别对马来酰亚胺和琥珀酰亚胺进行裂解分析，结果见表1-19。

表1-19　马来酰亚胺和琥珀酰亚胺的主要裂解产物

马来酰亚胺				琥珀酰亚胺			
序号	保留时间/min	裂解产物	峰面积	序号	保留时间/min	裂解产物	峰面积
1	9. 416	丙烯腈	3.70×10^{6}	1	9. 416	丙烯腈	1.00×10^{7}
2	9. 739	乙腈	1.00×10^{6}	2	9. 739	乙腈	1.46×10^{6}
3	10. 031	氰化氢	6.86×10^{5}	3	10. 031	氰化氢	2.89×10^{6}
4	10. 255	丙腈	7.55×10^{5}	4	10. 516	水	1.71×10^{7}
5	10. 516	水	1.67×10^{7}	5	14. 611	异氰酸	7.04×10^{6}
6	14. 611	异氰酸	6.37×10^{6}	6	29. 511	乙酰胺	7.78×10^{5}
7	29. 511	乙酰胺	1.13×10^{6}	7	33. 29	丙烯酰胺	2.82×10^{6}
8	30. 088	甲酰胺	1.69×10^{6}	8	38. 693	马来酰亚胺	7.80×10^{7}
9	33. 29	丙烯酰胺	2.45×10^{5}	9	45. 258	琥珀酰亚胺	1.84×10^{9}
10	38. 693	马来酰亚胺	7.93×10^{8}				
11	45. 258	琥珀酰亚胺	4.80×10^{7}				

可以看出，马来酰亚胺、琥珀酰亚胺的裂解产物中均未检测到氨，其余裂解产物与天冬酰胺的基本一致，即二者都可能是天冬酰胺裂解的中间化合物。

（4）同位素标记天冬酰胺的裂解　为进一步研究天冬酰胺的裂解过程，采用酰胺基上^{15}N同位素标记的天冬酰胺样品，分别在不同温度下对天冬酰胺进行裂解，计算主要含氮裂解产物中^{15}N的比例，结果见表1-20。

表1-20　不同温度下天冬酰胺主要含氮裂解产物的同位素比例　单位：%

保留时间/min	裂解产物	^{15}N/总N				
		300℃	450℃	600℃	750℃	900℃
5.315	氨	73	67	64	64	62
9.415	丙烯腈	48	41	34	35	33
9.739	乙腈	—	32	25	24	22
10.100	氰化氢	—	42	30	30	28
29.549	乙酰胺	60	48	38	40	40
30.088	甲酰胺	—	31	27	30	26
33.351	丙烯酰胺	—	63	54	57	57
38.755	马来酰亚胺	80	65	45	45	44
44.545	琥珀酰亚胺	13	14	14	15	18

马来酰亚胺和琥珀酰亚胺是天冬酰胺相对含量较高的产物，其中，马来酰亚胺在低温和高温下同位素所占比例的变化较大，300℃时由^{15}N生成的马来酰亚胺占80%，450℃时占65%，N主要来源于标记的酰胺基，推测马来酰亚胺主要通过天冬酰胺分子内脱水环化形成［图1-45（1）］。当温度升至900℃时，由^{15}N生成的马来酰亚胺降低至44%，N主要来源于未标记的氨基，推测天冬酰胺分子间脱水聚合形成多肽，进一步断裂环化形成［图1-45（2）］，说明温度不仅影响其生成量，还影响其形成途径。

琥珀酰亚胺在不同温度下同位素所占比例几乎无变化，表明其主要由未标记的氨基生成，进一步证明了具有相似结构的物质其形成途径可能不同。Sharma等[37,38]的研究结果也证实了此观点，认为琥珀酰亚胺的形成过程较复杂，天冬酰胺首先聚合形成多肽，进一步断裂环化形成。

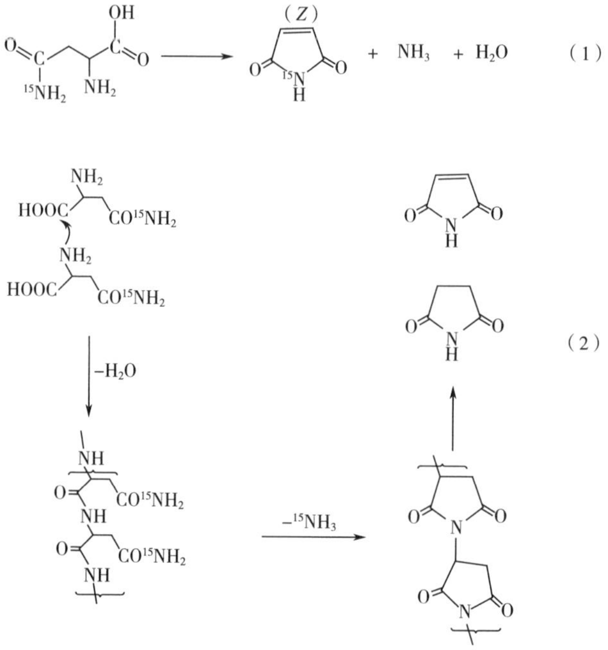

图 1-45　同位素标记天冬酰胺的裂解机制

在天冬酰胺分子间的反应中［图 1-45（2）］，天冬酰胺中的氨基与另一分子中的羧基形成酰胺键，多个天冬酰胺分子通过这样的酰胺键形成多肽。该大分子进一步脱氨形成多个氮杂环相连的大分子化合物，进而裂解生成马来酰亚胺和琥珀酰亚胺。在该反应途径中，形成的是^{15}N 标记的氨，非^{15}N 标记的马来酰亚胺和琥珀酰亚胺。

低温反应时，分子内和分子间的脱水反应同时进行。其中，以分子间的脱水反应为主，所以形成的氨主要是^{15}N 标记的。形成多个氮杂环相连的大分子化合物要在更高的温度才能分解产生马来酰亚胺和琥珀酰亚胺，所以低温生成的马来酰亚胺主要为^{15}N 标记，而高温下生成的马来酰亚胺和琥珀酰亚胺主要为非^{15}N 标记。

腈类物质如氰化氢、乙腈、丙烯腈在低温下生成量很低，随着温度升高，其生成量显著增加。这三种腈类物质中的氮原子主要由未标记的氨基转变而来，且随着温度升高，这种生成途径所占比例越高。这说明了高温有利于分子间脱水反应，脱去^{15}N 标记的氨，形成各种非^{15}N 标记的含氮化合物。

综上所述，天冬酰胺裂解时，首先发生脱水反应。脱水反应包括分子内脱水反应和分子间脱水反应。分子内的脱水反应在分子羧基和酰胺基之间形成环状亚胺结构，同时生成马来酰胺和氨。分子间的脱水反应是分子间羧基和氨基之间发生酰胺化反应形成多肽的结果。该多肽进一步发生分子内环化形成多个氮杂环相连的大分子，同时生成氨。氮杂环大分子可以进一步裂解产生马来酰亚胺和琥珀酰亚胺。随着温度升高，分子间脱水反应占主要过程，生成的马来酰亚胺和琥珀酰亚胺进一步裂解产生氰化氢、腈类和酰胺类化合物。

3. 天冬酰胺裂解产生氰化氢的机制

根据同位素标记研究结果，天冬酰胺分子中的氨基和酰胺基都能裂解产生氰化氢，且马来酰亚胺和琥珀酰亚胺是天冬酰胺裂解的主要产物，两者裂解可产生天冬酰胺的所有裂解产物，表明马来酰亚胺和琥珀酰亚胺可能是天冬酰胺裂解过程的重要中间体。天冬酰胺裂解生成马来酰亚胺和琥珀酰亚胺，二者进一步裂解产生氰化氢的机理见图 1-46。

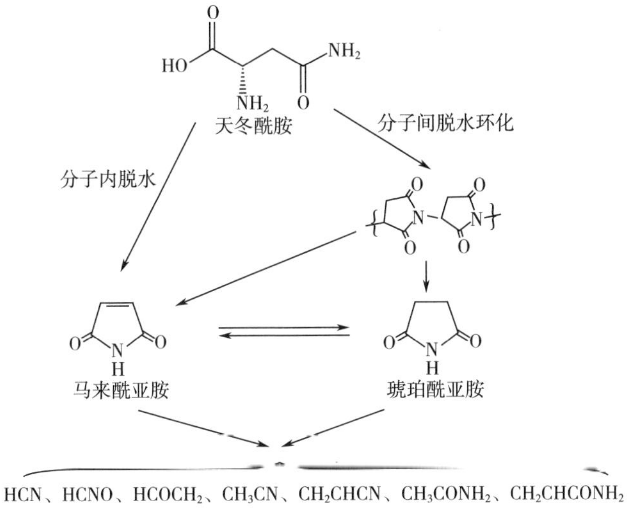

图 1-46　天冬酰胺裂解产生氰化氢的机制

通过研究，阐明了卷烟烟气中氰化氢的前体成分、影响因素与形成机制，主要结论如下：

（1）确定了前体成分与氰化氢释放量的量效关系，氰化氢的主要前体成分为蛋白质、脯氨酸和天冬酰胺，对氰化氢的贡献率分别为73.3%~84.5%、1.6%~5.0%和1.4%~5.8%。

（2）明确了裂解温度、裂解气氛含氧量和升温速率等裂解条件对烟气氰化氢生成的影响，富氧、低速燃烧、低温环境可抑制氰化氢的生成。

（3）掌握了烟气中氰化氢的形成机制，掌握了蛋白质和脯氨酸（主要包括肽键氮、氨基氮、酰胺氮、吲哚氮、亚胺氮、吡咯氮、咪唑氮）以及天冬酰胺裂解生成氰化氢的形成机制。

参考文献

[1] Norman V, Ihrig A M, Larson T M, et al. The effect of some nitrogenous blend components on NO/NO_x and HCN levels in mainstream and sidestream smoke [J]. Beitrage Zur Tabakforschung International, 1983, 12: 55-62.

[2] Adam T, Streibel T, Mitschke S, et al. Application of time-of-flight mass spectrometry with laser-based photoionization methods for analytical pyrolysis of PVC and tobacco [J]. Journal of Analytical and Applied Pyrolysis, 2005, 74 (1): 454-464.

[3] Heyns K, Pavel K. Thermische Umwandlungsprodukte von Aminosäuren I [J]. Zeitschrift fur Naturforschung B, 1957, 12 (2): 97-109.

[4] Patterson J M, Baedecker M L, Musick R, et al. Possible role of lysine, leucine and tryptophan in formation of tobacco tar [J]. Tobacco Regulatory Science, 1969, 13: 26-27.

[5] Winter L N, Albro P W. Differentiation of Amino Acids by Gas-Liquid Chromatography of their Pyrolysis Products [J]. Journal of Gas Chromatography, 1964, 2 (1): 1-6.

[6] Merritt J C, Robertson D H. The analysis of proteins, peptides and amino acids by pyrolysis-gas chromatography and mass spectrometry [J]. Journal of Gas Chromatography, 1967, 5: 96-102.

[7] Bryan A M, Olafsson P G. Analysis of thermal decomposition patterns of aromatic and heteroaromatic amino acids [J]. Analytical letters, 1969, 2 (10): 505-513.

[8] Johnson W R, Kan J C. Mechanisms of hydrogen cyanide formation from the pyrolysis of amino acids and related compounds [J]. Journal of Organic Chemistry, 1971, 36 (1): 189-192.

[9] Haidar N F, Patterson J M, Moors M, et al. Effects of structure on pyrolysis gases from amino acids [J]. Journal of Agricultural and Food Chemistry, 1981, 29 (1): 163-165.

[10] Smith Jr W T, Haidar N F, Patterson J M. Pyrolysis of valine, α-aminobutyric acid and

proline [J] . Tobacco Regulatory Science, 1975, 19: 142-144.

[11] Patterson J M, Tsamasfyros A, Smith Jr W T. Pyrolysis of pyrrole [J] . Journal of Heterocyclic Chemistry, 1968, 5 (5): 727-729.

[12] Patterson J M, Haidar N F, Papadopoulos E P, et al. Pyrolysis of phenylalanine, 3,6-dibenzyl- 2,5-piperazinedione and phenethylamine [J] . The Journal of Organic Chemistry, 1973, 38 (4): 663-666.

[13] Torikai K, Uwano Y, Nakamori T, et al. Study on tobacco components involved in the pyrolytic generation of selected smoke constituents [J] . Food and Chemical Toxicology, 2005, 43 (4): 559-568.

[14] Hansson K M, Åmand L E, Habermann A, et al. Pyrolysis of poly-L-leucine under combustion-like conditions [J] . Fuel, 2003, 82 (6): 653-660.

[15] Terrell J H, Schmeltz I. Alteration of cigarette smoke composition. II. Influence of cigarette design [J] . Tabacco Regulatory Science, 1970, 14: 82-85.

[16] Johnson W R, Hale R W, Clough S C, et al. Chemistry of conversion of nitrate nitrogen to smoke products [J] . Nature, 1973, 243: 223-225.

[17] Lifshitz A, Tamburu C, Suslensky A. Isomerization and decomposition of pyrrole at elevated temperatures: studies with a single-pulse shock tube [J] . Journal of Physical Chemistry, 1989, 93 (15): 5802-5808.

[18] Lifshitz A, Bidani M, Agranat A, et al. Thermal reactions of pyrrolidine at elevated temperatures: studies with a single-pulse shock tube [J] . Journal of Physical Chemistry, 1987, 91 (23): 6043-6048.

[19] Sugiyama S, Arai N, Hasatani M, et al. Reducing fuel nitrogen oxides (NO_x) emission: molecular nitrogen formation from fuel nitrogen [J] . Environmental Science & Technology, 1978, 12 (2): 175-180.

[20] Keda E, Mackie J C. Thermal decomposition of two coal model compounds-pyridine and 2-picoline. Kinetics and product distributions [J] . Journal of Analytical and Applied Pyrolysis, 1995, 34 (1): 47-63.

[21] Mackie J C, Colket M B, Nelson P F. Shock tube pyrolysis of pyridine [J] . Journal of Physical Chemistry, 1990, 94 (10): 4 099-4106.

[22] Terentis A, Doughty A, Mackie J C. Kinetics of pyrolysis of a coal model compound, 2-picoline, the nitrogen heteroaromatic analog of toluene. 1. Product distributions [J] . Journal of Physical Chemistry, 1992, 96 (25): 10334-10339.

[23] Axworthy A E, Dayan V H, Martin G B. Reactions of fuelnitrogen compounds under conditions of inert pyrolysis [J] . Fuel, 1978, 57 (1): 29-35.

[24] Laskin A, Lifshitz A. Thermal decomposition of quinolone and isoquinoline. The role of 1-indene imine radical [J]. Journal of Physical Chemistry A, 1998, 102 (6): 928-946.

[25] Takagi H, Isoda T, Kusakabe K, et al. Effects of coal structures on denitrogenation during flash pyrolysis [J]. Energy Fuels, 1999, 13 (4): 934-940.

[26] Tian F J, Yu J, McKenzie L J, et al. Formation of HCN and NH_3 during the reforming of quinoline with steam in a fluidized-bed reactor [J]. Energy Fuels, 2006, 20 (1): 159-163.

[27] Woodward C F, Eisner A, Haines P G. Pyrolysis of nicotine to myosmine [J]. Journal of American Chemical Society, 1944, 66 (6): 911-914.

[28] Torikai K, Yoshida S, Takahashi H. Effects of temperature, atmosphere and pH on the generation of smoke compounds during tobacco pyrolysis [J]. Food and Chemical Toxicology, 2004, 42 (9): 1409-1417.

[29] Osvalda S, Stefano C, Alfredo N. Composition of the gaseous products of pyrolysis of tobacco under inert and oxidative conditions [J]. Journal of Analytical and Applied Pyrolysis, 2007, 79 (1-2): 234-243.

[30] Ren Q Q, Zhao C S, Wu X, et al. Effect of mineral matter on the formation of NO_x precursors during biomass pyrolysis [J]. Journal of Analytical and Applied Pyrolysis, 2009, 85 (1): 447-453.

[31] Ren Q Q, Zhao C S, Chen X P, et al. NO_x and N_2O precursors (NH_3 and HCN) from biomass pyrolysis: Co-pyrolysis of amino acids and cellulose, hemicellulose and lignin [J]. Proceedings of the Combustion Institute, 2011, 33 (2): 1715-1722.

[32] Baker R R, Bishop L J. The pyrolysis of tobacco ingredients [J]. Journal of Analytical and Applied Pyrolysis, 2004, 71 (1): 223-311.

[33] Baker R R. Kinetic mechanism of the thermal decomposition of tobacco [J]. Thermochimica Acta, 1979, 28 (1): 45-47.

[34] Baker R R. Product formation mechanisms inside a burning cigarette [J]. Progress in Energy and Combustion Science, 1981, 7 (2): 135-153.

[35] Metcalfe E, Booth D, McAndrew H, et al. The pyrolysis of organic nitriles [J]. Fire and Materials, 1983, 7 (4): 185-192.

[36] 韩富根. 烟草化学 [M]. 北京: 中国农业出版社, 2010.

[37] Sharma R K, Chan W G, Seeman J I, et al. Formation of low molecular weight heterocycles and polycyclic aromatic compounds (PACs) in the pyrolysis of α-amino acids [J]. Journal of Analytical and Applied Pyrolysis, 2003, 66 (1): 97-121.

[38] Sharma R K, Chan W G, Wang J, et al. On the role of peptides in the pyrolysis of amino acids [J]. Journal of Analytical and Applied Pyrolysis, 2004, 72 (1): 153-163.

第二章
原料配方对卷烟烟气氰化氢释放量的影响

卷烟设计参数主要包括烟叶原料、卷烟配方、辅材参数、工艺加工等因素，通过改变卷烟设计参数，能够影响卷烟烟气的形成、传输过程，从而影响卷烟主流烟气的化学组成。本章主要研究烟叶原料的产地、类型、品种、部位以及卷烟配方中膨胀梗丝、膨胀烟丝、薄片的掺兑比例对卷烟主流烟气氰化氢释放量的影响。

第一节　烟叶原料对卷烟烟气氰化氢释放量的影响

抽取国内外代表性烤烟烟叶样品，采用相同工艺流程制备成单料烟丝，采用相同的辅助材料，在相同的卷制条件下完成所有烟丝样品的卷烟制作。按照国家标准方法及烟草行业标准方法，测定卷烟主流烟气中氰化氢释放量，考察烟叶产地、类型、品种、部位对卷烟主流烟气氰化氢释放量的影响。

一、烟叶产地的影响

国内烟叶原料的选择参照“特色优质烟叶开发重大专项”取样方案，从全国浓、中、清香型烟叶产区进行取样，其中32个典型香型县各有1个主取样点和4个辅助取样点，主取样点取C3F、B2F、X2F三个等级，辅助取样点取C3F一个等级，其余259个县有1个取样点，等级为C3F。所有烟叶样品均为把烟。进口烟叶样品根据进口量及国内企业用户数量选取。

将不同烟叶样品采用同一工艺流程加工制备成单料烟丝，使用相同的辅助材料卷制样品卷烟，烟支设计参数为（25+59）mm×24.4mm。

1. 国内产地的影响

抽取国内代表性烤烟烟叶样品467个，其中C3F等级烟叶样品403个，B2F和X2F等级烟叶样品均为32个。样品来自安徽、福建、甘肃、广东、广西、贵州、河南、黑龙江、湖北、湖南、吉林、江西、辽宁、内蒙古、山东、陕西、四川、云南和重庆19个省（自治区、直辖市）、85个市、291个县

(区)，分别占全国植烟省、市、县数量的86.4%、75.9%和52.8%，取样省烟叶产量占全国烟叶产量99.5%（表2-1）。取样覆盖率高，且典型香型县取样点数量多，可更加全面、真实反映典型香型县烟叶情况。

表2-1　　烟叶取样情况　　单位：个

省（自治区、直辖市）	取样点	C3F	B2F	X2F	总计	覆盖市	覆盖县
云南	106	106	6	6	118	12	85
贵州	61	61	5	5	71	9	41
河南	48	48	4	4	56	12	32
湖南	27	27	3	3	33	10	21
福建	23	23	2	2	27	3	19
山东	23	23	2	2	27	5	15
陕西	21	21	2	2	25	6	13
重庆	20	20	2	2	24	—	12
湖北	19	19	1	1	21	4	15
四川	13	13	1	1	15	5	9
江西	11	11	1	1	13	3	7
广东	8	8	1	1	10	1	4
黑龙江	7	7	1	1	9	3	3
安徽	5	5	1	1	7	3	4
广西	5	5	—	—	5	3	5
甘肃	2	2	—	—	2	2	2
辽宁	2	2	—	—	2	2	2
吉林	1	1	—	—	1	1	1
内蒙古	1	1	—	—	1	1	1
总计	403	403	32	32	467	85	291

对国内403个取样点C3F等级烟叶样品进行分析，考察烟叶产地对烟气氰化氢释放量的影响（表2-2），明确各省烟叶氰化氢释放量差异及特点。

表 2-2 国内 403 取样点个 C3F 等级烟叶单位燃烧烟丝质量氰化氢释放量

统计项	单位燃烧烟丝质量氰化氢释放量（μg/g）	统计项	单位燃烧烟丝质量氰化氢释放量/（μg/g）
均值	142.1	最大值	266.3
最小值	81.5	变异系数/%	24.2

结果表明，国内 C3F 等级烟叶单位燃烧烟丝质量氰化氢释放量均值为 142.1μg/g，最小值为 81.5μg/g（贵州平塘），最大值为 266.3μg/g（河南确山），变异系数达到 24.2%，表明国内不同产地烟叶烟气氰化氢释放量差异较大，通过烟叶产地的调控，可在一定程度上实现烟气氰化氢释放量的降低。

取样的安徽、福建、甘肃、广东、广西、贵州、河南、黑龙江、湖北、湖南、吉林、江西、辽宁、内蒙古、山东、陕西、四川、云南和重庆 19 个省（自治区、直辖市）内所有 C3F 等级烟叶的氰化氢释放量均值见表 2-3 和图 2-1。

表 2-3 国内不同省份 C3F 等级烟叶单位燃烧烟丝质量氰化氢释放量

省（自治区、直辖市）	单位燃烧烟丝质量氰化氢释放量/（μg/g）	省（自治区、直辖市）	单位燃烧烟丝质量氰化氢释放量/（μg/g）
云南	156.7	陕西	123.6
贵州	113.6	广东	118.0
四川	140.5	江西	129.1
湖南	116.0	广西	149.8
河南	179.5	辽宁	132.0
福建	171.4	安徽	128.2
重庆	118.2	吉林	140.8
湖北	111.3	内蒙古	170.1
黑龙江	127.7	甘肃	119.9
山东	159.1		

结果表明，全国 19 个省（自治区、直辖市）烟叶的单位燃烧烟丝质量氰化氢释放量变异系数为 15.6%，说明不同省（自治区、直辖市）烟叶单位燃烧烟丝质量氰化氢释放量有一定差异；12 个省（直辖市）烟叶氰化氢释放量

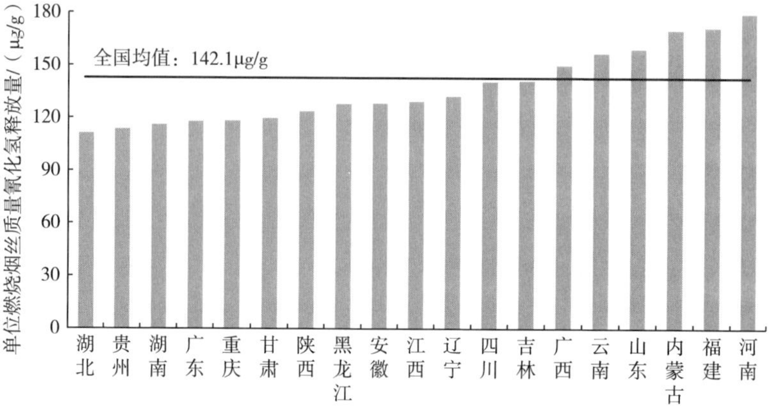

图 2-1　不同省份 C3F 等级烟叶单位燃烧烟丝质量氰化氢释放量

低于全国均值，6 个省（自治区）烟叶氰化氢释放量高于全国均值，1 个省与全国均值基本持平；湖北、贵州和湖南烟叶氰化氢释放量较低，分别为 111.3，113.6，116.0μg/g，内蒙古、福建和河南烟叶氰化氢释放量较高，分别为 170.1，171.4，179.5μg/g。

不同产地烟叶单位燃烧烟丝质量氰化氢释放量见表 2-4 和图 2-2。

表 2-4　国内不同产地烟叶单位燃烧烟丝质量氰化氢释放量

产地		单位燃烧烟丝质量氰化氢释放量/（μg/g）
云南	保山	139.9
	大理	129.2
	临沧	140.5
	普洱	171.5
	丽江	136.1
	楚雄	164.2
	昭通	129.2
	文山	166.2
	红河	162.4
	曲靖	166.0
	玉溪	155.2
	昆明	200.3
	变异系数/%	13.5

续表

产地		单位燃烧烟丝质量氰化氢释放量/（μg/g）
贵州	六盘水	103.2
	黔南	101.4
	安顺	112.6
	贵阳	123.2
	铜仁	106.8
	遵义	110.3
	毕节	113.5
	黔东南	127.6
	黔西南	131.6
	变异系数/%	9.4
四川	攀枝花	133.6
	凉山	135.4
	宜宾	176.6
	广元	164.9
	泸州	134.7
	变异系数/%	13.6
湖南	长沙	107.8
	常德	115.5
	张家界	106.5
	邵阳	104.4
	郴州	121.7
	怀化	118.7
	永州	126.5
	株洲	128.9
	湘西	111.5
	衡阳	132.0
	变异系数/%	7.9

续表

产地		单位燃烧烟丝质量氰化氢释放量/（μg/g）
河南	郑州	131.3
	周口	146.6
	商丘	221.4
	济源	145.1
	平顶山	162.7
	三门峡	125.1
	洛阳	130.7
	信阳	211.3
	许昌	176.7
	南阳	205.0
	漯河	192.7
	驻马店	239.5
	变异系数/%	19.2
福建	南平	155.4
	龙岩	170.5
	三明	179.8
重庆	酉阳	90.4
	丰都	98.8
	彭水	102.7
	奉节	112.8
	万州	118.6
	巫山	128.1
	石柱	104.7
	黔江	138.5
	巫溪	145.8
	南川	137.0
	涪陵	131.2
	武隆	131.5
湖北	十堰	99.5
	襄樊	103.9
	恩施	114.3
	宜昌	120.1

续表

产地		单位燃烧烟丝质量氰化氢释放量/（μg/g）
黑龙江	牡丹江	123.8
	哈尔滨	119.4
	绥化	155.5
山东	日照	146.2
	淄博	128.3
	青岛	150.2
	潍坊	168.8
	临沂	158.0
陕西	咸阳	101.5
	延安	94.5
	汉中	126.8
	安康	138.6
	商洛	104.7
	宝鸡	144.2
广东	韶关	118.0
江西	吉安	109.1
	抚州	126.2
	赣州	135.6
广西	百色	147.6
	贺州	154.5
	河池	149.7
辽宁	铁岭	112.2
	丹东	151.7
安徽	宣城	120.6
	芜湖	126.9
	黄山	152.6
吉林	延边	140.8
内蒙古	赤峰	170.1
甘肃	庆阳	108.4
	陇南	131.4

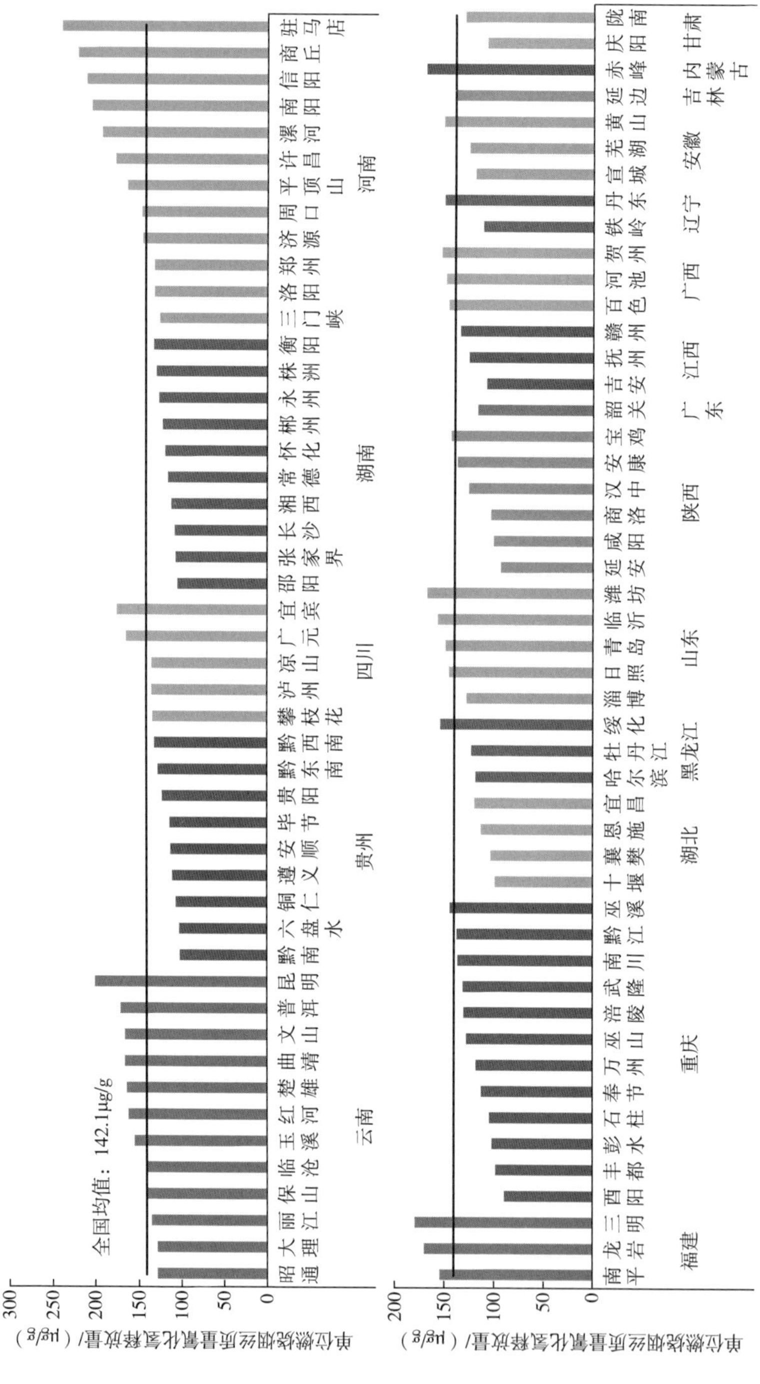

图2-2　国内不同产地烟叶单位燃烧烟丝质量氰化氢释放量

（1）云南　云南省烟叶单位燃烧烟丝质量氰化氢释放量均值为156.7μg/g，比全国均值高14.6μg/g，在19个省中排名（由低到高，下同）第15。省内单位燃烧烟丝质量氰化氢释放量由低到高依次为昭通、大理、丽江、保山、临沧、玉溪、红河、楚雄、曲靖、文山、普洱、昆明，释放量分别为129.2，129.2，136.1，139.9，140.5，155.2，162.4，164.2，166.0，166.2，171.5，200.3μg/g。省内各市烟叶单位燃烧烟丝质量氰化氢释放量变异系数为13.5%，表明省内各市烟叶单位燃烧烟丝质量氰化氢释放量差异较大。

（2）贵州　贵州省烟叶单位燃烧烟丝质量氰化氢释放量均值为113.6μg/g，比全国均值低28.5μg/g，排名第2。省内单位燃烧烟丝质量氰化氢释放量由低到高依次为黔南、六盘水、铜仁、遵义、安顺、毕节、贵阳、黔东南、黔西南，释放量分别为101.4，103.2，106.8，110.3，112.6，113.5，123.2，127.6，131.6μg/g。省内各市烟叶单位燃烧烟丝质量氰化氢释放量变异系数为9.4%，表明省内各市烟叶单位燃烧烟丝质量氰化氢释放量有一定差异。

（3）四川　四川省烟叶单位燃烧烟丝质量氰化氢释放量均值为140.5μg/g，比全国均值低1.6μg/g，排名第12。省内单位燃烧烟丝质量氰化氢释放量由低到高依次为攀枝花、泸州、凉山、广元、宜宾，释放量分别为133.6，134.7，135.4，164.9，176.6μg/g。省内各市烟叶单位燃烧烟丝质量氰化氢释放量变异系数为13.6%，表明省内各市烟叶单位燃烧烟丝质量氰化氢释放量差异较大。

（4）湖南　湖南省烟叶单位燃烧烟丝质量氰化氢释放量均值为116.0μg/g，比全国均值低26.1μg/g，排名第3。省内单位燃烧烟丝质量氰化氢释放量由低到高依次为邵阳、张家界、长沙、湘西、常德、怀化、郴州、永州、株洲、衡阳，释放量分别为104.4，106.5，107.8，111.5，115.5，118.7，121.7，126.5，128.9，132.0μg/g。省内各市烟叶单位燃烧烟丝质量氰化氢释放量变异系数为7.9%，表明省内各市烟叶单位燃烧烟丝质量氰化氢释放量有一定差异。

（5）河南　河南省烟叶单位燃烧烟丝质量氰化氢释放量均值为179.5μg/g，比全国均值高37.4μg/g，排名第19。省内单位燃烧烟丝质量氰化氢释放量由低到高依次为三门峡、洛阳、郑州、济源、周口、平顶山、许昌、漯河、南阳、信阳、商丘、驻马店，释放量分别为 125.1，130.7，131.3，145.1，146.6，162.7，176.7，192.7，205.0，211.3，221.4，239.5μg/g。省内各市烟叶单位燃烧烟丝质量氰化氢释放量变异系数为 19.2%，表明省内各市烟叶单位燃烧烟丝质量氰化氢释放量差异较大。

（6）福建　福建省烟叶单位燃烧烟丝质量氰化氢释放量均值为 171.4μg/g，比全国均值高 29.3μg/g，排名第 18。省内单位燃烧烟丝质量氰化氢释放量由低到高依次为南平、龙岩、三明，释放量分别为 155.4，170.5，179.8μg/g。

（7）重庆　重庆市烟叶单位燃烧烟丝质量氰化氢释放量均值为 118.2μg/g，比全国均值低 23.9μg/g，排名第 5。市内单位燃烧烟丝质量氰化氢释放量由低到高依次为酉阳、丰都、彭水、石柱、奉节、万州、巫山、涪陵、武隆、南川、黔江、巫溪，释放量分别为 90.4，98.8，102.7，104.7，112.8，118.6，128.1，131.2，131.5，137.0，138.5，145.8μg/g。

（8）湖北　湖北省烟叶单位燃烧烟丝质量氰化氢释放量均值为 111.3μg/g，比全国均值低 30.8μg/g，排名第 1。省内单位燃烧烟丝质量氰化氢释放量由低到高依次为十堰、襄樊、恩施、宜昌，释放量分别为 99.5，103.9，114.3，120.1μg/g。

（9）黑龙江　黑龙江省烟叶单位燃烧烟丝质量氰化氢释放量均值为 127.7μg/g，比全国均值低 14.4μg/g，排名第 8。省内单位燃烧烟丝质量氰化氢释放量由低到高依次为哈尔滨、牡丹江、绥化，释放量分别为 119.4，123.8，155.5μg/g。

（10）山东　山东省烟叶单位燃烧烟丝质量氰化氢释放量均值为 159.1μg/g，比全国均值高 17.0μg/g，排名第 16。省内单位燃烧烟丝质量氰化氢释放量由低到高依次为淄博、日照、青岛、临沂、潍坊，释放量分别为 128.3，146.2，150.2，158.0，168.8μg/g。

（11）陕西　陕西省烟叶单位燃烧烟丝质量氰化氢释放量均值为 123.6μg/g，比全国均值低 18.5μg/g，排名第 7。省内单位燃烧烟丝质量氰化氢释放量由低到高依次为延安、咸阳、商洛、汉中、安康、宝鸡，释放量分别为 94.5，101.5，104.7，126.8，138.6，144.2μg/g。

2. 国内外烟叶比较

考虑国内省级中烟企业主要在用进口烟叶，选择和国内 C3F 等级烟叶接近的国外进口烟叶样品 35 个，包括巴西烟叶 10 个，美国烟叶 10 个，津巴布韦烟叶 9 个，赞比亚烟叶 4 个，马拉维烟叶 2 个，各个国家烟叶的数据采用所有烟叶样品烟气结果的平均值，结果见表 2-5 和图 2-3。

表 2-5　　不同国家烟叶样品单位燃烧烟丝质量氰化氢释放量

国家	单位燃烧烟丝质量氰化氢释放量/（μg/g）	国家	单位燃烧烟丝质量氰化氢释放量/（μg/g）
中国	142. 1	赞比亚	132. 8
巴西	172. 4	马拉维	154. 2
津巴布韦	148. 9	变异系数/%	13. 4
美国	189. 8		

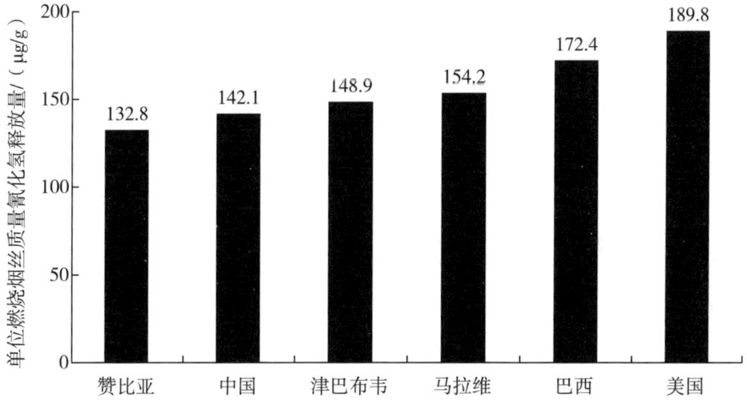

图 2-3　不同国家烟叶样品单位燃烧烟丝质量氰化氢释放量

结果表明：六个国家烟叶烟气单位燃烧烟丝质量氰化氢释放量变异系数为 13. 4%，说明不同国家烤烟单位烟丝质量氰化氢释放量有一定差异。赞比亚和中国烟叶单位燃烧烟丝质量氰化氢释放量较低，分别为 132. 8μg/g 和 142. 1μg/g，巴西和美国烟叶单位燃烧烟丝质量氰化氢释放量较高，分别为 172. 4μg/g 和 189. 8μg/g。

巴西、津巴布韦、美国、赞比亚、马拉维五个国家不同商业等级单位燃烧烟丝质量氰化氢释放量见表 2-6 和图 2-4。

表 2-6 各国不同商业等级烟叶样品单位燃烧烟丝质量氰化氢释放量

国家	商业等级	单位燃烧烟丝质量氰化氢释放量/(μg/g)	国家	商业等级	单位燃烧烟丝质量氰化氢释放量/(μg/g)
巴西	MBO1	153.0	津巴布韦	CJOT	109.9
	C1L/C	159.7		B1OAT	167.2
	L2OM	170.3		L1MKA	143.5
	MBOC	189.5		L1OFT	146.1
	MO1/S	179.8		L1FL	146.4
	L1O-C	156.5		L1OA	158.3
	BO1/S	185.2		FOA	148.5
	HGBOA/S	170.4		LMFA	165.4
	BOA/S	178.6		L2OT	154.9
	BOB/S	180.9			
美国	RCO1-C	149.7	赞比亚	ZL1OFT-HN	129.1
	A-BO2-C	184.5		ZL1LFT	132.4
	L2F	173.2		L1LO	139.1
	L2M	180.6		ZM-BMT	130.5
	FCB3	231.1	马拉维	ML-F1O/T	138.4
	FCA2	191.4		MFLOT	170.1
	FCA1	194.2			
	LAF	194.4			
	LAO	210.3			
	FCB1-C	188.5			

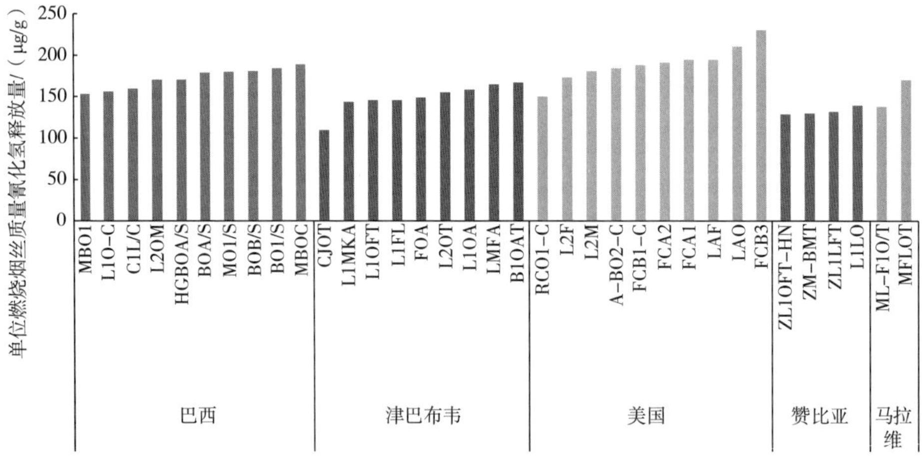

图 2-4 国外不同商业等级导烟叶单位燃烧烟丝质量氰化氢释放量

（1）巴西　单位燃烧烟丝质量氰化氢释放量在 153.0~189.5μg/g，均值 172.4μg/g。各商业等级单位燃烧烟丝质量氰化氢释放量水平由低到高依次为 MBO1、L1O-C、C1L/C、L2OM、HGBOA/S、BOA/S、MO1/S、BOB/S、BO1/S、MBOC。巴西各商业等级烟叶单位燃烧烟丝质量氰化氢释放量变异系数为 7.3%，表明巴西各商业等级烟叶单位燃烧烟丝质量氰化氢释放量有一定差异。

（2）津巴布韦　单位燃烧烟丝质量氰化氢释放量在 109.9~167.2μg/g，均值 148.9μg/g。各商业等级单位燃烧烟丝质量氰化氢释放量水平由低到高依次为 CJOT、L1MKA、L1OFT、L1FL、FOA、L2OT、L1OA、LMFA、B1OAT。津巴布韦各商业等级烟叶单位燃烧烟丝质量氰化氢释放量变异系数为 12.6%，表明津巴布韦各商业等级烟叶单位燃烧烟丝质量氰化氢释放量差异较大。

（3）美国　单位燃烧烟丝质量氰化氢释放量在 149.7~231.1μg/g，均值 189.8μg/g。各商业等级单位燃烧烟丝质量氰化氢释放量水平由低到高依次为 RCO1-C、L2F、L2M、A-BO2-C、FCB1-C、FCA2、FCA1、LAF、LAO、FCB3。美国各商业等级烟叶单位燃烧烟丝质量氰化氢释放量变异系数为 11.3%，表明美国各商业等级烟叶单位燃烧烟丝质量氰化氢释放量差异较大。

（4）赞比亚　单位燃烧烟丝质量氰化氢释放量在 129.1~139.1μg/g，均值 132.8μg/g。各商业等级单位燃烧烟丝质量氰化氢释放量水平由低到高依次为 ZL1OFT-HN、ZM-BMT、ZL1LFT、L1LO。

（5）马拉维　单位燃烧烟丝质量氰化氢释放量在 138.4~170.1μg/g，均值 154.2μg/g。各商业等级单位燃烧烟丝质量氰化氢释放量水平由低到高依次为 ML-F1O/T、MFLOT。

二、烟叶类型的影响

比较同一年份不同类型烟叶（香料烟、白肋烟和烤烟）烟气氰化氢释放量的差异情况，其中烤烟的数据采用项目中国产 C3F 烤烟类型烟叶烟气结果的平均值，结果见表 2-7。

表 2-7　　不同烟叶类型单位燃烧烟丝质量氰化氢释放量

烟叶类型	单位燃烧烟丝质量氰化氢释放量/（μg/g）	烟叶类型	单位燃烧烟丝质量氰化氢释放量/（μg/g）
香料烟	288.5	烤烟	267.2
白肋烟	333.4	变异系数/%	11.4

结果表明，三种类型烟叶单位燃烧烟丝质量氰化氢释放量变异系数为11.4%，不同类型烟叶氰化氢释放量有一定差异。其中，白肋烟的单位燃烧烟丝质量氰化氢释放量较高，香料烟和烤烟较低。

三、烟叶品种的影响

比较同一产地（云南玉溪）同一等级（C3F）不同品种烟叶（K326、红花大金元和云87）烟气氰化氢释放量的差异情况，结果见表2-8。

表2-8　　不同烟叶品种单位燃烧烟丝质量氰化氢释放量

烟叶品种	单位燃烧烟丝质量氰化氢释放量/（μg/g）	烟叶品种	单位燃烧烟丝质量氰化氢释放量/（μg/g）
K326	200.0	云87	226.3
红花大金元	270.1	变异系数/%	15.3

结果表明，不同品种烟叶烟气单位燃烧烟丝质量氰化氢释放量变异系数为15.3%，不同品种烟叶氰化氢释放量有一定差异。其中，红花大金元烟叶单位燃烧烟丝质量氰化氢释放量最大，云87烟叶次之，K326烟叶最小。

四、烟叶部位的影响

比较32个烟叶主产地B2F、C3F和X2F三个部位烟叶烟气氰化氢释放量的差异，考察烟叶部位对单位燃烧烟丝质量氰化氢释放量的影响。32个产地B2F、C3F和X2F三个部位烟叶的氰化氢释放量见表2-9和图2-5。

表2-9　　不同产地不同部位烟叶氰化氢释放量

产地	部位	氰化氢释放量/（μg/g）	产地	部位	氰化氢释放量/（μg/g）
安徽宣州	B2F	234.3	湖南江华	B2F	168.2
	C3F	131.3		C3F	129.0
	X2F	113.8		X2F	101.3
福建宁化	B2F	238.4	湖南桑植	B2F	136.0
	C3F	177.9		C3F	95.8
	X2F	173.1		X2F	95.0
福建永定	B2F	181.0	江西信丰	B2F	144.7
	C3F	148.8		C3F	141.5
	X2F	194.8		X2F	141.8

续表

产地	部位	氰化氢释放量/(μg/g)	产地	部位	氰化氢释放量/(μg/g)
广东南雄	B2F	119.0	山东蒙阴	B2F	156.7
	C3F	114.1		C3F	166.3
	X2F	116.4		X2F	177.6
贵州德江	B2F	119.0	山东诸城	B2F	174.3
	C3F	101.3		C3F	159.3
	X2F	77.1		X2F	169.7
贵州贵定	B2F	135.3	陕西洛南	B2F	107.4
	C3F	89.2		C3F	105.7
	X2F	88.2		X2F	100.3
贵州黔西	B2F	118.2	陕西旬阳	B2F	140.8
	C3F	113.7		C3F	148.0
	X2F	110.4		X2F	126.5
贵州兴仁	B2F	135.6	四川会理	B2F	155.1
	C3F	121.6		C3F	134.7
	X2F	114.2		X2F	118.9
贵州遵义	B2F	137.2	云南建水	B2F	183.3
	C3F	94.9		C3F	151.9
	X2F	101.6		X2F	147.9
河南宝丰	B2F	131.8	云南江川	B2F	195.8
	C3F	137.7		C3F	145.3
	X2F	136.4		X2F	133.2
河南内乡	B2F	249.2	云南宁洱	B2F	209.6
	C3F	243.6		C3F	186.5
	X2F	227.0		X2F	214.5
河南确山	B2F	227.3	云南师宗	B2F	197.6
	C3F	243.2		C3F	205.2
	X2F	176.2		X2F	172.4
河南襄城	B2F	168.8	云南祥云	B2F	144.7
	C3F	140.6		C3F	125.9
	X2F	192.5		X2F	109.1

续表

产地	部位	氰化氢释放量/（μg/g）	产地	部位	氰化氢释放量/（μg/g）
黑龙江宁安	B2F	107.4	云南宜良	B2F	199.0
	C3F	121.6		C3F	194.5
	X2F	174.6		X2F	190.7
湖北利川	B2F	156.9	重庆彭水	B2F	167.7
	C3F	122.9		C3F	101.7
	X2F	117.2		X2F	101.4
湖南桂阳	B2F	101.5	重庆巫山	B2F	152.4
	C3F	122.0		C3F	135.2
	X2F	94.5		X2F	117.8

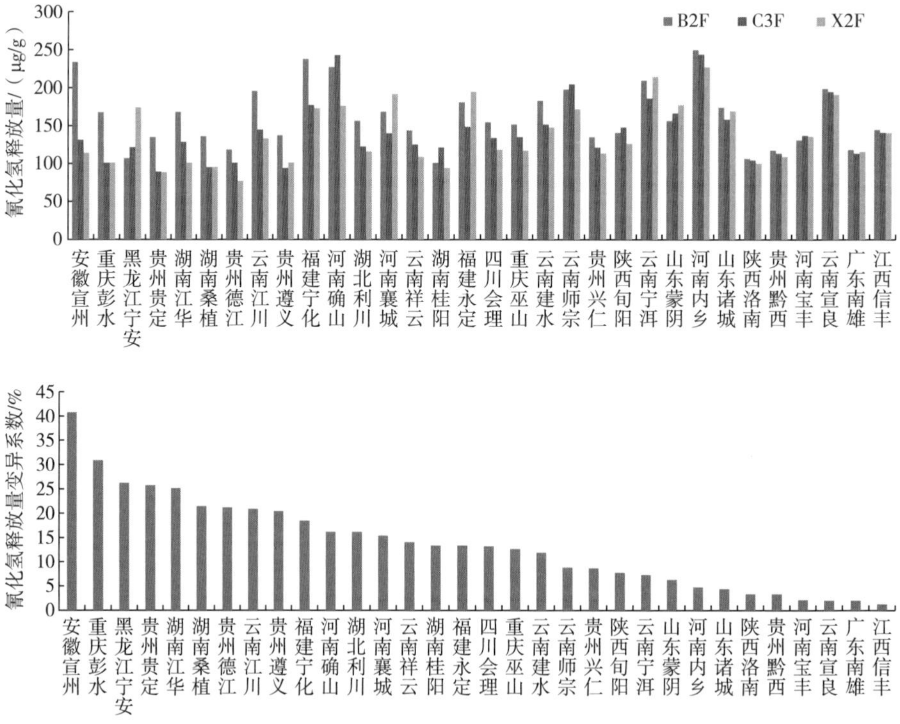

图 2-5　不同产物烟叶氰化氢释放量随部位的变化及变异系数

从32个产地烟叶单位燃耗烟丝质量氰化氢释放量来看，18个产地表现出B2F>C3F>X2F的规律，8个产地基本符合上述规律，6个产地不符合上述规律。32个产地中，不同烟叶部位氰化氢释放量变异系数分布在1.3%～40.7%，均值13.8%。其中安徽宣州、重庆彭水、黑龙江宁安、贵州贵定、湖南江华、湖南桑植、贵州德江、云南江川、贵州遵义9个产地部位之间变异系数大于20%，表明部位对烟叶氰化氢释放量的影响较大；河南内乡、山东诸城、陕西洛南、贵州黔西、河南宝丰、云南宜良、广东南雄、江西信丰8产地部位之间变异系数小于5%，表明部位对烟叶氰化氢释放量的影响相对较小。

分别对32个产地三个部位烟叶的单位燃烧烟丝质量氰化氢释放量平均值进行统计，结果见表2-10。

表2-10　　不同部位烟叶单位燃烧烟丝质量氰化氢释放量

部位	单位燃烧烟丝质量氰化氢释放量/（μg/g）	部位	单位燃烧烟丝质量氰化氢释放量/（μg/g）
B2F	162.3	X2F	138.3
C3F	142.2	变异系数/%	13.8

结果表明，32个产地不同部位烟叶单位燃烧烟丝质量氰化氢释放量变异系数为13.8%，表明不同部位烟叶氰化氢释放量有一定差异。32个产地不同部位烟叶单位燃烧烟丝质量氰化氢释放量均值排序为B2F>C3F>X2F。

五、烟叶产地、类型、部位和品种的影响比较

为进一步分析比较烟叶产地、类型、部位和品种对卷烟主流烟气氰化氢释放量的影响，分别计算产地、类型、品种和部位烟叶氰化氢释放量的变异系数，对其进行比较（表2-11）。结果表明，烟叶产地对单位燃烧烟丝质量氰化氢释放量的影响最大，其次为烟叶部位、烟叶品种和烟叶类型。

表2-11　不同产地、类型、部位和品种烟叶氰化氢释放量变异系数

因素	氰化氢释放量变异系数/%	因素	氰化氢释放量变异系数/%
产地	24.2	部位	17.0
类型	11.4	品种	15.3

第二节　三丝掺兑对卷烟烟气氰化氢释放量的影响

卷烟叶组配方设计是卷烟设计中最重要的部分之一，膨胀烟丝、膨胀梗丝、再造烟叶（简称三丝）具有填充值高、燃烧性好等特点，已被广泛用来降低卷烟主流烟气中的焦油和有害成分。本节研究膨胀梗丝、膨胀烟丝、薄片掺兑量对卷烟主流烟气氰化氢释放量的影响。

一、三丝掺兑对卷烟烟气氰化氢释放量的单因素影响

叶组配方对卷烟烟气有重要影响，前期研究主要集中在焦油、烟气烟碱、CO 等常规成分。Halter 等[1,2]研究了不同制备方法制备的膨胀烟丝对主流烟气中焦油、烟气烟碱和 CO 的影响；Browne 等[3]研究了卷烟配方设计中不同比例烟草薄片的加入对主流烟气中焦油、烟气烟碱和 CO 的影响；Abdallah 等[4]研究了卷烟配方设计中不同比例烟草薄片和膨胀烟丝的加入对主流烟气中焦油、烟气烟碱和 CO 的影响等。随着研究的深入，烟气成分逐渐由常规成分扩展到 Hoffmann 分析物。如 Guan 等[5]考察了不同部位烤烟与白肋烟组成的叶组配方对烟气中氨、多环芳胺、多环芳烃、烟草特有亚硝胺、挥发半挥发性有机物、羰基化合物、NO 和酚类等成分释放量的影响，研究结果表明，烤烟部位和叶组配方对主流烟气有害成分释放量有显著影响。Johnson 等[6]研究表明，控制烟叶蛋白质含量是降低芳香胺生成的有效方式。Kim 等[7]研究了不同等级烟叶还原糖含量对烟气中丙烯酰胺的影响，发现烟丝中的还原糖含量与主流烟气中丙烯酰胺释放量线性相关。Winter 等[8]考察了烟叶配方与 Hoffmann 分析物之间的关系，其研究结果表明可以通过叶组配方组成预测烟气中某些 Hoffmann 分析物的释放量。杜雪晴等[9]对我国主要市售烤烟型和混合型两种类型共 15 种卷烟的主流烟气中苯并［a］芘［B（a）P］进行了分析，结果显示烤烟型卷烟苯并［a］芘释放量普遍高于混合型卷烟；吴清辉[10]、蔡国华等[11]分别对国产烟叶和进口烟叶苯酚、巴豆醛释放量进行了比较；彭斌等[12]比较了 2007 年不同部位 K326 烟叶 7 种成分释放量的差异；陈敏等[13]分析了国内 5 个产地烤烟型单料烟上、中、下部三个部位烟叶 7 种成分释放量的差异。在叶组配方方面，叶组配方中三丝具有较高的填充值和较低的焦油释放量，是降焦的主要手段之一，因此叶组配方对有害成分释放量影响越来越受到研究人员的重视。彭斌[14]、谢金栋[15]、白晓莉

等[16]考察了掺配不同比例三丝后卷烟主流烟气中有害成分释放量的变化情况；王宗英等[17]比较了滚筒干燥和气流干燥两种烘丝方式对主流烟气 7 种成分的影响，其结果表明烘丝方式影响 7 种成分的释放量，主要表现在 CO、4-（甲基亚硝胺）-1-（3-吡啶基）-1-丁酮（NNK）、巴豆醛等指标。

本节采用单因素实验，考察烟草薄片、膨胀梗丝、膨胀叶丝掺兑比例对烟气氰化氢释放量的影响。其中，膨胀梗丝样品组，不添加膨胀烟丝和烟草薄片，仅变化膨胀梗丝的掺兑比例，分别为 10%、20%、30%、40%、50%；膨胀烟丝样品组，不添加膨胀梗丝和薄片，仅变化膨胀烟丝的掺兑比例，分别为 10%、20%、30%、40%、50%；烟草薄片样品组，不添加膨胀梗丝和膨胀烟丝，仅变化烟草薄片的掺兑比例，分别为 10%、20%、30%、40%、50%。采用线性回归分析，研究了三丝掺兑量对氰化氢单支释放量、单口释放量、单位质量烟丝释放量、单位焦油释放量的影响。

1. 三丝掺兑量对氰化氢单支释放量的影响

三丝掺兑量与氰化氢单支释放量的关系见图 2-6 和表 2-12。

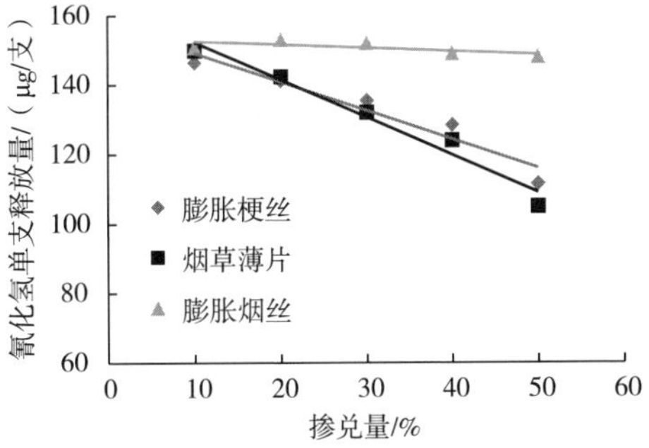

图 2-6　三丝掺兑量与氰化氢单支释放量的关系

表 2-12　三丝掺兑量与氰化氢单支释放量的线性相关方程参数

线性相关方程参数	膨胀梗丝	膨胀烟丝	烟草薄片
截距	146.30	149.80	150.80
斜率	−0.52	−0.023	−0.79
相关系数	0.94	0.17	0.95

三丝掺兑量对卷烟主流烟气氰化氢单支释放量的影响结果表明：

（1）膨胀梗丝、烟草薄片掺兑量均与氰化氢释放量呈显著相关关系，且随着膨胀梗丝、烟草薄片掺兑量增加，氰化氢释放量降低；从方程的斜率上看，烟草薄片对氰化氢释放量影响程度大于膨胀梗丝，这应与氰化氢主要前体物质的含量水平差异有关。

（2）膨胀烟丝掺兑量对氰化氢释放量影响较小，主要是烟丝膨胀后，总糖含量降低，但总氮含量增加，即氰化氢前体物质含量增加，因此，膨胀烟丝掺兑量增加，卷烟抽吸口数减少，氰化氢释放量变化不明显。

2. 三丝掺兑量对氰化氢单口释放量的影响

三丝掺兑量与氰化氢单口释放量的关系见图 2-7 和表 2-13。

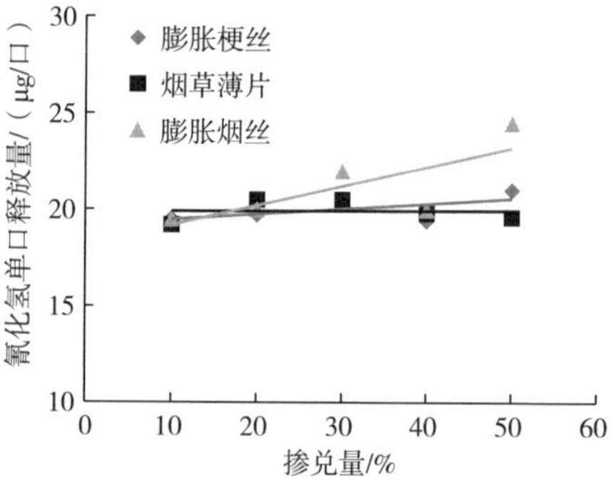

图 2-7　三丝掺兑量与氰化氢单口释放量的关系

表 2-13　　三丝掺兑量与氰化氢单口释放量的线性相关方程参数

线性相关方程参数	膨胀梗丝	膨胀烟丝	烟草薄片
截距	19. 59	17. 45	19. 37
斜率	0. 033	0. 11	-0. 009
相关系数	0. 81	0. 87	0. 21

三丝掺兑量对氰化氢单口释放量的影响结果表明，烟草薄片掺兑量与氰化氢单口释放量无关，膨胀梗丝和膨胀烟丝掺兑量与氰化氢单口释放量具有一定相关性；从方程的斜率上看，膨胀梗丝掺兑量对氰化氢单口释放量影响较小，膨胀烟丝掺兑量增加，氰化氢单口释放量增加。这是由于掺兑膨胀烟丝后，卷烟抽吸口数降低，而氰化氢释放量变化不明显，因此氰化氢单口释

放量增加。掺兑膨胀梗丝和薄片后，抽吸口数、氰化氢释放量均降低，二者变化程度相当，所以氰化氢单口释放量变化不明显。

3. 三丝掺兑量对单位质量烟丝氰化氢释放量的影响

三丝掺兑量与单位质量烟丝氰化氢释放量的关系见图 2-8 和表 2-14。

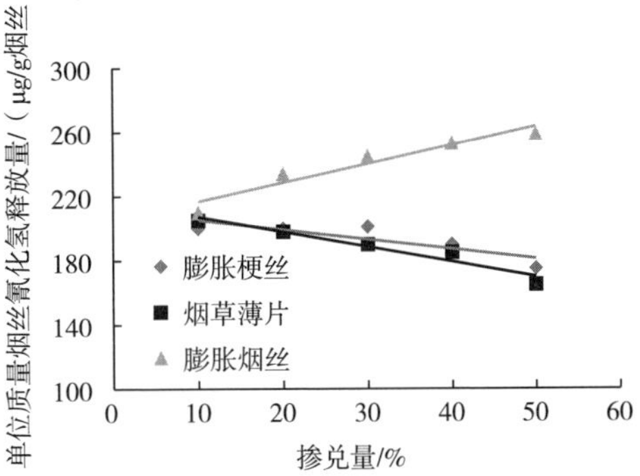

图 2-8 三丝掺兑量与单位质量烟丝氰化氢释放量的关系

表 2-14 三丝掺兑量与单位质量烟丝氰化氢释放量的线性相关方程参数

线性相关方程参数	膨胀梗丝	膨胀烟丝	烟草薄片
截距	213.70	214.40	219.70
斜率	-0.51	1.05	-0.91
相关系数	0.95	0.99	0.91

三丝掺兑量对单位质量烟丝氰化氢释放量的影响结果表明，膨胀梗丝、膨胀烟丝和烟草薄片掺兑量与单位质量烟丝氰化氢释放量相关系数均大于 0.90，说明膨胀梗丝、膨胀烟丝和烟草薄片掺兑量与单位质量烟丝氰化氢释放量相关。从方程的斜率上分析，膨胀梗丝和烟草薄片与单位质量烟丝氰化氢释放量线性相关方程的斜率为负数，说明随着膨胀梗丝和烟草薄片掺兑量增加，单位质量烟丝氰化氢释放量减少；膨胀烟丝掺兑量与单位质量烟丝氰化氢释放量线性相关方程的斜率为正数，说明随着膨胀烟丝掺兑量增加，单位质量烟丝氰化氢释放量增加。这是因为，掺兑膨胀烟丝后，烟支质量下降快，因此单位质量烟丝氰化氢释放量增加，而掺兑膨胀梗丝和薄片后，烟支质量也下降，但变化程度较小，因此单位质量烟丝氰化氢释放量减少。

4. 三丝掺兑量对单位焦油氰化氢释放量的影响

三丝掺兑量与单位焦油氰化氢释放量的关系见图 2-9 和表 2-15。

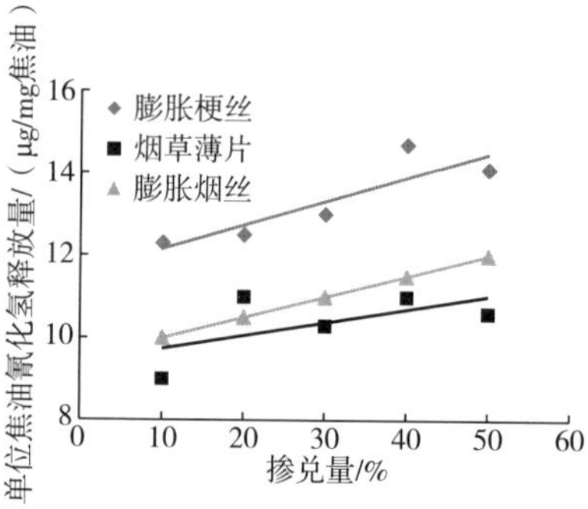

图 2-9　三丝掺兑量与单位焦油氰化氢释放量的关系

表 2-15　三丝掺兑量与单位焦油氰化氢释放量的线性相关方程参数

线性相关方程参数	膨胀梗丝	膨胀烟丝	烟草薄片
截距	11.95	9.85	10.06
斜率	0.065	0.041	0.023
相关系数	0.83	0.99	0.45

三丝掺兑量对单位焦油氰化氢释放量的影响结果表明：

（1）薄片与掺兑量与单位焦油氰化氢释放量无相关性，这是因为掺兑薄片后，卷烟烟气焦油释放量降低，而氰化氢释放量变化不明显，因此，单位焦油氰化氢释放量与薄片与掺兑量之间无明显相关性。

（2）膨胀梗丝和膨胀烟丝掺兑量与单位焦油氰化氢释放量相关。从方程的斜率上分析，膨胀梗丝、膨胀烟丝掺兑量与单位焦油氰化氢释放量线性相关方程的斜率为正数，说明随着膨胀梗丝、膨胀烟丝掺兑量增加，单位焦油氰化氢释放量增加。对单位焦油氰化氢释放量影响程度，膨胀梗丝大于膨胀烟丝。这是因为掺兑膨胀梗丝和薄片后，尽管氰化氢释放量降低，但焦油释放量也降低，焦油释放量降低的程度大于氰化氢释放量降低的程度，且降焦效果膨胀梗丝>薄片，因此，反映出如上所述的规律。这也说明，增加三丝在叶组配方中的用量比例，并不能起到选择性降低卷烟烟气氰化氢释放量的作用。

二、三丝掺兑对卷烟烟气氰化氢释放量的多因素影响

1. 配方多因素影响模型的建立及优选

选择膨胀烟丝、膨胀梗丝、烟草薄片掺兑量 3 个因素，设计 41 个卷烟样品，见表 2-16。

表 2-16　　三丝掺兑量多因素样品设计表

卷烟编号	膨胀梗丝/%	膨胀烟丝/%	烟草薄片/%	叶丝/%	卷烟编号	膨胀梗丝/%	膨胀烟丝/%	烟草薄片/%	叶丝/%
A0	0	0	0	100	BA-9	20	0	40	40
AA1	0	10	0	90	BA-10	40	0	20	40
AA2	0	30	0	70	BA-11	40	20	0	40
AA3	0	50	0	50	BA-12	0	20	40	40
AA4	0	100	0	0	BA-13	0	40	20	40
AB-1	10	0	0	90	BA-14	20	20	40	20
AB-2	30	0	0	70	BA-15	20	40	20	20
AB-3	50	0	0	50	BA-16	40	20	20	20
AB-4	100	0	0	0	BA-17	40	0	0	60
AC-1	0	0	10	90	BA-18	0	40	0	60
AC-2	0	0	30	70	BA-19	0	0	40	60
AC-3	0	0	50	50	BA-20	0	40	40	20
AC-4	0	0	100	0	BA-21	40	0	40	20
BA-1	20	0	0	80	BA-22	40	40	0	20
BA-2	0	20	0	80	BB-1	10	10	30	50
BA-3	0	0	20	80	BB-2	10	20	20	50
BA-4	20	20	0	60	BB-3	10	30	10	50
BA-5	20	0	20	60	BB-4	20	10	20	50
BA-6	0	20	20	60	BB-5	20	20	10	50
BA-7	20	20	20	40	BB-6	30	10	10	50
BA-8	20	40	0	40					

采用线性回归法和逐步回归法建立三丝掺兑对主流烟气氰化氢释放量影响多因素模型，根据预测模型的参数检验结果确定 2~3 个基本可靠的预测模型，并进行交叉验证，依据交叉验证标准差（RMSECV）筛选出最优预测模

型，最后采用外部验证样品对预测模型的预测能力进行验证。

模型参数：膨胀梗丝掺兑量（X_1）、膨胀烟丝掺兑量（X_2）和薄片掺兑量（X_3），氰化氢释放量范围：88.6~159.9μg/支，建立的预测模型及其检验结果见表2-17。

表2-17　氰化氢释放量预测模型及模型参数检验结果

模型1	预测模型	$Y=149.8-62.04X_1+9.693X_2-64.38X_3$
	模型方差检验	$F=6.348$，$P=3.109\times10^{-15}$，$R^2=0.8284$，RMSECV=9.0270
	系数方差检验	$p=1.34\times10^{-13}$，2.459×10^{-12}，0.1562，5.166×10^{-13}
模型2	预测模型	$Y=151.5-59.67X_1-65.58X_3$
	模型方差检验	$F=99.05$，$P=8.459\times10^{-16}$，$R^2=0.839$，RMSECV=7.208
	系数方差检验	$p=1.41\times10^{-13}$，2.209×10^{-12}，8.141×10^{-13}
模型3	预测模型	$Y=151.5-59.67X_1-65.58X_3$
	模型方差检验	$F=99.05$，$P=8.459\times10^{-16}$，$R^2=0.839$，RMSECV=7.208
	系数方差检验	$p=1.41\times10^{-13}$，2.209×10^{-12}，8.141×10^{-13}
模型4	预测模型	$Y=151.5-59.67X_1-65.58X_3$
	模型方差检验	$F=99.05$，$P=8.459\times10^{-16}$，$R^2=0.839$，RMSECV=7.208
	系数方差检验	$p=1.41\times10^{-13}$，2.209×10^{-12}，8.141×10^{-13}

注：模型1—三因素线性模型（线性回归法）；模型2—二因素线性模型（线性回归法）；模型3—多因子及平方项模型（逐步回归法）；模型4—二次多项式模型（逐步回归法）。

通过方差检验的氰化氢释放量预测模型共计4个，由于多因子及平方项模型、二次多项式模型中的平方项和交叉项前的系数均未通过方差检验，没有被引入二次多项式模型中，因此模型2、模型3和模型4相同。从表中看出，4个模型的R^2均在0.8左右，说明4个模型拟合效果较好。其中模型2、模型3、模型4的R^2最大，RMSECV最小，因此选择模型2作为氰化氢最优预测模型。

2. 模型预测能力的外部验证

为了更好地检测预测模型的预测能力，制作了不同配方设计参数的卷烟样品，用于考察预测模型的实际应用能力。由于各企业制作的验证样品采用的配方与预测模型所使用的配方不同，因此不能直接采用预测模型预测验证样品的有害成分释放量。项目以各企业某一配方卷烟样品作为基准样品，在基准样的基础上变化配方设计参数的样品为验证样品。采用项目所建立的有害成分预测模型，根据样品配方设计参数变化预测验证样品相对于基准样品的变化率，再用基准样品的有害成分释放量实测值进行校正，得出验证样品的有害成分释放量的校正预测值。

验证样品的预测结果由式（2-1）计算：以预测模型计算出的验证样品结果除以模型计算的基准样品结果，得出验证样品相对于基准样品的变化倍数，再乘以基准样品的实测值，即得出验证样品的校正预测值。计算验证样品的预测标准差［RMSEP，式（2-2）］和平均预测相对偏差［式（2-3）］来考察模型的预测能力。

$$C''_{验证样} = \frac{\hat{C}_{验证样}}{\hat{C}_{基准样}} \times C_{基准样} \tag{2-1}$$

$$\text{RMSEP} = \sqrt{\frac{\sum (C''_i - C_i)^2}{m}} \tag{2-2}$$

$$平均预测相对偏差 = \frac{\sum_{i=1}^{m} \frac{|C''_i - C_i|}{C_i}}{m} \times 100\% \tag{2-3}$$

式中　C_i——标准方法测得的值；

$\hat{C}_i$——模型预测值；

C''_i——校正预测值；

n——校正集样品数；

m——预测集样品数。

验证样品由3家卷烟企业制备，其中B、C两家生产企业所用的三丝生产工艺与建模样品相同，即膨胀梗丝采用蒸汽膨胀、膨胀烟丝采用CO_2膨胀工艺、烟草薄片采用造纸法烟草薄片；A生产企业所用的膨胀梗丝和薄片生产工艺与建模样品相同，而膨胀烟丝采用在线水蒸气膨胀，与建模样品不同（表2-18）。

表2-18　　验证样品信息

生产企业	验证样品	掺兑量/%			
		烟丝	膨胀梗丝	膨胀烟丝	烟草薄片
A	H基准样	60	0	30	10
	H1	40	10	20	30
	H2	70	20	10	0

续表

生产企业	验证样品	掺兑量/%			
		烟丝	膨胀梗丝	膨胀烟丝	烟草薄片
B	C 基准样	77	16	0	7
	C1	67	26	0	7
	C2	67	16	10	7
	C3	57	26	10	7
	C4	57	26	0	17
	C5	47	26	10	17
C	W 基准样	65	15	5	15
	W1	45	35	5	15
	W2	45	15	5	35

氰化氢释放量预测模型的验证采用 3 家企业的 12 个验证样品，验证样品氰化氢释放量为 96.0~163.4μg/支，验证结果见图 2-10。

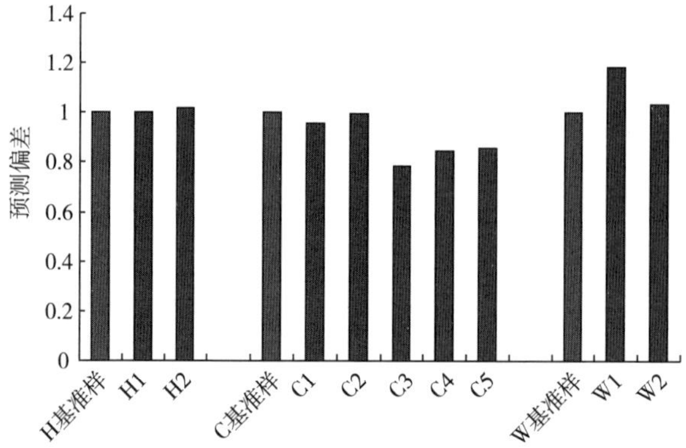

图 2-10　氰化氢预测模型的外部预测偏差

三丝加工工艺相同的 C 组和 W 组样品，氰化氢预测标准差为 16.2，平均预测相对偏差为 11.0%，模型预测结果有一定的准确度。三丝加工工艺不同的 H 组样品，氰化氢预测标准差为 1.23，平均预测相对偏差为 1.0%，验证样品预测结果与实测结果较为一致。总体而言，验证样品预测结果与实测结果较为一致。

3. 三丝掺兑量对氰化氢释放量的影响程度

以膨胀梗丝、膨胀烟丝和烟草薄片掺兑量均为5%的卷烟为基准卷烟（烟丝含量85%），根据氰化氢释放量预测模型，计算三丝掺兑量在设计范围内变化对烟气氰化氢释放量的影响幅度见图2-11。

结果表明：

（1）膨胀梗丝和烟草薄片掺兑量增加，氰化氢释放量降低，二者降低幅度相当，膨胀梗丝和烟草薄片掺兑量从5%增加到40%，氰化氢释放量分别降低14.4%和15.8%。

（2）膨胀烟丝掺兑量增加，氰化氢释放量基本不变。

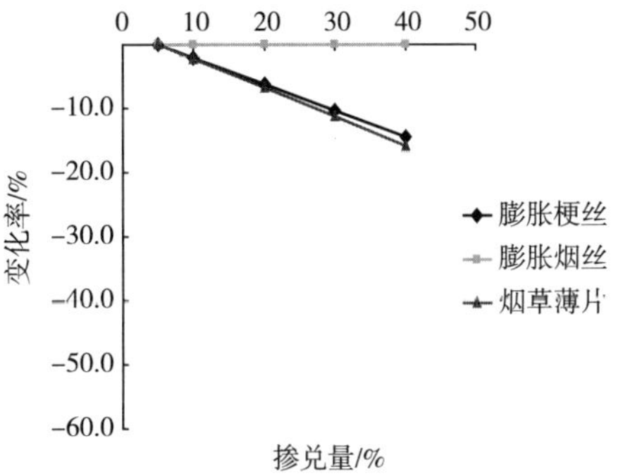

图2-11　氰化氢在配方参数设计范围内的变化幅度

参考文献

[1] Halter H M, Ito T I, Slanki J M. Method of making expanded reconstituted tobacco [C]. Coresta Joint Conference, 1972, 140-144.

[2] Halter H M. Effect of tobacco reconstitution and expansion process on smoke composition [C]. 5th International Tobacco Scientific Congress, 1970.

[3] Browne C N. The design of cigarettes [M]. 1979.

[4] Abdallah F. 7th Coresta, 1980.

[5] Guan J, Barrett K, Hamm J. Correlations between tobacco blend, firecone temperatures, and Hoffmann deliveries [C]. TobSci Res Conf, 2007: 61, 55.

[6] Johnson J, Guan J, Perini F R. Implications of tobacco variety, stalk position, and construction parameters on the formation of polyaromatic amines [C]. TobSci Res Conf, 2007,

61, abstr. 56.

[7] Kim I, Lee J, Min H, et al. Analysis of acrylamide in mainstream cigarette smoke and effects of reducing sugars on acrylamide content [C]. CORESTA Meeting, 2007, SSPT-POST 06.

[8] Winter D, Case P D, Coleman M, et al. The effect of blend type on mainstream and side-stream Hoffmann analyte machine yields [C]. CORESTA Meeting, 2007, SSPT 23.

[9] 杜雪晴，王新明，唐建辉，等．我国主要市售香烟主流烟气中多环芳烃的分析 [J]．环境化学，2006 (6)：785-788.

[10] 吴清辉．不同配方组分对卷烟主流烟气苯酚释放量的影响 [J]．安徽农业科学，2011，39 (21)：13073-13074，13084.

[11] 蔡国华，白雪平，张建平，等．不同叶组配方对卷烟主流烟气巴豆醛释放量的影响 [J]．安徽农业科学，2012，40 (3)：1453-1454，1471.

[12] 彭斌，赵乐，孙学辉，等．烟叶部位对卷烟主流烟气 7 种有害成分释放量的影响 [J]．烟草科技，2012 (11)：42-44.

[13] 陈敏，郭吉兆，郑赛晶，等．烟叶部位、产地与卷烟主流烟气 7 种有害成分释放量关系研究 [J]．中国烟草学报，2012，18 (5)：16-22.

[14] 彭斌，李旭华，赵乐，等．“三丝”掺兑量对卷烟主流烟气有害成分释放量的影响 [J]．烟草科技，2011 (11)：40-43.

[15] 谢金栋，黄朝章，吴清辉，等．卷烟叶组配方对主流烟气氨的影响研究 [J]．中国农学通报，2012，28 (24)：256-26.

[16] 白晓莉，龚荣岗，彭国岗，等．再造烟叶对卷烟主流烟气中苯酚的影响 [J]．食品工业，2009 (6)：22-23.

[17] 王宗英，彭军仓，徐磊，等．两种干燥工艺下叶丝加工质量的对比分析 [J]．烟草科技，2012 (11)：5-9.

第三章
辅助材料对卷烟烟气氰化氢释放量的影响

卷烟辅助材料主要包括卷烟纸、成形纸、接装纸和滤棒等，是卷烟不可或缺的组成部分。卷烟辅助材料通过调节卷烟燃烧、稀释和过滤烟气等影响烟气的形成与释放，是国内外烟草企业普遍采用的重要降焦减害技术手段。本章研究辅助材料中卷烟纸、接装纸、成形纸、滤棒的主要设计参数对卷烟主流烟气氰化氢释放量的影响。

第一节　卷烟纸对烟气氰化氢释放量的影响

卷烟纸是用于包裹烟丝成为卷烟烟支的专用纸，直接参与卷烟燃烧过程，影响烟气的形成与释放，对烟气主要化学成分、卷烟感官品质、包灰与灰色等有不同程度的影响，是烟用材料设计中重要的环节。国内外针对卷烟辅助材料参数对烟气组成的影响方面开展了大量研究，早期研究主要集中于辅助材料设计参数对烟气总粒相物、焦油、CO、烟碱等常规成分以及卷烟的燃烧性、抽吸口数等的影响。如 William[1] 研究了卷烟纸透气度对主流烟气中焦油、烟碱和 CO 的影响。Browne[2] 研究了通风稀释对主流烟气和侧流烟气中烟气冷凝物、水分、烟碱和 CO 的影响。Le 等[3] 研究了卷烟纸透气性、定量、柠檬酸盐含量等对中式烤烟型卷烟烟气焦油和 CO 等的影响。2000 年以来，卷烟辅助材料设计参数与烟气 Hoffmann 分析物释放量的关系研究成为国际各大卷烟企业研究的热点[4-8]。2001 年，Wilson[4] 研究了滤嘴通风对主流烟气中焦油、水分、烟碱和酚类物质的影响。2004 年，Christophe 等[5] 研究了滤嘴通风、卷烟纸透气度和柠檬酸钾/钠对 Hoffmann 分析物的影响。英美烟草公司[6,7] 研究了滤棒吸阻、滤嘴通风度、卷烟纸透气度等设计参数与烟气有害成分的关系。国内针对辅助材料对卷烟烟气成分的影响也开展了较多研究[9-15]。郭吉兆[9]、黄朝章[10] 等分别研究了卷烟纸特性，特别是卷烟纸助燃剂对主流烟气 7 种成分的影响，研究结果表明助燃剂对卷烟主流烟气中 7 种成分有一定降低作用。

赵乐等[11]考察了滤嘴通风稀释、滤棒吸阻、卷烟纸透气度等参数对主流烟气中主要有害成分释放量的影响。刘泽春[12]、孙学辉等[13]考察了醋纤滤嘴中三醋酸甘油酯添加量对烟气成分的影响。金勇等[14]对滤嘴在卷烟降焦减害中的研究进行了综述。聂聪[15]系统考察了卷烟纸、成形纸、接装纸、滤棒等辅助材料参数对主流烟气焦油、烟碱和 7 种成分释放量的影响，并采用数学统计方法，建立了较为可靠的预测模型，为利用辅助材料参数设计降低卷烟烟气中有害成分释放量提供了数据支撑。

当前，卷烟纸设计对卷烟品质的研究逐步由卷烟纸终端的质量控制指标向生产过程的源头参数转变，如由透气度、定量等指标逐步扩展到卷烟纸浆料组成、$CaCO_3$ 填料晶型结构与用量、助燃剂种类与用量、其他功能助剂等。其中，卷烟纸助燃剂作为卷烟纸重要添加成分，可以提高卷烟纸的扩散速率，促进烟支燃烧，降低卷烟抽吸期间的燃烧温度，对卷烟烟气、感官品质等有重要影响。本节主要考察了卷烟纸透气度、定量、助燃剂、纸浆类型对卷烟主流烟气氰化氢释放量的影响。

一、卷烟纸透气度的影响

保持卷烟纸配方和其他辅助材料不变，在 20~80CU 范围内调整卷烟纸透气度，研究卷烟纸透气度对氰化氢释放量的影响，结果见图 3-1 和表 3-1。

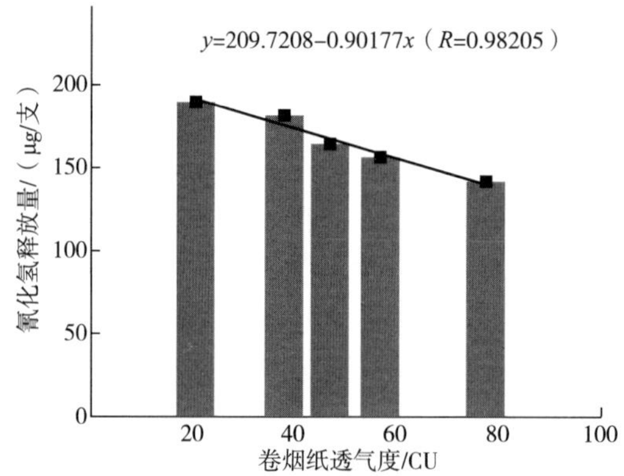

图 3-1　卷烟纸透气度对氰化氢释放量的影响

表 3-1　卷烟纸透气度与氰化氢释放量的线性相关方程参数

指标	截距	斜率	R^2
参数	209.7	−0.902	0.964

结果表明，卷烟纸透气度在20~80CU范围内增加，烟支段通风率增加，主流烟气中氰化氢释放量降低，且与氰化氢释放量呈显著负线性相关关系；在卷烟纸透气度由20 CU增加至80 CU，试验卷烟烟气中氰化氢释放量降低28.2%。

二、卷烟纸定量的影响

只改变卷烟纸定量（变化幅度：25~35g/m^2），保持配方和其他辅助材料不变，研究卷烟纸定量对氰化氢释放量的影响，结果见图3-2和表3-2。

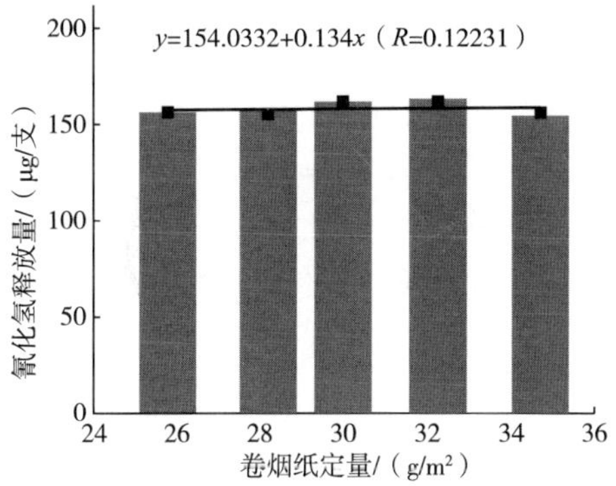

图3-2　卷烟纸定量对氰化氢释放量的影响

表3-2　卷烟纸定量与氰化氢释放量的线性相关方程参数

指标	截距	斜率	R^2
参数	154.0	0.134	0.015

结果表明，卷烟纸定量在25~35g/m^{2}范围内增加，主流烟气中氰化氢释放量无明显变化，卷烟纸定量与氰化氢释放量无线性相关性，表明卷烟纸定量对氰化氢释放量影响较小。

三、卷烟纸助燃剂的影响

卷烟纸助燃剂的使用会影响卷烟的燃烧状态，从而影响烟气有害成分的生成。这里主要讨论卷烟纸助燃剂对烟气氰化氢释放量的影响，考察的因素包括助燃剂种类、钾钠比。助燃剂钾钠比是在助燃剂添加比例保持一致的情况下，考察钾盐助燃剂和钠盐助燃剂不同配比的影响。

（1）助燃剂种类　在助燃剂添加比例均为2.5%的条件下，考察了柠檬酸钾、柠檬酸钠、苹果酸钾、苹果酸钠4种不同助燃剂对烟气氰化氢释放量的影响，结果见图3-3。

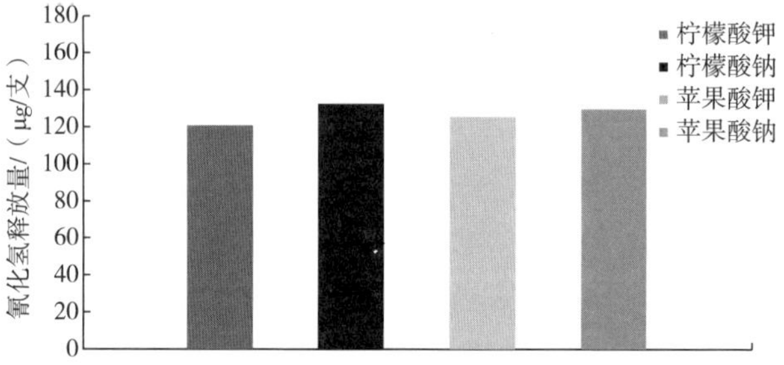

图 3-3　卷烟纸助燃剂种类对氰化氢释放量的影响

结果表明，在相同的助燃剂添加比例下，有机酸种类相同，钾盐助燃剂的氰化氢释放量较低；柠檬酸钾的氰化氢释放量低于苹果酸钾，而柠檬酸钠与苹果酸钠则无明显差异。总体而言，不同助燃剂氰化氢释放量排序为：柠檬酸钾<苹果酸钾<苹果酸钠≈柠檬酸钠。

（2）助燃剂钾钠比　助燃剂添加比例保持一致，通过调节柠檬酸钾与柠檬酸钠的比例或苹果酸钾与苹果酸钠的比例调节钾钠比。助燃剂添加比例均为 2.5%，K^+含量=K^+含量/（K^+质量+Na^+质量），以重量计。卷烟纸助燃剂钾钠比对烟气氰化氢释放量的影响见图 3-4 和表 3-3。

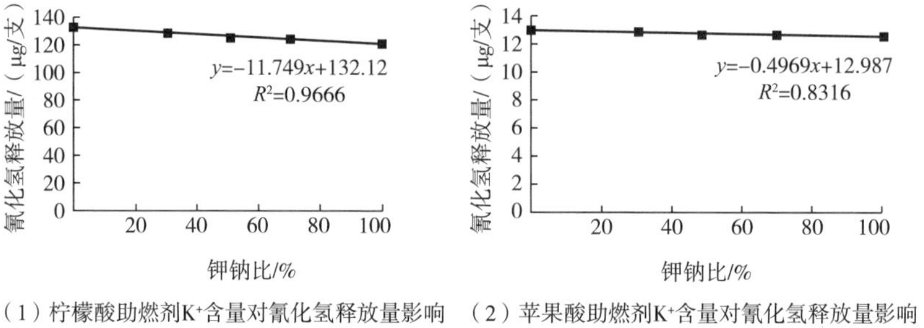

图 3-4　助燃剂钾钠比对卷烟主流烟气氰化氢释放量的影响

表 3-3　卷烟纸助燃剂钾钠比与氰化氢释放量的线性相关方程参数

助燃剂	线性相关方程参数			K^+比例 0→100%氰化氢降低率/%
	斜率	截距	R^2	
柠檬酸助燃剂	-11.75	132.12	0.9666	8.9
苹果酸助燃剂	-0.50	12.99	0.8316	3.8

结果表明，在助燃剂添加比例保持一致的情况下，K^+ 比例从 0 到 100%，氰化氢释放量降低，且与 K^+ 比例具有显著线性相关关系。K^+ 比例从 0 到 100%，柠檬酸盐和苹果酸盐的氰化氢释放量分别降低 8.9%和 3.8%。

（3）助燃剂用量　只改变卷烟纸助燃剂用量，保持配方和其他辅助材料不变，研究了柠檬酸钾、苹果酸钾、柠檬酸钾/柠檬酸钠（1：1）三种助燃剂的用量对烟气氰化氢释放量的影响见图 3-5 和表 3-4。

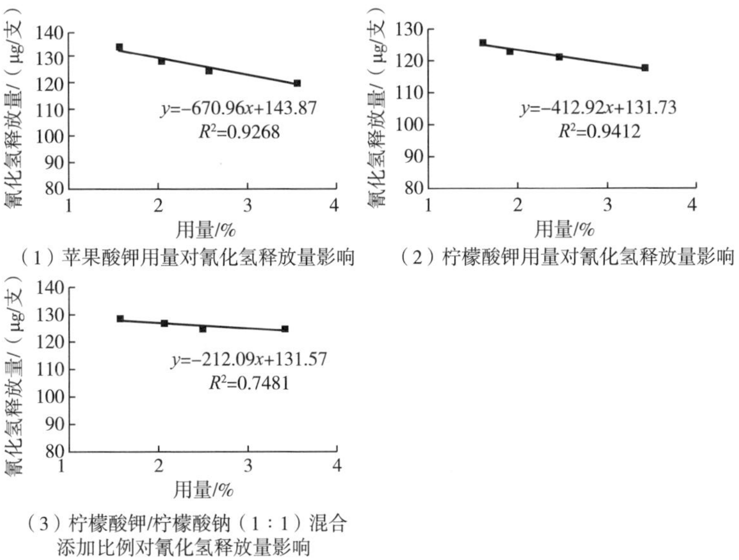

（1）苹果酸钾用量对氰化氢释放量影响

（2）柠檬酸钾用量对氰化氢释放量影响

（3）柠檬酸钾/柠檬酸钠（1：1）混合添加比例对氰化氢释放量影响

图 3-5　卷烟纸助燃剂用量对氰化氢释放量的影响

表 3-4　卷烟纸助燃剂用量与氰化氢释放量的线性相关方程参数

助燃剂	回归方程参数			助燃剂用量 1%→3.5% 氰化氢降低率/%
	斜率	截距	R^2	
柠檬酸钾	−412.92	131.73	0.9412	8.1
苹果酸钾	−670.96	143.87	0.9268	12.2
柠檬酸钾/柠檬酸钠（1：1）	−212.09	131.57	0.7481	4.1

结果表明，三种助燃剂用量增加，氰化氢释放量降低，且与助燃剂用量均呈显著线性相关关系。助燃剂用量由 1%增至 3.5%，柠檬酸钾、苹果酸钾、柠檬酸钾/柠檬酸钠（1：1）对应卷烟烟气的氰化氢分别降低 8.1%、12.2%和 4.1%。

四、卷烟纸纸浆类型的影响

卷烟纸纸浆以木浆和麻浆按不同比例进行掺配，麻浆比例分别为 0、20%、40%、60%、80%、100%，研究卷烟纸纸浆类型对氰化氢释放量的影响。结果见图 3-6，可见，卷烟纸麻浆比例对卷烟烟气氰化氢释放量无明显影响。

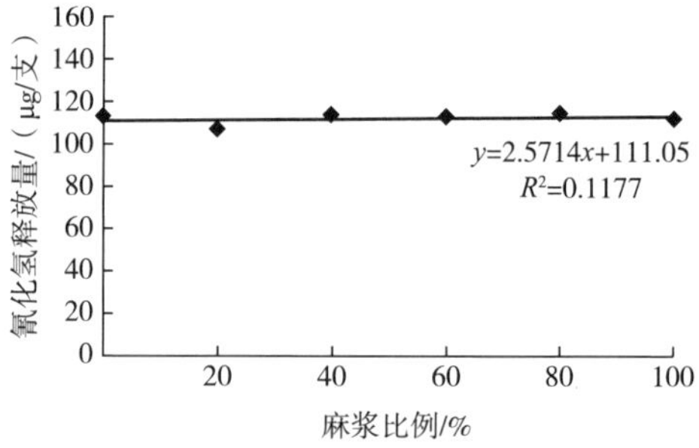

图 3-6　卷烟纸麻浆比例对卷烟烟气氰化氢释放量的影响

第二节　接装纸和成形纸对烟气氰化氢释放量的影响

成形纸是加工烟用滤棒时用于卷包滤材的专用纸，主要有普通滤棒成形纸和高透滤棒成形纸。烟用接装纸是把滤嘴与卷烟烟支接装起来的专用纸，按照透气方式可分为非打孔接装纸、打孔接装纸和自然透气接装纸，其中接装纸打孔方式主要有静电打孔、等离子打孔、激光打孔（包括激光预打孔和在线激光打孔）等。接装纸和成形纸搭配使用，两者透气度共同决定卷烟滤嘴通风率，进而影响主流烟气中有害成分的形成与释放。本节主要考察接装纸与成形纸的透气度搭配、接装纸透气方式、打孔孔径、长度对卷烟主流烟气氰化氢释放量的影响。

一、接装纸和成形纸透气度搭配的影响

将不同透气度的接装纸和成形纸搭配，得到滤嘴通风率不同的系列卷烟样品，分别考察接装纸透气度、成形纸透气度对卷烟烟气氰化氢释放量的影响。其中接装纸为激光预打孔（打孔中心位置固定 19mm），透气度依次为 0，100，400，800，1200CU；成形纸透气度依次为 3300，4500，6000，10000，15000CU，两者组合得到 25 个卷烟样品，滤嘴通风率分布在 0~60%。

1. 接装纸透气度的影响

在不同成形纸透气度下，接装纸透气度对滤嘴通风率的影响见图 3-7。

可见，滤嘴通风率与接装纸透气度的对数呈显著相关关系，即接装纸透气度增加，滤嘴通风率显著增加，且成形纸透气度越大，滤嘴通风率增幅越大。

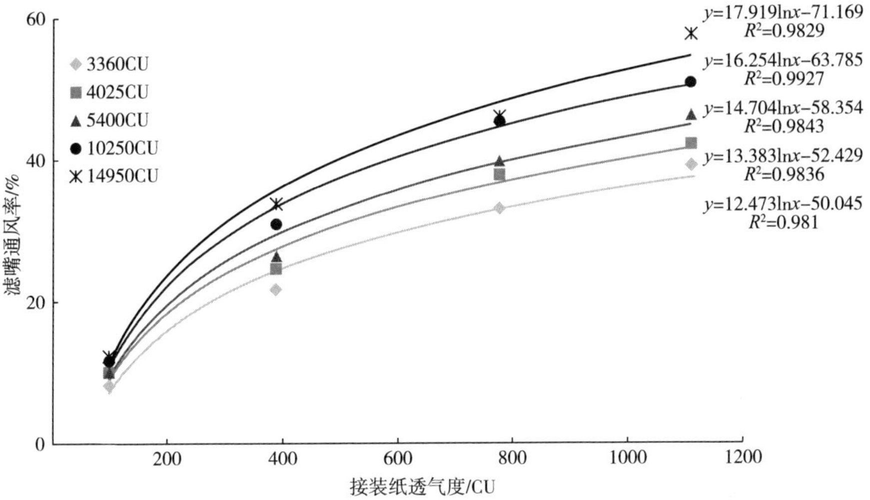

图 3-7　滤嘴通风率与接装纸透气度的关系

接装纸透气度对烟气氰化氢释放量的影响结果见图 3-8 和表 3-5，在不同成形纸透气度下，接装纸透气度均与氰化氢释放量呈显著线性相关关系，随接装纸透气度增加，滤嘴通风率增加，烟气氰化氢释放量显著降低。对于烤烟型卷烟，成形纸透气度在 3363，4025，5400，10250 和 14950CU 时，接装纸透气度由 0 增加至 1100CU 时，氰化氢释放量分别降低 52. 8%、60. 2%、60. 3%、75. 9%和 84. 0%。

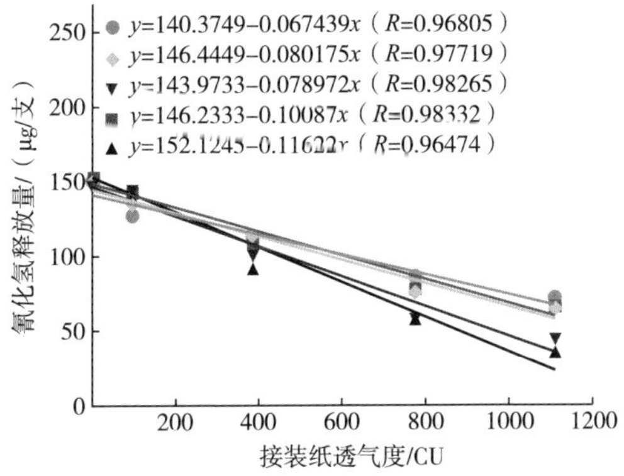

图 3-8　不同成形纸透气度下接装纸透气度对氰化氢释放量的影响

表 3-5 不同成形纸透气度下接装纸透气度与氰化氢释放量的线性方程参数

成形纸透气度/CU	截距	斜率	R^2
3360	140.4	-0.06744	0.9372
4025	146.4	-0.08018	0.9549
5400	144.0	-0.07897	0.9657
10250	146.2	-0.1009	0.9669
14950	152.1	-0.1162	0.9306

2. 成形纸透气度的影响

在不同接装纸透气度下，成形纸透气度对滤嘴通风率的影响见图 3-9。可见，滤嘴通风率与成形纸透气度的对数呈显著相关关系，且接装纸透气度越高（线性方程的斜率越大），滤嘴通风率随成形纸透气度增加的幅度越大。

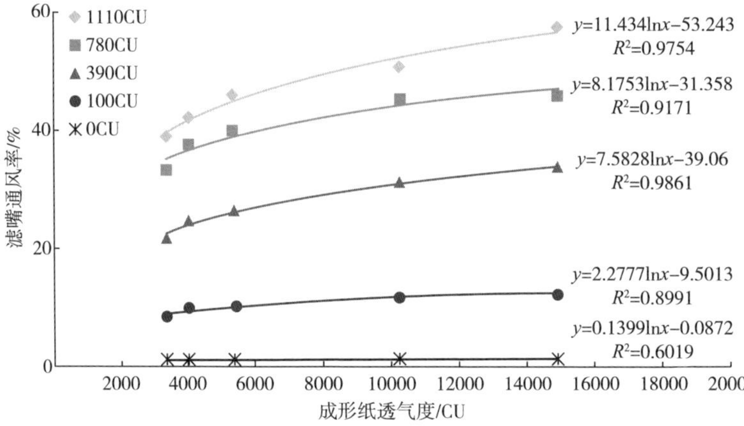

图 3-9 滤嘴通风率与成形纸透气度的关系

成形纸透气度对烟气氰化氢释放量的影响结果见图 3-10 和表 3-6，可知：当接装纸透气度较低时（接装纸透气度<400CU），成形纸透气度增加，卷烟滤嘴通风率略有增加，氰化氢释放量变化较小；当接装纸透气度较高时（接装纸透气度>400CU），成形纸透气度与氰化氢释放量具有显著线性相关关系，成形纸透气度增加，氰化氢释放量降低。接装纸透气度在 780CU 和 1110CU 时，成形纸透气度由 3300CU 增加至 15000CU 时，氰化氢释放量分别降低 33.0%和 53.9%。

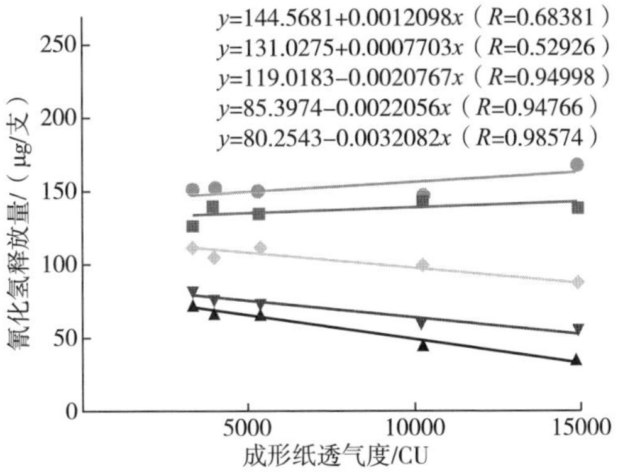

图 3-10　不同接装纸透气度下成形纸透气度对氰化氢释放量的影响

表 3-6　不同接装纸透气度下成形纸透气度与氰化氢释放量的线性方程参数

接装纸透气度/CU	截距	斜率	R
0	144.6	0.001210	0.4676
100	131.0	0.0007703	0.2802
390	119.0	−0.002077	0.9025
780	85.40	−0.002206	0.8981
1110	80.25	−0.003208	0.9716

二、接装纸透气方式的影响

改变接装纸透气方式（激光预打孔、自然透气、在线激光打孔三种方式），保持接装纸透气度或滤嘴通风率相近，配方和其他辅助材料保持不变，研究了接装纸透气方式对氰化氢释放量的影响。

分别将不同透气方式（激光预打孔和自然透气接装纸）样品氰化氢释放量对接装纸透气度和滤嘴通风率作图，结果见图 3-11。可以看出：

（1）相同接装纸透气度下，自然透气接装纸样品氰化氢释放量低于激光预打孔接装纸样品。原因在于，自然透气接装纸制备的卷烟滤嘴通风率显著高于采用相同透气度的激光预打孔接装纸。

（2）在相同的滤嘴通风率下，氰化氢释放量顺序为自然透气度<激光预打孔<在线激光打孔。

三、接装纸打孔孔径的影响

保持接装纸透气度基本一致，分别考察了激光预打孔和在线激光打孔两

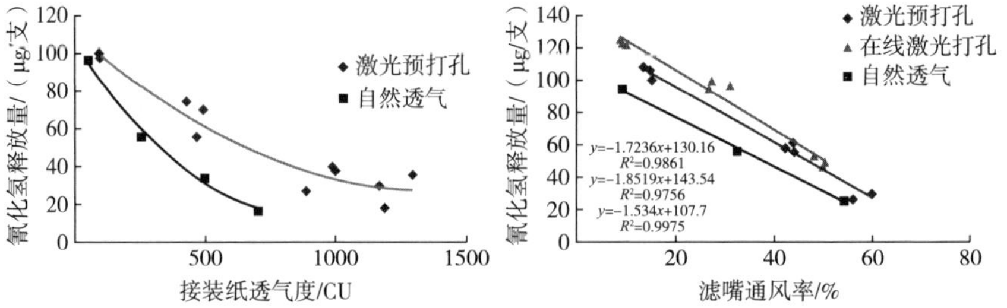

图 3-11　接装纸透气方式对氰化氢释放量的影响

种方式下的打孔孔径对烟气氰化氢释放量的影响。

1. 激光预打孔孔径的影响

将激光预打孔不同孔径下氰化氢释放量分别与接装纸透气度和滤嘴通风率作图，结果见图 3-12 和图 3-13，可知：

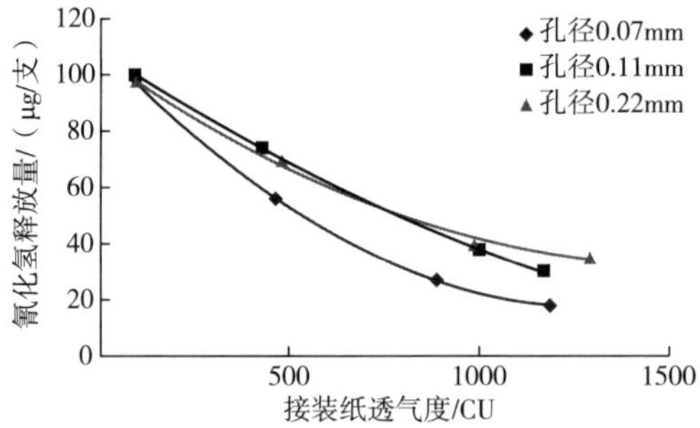

图 3-12　不同接装纸透气度下激光预打孔孔径对氰化氢释放量的影响

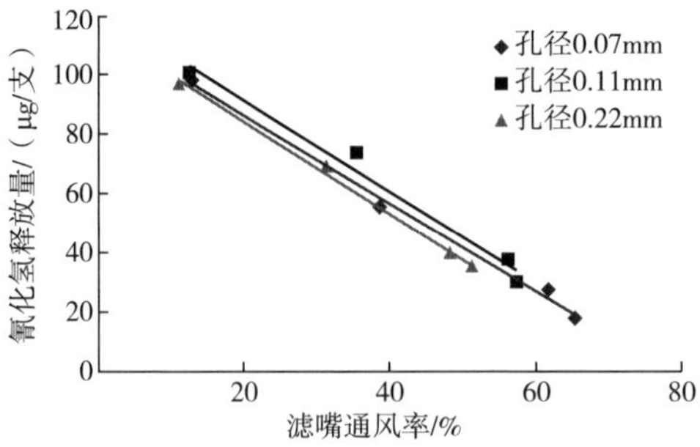

图 3-13　不同滤嘴通风率下激光预打孔孔径对氰化氢释放量的影响

（1）在相同的接装纸透气度下，特别是较高的接装纸透气度下，小孔径（0.07mm）样品氰化氢释放量明显低于大孔径（0.22mm）样品。

（2）对于不同孔径的样品，氰化氢释放量均与滤嘴通风率具有显著的线性负相关性关系，在三个孔径下，线性回归曲线基本一致，说明在相同滤嘴通风率下，打孔孔径对氰化氢释放量无明显影响。

2. 在线激光打孔孔径的影响

在线激光打孔孔径对氰化氢释放量的影响研究表明（图 3-14），在相同滤嘴通风率下，不同打孔孔径样品氰化氢释放量差异较小，随孔径无明显上升或下降趋势，可以认为打孔孔径对氰化氢释放量无明显影响。

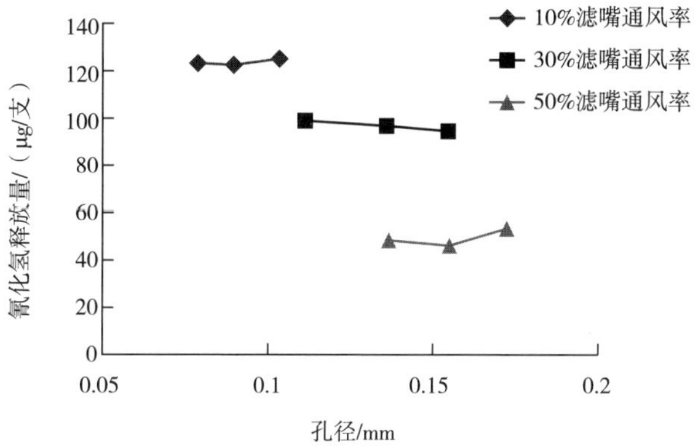

图 3-14　在线激光打孔孔径对氰化氢释放量的影响

四、接装纸长度的影响

滤嘴长度为 20mm，接装纸长度由 25mm 增加到 35mm，研究了接装纸长度对氰化氢释放量的影响，结果见表 3-7、图 3-15 和表 3-8。

表 3-7　不同接装纸长度样品氰化氢释放量

样品编号	滤嘴长度/mm	接装纸长度/mm	燃烧长度/mm	氰化氢释放量/（μg/支）
B2025	20	25	56	121.2
B2030	20	30	51	108.4
B2035	20	35	46	98.2

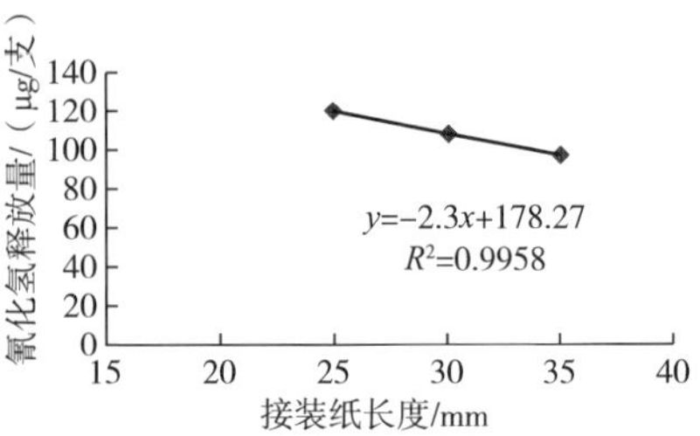

图 3-15　接装纸长度对氰化氢释放量的影响

表 3-8　　接装纸长度与氰化氢释放量线性方程参数

斜率	截距	R^2	接装纸长度由 25mm 增加到 35mm 时氰化氢降低率
-2.30	178.27	0.9958	19.0%

结果表明，滤嘴长度相同时，随着卷烟接装纸长度增加，烟支燃烧长度减少，烟气氰化氢释放量逐步降低，且与接装纸长度呈显著线性相关关系。依据线性回归方程，接装纸长度由 25mm 增加到 35mm 时，氰化氢释放量降低 19.0%。

第三节　滤棒对烟气氰化氢释放量的影响

一、滤嘴通风率的影响

仅改变接装纸和成形纸透气度，保持配方和其他辅助材料不变，制备了不同滤嘴通风率的样品，建立了滤嘴通风率与接装纸、成形纸透气度的数学模型。

$$FV = 58.72 - 15.20\ln P_{tipping} - 13.44\ln P_{wrap} + 3.44\ln P_{tipping} \times \ln P_{wrap} \quad R^2 = 0.9813$$

式中　FV——滤嘴通风率，%；

$P_{tipping}$——接装纸透气度，CU；

P_{wrap}——成形纸透气度，CU。

滤嘴通风率对氰化氢释放量的影响结果见图 3-16 和表 3-9，可知滤嘴通风率与氰化氢有显著负相关关系，滤嘴通风率从 0 增加到 40%，氰化氢释放量降低 54.5%。

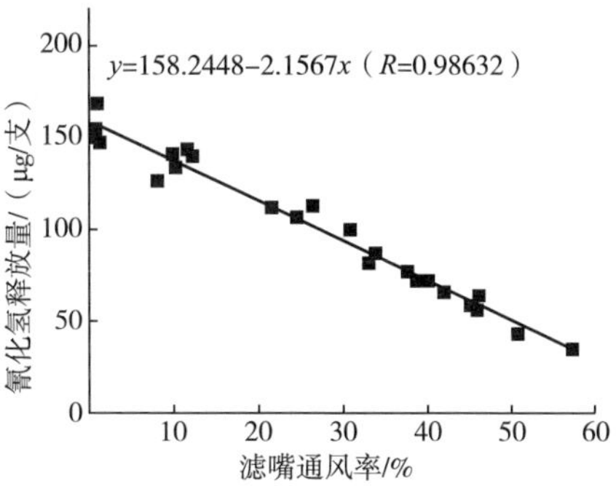

图 3-16 滤嘴通风率对卷烟主流烟气氰化氢释放量的影响

表 3-9 滤嘴通风率与氰化氢释放量的线性方程参数

斜率	截距	R^2	滤嘴通风率从 0 增加到 40%时氰化氢降低率
−2.16	158.2	0.9716	54.5%

二、滤棒压降的影响

采用同一种规格的丝束，通过调整填丝量改变滤棒压降，保持卷烟配方和其他辅助材料不变，研究了滤棒压降对氰化氢释放量的影响。其中丝束规格为 3.0Y/35000，滤棒长度固定 120mm，圆周 24.0mm，滤棒压降依次为 3600，4000，4400，4800，5200Pa，结果见图 3-17 和表 3-10。

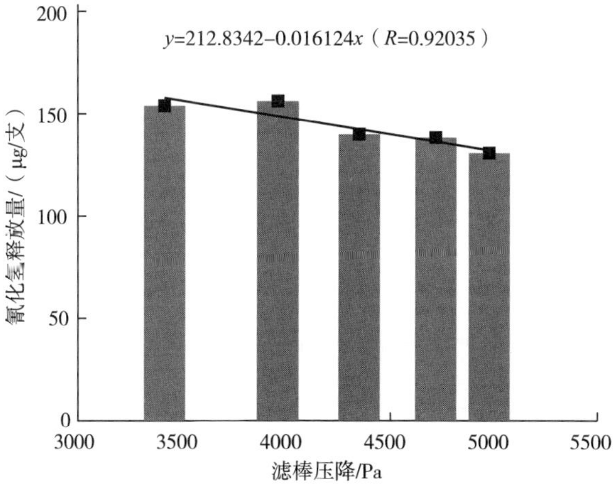

图 3-17 滤棒压降对卷烟主流烟气氰化氢释放量的影响

表 3-10　　滤棒压降与氰化氢释放量的线性方程参数

斜率	截距	R^2	滤棒压降从 3600Pa 增加到 5200Pa 时氰化氢降低率
212.8	-0.016	0.8470	16.7%

结果表明，滤棒压降与氰化氢释放量之间有一定相关性，增加滤棒压降，卷烟主流烟气氰化氢释放量降低。

三、滤嘴长度的影响

接装纸长度固定，保持单位长度滤棒的压降一致，不同滤嘴长度卷烟氰化氢释放量见图 3-18。结果表明，接装纸长度相同，随滤嘴长度增加，氰化氢释放量逐步降低，但降低幅度较小，滤嘴长度由 20mm 增加至 30mm 时，氰化氢释放量降低 4.1%。

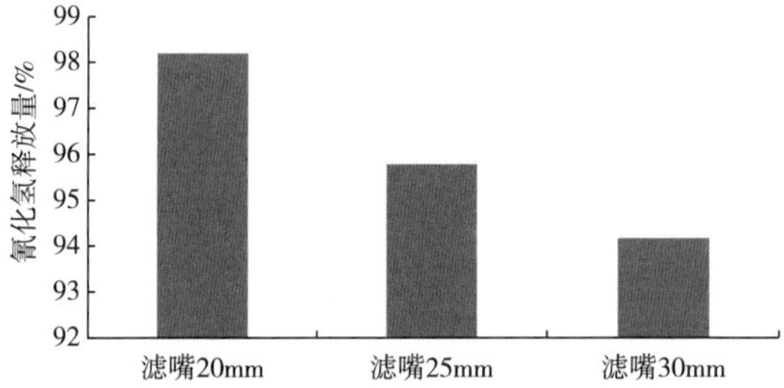

图 3-18　滤嘴长度对卷烟烟气氰化氢释放量的影响

四、丝束规格的影响

保持滤棒压降相近，仅改变单旦（2.7Y/35000、3.0Y/35000、5.0Y/35000）或总旦（3.0Y/32000、3.0Y/35000、3.0Y/37000），考察丝束规格对氰化氢释放量的影响。

1. 丝束总旦的影响

在滤嘴不通风（0）、低通风（10%）、中等通风（25%）和高通风（40%）下，随着丝束总旦从 32000 增加到 37000，氰化氢释放量变化无明显规律，且三者差异较小（图 3-19），因此可认为实验范围内，丝束总旦对氰化氢释放量基本无影响。

2. 丝束单旦的影响

在滤嘴不通风（0）、低通风（10%）、中等通风（25%）和高通风（40%）

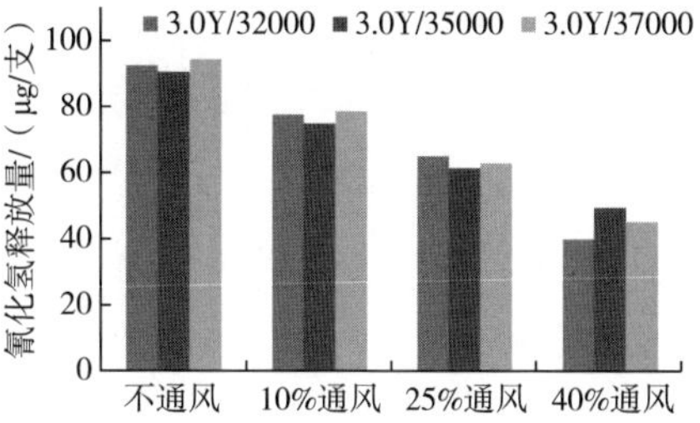

图 3-19　不同通风率下丝束总旦对氰化氢释放量的影响

下，总旦固定 35000，丝束单旦 3.0 对应卷烟烟气氰化氢释放量均低于 5.0 对应卷烟（图 3-20），即降低丝束单旦有利于降低氰化氢释放量。在不同滤嘴通风率下，当单旦从 5.0 降低至 3.0 后，氰化氢降低 3%~18%（表 3-11）。

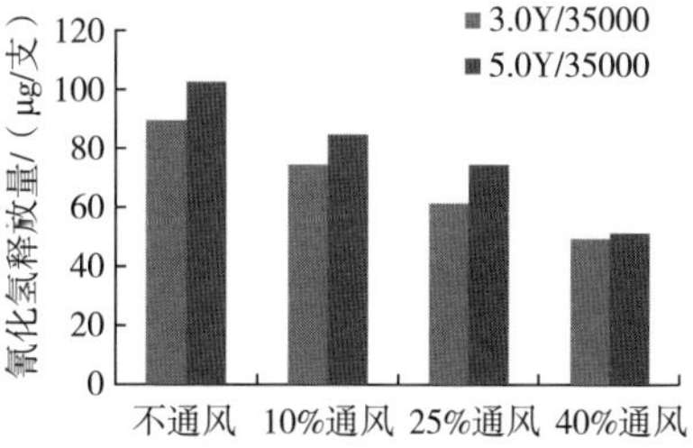

图 3-20　不同通风率下丝束单旦对氰化氢释放量的影响

表 3-11　　丝束单旦变化对烟气氰化氢释放量的影响　　单位：μg/支

卷烟规格	丝束规格	0%通风率	10%通风率	25%通风率	40%通风率
A	3.0Y/35000	90.6	75.1	61.3	49.7
	5.0Y/35000	103.3	85.3	75.1	51.5
氰化氢降低率/%		12	12	18	3

第四节　辅助材料综合设计对烟气氰化氢释放量的影响

利用中心组合结合正交试验的多因素设计方法，在选定常规卷烟配方下，开展辅助材料多因素样品设计与制作。采用合适的数学统计手段，建立基于辅助材料关键参数的烟气氰化氢释放量预测模型，采用相关检验方法筛选出较为可靠的预测模型。制备验证样品，评价预测模型的预测能力。

一、辅助材料多因素样品设计

根据材料单因素设计对卷烟主流烟气氰化氢释放量的影响结果，选取接装纸透气度、成形纸透气度、滤棒压降、卷烟纸透气度、卷烟纸定量、助燃剂用量、助燃剂钾钠比7个因素，每个因素3~5个水平，采用中心组合结合正交设计设计50个样品，材料多因素的水平及梯度设置见表3-12、表3-13。

表3-12　多因素样品涉及的辅助材料因素及水平

因素	范围	水平	梯度
接装纸透气度/CU	0~600	4	0、150、300、600
成形纸透气度/CU	3000~10000	3	3000、6000、10000
滤棒压降/Pa	2400~3300	4	2400、2700、3000、3300
卷烟纸透气度/CU	40~80	5	40、50、60、70、80
卷烟纸定量/（g/m^2）	26~35	4	26、29、32、35
助燃剂用量/%	0.8~2.0	4	0.7、1.3、1.9、2.5
助燃剂钾钠比	1∶1~7∶3	5	1∶0、3∶1、1∶1、1∶3、0∶1

表3-13　辅助材料多因素样品设计方案

序号	接装纸透气度/CU	成形纸透气度/CU	滤棒压降/Pa	卷烟纸透气度/CU	卷烟纸定量/（g/m^2）	助燃剂用量/%	助燃剂钾钠比
1	0	3000	2400	40	32	0.7%	0∶1
2	150	3000	2400	40	29	0.7%	1∶1
3	300	3000	2400	70	26	1.9%	1∶1
4	600	3000	2400	70	35	2.5%	0∶1
5	600	3000	2700	40	26	1.3%	0∶1
6	300	3000	2700	60	26	1.3%	3∶1
7	150	3000	2700	80	35	2.5%	1∶1
8	0	3000	2700	50	32	2.5%	3∶1
9	150	3000	3000	70	32	1.3%	1∶0
10	150	3000	3000	80	26	2.5%	0∶1

续表

序号	接装纸透气度/CU	成形纸透气度/CU	滤棒压降/Pa	卷烟纸透气度/CU	卷烟纸定量/（g/m^2）	助燃剂用量/%	助燃剂钾钠比
11	600	3000	3000	50	35	2.5%	1∶1
12	600	3000	3000	60	35	2.5%	1∶0
13	0	3000	3000	40	32	2.5%	1∶3
14	0	3000	3300	50	32	1.9%	0∶1
15	0	3000	3300	80	32	1.9%	3∶1
16	150	3000	3300	60	29	2.5%	3∶1
17	300	3000	3300	70	32	1.3%	1∶1
18	300	6000	2400	50	35	1.3%	0∶1
19	0	6000	2400	60	29	2.5%	1∶3
20	150	6000	2400	80	26	1.3%	3∶1
21	600	6000	2400	50	35	1.9%	1∶1
22	600	6000	2700	50	29	0.7%	3∶1
23	150	6000	2700	40	35	1.9%	3∶1
24	150	6000	2700	80	35	0.7%	1∶3
25	0	6000	2700	70	26	0.7%	0∶1
26	0	6000	3000	70	26	2.5%	3∶1
27	0	6000	3000	80	26	1.9%	1∶0
28	150	6000	3000	60	32	0.7%	1∶3
29	300	6000	3000	40	29	1.9%	3∶1
30	300	6000	3300	40	32	2.5%	1∶0
31	300	6000	3300	60	35	1.9%	1∶0
32	600	6000	3300	40	29	0.7%	1∶1

续表

序号	接装纸透气度/CU	成形纸透气度/CU	滤棒压降/Pa	卷烟纸透气度/CU	卷烟纸定量/（g/m²）	助燃剂用量/%	助燃剂钾钠比
33	600	6000	3300	70	29	1.3%	1：3
34	600	12000	2400	70	29	0.7%	1：0
35	300	12000	2400	40	26	2.5%	1：0
36	300	12000	2400	50	29	1.3%	1：0
37	150	12000	2400	70	35	0.7%	3：1
38	0	12000	2400	60	35	1.9%	0：1
39	0	12000	2700	60	29	1.9%	0：1
40	0	12000	2700	70	29	1.9%	1：3
41	300	12000	2700	80	29	1.3%	1：1
42	600	12000	2700	80	29	1.3%	1：1
43	600	12000	3000	40	35	1.3%	1：3
44	300	12000	3000	60	26	0.7%	1：1
45	300	12000	3000	80	29	2.5%	0：1
46	0	12000	3000	50	26	0.7%	1：0
47	0	12000	3300	80	35	0.7%	1：3
48	150	12000	3300	70	29	1.9%	1：3
49	150	12000	3300	50	26	2.5%	1：3
50	600	12000	3300	80	32	1.9%	1：0

二、烟气成分预测模型的建立与评价

采用线性回归法和逐步回归法建立卷烟辅助材料参数与主流烟气氰化氢释放量的多因素预测模型。

（1）卷烟辅助材料设计参数　接装纸透气度（X_1）、成形纸透气度（X_2）、滤棒压降（X_3）、卷烟纸透气度（X_4）、卷烟纸定量（X_5）、助燃剂用量（X_6）、助燃剂钾钠比（K^+比例计，X_7）。

（2）预测模型建立　采用线性回归法和逐步回归法分别建立烟气常规成分线性和非线性两类数学模型，其中，非线性模型主要包括二次多项式模型和多因子及互作项模型。

（3）预测模型检验　预测模型显著性进行 F 检验，只有通过检验后（$P<0.05$）才能认为该预测模型可靠。

（4）模型预测能力内部验证　将模型拟合值和实测值进行线性相关，计算实测值与模型计算值之间的差异，对所建模型进行验证。

基于辅助材料参数的氰化氢释放量线性模型和非线性模型分别见表 3-14 和表 3-15。

表 3-14　　氰化氢释放量线性模型及模型参数检验结果

模型 1	预测模型	$Y=114.5-0.074X_1$
	模型方差检验	$F=98.747$，$P=3.11\times10^{-13}$，$R^2=0.673$，RMSECV=11.552
	系数方差检验	$p=2.27\times10^{-11}$，3.11×10^{-13}
模型 2	预测模型	$Y=130.2-0.076X_1-9.16X_6$
	模型方差检验	$F=76.843$，$P=1.53\times10^{-15}$，$R^2=0.766$，RMSECV=9.878
	系数方差检验	$p=6.76\times10^{-33}$，8.77×10^{-16}，8.07×10^{-5}
模型 3	预测模型	$Y=150.2-0.078X_1-9.24X_6-0.32X_4$
	模型方差检验	$F=65.085$，$P=1.39\times10^{-16}$，$R^2=0.809$，RMSECV=9.009
	系数方差检验	$p=6.66\times10^{-25}$，2.11×10^{-17}，1.86×10^{-5}，2.22×10^{-3}
模型 4	预测模型	$Y=120.3-0.080X_1-9.66X_6-0.31X_4+0.99X_5$
	模型方差检验	$F=56.955$，$P=4.86\times10^{-17}$，$R^2=0.835$，RMSECV=8.472
	系数方差检验	$p=8.94\times10^{-12}$，1.91×10^{-18}，3.46×10^{-6}，1.81×10^{-3}，1.11×10^{-2}
模型 5	预测模型	$Y=141.6-0.080X_1-9.03X_6-0.30X_4+0.98X_5-0.0080X_3$
	模型方差检验	$F=49.962$，$P=4.83\times10^{-17}$，$R^2=0.850$，RMSECV=8.164
	系数方差检验	$p=3.77\times10^{-11}$，8.89×10^{-19}，7.91×10^{-6}，1.72×10^{-3}，9.44×10^{-3}，4.04×10^{-2}

表 3-15　　　氰化氢释放量非线性模型及模型参数检验结果

模型 6	预测模型	$Y=114.4-1.25\times10^{-3}X_1X_4$
	模型方差检验	$F=115.643$，$P=2.22\times10^{-14}$，$R^2=0.707$，RMSECV = 10.939
	系数方差检验	$p=8.00\times10^{-43}$，2.22×10^{-14}
模型 7	预测模型	$Y=130.1-1.28\times10^{-3}X_1X_4-3.25\times10^{-3}X_3X_6$
	模型方差检验	$F=103.423$，$P=6.12\times10^{-18}$，$R^2=0.815$，RMSECV = 8.783
	系数方差检验	$p=2.23\times10^{-36}$，5.19×10^{-18}，3.72×10^{-6}
模型 8	预测模型	$Y=130.9-8.89\times10^{-4}X_1X_4-3.64\times10^{-3}X_3X_6-3.22\times10^{-6}X_1X_2$
	模型方差检验	$F=86.855$，$P=5.75\times10^{-19}$，$R^2=0.850$，RMSECV = 7.992
	系数方差检验	$p=1.19\times10^{-37}$，1.90×10^{-7}，9.86×10^{-8}，1.98×10^{-3}
模型 9	预测模型	$Y=119.7-9.52\times10^{-4}X_1X_4-3.70\times10^{-3}X_3X_6-2.89\times10^{-6}X_1X_2+0.013X_5X_5$
	模型方差检验	$F=73.844$，$P=3.47\times10^{-19}$，$R^2=0.868$，RMSECV = 7.585
	系数方差检验	$p=1.65\times10^{-24}$，2.08×10^{-8}，2.39×10^{-8}，3.70×10^{-3}，1.76×10^{-2}

通过方差检验的氰化氢释放量预测模型共计 9 个，其中多元线性模型 5 和二次多项式模型 9 的 R^2 最大，RMSECV 最小。模型内部验证结果见图 3-21 和图 3-22，可知，模型预测值与实测值的线性相关线 $R^2>0.85$，预测值与实测值之间的误差大多分布在±20μg/支范围内，且没有任何趋势，说明两个模型具有较好的预测能力。因此选择线性模型 5 和非线性模型 9 作为氰化氢释放量的最优预测模型，模型汇总见表 3-16。

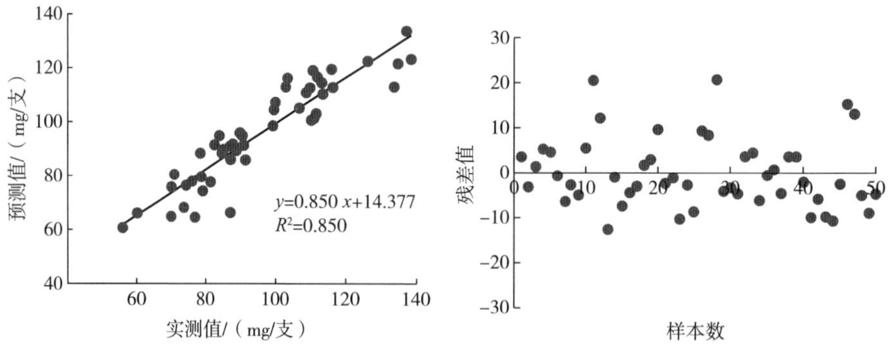

（1）氰化氢释放量线性模型5内部验证　（2）氰化氢释放量线性模型5残差

图 3-21　氰化氢释放量线性预测模型 5 的内部验证和残差图

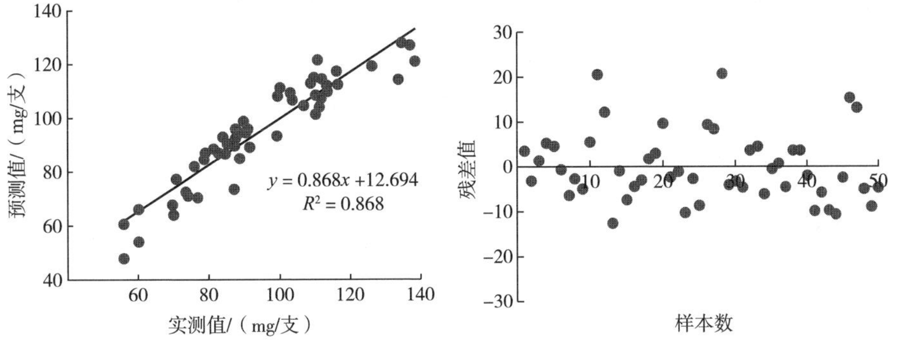

（1）氰化氢释放量非线性模型9内部验证　　（2）氰化氢释放量非线性模型9残差

图 3-22 氰化氢释放量非线性预测模型 9 的内部验证和残差图

表 3-16 基于辅助材料参数的氰化氢释放量预测模型汇总

预测模型		P	R^2	RMSECV	预测误差
线性模型	$Y=141.6-0.080X_1-9.03X_6-0.30X_4+0.98X_5-0.0080X_3$	4.83×10^{-17}	0.850	8.164	±20μg
非线性模型	$Y=119.7-9.52\times10^{-4}X_1X_4-3.70\times10^{-3}X_3X_6-2.89\times10^{-6}X_1X_2+0.013X_5X_5$	3.47×10^{-19}	0.868	7.585	±20μg

参考文献

[1] William F O. Effect of cigarette paper on smoke yield and composition [J]. Recent Advances in Tobacco Science, 1978, (4): 3-24.

[2] Browne C N. The design of cigarettes [M]. Hoechst Celancsc Corporation, Amcrican, 1979.

[3] Le B L, Le M C. Influence of cigarette paper permeability, basis weight and citrate level on the smoke yields in a flue-cured Chinese design [C]. CORESTA Congress, PT06, 2012.

[4] Wilson S A. Smoke composition changes resulting from filterventilation [J]. Tob. Sci. Res. Conf., 2001 (55): 65.

[5] Christophe L M., Lang L B., Gilles L B., et al. Influence of cigarette paper and filter ventilation on Hoffmann analytes [C]. 58thTob. Sci. Res. Conf., 2004.

[6] Case P D, Branton P J, Baker R R, et al. The effect of cigarette design variables on assays

of interest to the Tobacco Industry：－1） Experimental design and some initial findings on Hoffmann analyst yields ［C］．CORESTA Meeting，2005.

［7］ Sheppard J，Warren N，Case P. The effect of cigarette design variables on assays of interest to the Tobacco Industry：－2） Prediction of Hoffmann analytes using two different modelling methods ［C］．CORESTA Meeting，2005.

［8］ 于川芳，罗登山，王芳，等．卷烟“三纸一棒”对烟气特征及感官质量的影响（二）［J］．中国烟草学报，2001，9（3）：6-10.

［9］ 郭吉兆，郑赛晶，颜权平，等．卷烟纸助燃剂对主流烟气7种有害成分释放量的影响［J］．烟草科技，2012（7）：43-45.

［10］ 黄朝章，李桂珍，连芬燕，等．卷烟纸特性对卷烟主流烟气7种有害成分释放量的影响［J］．烟草科技，2011（4）：29-32.

［11］ 赵乐，彭斌，于川芳，等．辅助材料设计参数对卷烟7种烟气有害成分释放量的影响［J］．烟草科技，2012（10）：46-50，84.

［12］ 刘泽春，黄华发，刘江生，等．不同三醋酸甘油酯添加量的醋纤滤棒对卷烟烟气主要酚类的过滤效率［J］．烟草科技，2010（7）：22-25.

［13］ 孙学辉，赵乐，彭斌，等．滤棒中三醋酸甘油酯用量对卷烟主流烟气有害成分释放量的影响［J］．烟草科技，2011（6）：35-38.

［14］ 金勇，王诗太，李克，等．卷烟滤嘴在降焦减害中的研究进展［J］．烟草科技，2016，49（11）：98-106.

［15］ 聂聪．卷烟辅助材料参数对主流烟气HOFFMANN分析物的影响研究［R］．郑州：中国烟草总公司郑州烟草研究院，2011.

第四章
碱性及络合材料降低卷烟烟气氰化氢释放量研究

在充分考虑卷烟烟气复杂基质影响的基础上，利用氰化氢的弱酸性以及氰根离子的络合作用，制备系列碱性及络合材料，通过对材料制备方法、材料组成结构与降低氰化氢性能关系、材料稳定性、材料安全性和卷烟应用等开展系统研究，形成选择性高、稳定性好、工业适用性强的降低烟气氰化氢释放量功能材料技术。

第一节　碱性及络合材料的制备与性能评价

一、含过渡金属功能基无机多孔材料

多孔硅酸镁、多孔氧化铝、二氧化钛、钛酸盐纳米管等无机多孔材料可去除卷烟烟气中的氰化氢。其中，多孔硅酸镁是早期在卷烟中应用的除活性炭之外的另一种滤嘴添加剂，最早在 Bonus 品牌“Select”卷烟中应用[1]。该类滤嘴多采用硅酸镁与活性炭两种颗粒混合，在 100mg 添加量下，不同品牌卷烟中氰化氢过滤效率随两者比例变化分布在 43%～69%，而总粒相物（TPM）过滤效率在 48%～65%，同时这类滤嘴对烟气中其他气相组分如挥发性醛类化合物也有吸附作用。研究还指出单一使用活性炭也能达到对有害成分相同的过滤效率，但由于活性炭主要吸附气相成分，对粒相的吸附不明显，从而影响气粒相平衡，导致卷烟感官品质的变化；将多孔硅酸镁与活性炭混合使用后，在保持气相过滤效率的同时，粒相过滤效率提高，对烟气气粒相平衡的影响减小。这也为充分发挥活性炭的优势，减小活性炭的不利影响，提供了一条可行的技术思路。

氰化物是光谱化学序列中与金属离子络合最强的配体，基于氰化氢中 CN^- 与金属离子较强的配位作用，可实现对氰化氢的有效去除。报道最多的降低氰化氢滤嘴添加剂，总体上可分为两类：一类是金属及其盐或氧化物，多负载于多孔载体上；另一类是过渡金属离子与氨基等形成的配合物。20 世纪

60—70年代，国外烟草公司已将金属盐或氧化物用于去除烟气中的氰化氢[2,3]。如Norman等[2]在滤棒中添加由过渡金属（如钴、镍、铜、锌）和碱土金属（如镁、钙、锶或钡）共同组成的碳酸盐如 $BaZn(CO_3)_2$，可有效降低卷烟烟气中的氰化氢。David[4]将一种或几种碱金属的氢氧化物负载到 Al_2O_3 与 SiO_2 载体上，用于降低卷烟烟气中氰化氢释放量。黎成勇等[5]分别采用 γ-Al_2O_3 和 TiO_2 降低卷烟烟气中的氰化氢，材料添加量为40mg/支，氰化氢脱除率分别为42.0%和34.8%。秦亮生等[6,7]将氧化铜分散于介孔氧化铝载体表面得到介孔氧化铝吸附剂，或以壳聚糖作导向剂，合成了具有较高比表面介孔氧化铜-氧化铝，将其添加于卷烟滤棒中，可降低卷烟主流烟气中氰化氢释放量。童保云等[8]制备了一种掺杂Al、Cu、Mn金属的多孔氧化物复合材料，材料对主流烟气中氰化氢和苯酚的选择性降低率均可达22%以上，且对卷烟感官质量影响较小。银董红等[9]制得一种用于脱除卷烟主流烟中氰化氢的催化剂，包括活性组分纳米Au、载体 Al_2O_3 或 TiO_2。张承明等[10]将淀粉与过渡金属盐混合制得金属浸渍改性多孔淀粉颗粒应用于卷烟滤嘴，对氰化氢具有一定的降低效果。Sun等[11]将微孔/介孔硅作为滤嘴添加剂，可降低氰化氢15%。Deng等[12]制备了钛酸盐纳米管及纳米片，可降低烟气中氰化氢等多种有害成分。

本节利用过渡金属能够与氰化氢络合的原理，分别以有序介孔分子材料（MCM-41、MCM-48、KIT-6及SBA-15）和无机微孔分子筛HZSM-5为载体，采用过渡金属功能基溶液制备了一系列含过渡金属功能基无机多孔材料，考察材料降低卷烟烟气中氰化氢释放量的性能。

1. 材料制备

采用水热合成法[13-16]制备无机介孔分子材料MCM-41、MCM-48、KIT-6和SBA-15，无机微孔分子筛HZSM-5直接购入。

将上述几种无机多孔材料用水溶液浸渍法负载过渡金属氧化物。以SBA-15为例，称取一定量的过渡金属硝酸盐，溶解于乙醇中，加入活化后的SBA-15，室温搅拌至乙醇完全挥发。将产物转移到马弗炉中，以1℃/min的升温速率程序升温至550℃，空气焙烧6h，冷却至室温，即得负载过渡金属氧化物的SBA-15。

2. 材料结构表征

负载过渡金属氧化物的HZSM-5样品的X射线衍射（XRD）谱图见图4-1，

表明负载量高至5%mol的相应氧化物在HZSM-5载体上得到了很好分散，即采用水溶液浸渍法，过渡金属氧化物在载体HZSM-5上得到了良好分散。同时，低温 N_2 吸附-脱附试验结果（表4-1）表明，负载过渡金属后HZSM-5的表面结构未发生较大的改变。

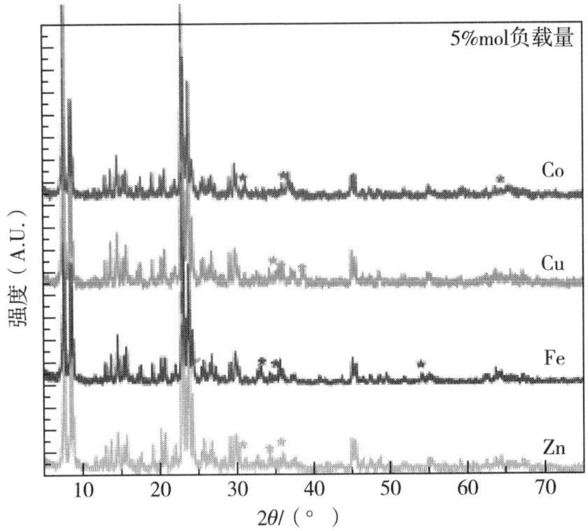

图4-1　HZSM-5负载过渡金属氧化物XRD图

（＊型标注各过渡金属氧化物3个最强的X衍射峰位置）

表4-1　　HZSM-5材料的平均孔径和比表面积

材料名称	平均孔径/nm	比表面积/（m^2/g）
HZSM-5	0.54	340
5% mol CoO/HZSM-5	0.53	328
5% mol CuO/HZSM-5	0.54	331
5% mol FeO_x/HZSM-5	0.52	318
5% mol ZnO/HZSM-5	0.55	339

载体MCM-41、SBA-15、KIT-6和MCM-48的XRD图见图4-2，结果表明，制备的MCM-41及SBA-15具有很好的二维六方结构，KIT-6与MCM-48具有很好的三维立方结构。低温 N_2 吸附-脱附结果（表4-2）表明，4种载体具有较大的比表面积及较好的介孔结构。

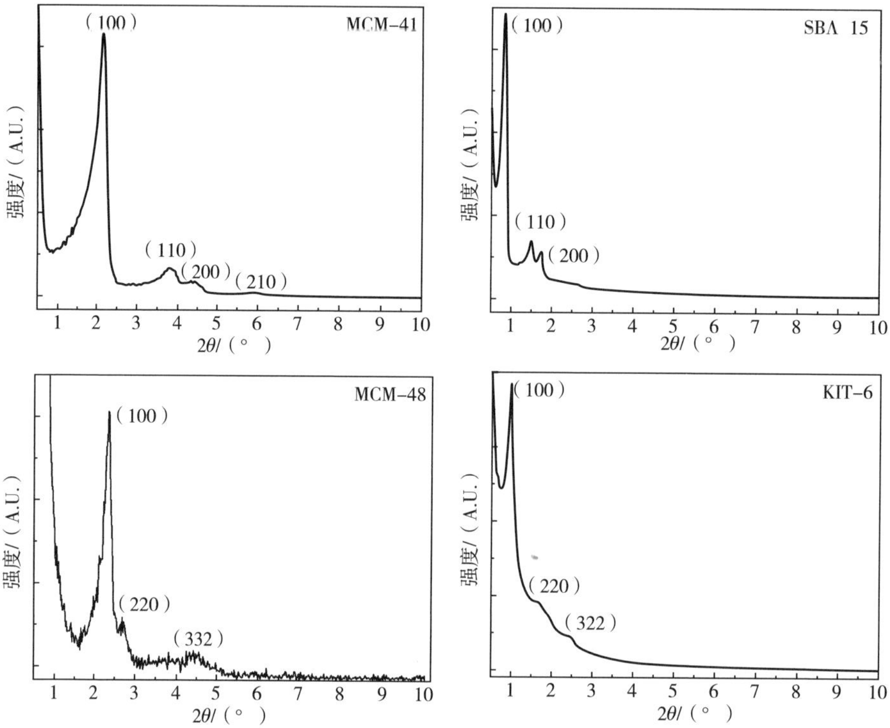

图 4-2　有序介孔载体的 XRD 图

表 4-2　　　　四种有序介孔载体的比表面积及孔结构数据

介孔载体	比表面积/(m^2/g)	孔径/nm	孔体积/(cm^3/g)
MCM-41	1027	2.79	0.642
SBA-15	603	4.66	0.881
MCM-48	633	3.05	0.480
KIT-6	614	5.63	0.871

介孔载体负载 5%mol 氧化物 MO_x 的 XRD 图见图 4-3，结果表明，ZnO 纳米晶、FeO_x 纳米晶在载体孔道中分散很均匀，CuO 晶粒尺寸在 14~22nm 范围内，CeO_2 晶粒尺寸在 12~15nm 范围内，这可能是一部分过渡金属氧化物在多孔载体外表面形成的纳米晶粒造成的。低温 N_2 吸附-脱附实验结果（图 4-4）表明，4 种无机介孔载体负载过渡金属氧化物后材料平均孔径和比表面积较载体略有下降，但是下降幅度不大，表明负载过渡金属氧化物后材料的表面结

构未发生较大的改变。

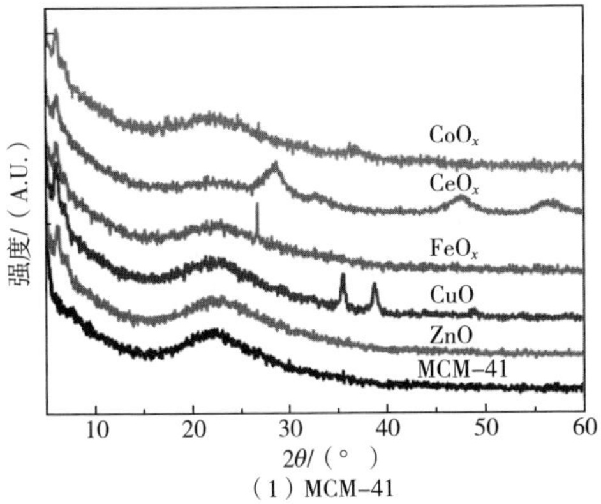

（1）MCM-41

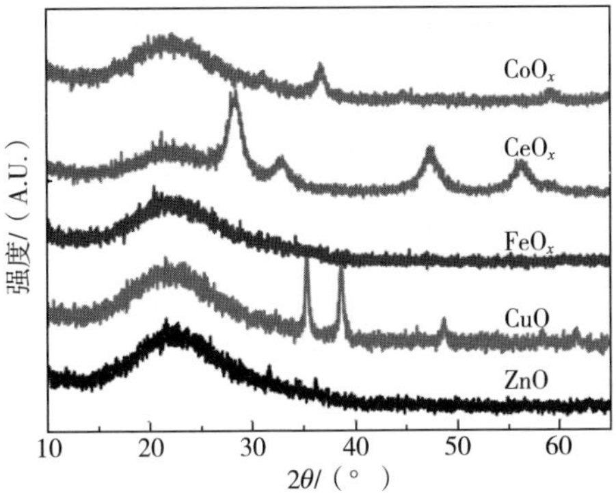

（2）SBA-15

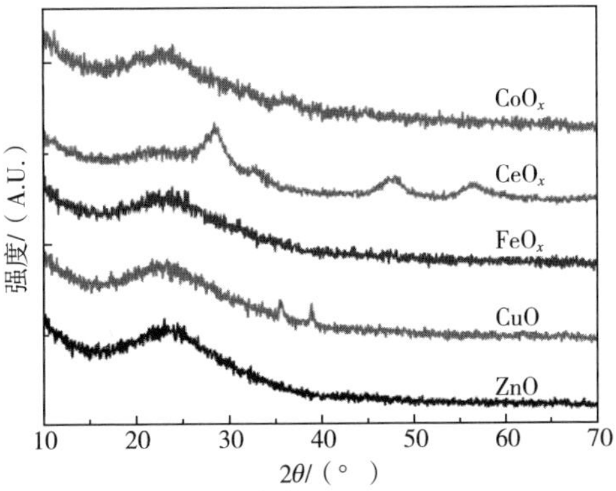

（3）MCM-48

图 4-3 介孔载体负载 5%mol 金属氧化物的 XRD 图

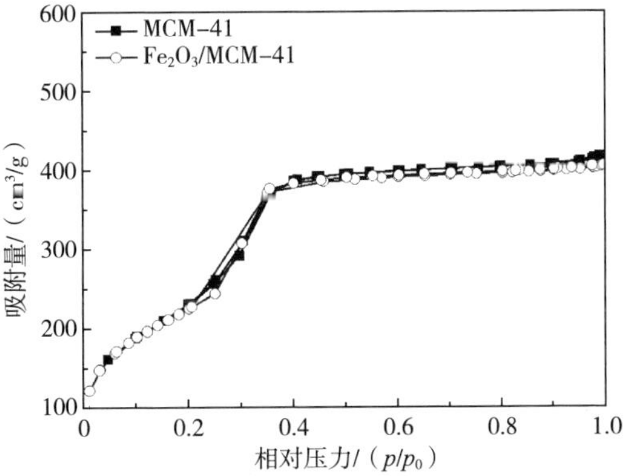

图 4-4 MCM-41 与 Fe_2O_3 修饰后 MCM-41 的 N_2 吸附-脱附等温线

3. 材料制备条件优化

目前减害材料评价方法主要采用单管模拟评价和卷烟应用评价。单管模拟评价难以反映卷烟实际应用效果，卷烟应用评价材料需求量大、周期长、费用高。团队设计了一种减害材料模拟评价装置[17]（图4-5），该装置与吸烟机联用，对吸烟机的抽吸行为影响很小，能够真实反映材料在烟气环境下的减害性能，为材料减害性能评价提供了准确、可靠、快速的方法，解决了传统单管模拟评价数据难以反映卷烟应用效果和卷烟应用评价周期长、费用高的问题，可用于卷烟滤棒吸附剂的快速筛选。

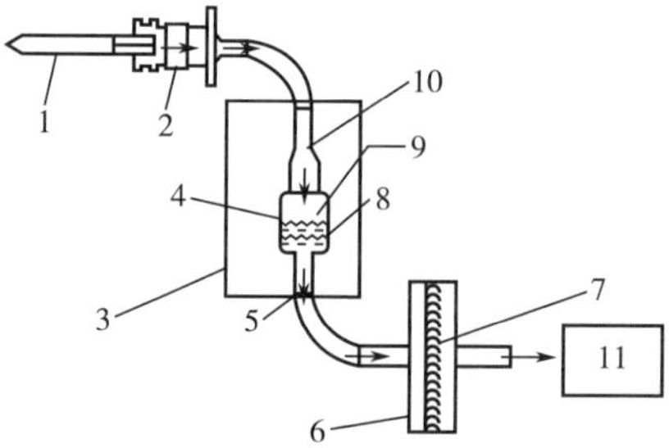

图4-5　模拟评价装置示意图

1—卷烟　2—卷烟夹持器　3—卷烟添加剂性能模拟评价装置　4—玻璃容器　5—连接管口　6—捕集器　7—剑桥滤片　8—支撑材料　9—添加剂　10—玻璃塞　11—吸烟机

利用研制的卷烟添加剂性能模拟评价装置，考察无机多孔载体、过渡金属氧化物种类及用量等对材料降低卷烟主流烟气中氰化氢释放量性能的影响，确定含过渡金属功能基无机多孔材料的最佳制备条件。

HZSM-5、MCM-41、SBA-15、MCM-48、KIT-6载体负载5%molCuO后氰化氢释放情况见表4-3。

表4-3　　不同载体负载5%molCuO后烟气氰化氢释放情况

样品名称	氰化氢释放量/（μg/支）	氰化氢降低率/%
空白对照	158.1	—
HZSM-5	142.1	10.1
CuO/HZSM-5	134.6	14.8
MCM-41	143.2	20.9

续表

样品名称	氰化氢释放量/（μg/支）	氰化氢降低率/%
CuO/MCM-41	125.0	9.4
SBA-15	140.4	11.2
CuO/SBA-15	107.1	32.3
MCM-48	124.4	21.3
CuO/MCM-48	110.0	30.4
KIT-6	138.5	12.4
CuO/KIT-6	109.7	30.6

上述五种无机多孔载体负载5%molCuO后所得材料对卷烟烟气氰化氢释放量的降低性能均高于载体本身。其中SBA-15负载5%molCuO对氰化氢的降低性能较好，氰化氢的降低率最高达32.3%。

SBA-15负载5%mol不同过渡金属氧化物对卷烟烟气氰化氢的降低性能结果见表4-4，可知，SBA-15负载CuO对烟气氰化氢降低性能明显优于ZnO、CoO_x和FeO_x。

表4-4 SBA-15负载5%mol过渡金属氧化物后烟气氰化氢释放情况

样品名称	氰化氢释放量/（μg/支）	氰化氢降低率/%
空白对照	157.6	—
ZnO	119.1	24.4
CoO_x	120.2	23.7
FeO_x	119.0	24.5
CuO	106.4	32.5

通过上面的试验，选定了以SBA-15为载体负载CuO，针对CuO的用量进行四个梯度的试验，即2%mol，3%mol，5%mol，8%molCuO，考察材料对烟气氰化氢的降低性能，结果见表4-5。可知，随着CuO用量的增加，卷烟烟气中氰化氢降低率逐渐升高，到5%mol用量时降低率达到了32.6%，以后到8%mol用量时降低率为33.5%，升高平缓，表明CuO用量5%mol已经达到或接近饱和值，因此选择5%molCuO负载到SBA-15为材料的最佳制备条件。

表 4-5　不同 CuO 用量的 CuO/SBA-15 降低烟气氰化氢释放量结果

样品名称	氰化氢释放量/（μg/支）	氰化氢降低率/%
空白对照	156.3	—
2%mol CuO/SBA-15	129.2	17.3
3%mol CuO/SBA-15	120.6	22.8
5%mol CuO/SBA-15	105.3	32.6
8%mol CuO/SBA-15	103.9	33.5

采用浸渍法制备了无机微孔载体 HZSM-5 和无机介孔载体 MCM-41、MCM-48、KIT-6 及 SBA-15 负载过渡金属氧化物材料，XRD 结果表明大部分过渡金属氧化物都在载体表面上得到了良好分散，低温 N_2 吸附-脱附结果表明负载过渡金属氧化物后材料的表面结构未发生较大改变。利用卷烟添加剂性能模拟评价装置对材料制备条件进行优化，确定含过渡金属功能基无机多孔材料最佳制备条件为：载体 SBA-15、金属氧化物 CuO、CuO 用量为 5% mol，所得材料 5% mol CuO/SBA-15 对卷烟烟气氰化氢释放量的降低率为 32.6%。

二、含过渡金属功能基聚合物材料

降低氰化氢释放量的金属离子配合物中，过渡金属离子多为 $Cu^{+/2+}$、Zn^{2+}、Fe^{2+}、Co^{2+}、Ni^{2+}等，配体有含氨基的乙二胺[18]、三乙醇胺[19]、聚乙烯亚胺[20]、聚合物多孔吸附树脂[21]、壳聚糖[22,23]等。如 Ihrig 等[18]报道了一种可选择性吸附烟气中氰化氢的螯合物，是由多配位基胺与 Zn、Fe（Ⅱ）、Cu 和 Ni 等金属离子形成，如添加三（乙二胺）氯化锌的三元空腔滤嘴可降低氰化氢释放量 85%。若螯合物进一步与聚环氧烷烃结合会提高对氰化氢的吸附效果，其典型代表是乙二胺与 Zn^{2+}螯合后再与聚环氧乙烷结合形成的吸附剂。类似报道[19]将 CuCl 与三乙醇胺的络合物浸渍到微孔聚氯乙烯载体上，添加于三元空腔滤嘴中，烟气中氰化氢降低 88%，同时乙醛降低 36%。郭阁等[20]采用过渡金属离子改性 PEI，其中 Zn^{2+}/PEI 600 对烟气中氰化氢的吸附性能较佳，涂布纸-醋纤复合滤棒中添加量为 10.6mg/支时，氰化氢选择性降低 40.2%；添加量为 19.9mg/支时，氰化氢选择性降低 72.1%，但卷烟感官质量有一定降低。舒俊生[22]将壳聚糖铜络合物作为滤嘴添加剂，添加量为 20mg/支时，可降低氰化氢 23%、苯酚 23.3%及巴豆醛 13.4%。孙培健等[24]制备了负载铜离子的多孔醋酸纤维素/羧甲基纤维素复合微球，复合滤嘴中微球添加量为 15mg/支时，烟气中氰化氢的降幅在 27%~50%。

聚合物吸附树脂在卷烟方面的应用较多，如苯乙烯-甲基丙烯酸酯吸油树脂用于烟气组分的过滤[25]，功能化 XAD-4 用于测定烟草中的 Cd 和 Ni[26]。螯合型阳离子交换树脂 Amberlite IRC748 上的功能基—N（CH_2COOH）$_2$ 是三齿配体，1 个氨基 N 原子和 2 个羧基 O 原子作为电子供体[27]，与过渡金属离子形成稳定的双五元环结构[28]，从而将过渡金属离子牢固地络合在树脂上，即使在处理过程中也不会流失。聚合物树脂对金属离子的吸附不仅仅是静电作用，而是同时存在离子键与配位键[29]，部分树脂对水溶液中的 Zn（Ⅱ）、Cu（Ⅱ）、Ni（Ⅱ）等过渡金属离子有很高的吸附量[30,31]，脱除率高且没有二次污染，因此广泛应用于去除或回收废水及金属有机混合物中的过渡金属离子[32-34]。

本部分以聚合物离子交换树脂为载体，在其上担载金属离子得到含过渡金属功能基聚合物材料，利用傅里叶红外（FT-IR）、低温 N_2 吸附—脱附、扫描电镜等对其进行结构表征，同时利用原子吸收分光光度计测定金属离子交换量。利用卷烟添加剂性能模拟装置评价材料对烟气氰化氢的降低性能。考察载体种类、金属离子种类等因素对材料降低卷烟烟气氰化氢释放量性能的影响，进而筛选出降低烟气氰化氢性能良好的含过渡金属功能基聚合物材料。

1. 材料制备

聚合物树脂（001×7、001×16、D001、D072、IRC748）与金属离子络合之前需进行预处理，先用乙醇装柱，浸泡 2h 后再用乙醇冲洗以除去杂质，水洗后依次以 2 倍床体积 4%氢氧化钠溶液、5~6 倍床体积水、2 倍床体积 4%盐酸溶液、10~12 床体积水处理树脂。再用 2~3 倍床体积的 4%氯化钠溶液将树脂转化为 Na 型。功能化：称取一定量预处理后的树脂（相当于 1g 干树脂），向其中加入 10mL 过渡金属硝酸盐溶液，室温搅拌 10h，水洗至无金属离子流出，在 50℃下真空干燥 30min，得到含过渡金属功能基聚合物材料。

2. 材料结构表征

载体分别选用凝胶型阳离子交换树脂 001×7 和 001×16、大孔型阳离子交换树脂 D001 和 D072、大孔螯合型离子交换树脂 IRC748，选用树脂的基本参数见表 4-6。

表 4-6　离子交换树脂基本参数

树脂型号	树脂名称	功能基	全交换量		含水量/%
			mmol/g（干）	mmol/mL（湿）	
001×7	强酸性苯乙烯系阳离子交换树脂	—SO_3^-	≥4.5	≥1.8	46~52
001×16	强酸性苯乙烯系阳离子交换树脂	—SO_3^-	≥3.5	≥1.8	46~52
D001	大孔强酸性苯乙烯系阳离子交换树脂	—SO_3^-	≥4.1	≥1.6	42~55
D072	大孔强酸性苯乙烯系阳离子交换树脂	—SO_3^-	≥4.4	≥1.4	45~55
IRC748	大孔苯乙烯系螯合树脂	—N（$CH_2COONa)_2$	螯合铜交换容量≥0.65mmol/mL		55~65

树脂 IRC748 络合不同金属离子的 FT-IR 图见图 4-6。从图中可以看出，络合金属离子的树脂 M^{n+}/IRC748 与载体树脂 IRC748 的峰形相似且出峰位置相同，在 1400cm^{-1} 处及 1620cm^{-1} 处有—CH_2COO—羰基的伸缩振动吸收峰，在 3000~3500cm^{-1} 处出现了—CH_2—的伸缩振动吸收峰，说明络合不同金属离子没有破坏 IRC748 的结构。

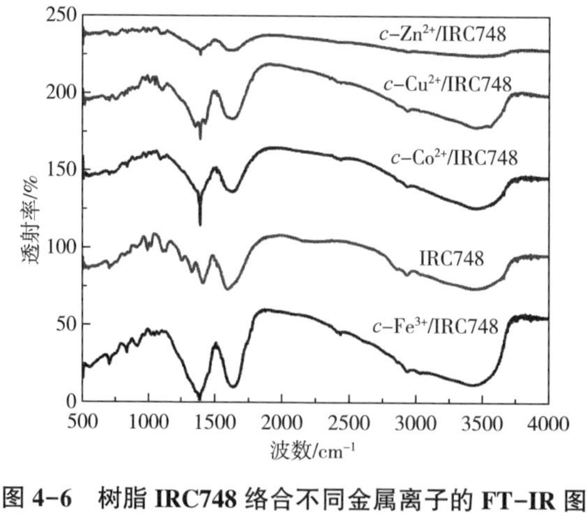

图 4-6　树脂 IRC748 络合不同金属离子的 FT-IR 图

利用原子吸收分光光度计测定 M^{n+}/IRC748 上金属离子的负载量，树脂

IRC748 对过渡金属离子 M^{n+} 的吸附量如图 4-7 所示，其中纵轴 Q_e 表示单位质量 IRC748 吸附过渡金属离子的物质的量。从图中可以看出，当金属离子浓度在 0.02～1.2mol/L 时，随着 M^{n+} 浓度的增加，IRC748 对 M^{n+} 的吸附量显著增加，当浓度为 0.7mol/L，吸附量趋于饱和。IRC748 对不同金属离子 M^{n+} 的吸附量大小顺序为 $Cu^{2+} \geqslant Zn^{2+} > Co^{2+} \geqslant Fe^{3+}$，表明 Cu^{2+} 最易与 IRC748 螯合，螯合物结构最稳定，这是过渡金属离子在 IRC748 上离子交换动力学控制的结果。

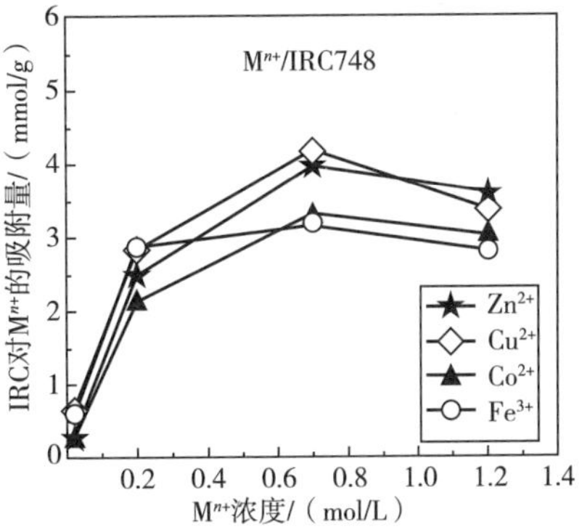

图 4-7　IRC748 树脂对 M^{n+} 的吸附量

IRC748 与 d-M^{n+}/IRC748（金属离子浓度为 1.2mol/L）的低温 N_2 吸附-脱附等温线和孔径分布如图 4-8～图 4-10 所示。可以看出，IRC748 及 d-M^{n+}/IRC748 的吸附等温线形态一致，根据吸附等温线的 BET 分类方法，均为Ⅲ型吸附等温线，树脂表面发生了多分子层吸附，曲线后半段等温线急剧上升是吸附由单分子吸附向多分子吸附过渡，表明树脂中含有一定量的中孔和大孔。同时，IRC748 及 M^{n+}/IRC748 的孔径在 0～120nm 均有分布，表明树脂具有较连续的完整的孔系统。

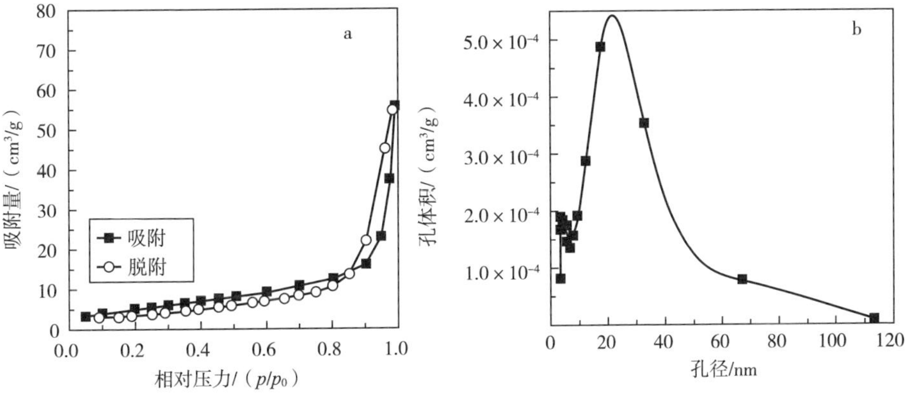

图 4-8　IRC748 的低温 N_2 吸附-脱附等温线及孔径分布图

IRC748 与不同金属离子制备的 M^{n+}/IRC748 孔结构数据见表 4-7。可以看

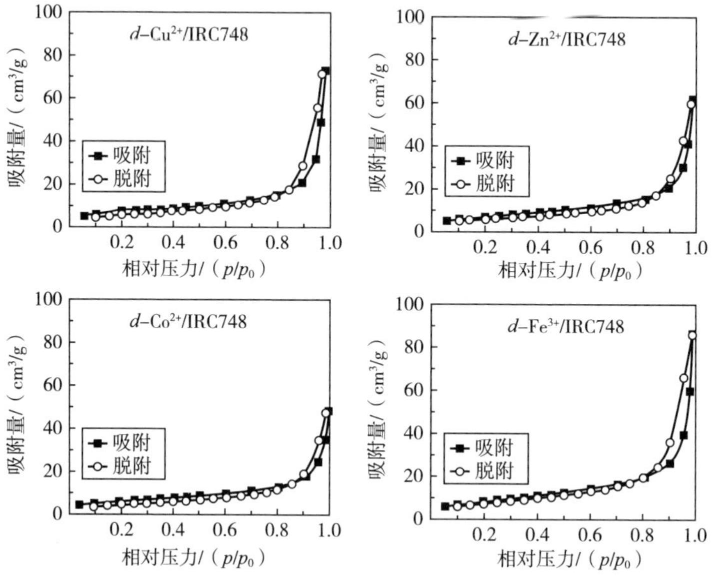

图 4-9　d-M^{n+}/IRC748 的低温 N_2 吸附-脱附等温线

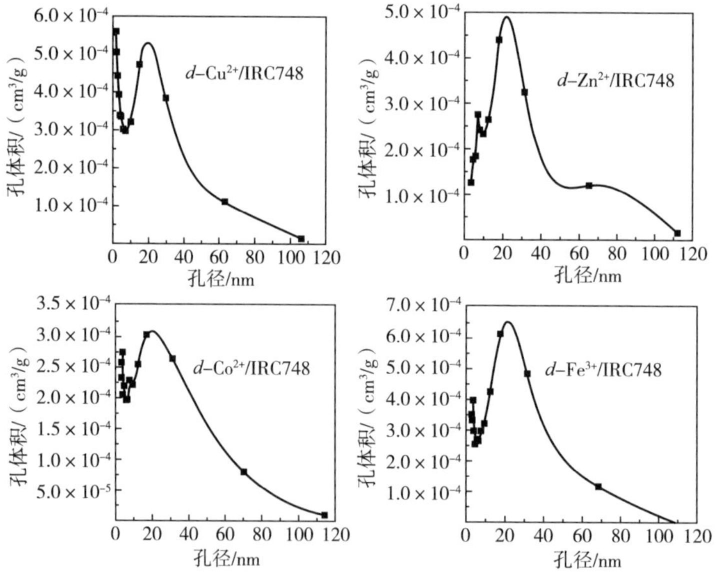

图 4-10　d-M^{n+}/IRC748 的孔径分布图

到，与 IRC748 相比，螯合金属离子的 M^{n+}/IRC748 比表面积增加，平均孔径总体上略有减小（除 Cu^{2+}/IRC748 外），孔体积总体上增加（除 Co^{2+}/IRC748

外），M^{n+}/IRC748 比表面积和孔结构参数总体上变化不大，表明过渡金属离子与 IRC748 络合后树脂结构未发生显著改变。

表 4-7　　M^{n+}/IRC748 树脂的比表面积和孔结构数据

样品名称	BET 比表面积/（m^2/g）	平均孔径/nm	孔体积/（cm^3/g）
IRC748	20	17.64	0.087
d-Cu^{2+}/IRC748	25	18.25	0.113
d-Zn^{2+}/IRC748	25	15.44	0.095
d-Co^{2+}/IRC748	21	14.15	0.075
d-Fe^{3+}/IRC748	24	17.41	0.104

采用扫描电镜对 IRC748 和 M^{n+}/IRC748 的表面形貌进行了观察，以 Cu^{2+}/IRC748 为例（图 4-11），可以看到，预处理后的 IRC748 表面粗糙，有大量空隙，用过渡金属离子交换后的 M^{n+}/IRC748 表面仍然呈现明显粗糙，空隙较多，如 Cu^{2+}/IRC748，表明 M^{n+}与 IRC748 离子交换过程中，树脂表面结构没有被破坏。

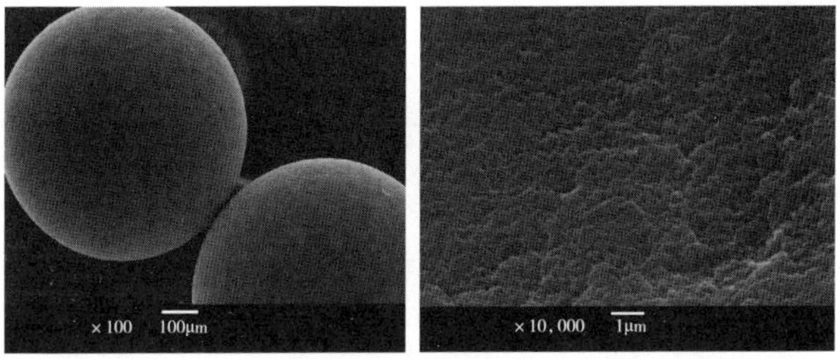

（1）IRC748

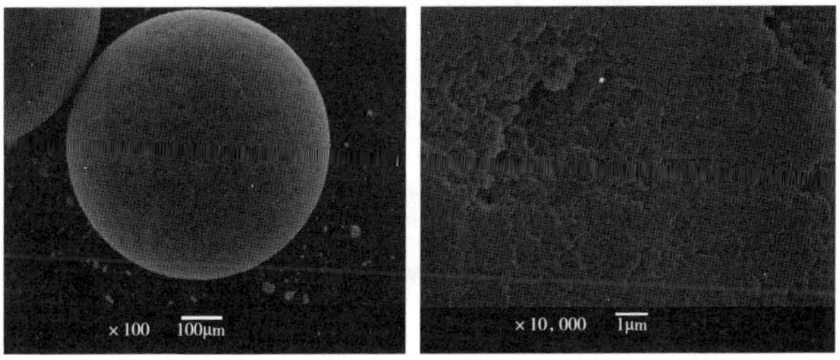

（2）Cu^{2+}/IRC748

图 4-11　IRC748 与 M^{n+}/IRC748 的扫描电镜照片

3. 材料制备条件优化

利用卷烟添加剂性能模拟评价装置考察树脂基体、金属离子种类及其浓度等对材料降低卷烟主流烟气中氰化氢释放量性能的影响，确定含过渡金属功能基聚合物材料的最佳制备条件。

（1）树脂基体的选择　利用卷烟添加剂性能模拟评价装置考察不同树脂基体担载 Cu^{2+} 的金属络合材料（金属离子浓度为 0.02mol/L，材料添加量 30mg/支）对卷烟烟气中氰化氢释放量的降低性能，结果见表 4-8。

表 4-8　不同载体与 Cu^{2+} 络合的材料降低烟气氰化氢释放量结果

样品名称	氰化氢释放量/（μg/支）	氰化氢降低率/%
空白对照	153.7	—
Cu^{2+}/001×7	140.5	8.6
Cu^{2+}/001×16	134.3	12.6
Cu^{2+}/D001	119.3	22.4
Cu^{2+}/D072	105.0	31.7
Cu^{2+}/IRC748	91.5	40.5

结果表明，金属离子均为 Cu^{2+}，大孔型离子交换树脂对烟气氰化氢的降低效果均高于凝胶型，可能是由于大孔型树脂孔径和比表面积均高于凝胶型树脂，有利于烟气进入材料，增加了烟气氰化氢与金属络合材料的接触机会。其中大孔螯合型离子交换树脂 IRC748 与 Cu^{2+} 络合后的材料降低烟气氰化氢性能较好，氰化氢降低率达 40.5%。

（2）金属离子种类及其浓度的选择　通过上述实验，载体选用大孔螯合型离子交换树脂 IRC748，根据金属离子与氰根离子的络合常数，选择 Cu^{2+}、Co^{2+}、Fe^{3+}、Zn^{2+} 四种金属离子，金属离子浓度分别为 0.02，0.2，0.7，1.2mol/L，制得样品编号依次为 $a-M^{n+}$/IRC748、$b-M^{n+}$/IRC748、$c-M^{n+}$/IRC748 和 $d-M^{n+}$/IRC748。利用卷烟滤棒吸附剂减害降焦性能模拟评价装置评价 M^{n+}/IRC748 降低卷烟烟气氰化氢释放量效果（材料添加量 30mg/支），结果如表 4-9 和图 4-12 所示。

表 4-9 M^{n+}/IRC748 降低烟气氰化氢释放量结果

样品名称	氰化氢释放量/（μg/支）	氰化氢降低率/%
空白对照	151.6	—
IRC748	133.4	12.0
a-Cu^{2+}/IRC748	90.5	40.3
b-Cu^{2+}/IRC748	101.4	33.1
c-Cu^{2+}/IRC748	101.9	32.8
d-Cu^{2+}/IRC748	127.0	16.2
a-Co^{2+}/IRC748	97.2	35.9
b-Co^{2+}/IRC748	124.9	17.6
c-Co^{2+}/IRC748	130.4	14.0
d-Co^{2+}/IRC748	104.3	31.2
a-Zn^{2+}/IRC748	119.6	21.1
b-Zn^{2+}/IRC748	101.3	33.2
c-Zn^{2+}/IRC748	113.1	25.4
d-Zn^{2+}/IRC748	122.3	19.3
a-Fe^{3+}/IRC748	100.2	33.9
b-Fe^{3+}/IRC748	120.1	20.8
c-Fe^{3+}/IRC748	131.0	13.6
d-Fe^{3+}/IRC748	133.9	11.7

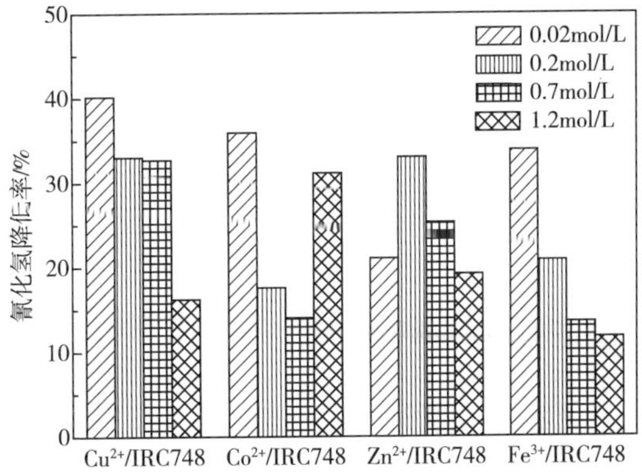

图 4-12 M^{n+}/IRC748 对卷烟烟气中氰化氢释放量的降低率

结果表明，不同过渡金属离子修饰螯合型离子交换树脂 IRC748 所得材料 M^{n+}/IRC748 对烟气中氰化氢均有不同程度的降低效果。对于同一种金属离子，当金属离子浓度较低时，M^{n+}/IRC748 对卷烟烟气中氰化氢的降低效果较好，当 M^{n+}浓度为 0.02mol/L 时，*a*-Cu^{2+}/IRC748、*a*-Co^{2+}/IRC748 和 *a*-Fe^{3+}/IRC748 对卷烟烟气中氰化氢的降低率最高，分别为 40.3%、35.9%和 33.9%，而 Zn^{2+}则在浓度 0.2mol/L 时，*b*-Zn^{2+}/IRC748 对卷烟烟气中氰化氢的降低率最高，为 33.2%，表明溶液金属离子浓度较低时 M^{n+}/IRC748 降低卷烟烟气中氰化氢释放量的效果较好。而前述孔结构的测试结果表明树脂 IRC748 螯合金属离子后树脂孔结构没有明显变化，可以推断 M^{n+}/IRC748 对烟气中氰化氢降低率差异与金属离子种类及浓度有关。

当制备溶液中金属离子为 0.7mol/L 时，测定该浓度下材料 *c*-M^{n+}/IRC748 中 M^{n+}的吸附量，并与卷烟烟气氰化氢降低性能进行比较，具体结果见表 4-10。

表 4-10　*c*-M^{n+}/IRC748 中 M^{n+}吸附量和降低卷烟烟气氰化氢释放量结果

样品名称	M^{n+}吸附量/(mmol/g)	氰化氢降低率/%	单位摩尔离子对氰化氢的降低能力/(mg/mol)
c-Fe^{3+}/IRC748	3.165	5.3	0.52
c-Co^{2+}/IRC748	3.283	14.0	1.32
c-Zn^{2+}/IRC748	3.987	25.4	1.97
c-Cu^{2+}/IRC748	4.174	32.8	2.44

结果显示，4 种金属离子制得的 M^{n+}/IRC748 对烟气中氰化氢的降低率在 5%~33%，降低能力顺序为 Cu^{2+}/IRC748 > Zn^{2+}/IRC748 > Co^{2+}/IRC748 > Fe^{3+}/IRC748，与相同金属离子浓度下 IRC748 对 4 种过渡金属离子的吸附量大小顺序基本一致。其中，Cu^{2+}/IRC748 对烟气中氰化氢吸附效果最好，与对照卷烟相比，氰化氢的降低率可达 32.8%，表明 Cu^{2+}/IRC748 对卷烟主流烟气中氰化氢有较好的降低作用。

为在同一水平上评价 Cu^{2+}/IRC748 对烟气中氰化氢的吸附能力，计算了 Cu^{2+}/IRC748 上单位摩尔 Cu^{2+}对卷烟烟气中氰化氢的降低能力（图 4-13）。从图中看出，在低 Cu^{2+}浓度（0.02mol/L）下制备的 Cu^{2+}/IRC748 对烟气中氰化氢的吸附能力最强，并且该浓度下 Cu^{2+}/IRC748 的单位摩尔 Cu^{2+} 对烟气中氰化氢的吸附量远大于其他浓度下制备的 Cu^{2+}/IRC748。这可能是由于 Cu^{2+}浓度低时，IRC748 上有大量的亚氨基二乙酸功能上的 N 原子未与 Cu^{2+} 形成配位键，N 原子的孤对电子使得树脂具有一定的弱碱性，有利于氰化氢脱氢，进而有利于氰根与金属离子络合。Cu^{2+}浓度越大，越不利于氰化氢脱氢。

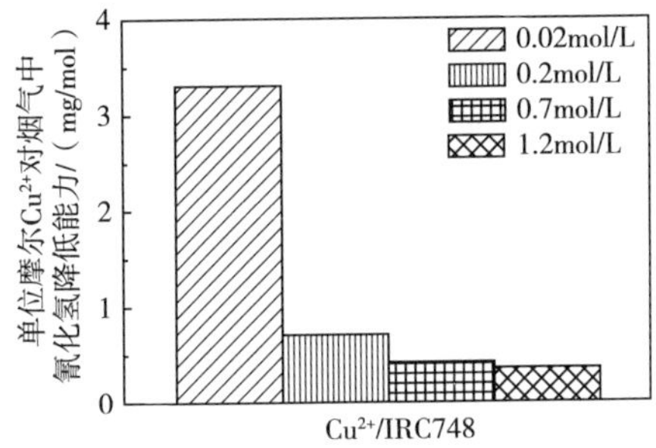

图 4-13　Cu^{2+}/IRC748 中单位摩尔 Cu^{2+} 对卷烟烟气中氰化氢的降低能力

本部分以离子交换树脂为载体，在其上担载金属离子得到含过渡金属功能基聚合物材料，利用 FT-IR、低温 N_2 吸附-脱附、扫描电镜等手段对其进行了结构表征，结果表明，过渡金属离子通过离子交换络合在树脂上，且络合后树脂孔结构未发生明显变化，树脂表面结构基本未被破坏。利用原子吸收分光光度计测定了 M^{n+}/IRC748 的金属离子交换量，结果表明，金属离子浓度为 0.7mol/L 时，大孔螯合型离子交换树脂 IRC748 对 Cu^{2+}、Co^{2+}、Fe^{3+}、Zn^{2+}四种离子的交换量最大。采用卷烟添加剂性能评价模拟装置考察了聚合物树脂基体种类、过渡金属离子种类及浓度对材料降低卷烟烟气中氰化氢释放量的效果，结果表明，大孔螯合型离子交换树脂 IRC748 络合金属材料的性能较好，且金属离子浓度较低时制备的 M^{n+}/IRC748 对卷烟烟气中氰化氢降低效果较好，尤其是金属离子为 Cu^{2+}、浓度为 0.02mol/L 时得到的材料 a-Cu^{2+}/IRC748 对卷烟烟气氰化氢的降低效果最好，降低率为 40.3%。

三、含强碱性功能基聚合物材料

氰化氢具有弱酸性，可通过简单且容易发生的酸碱反应来实现对氰化氢的选择性降低。利用酸碱反应吸附烟气中氰化氢有大量报道，如 Horsewell[35] 针对聚乙烯亚胺（Polyethyleneimine，PEI）、碳酸钠等碱性添加剂在纸滤嘴中的应用开展了系统研究工作，如在15mm长纸质滤嘴中添加5%的PEI或碳酸钠，氰化氢截留效率从18%分别提高至48%和34%，而焦油截留效率保持为34%。Walker等[36]将羧酸铵盐分散在可使烟气通过的载体上，选择性脱除卷烟烟气中的氰化氢。Horsewell等[37]将相对分子质量为500以上的聚烯烃基亚胺与三乙醇胺、醋酸钠、碳酸钠及硼砂等碱性物质与有机锌盐共同作用降低烟气中氰化氢等的释放量。William等[38]将Na_2CO_3或$NaHCO_3$与聚氧化乙烯结合，对降低烟气气相中酸性有害成分均有一定效果。氰化氢还有一显著特点即水溶性很强，与水以任意比例互溶，是强亲水性化合物，因此，水是降低烟气氰化氢这类亲水性有害成分的良好介质，水的存在可提高碱性添加剂对氰化氢的截留效率。如在含9% PEI（占滤嘴重量）的纸滤嘴中加入一定量的水，氰化氢过滤效率从65%提高至93%[39]。Dawson等[40]采用NaOH、Na_2CO_3、NH_4OH等碱溶液处理椰壳或其他木质素纤维来源的炭原料，经炭烧、活化得到具有介孔/微孔复合孔结构的活性炭，以60mg/支添加于三元复合滤棒的空腔，烟气分析结果表明，NaOH处理的微孔和介孔体积均较大的活性炭对烟气过滤效果较佳，焦油和烟碱分别降低15.7%和15.3%、CO释放量变化较小，同时氰化氢、巴豆醛释放量分别降低49.5%和68.7%。此外，添加水的纸质滤嘴中加入碳酸钠、醋酸锌等也可提高氰化氢过滤效率。

其他具有较高比表面积且对氰化氢有一定化学亲和性的颗粒材料，如浸渍PEI的多孔氧化铝[41]、固载胆碱-赖氨酸离子液体二氧化硅[42]、负载碱金属氢氧化物的多孔Al_2O_3与SiO_2[43]、弱碱阴离子交换树脂“Duolite GPA-327”[44]等，同样可去除烟气中的氰化氢。如Branton等[45]将二乙烯基苯交联的胺化聚苯乙烯树脂“Diaion CR-20”用于去除卷烟烟气中的氰化氢，其中CR20L用量为60mg/支时，卷烟主流烟气氰化氢的降低率达55%。烟气pH会影响碱性树脂对氰化氢的去除效率，如烟气pH由5.2变为8.0，树脂“Duolite GPA-327”对氰化氢的去除效率由69%降为31%，这可能由于高pH下烟气气相中的氰化氢较少。较多研究[46-48]在硅胶、活性炭、氧化铝、烟梗、介孔二氧化硅等材料表面引入氨基得到功能化多孔材料，实现氰化氢的选择性降低。SUN等[49]制备了亲水性季胺功能化多孔树脂和含氨基的多孔聚合物水凝胶微球，添加于二元复合滤嘴中，氰化氢最高可分别降低28%和48%，同时巴豆醛也有一定降低。同时，利用氨水、胺、氨基酸或胍基等对纤维素或醋酸纤维素进行氨基改性，也可去除氰化氢[50]。此外，郑伟[51]以中草药中主要成分为碳酸钙的海螵蛸为基础，开发出了可降低烟气氰化氢释放量的海螵蛸-金圣本草香复合颗粒，以复合双沟槽棒为应用方式，可降低卷烟烟气氰化氢释放量26.7%，已应用于产品。Wu等[52]从中草药中筛选出了以异喹啉季铵碱为主的黄连素，负载到活性炭纤维上制成复合滤嘴，与未负载黄连素的活性炭纤维复合滤嘴相比，卷烟烟气氰化氢释放量降低26%，而焦油、烟碱、CO等变化较小。

在卷烟燃吸过程中，亲水性的氰化氢大部分存在于气相中，而现有的减害材料多为固体，在气固条件下，化学反应本身是难于进行的。由于氰化氢能与水以任意比例互溶，若能在减害材料中保持一定含量的水，使酸碱反应很大程度在气液条件下进行，势必会显著提高减害效果，且一定含量水的存在对卷烟吸食品质有所改善。同时，前期研究结果表明材料含水率和多孔材料孔结构参数对氰化氢降低效果具有较大的影响。对氰化氢而言，在材料孔结构参数适宜的条件下，材料的含水率越高，则氰化氢的降低效果越好。

鉴于此，本部分针对氰化氢的弱酸性，通过悬浮共聚及其强碱性功能化反应，再在材料表面担载上一层强亲水性物质，得到含强碱性功能基聚合物材料，考察其对卷烟烟气中氰化氢释放量的降低性能。

1. 材料制备

采用共聚法合成大孔型聚丙烯酸酯类树脂PX为载体，分别与不同的官能化试剂反应，使其键合不同的强碱性基团，再在材料表面担载一层亲水性物质，得到含强碱性功能基聚合物材料，考察材料对卷烟烟气中氰化氢的吸附效果。

将多孔载体PX过筛处理取30~80目的颗粒10g，向其中加入100mL二甲基亚砜、20g Girnard’s Reagent T和3~5滴乙酸，于30℃搅拌反应24h，反应后水洗至中性，再用1mol/L NaOH浸泡2h，水洗至中性，在30~50℃下真空干燥30min，得到强碱性功能基聚合物材料Ⅰ；取多孔载体PX 10g，加入180mL甲醇、20g（2-溴乙基）三甲基溴化铵，室温搅拌1h使功能化试剂充分溶解，升温至65℃，反应24h。反应后水洗至中性，再用1mol/L NaOH浸泡2h，水洗至中性，在30~50℃下真空干燥30min，得到强碱性功能基聚合物材料Ⅱ。

将强碱性多孔材料50mL（湿体积）加入500mL 0.1%~10%的亲水性物质如聚丙烯酰胺、羧甲基纤维素、羧甲基淀粉钠等的水溶液中，室温搅拌2h，过滤，于50℃下真空干燥，得到含强碱性功能基聚合物材料。

2. 材料结构表征

采用共聚法合成了一种大孔吸附树脂PX，采用不同的强碱性功能化试剂对其进行化学改性，得到强碱性功能化多孔材料，并利用FT-IR、比表面积及孔隙度分析仪和元素分析仪对材料进行表征。

载体PX和强碱性功能基聚合物材料Ⅰ的FT-IR图如图4-14所示，可以看到在近3000cm^{-1}处出现了酰胺—CONH—的N—H伸缩振动吸收峰，同时N元素含量测定结果（表4-11）显示功能化后样品均含有N元素，表明强碱性基团已有效接枝到载体上。

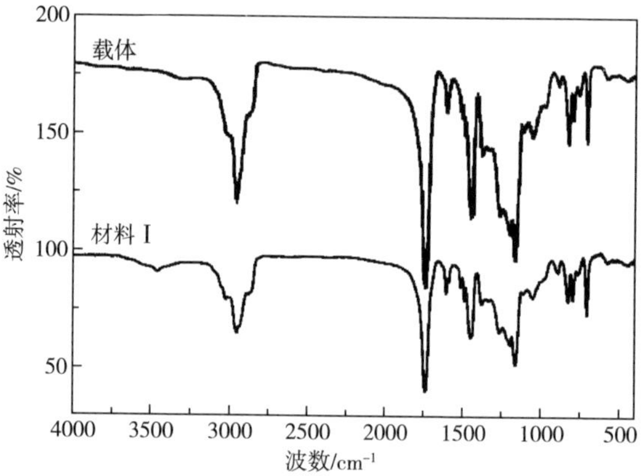

图4-14 多孔载体PX和强碱性功能基聚合物材料Ⅰ的FT-IR图

表4-11 载体PX及强碱性功能基聚合物材料Ⅰ和Ⅱ的N元素含量

材料名称	季胺化试剂	N元素含量/%
载体PX	—	0
强碱性功能基聚合物材料Ⅰ	Girnard's Reagent T	2.86
强碱性功能基聚合物材料Ⅱ	（2-溴乙基）三甲基溴化铵	0.73

N_2吸附-脱附试验结果（图4-15和表4-12）表明，载体PX具有多孔结构，平均孔径为21.14nm，比表面积为65m^2/g，强碱性功能化后材料平均孔径增大，孔体积增加，其中经强碱性功能化试剂A修饰的材料Ⅰ孔结构变化较明显。上述合成材料的N元素含量均较低，原因可能是有机物基体为非极

性和弱极性，不易与强碱性的功能化试剂反应，官能化程度低。

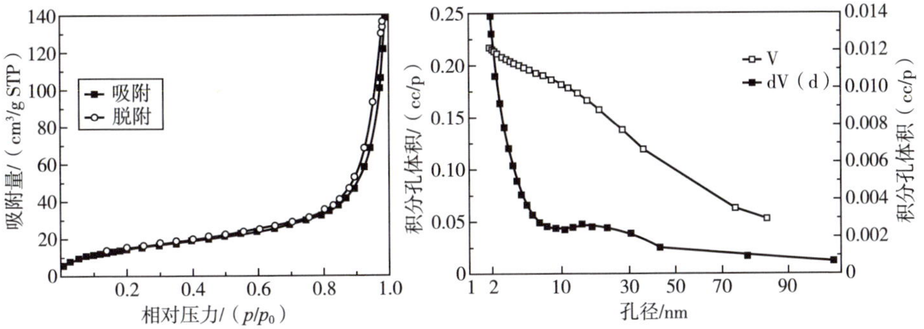

图 4-15 载体 PX 的 N_2 吸附-脱附等温线及孔径分布图

表 4-12 载体 PX 及强碱性功能基聚合物材料Ⅰ和Ⅱ的比表面积和孔结构数据

材料名称	BET 比表面积/（m^2/g）	平均孔径/nm	孔体积/（cm^3/g）
载体 PX	65	21. 14	0. 227
强碱性功能基聚合物材料Ⅰ	70	22. 08	0. 281
强碱性功能基聚合物材料Ⅱ	62	21. 63	0. 243

3. 材料制备条件优化

利用卷烟添加剂性能模拟评价装置考察功能化试剂、亲水性物质种类及浓度等对材料降低卷烟主流烟气中氰化氢释放量性能的影响，确定含强碱性功能基聚合物材料的最佳制备条件。

（1）强碱性功能化试剂的选择　材料添加量 30mg/支下，强碱基团聚合物材料对烟气氰化氢的降低性能结果见表 4-13。可见，载体 PX 对烟气氰化氢具有一定的降低效果，可能是由于材料本身的多孔结构、较大的比表面积所引起的物理吸附所致。采用强碱性功能化试剂进行功能化后，烟气氰化氢明显下降，说明强碱性基团的引入能够通过化学吸附，进一步增强材料的氰化氢降低性能。采用强碱性功能化试剂 Girnard's Reagent T 的材料Ⅰ具有更好的氰化氢降低性能，但总体上对氰化氢的降低效果比较有限，可能是由于上述合成的材料 N 元素含量均较低，官能化程度低导致。

表 4-13　含强碱性功能基聚合物材料降低烟气氰化氢释放量结果

样品名称	氰化氢释放量/（μg/支）	氰化氢降低率/%
对照	151.3	—
载体 PX	131.5	13.1
强碱性功能化聚合物材料Ⅰ	107.1	29.2
强碱性功能化聚合物材料Ⅱ	123.0	18.7

（2）亲水性物质种类和浓度的选择　对强碱性功能化多孔材料进行亲水性改性，改善材料的吸水保水性能，有望进一步增强材料的氰化氢降低性能。Girnard's Reagent T 功能化的多孔材料Ⅰ，分别担载聚丙烯酰胺（SAP-1）、羧甲基淀粉钠（SAP-2）和羧甲基纤维素（SAP-3）三种不同的亲水性物质。将亲水性改性前后的材料均置于 22℃、相对湿度 60%的环境中平衡，考察亲水物质的种类和担载浓度对材料含水率和氰化氢降低性能的影响，结果见表 4-14、图 4-16 和图 4-17 。

表 4-14　担载亲水性物质的材料降低烟气氰化氢释放量结果

样品名称	含水率（22℃，相对湿度 60%）/%	氰化氢降低率/%
材料Ⅰ	7.1	29.2
0.1% SAP-1 /材料Ⅰ	7.9	31.6
0.5% SAP-1 /材料Ⅰ	12.8	36.4
1% SAP-1 /材料Ⅰ	18.6	48.2
1.5% SAP-1 /材料Ⅰ	19.3	46.2
3% SAP-1 /材料Ⅰ	23.2	44.2
0.1% SAP-2/材料Ⅰ	7.4	31.4
0.5% SAP-2 /材料Ⅰ	11.6	31.9
1% SAP-2 /材料Ⅰ	14.2	42.0
1.5% SAP-2 /材料Ⅰ	16.7	36.5
3% SAP-2 /材料Ⅰ	20.8	28.9
0.1% SAP-3 /材料Ⅰ	7.3	30.8
0.5% SAP-3 /材料Ⅰ	10.5	31.3
1% SAP-3 /材料Ⅰ	13.6	39.4
1.5% SAP-3 /材料Ⅰ	16.2	34.0
3% SAP-3 /材料Ⅰ	19.7	27.7

结果表明，强碱性功能基聚合物材料担载亲水性物质能够有效提高材料的含水率，进而改善材料对氰化氢的降低性能。随着亲水性物质溶液浓度的增加，材料含水率升高，烟气氰化氢降低率呈先增后减趋势。当亲水性物质的浓度高于1%后，材料含水率虽然继续升高，但氰化氢降低性能反而开始下降，这可能是由于亲水性物质浓度增加将多孔材料的孔阻塞，进而影响烟气与强碱性功能基聚合物材料的有效接触。在所考察的三种亲水性物质中，聚丙烯酰胺担载浓度为1%的强碱性功能基聚合物材料具有最佳的氰化氢降低性能，烟气氰化氢降低率为48.2%。

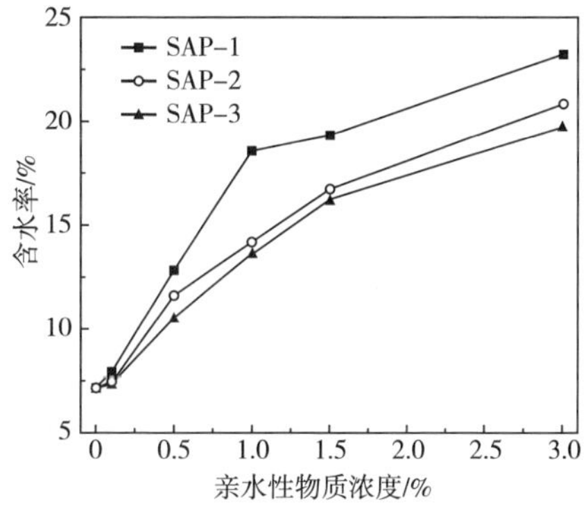

图 4-16　材料含水率随亲水性物质浓度的变化

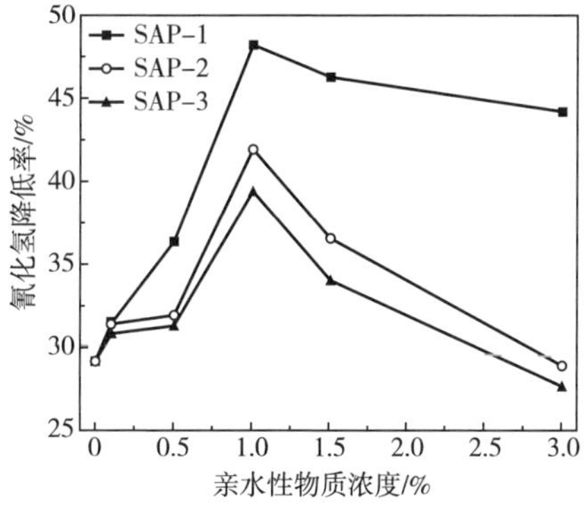

图 4-17　烟气氰化氢降低率随亲水性物质浓度的变化

通过悬浮共聚强碱性功能化反应以及亲水性物质担载，合成了含强碱性功能基聚合物材料。结果表明，材料具有多孔结构和较大的比表面积，强碱性功能基成功修饰于材料表面。材料适宜的制备条件为：功能化试剂 Girnard's

Rcagent T、亲水性物质为聚丙烯酰胺、担载浓度为 1%，得到含强碱性功能基聚合物材料 1% SAP-1/材料Ⅰ对卷烟烟气中氰化氢的降低率为 48.2%。

四、含弱碱性功能基聚合物材料

以大孔型聚丙烯酸酯类树脂 PY 为载体，分别与不同的弱碱性功能化试剂反应，得到含弱碱性功能基聚合物材料。用卷烟添加剂性能模拟评价装置对材料进行评价，考察其对材料降低烟气氰化氢性能的影响。

1. 材料制备

功能化试剂选择二乙烯三胺、三乙烯四胺、四乙烯五胺、多乙烯多胺、乙二胺（依次标记为 N1、N2、N3、N4 和 N5），材料具体制备如下：取载体 PY 1g，加入过量的功能化试剂，溶胀过夜，在一定温度下反应一定时间，反应后水洗至中性，干燥备用。

2. 材料结构表征

含有弱碱性基团的聚合物材料的红外谱图如图 4-18 所示，在 3400cm^{-1} 左右出现了功能化试剂改性后的特征伸缩振动吸收峰，同时 N 元素结果显示弱碱性基团功能化后样品均含有 N 元素（表 4-15），表明弱碱性基团已成功接枝到载体上。

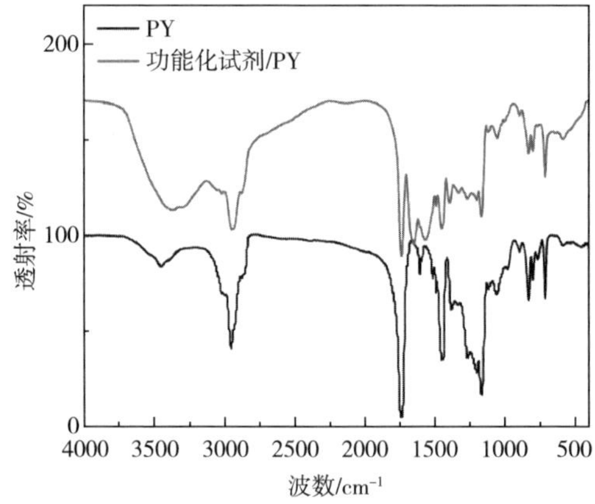

图 4-18　载体 PY 和功能化试剂/载体 PY 的红外谱图

表 4-15　载体 PY 和功能化材料的 N 元素含量

材料名称	N 元素含量/%
载体 PY	0
功能化试剂 N1/载体 PY	5.228

续表

材料名称	N 元素含量/%
功能化试剂 N2/载体 PY	4. 365
功能化试剂 N3/载体 PY	4. 252
功能化试剂 N4/载体 PY	3. 176
功能化试剂 N5/载体 PY	1. 821

注：反应条件一致，反应温度为 120℃，反应时间 12h。

N_2 吸附-脱附结果如图 4-19 所示，可知，载体 PY 平均孔径为 19. 92nm，比表面积为 73m²/g。弱碱功能化试剂改性后，材料的平均孔径、比表面积和孔体积均减小（表 4-16），其中二乙烯三胺功能化后材料的比表面积和孔体积下降最少。

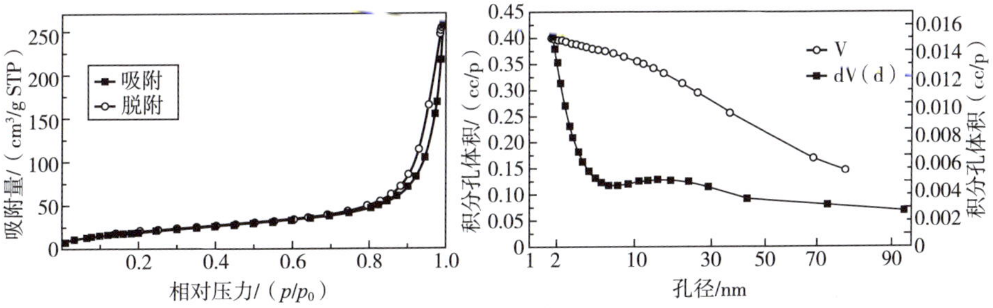

图 4-19 载体 PY 的 N_2 吸附-脱附等温线及孔径分布图

表 4-16 载体 PY 及弱碱性功能基聚合物材料的比表面积及孔结构数据

材料名称	比表面积/（m²/g）	孔径/nm	孔体积/（cm³/g）
载体 PY	73	19. 92	0. 397
功能化试剂 N1/载体 PY	60	19. 53	0. 378
功能化试剂 N2/载体 PY	54	18. 32	0. 266
功能化试剂 N3/载体 PY	51	18. 17	0. 256
功能化试剂 N4/载体 PY	44	17. 50	0. 205
功能化试剂 N5/载体 PY	42	16. 72	0. 185

3. 材料制备条件优化

利用卷烟添加剂性能模拟评价装置，考察功能化试剂种类和用量、功能化反应的温度和时间等对材料降低烟气氰化氢性能的影响，确定含弱碱性功能基聚合物材料的最佳制备条件。

（1）胺基功能化试剂的选择　功能化试剂用量为载体体积的5倍，在120℃下反应12h，得到含不同弱碱性基团的聚合物材料。在材料用量30mg/支时，不同材料对烟气氰化氢释放量的降低性能结果如表4-17所示，可知，二乙烯三胺功能化材料对氰化氢的降低效果最好，降低率为43.9%，这与材料功能基含量较高有关。因此，确定二乙烯三胺为最佳功能化试剂。

表4-17　不同功能化试剂的材料降低烟气氰化氢释放量结果

样品名称	氰化氢释放量/（μg/支）	氰化氢降低率/%
空白对照	154.1	—
PY载体	133.5	13.4
功能化试剂N1/PY	86.5	43.9
功能化试剂N2/PY	93.5	39.3
功能化试剂N3/PY	102.9	33.2
功能化试剂N4/PY	119.4	22.5
功能化试剂N5/PY	123.7	19.7

（2）反应温度的选择　采用模拟评价装置，考察反应温度和反应时间对弱碱性功能基聚合物材料降低烟气氰化氢性能的影响。反应温度选择40，60，80，100，120，140℃6个梯度（反应时间固定12h）。结果如表4-18所示，随反应温度升高，材料对烟气氰化氢的降低性能提高，当温度升至120℃后，氰化氢降低率逐渐趋于稳定。这与材料N元素含量随反应温度的变化趋势一致，且该反应条件对材料孔结构的影响较小。而反应温度太高，反应体系不稳定，风险提高，成本增加。因此，本研究确定反应温度为120℃。

表4-18　不同反应温度下材料N元素含量及降低烟气氰化氢释放量结果

反应温度	氰化氢释放量/（μg/支）	氰化氢降低率/%	N元素含量/%
空白对照	152.0	—	—
PY载体	131.6	13.4	0
40℃	128.7	15.3	2.325

续表

反应温度	氰化氢释放量/（μg/支）	氰化氢降低率/%	N元素含量/%
60℃	122.4	19.5	2.648
80℃	114.6	24.6	3.082
100℃	97.0	36.2	3.743
120℃	85.7	43.6	5.228
140℃	86.0	43.4	5.391

（3）反应时间的选择　固定反应温度120℃，考察反应时间（4，6，8，10，12，16h）对材料降低烟气氰化氢性能的影响。结果如表4-19所示，反应时间增加，材料对烟气氰化氢的降低效果越好，当反应时间增加至12h后，氰化氢释放量趋于稳定。这与材料N元素含量随反应时间的变化趋势一致。因此，确定反应时间为12h。

表4-19　不同反应时间下材料N元素含量及降低烟气氰化氢释放量结果

反应时间	氰化氢释放量/（μg/支）	氰化氢降低率/%	N元素含量/%
空白对照	158.5	—	—
4h	133.5	15.8	2.176
6h	119.2	24.8	3.464
8h	101.8	35.8	3.988
10h	98.4	37.9	4.130
12h	95.6	39.7	4.619
16h	89.2	43.7	5.228

本部分以制备的大孔型聚合物树脂PY为载体，分别与带有胺基的不同功能化试剂反应，得到含弱碱性功能基聚合物材料；利用卷烟添加剂性能模拟评价装置对材料的制备条件进行了优化，确定该类材料的最佳制备条件为：功能化试剂二乙烯三胺、反应温度为120℃、反应16h，得到含弱碱性功能基聚合物材料对烟气氰化氢的降低率最高为43.7%。

五、含碱性和过渡金属双功能基聚合物材料

利用氰化氢H^+的酸性和CN^-的络合作用，以大孔型聚合物树脂为载体，

采用碱性功能基和过渡金属共同改性聚合物材料，得到含碱性和过渡金属双功能基聚合物材料。通过碱性功能基和金属功能基的协同作用，达到选择性降低卷烟烟气中氰化氢释放量的目的。

1. 材料制备

大孔型聚合物树脂载体选用 D301、D301M、D410、D417 和 PZ，需进行预处理，先用乙醇装柱，浸泡 2h 后再用乙醇冲洗以除去杂质，水洗后再依次以 2 倍床体积 4%（质量分数）氢氧化钠溶液、5~6 倍床体积水、2 倍床体积 4%盐酸溶液、10~12 床体积水、2~3 倍床体积的 4%氯化钠溶液处理树脂。

材料具体制备如下：取载体 1g，加入过量的碱性功能化试剂，溶胀过夜，在一定温度下反应一定时间，反应后水洗至中性，干燥备用。称取一定量碱性功能化载体，加入过渡金属硝酸盐溶液中，室温搅拌水洗至无金属离子流出，在 50℃下真空干燥 30min，得到碱性和过渡金属双功能基聚合物材料。

2. 材料结构表征

不同固液比时碱性和过渡金属双功能基聚合物材料的 XRD 图见图 4-20，未见明显过渡金属的衍射峰，表明过渡金属在聚合物材料上得到了良好分散。

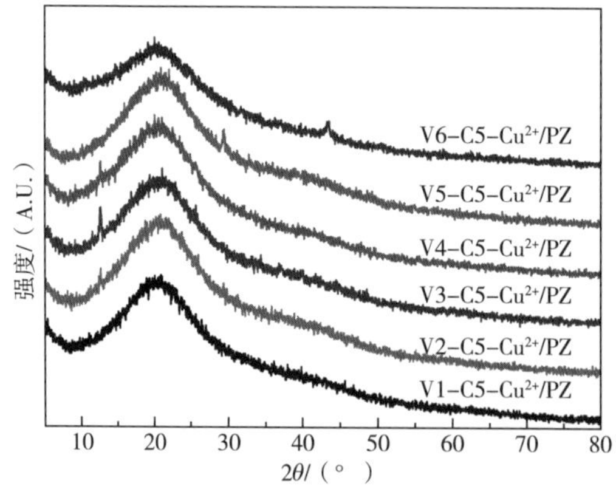

图 4-20 碱性和过渡金属双功能基聚合物材料 C5-Cu^{2+}/PZ 的 XRD 图

N_2 吸附-脱附试验如图 4-21 和表 4-20 所示，可知，碱性和过渡金属双功能化改性载体后，材料的平均孔径、比表面积和孔体积均减小。

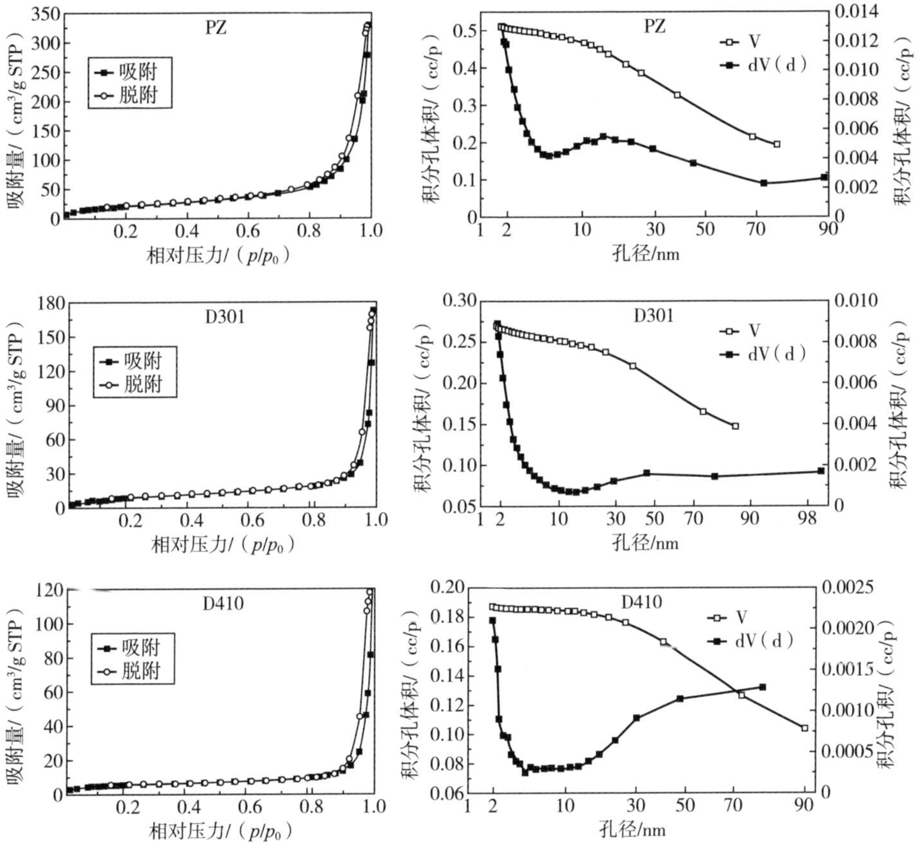

图 4-21 载体 PZ、D301 和 D410 的 N_2 吸附-脱附等温线及孔径分布图

表 4-20 载体及双功能化材料的比表面积及孔结构数据

材料名称	比表面积/（m^2/g）	孔径/nm	孔体积/（cm^3/g）
载体 PZ	78	22.43	0.509
双功能化 PZ	56	18.24	0.394
载体 D301	32	29.22	0.268
双功能化 D301	17	24.63	0.214
载体 D410	19	51.56	0.188
双功能化 D410	9	44.30	0.125

双功能化材料的热重分析结果如图 4-22 所示，与载体 PZ 仅有一个失重

阶段（350～550℃）相比，双功能化 PZ 显示有四个失重阶段。第一个阶段（30～100℃）失重约 10%，主要是孔道内物理吸附的水及空气；第二个阶段（260～360℃）和第三个阶段（360～390℃）分别失重约 10%和 15%，主要是碱性功能化后基团的氧化分解，还可能包括残留在孔道中过渡金属盐的热分解反应；第四个阶段（390～550℃）失重约 50%，与载体在此阶段的失重过程类似，主要是载体有机骨架的氧化分解。

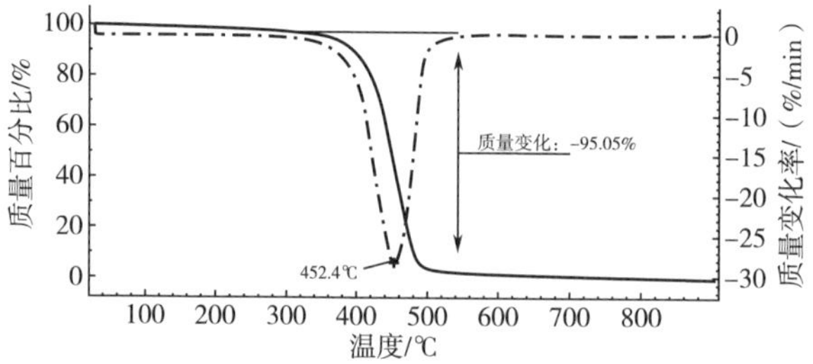

（1）载体PZ

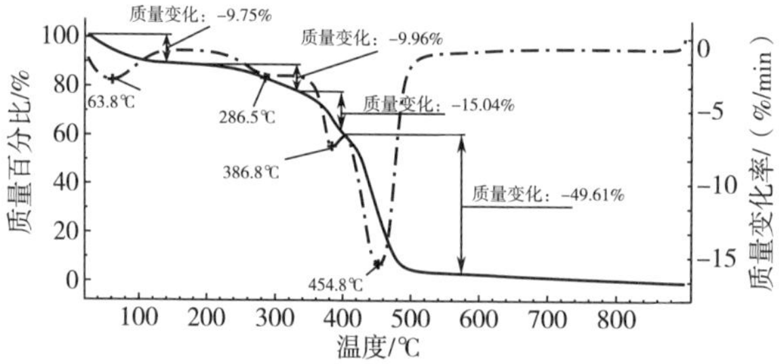

（2）双功能化PZ

图 4-22　载体 PZ 及双功能化 PZ 的热重曲线

3. 材料制备条件优化

利用卷烟添加剂性能模拟评价装置考察载体种类、过渡金属离子种类及其浓度、固液比和反应时间对材料降低卷烟主流烟气中氰化氢释放量性能的影响，确定含碱性和过渡金属双功能基聚合物材料的最佳制备条件。

（1）载体种类的选择　不同聚合物多孔载体经碱性和过渡金属修饰后得到碱性和过渡金属双功能基材料（Cu^{2+}浓度为 0. 10mol/L，固液比均为 1∶4，材料添加量 30mg/支），对卷烟烟气中氰化氢释放量的降低效果见表 4-21。结果显示，相同条件下聚合物树脂 PZ 得到的碱性和过渡金属双功能基材料 Cu^{2+}/PZ 对烟气氰化氢的降低性能较显著，氰化氢降低率达 71. 0%。

表 4-21 不同聚合物多孔载体材料降低烟气氰化氢释放量结果

样品名称	氰化氢释放量/（μg/支）	氰化氢降低率/%
空白对照	149.6	—
Cu^{2+}/D301	78.2	47.7
Cu^{2+}/D301M	82.6	44.8
Cu^{2+}/D410	96.8	35.3
Cu^{2+}/D417	78.5	47.5
Cu^{2+}/PZ	43.4	71.0

（2）过渡金属离子种类的选择　以聚合物多孔树脂 PZ 为载体，金属离子浓度为 0.10mol/L、固液比均为 1∶4，考察了 Cu^{2+}、Fe^{3+}、Zn^{2+}、Co^{2+}金属离子对材料降低卷烟烟气氰化氢性能的影响，见表 4-22。可知，Cu^{2+}/PZ 对烟气氰化氢的降低性能较显著，氰化氢降低率达 70.8%。

表 4-22 不同过渡金属离子 C5-M^{n+}/PZ 材料降低烟气氰化氢释放量结果

样品名称	氰化氢释放量/（μg/支）	氰化氢降低率/%
空白对照	156.3	—
Cu^{2+}/PZ	45.6	70.8
Fe^{3+}/PZ	117.7	24.7
Zn^{2+}/PZ	64.7	58.6
Co^{2+}/PZ	85.0	45.6

（3）过渡金属离子浓度的选择　以聚合物多孔树脂 PZ 为载体，金属离子为 Cu^{2+}、固液比均为 1∶4，考察了 Cu^{2+}浓度对材料降低卷烟烟气氰化氢性能的影响，见表 4-23。结果表明，Cu^{2+}浓度为 0.10mol/L 时，材料 C5-Cu^{2+}/PZ 对烟气氰化氢的降低性能较显著，氰化氢降低率达 70.3%。

表 4-23 不同 Cu^{2+}浓度的 M^{n+}/PZ 材料降低烟气氰化氢释放量结果

样品名称	氰化氢释放量/（μg/支）	氰化氢降低率/%
空白对照	150.6	—
0.01mol/L-Cu^{2+}/PZ	73.5	51.2

续表

样品名称	氰化氢释放量/（μg/支）	氰化氢降低率/%
0.025mol/L-Cu^{2+}/PZ	64.8	57.0
0.05mol/L-Cu^{2+}/PZ	61.4	59.2
0.075mol/L-Cu^{2+}/PZ	56.8	62.3
0.10mol/L-Cu^{2+}/PZ	44.7	70.3
0.12mol/L-Cu^{2+}/PZ	49.5	67.1
0.15mol/L-Cu^{2+}/PZ	58.0	61.5

（4）固液比的选择　以聚合物多孔树脂PZ为载体，Cu^{2+}浓度为0.10mol/L，考察了不同固液比对材料降低烟气氰化氢性能的影响，见表4-24。结果表明，固液比为1∶4时，材料对烟气氰化氢的降低性能较显著，氰化氢降低率达71.2%。

表4-24　不同固液比的Cu^{2+}/PZ材料降低烟气氰化氢释放量结果

样品名称	氰化氢释放量/（μg/支）	氰化氢降低率/%
空白对照	154.8	—
固液比1∶1，0.10mol/L-Cu^{2+}/PZ	58.7	62.1
固液比1∶2，0.10mol/L-Cu^{2+}/PZ	56.0	63.8
固液比1∶3，0.10mol/L-Cu^{2+}/PZ	53.3	65.6
固液比1∶4，0.10mol/L-Cu^{2+}/PZ	44.6	71.2
固液比1∶5，0.10mol/L-Cu^{2+}/PZ	50.9	67.1
固液比1∶6，0.10mol/L-Cu^{2+}/PZ	52.8	65.9

（5）反应时间的选择　不同反应时间对材料降低烟气氰化氢性能的影响见表4-25，可知，反应时间为12h时，材料对卷烟烟气氰化氢的降低性能较显著，氰化氢降低率达70.6%。

表4-25　不同反应时间的Cu^{2+}/PZ材料降低烟气氰化氢释放量结果

样品名称	氰化氢释放量/（μg/支）	氰化氢降低率/%
空白对照	154.2	—

续表

样品名称	氰化氢释放量/（μg/支）	氰化氢降低率/%
2h，固液比 1∶4，0.10mol/L-Cu^{2+}/PZ	60.0	61.1
4h，固液比 1∶4，0.10mol/L-Cu^{2+}/PZ	52.3	66.1
8h，固液比 1∶4，0.10mol/L-Cu^{2+}/PZ	52.4	66.0
12h，固液比 1∶4，0.10mol/L-Cu^{2+}/PZ	45.3	70.6
16h，固液比 1∶4，0.10mol/L-Cu^{2+}/PZ	45.8	70.3

本部分以聚合物多孔树脂为载体，采用碱性功能基和过渡金属共同改性，得到含碱性和过渡金属双功能基聚合物材料，XRD 结果表明过渡金属离子在材料上得到了良好地分散；利用卷烟添加剂性能模拟评价装置对材料制备条件进行了优化，确定该类材料的最佳制备条件为：聚合物多孔载体 PZ、过渡金属离子 Cu^{2+}、Cu^{2+}浓度 0.10mol/L、固液比 1∶4、反应时间 12h 时，得到含碱性和过渡金属双功能基聚合物材料对卷烟烟气氰化氢释放量的降低性能最好，氰化氢降低率达 70.6%。

六、材料稳定性评价

通过上述 5 类材料的制备条件优化研究，筛选出了 3 种氰化氢降低性能良好的材料，即含强碱性功能基聚合物材料 1% SAP-1/材料Ⅰ（H1）、含弱碱性功能基聚合物材料二乙烯三胺-12h-120℃/PY（H2）和含碱性和过渡金属双功能基聚合物材料 12h-1∶4-0.10mol/L-Cu^{2+}/PZ（H3）（表 4-26）。应用卷烟添加剂性能评价模拟装置考察上述 3 种新型材料在卷烟烟气下的稳定性（图 4-23），结果表明 3 种材料对烟气氰化氢的降低效果在 6 个月内基本保持稳定，其中含碱性和过渡金属双功能基聚合物材料 H3 对氰化氢的降低率稳定在 70%以上。

表 4-26　　5 类减害材料的氰化氢降低效果

材料类型	样品编号	氰化氢降低率/%
含过渡金属功能基无机多孔材料	5% mol CuO/SBA-15	32.6
含过渡金属功能基聚合物材料	0.02mol/L-Cu^{2+}/IRC748	40.3
含强碱性功能基聚合物材料	1% SAP-1/材料Ⅰ（H1）	48.2

续表

材料类型	样品编号	氰化氢降低率/%
含弱碱性功能基聚合物材料	二乙烯三胺-12h-120℃/PY（H2）	43.7
含碱性和过渡金属双功能基聚合物材料	12h-1：4-0.10mol/L-Cu^{2+}/PZ（H3）	70.6

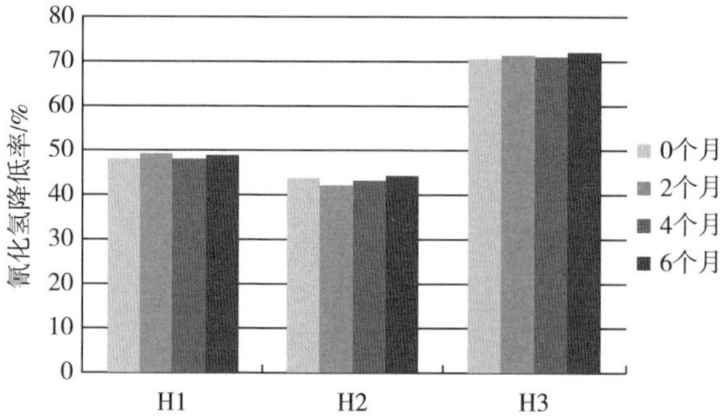

图 4-23 减害材料放置不同时间氰化氢降低率变化

七、材料安全性评价

含碱性和过渡金属双功能基聚合物材料和添加该材料的卷烟由军事医学科学院放射与辐射医学研究所进行安全性评价。材料安全性评价方法分别采用动物口服急性毒性试验、动物体内细胞微核率检测试验以及鼠伤寒沙门氏菌诱变试验，添加材料的试验卷烟安全性评价采用动物体内细胞微核率检测试验、卷烟烟气冷凝物鼠伤寒沙门氏菌诱变试验以及细胞急性毒性试验。样品信息见表 4-27。

表 4-27 样品信息

送检样品编号	具体信息
1#蓝色材料	含碱性和过渡金属双功能基聚合物材料
13#卷烟	对照卷烟
04#卷烟	添加含碱性和过渡金属双功能基聚合物材料的试验卷烟，添加量 24.3mg/支
09#卷烟	添加混合材料卷烟（含碱性和过渡金属双功能基聚合物材料：富含亲核功能基的多孔聚合物材料=1：1），材料添加量为 26.1mg/支

1. 动物口服急性毒性试验

碱性和过渡金属双功能基聚合物材料的动物口服急性毒性结果表明，试验动物（小鼠）给药后出现短暂运动减少，随后恢复，最大给药剂量（0.9mL/只）未出现死亡。

2. 动物体内细胞微核率检测试验

动物体内细胞微核率检测结果见表4-28，可知，碱性和过渡金属双功能基聚合物材料（1#）诱发动物体内细胞微核率均与阴性对照无明显差异。3种卷烟烟气冷凝物（CSC）诱发动物体内细胞微核率高于阴性对照，相互之间无明显差异。

表4-28 动物体内细胞微核率检测结果

样品名称	微核率/‰	样品名称	微核率/‰
阴性对照	3.88±0.56	04#卷烟	5.46±0.71
环磷酰胺（50mg/kg）	37.14±4.82	09#卷烟	6.79±0.71
1#材料	3.83±0.77	13#卷烟	6.88±1.40

3. 鼠伤寒沙门氏菌诱变试验

鼠伤寒沙门氏菌诱变试验结果见表4-29，可知，材料对鼠伤寒沙门氏菌（TA98和TA100）均无明显诱变。3种卷烟CSC在受试剂量下对TA100的致突变率无明显增加（在溶剂对照的2倍以内），而在120×10^{-3}支烟/皿剂量下，对TA98的突变率出现升高，相互之间无明显差异。

表4-29 鼠伤寒沙门氏菌诱变试验结果

样品名称	浓度/（CSC为$\times10^{-3}$支烟/皿，材料为μL/皿）	平均回变菌落数/（个/皿，$\bar{x}$±SD）	
		TA98	TA100
空白对照（自发突变）		33±4	134±5
溶剂对照		35±3	111±9
阳性对照（苯并［a］芘）	1μg/皿	1710±32	707±56
1#蓝色材料	15	31±2	129±3
	30	32±2	126±7
	60	34±5	140±2
	120	36±3	141±20
04#卷烟	15	31±5	108±3
	30	49±3	134±14
	60	58±7	148±8
	120	107±11	173±18

续表

样品名称	浓度/（CSC 为×10^{-3} 支烟/皿，材料为 μL/皿）	平均回变菌落数/（个/皿，$\bar{x}$ ±SD）	
		TA98	TA100
09#卷烟	15	29±6	160±21
	30	28±5	157±8
	60	59±17	165±15
	120	114±22	181±11
13#卷烟	15	44±2	143±9
	30	36±6	128±4
	60	44±3	148±4
	120	78±10	135±12

4. 细胞急性毒性试验

3 种卷烟 CSC 对 Beas-2B 细胞增殖的影响如图 4-24 所示，半抑制浓度（IC_{50}）如表 4-30 所示。可以看出，3 种卷烟 CSC 的细胞毒性近似。

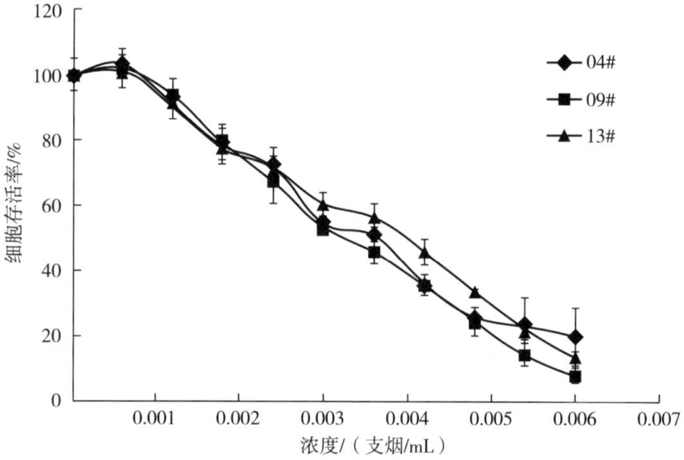

图 4-24　3 种卷烟 CSC 对 Beas-2B 细胞增殖的影响

表 4-30　　3 种卷烟 CSC 对 Beas-2B 细胞毒性的 IC_{50}

卷烟编号	IC_{50}	95%可信区间
04#卷烟	0. 00364	0. 00270～0. 00432
09#卷烟	0. 00344	0. 00282～0. 00390
13#卷烟	0. 00380	0. 00296～0. 00436

结果表明，含碱性和过渡金属双功能基聚合物材料在受试剂量下，未观

察到动物口服急性毒性，动物体内微核率较低，无明显的鼠伤寒沙门氏菌诱变性。添加该材料 24.3mg/支的试验卷烟，卷烟烟气冷凝物的动物体内微核率、细胞毒性及鼠伤寒沙门氏菌诱变性均与对照卷烟无明显差异。

八、材料工业放大研究

对含碱性和过渡金属双功能基聚合物材料在 1000L 反应釜下进行工业放大生产工艺研究，工艺流程如图 4-25 所示。，其放大工艺流程的设计以保证产品品质、控制产品成本为原则。通过优化材料工业放大的工艺条件，形成较佳的新型材料工业生产工艺技术参数，实现新型材料的工业放大生产。

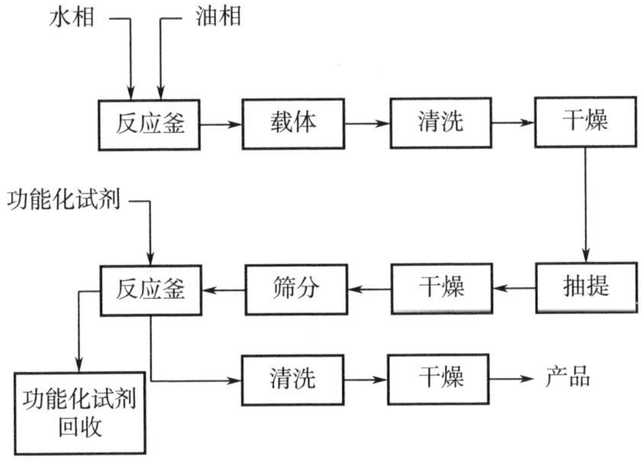

图 4-25　共聚法制备含碱性和过渡金属功能基聚合物材料的工艺流程

制备的 3 个批次中试样品的孔径和比表面积与小试样品基本保持一致（表 4-31），工业放大材料对烟气氰化氢的降低率稳定在 70%以上（表 4-32），与小试样品的性能基本一致，能够满足材料推广应用的需要。

表 4-31　中试放大样品的孔结构数据

材料		比表面积/（m^2/g）	孔径/nm
实验室小试样品		56	18.24
中试放大样品	批次 1	54	18.36
	批次 2	53	18.63
	批次 3	59	18.15

表 4-32　中试放大样品降低烟气氰化氢释放量结果

材料	氰化氢降低率/%
实验室小试样品	70.6

续表

材料		氰化氢降低率/%
中试放大样品	批次 1	73.5
	批次 2	70.8
	批次 3	76.1

第二节　碱性及络合材料在降低烟气氰化氢中的应用研究

通过实验室材料的开发研究，确定了共聚法制备的含碱性和过渡金属双功能基聚合物材料为最佳材料。因此，选择该材料进行卷烟应用研究。

将材料以不同方式应用于卷烟，具体方式有二元复合滤棒、卷烟纸涂布和沟槽滤棒纤维素纸涂布等，考察最佳的材料卷烟应用方式。选择最佳的应用方式分别于多个卷烟品牌中进行应用试验，考察材料在卷烟中的应用效果。通过不同时间对试验卷烟样品进行化学分析和感官质量评价，考察试验卷烟的放置稳定性。

一、卷烟应用方式的确定

选择氰化氢降低效果最好的含碱性和过渡金属双功能基聚合物材料，考察卷烟纸涂布、沟槽滤棒纤维素纸涂布、涂布纸-醋纤二元复合滤棒、二元复合滤棒 4 种方式对氰化氢降低性能的影响，结果见表 4-33。可知，二元复合滤棒和涂布纸-醋纤二元复合滤棒为最佳应用方式，适宜材料添加量分别为 30mg/支和 3.6mg/支。

表 4-33　不同应用方式下卷烟主流烟气 7 种有害成分释放量选择性降低率结果

单位：%

应用方式	材料添加量/(mg/支)	CO	氰化氢	NNK	NH_3	B(a) P	苯酚	巴豆醛	危害性指数 (H)
卷烟纸涂布	0.35	5.8	2.2	-2.7	-1.5	0.6	11.7	3.6	2.9
沟槽滤棒纤维素纸涂布	4.8	1.2	23.1	0.5	-4.7	4.9	10.3	4.3	4.4
二元复合滤棒	10.0	-8.5	34.4	0.7	-3.1	8.2	13.2	-4.1	5.4
	20.0	-7.3	44.4	-0.9	-10.1	8.1	2.9	-2.1	4.6
	30.0	-7.2	63.1	-2.6	-9.6	0.7	1.3	-3.2	5.5

续表

应用方式	材料添加量/(mg/支)	CO	氰化氢	NNK	NH_3	B(a) P	苯酚	巴豆醛	危害性指数(H)
涂布纸-醋纤二元复合滤棒	2.3	3.3	38.5	-2.3	-4.7	-5.6	8.9	10.2	7.2
	2.9	4.4	50.0	-2.9	0	0	9.8	16.4	11.4
	3.6	1.2	58.1	-2.8	-1.3	-6.7	10.7	22.6	12.2

二、卷烟工业适用性研究

根据上述研究成果，选择二元复合滤棒和涂布纸-醋纤二元复合滤棒进行卷烟工业适用性研究。

1. 二元复合滤棒

二元复合滤棒制备在牡丹江卷烟材料厂有限责任公司进行，原则是保证试验滤棒和对照滤棒的可比性。针对不同品牌卷烟滤棒规格制作了两种规格的复合滤棒和对照滤棒，其中，一元对照滤棒控制与二元试验滤棒压降一致，二元对照控制丝束规格和用量与二元试验滤棒一致，具体参数见表4-34。

规格Ⅰ：14mm（加料段）+15mm（普通醋纤段），材料添加量为30mg/支。

规格Ⅱ：10mm（加料段）+10mm（普通醋纤段），材料添加量为30mg/支。

表4-34　　二元复合滤棒参数

滤棒规格	滤棒编号	质量/mg	压降/Pa	圆周/mm	硬度/%	长度/mm	材料实际添加量/(mg/支)
规格Ⅰ	二元对照	928	3490	24.1	90.0	144	—
	一元对照	902	4110	24.3	88.8	144	—
	Ⅰ	1056	4080	24.2	88.7	144	27.2
规格Ⅱ	二元对照	645	2360	24.1	88.1	100	—
	一元对照	584	2760	24.1	86.8	100	—
	Ⅱ	739	2850	24.1	90.7	100	24.3

将规格Ⅰ滤棒分别应用于FJ、CY等规格卷烟，将规格Ⅱ滤棒分别应用于GD、LZ、HB、HN等规格卷烟，烟支物理参数见表4-35。

表4-35　　应用二元复合滤棒卷烟烟支物理参数

样品名称	质量/mg	开式压降/Pa	闭式压降/Pa	滤嘴通风率/%	圆周/mm	烟支长度/mm	滤嘴长度/mm	接装纸长度/mm
二元对照	895.6	1020	1020	0.5	24.5	84.2	29	30

续表

样品名称	质量/mg	开式压降/Pa	闭式压降/Pa	滤嘴通风率/%	圆周/mm	烟支长度/mm	滤嘴长度/mm	接装纸长度/mm
一元对照	892.1	1160	1160	0.5	24.4	84.4	29	30
FJ3	911.1	1120	1120	0.6	24.5	84.2	29	30
二元对照	942.0	1020	1030	0.2	24.6	84.2	29	30
一元对照	937.1	1130	1130	0.2	24.6	84.1	29	30
CY3	965.1	1100	1100	0.2	24.6	84.2	29	30
二元对照	911.0	970	1100	15.6	24.7	84.1	20	30
一元对照	891.6	1050	1200	17.6	24.6	84.2	20	30
GD3	939.1	1070	1220	16.5	24.7	84.1	20	30
二元对照	875.1	1040	1040	0.6	24.5	84.0	20	30
一元对照	864.3	1160	1160	0.6	24.6	84.0	20	30
LZ3	893.8	1160	1160	0.6	24.1	84.0	20	30
二元对照	916.0	1010	1010	1.0	24.5	84.1	20	30
一元对照	901.8	1110	1110	1.2	24.3	84.0	20	30
HB3	946.1	1120	1130	1.4	24.5	84.0	20	30
二元对照	925.4	1030	1030	0.3	24.6	84.2	20	30
一元对照	900.9	1110	1110	0.2	24.6	84.1	20	30
HN3	952.1	1170	1170	0.3	24.5	84.1	20	30

可以看到，试验卷烟与对照卷烟的滤嘴通风率、圆周等基本一致，其中试验卷烟压降高于二元对照卷烟，由于试验滤棒和二元对照滤棒丝束规格和用量一致，而试验滤棒添加材料导致卷烟压降高于二元对照卷烟。试验卷烟与对照卷烟质量差基本等于滤棒之间的质量差，说明试验卷烟和对照卷烟的制作符合试验要求。

卷烟主流烟气中常规成分、7 种有害成分的释放量结果见表 4-36、表 4-37 和图 4-26，可知，试验卷烟主流烟气中常规成分的释放量与对照卷烟基本一致。

表 4-36　　卷烟主流烟气常规成分释放量结果

样品名称	总粒相物/(mg/支)	CO/(mg/支)	焦油/(mg/支)	烟碱/(mg/支)	水分/(mg/支)	抽吸口数/(口/支)
二元对照	16.9	12.0	14.0	1.1	1.8	7.9

续表

样品名称	总粒相物/(mg/支)	CO/(mg/支)	焦油/(mg/支)	烟碱/(mg/支)	水分/(mg/支)	抽吸口数/(口/支)
一元对照	15.6	11.5	12.3	1.3	2.0	8.0
FJ3	16.7	11.3	13.5	1.2	2.0	7.9
二元对照	15.6	10.8	12.6	1.0	2.0	7.3
一元对照	15.5	10.6	12.1	1.1	2.3	7.4
CY3	14.8	10.5	12.2	1.0	1.6	7.4
二元对照	12.9	10.6	10.5	1.0	1.5	6.7
一元对照	11.7	11.1	9.6	0.9	1.2	6.7
GD3	12.4	10.9	10.0	0.9	1.4	6.6
二元对照	11.2	11.0	9.1	0.7	1.5	6.1
一元对照	10.5	11.1	8.7	0.6	1.2	6.1
LZ3	10.4	11.2	8.7	0.6	1.1	6.1
二元对照	18.6	12.5	15.0	1.4	2.1	7.5
一元对照	17.6	12.3	14.7	1.4	1.6	7.6
HB3	18.4	12.8	15.1	1.4	1.9	7.8
二元对照	15.7	12.3	12.6	1.1	2.0	7.4
一元对照	14.8	11.9	12.4	1.0	1.4	7.3
HN3	15.4	13.0	12.8	1.1	1.5	7.4

表 4-37　　卷烟主流烟气 7 种有害成分释放量分析结果

样品名称	CO/(mg/支)	氰化氢/(μg/支)	NNK/(ng/支)	NH_3/(μg/支)	B(a)P/(ng/支)	苯酚/(μg/支)	巴豆醛/(μg/支)	H
二元对照	12.0	128.9	5.3	9.5	13.3	12.5	21.1	9.9
一元对照	11.5	107.7	5.2	9.3	11.9	12.0	21.9	9.4
FJ3	11.3	56.7	5.5	9.5	13.4	13.3	19.2	9.1
二元对照	10.0	114.0	3.0	9.1	11.2	12.5	22.3	9.1
一元对照	10.6	107.3	3.8	8.8	10.9	12.4	22.1	8.8
CY3	10.5	49.3	4.1	9.8	10.9	13.7	20.5	8.5
二元对照	10.6	121.2	5.7	7.6	9.3	13.4	18.4	8.8
一元对照	11.1	131.4	5.6	7.4	8.3	11.8	16.3	8.5
GD3	10.9	38.9	5.5	7.9	8.8	12.6	18.1	7.9
二元对照	11.0	107.8	4.4	8.2	7.7	10.7	21.1	8.3
一元对照	11.1	98.6	4.3	7.7	7.5	8.8	20.1	7.8

续表

样品名称	CO/（mg/支）	氰化氢/（μg/支）	NNK/（ng/支）	NH_3/（μg/支）	B(a)P/（ng/支）	苯酚/（μg/支）	巴豆醛/（μg/支）	*H*
LZ3	11.2	47.4	4.6	8.3	7.3	9.1	19.1	7.4
二元对照	12.5	119.3	4.8	8.5	13.8	19.4	23.3	10.4
一元对照	12.3	121.9	4.9	8.3	12.9	19.4	23.3	10.2
HB3	12.8	45.7	5.0	8.5	14.0	20.1	19.9	9.5
二元对照	12.3	124.4	4.3	7.7	10.8	15.8	27.8	9.8
一元对照	11.9	130.8	4.4	7.5	9.7	13.6	25.1	9.3
HN3	13.0	49.1	4.3	7.5	10.8	16.1	20.8	8.6

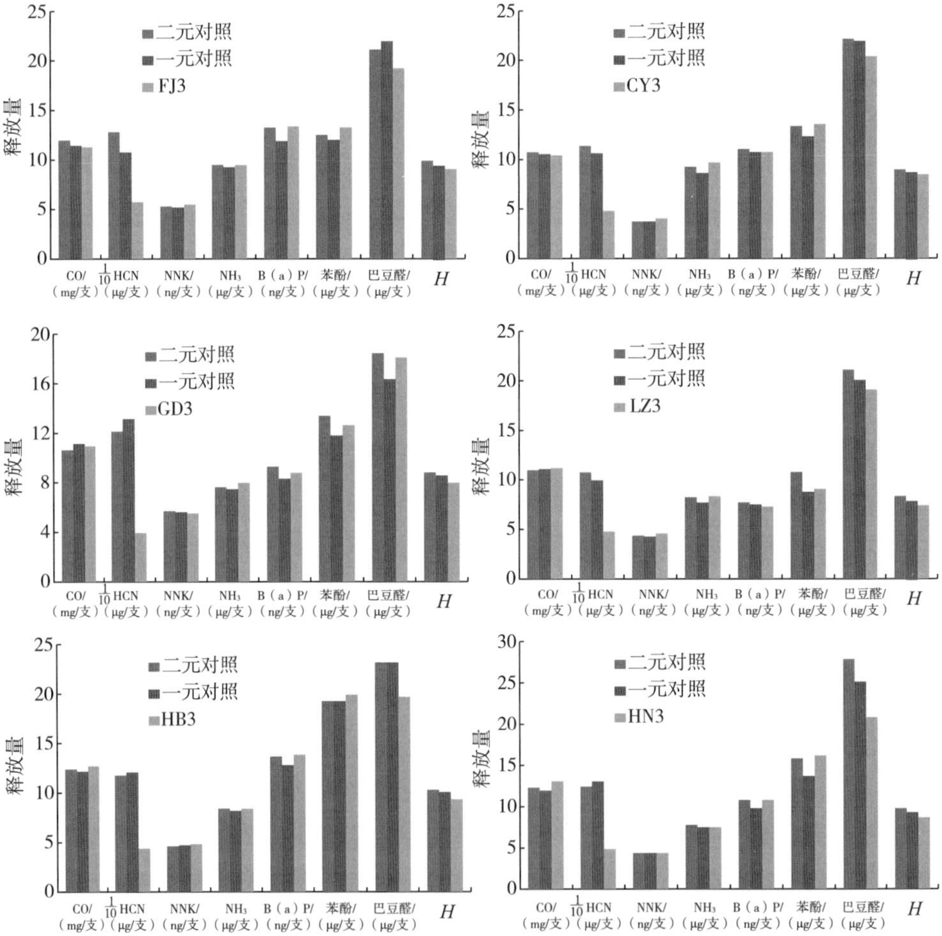

图 4-26 卷烟主流烟气 7 种有害成分释放量结果

卷烟主流烟气7种有害成分释放量结果显示，与两种对照卷烟相比，试验卷烟主流烟气中氰化氢释放量显著下降，部分卷烟巴豆醛释放量下降，而其他5种有害成分释放量无明显变化，卷烟危害性指数（*H*）下降。

卷烟主流烟气7种有害成分释放量选择性降低率结果见表4-38，与二元对照卷烟相比，材料添加量为25mg/支左右的试验卷烟主流烟气7种有害成分中，氰化氢的选择性降低率为51.9%~63.1%，部分卷烟巴豆醛释放量下降，而其余5种有害成分释放量无明显差异，卷烟危害性指数选择性降低4.1%~13.5%；与一元对照卷烟相比，试验卷烟主流烟气中氰化氢的选择性降低率52.8%~74.7%，部分卷烟巴豆醛释放量下降，而其余5种有害成分释放量无明显差异，卷烟危害性指数选择性降低4.3%~13.3%。

表4-38　卷烟主流烟气7种有害成分释放量选择性降低率结果　单位：%

对照	样品名称	CO	氰化氢	NNK	NH_3	B(a)P	苯酚	巴豆醛	*H*
二元对照	FJ3	2.7	52.3	−9.1	−4.1	−4.5	−9.9	5.4	4.1
	CY3	−0.5	53.9	−10.7	−7.9	−0.3	−4.5	5.0	4.3
	GD3	−7.2	63.1	−2.6	−9.6	0.7	1.3	−3.2	5.5
	LZ3	−5.9	51.9	−8.9	−5.2	1.8	11.0	5.0	6.1
	HB3	−1.7	62.4	−3.5	0.7	−0.8	−2.9	15.3	9.3
	HN3	−4.6	61.6	1.8	3.8	0.5	−1.0	26.5	13.5
一元对照	FJ3	12.3	57.3	3.3	8.1	−2.4	−0.7	22.3	13.3
	CY3	1.4	54.7	−7.9	−10.2	0.0	−10.2	7.8	4.3
	GD3	6.2	74.7	5.5	−2.3	−1.7	−2.5	−6.8	11.2
	LZ3	0.2	52.8	−5.7	−6.5	3.3	−2.7	5.5	5.8
	HB3	−1.2	65.2	0.8	0.0	−5.8	−11.3	17.4	7.9
	HN3	−6.6	65.6	5.6	3.6	−9.0	0.2	20.6	12.3

评吸结果表明（表4-39），添加减害材料H3的试验卷烟无异味，其整体风格特征与对照一致，香气质和香气量相同。经对比，试验卷烟总体感官质量与对照卷烟基本一致。

表 4-39　　卷烟感官质量评吸结果　　单位：分值

样品名称	光泽	香气	谐调性	杂气	刺激性	余味	合计
对照卷烟	4.0	28.0	5.0	10.0	17.0	22.0	86.0
FJ3	4.0	28.0	5.0	10.0	16.9	21.6	85.5
对照卷烟	5.0	29.0	5.0	10.0	17.0	23.0	89.0
CY3	5.0	29.0	5.0	10.0	17.0	22.5	88.5
对照卷烟	5.0	30.0	5.0	10.0	17.0	23.0	90.0
GD3	5.0	29.9	5.1	9.8	17.4	22.9	90.0
对照卷烟	4.0	27.0	4.0	9.0	16.0	21.0	81.0
LZ3	4.0	27.0	4.1	9.0	16.3	21.0	81.3
对照卷烟	5.0	30.0	5.0	11.0	17.0	23.0	91.0
HB3	5.0	30.0	5.0	10.9	17.0	22.9	90.8
对照卷烟	5.0	29.0	5.0	10.0	17.0	23.0	89.0
HN3	5.0	29.0	5.0	10.0	17.0	23.0	89.0

将含碱性和过渡金属双功能基聚合物材料 H3 在 6 个卷烟规格中进行了卷烟适用性研究，结果表明，与二元对照卷烟相比，不同品牌特定规格试验卷烟主流烟气中氰化氢选择性降低率为 51.9%~63.1%，部分卷烟巴豆醛释放量下降，而其余 5 种有害成分释放量无明显差异，卷烟危害性指数选择性降低 4.1%~13.5%。与一元对照卷烟相比，试验卷烟主流烟气中氰化氢选择性降低率为 52.8%~74.7%，部分卷烟巴豆醛释放量下降，而其余 5 种有害成分释放量无明显差异，卷烟危害性指数选择性降低 4.3%~13.3%。感官质量评价结果表明，添加材料 H3 的试验卷烟总体感官质量与对照卷烟基本一致。

2. 涂布纸-醋纤二元复合滤棒

将涂布纸-醋纤二元复合滤棒技术在 3 个规格卷烟上进行应用，进一步考察该技术的适用性。依据不同规格卷烟使用的滤棒参数，制作了两种规格的涂布纸-醋纤二元复合试验滤棒，在同一生产条件下，将原纸制备成压降相同的纸棒，再与相同的醋纤基棒复合，制得涂布纸-醋纤复合对照滤棒，滤棒具体参数见表 4-40。试验滤棒质量较对照滤棒增加，而滤棒压降、圆周、硬度等指标则较为一致。

规格Ⅰ：10mm（纸段）+15mm（醋纤段）

规格Ⅱ：15mm（纸段）+10mm（醋纤段）

表 4-40　　涂布式一醋纤二元复合滤棒参数

滤棒规格	滤棒名称	质量/mg	压降/Pa	圆周/mm	硬度/%	长度/mm	纸段材料添加量/mg
规格Ⅰ	对照滤棒	743.0	2670	24.1	78.7	100	—
	试验滤棒	762.1	2654	24.0	73.0	100	2.9
规格Ⅱ	对照滤棒	769	2790	24.1	85.5	100	—
	试验滤棒	814	2703	24.1	84.2	100	4.3

将规格Ⅰ滤棒分别在 FMT、TY2 个规格卷烟上进行接装，将规格Ⅱ滤棒在 TX 规格卷烟上进行接装，烟支物理参数见表 4-41。可以看到，纸段涂布减害材料后卷烟质量较对照卷烟略有增加，而压降、滤嘴通风率、圆周等参数与对应对照卷烟基本一致。

表 4-41　　应用涂布纸一醋纤二元复合滤棒卷烟烟支物理参数

样品名称	质量/mg	压降/Pa	滤嘴通风率/%	圆周/mm	烟支长度/mm	滤嘴长度/mm	接装纸长度/mm
FMT 对照	902.5	927	13.3	24.1	84.8	25	30
FMT 试验	909.4	888	13.5	24.3	84.2	25	30
TY 对照	935.0	972	15.4	24.1	84.3	25	30
TY 试验	934.3	938	15.0	24.4	84.3	25	30
TX 对照	907.5	881	41.1	24.4	84.2	25	32
TX 试验	915.8	870	41.5	24.4	84.2	25	32

卷烟主流烟气中常规成分、氰化氢及其他主要有害成分的释放量分析结果见表 4-42 和表 4-43。结果显示，试验卷烟主流烟气中常规成分的释放量与对照卷烟基本一致。烟气 7 种成分释放量结果显示，与对照卷烟相比，试验卷烟主流烟气中氰化氢释放量显著降低，巴豆醛释放量也有一定降低，而其他 5 种成分释放量无明显变化，卷烟危害性指数下降。

表 4-42　卷烟主流烟气常规成分释放量结果

样品名称	总粒相物/（mg/支）	CO/（mg/支）	焦油/（mg/支）	烟碱/（mg/支）	水分/（mg/支）	抽吸口数/（口/支）
FMT 对照	10.3	8.7	8.7	0.7	1.0	6.3
FMT 试验	10.3	8.3	8.6	0.7	1.0	6.2
TY 对照	11.8	10.4	9.9	0.8	1.2	6.9
TY 试验	11.5	10.8	9.7	0.7	1.1	6.9
TX 对照	6.1	5.5	5.2	0.5	0.4	6.3
TX 试验	6.2	5.3	5.3	0.5	0.4	6.3

表 4-43　卷烟主流烟气 7 种成分释放量分析结果

样品名称	CO/（mg/支）	氰化氢/（μg/支）	NNK/（ng/支）	NH_3/（μg/支）	B(a)P/（ng/支）	苯酚/（μg/支）	巴豆醛/（μg/支）	*H*
FMT 对照	8.7	100.2	3.3	6.1	6.8	15.9	14.2	7.1
FMT 试验	8.3	49.4	3.4	6.1	6.8	14.3	11.8	6.2
TY 对照	10.4	133.9	4.0	6.8	7.9	15.4	17.6	8.2
TY 试验	10.8	64.6	3.8	6.8	8.2	13.7	15.2	7.3
TX 对照	5.5	90.9	4.0	3.2	5.8	13.1	10.2	5.7
TX 试验	5.3	34.7	3.9	3.0	5.3	13.0	6.9	4.7

7 种成分选择性降低率结果见表 4-44，氰化氢选择性降低率为 50.0%～62.7%，巴豆醛释放量也有降低，而其余 5 种成分释放量无明显差异，卷烟危害性指数选择性降低 10.2%～17.4%。巴豆醛释放量的降低可能是功能材料中存在的氨基功能基与羰基发生亲核反应生成席夫碱引起。

表 4-44　卷烟主流烟气 7 种成分选择性降低率结果　单位：%

样品名称	CO	氰化氢	NNK	NH_3	B(a)P	苯酚	巴豆醛	*H*
FMT 试验	4.4	50.0	-2.9	0.0	0.0	9.8	16.4	11.4
TY 试验	-4.6	50.3	1.5	-2.1	-4.8	9.7	12.0	10.2
TX 试验	3.0	62.7	2.5	5.0	9.3	2.1	33.5	17.4

卷烟感官质量对比评吸结果表明（表 4-45），涂布后卷烟各项感官指标与对应对照卷烟基本一致，其中 TY 试验卷烟烟气细腻度提高，刺激性和干燥感降低，口感甜度增加；TX 试验卷烟透发性略好，清爽度稍差。

表 4-45　　卷烟感官质量评吸结果　　单位：分值

样品名称	光泽	香气	谐调性	杂气	刺激性	余味	合计
FMT 对照	4.5	28.7	5.0	10.9	17.7	22.1	88.9
FMT 试验	4.5	28.7	5.0	10.9	17.8	22.1	89.0
TY 对照	5.0	30.0	5.0	11.0	18.0	22.5	91.5
TY 试验	5.0	30.0	5.0	11.0	18.1	22.5	91.6
TX 对照	5.0	29.2	5.0	11.0	17.9	22.1	90.2
TX 试验	5.0	29.2	5.0	10.9	17.9	22.0	90.0

将碱性和过渡金属双功能基聚合物材料以涂布纸-醋纤二元复合滤棒形式在 3 个规格卷烟上进行了适用性研究，结果表明，与对照卷烟相比，不同规格试验卷烟主流烟气中氰化氢选择性降低率为 50.0%~62.7%，巴豆醛释放量下降，而焦油和其余 5 种成分释放量无明显差异，卷烟危害性指数降低，同时卷烟感官质量与对照卷烟基本一致，说明该技术具有较好的卷烟适用性。

三、卷烟减害稳定性评价

1. 二元复合滤棒

将降低氰化氢性能较佳的试验卷烟 HB3 置于室温避光条件下，按 0，2，4，6 个月分别取样，开展卷烟主流烟气中主要有害成分释放量分析和感官评吸，考察材料对氰化氢的选择性降低率和感官质量的变化情况（表 4-46、图 4-27、表 4-47）。

表 4-46　　放置不同时间 HB3 卷烟烟气常规成分释放量

放置时间	样品名称	总粒相物/（mg/支）	CO/（mg/支）	焦油/（mg/支）	烟碱/（mg/支）	水分/（mg/支）	抽吸口数/（口/支）
0 个月	二元对照	18.6	12.5	15.0	1.4	2.1	7.5
	HB3	18.4	12.8	15.1	1.4	1.9	7.8
2 个月	二元对照	18.5	12.4	14.7	1.4	2.4	7.5
	HB3	18.4	12.6	14.6	1.5	2.3	7.7

续表

放置时间	样品名称	总粒相物/（mg/支）	CO/（mg/支）	焦油/（mg/支）	烟碱/（mg/支）	水分/（mg/支）	抽吸口数/（口/支）
4个月	二元对照	19.5	12.8	15.5	1.5	2.5	7.6
	HB3	18.9	13.0	15.4	1.4	2.1	7.6
6个月	二元对照	18.4	12.2	14.8	1.4	2.3	7.5
	HB3	18.1	12.2	14.7	1.4	2.0	7.6

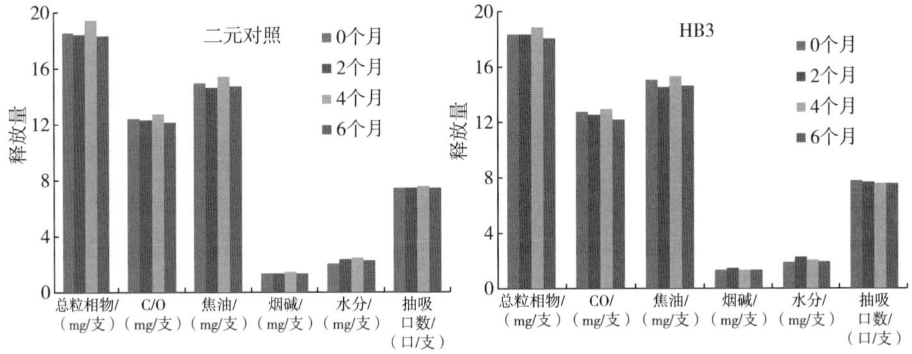

图 4-27　二元对照卷烟和 HB3 试验卷烟主流烟气常规成分释放量变化图

表 4-47　　卷烟主流烟气常规成分释放量的相对标准偏差（RSD）　　单位：%

样品名称	总粒相物	CO	焦油	烟碱	水分	抽吸口数
二元对照	2.7	2.0	2.4	4.0	5.5	0.7
HB3	1.8	2.7	2.5	3.5	8.2	1.2

结果显示，在6个月内，对照卷烟焦油释放量为14.7~15.5mg/支，相对标准偏差为2.4%，烟碱释放量为1.4~1.5mg/支，相对标准偏差为4.0%，CO释放量为12.2~12.8mg/支，相对标准偏差为2.0%；HB3卷烟焦油释放量为14.6~15.4mg/支，相对标准偏差为2.5%，烟碱释放量为1.4~1.5mg/支，相对标准偏差为3.5%，CO释放量为12.2~13.0mg/支，相对标准偏差为2.7%。说明在放置6个月内，对照卷烟和试验卷烟HB3常规烟气成分释放量基本保持不变。

放置不同时间HB3卷烟主流烟气有害成分释放量测定结果见表4-48、表4-49、图4-28、表4-50。

表 4-48　放置不同时间 HB3 卷烟主流烟气 7 种有害成分释放量结果

放置时间	样品名称	CO/（mg/支）	氰化氢/（μg/支）	NNK/（ng/支）	NH_3/（μg/支）	B（a）P/（ng/支）	苯酚/（μg/支）	巴豆醛/（μg/支）	*H*
0 个月	二元对照	12.5	119.3	4.8	8.5	13.8	19.4	23.3	10.4
	HB3	12.8	45.7	5.0	8.5	14.0	20.1	19.9	9.5
2 个月	二元对照	12.4	116.5	4.5	8.0	12.7	18.5	21.6	9.8
	HB3	12.6	55.7	4.6	8.2	13.5	19.3	18.3	9.2
4 个月	二元对照	12.8	126.0	5.0	8.3	14.2	20.5	23.0	10.6
	HB3	13.0	54.0	4.9	8.4	14.5	21.2	21.0	9.8
6 个月	二元对照	12.2	115.8	5.1	9.8	13.7	18.9	24.2	10.6
	HB3	12.2	54.4	4.8	9.6	13.3	19.8	22.9	9.8

表 4-49　卷烟主流烟气 7 种有害成分释放量的相对标准偏差（RSD）　单位：%

样品名称	CO	氰化氢	NNK	NH_3	B(a)P	苯酚	巴豆醛	*H*
二元对照	2.0	3.9	5.3	9.2	4.6	4.5	4.7	3.6
HB3	2.7	8.7	3.5	7.3	3.9	4.0	9.4	3.0

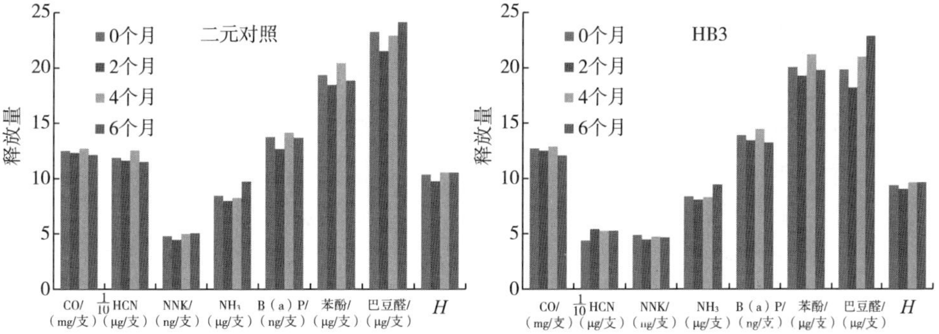

图 4-28　二元对照和 HB3 试验卷烟主流烟气 7 种有害成分释放量变化图

表 4-50　HB3 卷烟主流烟气 7 种有害成分选择性降低率结果　单位：%

放置时间	CO	氰化氢	NNK	NH_3	B(a)P	苯酚	巴豆醛	*H*
0 个月	-1.7	62.4	-3.5	0.7	-0.8	-2.9	15.3	8.5
2 个月	-2.3	51.5	-2.9	-3.2	-7.0	-5.0	14.6	5.4

续表

放置时间	CO	氰化氢	NNK	NH_3	B(a)P	苯酚	巴豆醛	*H*
4个月	-2.2	56.5	1.4	-1.8	-2.8	-4.1	8.1	6.4
6个月	-0.7	52.3	5.2	1.4	2.2	-5.4	4.7	6.8

结果显示，在6个月内，对照卷烟主流烟气中CO释放量为12.2~12.8mg/支，相对标准偏差为2.0%，氰化氢释放量为115.8~126.0μg/支，相对标准偏差为3.9%，NNK释放量为4.5~5.1ng/支，相对标准偏差为5.3%，NH_3释放量为8.0~9.8μg/支，相对标准偏差为9.2%，B(a)P释放量为12.7~14.2 ng/支，相对标准偏差为4.6%，苯酚释放量为18.5~20.5μg/支，相对标准偏差为4.5%，巴豆醛释放量为21.6~24.2μg/支，相对标准偏差为4.7%。

HB3试验卷烟主流烟气中CO释放量为12.2~13.0mg/支，相对标准偏差为2.7%，氰化氢释放量为45.7~55.7μg/支，相对标准偏差为8.7%，NNK释放量为4.6~5.0ng/支，相对标准偏差为3.5%，NH_3释放量为8.2~9.6μg/支，相对标准偏差为7.3%，B(a)P释放量为13.3~14.5ng/支，相对标准偏差为3.9%，苯酚释放量为19.3~21.2μg/支，相对标准偏差为4.0%，巴豆醛释放量为18.3~22.9μg/支，相对标准偏差为9.4%。

上述结果表明在放置6个月内，对照卷烟和试验卷烟HB3烟气中氰化氢及其他6种有害成分释放量变化较小。与二元对照卷烟相比，HB3卷烟主流烟气中氰化氢释放量的选择性降低率在51.5%~62.4%，稳定在50%以上。

卷烟感官评价结果见表4-51，可见，HB3卷烟放置6个月的感官质量基本稳定，整体风格与二元对照卷烟差异不大，香气风格一致。

表4-51　　放置不同时间HB3卷烟感官质量变化　　单位：分值

放置时间	光泽	香气	谐调性	杂气	刺激性	余味	合计
0个月	5.0	30.0	5.0	10.9	17.0	22.9	90.8
2个月	5.0	30.0	5.0	11.0	17.0	23.0	91.0
4个月	5.0	30.0	5.0	10.5	17.0	23.0	90.5
6个月	5.0	30.0	5.0	11.0	17.0	23.0	91.0

将碱性和过渡金属双功能基聚合物材料以二元复合滤棒形式，在6个卷烟规格进行了卷烟适用性研究，结果表明，与对照卷烟相比，不同规格试验卷烟主流烟气中氰化氢选择性降低率为51.5%~62.4%，部分卷烟巴豆醛释放量下降，而其余5种成分释放量无明显差异，卷烟危害性指数选择性降低5.4%~8.5%，卷烟总体感官质量与对照卷烟基本一致，说明该技术具有较好的卷烟适用性。减害稳定性研究结果表明，6个月内试验卷烟氰化氢选择性降低率稳定在50%以上，且焦油和感官质量稳定。

2. 涂布纸-醋纤二元复合滤棒

将涂布双功能基聚合物材料的TX试验卷烟及对照卷烟均置于室温避光条件下，按0，2，4，6个月分别取样，进行卷烟主流烟气中主要有害成分释放量分析和感官评吸，考察涂布纸-醋纤二元复合滤棒形式下氰化氢降低效果和感官质量的变化情况（表4-52、表4-53）。

表4-52　　放置不同时间TX卷烟烟气常规成分释放量

放置时间	样品名称	总粒相物/（mg/支）	CO/（mg/支）	焦油/（mg/支）	烟碱/（mg/支）	水分/（mg/支）	抽吸口数/（口/支）
0个月	TX对照	6.1	5.5	5.2	0.5	0.4	6.3
	TX试验	6.2	5.3	5.3	0.5	0.4	6.3
2个月	TX对照	6.2	5.7	5.3	0.5	0.5	6.2
	TX试验	6.4	5.4	5.4	0.5	0.5	6.4
4个月	TX对照	6.0	5.2	5.0	0.5	0.5	6.1
	TX试验	6.3	5.1	5.3	0.5	0.5	6.2
6个月	TX对照	6.4	5.6	5.5	0.4	0.5	6.0
	TX试验	6.1	5.4	5.2	0.4	0.5	6.1

表4-53　TX卷烟主流烟气常规成分释放量的相对标准偏差（RSD）　单位:%

样品名称	总粒相物	CO	焦油	烟碱	水分	抽吸口数
TX对照	3.1	4.0	3.7	9.1	8.0	2.2
TX试验	3.7	2.7	2.7	9.7	9.7	2.1

烟气常规成分释放量结果显示，在6个月内，TX对照卷烟焦油释放量在5.0~5.5mg/支，相对标准偏差为3.7%，烟碱释放量在0.4~0.5mg/支，相对

标准偏差为9.1%，CO释放量在5.2~5.7mg/支，相对标准偏差为4.0%；TX试验卷烟焦油释放量在5.2~5.4mg/支，相对标准偏差为2.7%，烟碱释放量在0.4~0.5mg/支，相对标准偏差为9.7%，CO释放量在5.1~5.4mg/支，相对标准偏差为2.7%。说明放置6个月内，对照卷烟和试验卷烟常规烟气成分释放量基本保持不变。

卷烟主流烟气7种有害成分释放量分析结果见表4-54~表4-56。结果显示，在6个月内，TX对照卷烟主流烟气中CO释放量在5.2~5.7mg/支，相对标准偏差为4.0%，氰化氢释放量在84.9~95.3μg/支，相对标准偏差为5.1%，NNK释放量在3.5~4.2ng/支，相对标准偏差为8.0%，NH_3释放量在3.0~3.4μg/支，相对标准偏差为4.7%，B(a)P释放量在5.4~6.2ng/支，相对标准偏差为5.6%，苯酚释放量在12.7~13.8μg/支，相对标准偏差为3.5%，巴豆醛释放量在9.7~11.3μg/支，相对标准偏差为6.6%。

表4-54　放置不同时间TX卷烟主流烟气7种有害成分释放量结果

放置时间	样品名称	CO/(mg/支)	氰化氢/(μg/支)	NNK/(ng/支)	NH_3/(μg/支)	B(a)P/(ng/支)	苯酚/(μg/支)	巴豆醛/(μg/支)	*H*
0个月	TX对照	5.5	90.9	4.0	3.2	5.8	13.1	10.2	5.7
	TX试验	5.3	34.7	3.9	3.0	5.3	13.0	6.9	4.7
2个月	TX对照	5.7	86.9	3.7	3.4	6.2	13.8	11.3	5.8
	TX试验	5.4	34.5	3.7	3.3	5.8	13.3	7.4	4.8
4个月	TX对照	5.2	95.3	4.2	3.3	5.4	12.7	9.7	5.6
	TX试验	5.1	35.8	4.0	3.4	5.7	13.6	6.7	4.9
6个月	TX对照	5.6	84.9	3.5	3.0	6.0	13.0	10.7	5.5
	TX试验	5.4	30.3	3.6	3.1	5.6	12.6	6.8	4.6

表4-55　TX卷烟主流烟气7种有害成分释放量的相对标准偏差（RSD） 单位:%

样品名称	CO	氰化氢	NNK	NH_3	B(a)P	苯酚	巴豆醛	*H*
TX对照	4.0	5.1	8.0	4.7	5.6	3.5	6.6	2.0
TX试验	2.7	7.2	5.4	5.2	4.0	3.3	4.3	2.7

表 4-56 TX 卷烟主流烟气 7 种有害成分选择性降低率结果 单位:%

放置时间	CO	氰化氢	NNK	NH_3	B(a)P	苯酚	巴豆醛	*H*
0 个月	4.0	63.8	3.6	6.0	10.4	3.2	34.5	18.5
2 个月	8.5	63.9	2.9	6.3	9.4	7.4	38.4	19.9
4 个月	5.7	66.8	7.7	1.0	0.0	−2.2	35.5	17.5
6 个月	−2.4	59.1	−7.9	−8.9	2.4	−1.7	31.1	11.2

涂布材料的 TX 试验卷烟主流烟气中 CO 释放量在 5.1～5.4mg/支，相对标准偏差为 2.7%，氰化氢释放量在 30.3～35.8μg/支，相对标准偏差为 7.2%，NNK 释放量在 3.6～4.0ng/支，相对标准偏差为 5.4%，NH_3 释放量在 3.0～3.4μg/支，相对标准偏差为 5.2%，B(a)P 释放量在 5.3～5.8ng/支，相对标准偏差为 4.0%，苯酚释放量在 12.6～13.6μg/支，相对标准偏差为 3.3%，巴豆醛释放量为 6.7～7.4μg/支，相对标准偏差为 4.3%。

上述结果表明，在 6 个月内，TX 对照卷烟和试验卷烟氰化氢及其他 6 种有害成分释放量变化较小。与对照卷烟相比，TX 试验卷烟主流烟气中氰化氢释放量的选择性降低率在 59.1%～66.8%，稳定在 50%以上。

卷烟感官评价结果见表 4-57，可见试验卷烟放置 6 个月的感官质量基本稳定，整体风格与对照卷烟无明显差异。

表 4-57 放置不同时间 TX 卷烟感官质量变化 单位：分值

放置时间	样品名称	光泽	香气	谐调性	杂气	刺激性	余味	合计
0 个月	TX 对照	5.0	29.2	5.0	11.0	17.9	22.1	90.2
	TX 试验	5.0	29.2	5.0	10.9	17.9	22.0	90.0
2 个月	TX 对照	5.0	29.1	5.0	11.0	18.0	22.1	90.2
	TX 试验	5.0	29.2	5.0	10.9	10.0	22.0	90.1
4 个月	TX 对照	5.0	29.2	5.0	10.9	17.9	22.2	90.2
	TX 试验	5.0	29.3	5.0	10.9	18.0	22.1	90.3
6 个月	TX 对照	5.0	29.2	5.0	11.0	17.9	22.2	90.3
	TX 试验	5.0	29.1	5.0	10.9	18.1	22.0	90.1

将降低氰化氢性能较佳的 TX 试验卷烟放置 6 个月，卷烟主流烟气氰化氢

及其他6种有害成分释放量变化较小。与对照卷烟相比，试验卷烟氰化氢选择性降低率在59.1%~66.8%，稳定在50%以上，且感官质量基本不变。

第三节　碱性及络合材料降低烟气氰化氢技术的应用

将碱性及络合材料涂布纸-醋纤二元复合滤棒选择性降低烟气氰化氢技术应用于TX规格卷烟中。涂布纸-醋纤二元复合滤棒在南通烟滤嘴有限责任公司制作，制作的滤棒外观干净，各项指标稳定。采用该滤棒在黄金叶制造中心进行TX烟支卷接，卷烟机运行正常，卷制的产品外观及质量、压降等各项指标合格（表4-58、表4-59）。

表4-58　涂布纸—醋纤二元复合滤棒参数

滤棒名称	质量/mg	压降/Pa	圆周/mm	硬度/%	长度/mm	15mm纸段材料添加量/mg
应用前TX	791	2780	24.1	85.0	100	—
应用后TX	814	2703	24.1	84.2	100	4.3

表4-59　TX卷烟烟支物理参数

样品名称	质量/mg	压降/Pa	滤嘴通风率/%	圆周/mm	烟支长度/mm	滤嘴长度/mm	接装纸长度/mm
应用前TX	910.3	878	41.3	24.4	84.2	25	32
应用后TX	915.8	870	41.5	24.4	84.2	25	32

对应用后的TX规格卷烟烟气焦油和7种有害成分释放量及卷烟感官质量进行了测试，结果见表4-60、表4-61，碱性和过渡金属双功能基聚合物材料以涂布纸-醋纤二元复合滤棒形式应用于卷烟后，烟气焦油、烟碱与应用前基本一致。

表4-60　卷烟主流烟气常规成分释放量结果

样品名称	总粒相物/(mg/支)	CO/(mg/支)	焦油/(mg/支)	烟碱/(mg/支)	水分/(mg/支)	抽吸口数/(口/支)
应用前TX	6.3	5.4	5.4	0.5	0.4	6.4
应用后TX	6.2	5.3	5.3	0.5	0.4	6.3

表 4-61　　卷烟主流烟气 7 种有害成分释放量结果

样品名称	CO/（mg/支）	氰化氢/（μg/支）	NNK/（ng/支）	NH_3/（μg/支）	B[a]P/（ng/支）	苯酚/（μg/支）	巴豆醛/（μg/支）	*H*
应用前 TX	5.4	87.8	4.1	3.0	5.7	14.7	10.6	5.8
应用后 TX	5.3	34.7	3.9	3.0	5.3	13.0	6.9	4.7
降低率/%	0.1	60.5	4.3	-1.7	6.4	12.0	35.3	18.0
选择性降低率/%	-1.8	58.6	2.3	-3.7	4.4	10.1	33.3	16.0

与应用前 TX 相比，应用后卷烟烟气 7 种有害成分中氰化氢释放量显著下降，氰化氢选择性降低 58.6%；同时巴豆醛也有明显降低，巴豆醛选择性降低 33.3%；苯酚也有一定下降，这与采用的南通新型天然复合纸基材料（CAP）添加一定比例的醋纤有关。这三个指标的下降带动卷烟危害性指数降低 1.1。

感官评吸结果见表 4-62，可见应用后卷烟感官质量各项指标基本不变，其中烟气细腻度提高，甜度明显增加。卷烟投放市场销售没有异常反应。

表 4-62　　卷烟感官质量评吸结果　　单位：分值

卷烟样品	光泽	香气	谐调性	杂气	刺激性	余味	合计
应用前 TX	5.0	29.2	5.0	11.0	17.9	22.1	90.2
应用后 TX	5.0	29.2	5.0	10.9	17.9	22.1	90.1

参考文献

[1] Horsewel H G, Fholpztead J W P. Examination of gallant and select cigarettes (Switzerland) [R]. British American Tobacco Co. Ltd., L. 803-R, 1971-06-23.

[2] Norman V, Williams T B. Tobacco Smoke Filter [P]. US Patent: 3664352, 1972-05-23.

[3] Sloan C H, Sublett B J. Cigarette Filter Element [P]. CA: 830248, 1969-12-23.

[4] David K B. Process for the removal of hydrogen cyanide from gas streams [P]. US: 3878289, 1975-04-15.

[5] 黎成勇，李克，刘建福，等．Al_2O_3 和 TiO_2 吸附氢氰酸研究［J］．烟草科技，2005，(12)：24-26.

[6] 秦亮生，银董红，金勇，等．一种降低卷烟主流烟气中氢氰酸含量的吸附剂及其应用［P］．CN101999756A，2011-04-06.

[7] 秦亮生，银董红，金勇，等．一种降低卷烟主流烟气氢氰酸含量的介孔氧化铜-氧化铝吸附剂及制备和应用［P］．CN101992058A．2011-03-30.

[8] 童保云，陈开波，李村，等．金属掺杂多孔氧化物选择性降低卷烟烟气 HCN 和苯酚研究［J］．中国烟草学报．2014，(1)：9-14.

[9] 银董红，刘建福，黎成勇，等．一种用于脱除卷烟主流烟气中氢氰酸的催化剂及其制备方法和应用［P］．CN1583257A．2005-02-23.

[10] 张承明，缪明明，杨光宇，等．一种降低卷烟烟气中氢氰酸含量的滤嘴添加剂及其制备方法［P］．CN101524186A．2009-09-09.

[11] Sun Y F，Ma K Y，Dal Y，et al. Preparation of microporous-mesoporous composite material for removal of harmful components in cigarette mainstream smoke［C］．CORESTA Congress，Smoke Science/Product Technology Groups，SSPTPOST07．Edinburgh，Scotland：CORESTA，2010.

[12] Deng Q X，Huang C Z，Xie W，et al. Significant reduction of harmful compounds in tobacco smoke by the use of titanate nanosheets and nanotubes［J］．Chemical Communications，2011，47 (21)：6153-6155.

[13] Zhang L Z，Xiong Y，Cheng P，et al. Molecular orbital confinement of a Schiff base molecule in the nanoporous channels of MCM-41 host［J］．Chemical Physics Letters，2002，358，278-283.

[14] Kai S，Peter I R，Alexander D C，et al. Characterization of MCM-48 materials［J］．Langmuir，2000，16 (10)：4648-4654.

[15] Kim TW，Kleitz F，Paul B，et al. MCM-48-like Large mesoporous silicas with tailored pore structure：Facile synthesis domain in a ternary triblock copolymer butanol watersystem［J］．Journal of the American Chemical Society，2005，127 (20)：7601-7610.

[16] Zhao D Y，Yang P D，Melosh N，et al. Continuous mesoporous silica films with highly ordered large pore structures［J］．Advanced Materials，1998，10 (16)：1380-1385.

[17] 聂聪，李钢成，赵乐，等．滤棒吸附剂减害降焦性能模拟评价装置［J］．烟草科技，2009，258 (1)：49-50.

[18] Ihrig A M，Williams D L. Article for the selective removal of hydrogen cyanide from tobacco smoke［P］．US：4091822，1987-05-30.

[19] Rainer N B，Hoelzel C B. Smoking article［P］．US：4022223，1977-03-10.

[20] 郭阁，孙学辉，郭吉兆，等．功能化聚乙烯亚胺选择性降低卷烟烟气中的 HCN [J]．烟草科技，2016，(3)：77-83.

[21] 朱静，颜学武，孙学辉，等．Amberlite IRC748 螯合过渡金属离子降低卷烟烟气中 HCN 研究 [J]．烟草科技，2011，(5)：53-58.

[22] 舒俊生．降低卷烟主流烟气中羰基化合物和一氧化氮研究 [D]．江南大学博士论文，2010.

[23] 王宏伟，方鼎，徐志强，等．壳聚糖-亚铁离子络合物在卷烟滤嘴中的应用 [J]．安徽农业科学，2009，(10)：4371-4372.

[24] 孙培健，黄溢清，孙学辉，等．多孔纤维素复合微球的制备及其吸附性能研究 [C]．2013 年全国高分子学术论文报告会论文摘要集，IP-037.

[25] 赵芹，韩金智，韩少卿，等．苯乙烯-甲基丙烯酸酯吸油树脂降焦 [J]．江南大学学报（自然科学版），2005，4（1)：84-88.

[26] Valfredo A L，Cleber G N，Adriana da S L，Daniel R V. Flow injection preconcentration system using a new functionalized resin for determination of cadmium and nickel in tobacco samples [J]．Journal of Hazardous Materials，2008，155：128-134.

[27] Harju，L，Krook T，Determination of equilibrium constants of alkaline earth metal ion chelates with Dowex A -1 chelating basin [J]．Talanta，1995，42，3：431-436.

[28] 何炳林，黄文强．离子交换与吸附树脂 [M]．上海：上海科技教育出版社，1995.

[29] Herland C E，Ion exchange：Theory and practice [M]．The Royal Society of Chemistry，Cambridge，UK，1994.

[30] Li C，Ruey S. Ion-exchange kinetics of Cu（Ⅱ）and Zn（Ⅱ）from aqueous solutions with two chelating resins [J]．Chemical Engineering Journal，2007，132，205-213.

[31] Lin L C，Juang R S，Ion-exchange equilibria of Cu（II）and Zn（II）from aqueous solutions with Chelex 100 and Amberlite IRC 748 resins [J]．Chemical Engineering Journal，2005，112，211-218.

[32] Deepatana A，Valix M. Recovery of nickel and cobalt from organic acid complexes：Adsorption mechanisms of metal-organic complexes onto aminophosphonate chelating resin [J]．Journal of Hazardous Materials，137，(2)：925-933.

[33] Dabrowski A，Hubicki Z，Podkoscielny P，Robens E，Selective removal of heavy metal ions from waters and industrial wastewaters by ion-exchange method [J]．Chemosphere，2004，56，91-106.

[34] Zaimawati Z，Michael J N. Ion-exchange equilibria of Ni^{2+}，Co^{2+}，Mn^{2+} and Mg^{2+} with iminodiacetic acid chelating resin Amberlite IRC748 [J]．Hydrometallurgy，2009，99 (3-4)：175-180.

[35] Horsewell H G. A comparison of PEI, sodium carbonated and trisodium phosphate as filter additives [R]. British American Tobacco Co. Ltd., L. 262-R, 1967-10-09.

[36] Walker T R, Kiefer J E. Filter medium for removing hydrogen cyanide from tobacco smoke [P]. US: 3410282, 1968-11-12.

[37] Horsewell H G, Rayner G H. Cigarette filters [P]. US: 3340879, 1967-09-12.

[38] William F O, Bruce G W. Filter for tobacco [P]. US: 3605759, 1971-09-20.

[39] Dymond H F. An evaluation of the effect of PEI/water filters using the GLC scan method [R]. British American Tobacco Co. Ltd., L. 665-R, 1969-07-28.

[40] Dawson E A, Parkes G M B, Branton P, et. al. Synthesis of vegetable-based activated carbons with mixed micro-and mesoporosity for use in cigarette filters [J]. Adsorption Science & Technology, 2012, 30 (10): 859-866.

[41] Litzinger E F. Selective gas phase filter material [P]. US: 3716063, 1973-02-13.

[42] Zhang Zhan, Ma Yuping, Nie Cong, et al. Selective reduction of hydrogen cyanide and crotonaldehyde in cigarette smoke with cholinium lysine ionic liquid [C]. CORESTA Congress, Smoke Science/Product Technology Groups ST49. Jeju Island, Republic of Korea: CORESTA, 2015.

[43] David K B. Process for the removal of hydrogen cyanide from gas streams [P]. US: 3878289, 1975-04-15.

[44] Litzinger E F. Tobacco smoke filter material l: US, 3828800 [P]. 1974-08-13.

[45] Branton P J, McAdam K G, Winter DB, et al. Reduction of aldehydes and hydrogen cyanide yields in mainstream cigarette smoke using an amine functionalised ion exchange resin [J]. Chemistry Central Journal, 2011, 5 (1): 15.

[46] Yin Donghong, Chen Qian, Zhao Lihong, et al. Preparation of basic functionalised material and its application in simultaneously selectively reducing hydrocyanic acid and crotonaldehyde in cigarette smoke [C]. CORESTA Congress, Smoke Science/Product Technology Groups, PT03. Sapporo, Japan: CORESTA, 2012.

[47] 周宛虹，孙文梁，王律，等. 胺基修饰的介孔二氧化硅选择性降低卷烟烟气中的氢氰酸 [J]. 烟草科技，2013，(4)：42-45.

[48] 沈凯，夏倩，盛培秀，等. 氨基功能化 MCM-48 介孔材料的制备及选择性吸附卷烟主流烟气中氰化氢的性能 [J]. 化学世界，2014，(11)：650-654.

[49] SUN XH, ZHAO L, PENG B, et al. Preparation of hydrophilic quaternary ammonium functionalized porous material for selectively reducing hydrogen cyanide in cigarette smoke [C]. CORESTA Congress, Smoke Science/Product Technology Groups, ST53. Graz, Austria: CORESTA, 2011.

[50] Kausch E, Toedter F. Fibrous material for tobacco smoke filter [P]. US: 4372328, 1983-02-08.

[51] 郑伟. 金圣本草香降低卷烟烟气有害成分研究及应用评价 [R]. 南昌: 江西中烟工业有限责任公司, 2013.

[52] Wu J F, Ye X L, Cui X L, et al. Reducing the inhibitory effect of cigarette smoke on the activity of oral peroxidase by the addition of berberine in cigarette filter [J]. Toxicology and Industrial Health, 2013, 29 (4): 317-324.

第五章 天然植物多孔材料降低卷烟烟气氰化氢释放量研究

天然植物多孔材料来自大自然，原料来源广泛、安全性高、成本较低，是降低卷烟烟气有害成分研究较多的一类材料。本章以相似相溶、偶极-偶极相互作用为原理，利用天然植物自身的微观结构特征和化学性质，采用植物多孔材料制备技术、改性技术和中式卷烟风格感官评价方法，开发了多孔葛根颗粒、复合香料植物颗粒和植物模板多孔材料三类环境友好、资源节约型减害材料，研制出能显著降低卷烟主流烟气氰化氢、巴豆醛释放量及具有增香效果的天然植物多孔材料，推广应用于云烟低焦系列产品中，有效降低了卷烟危害性指数，强化了产品风格特征，提升了产品感官品质。

第一节 多孔葛根颗粒料降低烟气氰化氢技术研究

文献报道的降低烟气有害成分的天然植物材料主要有多孔葛根颗粒、茶叶颗粒、木材颗粒、豆渣颗粒、木材颗粒、茭白、苦瓜、茶叶梗颗粒、橘子皮、柚子皮、大豆豆粕、山楂颗粒及大豆纤维蛋白颗粒[1-12]等。云南中烟工业有限责任公司[1]利用天然植物自身的微观结构特征和化学性质，针对性地开发了既能降低氰化氢、巴豆醛释放量，又具有增香功能的多孔葛根颗粒、复合植物颗粒和植物模板多孔材料等滤嘴添加剂。云南瑞升烟草技术有限公司[2]采用气体-微波烟梗膨胀技术制备了三元多孔烟梗颗粒，将其应用于卷烟滤嘴中可降低卷烟烟气有害成分。郑州轻工业学院[3,4]以茶叶颗粒为主要原料自制茶质滤嘴，与普通的醋纤滤嘴比较，茶质滤嘴可降低卷烟烟气中的烟草特有亚硝胺、自由基、苯并[a]芘等主要有害成分，同时保持卷烟的风格特征。蒋举兴等[6]使用电镜对大豆蛋白颗粒表面形貌进行表征，观察发现大豆蛋白由许多球状蛋白颗粒组成，颗粒表面粗糙，布满沟壑，将其应用于卷烟滤嘴中，可以有效降低焦油和有害物质，和对照组相比，多种有害成分均明显降低，其中焦油下降 5.9%、苯并[a]芘下降 22.0%、NNK 下降 11.1%、巴豆醛下降 23.0%、苯酚下降 10.1%；并且该复合滤嘴还可以改善卷烟抽吸的舒适性，增加卷烟的甜润感。李晓等[7]分析比较了辛夷滤嘴降低卷烟主流烟气中有害成分的作用，结果表明：辛夷滤嘴对烟碱、总粒相物和焦油等分别降低了 8.1%、12.6%和 14.5%；对烟气中的酚类截留明显，其中苯酚、对甲苯酚和 4-乙基间苯二酚分别降低了 56.8%、32.8%和 50.0%。东传斌等[8]将地黄颗粒添加到二醋酸纤维素丝束中，制成多单元段复合卷烟滤嘴棒，该复合滤棒过滤效果好，可有效吸附稠环芳烃，降低烟气中的致癌物质，且不改变卷烟的吸食口味。王涛等[9]将木材颗粒添加到醋酸纤维滤棒中制成的复合滤嘴能够降低卷烟主流烟气中的焦油和 7 种主要有害物质，和对照组相比较，苯并[a]芘降低幅度为22.2%，氰化氢降低20.4%，苯酚降低21.2%，焦油降低 8.6%，CO、NNK 及氨离子也有一定降低。将天然植物炭化后加工用于卷烟滤嘴中，能使滤嘴具有较好的吸附性。王保兴等[10]将烟梗、烟杆、茶饼、毛竹和山毛榉中的一种或几种炭化处理，制成的炭化颗粒应用于卷烟滤棒中，能够有效降低卷烟烟气有害成分，并且不会影响卷烟的抽吸品质和风格特征。谷向春等[11]将竹子炭化、粉碎后制成纤维用于卷烟滤嘴中，对卷烟烟气中的焦油及小分子有害物质具有较好的吸附性能，吸附效率高。迟广俊等[12]将粉碎的普洱茶附着在卷烟成形纸的一面，应用到卷烟滤嘴中，能够有效减少卷烟主流烟气中的挥发和半挥发性有害物质，如苯并[a]芘、亚硝酸盐和焦油等。

这些天然植物材料通常具有多孔结构和较大的比表面积，能够通过物理吸附达到降焦减害的目的。天然植物材料中含有的抗氧化等化学成分可与主流烟气中有害成分反应，通过化学吸附达到降焦减害的目的。

本节利用天然植物自身的微观结构特征和化学性质，开发降低烟气有害成分且具有增香功能的多孔葛根颗粒。

一、天然植物筛选

利用天然植物富含大量羟基，具有多层次和多维度的微观结构、独特的自然香气香韵等方面的自然属性，通过偶极-偶极相互作用、物理截留和自然香气释放，开展兼具减害增香功能的植物淀粉类、天然植物类、植物模板类材料的筛选工作。

1. 多孔淀粉类材料的筛选

以籼米、玉米、马铃薯、葛根等天然植物淀粉为原料，采用酶解改性技术，制备系列多孔淀粉材料，依据云烟品牌风格特征和卷烟减害模拟评价结果，筛选出对氰化氢和巴豆醛降低效果较好且能显著改善卷烟品质特征的葛根多孔淀粉。

2. 天然植物类多孔材料的筛选

以中式卷烟风格感官评价方法为工具，围绕突出清香、甜香、花香、果香、甜味等风格特征，对云烟品牌所用特征天然香料进行溯源，从 71 种天然植物中筛选出葛根、麦冬、春黄菊、玫瑰、紫罗兰、柠檬香茅、迷迭香、香叶天竺葵 8 种能够强化清甜香风格特征的天然植物。

3. 植物模板类材料的筛选

以植物组织、微生物、乳液为模板，TiO_2、SiO_2 为基材，采用模板合成法，制备了 17 种具有多层次和多维度结构的植物模板多孔材料，依据卷烟减害模拟评价结果，筛选出对巴豆醛、氨和苯酚降低效果较好的 TiO_2/紫茎泽兰茎、SiO_2/橡胶乳液多孔材料。

二、多孔葛根粉的酶解改性技术

为最大程度减少葛根淀粉提取工艺所造成的香气香味成分损失，提升材料的吸附性能，项目创新性地开展了葛根全粉的酶解改性技术研究，采用单因素分析和正交试验设计法，以 α-淀粉酶和糖化酶为改性酶，研究了酶添加量、酶配比、pH、反应温度、酶解时间等因素对葛根全粉开孔率的影响，确定了多孔葛根粉的最优工艺制备条件：酶添加量为 0.8%、糖化酶与 α-淀粉酶的质量比为 3：1、pH 为 5.5、反应温度为 50℃、酶解时间为 8h，在该条件下，酶解效率高，制备的葛根粉具有较好的开孔率，吸油率为 69%。葛根全粉及多孔葛根粉的对比如图 5-1 所示。

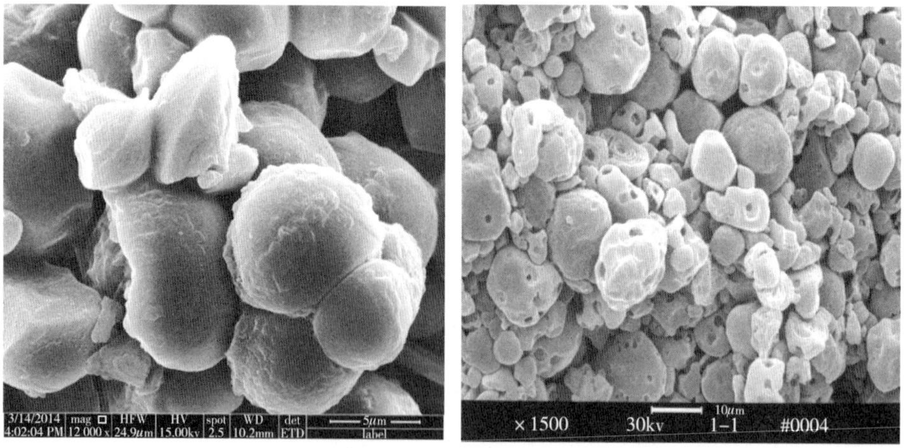

图 5-1　葛根全粉及多孔葛根粉扫描电镜图

三、多孔葛根颗粒制备技术

为满足卷烟复合滤棒加工需求，进一步提升滤嘴添加剂的孔隙率，增强其对有害成分的吸附效果，提升原料利用率，项目采用流化床一步制粒法（原理如图 5-2 所示），开展了多孔葛根颗粒的制备技术研究。基于多孔葛根粉原料具有黏度低、分散性好、吸水性好的特性，利用单因素分析和响应面试验设计，考察了黏合剂类型、进风压力、进风温度、黏合剂流速、喷雾压力等因素对制粒效率和颗粒水分的影响，依据 17 组试验结果，分别建立了制粒效率和颗粒水分的响应面回归模型［见式（5-1）、式（5-2）］，模型决定系数（R^2）分别为 0.915、0.975，确定了最佳制粒工艺条件：黏合剂为 8%的羧甲基淀粉钠/羧甲基纤维素（3/5）溶液、进风压力 25kPa、进风温度 61℃、喷雾压力 29kPa、黏合剂流速 14mL/min。在此条件下，实际制粒效率和颗粒水分分别为 89.4%和 6.93%，制粒效率、颗粒水分模型预测值分别为 89.8%和 6.91%，试验结果与预测值较为接近。

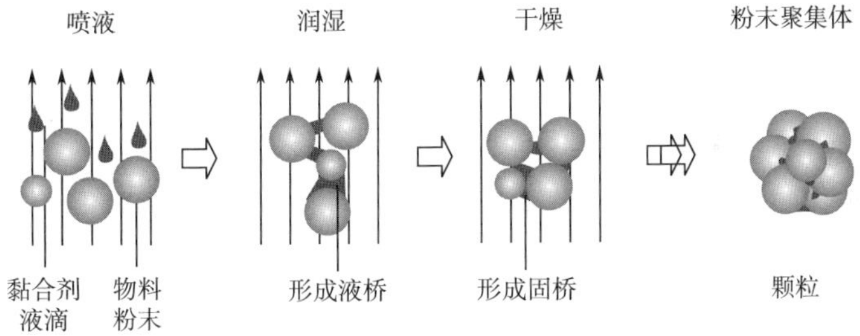

图 5-2　流化床一步制粒法原理

$$Y_1 = 88.66 + 5.55X_1 + 3.80X_2 - 5.83X_3 - 9.20X_1X_2 + 5.35X_1X_3 + 6.45X_2X_3 - 14.25X_1^2 - 8.36X_2^2 - 8.35X_3^2 \quad (5-1)$$

$$Y_2 = 7.06 - 0.46X_1 - 0.47X_2 + 0.51X_3 - 0.12X_1X_2 + 0.33X_1X_3 - 0.2X_2X_3 - 0.06X_1^2 + 0.17X_2^2 + 0.29X_3^2 \quad (5-2)$$

四、规模化制备

为优选多孔葛根颗粒规模化制备的最佳工艺条件，探讨了黏合剂流速、进风温度、喷雾压力的两两交互作用对制粒效率和颗粒水分的影响（图 5-3~图 5-8）。

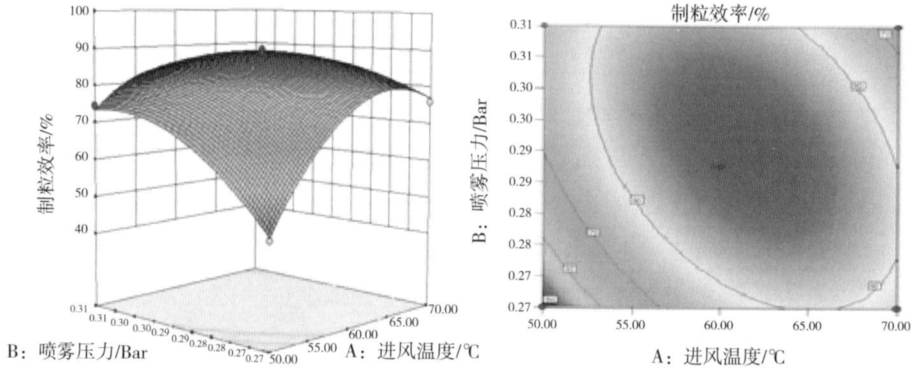

（1）3D效果图　（2）等高线图

图 5-3　进风温度与喷雾压力交互作用对制粒效率的影响

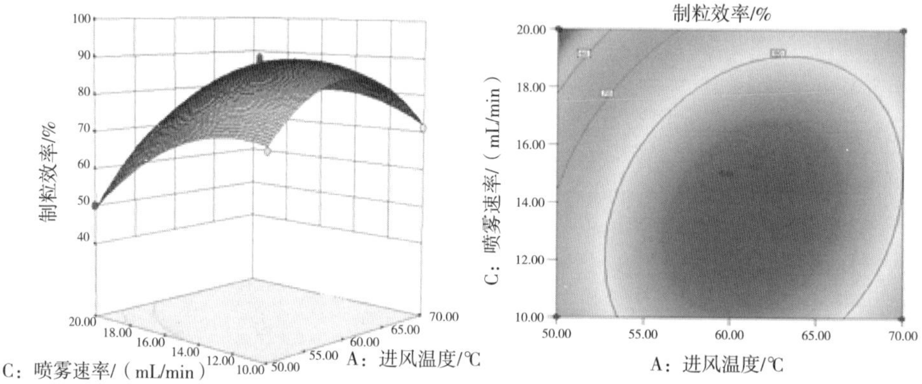

（1）3D效果图　（2）等高线图

图 5-4　进风温度与黏合剂流速交互作用对制粒效率的影响

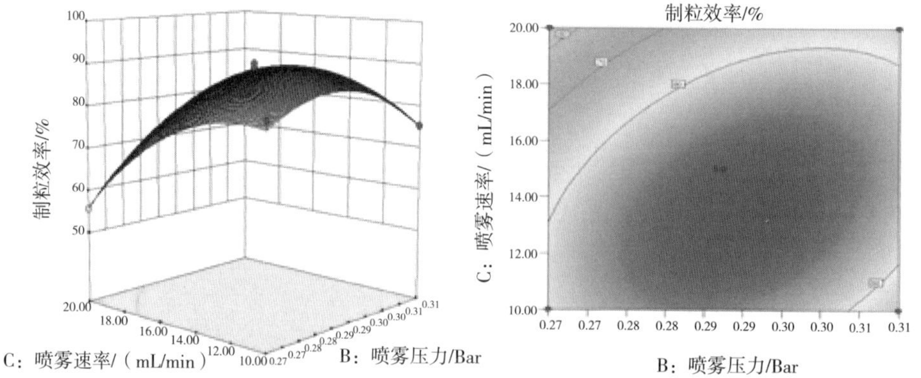

（1）3D效果图　（2）等高线图

图 5-5　喷雾压力与黏合剂流速交互作用对制粒效率的影响

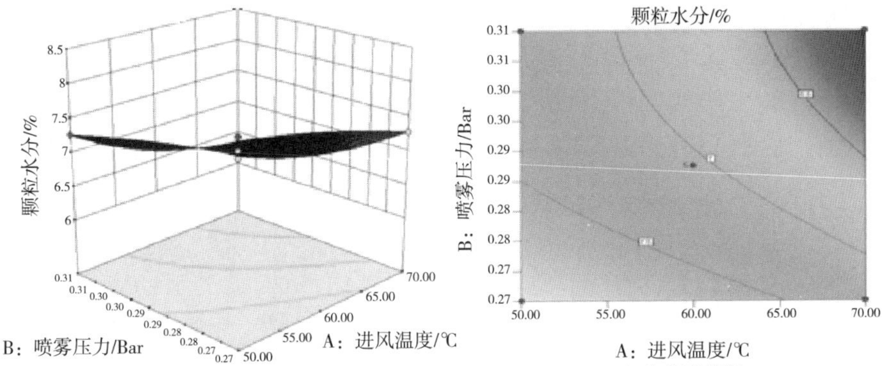

（1）3D效果图　　（2）等高线图

图 5-6　进风温度与喷雾压力交互作用对颗粒水分的影响

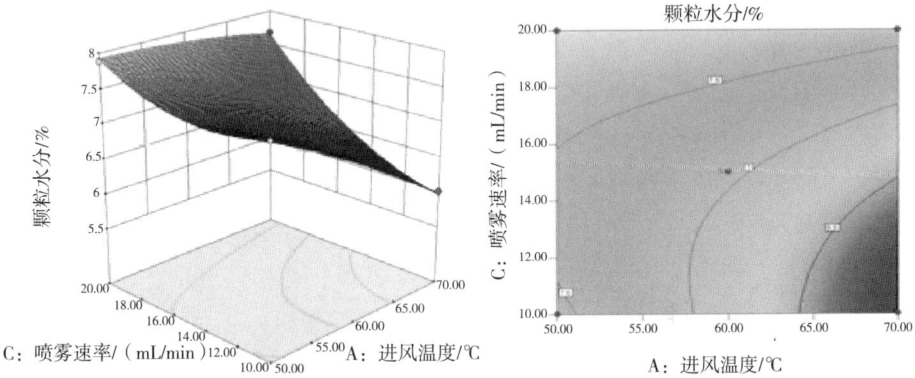

（1）3D效果图　　（2）等高线图

图 5-7　进风温度与黏合剂流速交互作用对颗粒水分的影响

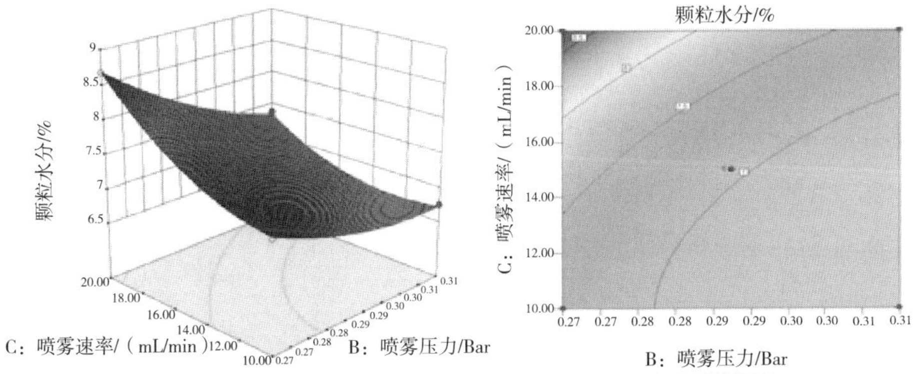

（1）3D效果图　　（2）等高线图

图 5-8　喷雾压力与黏合剂流速交互作用对颗粒水分的影响

可以看出，在试验范围内，较低的进风温度会使黏合剂干燥速度过慢，导致颗粒水分过高、制粒效率下降；喷雾压力越大，黏合剂雾滴的粒径越小，会造成黏合剂干燥过快，导致颗粒水分和制粒效率下降；黏合剂流速过快，湿颗粒不能及时干燥，容易聚结成团，造成湿式塌床。为此，项目确定多孔葛根颗粒应以实验室最佳条件为基础，结合以下原则进行规模化制备。

（1）制粒终点颗粒的水分含量应控制在7%左右。

（2）经过物料底盘的进风线速度不变。

（3）保持干燥效率和喷液效率的平衡不变，进风温度应与实验室最佳条件一致。

（4）黏合剂雾化液滴大小尽量不变。

葛根颗粒的规模化生产制备工艺条件：粒径大于80目的葛根全粉粉末、水分含量为7%左右，投料量为100kg，8%的羧甲基淀粉钠/羧甲基纤维素（3/5）为黏合剂，进风流速为1600m^3/h，进风温度为61℃，喷雾压力为4.5×10^5Pa、喷雾速率为18mL/min。在此条件下，规模化制备的制粒效率和颗粒水分分别为84.7%和6.78%。

五、结构表征

利用激光衍射粒度分析仪、气体吸附仪对多孔葛根颗粒的结构进行了表征，结果表明：多孔葛根颗粒粒径范围较窄，总体上呈正态分布，平均粒径$D_{0.5}$=308.3μm（图5-9）；颗粒主要以介孔为主，其孔结构表现为多级、无序，BET比表面积、孔体积、平均孔径分别为5.6119m^2/g、0.05cm^3/g和4.96nm（图5-10）。

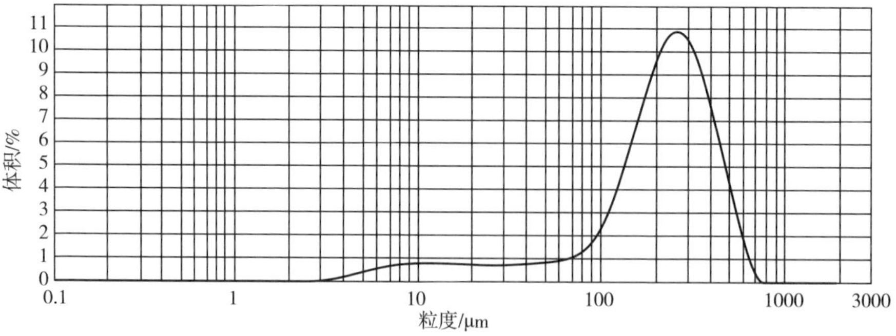

图5-9 多孔葛根颗粒粒径分布图

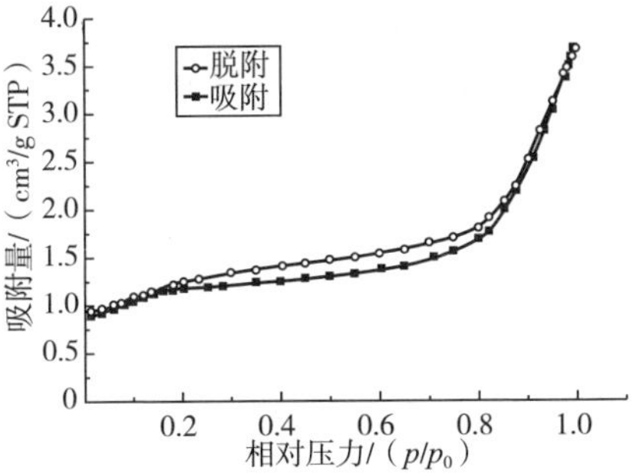

图 5-10　多孔葛根颗粒的 N_2 吸附-脱附等温线

六、应用效果评价

将多孔葛根颗粒按 30mg/支卷烟的添加量制成样品，同时制备空白对照卷烟，采用相关标准，对卷烟主流烟气 7 种有害成分进行了检测。结果表明：在卷烟焦油量未降低的情况下，多孔葛根颗粒对氰化氢、巴豆醛表现出较好的降低效果，降低率分别达 34.1%、16.4%（表 5-1）。同时能增强卷烟甜味、降低刺激，有效改善卷烟品质（图 5-11）。

表 5-1　多孔葛根颗粒卷烟样品主流烟气 7 种有害成分释放量结果

样品名称	CO/（mg/支）	氰化氢/（μg/支）	NNK/（ng/支）	NH_3/（μg/支）	B(a)P/（ng/支）	苯酚/（μg/支）	巴豆醛/（μg/支）	*H*
对照卷烟	9.3	88.0	4.5	4.8	8.2	12.2	17.1	7.2
多孔葛根颗粒卷烟	9.5	58.0	4.6	5.0	8.0	10.9	14.3	6.6
降低率/%	−2.2	34.1	−2.7	−4.2	2.2	10.7	16.4	7.6

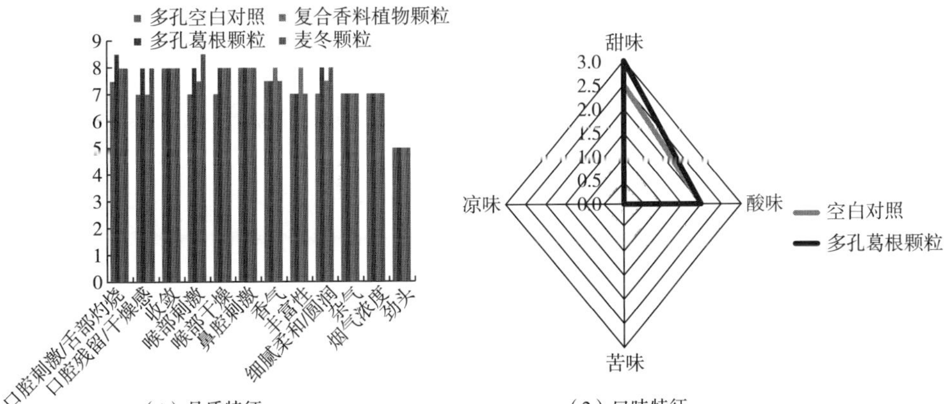

（1）品质特征　　（2）口味特征

图 5-11　多孔葛根颗粒卷烟与空白对照感官特征对比

第二节　复合香料植物颗粒降低烟气氰化氢技术研究

一、复合香料植物粉体调配技术

为解决低焦油卷烟产品舒适性下降、风格特征弱化、香气损失、干燥感明显等问题，根据单一香料植物感官功效评价结果，参考春黄菊、玫瑰、罗汉果、迷迭香、香叶天竺葵、麦冬等香料植物提取物在云烟品牌中的应用情况，以突出清甜香风格特征为目标，对上述 6 种植物粉末开展了调配技术研究，优选出配方 3 作为制粒研究对象（表 5-2）。

表 5-2　香料植物复配比例　　单位：%

配方编号	春黄菊	玫瑰	罗汉果	迷迭香	香叶天竺葵	麦冬	感官功效
1	20	5	25	15	15	20	青滋香过于突出
2	25	5	25	10	15	20	青滋香过于突出
3	30	5	25	15	5	20	风格协调
4	25	5	20	25	5	20	花香过于突出，透发性稍欠

二、颗粒的制备

为满足卷烟复合滤棒加工需求，进一步提升滤嘴添加剂的孔隙率，增强其对有害成分的吸附效果，提升原料利用率，项目采用流化床一步制粒法，以配方 3 为对象，开展了复合香料植物颗粒的制备研究，基于复合香料植物纤维含量高、亲水性差、密度小的特性，重点考察了黏合剂类型、进风温度、黏合剂流速、喷雾压力等因素对制粒效率和颗粒水分的影响，利用响应面试验设计，依据 17 组试验结果，分别建立了制粒效率和颗粒水分的响应面回归模型［见式（5-3）和式（5-4）］，模型决定系数（R^2）分别为 0.968、0.944，确定了最佳制粒工艺条件：黏合剂为 5%的明胶溶液、进风温度 59℃、黏合剂流速 14mL/min、喷雾压力 0.29×10^5Pa。在此条件下，实际制粒效率和颗粒水分分别为 83.8%和 7.05%，制粒效率、颗粒水分模型预测值分别为 84.1%和 7.01%，试验结果与预测值较为接近。

$$F_1 = 85.72 + 2.15X_1 + 1.77X_2 - 6.23X_3 - 6.22X_1X_2 + 1.88X_1X_3 + 6.32X_2X_3 - 14.02X_1^2 - 6.47X_2^2 - 9.07X_3^2 \tag{5-3}$$

$$F_2 = 6.87 - 0.36X_1 - 0.29X_2 + 0.34X_3 - 0.10X_1X_2 + 0.2X_1X_3 - 0.067X_2X_3 + 0.032X_1^2 + 0.11X_2^2 + 0.12X_3^2 \tag{5-4}$$

三、规模化制备

以复合香料植物颗粒实验室最佳制备条件为基础，结合规模化制备原则和实践，确定规模化制备条件为：粒径大于 80 目的春黄菊/玫瑰/罗汉果/迷迭香/香叶天竺葵/麦冬（30/5/25/15/5/20）粉末、水分含量为 7%左右，投料量为 100kg，浓度为 5%的明胶溶液作为黏合剂，进风流速为 1600m^3/h，进风温度为 59℃，喷雾压力为 4.5×10^5Pa、喷雾速率为 800g/min。在此条件下，规模化制备的制粒效率和颗粒水分分别为 81.5%和 6.92%。

四、结构表征

利用扫描电镜、激光衍射粒度分析仪、气体吸附仪对复合香料植物颗粒的结构进行了表征，结果表明：复合香料植物颗粒表现为多级、无序的孔结构（图 5-12），粒径范围较窄，总体上呈正态分布，平均粒径 $D_{0.5}$ = 466.8μm（图 5-13），其 BET 比表面积、孔体积、平均孔径分别为 7.33m^2/g、0.0045cm^3/g 和 4.62nm，具有一定的微孔和介孔结构（图 5-13）。

图 5-12　复合香料植物颗粒扫描电镜图

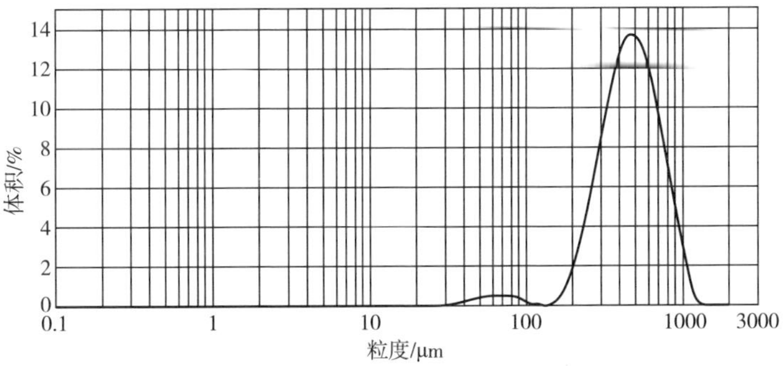

图 5-13　复合香料植物颗粒粒径分布图

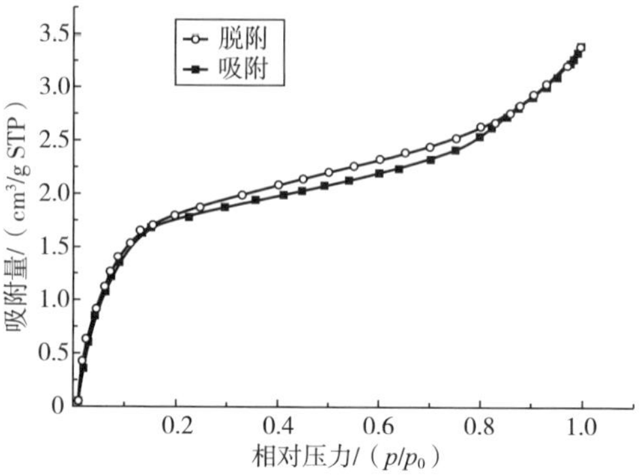

图 5-14　复合香料植物颗粒的 N_2 吸附-脱附等温线

五、应用效果评价

将复合香料植物颗粒按 30mg/支卷烟的添加量制成卷烟样品，同时制备空白对照卷烟，采用相关标准，对卷烟主流烟气 7 种有害成分进行了检测。结果表明：复合香料植物颗粒对氰化氢表现出较好的降低效果，降低率为 30.7%（表 5-3）。同时又能丰富自然香韵，强化产品清甜香风格特征，提升烟气在口腔中的津润感和甜感（图 5-15）。

表 5-3　复合香料植物颗粒卷烟样品主流烟气 7 种有害成分释放量结果

样品名称	CO/（mg/支）	氰化氢/（μg/支）	NNK/（ng/支）	NH_3/（μg/支）	B(a)P/（ng/支）	苯酚/（μg/支）	巴豆醛/（μg/支）	*H*
对照卷烟	9.3	88.0	4.5	4.8	8.2	12.2	17.1	7.2
复合香料植物颗粒卷烟	9.3	61.0	5.3	4.4	7.3	12.5	16.2	6.9
降低率/%	0	30.7	-16.9	8.3	11.4	-2.5	5.3	4.3

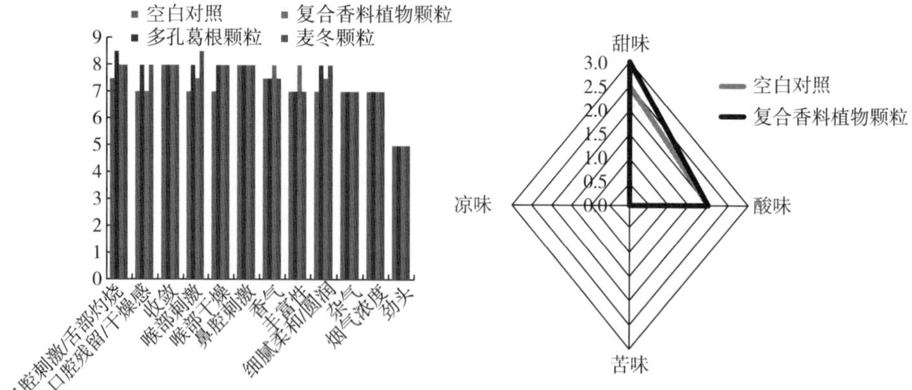

（1）品质特征　　（2）口味特征

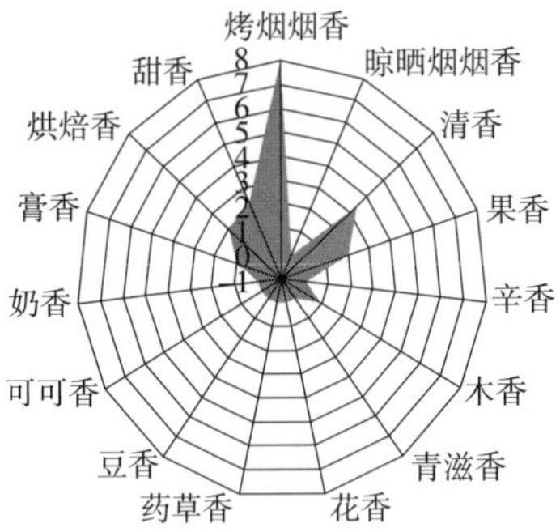

（3）对照卷烟风格特征

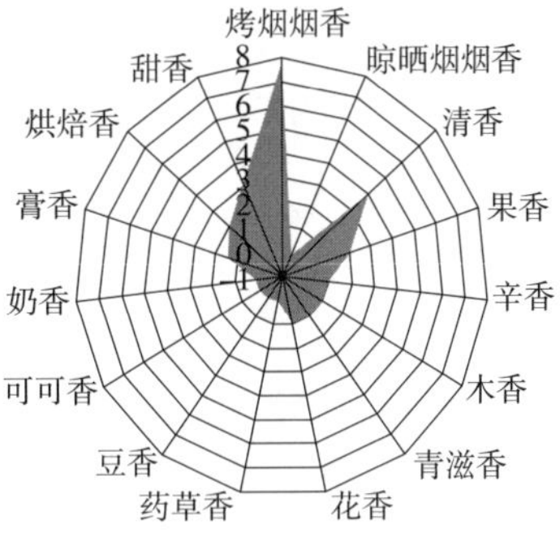

（4）复合香料植物颗粒风格特征

图 5-15　复合香料植物颗粒卷烟与空白对照感官特征对比

第三节　植物模板多孔材料降低烟气氰化氢技术研究

一、材料制备

根据材料筛选结果，选择对巴豆醛、氨、苯酚具有较好降低效果的 TiO_2/紫茎泽兰茎、SiO_2/橡胶乳液多孔材料，分别采用单模板合成法、双模板合成法进行了制备，流程见图 5-16 和图 5-17。

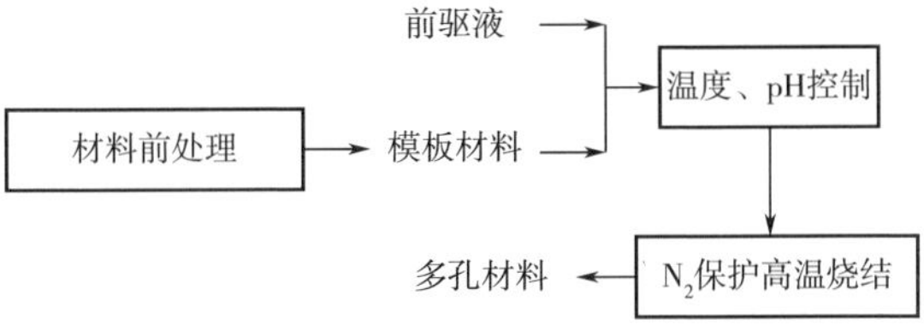

图 5-16　单模板合成法工艺流程图

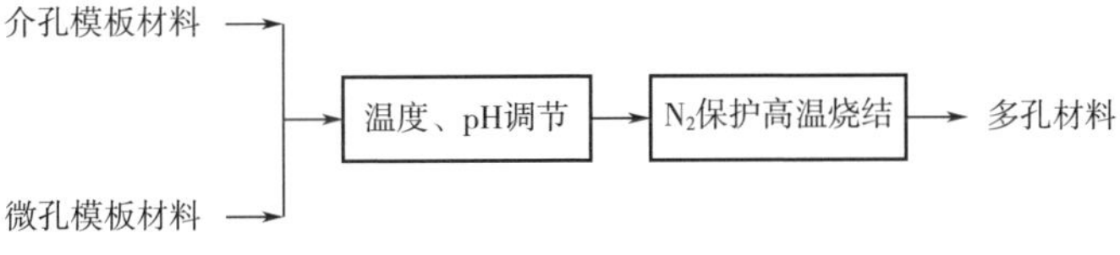

图 5-17　双模板合成法工艺流程图

二、结构表征

利用扫描电镜、透射电镜、气体吸附仪对植物模板多孔材料的结构进行了表征。结果表明：制备的 TiO_2/紫茎泽兰茎多孔材料，较为完整地复制出了紫茎泽兰茎的形貌（图 5-18），材料以微孔结构为主，同时具有介孔结构和大孔结构，平均孔径为 1.976nm，微孔孔径为 0.584nm、孔体积为 0.419cm^3/g（图 5-19）；制备的 SiO_2/橡胶乳液多孔材料为大小不一的空心微球，可观察到明显的孔道结构（图 5-20），其 BET 比表面积为 946.78m^2/g，孔体积为 0.87cm^3/g，孔径为 3.0nm（图 5-21）。

图 5-18　TiO_2/紫茎泽兰茎多孔材料扫描电镜图

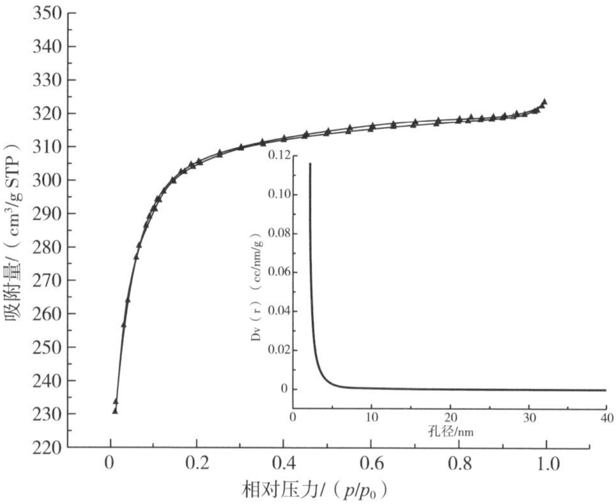

图 5-19　TiO_2/紫茎泽兰茎的 N_2 吸附-脱附等温线

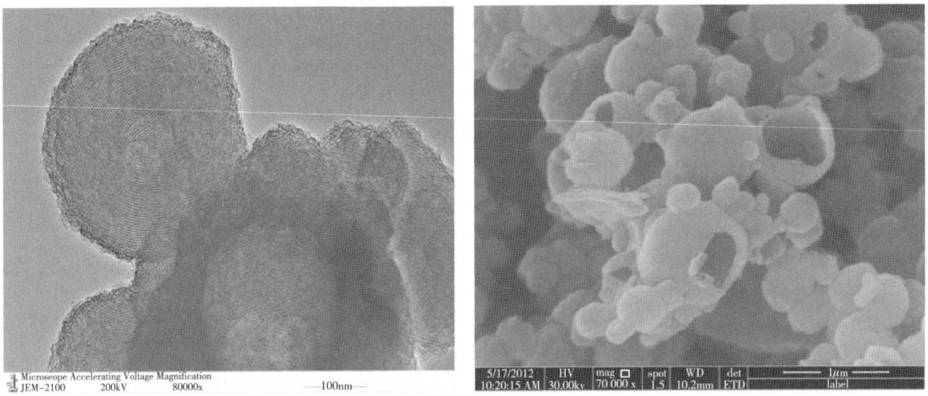

图 5-20　SiO_2/橡胶乳液多孔材料电镜图

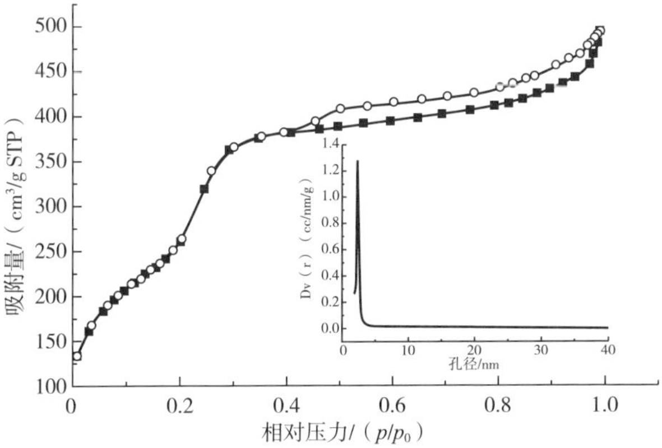

图 5-21　SiO_2/橡胶乳液多孔材料的 N_2 吸附-脱附等温线

三、减害效果评价

将植物模板多孔材料按 30mg/支卷烟的添加量制成卷烟样品，同时制备空白对照卷烟，采用相关标准，对卷烟主流烟气 7 种有害成分进行了检测(表 5-4)。结果表明：TiO_2/紫茎泽兰茎多孔材料对巴豆醛、苯酚、NH_3 表现出较好的降低效果，降低率分别为 26.8%、19.7%、16.9%，HCN 降低 9.2%；SiO_2/橡胶乳液多孔材料对氨、巴豆醛表现出较好的降低效果，降低率分别为 26.2%、19.6%，HCN 降低 5.1%。

表 5-4　植物模板多孔材料卷烟样品主流烟气 7 种有害成分释放量结果

样品名称	CO/（mg/支）	氰化氢/（μg/支）	NNK/（ng/支）	NH_3/（μg/支）	B(a)P/（ng/支）	苯酚/（μg/支）	巴豆醛/（μg/支）	H
对照卷烟	8.8	98.0	3.9	6.5	8.7	13.2	16.8	7.5
TiO_2/紫茎泽兰茎	8.5	89.0	4.1	5.4	8.5	10.6	12.3	6.7
降低率/%	3.4	9.2	-5.1	16.9	2.3	19.7	26.8	11.3
SiO_2/橡胶乳液	9.8	93.0	4.0	4.8	8.4	12.0	13.5	6.9
降低率/%	-10.9	5.1	-2.6	26.2	3.1	9.1	19.6	8.1

第四节　添加植物颗粒卷烟安全性评价

采用《烟草及烟草制品 烟气安全性生物学评价 第 1 部分 中性红细胞毒性法》（YQ 2—2011）、《烟草及烟草制品 烟气安全性生物学评价 第 2 部分 细菌回复突变试验（Ames 试验）》（YQ 3—2011）、《烟草及烟草制品 烟气安全性生物学评价 第 3 部分 体外微核试验》（YQ 4—2011）对添加了多孔葛根颗粒、复合香料植物颗粒的卷烟进行了安全性评价。

Ames 评估结果表明：在 TA98 菌株检测体系中，受试卷烟间无统计学差异（$P>0.05$）；在 TA100 菌株检测体系中，受试卷烟的烟气总粒相物均不能引起碱基对置换类型的致突变性。

中性红细胞毒性评估结果表明：在 0~200μg/mL 剂量范围内，细胞抑制率与烟气样品剂量呈显著的剂量反应关系；受试卷烟的烟气总粒相物样品产生的细胞抑制率间的差异无统计学意义（$P>0.05$）。

哺乳动物细胞体外细胞微核评估结果表明：4 个受试卷烟的烟气总粒相物样品诱导的微核率间的差异无统计学意义（$P>0.05$）。

利用天然植物自身的微观结构特征和化学性质，针对性地开发了既能降低氰化氢、巴豆醛释放量，又具有增香功能的多孔葛根颗粒、复合香料植物颗粒和植物模板多孔材料等滤嘴添加剂。其中多孔葛根颗粒和复合香料植物颗粒成功应用于系列产品，有效降低了卷烟危害性指数，强化了产品风格特征，提升了产品感官品质。

第五节　天然植物多孔材料降低烟气氰化氢技术应用

一、多孔葛根颗粒的应用

多孔葛根颗粒对氰化氢、巴豆醛具有显著的降低效果，能显著提升卷烟在味觉方面的综合感受，使烟气更加自然、甜润。为此，将该多孔材料应用于两个规格产品中。对两个规格卷烟的常规烟气指标及 7 项有害成分进行了连续跟踪检测，结果表明：两个规格卷烟的各项烟气指标及 7 项有害成分的释放量保持了较好的稳定性，且危害性指数在行业同等焦油释放量卷烟产品中处于领先水平。

二、复合香料植物颗粒的应用

复合香料植物颗粒对氰化氢具有显著的降低效果，对丰富卷烟烟香、突出清甜香风格特征、改善烟气干燥感具有明显效果。为此，将该多孔材料应用于云烟另外两个规格中。常规烟气指标及 7 项有害成分的连续跟踪检测结果表明：应用后卷烟各项烟气指标及 7 项有害成分的释放量保持了较好的稳定性，且危害性指数在行业同等焦油释放量卷烟产品中处于领先水平。

参考文献

[1] 曾晓鹰．天然植物多孔材料在“云烟”品牌减害增香中的应用研究［R］．云南中烟工业有限责任公司，2013.

[2] 杨伟祖．三元多孔烟梗颗粒材料研制及产业化［R］．云南瑞升烟草技术有限公司，2011.

[3] 姚二民，张峻松，毛多斌，等．茶质纸-醋纤二复合滤嘴在卷烟中的应用［J］．烟草科技，2008，(8)：49-52.

[4] 李晓，刘凤珠，张峻松，等．不同种类茶叶减轻吸烟危害的研究［J］．茶叶科学，2010，3，213-217.

[5] 李景权，马涛，尧珍玉，等．豆渣颗粒在卷烟滤嘴中的应用研究［J］．大豆科学，2012，5，827-830.

[6] 蒋举兴，李景权，温光和，等．大豆蛋白颗粒在卷烟滤嘴中的应用［J］．湖北农业科学，2013，8，1913-1915.

[7] 李晓，姚二民，王震，等．辛夷滤嘴降低卷烟烟气中的有害成分研究［J］．中国农

学通报，2010，4，57-60.

[8] 东传斌，朱红，金钟国，等．醋纤加 NaY 型分子筛二元复合滤棒：中国，2689721［P］．2005-04-06.

[9] 王涛，温光和，牟定荣，等．木材颗粒在卷烟滤嘴中的应用研究［J］．应用化工，2012，41（1）：110-112.

[10] 王保兴，李军，陈婉，等．烟梗颗粒在非织造滤布和纸质滤芯滤嘴中的应用：中国，101822422［P］．2010-09-08.

[11] 谷向春，黄正虹，周小文．一种竹炭纤维及其制备方法以及它在卷烟滤嘴中的应用：中国，102302219［P］．2012-01-04.

[12] 迟广俊，何金星．一种降低卷烟有害物质的过滤嘴及其制备方法：中国，1513390［P］．2004-07-21.

第六章
金属络合材料降低卷烟烟气氰化氢释放量研究

针对金属离子与氰化氢中具有给电子效应的特征官能团之间存在的络合作用，通过金属络合材料络合吸附方式定向降低卷烟主流烟气中氰化氢释放量，开发了金属络合材料降低卷烟烟气中氰化氢释放量技术。

第一节　金属络合材料的制备、表征及评价

金属络合材料也称金属有机骨架材料（Metal－Organic Frameworks，MOFs），是由金属离子中心和有机配体以配位键方式键合，通过自组装过程形成的具有规则纳米孔道的三维周期性网格结构多孔材料。金属络合材料骨架具有刚性结构，有明确的几何构型，有机配体可以根据目标要求进行必要的化学修饰。与传统无机多孔材料相比，金属络合材料兼备了有机高分子和无机化合物的优点，具有低密度、高比表面积、结构和功能可设计、孔道尺寸可调等特点，在分子识别、吸附、分离、催化、气体存储、生物医药、光电材料等方面显示出巨大的应用潜能。

美国密歇根大学 Yaghi 研究小组和法国拉瓦锡研究所 Férey 研究小组在金属络合材料的合成上做了大量的基础工作。1995 年，Yaghi 研究组[1]在 Nature 上报道了第一个被命名为 MOFs 的材料，该材料由刚性有机配体均苯三甲酸与过渡金属 Co 合成，是具有二维结构的配位化合物。1999 年，Yaghi 研究组[2]以刚性有机配体对苯二甲酸和过渡金属 Zn 合成具有简单立方结构的三维 MOF 材料——MOF-5。Yaghi 研究组通过拓展有机配体的长度，合成了与 MMF-5 具有相同拓扑网络结构的一系列金属络合材料[3]，这成为具有纳米孔洞的金属有机骨架材料的第二次飞跃。之后该研究组相继合成了高比表面积、高吸附性能的金属络合材料 MOF-177[4]和具有永久孔性质及高热化学稳定性的类分子筛咪唑骨架（Zeolitic Imidazolate Frameworks，ZIFs）材料[5]。2005 年法国 Férey 研究组[6]在 Science 发表具有超大孔特征的类分子筛型金属络合材料——MIL－101。

2010 年 Yaghi 研究组[7]在 Science 杂志上提出了一个新的概念——多变功能化金属络合材料（MVT-MOFs），即在同一个晶体结构的孔道表面同时修饰不同种类功能团的金属络合材料，并报道了十八种 MVT-MOF-5 材料。近年来，以环糊精等大分子为有机配体的金属络合材料也受到人们广泛关注。Gassensmith 等[8]为去除环境中的温室气体 CO_2，报道了由可再生的 γ-环糊精和碱金属自组装形成的三维“绿色金属络合材料”，并首次利用吸附量热法证实了 CD-MOF-2 上至少存在两个不同的 CO_2 化学吸附位点[9]。随着研究的深入，金属有机骨架薄膜、发光金属有机骨架材料和纳米级金属有机骨架材料也不断涌现，金属有机骨架结构已成为微孔材料领域的研究热点。

一、金属络合材料的制备与表征

含有多齿官能团的对苯二甲酸（BDC）和均苯三甲酸（BTC）是最为常见的羧酸有机配体。2004 年，Kitagawa 等[10]就对羧酸类配体进行了综述，阐述了其配合物在吸附方面的详细性质，其中包含均苯三甲酸和对苯二甲酸的独特桥联特性。以 Fe^{3+}、Al^{3+}、Cr^{3+} 与对苯二甲酸配位形成的金属络合物 MIL 系列最具代表性。该材料均具有显著的化学稳定性，具有柔韧性骨架的 MIL-53 经过高温煅烧后，孔道中残存的对苯二甲酸分子被除去，而材料孔道吸附与脱附的水和二氧化碳等气体客体分子，会引起骨架结构的收缩和膨胀，称为骨架的“呼吸”现象，这种奇特的性质使得该种材料有望应用在药物缓释方面[11]。以 Zn^{2+} 或 Co^{2+} 为原料，与含氮杂环有机配体咪唑桥联得到孔道结构类沸石的配位聚合物。该种材料比表面积大，有永久的多孔性，在 550℃ 能稳定存在说明其具有良好的高热稳定性；能在沸腾的有机溶剂和碱溶液里存在，说明其卓越的化学稳定性[12]。

本部分选取 Zn^{2+}、Fe^{3+}、Al^{3+}、Cu^{2+}、Cr^{2+}、Co^{2+} 作为金属组分，对苯二甲酸、均苯三甲酸、吡嗪、吡嗪羧酸等作为有机配体，借鉴文献方法开展金属络合材料的制备，运用 X 射线衍射、比表面积孔径分析、热重分析等技术对材料的晶体结构、孔结构参数及热稳定性进行表征。

1. 材料制备

采用水热合成法，合成了 Cu-BTC、Fe-BTC、Zn-BTC、Co-BTC，Fe-BDC、Zn-BDC、Cr-BDC、Al-BDC 及 $Cu_2(pyz)_2(pzdc)_2$ 金属络合材料。此外，制备了烟梗、硅胶负载 Cu-BTC 络合材料。

（1）Cu-BTC 多孔材料的制备　将 10.0g 均苯三甲酸、8.64g $Cu(NO_3)_2$ ·

$3H_2O$ 置于 500mL 的反应釜中，加入二甲基甲酰胺（DMF）、去离子水、乙醇各 80mL，将反应釜置于烘箱中。85℃反应 25h，抽滤，将粉末置于干净的带塞锥形瓶中，用二氯甲烷浸泡 3d，期间更换新的二氯甲烷两次。后将溶剂在 160℃下减压抽干，得到 Cu-BTC 样品粉末，该制备方法得率为 78%。

（2）Fe-BTC 多孔材料的制备　以各组分摩尔比为 $n(Fe):n(C_9H_6O_6):n(HF):n(HNO_3):n(DMF):n(H_2O)=1:0.67:2:0.6:130:277$，分别称取 5.6g 铁粉、均苯三甲酸和一定体积的氢氟酸、硝酸、DMF 和水，混合搅拌 5min 后，转移至 100mL 聚四氟乙烯水热反应釜中，密闭后放入电热鼓风恒温干燥箱中，升温至 160℃后保持 8h。将样品冷却、过滤、水洗、干燥，得淡橘黄色块状晶体 Fe-BTC，Fe-BTC 得率为 86%。

（3）Zn-BTC 多孔材料的制备　将 $Zn(NO_3)\cdot 6H_2O$（6mmol，2.1g）和均苯三甲酸（9mmol，1.9g）混合，溶解在 DMF 和乙酸的混合溶液（体积比 3∶1），后转移至 100mL 聚四氟乙烯水热反应釜中，密闭后放入电热鼓风恒温干燥箱中，升温至 170℃后保持 4d。反应结束后，将样品过滤、DMF 洗涤，室温干燥，得到 1.42g 无色晶态样品。

（4）Co-BTC 多孔材料的制备　将 $Co(NO_3)\cdot 6H_2O$ 和均苯三甲酸混合，溶解在 DMF 和去离子水的混合溶液，然后转移至 100mL 聚四氟乙烯水热反应釜中，密闭后放入电热鼓风恒温干燥箱中，升温至 120℃后恒温保持 48h。反应结束后，将水热反应釜静置冷却至室温，将样品过滤、DMF 洗涤，50℃下干燥，得到黑色晶体样品，Co-BTC 得率为 56%。

（5）Fe-BDC 络合材料的制备　将对苯二甲酸（0.017g，1mmol）、$FeCl_3\cdot 6H_2O$（0.034g，1mmol）、DMF 及 HF 按照摩尔比 1∶1∶280∶2 混合均匀后转移到 60mL 反应釜中，在 150℃下反应 5h，室温冷却、抽滤、水洗，最终得到 0.055g 产物，Fe-BDC 得率为 66%。

（6）Zn-BDC 络合材料的制备　将对苯二甲酸 5.065g 和三乙胺 8.5mL 溶解在 400mL DMF 中，将 16.99g $Zn(OAc)_2\cdot 2H_2O$ 溶解在 500mL DMF 中，然后将两种溶液混合在一起，搅拌 15min 后即产生白色沉淀，继续搅拌 2.5h。将沉淀过滤、洗涤，得到 7.55g Zn-BDC 晶体粉末，Zn-BDC 得率为 63%。

（7）Cr-BDC 络合材料的制备　将对苯二甲酸（9mmol，1.5g）、$Cr(NO_3)_2\cdot 9H_2O$（6mmol，2.4g）加入至 20mL 聚四氟乙烯反应釜内衬中，向其中加入混合溶剂（$HF:H_2O=1:8$）11mL，室温搅拌 30min 后，用不锈

钢外套将内衬封装，迅速升温至160℃反应10h，后冷却至室温，得无色块状晶体1.1g，Cr-BDC产率约为76%。

（8）Al-BDC络合材料的制备　将对苯二甲酸（9mmol，1.5g）、$AlCl_3$（6mmol，8.1g）加入至20mL聚四氟乙烯反应釜内衬中，向其中加入混合溶剂（DMF：H_2O=2：5）7mL，室温搅拌30min后，用不锈钢外套将内衬封装，迅速升温至180℃反应3d，后冷却至室温，得无色块状晶体2.42g，产率约为83%。

（9）$Cu_2(pyz)_2(pzdc)_2$络合材料的制备　将0.21g 2,3-二羧酸吡嗪酸钠（Na_2pzdc）加入到20mL H_2O中，水溶液缓慢滴加到$Cu(ClO_4)_2 \cdot 6H_2O$（0.37g）、吡嗪（1.0g）的混合水溶液中，搅拌、过滤，真空干燥2h，得到蓝色微晶0.26g，产率可达到90%。

（10）烟梗、硅胶负载Cu-BTC络合材料的制备　以40~60目的烟梗颗粒和硅胶为载体，采用原位合成的方法制备了烟梗负载Cu-BTC、硅胶负载Cu-BTC两种络合材料，以减少金属络合材料的用量。

2. 材料表征

以制备的Cu-BTC多孔材料为例，对材料的形貌、晶型结构、孔结构、热稳定性等进行表征。图6-1为制备的Cu-BTC多孔材料扫描电镜图。可以看出，Cu-BTC样品的晶体形貌为比较规整的八面体，材料表面呈现疏松多孔的结构。

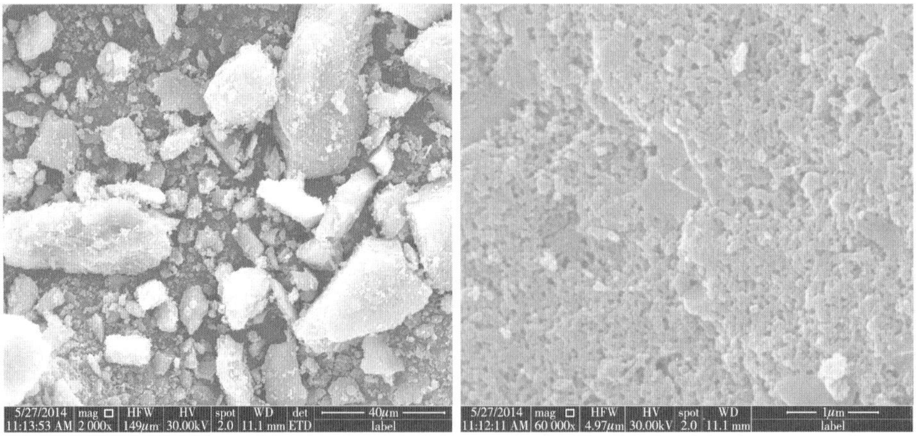

图6-1　Cu-BTC多孔材料的扫描电镜图

在 Cu-BTC 多孔材料的结构中，每个二铜簇与 4 个 BTC 相连，每个 BTC 桥连着 3 个二铜簇。这样形成了一个 3，4-连接的扭曲的方硼石（Twisted Boracite）拓扑三维骨架。图 6-2 所示其单元晶胞结构和次级结构单元，由 4 个 BTC 单元通过 6 个二铜簇单元链接而成，其结构由于类似于网兜而被称为 Pocket，这种 Pocket 单元互相连接构成了包含空腔的 Cu-BTC 晶体。空腔之间互相连通形成了三维正交的主孔道，而 Pocket 与主孔道的空腔连通，形成了一种特殊的次级孔道。

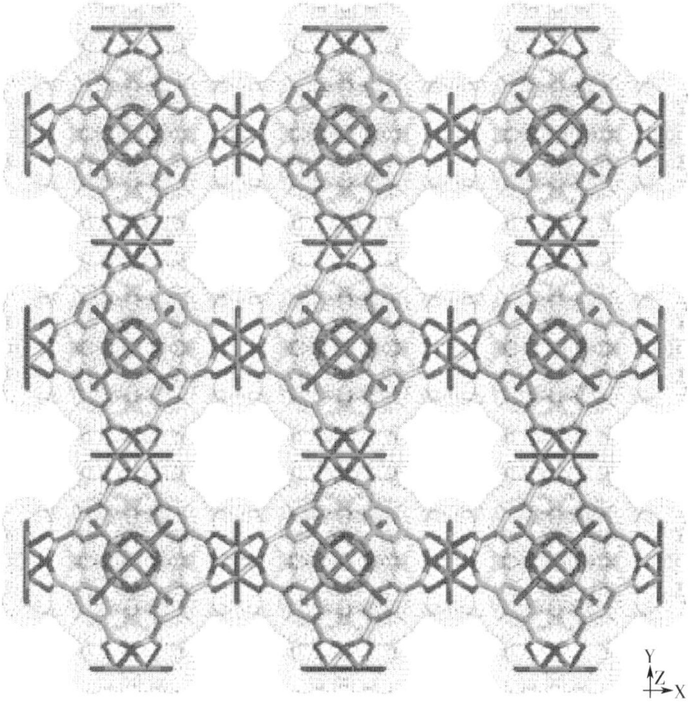

图 6-2　Cu-BTC 的晶体结构图

Cu-BTC 多孔材料的 X 射线衍射图（图 6-3），可见样品基线平整，无杂峰，表明所合成样品的纯度较高。其中尖峰分布在 $2\theta=6.64°$，9.40°，11.54°，13.34°和 18.94°，通过 Bragg 方程得到 Cu-BTC 是一个三维八面体化合物。

Cu-BTC 多孔材料的 N_2 吸附-脱附等温线（图 6-4）可看出，该样品具有Ⅳ型吸附等温线的典型特征，吸附与脱附等温线基本重合，未出现滞后环，表明该样品中微孔占主要地位，且分布较均匀。通过 BET 方程计算可知，

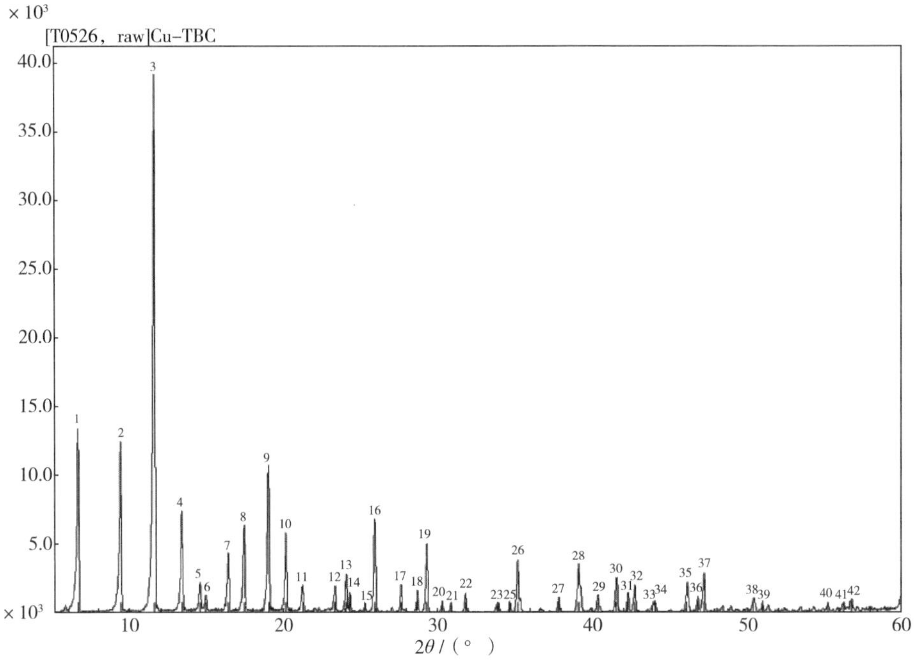

图 6-3 Cu-BTC 多孔材料的 XRD 图

Cu-BTC 的比表面积、孔体积、孔径分别为 917.6m^2/g，0.72cm^3/g 和 0.8nm。

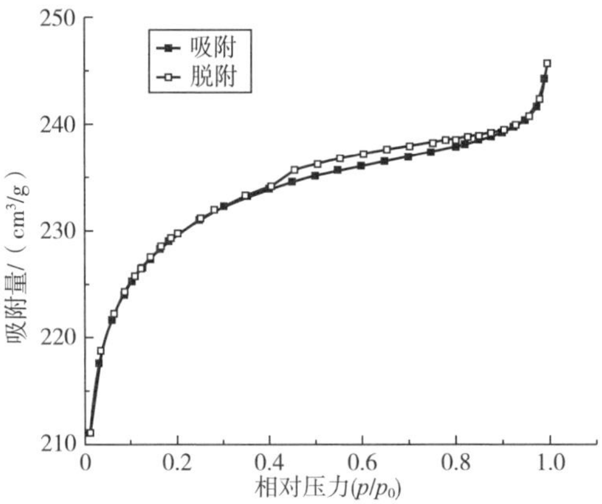

图 6-4 Cu-BTC 多孔材料的 N_2 吸附-脱附等温线

Cu-BTC 多孔材料热重分析结果见图 6-5，表明 Cu-BTC 多孔材料从室温至 271.2℃时，其结构保持不变；高于 271.2℃后，Cu-BTC 开始失去有机配体，其晶格结构开始坍塌，质量损失急剧增大，温度继续升高，化合物不能保持晶体的构型，最后完全分解。可见 Cu-BTC 在低于 271.2℃下具有良好的结构稳定性。

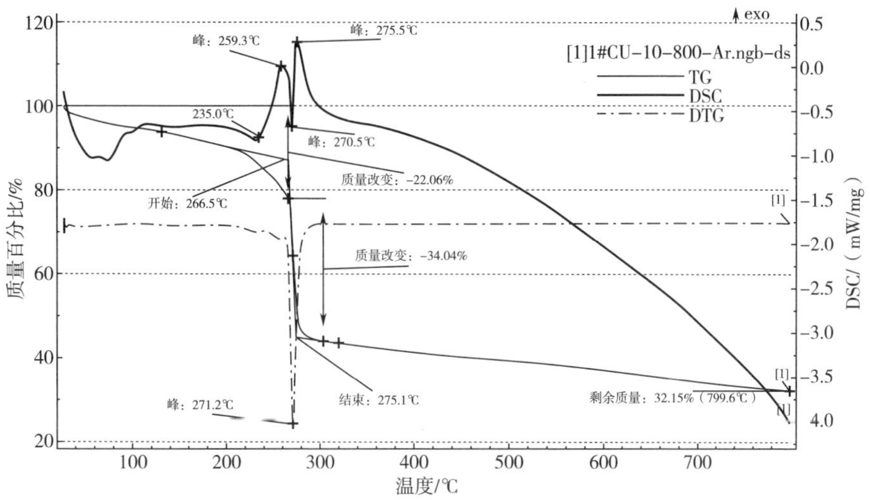

图 6-5　Cu-BTC 多孔材料的热重曲线图

硅胶负载 Cu-BTC 络合材料的扫描电镜图见图 6-6，可知，Cu-BTC 络合材料能均匀地分散于硅胶，材料表面保留了硅胶的多孔表面和 Cu-BTC 的完整构型。

上述金属络合材料的制备与表征结果表明：

（1）以 Cu^{2+}、Fe^{3+}、Zn^{2+}、Co^{2+} 金属离子作为金属组分、均苯三甲酸作为有机配体合成制备了 Cu-BTC、Fe-BTC、Zn-BTC、Co-BTC 四种多孔材料。该类材料微孔占主要部分，除 Co-BTC 外其余材料的表面均呈现疏松多孔的结构，N_2 吸附-脱附等温线吸附与脱附等温线基本重合，未出现滞后环，较有利于小分子目标物的吸附。

（2）以 Fe^{3+}、Zn^{2+}、Cr^{2+}、Al^{3+} 金属离子作为金属组分、对苯二甲酸作为有机配体合成制备了 Fe-BDC、Zn-BDC、Cr-BDC、Al-BDC、NH_3@ Al-BDC 五种多孔材料。该类材料的 N_2 吸附-脱附等温线均为 I 型等温曲线，其中 Fe-BDC 和 Cr-BDC 多孔材料具有能够自主调节孔道形状和尺寸的“呼吸”作用，对大分子有较好的吸附能力。

图 6-6 硅胶负载 Cu-BTC 络合材料的扫描电镜图

（3）利用 Al 的两性性质，采用氨水对 Al-BDC 改性后制备得到 NH_3@Al-BDC 络合材料。与 Al-BDC 相比，该材料晶体结构从棒状逐渐变为块状，比表面积和孔径都有了一定程度地降低，但是其材料表面也携带了氨基官能团，更有利于对极性分子的吸附。

（4）选取 Cu^{2+}金属离子作为金属组分、吡嗪和吡嗪羧酸作为有机配体合成制备了 Cu_2（pyz）$_2$（pzdc）$_2$ 多孔材料。该材料有序堆积后呈现可变换的结构特性，形成类似石墨构型的层状堆积结构，层间的堆积空隙有利于气体分子的吸附。

（5）以 40~60 目的烟梗颗粒和硅胶为载体，采用原位合成的方法制备了烟梗负载 Cu-BTC、硅胶负载 Cu-BTC 两种络合材料，材料能均匀地分散于载体，且保留了载体的多孔表面和 Cu-BTC 的完整构型。

二、金属络合材料的减害性能评价

采用卷烟减害性能评价装置，评价上述制备的 12 种金属络合材料对烟气氰化氢的降低性能，结果见表 6-1。

表 6-1　金属络合材料降低烟气氰化氢释放结果

样品名称	氰化氢释放量/（μg/支）	氰化氢降低率/%
对照 1	124.9	—
Cu-BTC	60.1	51.9
Zn-BDC	109.1	12.7
Cr-BDC	117.4	6.0
Al-BDC	116.7	6.6
对照 2	130.8	—
Fe-BTC	124.2	5.1
Zn-BTC	101.7	22.3
Fe-BDC	121.8	6.9
对照 3	125.7	—
Co-BTC	117.0	6.9
NH_3@Al-BDC	97.8	22.2
$Cu_2(pyz)_2(pzdc)_2$	103.6	17.6
对照 4	120.3	—
硅胶负载 Cu-BTC	84.2	30.0
烟梗负载 Cu-BTC	114.6	4.8

由氰化氢减害效果模拟评价结果可以得出以下结论。

（1）Cu-BTC 络合材料对氰化氢有较好的降低效果，氰化氢降低率达到 51.9%；用硅胶和烟梗对 Cu-BTC 进行负载后，络合材料对氰化氢的吸附效果下降，氰化氢降低率分别为 30.0%和 4.8%，结合硅胶负载 Cu-BTC 络合材料的扫描电镜图，初步推断经负载后 Cu-BTC 络合材料的表面孔道减少，不利于对氰化氢的吸附。

（2）Zn-BTC、$Cu_2(pyz)_2(pzdc)_2$ 络合材料对氰化氢都具有较好的吸附效果，氰化氢降低率分别达到 22.3%和 17.6%。

（3）Al-BDC 络合材料对氰化氢的吸附效果并不显著，氰化氢降低率为 6.6%，但是利用 Al 的两性性质对 Al-BDC 络合材料进行 NH_3 改性后，NH_3@Al-BDC 络合材料对氰化氢的吸附效果有明显提升，氰化氢的降低率达到 22.2%，这可能是因为改性后络合材料通过桥联配体使其形成了长方形块状结构，其中的空腔部分更有利于吸附氰化氢分子。

第二节　金属络合材料卷烟应用研究

一、金属络合材料降低卷烟烟气氰化氢性能评价

将制备的 Cu-BTC、硅胶负载 Cu-BTC、Fe-BTC、Zn-BTC、Zn-BDC、NH_3@Al-BDC、$Cu_2(pyz)_2(pzdc)_2$ 7 个材料，采用二元复合滤棒形式，通过复合滤棒成型机均匀地添加到卷烟滤嘴。滤棒中颗粒材料的添加量为 20mg/支，且均匀分布于醋纤滤嘴中，同时制备相应的二元复合滤棒。

由于在同等填丝量的情况下，添加颗粒材料的复合滤棒压降会增加，为保障后续卷烟感官评价的客观性，在制作空白复合滤棒时，采用相同的丝束规格，通过调整填丝量，尽量保障空白复合滤棒与试验复合滤棒的压降接近。在制备试验卷烟时，采用统一的试验烟丝，除滤棒不同外，其他辅助材料参数保持一致，共制备出 8 个试验卷烟样品，见表 6-2。

表 6-2　试样卷烟样品物理参数

材料名称	质量/（mg/支）	压降/Pa	圆周/mm
空白样品	895.4	1060	24.3
Cu-BTC	914.9	1070	24.4
硅胶负载 Cu-BTC	913.8	1078	24.3
Fe-BTC	915.2	1076	24.4
Zn-BTC	915.6	1074	24.3
Zn-BDC	914.6	1082	24.3
NH_3@Al-BDC	913.7	1052	24.3
$Cu_2(pyz)_2(pzdc)_2$	914.1	1075	24.3

物理参数结果表明，相对于空白卷烟，7 个试验卷烟平均质量的增加量与材料添加量较为接近；不同试验卷烟的质量、压降、圆周较为接近，满足卷烟抽吸及试验要求。

试验卷烟烟气常规烟气成分和 7 种有害成分释放量结果见表 6-3 和表 6-4。试验卷烟主流烟气氰化氢和氨减害效果评价结果见表 6-5 和表 6-6。

表 6-3　试样卷烟常规烟气成分指标

材料名称	抽吸口数/（口/支）	总粒相物/（mg/支）	CO/（mg/支）	焦油/（mg/支）	烟碱/（mg/支）	水分/（mg/支）
空白样品	6.8	9.5	8.7	8.8	0.8	1.1
Cu-BTC	6.8	9.5	8.6	8.2	0.8	1.3
硅胶负载 Cu-BTC	6.6	9.3	8.7	8.3	0.8	1.0
Fe-BTC	6.7	9.4	9.4	8.2	0.9	1.2
Zn-BTC	6.8	9.7	8.6	8.5	0.8	1.2
Zn-BDC	6.7	9.9	8.5	8.7	0.8	1.3
NH_3@ Al-BDC	6.8	9.7	8.8	8.4	0.9	1.2
$Cu_2(pyz)_2(pzdc)_2$	6.7	9.9	8.8	8.8	0.8	1.2

表 6-4　试样卷烟主流烟气 7 种有害成分释放量

材料名称	CO/（mg/支）	氰化氢/（μg/支）	NNK/（ng/支）	NH_3/（μg/支）	B(a)P/（ng/支）	苯酚/（μg/支）	巴豆醛/（μg/支）	*H*
空白样品	8.7	118.4	3.7	8.3	8.9	18.8	14.1	8.6
Cu-BTC	8.6	84.5	3.5	8.0	9.0	18.3	13.1	8.0
硅胶负载 Cu-BTC	8.7	95.2	3.8	8.3	9.1	18.9	13.7	8.4
Fe-BTC	8.7	93.1	3.6	7.9	8.9	17.5	11.8	8.0
Zn-BTC	8.6	98.2	3.7	8.0	8.4	18.6	13.7	8.1
Zn-BDC	8.5	113.7	3.6	7.9	9.0	17.5	14.2	8.2
NH_3@ Al-BDC	8.8	94.9	3.7	8.3	8.7	18.3	14.2	8.3
$Cu_2(pyz)_2(pzdc)_2$	8.8	98.4	3.8	6.8	8.8	18.7	13.5	8.1

表 6-5　　　　试样卷烟主流烟气氰化氢减害效果评价

材料名称	焦油/(mg/支)	氰化氢/(μg/支)	氰化氢/焦油/(μg/mg)	氰化氢/焦油降低率%	H降低率/%
空白	8.8	118.4	13.5	—	—
Cu-BTC	8.2	84.5	10.3	23.4	7.0
硅胶负载 Cu-BTC	8.3	95.2	11.4	15.1	2.6
Fe-BTC	8.2	93.1	11.4	15.2	7.7
Zn-BTC	8.5	98.2	11.5	14.3	4.8
Zn-BDC	8.7	113.7	13.0	3.2	3.1
NH_3@Al-BDC	8.4	94.9	11.3	16.2	3.6
$Cu_2(pyz)_2(pzdc)_2$	8.8	98.4	11.2	17.1	6.2

表 6-6　　　　试样卷烟主流烟气氨减害效果评价

材料名称	焦油/(mg/支)	氰化氢/(μg/支)	氨/焦油(μg/g)	氨/焦油降低率/%	H降低率/%
空白	8.8	8.3	0.9	—	—
Cu-BTC	8.2	8.0	1.0	-3.2	7.0
硅胶负载 Cu-BTC	8.3	8.3	1.0	-6.4	2.6
Fe-BTC	8.2	7.9	1.0	-3.2	6.5
Zn-BTC	8.5	8.0	1.0	-0.7	4.8
Zn-BDC	8.7	7.9	0.9	4.3	3.1
NH_3@Al-BDC	8.4	8.3	1.0	-5.3	3.6
$Cu_2(pyz)_2(pzdc)_2$	8.8	6.8	0.8	20.6	6.2

(1) Cu-BTC络合材料对卷烟主流烟气氰化氢的减害效果最为显著，氰化氢/焦油释放量降低率达到23.4%，卷烟危害性指数相比空白样品降低了7.0%，能有效选择性吸附烟气中的氰化氢，达到降低卷烟主流烟气氰化氢释放量的目的。

(2) Cu-BTC络合材料经硅胶负载后，对烟气氰化氢/焦油释放量降低率为 15.1%，具有较好的减害效果，且成本较 Cu-BTC 络合材料更具优势。

（3）$Cu_2(pyz)_2(pzdc)_2$、NH_3@ Al-BDC、Fe-BTC 和 Zn-BTC 四种络合材料对主流烟气中的氰化氢也有良好的减害效果，氰化氢/焦油释放量降低率分别为 17.1%、16.2%、15.2%和 14.3%。

（4）$Cu_2(pyz)_2(pzdc)_2$ 络合材料对卷烟主流烟气中氨具有较好的减害效果，氨/焦油释放量降低率达到 20.6%，但其他金属络合物降氨效果并不显著。

二、金属络合材料添加量对氰化氢降低性能的影响

为评价金属络合材料添加量对卷烟主流烟气氰化氢降低性能的影响，选择降低氰化氢性能较佳的 Cu-BTC 及对氨具有较好降低性能的 $Cu_2(pyz)_2(pzdc)_2$ 络合材料，采用二元复合滤棒形式，分别将两者以 20mg/支、30mg/支的添加量添加到卷烟中，测定卷烟主流烟气中焦油、氰化氢和氨的释放量（表 6-7）。

表 6-7　试样卷烟主流烟气减害效果评价

主流烟气释放量	Cu-BTC 添加量/（mg/支）		$Cu_2(pyz)_2(pzdc)_2$ 添加量/（mg/支）	
	20	30	20	30
焦油/（mg/支）	8.2	8.1	8.8	8.6
氰化氢/（μg/支）	84.5	83.6	98.4	95.3
氨/（μg/支）	8.0	7.8	6.8	6.6

结果表明，金属络合材料添加量分别为 20mg/支和 30mg/支，卷烟主流烟气中焦油、氰化氢和氨的释放量差异并不显著，考虑金属络合材料的制备成本，选择 Cu-BTC 和 $Cu_2(pyz)_2(pzdc)_2$ 络合材料在卷烟中的添加量为 20mg/支。

三、金属络合材料减害稳定性评价

选择 Cu-BTC 及 $Cu_2(pyz)_2(pzdc)_2$ 为代表，开展了减害稳定性评价。将 Cu-BTC 和 $Cu_2(pyz)_2(pzdc)_2$ 络合材料通过复合滤棒成型机均匀地添加到卷烟滤嘴中制备成二元复合滤棒，滤棒中颗粒材料的添加量为 20mg/支。卷烟放置 0 个月、3 个月、6 个月后进行检测。结果表明：添加 Cu-BTC 和 $Cu_2(pyz)_2(pzdc)_2$ 络合材料的卷烟存放 0 个月、3 个月、6 个月后，络合材料的减害效果没有明显差别，材料稳定性较好（表 6-8）。

表 6-8　金属络合材料减害稳定性评价

放置时间	氰化氢释放量/（μg/支）		氨释放量/（μg/支）	
	Cu-BTC	$Cu_2(pyz)_2(pzdc)_2$	Cu-BTC	$Cu_2(pyz)_2(pzdc)_2$
0个月	84.45	98.36	7.96	6.82
3个月	83.45	96.57	7.88	6.78
6个月	85.67	97.86	8.01	6.91

四、金属络合材料的安全性查证

对 Cu-BTC、Zn-BTC 的安全性进行了相关文献的调研查证[13-16]，文献报道 Cu-BTC、Zn-BTC 为无毒材料，在药物缓释方面已有相关应用。尽管文献报道 Cu-BTC 为无毒材料，要将其在卷烟中推广应用，还需要对其在卷烟中的安全性作进一步评估。

五、金属络合材料对卷烟感官质量的影响评价

采用中式卷烟风格感官评价方法，对降低氰化氢和氨效果较好的 Cu-BTC、Zn-BTC、$Cu_2(pyz)_2(pzdc)_2$ 材料进行感官评价，三种材料在卷烟中的添加量均为 20mg/支，空白样品作为对照。感官评价结果表明，添加项目组制备的金属络合材料的卷烟样品，其风格特征与对照样品保持一致，不会带来与卷烟香气不协调的气息及其他杂气（图 6-7）。在品质特征方面，添加金属络合材料的卷烟样品相对于对照样品，其甜韵明显增加，烟气更为细腻柔和（图 6-8）。

将硅胶负载 Cu-BTC、Fe-BTC、Zn-BTC、Zn-BDC、NH_3@Al-BDC、$Cu_2(pyz)_2(pzdc)_2$ 等 7 种络合材料，采用二元复合滤棒形式开展了卷烟应用研究，结果表明：

（1）添加量 20mg/支和 30mg/支时，金属络合材料对烟气焦油、氰化氢和氨的释放量影响不显著，考虑材料成本，选择最优添加量为 20mg/支。

（2）添加量 20mg/支时，Cu-BTC 对烟气氰化氢的降低效果最为显著，氰化氢/焦油释放量降低率达 23.4%，卷烟危害性指数降低 7.0%；Cu-BTC 负载于硅胶后，烟气氰化氢/焦油释放量降低率为 15.1%，材料成本较 Cu-BTC 络合材料更具优势。

（3）与对照样品相比，添加金属络合材料卷烟风格特征保持一致，不会带来与卷烟香气不协调的气息及其他杂气，甜韵明显增加，烟气更为细腻

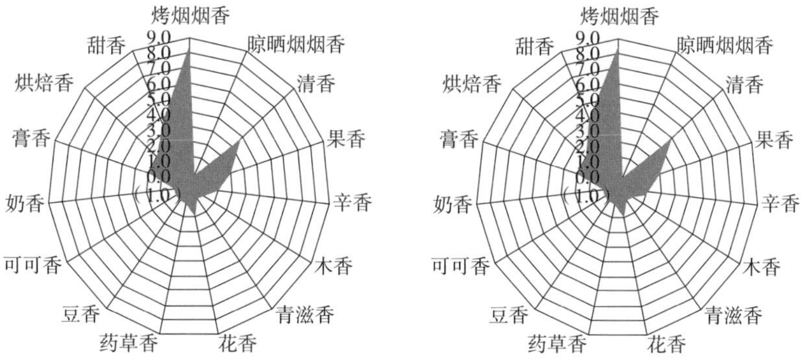

（1）对照风格特征　（2）Cu-BTC风格特征

（3）Zn-BTC风格特征　（4）$Cu_2(pyz)_2(pzdc)_2$风格特征

图 6-7　添加金属络合材料卷烟样品风格特征图

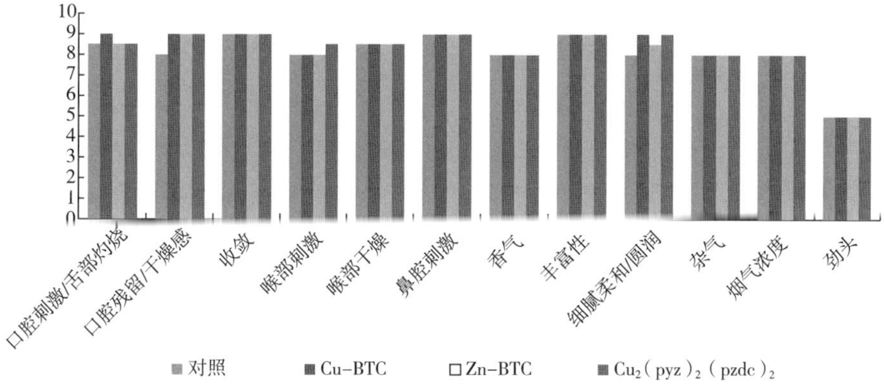

图 6-8　添加金属络合材料卷烟样品感官品质特征图

柔和。

（4）添加 Cu-BTC 络合材料的卷烟在 6 个月内减害效果稳定。

参考文献

[1] Yaghi O M, Li G, Li H. Selective binding and removal of guests in a macroporous metal-organic framework [J]. Nature, 1995, 378: 703-706.

[2] Li H, Eddaoudi M, Ockeeffe M, et al. Design and synthesis of an exceptionally stable and highly porous metal-organic framework [J]. Nature, 1999, 402: 276-279.

[3] Rosi N L, Eckert J, Eddaoudi M, et al. Hydrogen Storage in Microporous Metal-Organic Frameworks [J]. Science, 2003, 300, 1127-1129.

[4] Chae H K, Siberio-Pérez D Y, Kim J, et al. A route to high surface area, porosity and inclusion of large molecules in crystals [J]. Nature, 2004, 427: 523-527.

[5] Park K S, Ni Z, Cǒte A P, et al. Exceptional chemical and thermal stability of zeolitic imidazolate frameworks [J]. Proceedings of the National Academy of Sciences of the United States of America, 2006, 103: 10186-10191.

[6] Férey G, Mellot-Draznicks C, Serre C, et al. A chromium terephthalate-based solid with unusually large pore volumes and surface area [J]. Science, 2005, 309: 2040-2042.

[7] Deng H X, Doonan C J, Furukawa H, et al. Multiple functional groups of varying ratios in metal-organic frameworks [J]. Science, 2010, 327: 846-850.

[8] Gassensmith J J, Furukawa H, Smaldone R A, et al. Journal of the American Chemical Society, 2011, 133 (39): 15312.

[9] Wu D, Gassensmith J J, Gouvea D, et al. Journal of the American Chemical Society, 2013, 135 (18): 6790.

[10] Kitagawa S, Kitaura R, Noro S. Angewandte Chemie-international Edition., 2004, 43: 2334-2375.

[11] Horcajada P, Serre C, Maurin G et al., Flexible porous metal-organic frameworks for a controlled drug delivery [J]. Journal of the American Chemical Society, 2008, 130 (21): 6774-6780.

[12] Park K S, Ni Z, Côté A P, et a1. Exceptional chemical and thermal stability of zeolitic imidazolate frameworks [J]. Proceedings of the National Academy of Sciences, 2006, 103 (27): 10186-10191.

[13] McKeown N B, Hanif S, Msayib K, et al. Porphyrin-based nanoporous network polymers

［J］．Chemical Communications，2002，23：2782-2783.

［14］孙春艳．基于微孔金属-有机框架的多金属氧酸盐杂化材料及其性能研究［D］．长春：东北师范大学，2009.

［15］柯飞．新型磁性纳米孔洞金属-有机骨架材料复合物的设计、性质及其应用［D］．合肥：安徽大学，2011.

［16］Fla'via Raquel Santos Lucena a，Larissa C. C. de Arau'jo a，Maria do D. Rodrigues，et al. Induction of cancer cell death by apoptosis and slow release of 5-fluoracil from metal-organic frameworks Cu-BTC［J］．Biomedicine & Pharmacotherapy，2013，67：707-713.

老窖学

THE THEORY OF LAOJIAO

李后强　刘淼　主编

中国轻工业出版社

图书在版编目（CIP）数据

老窖学 / 李后强，刘淼主编. -- 北京 : 中国轻工业出版社，2025. 3. -- ISBN 978-7-5184-5391-7

Ⅰ. TS971.22

中国国家版本馆CIP数据核字第2025E2V904号

责任编辑：江　娟　　责任终审：唐是雯

文字编辑：郑彩娟　　责任校对：吴大朋　　封面设计：锋尚设计　杨　超

策划编辑：江　娟　　版式设计：锋尚设计　读城文化　　责任监印：张　可

出版发行：中国轻工业出版社（北京鲁谷东街5号，邮编：100040）

印　　刷：鸿博昊天科技有限公司

经　　销：各地新华书店

版　　次：2025年3月第1版第2次印刷

开　　本：720×1000　1/16　印张：21

字　　数：360千字

书　　号：ISBN 978-7-5184-5391-7　定价：168.00元

邮购电话：010-85119873

发行电话：010-85119832　010-85119912

网　　址：http://www.chlip.com.cn

Email：club@chlip.com.cn

250439K7C102ZBW

编委会

前　言

2024年，恰逢泸州老窖始创中国浓香型白酒传统酿制技艺700周年。在这具有历史意义的时刻，《老窖学》一书应运而生，这不仅标志着泸州老窖文化传承的又一盛举，更是中国酒业文化标杆的又一里程碑。

书中“老窖”是指那些使用时间较长、积累了丰富微生物群落的窖池，这些微生物群落在窖池内形成了一个稳定的生态系统，有助于酿造出品质较高的白酒。根据中国酒业协会在2023年“中国浓香名酒高质量发展论坛”上的定义，通常认为连续不间断发酵30年以上的窖池可以被定义为“老窖”。

老窖之所以重要，是因为随着时间的推移，窖池内的微生物菌群得到了充分的发展，形成了一个稳定的天然“温床”和良好的生存环境。这些微生物在窖池中不断地以新粮老糟为营养物质，进行生殖繁衍，反复叠加，最终形成了庞大的微生物群落，也就是常说的“万年糟”。这样的环境有助于粮食发酵持续保持最佳状态，从而使得蒸馏出的酒体更加香醇柔绵、层次丰富。

“老窖学”的研究对象主要是老窖池，旨在解答“老窖何以出好酒”的问题，同时也体现了中国白酒与西方蒸馏酒在酿造工艺、酿造传统、酿造成果、酿造文化等方面的巨大差异。在中国白酒产业中，泸州老窖拥有大量历史悠久的老窖池。据统计，泸州老窖拥有的百年以上连续使用的活态老窖池占据行业全国重点文物保护单位老窖池数量的90%以上，无论是数量还是规模，在中国白酒产业中都处于领先地位。因此，泸州老窖在“老窖学”的研究中具有很高的代表性。

公元1324年，泸州老窖酒传统酿制技艺第一代传承人郭怀玉发明“甘醇大曲”，实现了中国白酒从小曲、散曲到大曲的革命性突破，开启了中国白酒大曲酒的酿制序幕，中国浓香白酒由此发源。直至今日，无论是浓香、清香，还是酱香等香型，90%以上都源起“大曲”工艺。公元1573年，泸州老窖酒传统酿制技艺第六代传承人舒承宗集传统酿制技艺之大成，始建泥窖酿酒，开创了人类首次利用土壤微生物发酵生香的酿造历史，形成了“千年老窖万年母糟”“酒好全凭窖池老”的浓香工艺精髓。中华人民共和国成立后，国家在泸州老窖开展科学试点、查定总结：从“泸香”到“浓香”，从出版中华人民共和国成立后第一本白酒酿造专业教科书到规范白酒生产工艺，从举办数十期酿酒技术培训班到为全国输送万余名酿酒技术骨干……泸州老窖带动中国白酒行业规范化、科学化和标准化发展，推动形成浓香天下的行业格局。

传承不守旧，创新不离宗，尊古不泥古，1324—2024年，作为首批国家级非物质文化遗产，“泸州老窖酒传统酿制技艺”不间断传承了24代人，24代人只为“酿好酒”这一件事。

为助力高质量发展，泸州老窖国窖人不断推动行业科学化发展，让传统技艺更好地传承下去，让企业品牌更好地传播开去。

当前，中国白酒在面临来自市场、行业内部新挑战的同时，也迎来了多重利好叠加的历史性机遇，这对包括泸州老窖在内的白酒企业的品牌建设提出了更高要求。在此背景下，泸州老窖国窖人创新发展路径，助力企业可持续发展。

增强科技创新力。泸州老窖牵头建成了国家固态酿造工程技术研究中心等多个国家级平台，打造白酒科研创新策源地。泸州老窖牵头的“传统浓香型白酒精准酿造关键技术与应用”科研成果荣获2022年四川省科学技术进步奖一等奖。

增强新质生产力。将数字技术与制造技术深度融合，2024年1月被誉为“灯塔工厂”的泸州老窖智能包装中心正式启用。

增强品质生命力。秉持“纯粮、固态、有机”理念，泸州老窖打造数十万亩(1亩≈666.7m^2) 川南有机糯红高粱基地，努力构建“从田间到舌尖”的全生命周期质量管控体系，实现产品全过程可预检、可溯源、可管控。

增强产业影响力。关注民生等领域，泸州老窖获得“全国脱贫攻坚先进集体”“中国红十字奉献奖章”“全国慈善会爱心企业”等多项荣誉。

增强国际竞争力。泸州老窖在全球近70个国家和地区建立了销售网络，积极拓宽国际市场。

放眼未来，作为中国品牌的一员，泸州老窖将全面以消费者为中心，持续匠心酿造高品质白酒，更好擦亮金字招牌。

精心编撰的《老窖学》的诞生，标志着对传统技艺的传承与创新达到了一个新高度。它不仅是一门学科，更是一场探索之旅，引领我们走进老窖的世界，探索其背后的科学原理与文化价值。本书的出版，是泸州老窖对自身文化传承与科技创新成果的一次集中展示，也是对全球蒸馏酒文化的一份贡献。

让传统的更厚重，让现代的更科技。未来，我们将始终以品质立基，坚持高质量发展，坚守匠心匠艺，为中国白酒这一传统优势民族产业插上创新数智化发展的翅膀，让中国白酒的质量看得见！

让我们共同翻开《老窖学》这部书籍，探寻“老窖”的奥秘，感受中国白酒的魅力，携手推动中国白酒屹立于世界品牌之林！

——泸州老窖集团（股份）公司党委书记、董事长

2024年9月

目 录

第一章 什么是“老窖学” …… 01

“老窖学”是一门新兴的应用型学科，是专门研究发酵白酒品质与窖池历史、窖泥成分、窖龄长短、窖形构造、菌群行为与酿造工艺之间关系的学问；旨在揭示老窖奥秘，探索老窖特点，发现老窖规律，推进老窖发展，从而为优质白酒生产提供指引。老窖学具有创新性、前沿性、跨界性、系统性的特点，具有坚实的科学依据、哲学基础和文化根基。

第一节 “老窖学”的研究对象和范围 …… 03
第二节 “老窖学”的理论体系及其学科特征 …… 11
第三节 “老窖学”的研究方法及其相关领域 …… 20

第二章 老窖学的基本原理 …… 33

老窖发酵，其背后的酿造微生物研究，实质上已跨越至对整个自然生命现象的深入追问。一系列基础科学原理及其前沿性成果，从截然不同的维度，科学而理性地透视老窖、认识老窖，进而深刻理解其独一无二的特性。这一过程不仅是对传统认知的挑战，更是对白酒文化与现代科学融合的一次深刻探索。

第一节 内随机性现象 …… 34
第二节 土壤熟化关系 …… 37
第三节 开放进化作用 …… 39
第四节 链式繁殖特性 …… 40
第五节 协同联动略述 …… 41
第六节 质能转换简析 …… 43

第三章　“老窖学”的数理思想……47

老窖微生物系统是一个充满活力和复杂性的微观世界，对其进行深入研究需要数学描述，给出定量关系和数据支撑。老窖老泥中的微生物系统，除了共性，还有个性、特殊性，满足一些数学定理和规律，有必要从宏观、中观、微观三个层次就老窖的数理原理进行系统阐释。

第一节　近现代集合概述……48
第二节　抽象代数之群论……51
第三节　时间序列链简述……55
第四节　结构功能变换说……59
第五节　分岔与分形理论……62
第六节　和谐与协同关联……66
第七节　动力学特征概说……71
第八节　相对论与量子论……76

第四章　特殊山水构成老窖环境……85

山川河流以其独有的个性构成特殊的生态系统和自然环境，为微生物活动提供了不可复制的条件。四川盆地是地球上最大的“天然发酵池”，有背靠喜马拉雅的巨大优势，有华西雨屏、淡水塔、抽风机、西南涡……被誉为“地球同纬度上适合酿造优质纯正蒸馏白酒的黄金三角地区”。

第一节　四川盆地是天然发酵池……86
第二节　川南盆地是天选酿酒地……91
第三节　川江之心的聚能效应……95
第四节　有趣的半岛效应……103
第五节　白酒酿造的九度理论……110

第五章　优质白酒的发酵机制 …… 119

发酵是一种生物化学过程，是一种古老的食品储存与加工的技艺，更是白酒酿造不可或缺的工艺组成部分。发酵过程极为复杂且神奇，是生物生存演化过程中的独特现象，也是自然规律性同人的主观能动性相统一的过程，妙不可言的发酵机制产生了独特的白酒风味。

第一节　微观生命影响发酵机制 …… 120
第二节　千年白酒彰显中国品味 …… 132
第三节　开放式操作、密封式发酵实现天人共酿 …… 143

第六章　中国白酒窖池考 …… 149

中国白酒窖池的分布具有渐变性，在国内多地沿着河流水系不断扩散。泸州拥有1619口连续使用百年以上的入选“全国重点文物保护单位”的国宝“活文物”老窖池，它们构成了建造最早、持续使用时间最长、保存最完好的世界上规模最大的老窖池群，堪称“世界酿酒奇观”。

第一节　窖池的分类与分布 …… 150
第二节　窖池的大小与维度 …… 156
第三节　老窖池的集群地域 …… 162

第七章　酿酒微生物社会行为学 …… 175

数以亿计的微生物是白酒酿造的重要“工人”，它们有着自己生存与繁殖的本能需求，有天生的特殊“智慧”，有自己的“文化”和“文明”，有属于微观世界的社会规则，有自己的行为特征和内在规律。研究白酒窖池中微生物之间的作用关系，对深刻认识白酒的生命、活态和根基具有重要意义。

第一节　酒基生命观的探索发现 …… 176
第二节　酿酒微生物的平行世界 …… 180
第三节　窖池微生物学十大猜想 …… 189

第八章　白酒窖泥老熟行为特征 ······ 205

窖泥是微生物的生命载体，与微生物一起构成“活性共同体”，窖泥本身的质量，直接关系着整个窖池微生物群落的栖息环境，可以说窖泥对酿造好酒的物质转换和能量循环起着重要作用。老窖泥关键在于附着的微生物“老”，本质特征是微生物系统在时间长河中得到驯化，连续使用的窖龄越老的窖池，窖泥中参与酿酒生香的微生物越多。

第一节　窖泥老熟的本质特点 ······ 206
第二节　窖泥进化的重要因素 ······ 211
第三节　自然窖泥与人工窖泥 ······ 216
第四节　泸州老窖之窖泥聚焦 ······ 218

第九章　白酒陈酿出风味 ······ 225

白酒中的各种微量成分之间、微量成分与乙醇之间存在一种异质共存、相互影响、相互促进的关系，共同决定了白酒风味。“酒是陈的香”，突出的是基酒酿出后需要较长时间的贮存，酒体在时间的沉淀中自然缓慢老熟，才能成为更有味道、更富内涵、更具价值的老酒。可以说老窖是白酒老陈的“前置”，即老窖为白酒老陈奠定了良好基础。

第一节　白酒风味特性 ······ 226
第二节　白酒风味物质 ······ 229
第三节　白酒老熟分析 ······ 231
第四节　白酒人工催陈 ······ 243

第十章　老窖文化传承脉络 ······ 251

老窖不仅通过流动的酒液，也通过考古文物或历史文献、诗词歌赋、民间记录，讲述并品味历史、品味过去，也因此，我们能穿越过去、现在与未来的时间隧道。在长江与沱江的滋养下，泸州老窖以其独特的长沱神韵和深厚文化底蕴，书写着属于自己的传奇篇章。

第一节　好水为好酒之血 ……………………………………………………252
第二节　浓香鼻祖的历史足迹 ………………………………………………254
第三节　泥窖生香的变革突破 ………………………………………………258
第四节　中国白酒的首例国际奖章 …………………………………………264
第五节　老窖的传奇历程 ……………………………………………………268
第六节　酒类技术的“黄埔军校” ……………………………………………274
第七节　封藏大典，历久弥新 ………………………………………………280
第八节　薪火相传护窖人 ……………………………………………………282
第九节　长沱神韵，老窖精神 ………………………………………………287

第十一章　老窖未来与未来老窖 …………………………………… 295

老窖的未来具有很大发展空间与价值，可从科技创新力、新质生产力、品质生命力、产业影响力、国际竞争力五个方面，开拓白酒的价值跃升路径。发展新质生产力的核心，是用新技术改造提升传统产业，积极促进产业高端化、智能化、绿色化、融合化，让白酒产业与新质生产力碰撞激荡，实现以新带旧，在创新中赋能。

第一节　老窖发展新质生产力 ………………………………………………297
第二节　酒之星辰拥抱地球星空 ……………………………………………305
第三节　老窖微生物寄予人类的心声 ………………………………………310

后记 ……………………………………………………………………… 319

第一章

什么是“老窖学”

这里提出的“老窖学”，并不专指关于“泸州老窖”的学问，而是关于中国所有老窖的共性研究和阐释。这里的“老窖”，泛指中国白酒界所有历史悠久的仍然在使用的泥窖。我们认为，老窖，并不仅仅是时间概念，而且还是一个空间概念，是由时空整合的统一体；老窖，不仅是一个物理概念，而且还是一个复变函数；老窖，不仅是文化遗产，而且还是精神标志；老窖，不仅是个性化的地理概念，而且还是共性化的集合概念，涉及许多领域的专业知识。因此，“老窖学”是综合性、交叉性、前沿性的系统科学。

“老窖学”是一门新兴的应用型学科，是专门研究发酵白酒品质与窖池历史、窖泥成分、窖龄长短、窖形构造、菌群行为与酿造工艺之间关系的学问。

窖池（老窖）对酒质究竟有何影响？这是现有科学知识难以精准回答的问题，因此可以独立成章列为重大课题，建立新的学科体系。

“老窖学”旨在揭示老窖奥秘，探索老窖特点，发现老窖规律，推进老窖发展，从而为优质白酒生产提供指引，为中国白酒走向世界做出贡献。

“老窖学”将以老窖为中心，从不同维度、不同面向、不同层次、不同途径展开探索，通过总结提炼相关概念、原理、方法，形成逻辑严密的学科体系。

“老窖学”将从宏观的地质、地貌、山水、林草、环境，到中观的历史、文化、产业、社会、技术，再到微观的菌群世界的进化穿越，进行多向发散研究并回答为什么“窖龄老、酒质好”这个核心问题。这是一场近似从“0”到“1”的探索，类似在“无人区”的行走。

“老窖学”将回归中国白酒的原真，从老窖物质构成、底层逻辑和学理研究入手，围绕独树一帜的老窖酿造生态，开创一门历史与现实对话、理论与实践结合、继承与创新并重、宏观与微观连通、经济与社会守恒、安全与发展协同的全新学科，在植物生命研究、动物生命研究之外，打开并进入微生物世界的未来之门。

“老窖学”将紧密围绕“老窖”与“好酒”之间的关系，提出新思路、新分析、新判断、新观点和新对策，探索一些前人未曾触及的领域，解决其他学科难以解决的问题。同时，将新材料、新能源、数智技术、人工智能、航空航天、生物合成、量子科技等知识融入其中，因地制宜积极拥抱新质生产力，改造提升传统产业，走出高端化、本土化、绿色化之路。

“老窖学”具有创新性、跨界性、系统性的特点，具有坚实的科学依据、哲学基础和文化根基。

第一节 “老窖学”的研究对象和范围

中国白酒是世界上最古老的蒸馏酒之一，也是全球消费量最大的蒸馏酒之一。从制曲技术到复式糖化发酵工艺，再到甑桶蒸馏技术，中国白酒制造工艺在世界蒸馏酒中独树一帜。其开放式酿造过程，从原料选择到生产工艺（包括发酵、蒸馏和陈酿），再到最终形成独特风味，均与其他蒸馏酒存在显著差异，微生物的发酵过程是形成中国白酒独特风味的关键所在。

中国白酒开放式的生产酿造环境全过程讲究自然天酿，它赋予中国白酒自身风味强烈的复杂性与差异性。制曲完成后，将粮食与酒曲按照一定比例混合，随后装入窖池发酵，使在微生物的作用下，完成从粮到酒的最重要的转化过程，此过程与窖池关系极大。我们通常所说的发酵，多指微生物将有机物质转化为其他产物的过程。从科学角度来说，就是借助微生物在有氧或无氧条件下的生命活动，来制备微生物菌体本身，并能产生各种代谢产物。在白酒酿造中，就是在无氧或有氧条件下通过微生物分解葡萄糖等有机物质，产生乙醇、二氧化碳等氧化产物，同时释放出少量能量的过程。作为中国白酒独一无二的发酵设备，因地理气候条件多种多样，窖池的形态和使用方法也不尽相同，其微生物生态也迥然有异，并最终促成甚至是决定了白酒不同香型的产生。

按照1979年第三届全国评酒会设立的香型标准，包括浓香型、清香型、酱香型、米香型及其他香型。伴随中国经济发展进程，市场和消费逐步形成了以浓香、清香、酱香为代表的三大主流香型。在此，我们就以最具代表性的中国白酒三大主流香型浓香型白酒、清香型白酒、酱香型白酒酿造过程中，所用发酵设备和微生物生态、香型的关系做简单说明。

清香型白酒主要产自晋、冀、蒙等地区，这些地区的环境温度和湿度相对较低，发酵温度难以控制，发酵多在陶缸中进行，粮食在陶缸内发酵，完全不接触泥土，故也称作“地缸分离式发酵”，简称地缸发酵。每次陶缸使用前，都需要清洗。封缸时，需要打扫清除地缸周围的残余材料，再盖上石板，缸口用新谷糠封严，密闭发酵，避免因外部微生物进入，形成杂味，影响风味的“清爽”。

酱香型白酒主要产自赤水河两岸。这个地区独有的喀斯特地貌往往让土壤稳定性不足，故酱香型白酒发酵采用本地紫红色泥底砂条石窖。酱香型白酒起初主要采用全石窖发酵，部分酱香型白酒生产企业在后续发展中逐步演化为石窖泥底。采用石窖发酵前，需要用木柴烧窖，消灭窖池里面的杂菌，提高窖内温度，以去除上一轮发酵时留下的糟味。酒糟填充窖池时还要“踩窖”，通过人工脚踩或用压脚板将窖底酒醅踩压严实。封窖时，用老泥并补充部分新泥按工艺标准混合踩压用来封窖。

在中国白酒酿造中，唯有浓香型白酒采用泥窖池发酵，尤以川酒为代表。泥窖，是浓香型白酒的灵魂，是酒体生香功能微生物的繁殖容器和载体。泥窖的多孔性和颗粒细小的特点有助于通风和湿气的调节，从而提升酒质。近年来，对泥窖中微生物代谢机制的研究不断深入，如泸州老窖与江南大学、四川大学的合作研究，揭示了“泥窖生香”的科学内涵，不仅为提升白酒品质提供了理论支持，也从酿造科研逻辑层面，实证了泥窖和浓香型白酒酒体之间，就像是一对同呼吸、共命运的“母胎”关系。在酿造过程中，泥窖窖池底部、四壁、顶部的窖泥与糟醅相接触，糟醅向窖泥传递营养物质，窖泥则向糟醅传递香味成分，彼此之间相辅相成、相互协调，微生物群则可比作二者之间衔接的“脐带”。通过窖池中各类微生物的繁殖发酵，在转化过程中，浓香型白酒开始呈香呈味，其主体香味物质己酸乙酯悄悄诞生，最终对浓香酒体起到决定性作用。三大主流香型白酒发酵容器特点见表1-1。

表 1-1 三大主流香型白酒发酵容器特点

序号	香型	发酵容器	窖底	窖壁	典型代表白酒
1	浓香型	泥窖	泥底	泥壁	四川泸州老窖等
2	清香型	地缸等	—	—	山西汾酒等
3	酱香型	石壁石底窖 / 石壁泥底窖	石底 / 泥底	石壁	贵州茅台等

浓香型白酒窖香浓郁，与其自然分不开。特别是浓香发源地的川派浓香，泥窖生香因具体发酵工艺的不同，形成了三大流派，即“原窖法”“跑窖法”和“老五甑”。原窖法，其意是指在酿造过程中，本窖发酵的糟醅经过加原辅料后，再经蒸煮、糊化、打量水、摊晾下曲后仍放回原来的窖池密封发酵，强调保持本窖母糟风格，避免不同窖池特别是新老窖池母糟的相互串换，让每口窖池形成自己独有的风格，年复一年，循环往复，形成“千年老窖万年糟”。原窖法工艺形成的典型浓香风味，以泸州老窖的泸香型最具代表性。跑窖法，以跑字最为形象，正常发酵需要开两个或三个窖池。跑窖法是在窖池中挖一层蒸一层，并将蒸出的糟醅再配曲投入新的空窖池中，也正因如此，酒体风格的均衡需要多个窖池风味之间相互弥补、均衡。简单来说，跑窖法工艺需在不同窖池之间“串门儿”，先后需要两个或多个窖池参与发酵，其工艺形成的浓香风味代表包括五粮液、剑南春等。相对于原窖和跑窖两种工艺，老五甑工艺既没有强调原窖法的对窖池严格要求“纯正血统”，也没有跑窖法的要求窖池之间“相互串门儿”，精髓是将窖池中发酵完毕的酒醅，分成五次蒸酒和配醅的传统操作法。

浓香型白酒，凭借其独特的酿造工艺和口感风味，充分满足了消费者对高品质产品的需求，脱颖而出，逐步赢得了巨大的增长空间。迄今为止，浓香型白酒在中国白酒市场中的占有率已高达70%，无论是在市场份额、消费者偏好，还是在品牌影响力、品种的多样性和品质保证方面，浓香型白酒都占据着举足轻重的地位。可以说，中国白酒的半壁江山，就是浓香型白酒，深厚的文化底蕴更让浓香型白酒成为中国传统白酒酿造文化当之无愧的代表。毋庸置疑，浓香型白酒在今日中国白酒中赢得领军地位，与酿造过程中泥窖生香工艺密不可分。自然而然，“老窖学”作为专门研究和透视中国白酒酿造工艺和产业发展的新兴学科，首要任务就是研究和把握浓香型白酒的技术脉络和规律。浓香型白酒，与其他白酒，与世界上其他有代表性的蒸馏酒，生产工艺上最大的不同就是催生浓香的泥窖窖池及其独有的、独特的窖池微生物系统。当我们将整个研究聚焦于这一独有、独特的窖池和其微生物生态时，迅速意识到“老窖为何出好酒”，将是这门新兴学科需要回答的本源性问题。由此，课题的开篇首先需要定义的，就是什么是老窖。

一、老窖的定义

“老窖”，一般意义上是指用于白酒发酵的、使用时间足够长的泥窖窖池。

对中国蒸馏酒酿造的起步时间，学界和民间已有起步于元朝的共识，迄今为止约八百年。而窖池使用时间长达多久才能称得上足够长？具体该以何种时间长度作为标准来衡量老窖池的“老”？

在业内，有个专属词汇——“窖龄”，用于说明酿酒窖池的年龄。

总体而言，窖龄和窖池微生物的关系主要包括三个层面。一是窖龄越长，窖池越老，窖池内微生物也遵循优胜劣汰的自然法则，有益于产酒、生香的微生物种群数量会越来越庞大，且优势更加凸显，而泥窖为这些微生物提供了栖息地，源源不断的酒糟也提供了营养源，相辅相成，让这一部分微生物得以繁衍、迭代、进化。劣势微生物，则随着时间推移被淘汰掉。随着生香优势菌类的不断进化，也使得最终酒质的风味，呈现出越发浓郁香醇的感受。年轻的窖池，里面氧气比较多，所以好氧细菌数量比较多。但是随着窖龄的增加，厌氧细菌包括厌氧芽孢细菌数量就越来越多。这些厌氧细菌会制造出很多有机酸和酯类化合物，让白酒味道更独特。二是窖龄越长，窖池里的微生物群落就越稳定、越丰富。老窖池的窖底泥中，原核微生物群落的多样性很高，而且很稳定。这说明长时间的发酵让老窖池中的微生物之间形成了很复杂、很稳定的共生关系。这样的微生物群落能让白酒的品质更好，更一致。其三，窖池内的空间位置也会影响微生物的分布。窖壁上层、中层、下层和窖底的微生物组成很不一样。比如说，距窖口30cm的上层窖泥和距窖口240cm的窖底窖泥在香气组成上就有所不同。这样的空间异质性让老窖池中的微生物生态更加复杂，也有利于形成更丰富的风味物质。综合说来，不同窖龄的窖池在微生物生态方面有很大的差异。老窖池因发酵时间足够长，发酵过程中积累的窖池微生物菌群得以拥有稳定成熟的天然“培养皿”和良好生存环境，它们在其中持续不断地以新粮老糟为营养物质，生殖繁衍，反复叠加，最终养成庞大的生物群落——即俗称的“万年糟”，并且伴随着时间的推移，窖池内形成了自己独有的动态鲜活的微生物繁殖生态环境，相应的粮食发酵更能持续保持最佳状态，从而使得蒸馏出来的酒体更加香醇柔绵，层次更为丰富，这对出酒品质和风味提升具有重大意义。因此，养护良好的老窖池被视为白酒企业的宝贵财富，这不仅仅是因为其历史价值，更因为其中独特的微生物生态系统对酿造高品质白酒的不可或缺的作用。

曾经，业内对老窖的概念，分别有窖池连续发酵使用时长在25年以上和30年以上两种不同说法。中国酒业协会在2023年“中国浓香名酒高质量发展论坛”上对老窖的定义是窖池连续使用时长达30年以上。早在2018年12月1日，全国首部旨在保护和弘扬白酒文化的地方性法规——《泸州市白酒历史文化遗产保护和发展条例》（以下简称条例）在泸州正式实施，条例中确立了对泸州地区凡30年以上的老窖池，进行重点立法保护。至此，行业口径上把连续发酵30年以上的窖池称为“老窖”，成为共识。但站在浓香型白酒产业和窖池的发展层面，这一业内约定俗成的概念，严格说来尚不足以严谨地厘清浓香型老窖池的整体状态。

就窖龄而言，从广义的泥窖，到浓香型白酒发酵独有的泥窖，我们不妨进一步结合历史、文化和整个社会对于“何谓老”的常识性认知进一步予以细分。实际上，在人类存在以前，蚂蚁就会挖掘洞穴——即“窖”的原始雏形，用来存储粮食，以备在物资匮乏的时候使用。这说明在建筑领域，不会说话的动物往往领先于人类。“老窖学”研究老窖，与业内对酿造与窖池的传统研究有所不同，首先就在于对“老”字的清晰界定。

事实上，人们更常用一个“古”字，表达时代久远的、过去的，与“今”相对，比如远古、古稀、古人、仿古、考古等，也常用古物来形容和描述一件事物存在的时间足够久远。很明显，“古”的概念比“老”的概念，在时间长度上蕴含了事物更为久远的存在。日常语境中对于“古”和“老”的区分，人们是按照惯例，将“百年”作为“古”与“老”的分界。百年是一个长时期的跨度，不是几年，也不是几十年，而是一个世纪。“世纪”一词来源于拉丁文，在全球语境中作为计算年代的单位，一个世纪指连续的一百年。以百年即一个世纪来划分古和老，无论中外，蕴含着整个社会发生的所有重要的、影响巨大的变化，涉及国家力量的此消彼长，国际体系和全球治理、经济发展范式、文明冲突、财富分配等秩序和体系的重大变化，故有百年变局、世纪大变局之说。**业内外，人们也常将拥有百年甚至数百年窖龄的窖池抽象地描述为“百年老窖”，以彰显其历史价值**。综上所述，回到窖池微生物生态及其规律变化角度，回到中国浓香老窖的发展进程和现状，回到一门学科所要求的学理逻辑层面，回到事实层面，**本书特将“窖龄在30年以上，一直持续不间断地被用于发酵的窖池”定义为“老窖”；窖龄达到百年以上，并一直持续不间断**

地被用于发酵的老窖池可定义为“百年老窖池”；将“窖龄虽长达百年以上，但现实中早已不再用于发酵，仅具有考古和文物价值、文化遗址价值的老窖池”，定义为“古窖遗址”或“古窖”（表1-2）。毕竟，无论是从学科建构还是科学实证的严谨性要求出发，回归事物形成和运作规律，持续不断用于发酵的老窖，从本质上就代表和标识了微生物的活态传承。由此，只有老窖，才可谓活态窖池。

表 1-2　老窖、古窖遗址的定义区别

序号	名称	定义
1	老窖	窖龄在30年以上，一直持续不间断地被用于发酵的窖池；窖龄达到百年以上，并一直持续不间断地被用于发酵的老窖池可定义为“百年老窖池”
2	古窖遗址或古窖	窖龄虽长达百年以上，但现实中早已不再用于发酵，仅具有考古和文物价值、文化遗址价值的老窖池

根据我们对“老窖”和“古窖遗址”等的精确划分和清晰界定，检视整个中国白酒行业今日的窖池情况，结合第三方（上市公司财务研究机构）整合的中国头部酒企官方公开披露的老窖、古窖遗址相关数据，我们可以对中国浓香老窖现状有更清晰的认知。以泸州老窖为例，截至目前，泸州老窖百年以上的窖池有1619口，占行业全国重点文物保护单位“活文物”老窖池数量的90%以上。无论在数量还是规模上，泸州老窖老窖池在中国白酒产业中都首屈一指，故其才能在中国浓香型白酒发展进程中拥有“浓香鼻祖”的领军地位，在“老窖学”研究中具有重要的研究价值。

二、“老窖学”的研究范围

古今中外，人们对于一款酒在品质上的基本共识是：“好酒是时间的产物”。窖池本身，有极强的时间与空间属性，这为“老窖学”界定了研究范围，提供了天然的边界。老窖所有的变化，围绕着时空展开，这意味着“老窖学”的研究必然打破传统酒品、酒类、酒款的单一范畴，从时间和空间的维度，围绕老窖的演化，形成了“老窖学”研究独有的时空体系。

（一）研究的时间范围

物理意义上，老窖作为容器，既浓缩了时空，也包裹了时空的存在。时间本身并不存在，只是用来描述运动状态的一种参数。作为发酵池，老窖的内在时空，处于永无止境的动态之中，囊括了过去、现在和未来。正如人们对时间的定义——相对于空间存在，过去、现在、未来之流转而无限者，时间是物质的永恒运动、变化的持续性、顺序性的表现。从宇宙学和现代物理学的角度，对于老窖与时间的内在关系的概述更为精确：时间在老窖内外“永远向前”，既表达了物体的生灭排序，也是物质运动和能量的传递。泸州老窖始建于明代万历元年（1573年），迄今仍用于酿酒的1573国宝窖池群极为生动地证明了时间是如何“永远向前”——数百年来新粮老糟代代循环、四季轮回、周而复始，从未间断。这在时间的维度里，一如时间公理分为时刻分理和时段分理。时刻，指“时间没有起始和终结”；时段，代表“永前”，单向延续是时间的本性。以现代微生物学的观点来看，窖泥微生物群体中，虽然单独的个体微生物存在一个从生长繁殖到衰老死亡的生命周期，但整个窖池里的酿酒微生物却得到了不断的驯化和富集，从而形成了庞大神秘而未知的微生物生态体系。老窖研究的时间范围，既是对老窖物理构成物的生灭研究，也包括对老窖内外，微生物组成的微观世界的过去、当下和未来的深入关照。时间在此，涵盖了中国白酒发酵池的独特演化进程。理论上，老窖研究的时间范围，至少囊括了两个层次：一是老窖内部微观世界的起源、历史、现在和未来，其物理构成蕴含的动态的时序演进；二是时间里与之紧密相关的外部历史与文化的迭代进程。

（二）研究的空间范围

中国应用气相色谱仪分析白酒的微量成分的风味大师于桥老先生，他总结毕生探索白酒风味经验时讲到：“中国传统白酒香气构成主体由发酵过程形成，决定香气成分的关键是微生物，而决定微生物的因素是环境、温度、湿度、土壤养分，而最简单的界定是地理环境。”于老他们这代研究者穷尽一生研究中国白酒，最终意识到：“科学有其尽头，地理才是关键。”传统固态发酵窖池，基本形态是一个长方形坑；这让我们理解窖池的空间概念，相对于理解时间概念要容易得多。毕竟每一个老窖池，都有自己标定的具体的长、宽、高；这是我们熟悉的、习惯的三维空间，是我们日常生活中所感知到的空间维度。德国史学家汉斯·梅迪克主张将微观世界置于全球宏观语境中加以研究，空间格局决定了空间研究的深度和价值。按照国际通行的蒸馏酒产区概念，**中国浓香型白酒空间范围，主要版图囊括了长江流域，最具代表性的就是浓香型鼻祖、中国浓香型白酒起源地——泸州老窖，同时涵盖宜宾、绵竹、宿迁、亳州等多地（图1-1）。**

图 1-1 中国浓香型白酒空间范围示意图

基于泸州老窖对浓香型白酒发展的巨大推动，我们从浓香型白酒产区中，结合时间的尺度，进一步剥离出属于“老窖学”研究的空间范围。老窖这一特定空间概念，覆盖了地质、地貌、水利、气候组成的外部生态空间，更包含老窖内部微生物生存空间。“老窖学”的空间研究，由天而地，由地及人，由人及物，构成了“老窖学”由上而下、由外而内、由表及里的空间序列。

第二节
“老窖学”的理论体系及其学科特征

作为独立新学科的“老窖学”，必须具有唯一性，解决现有学科知识体系中无法解决的难题。

一、学科理论体系建构

纵观已有的学科理论，能否回答“老窖出好酒”的命题？答案显然是否定的。以泸州老窖为例，窖泥、制曲、菌株、发酵、勾调等每个环节所涉及的科学问题，现有学科几乎无法提供全面、清晰、精准且深入的解答。迄今为止，人们对于窖泥微生物的生理特性的认知，至少有90%仍处于未知状态。老窖的关键是“老”，“老”是时间概念，仅其数学表达，就涉及时间级数、时变函数、时变场论、时间隧道等概念，并与相对论、微生物动力学、微生物社会学等学科紧密相关。“老窖学”致力于探究浓香型白酒与窖池历史、泥土年龄、菌群行为、酿造工艺之间的内在关联，尝试从中国白酒的底层逻辑出发，回答为何“窖池老、酒质好”。这意味着“老窖学”的学科理论体系建构，必然分支众多。例如，老窖发展史的研究将涉及历史学、考古学、实证学、艺术学、社会学、美学等多个领域；而老窖窖泥和微生物的研究，则需借助物理、化学、数学、生物学、土壤学、组织行为学、生命科学等多学科的知识；老窖的成因则与地质学、地理学、气候学、生态学紧密相关；至于老窖的当代研究，则不可避免地要引入经济学、消费行为学等视角。泸州老窖，作为中国拥有最大规模老窖池的酒企，其在业界的地位举足轻重，被誉为“老前辈”“老字号”“老江湖”，其企业发展历程展现了老成持重、老马识途、老当益壮、老树新枝等特质，对其研究则进一步涉及发展战略、管理学、人力资源学、财务管理、市场营销学、品牌管理学等多个学科。这些学科既有的知识与经验，以及创造性成果，共同构成了“老窖学”理论体系的重要基石。研究老窖，不可避免地要探讨老与少、老与新、快与慢、强与弱等对立统一的关系。这些关系犹如“莫比乌斯环”“克莱因瓶”等拓扑结构所展现的，各种事物对立统一，各种关系宛若棱镜的一面之光，其差异在于洞见的维度、立场、观点和方法皆有不同。

“老窖学”理论体系的建构，如同完成一项保护和修护苍天古树的工程，老树根深叶茂、枝繁叶盛、层层叠叠，唯有见树见林，才能参透泸州老窖“天地同酿、人间共生”的奥义。泸州老窖拥有的1573国宝窖池群于1996年即被国务院认定为全国重点文物保护单位，是中国白酒行业首家国宝单位。2006年5月，泸州老窖酒酿制技艺入选首批“国家级非物质文化遗产”。2013年泸州老窖1619口百年以上窖池，16处明清酿酒作坊，3个藏酒洞均入选全国重点文物保护单位。享有如此丰厚的文化资产积淀，长期以来，泸州老窖却一直面临有理说不出、有理道不明、有理传不开的传播困境问题；在社会和公众层面，尤其是在市场层面面临话语权不足、影响力不匹配、周期性穿越不强等问题。老窖学的丰富和广度，为寻求解决这些问题提供了多元路径。

在全球经济增速放缓，中国经济内需不足、增长乏力的整体态势下，中国白酒行业整体正遭遇消费力下降、传统消费场景缺失、出海步伐缓慢的巨大困扰。根据中国酒业协会发布的《2024中国白酒市场中期研究报告》，截至2024年上半年，行业渠道高库存、价格倒挂等现象依旧存在。超8成调研酒企承认消费市场遇冷，市场复苏态势偏弱，白酒生产端和流通端存量竞争加剧，并呈现出明显的消费多元、强分化特点。一贯被视为整个行业风向标的某头部酒企，仅2024上半年已遭遇两轮价格波动，不得不低姿态强化与经销商联动挺价，加速调整市场和营销战略，公开提出主动向新商务进行转型，目标客户群聚焦调整为瞄准独角兽、专精特新“小巨人”企业群体，培育新能源、生物科技、数字科技等新兴产业从业者为新消费群体。泸州老窖也已意识到白酒行业正在经历一场深刻的变革，亟待以非凡的洞察力穿透瞬息万变的市场，以洞见新的趋势和新的机遇。中国白酒消费者群体每十年就发生一轮变化，疾速成长的新消费群体深受“悦己”消费理念影响，企业亟待适应消费者的需求变化，相应调整自身的策略，才有机会在这场没有硝烟的持久战中赢得先机。危机之下，要求“老窖学”的理论体系建构必须摆脱传统思维，既要高屋建瓴，又要回应当下，一切从问题的本质出发。针对什么是老窖的“DNA”、什么是老窖的独特优势、什么是老窖的文化标识、如何确保老窖在全球蒸馏酒价值体系中的唯一性等一系列刚性命题，提出自己的答案，已然让“老窖学”理论体系建构具有当下的迫切性、时代的必然性、未来的必要性。

二、“老窖学”学科层次

无论出于应对行业危机带来的挑战，还是致力于回归中国白酒本质，探索中国白酒与世界蒸馏酒的融合与竞争之道，都注定了“老窖学”是一门涉及不同领域的综合性的交叉学科。从中国白酒物质化底层原理开始，让世界重新认识中国白酒价值规律，让中国白酒加速融入世界蒸馏酒价值体系，以此重构中国白酒叙事，促使“老窖学”成为一门解决当下与未来迫切问题的新兴应用性学科。“老窖学”与时空外延的内在关系，其属性与特殊规律相关的原理和概念，是决定“老窖学”既能立于学术之林，又能为全球酒饮爱好者所广泛接受和承认的根本；其不同于一般学科研究之处，正在于它的综合性、交叉性、融合性；其内涵的丰富与复杂，所涉学科的广泛程度，相互之间的比对、融合、取长补短，使之成为一门囊括天文、地理、气候、物理、化学、水文、地质、生物、微生物、历史、经济、文化等不同学科分支之大成的综合有机体，体现出自然、人文、社会学、人类学交集互融共生的特性。“老窖学”要具有相对稳定的知识体系，也必须遵循知识体系建构自身的内在逻辑，既有基础性的物理性、原发性研究，也有基于新型学科或技术理论和成果带来的新架构和新层次，其核心在于知识的发现、探索和创新，不断拓展认知的边界。

总体而言，“老窖学”从传统的三维世界观向四维世界观寻求突破和创新，“老窖学”研究也由此展示出更为立体的、具象与抽象交融的四大层次。

（一）“由天及地，由上而下”的纵向轴体系

这一轴线关注由天及地，从天文、气候、地质、水文等自然系统切入，研究老窖在空间层面的独特成因，透视老窖所代表的浓香型白酒版图在全球蒸馏酒语境中的地理与空间关系。由地貌学、地质学、气候学、土壤学集合而成的老窖生态空间研究，最终证明老窖对于中国浓香型白酒乃至全球蒸馏酒价值体系的不可复制性与唯一性。

（二）“由表及里，由外而内”的横向轴体系

横向轴从中国传统固态发酵环境、工艺源起为出发点，结合时间演变，探

讨长江中游浓香版图的过去、现在和未来与老窖的关联，并从人口学、历史学、经济学、社会学层面，揭示老窖数百年生生不息的活力所在。

（三）“见微知著，见所未见”的底层逻辑体系

深入老窖内部微生物世界，从人类已知可见的微生物观，到现代科学所涉及人类未知微生物领域的新兴理论和成果，加以充分利用。这一层次的研究，以最为本质的、原发性的微观物质运动研究理论为底层逻辑。基于与微生物生态密切关联的全球气候和自然条件的演化趋势，从数学、物理学、化学、微生物学、基因学、生态学、生命学等不同分支，演绎、探索、推导和畅想老窖乃至于中国白酒风味的未来。

（四）“革故鼎新，面向世界”的新叙事体系

置身全球经济增长与波动周期带来的消费和需求动荡，面对人口萎缩和餐饮生活方式的急剧变化，我们不得不思考这些变化是否会使下一代消费群体对白酒价值的认知和消费态度产生颠覆性的影响。日益增加的不确定性，无疑已经开始对中国白酒行业和消费形成巨大冲击。由此，学科理论的形成，既要拥有自己的历史观，也要具有面向未来的前瞻性。“老窖学”学科理论建构，也必然要经历从假说到理论的转化，包括以辩证思维多维度、多元化地看待老窖同中国白酒过去与未来的关系。在数千年中国酿酒文化和传统叙事之外，结合全球蒸馏酒价值体系的演进，建构全新老窖文化叙事样本，以加速融入全球蒸馏酒话语体系并赢得自己的话语权。

三、“老窖学”学科特征

基于前述构想，“老窖学”与一般性白酒酿造和文化研究最大的不同，是基于对中国酿酒传统及其文化的深度反思。以老窖为核心寻求新的突破，“老窖学”率先尝试从生命科学的高度，在思想和哲学层面向上重构，实现“向上兼容”的过程，以此不断回应老窖及其生态在当下所面临的各种现实课题，实现更充实的时代内涵性，以此形成学科理论的活力和现实意义。因此，“老窖

学”具有以下典型学科特征。

（一）见树见林、专博结合的全局性与系统性

见树见林、专博结合，既是“老窖学”学科知识体系的基本特征，也是源于与中国经济长达四十年高速发展同步的产业现实迫切需求和要求。

学科研究，某种程度上并不一定需要过度专注于产业发展的一时一势。站在历史和时间维度，酒的酿造拥有长达数千年的历史，老窖的存在，考古实证也已有长达数百年的时间跨度。透视老窖漫长的历史发展进程，我们注意到，大到一个社会、一个行业，小到对一款酒的品味认知、消费和饮用习俗，都与社会进程、经济发展程度、新生活方式的养成和变化，有着密不可分的联系。历史的非线性发展中，从突如其来的技术变革，到若隐若现终成趋势的行为和习俗改变，都足以迅速颠覆一个产业和品牌的命运。对中国白酒而言，若仅仅沉溺于过去四十多年中国经济高速增长带来的红利，遭遇困境和危机几乎是不可避免的。这意味着研究老窖，研究中国白酒，都须跳出老窖看老窖，跳出白酒看白酒。

专博结合、见树见林的全局观，促使老窖研究超越一般行业的知识性诠释和市场规律总结的层次，得以洞悉老窖跨越时间局限的真实价值，洞见老窖与浓香未来、消费迭代、酒文化演替之间的内在关联。老窖研究，既要用现实活化理论，更要用理论照亮现实，从中提出新的理论、新的思想，再通过这些探索和思考，回应和破解现实课题。从实践到理论思考，多学科的交叉与融合，闭环于老窖生命规律所揭示的传统性和现代性。这一系统循环的研究方法，是质疑并证明“老窖出好酒”答案的根本途径。这一过程，也是响应时代和超越时代，变革和更新老窖已有的知识、理论、叙事系统。超越老窖说老窖，才能让老窖所蕴含的科学思想和价值，在为新技术、新知识所主导的新时代，焕发出新的生机。

（二）回归老窖本质的前沿性和探索性

在回答“老窖何以出好酒？”的命题之前，首先需要解决的问题，是“老窖的‘DNA’是什么？”这既是老窖的历史命题，也是关乎老窖当下和未来的

命题。寻求老窖的“DNA”，意味着抓住了老窖的根源、本源、根基，是从根本出发，探究老窖何以成为老窖。

“本”字在汉语中意指树木的根。唯有深入老窖，触及老窖的根本，把握根本，理解根本，才能促使老窖在纷繁复杂、变幻多端的竞争中不至于迷失自我，而解决问题的关键，往往是从更好地理解问题的起源出发，才能找到有效解决方案。中国白酒，决定酒品风味的是微量有机化合物。白酒酿造是通过人的技艺，实现从粮谷原料到酒的转变。整个过程从淀粉经过淀粉酶的催化作用产生葡萄糖开始，葡萄糖再经过酵母菌、酒化酶的作用产生乙醇，再经过高温蒸馏提取出基酒，不同档次的基酒经过储存、勾调，最终我们得到日常饮用的成品酒。白酒的酿造工艺流程，主要包括原料精选、润粮拌料、蒸煮糊化、摊晾冷却、酒曲拌和、入池发酵、蒸馏取酒、原酒贮存、勾调灌装等九大环节。尽管用水、原料、工艺等不同要素，对成就一款好酒都起着重要作用，但对白酒发酵起实质作用的，是车间里弥漫于环境和发酵池里的那些看不见摸不着的微生物。可以毫不夸张地说，微生物才是世界上最伟大的酿酒师。浓香型白酒生产过程中最典型的微生物，是源自窖泥中的己酸菌。己酸菌代谢的己酸与粮食经酒曲发酵产生的乙醇缩合，生成己酸乙酯，己酸乙酯就是浓香型白酒的主体香味成分。既然我们已经了解到窖泥中的己酸菌，就是形成浓香型白酒风味的源头，是否就算是找到老窖的根本了呢？答案可谓是，也不是。个中缘由，纵观微生物发酵的探索史可说明一二。

远古时代，人们采集的水果和粮食在储存中发生变质，当人们食用这些“变质食物”后，赫然感受到不同于以往的美味和神奇，才开始了用地坑（窖）、陶罐、竹筒或皮袋来保留这些“变质食物”，学会“最初的发酵和酿酒”，这也算是人类最原始的微生物发酵应用。直到19世纪后期，一系列微生物发现随着工业革命浪潮，开始贯穿人类生命科学进步的每一个重大历程：1897年，德国科学家布赫纳发现乙醇发酵过程中必然有称作酶的催化剂参与作用。科学家们逐步证明发酵是由微生物生命活动引起的化学变化，不同微生物能引发不同的发酵作用，产生不同的发酵产物。第二次世界大战时青霉素的发明，开启了人类按照自己的意志实现菌种改良的大门，其主要手段，还是诱发微生物发生有利于生产的变异。20世纪70年代初，重组DNA技术出现使得人们可以破除动物、植物和微生物的物种界限，把各种生物的遗传信息结合在一起，按照人们的期待培育出理想的菌种，但任何优良的菌种要产出足够数量的商品，仍然必须经过发酵。20世纪80年代后期，外源基因被转移到微生物中，人们获得基因工程菌以“借腹生子”，大幅提高了微生物的产能或产出了微生物原来不能生产的产品，最终形成了以微生物为“载体”，涵盖医药、食品、轻工、化工、农业、环境等众多领域的20世纪现代生物技术产业。随着生物化学和遗传学研究的深入，人们认识到一个微生物个体就仿佛一个高效率的厂房，可产出多种化学物质。

于中国白酒酿造而言，酿酒微生物的研究和探索之路并不平坦。酒的酿制在中国虽然拥有数千年的历史，对白酒微生物的研究，却是直到20世纪30年代才得以展开。专家们发现，白酒风味由占比仅1%～2%的微量成分主导，并决定了品质高低；其中，酯类物质又占这些微量成分的60%～90%。1964—1965年，国家在泸州老窖进行查定总结工作，对泸州老窖大曲酒窖泥、酒曲微生物进行了详细的研究工作。此次“泸州老窖试点”为中国浓香型白酒产业逐渐进入现代化、标准化、国际化和“微生物学范畴”，开辟了一条崭新的科学之路。1975年，由著名白酒专家沈怡方带队对泸州老窖老窖池进行深入研究。沈怡方记录到：“内蒙古轻工科学研究所从四川、江苏和河北的几个浓香型名、优质酒厂采集窖泥、酒醅、发酵泥样品35个，进行了己酸菌属（*Caproiciproducens*）的分离。”至此，己酸菌的分离、提取和培养取得历史性突破，使得离开老窖仍然可以快速生成己酸乙酯，促使人工老窖培养成为可能。这一进展推动了浓香型白酒工艺在全国的推广，为后来中国白酒“浓香天下”的市场格局奠定了基础。20世纪80年代，周恒刚主持“北斗计划”研究白酒窖泥的典型性，因推动窖泥质量改进而名噪一时。自2019年以来，江南大学粮食发酵与食品生物制造国家工程研究中心许正宏（现为四川大学教授）的团队与泸州老窖国家固态酿造工程技术研究中心沈才洪团队围绕“从泥窖酿造生态系统到关键功能微生物”开展了基于“结构、功能与调控”的多层次多体系的研究，不断加深了对浓香型白酒酿造微生物的时空结构与演替规律的认识，筛选获得了包括老窖梭菌(*Clostridium fermenticellae* JN500901)、老窖互营球菌(*Novisyntrophococcus fermenticellae* IN500902)、白酒布劳特氏菌(*Blautia liquoris* LZLJ-3)在内的一系列微生物新物种和关键功能微生物，解析了其酿造性能。为深刻阐述“泥窖生香、老窖出好酒”以及“新窖老熟”等奠定了坚实的理论和实践基础。2022年，沈才洪团队与中国科学院微生物研究所李寅团队，在泸州老窖老窖池中发现了一株乳杆菌新种，定名为“老窖乳杆菌

（*Lentilactobacillus laojiaonis* IM3328）”，该新型菌种是迄今为止发现的自然界最小基因组乳杆菌。中国科学院微生物研究所、国家固态酿造工程技术研究中心则从不同窖龄窖池的窖泥、酒醅和大曲中，分离、鉴定、保藏了17个属、32个种共100多株乳杆菌，初步建立了浓香型白酒窖池乳酸菌库。这一系列研究成果的取得，为深入理解微生物如何适应老窖窖池环境并在酿造过程中发挥作用，提供了新的视角，为进一步探索窖池乳杆菌如何参与影响酒体风味奠定了基础。在看似传统的白酒行业，实际蕴藏着一个广袤的科学世界，让一代代的科研工作者们为之探索。正因为泸州老窖在各个时代的技术领先，已故112岁高龄的酒界泰斗，原轻工业部食品发酵工业科学研究所所长秦含章曾感言："泸州老窖代表了中国酿酒工业的最高水平。"

时至今日，白酒酿造体系中经我国科学家发现、分类并命名，尤其是起主导酿造作用的微生物，得到国际认可的白酒特有微生物尚不多。上述科研成果表明，找到浓香型白酒酿造主体功能菌，仅仅意味着距离了解中国老窖的根本又近了一步。然而在"老窖学"看来，这一步，极有可能是刚刚开启了通往老窖窖池方寸之间不可见的微生物世界的一扇门。专注于菌种研究的专家们曾总结道："白酒酿造属于生物工程，是一个多种微生物参与的生命运动过程……目前白酒酿造的微生态，是由酿造环境微生态、酒曲微生态、窖泥微生态和酒醅发酵微生态几个部分组成，是一个涉及多种好氧、兼性和厌氧微生物组成的，包含霉菌、酵母、细菌和放线菌的微生物世界。"这个过程，是发生在微生态环境内，人类肉眼根本看不到的。要深入了解老窖内部肉眼不可见的微生物世界，进一步理解老窖的根本，还需要从观念、思维层面解放思想，大力提升理论研究水平。纵观中国酿酒微生物研究进程，不难发现其蕴含的两条脉络：一是可望尽快促成老窖微生物世界发生有利于产业规模化高品质产能输出的变异；其次，是通过科学的、可以量化的标准建构，促成中国白酒尽快融入世界蒸馏酒价值体系，改变国外消费者一直以来认为中国白酒"说不清楚"，无法理解和认可的惯性，推动中国名酒从学理上融入全球蒸馏酒版图。根据爱因斯坦的"时空统一论"，老窖的"DNA"应该是老泥与活菌构成的双联体。毫无疑问，老窖风味成因与微生物的关系领域的探索成果，正逐步改变这种现状，但对中国白酒发展及其规律的理论研究和思想探索的滞后，才是困扰中国白酒高质量发展和走向世界的真正桎梏。

（三）研究的综合性、系统性、开放性

“老窖学”将老窖研究置于历史的、空间的、未来的，集宏观和微观于一体的时空尺度之上，在具象中抽象，糅合成全新的、理论和知识体系化的老窖价值有机体，从真正意义上揭示老窖何以为老窖的根本所在。

以综合性研究为前提，系统性则是“老窖学”学科研究的另一重要特征。

传统的中国白酒研究体系让许多研究者逐渐意识到自己不得不面临一个困窘的事实：在单纯物理性和化学性的系统研究之外，中国白酒的发展被裹挟在一张貌似拥有完整的历史和传统，却又隐含半市场化、半惯性化、地域性限制的非线性大网之中。要突破这些限制，唯有依靠系统性思维。一般性思维关注的是事物作为一个实体之间的差别，侧重个体和局部，常表现为以一种孤立和部分的视角看问题和机械式解决问题。这种单极化思维在中国白酒研究和文化推广领域尤为突出：习惯性地自设边界，将自身的发展与外部市场截然割裂，反复强调自成一体，几乎将中国白酒所涉及的传统和文化观念，提高到了几近遗世独立的地步。其背后逻辑出发点，建立在中国白酒酿造方式与西方蒸馏酒相比的诸多不同，却往往自话自说，忽略了无论何种酒类，品质根本都源于发酵微生物的差异。单极化思维几乎完全忽略了消费者和市场最终是从闻香、口感、回味等感官体验出发判断酒品高低。

所幸更多有识之士开始以更加开阔的视野看待中国白酒，看待老窖，将其置于全球蒸馏酒发展的同一层级，以多维度、多面向又不乏系统性的棱镜式角度，进行更具探索性和创新性的思考和表达。研究的系统性，正是我们重新理解中国白酒的关键。我们需要分析和把握老窖不可见的微生物系统与外部自然生态之间的关系，以及中国白酒品饮与非白酒品类之间、传统酒文化与现代消费主义之间、传统酿酒技艺和文化传承与智能酿造科技进步之间，各种不同体系和要素之间的关系。系统性思维对我们理解和把握白酒产业正在发生的深刻变革过程中所面临的复杂问题，应对这种复杂性挑战，具有极其重要的方法论和指导意义。

开放性，是“老窖学”的又一重要特征。这种开放，包括广泛吸纳当下不同酒类领域的研究成果、与我们传统思维有着显著不同的探索性和前瞻性观点和思想。法国第戎味觉科学和食品科学中心教授蒂埃里 · 托马 · 当甘（Thierry Thomas-Danguin）谈到自己的研究时曾表示：“风味感知影响风味。这些研究

考虑口腔生理学，考虑在大脑中风味形成的过程中，产生的香气、味觉和感知，以及感官相互作用对其的调节。基于这些跨学科的专业知识，开发和评估什么是食物的风味，它是如何被感知的，以及如何调节它以促进更健康的食品开发，同时保持口感和消费者的喜爱。”荷兰瓦格宁根大学威吉费尔斯（Rene Wijffels）教授认为：“目前人们对于风味还处在认识阶段，哪些微生物对风味有重要贡献，怎样利用这些微生物来优化发酵过程，哪些关键参数会影响微生物多样性及其演替，这些因素怎样影响微生物代谢等，即微生物多样性又怎么样影响其代谢的多样性以及酒的风味的形成，后续都需要努力研究清楚。”“2021酒业创新与投资大会”产品与技术论坛，曾邀请了2004年诺贝尔化学奖获得者阿龙·切哈诺沃（Aaron Ciechanover），美国俄勒冈州立大学终身教授、美国化学学会会士迈克尔（Michael Qian），美国莫奈尔化学感官研究中心教授姜培华等众多国际酒类研究领域的重要专家和学者。论坛上，风味一词提及率高达109次。足见，更具开放性的中国白酒研究，已然对风味有了空前的重视，与国际蒸馏酒研究领域的交流和沟通正越发深入。

在当下，回答为什么老窖出酒一定就是好酒的命题，答案必须置于全球蒸馏酒评价体系中。上升到学科层面，这必然要求“老窖学”的研究参与者，在现象思考、理论拓展和深化过程中，系统性地展开自我批判、自我革命和自我更新。没有任何一种理论系统能够回答变化中的全部现实问题，也没有任何一种理论系统能够达到无懈可击的“完美”。因此，建构—解构—重构，任何一种理论体系都表现为对自身否定之否定的“螺旋式”上升过程。无疑，“老窖学”是对老窖知识体系、价值认知体系的一场自我更新。

第三节
“老窖学”的研究方法及其相关领域

“老窖学”的研究方法，依赖于各学科之间的相互碰撞、交叉与融合。面对老窖在宏观与微观世界中的截然不同研究面向，从物理学、化学、生物学、土壤学、气候学、历史学、社会学、经济学、民俗学，到大数据、数字化、人工智能，我们需从观念、思维到方法，综合而系统地深入老窖生态，探寻老窖酿造优质白酒背后的深层逻辑，以揭示老窖存在的必然性和独特性。

一、源于现代物理学的思维突破

时至今日，中国白酒行业仍自豪地秉持着传统的师徒传承模式，在白酒文化的叙事中，尤其强调心手相传的重要性。在这种古典的技艺学习方式下，酿酒技术似乎无需详尽地阐述与记录，全凭徒弟的聪慧去领悟师傅的每一个细微动作，并通过自己的记忆能力进行复现，以确保技艺的传承。在中国人的语境中，这种认知能力被视为一种高层次的人际沟通与默契，而非纯粹的科学。从业者需根据各自的背景、时间和环境，敏锐地捕捉对方的言外之意。这种追求智慧、讲究悟性、推崇想象与留白的学习与传承模式，与西方文化中强调的线性思维逻辑和技艺实践有着显著的不同。以爱因斯坦总结的科学成功秘诀公式为例：A（成功）$=X$（艰苦的劳动）$+Y$（正确的方法）$+Z$（少说空话）。西方的重要理论和学科权威大多以实践为基础，注重寻找适合自己的方法论，构建独特的见解。这一理念对中国酿酒业的现代化实践与发展仍具有重要的借鉴与启蒙意义。学习并采纳物理学方法，有助于我们更好地运用唯物论和辩证法推动酿酒事业的进步。物理学的观察方法、模型方法、对称性方法、假说方法、定性或半定量方法、数量级估计方法、类比方法、统一性方法、极限方法等，都能在研究老窖时发挥重要作用，帮助我们及时吸取失败教训、总结经验，从而更加客观地认识老窖及中国白酒在客观世界中的地位。

研究老窖，需到红高粱地里，到曲房，到窖池边，如老中医探病一般望、闻、问、切，把握事实，亲自上手，看、听、闻、触、想，通过眼、耳、口、鼻、触五感，直观感受和体验窖泥色泽、冷暖、黏度；窖池大小、尺度，湿度，发酵翻炒层次；高粱原粮生长状况，颗粒饱满度；曲房温度、气味等，收集第一手材料。过程中，带着问题思考，持之以恒，积以年月才能找出疑点，透过现象看本质，发现和总结老窖演化规律，把握老窖周边物与物之间相互作用、相互影响、相互联系，见树又见林，既发现共性也把握个性，由此形成自己的老窖数据库和资料库，便于进一步定性定量分析参考。

借鉴现代物理学方法，有助于对老窖微生物世界随机性、敏感性、分维性、普适性、标度律的深入把握，结合质性思考与量化分析的老窖混沌学，得以深入学科前沿，开启重大的创新与突破。

二、探索老窖物质世界真相的化学方法

现代酿酒工艺的基础之一，就是微生物学和生物化学。

窖泥聚集了一个特殊的、专为酿酒所形成的微生物环境。老窖中数以百亿计的微生物生生不息，共同参与酿酒的过程，被誉为看不见的“酿酒匠”。浓香型白酒采用泥窖发酵，窖泥自然老熟要经历漫长的岁月，从现代产业效率的角度，耗时低效，对提高名优酒的产能极为不利，故各大名酒品牌和厂家，充分利用科学方法和实验，对人工老窖培育做了研究和实践检测，并取得了相应的成果。白酒中主要成分分为四大类：醇类物质、酯类物质、酸类物质和醛酮类物质。不同香型的白酒，其主体香气成分也有所不同。通过化学方法对这些不同成分进行不同测试、计量、分析，既为保有和呵护传统老窖风味提供了依据，也为通过调配、管控不同物质成分，探索白酒风味，提供了可靠的途径。

窖泥功能菌群及黄水菌群研究即为一例。随着窖龄的增加，窖泥所含主体功能菌数量不断增加的同时，窖泥中的微量化学成分含量和种类也不断增加，尤其是酯类化合物和酸类化合物。窖泥中有机酸比例（己酸>乙酸>丁酸）是衡量窖泥是否优质的关键。目前，很多研究着眼于不同窖龄的窖泥菌群组成差异。窖泥菌群和酒醅菌群具有相互影响的关系，其中，黄水对维系两种菌群的相互关系具有关键和重要作用。黄水又称黄浆水，是白酒发酵过程中原材料经微生物分解代谢形成的游离水，其与各种有机物和微生物一起沉降于窖池底部。黄水菌群的研究方法有纯化培养方法、非培养的聚合酶链式反应——变性梯度凝胶电泳方法和磷脂分析法。黄水菌群中的厌氧菌对窖泥菌群的老熟起重要作用。

“老窖学”是研究老窖微生物群落从量变到质变的科学。比如，专注于研究老窖微生物分子结构；需要着手研究微生物菌群中各类分子、原子之间的相互反应和作用。发酵过程中淀粉糖化的化学反应方程式就是：$(C_6H_{10}O_5)_n$(淀粉)+$n H_2O \rightarrow n C_6H_{12}O_6$(葡萄糖)。“老窖学”研究与化学研究具有同样的独特性，需要采用化学方法提出新的可能性；而从“老窖学”未来的学科发展层面，定然会出现 A 至 B 再至 A 的局面，这正好也标识了化学的未来。新的研究成果体现出微生物学与生物化学在以风味为导向设计酒体、定向控制发酵过程中，对提高生产效率以及推动中国白酒新一轮的技术跨越和产业发展层面，有着不可忽略的重大意义。

化学方法的应用，也证明了老窖出好酒有利于国人健康。中国白酒中最重要的功能性物质来自吡嗪类、萜烯类化合物。据统计，中国白酒是吡嗪类含量最丰富的传统发酵食品之一，最多一次性在白酒中检测到27种吡嗪化合物，占据了所有吡嗪类物质种类的十分之一左右。四甲基吡嗪，又名川芎嗪，是我国首先从常用中药川芎中采用化学方法提取出的生物碱，是川芎治疗心脑血管疾病的有效成分之一。吡嗪类化合物在酒体中的含量可以达到4～7mg/L，从吡嗪类化合物研究方面，初步证明了化学实践在证明白酒品饮健康效应方面的重大作用。

三、生物学方法透视老窖底层逻辑

白酒发酵全过程依赖微生物的繁殖及代谢得以进行。泥窖窖池中的微生物，其生息繁衍是影响酿酒品质的关键。

窖泥中微生物的种类研究是学术界的重要课题之一。优质窖泥是生产高质量浓香型白酒的基本条件。老窖出好酒，离不开老窖池窖泥中栖息的大量以己酸菌为主的有益微生物，这些有益菌在以窖养糟、以糟养窖过程中生存繁殖，从酒糟中获取营养，经历了长时间的泥糟浸润，经过大量的代谢活动，各种菌群相互协调作用，造就了老窖浓香型白酒的独特香型及风格。不同窖龄的窖池中，不同位置的窖泥中都存在着不同的菌落种群。新老窖池窖泥研究对比发现，老窖池窖底泥真菌菌群多样性高于新窖池；在同一窖池中，一般窖壁泥中真菌菌群物种多样性和丰富度均高于窖底泥。不同窖龄的窖泥真菌微生物，在优势物种组成上会有所不同。

微生物作为生物圈基础，是所有生物的祖先，也是所有其他生命形式的支持系统。微生物在地球生命中扮演着最主要的、根本性的角色，其自身有着迷人的生活方式。生活在老窖池中的微生物，会根据它们所处的环境发挥有益或有害的功能。随着新技术的进步，包括成像技术、基因组学、蛋白质组学、纳米技术、快速 DNA 测序等，结合智能化和数字科技带来的海量计算能力，已逐步融入窖池微生物学研究领域。毫无疑问，这为洞见老窖微生物的奥义开启了新的大门。人类得以以前所未有的视野，深入老窖内部，进入未知未见的微生物群落和生态内部，展开以往无法或难以实现的观察、发现、研究和探索。新的微生物研究技术和方法几乎涵盖了从细菌、古生菌、病毒、真菌、原生动物和酵母菌到微观藻类等微生物单体和群体行为、进化、生态、生物化学和生理学的方方面面。自此，窖池微生物得以被视为一个完整的“社会”进行研究，从而把握不同菌株、菌群的行为，以及它们在生命过程中相互的竞合关系，新的研究成果则可及时应用于老窖可持续发展之中。

“老窖学”涉及的生物学方法，包罗了来自环境微生物学、气候微生物学、酿造学和微生物合成等不同领域的研究方法。微生物是所有生命形式的原始模板，所有生命都与之密切相关。当我们进一步了解今天生命之树的树枝顶端的生物进化过程，也许，我们对待生命的态度和观念，都会随之有所改变。这也让我们对老窖的研究，超越了一般意义上的生物学研究，从生命科学进入生命哲学探讨的层次。

四、举足轻重的土壤学方法

中国白酒中唯有浓香型白酒高度依赖“泥窖生香”，与泥土的关系也最为亲密。研究老窖，首要自然需从窖泥入手，窖泥和土壤的关系是“老窖学”的重中之重。

20世纪70～80年代，中国知名酒企曾尝试过异地酿酒。过程中不乏倾尽企业人力物力资源，甚至是调拨专列，将窖泥、整套生产设施设备和酿造环境材料一并搬迁。一列列装着川酒窖泥、窖钉（由楠竹制成，起固定窖泥之用）、麻绳甚至菌种的绿皮火车，往返于四川与其他省份，期望在地理气候近似的地方，酿出与品牌出产地风味相同或不相上下的酒品。也许是受制于当时的科技发展水平，这些探索未能达成预期的结果。这一历史探索，一方面佐证了中国人酿酒，历来讲究“一方水土，一方风物，养一方美酒”的老话所言不虚，更确立了人们对“离开茅台镇不出茅台，离开泸州不出泸州老窖”这一事实的普遍性认知。另一方面，也在特定历史时期推动了浓香型白酒工艺的广泛流传和在地化发展。

浓香型白酒的发酵过程中，窖泥是已酸菌、梭菌等功能微生物的重要栖息地。这些窖泥微生物菌群的生长和代谢对浓香型白酒香气和风味形成，起着关键作用。但并不是所有泥土都有机会成为窖泥，老窖生产实践也证明，只有具备黏性大、含沙量小、保浆好、微酸性等特殊品质的土壤，才有可能成为制作窖泥的原料。然而，为何窖泥不可复制？酿酒微生物研究的最新成果已经证明，中国白酒是采用自然接种的方式进行酿造，微生物种子与作物种子的不同之处在于，微生物特别是窖泥微生物是通过无性生殖方式繁殖的，且有99%以上的土壤微生物在实验室无法培养，异地无法酿出同一款老窖的秘密，就在于窖泥本身的不可复制性。

土壤微生物是土壤中一切肉眼看不见或看不清楚的微小生物的总称，包括细菌、真菌、病毒、放线菌、某些古生菌、原生动物及显微藻类，其个体微小，一般以微米或纳米来度量，通常1克土壤中有几亿到几百亿个微生物，其种类和数量随成土环境及其土层深度的不同而变化。它们在土壤中进行氧化、硝化、氨化、固氮、硫化等过程，促进土壤有机质的分解和养分的转化。土壤微生物一般以细菌数量最多，有益的细菌有固氮菌、硝化细菌和腐生细菌，有害的细菌有反硝化细菌等。由于土壤具备了各种微生物生长发育所需要的营养、水分、空气、酸碱度、渗透压和温度等条件，所以成了微生物生活的良好环境。可以说，土壤是微生物的“天然培养基”，也是它们的“大本营”，对人类来说，则是最丰富的菌种资源库。尽管土壤的类型众多，其中各种微生物的含量变化很大，但一般来说，在每克耕作层土壤中，各种微生物含量之比大体有一个10倍系列的递减规律。2021年7月，美国科罗拉多州立大学土壤与作物科学副教授凯莉·赖顿（Kelly Wrighton）领导的团队，在《自然—通讯》杂志上发表论文指出，土壤很像人类的肠道，多酚可以成为生活在那里的微生物的食物来源，实验结果表明土壤微生物也“吃”多酚，与长期流行的“酶锁理论”背道而驰。该项成果打开了进一步研究多酚代谢及其如何适应自然碳循环的大门，也为老窖池泥土微生物研究提供了新思路。

美国土壤学会前主席加德纳（Gardner）曾说：“即使学识渊博的科学家也常常错误地认为，其他学科发现的自然科学规律和理论，不需要任何想象和创新，就可以直接运用于土壤学的研究当中。”这段话的意思是提醒我们，老窖窖泥研究必须始终把握住土壤本身，强调在借用物理、化学和生物学知识和方法时，必须重视对土壤自身特殊性的研究。这一观点无疑对研究老窖，特别是研究窖泥有着醍醐灌顶的作用。泥窖窖泥本身就极具特殊性，在专注于研究窖泥中微生物特征、功能、性质、作用与酿酒发酵关系时，需要逐级认识窖泥土壤系统的特殊性，最终通过在亚原子尺度上的彻底分解，确立窖泥土壤学的科学基础，才有可能最终建立起独立的窖泥土壤学知识体系。

随着土壤学研究引入大型分析仪器和智能计算，土壤分析的分辨力、精密度和分析速度大幅提高，有助于通过窖泥数据库和窖泥信息系统的构建，提升“老窖学”窖泥研究的数据处理和模拟研究的科学性和效率。

五、顺天运时的特殊气候学

气候要素同水和土壤要素一样，会通过多种路径对酒的酿造带来影响，并最终在酒风味上得到体现。

从酿酒微生物的视角来看，冬暖、夏热、少雨、少风的特殊小气候更适合微生物的生长、繁殖和代谢。每种微生物都有适宜的生长环境，比如酵母菌生长的最适宜温度在20～30℃，己酸菌、丁酸菌等窖泥功能菌的最适宜温度为32～34℃。泸州地处北纬28°地域，其日照、温度、湿度均适宜于微生物的生长。中国科学院院士邓子新研究认为酿酒微生物的最佳繁殖温度是5～25℃。泸州温暖潮湿的气候，为酿酒微生物的繁殖创造了极为适宜的生长环境。泸州“终年不下零度”的气候特点，也意味着这里不会出现冻土带，因此，有专家认为正是这一特殊土壤和气候条件，才促成了“泥窖生香”这一独特的浓香酒工艺最早发源于泸州。中国科学院地理科学与资源研究所研究员张百平曾作为首席科学家，主持过国家科技基础资源调查专项“中国南北过渡带综合科学考察”，他认为全国品质上好的荔枝出产于南亚热带，比如广东的东莞，这里的气候已经非常接近热带。泸州与东莞相比，纬度靠北约5°，纵向直线距离相差近555千米，能有荔枝这类水果的生长，足见当地地理的独特性。除了荔枝，泸州还生长着同样偏爱亚热带、热带气候的桂圆，以及喜温暖多湿环境的蓝花楹。这些植物在泸州的生长繁衍，也恰是泸州“温暖湿润”特质的佐证。泸州，也因此摇身一变成为中国最北端的“南国风景线”。

也有酒类研究专家总结出在宏观层面上，中国的农业气候带和中国白酒的基本香型有一定的对应关系。这一看法的逻辑在于中国农业气候区划地图是气候专家经长期研究，形成的对中国农业气候区划范围的科学认识，而中国白酒是农业时代的产物，与农业的关系非常密切，特定气候区划带的气温、降水以及植被等因素对酒体特征的形成有非常重要的影响。把中国白酒的香型结合农业气候区划，就能看出香型分布与其特征的大致规律。比如，浓香型白酒分布的区域位于中亚热带。这个气候区划天然属于浓香型白酒的区域，酒香差异只是基于浓香不同轮次酒的勾调形成的不同风味。小范围小气候条件的不同，对酒的风味也会产生具体影响，以赤水河谷为例，山上山下、上游下游，300千米左右的流域范围内，各地的小气候条件均有所不同，导致酒的风味各有不同。以汾酒为代表的清香型白酒，出产区域就位于东部季风农业气候大区的第三个小区南温带；凤香型代表西凤酒、兼香型白云边酒，包括江淮淡雅派浓香白酒，其酒香实际上既不完全等同于浓香型白酒，又不完全等同于清香型白酒，有清香型特征，又有一部分浓香型白酒的特点，多因为其主产区处于秦岭淮河气候过渡带，地兼南北。

气候要素对酿酒的影响，主要体现在通过温度影响酿酒环境的微生物。此外，气候也能通过影响降水量，导致粮谷原料种植过程中淀粉等物质的积累变化来影响酒的风味。全球气候变暖的趋势，迫使更多人致力于研究酿造业如何在更热、更干燥的未来生存。当然，也有些蒸馏酒种类因此受益，比如逐步进入全球主要威士忌产区的中国台湾威士忌。中国台湾地处亚热带和热带交界处，平均气温比苏格兰要高15℃。高气温意味着威士忌熟成的速度要远快于苏格兰、日本和美国肯塔基州，其威士忌陈酿时间短至2年半至3年即可装瓶，而非苏格兰威士忌所需的8年、12年或者18年。

白酒发酵微生态包含发酵过程微生态与发酵环境微生态。在环境微生态方面，研究发现，酒企老厂区及新厂区发酵环境微生态有所不同，其微生物种群结构存在着明显差异，这种差异性进一步造成酒醅中微生物演替规律及代谢的差异。老厂区酒醅中乙醇、总酯、总醇、总芳香族化合物等含量，显著高于新厂区。显然，这当中，新老厂区所处位置的微观气候和地理条件的不同产生了明显作用，证明酿造外部气候环境，对微生物群落的生长、繁殖与富集会产生重要的影响。研究表明，环境温度和光照时长这两个因素，起着决定性的影响作用，其次湿度和降雨量也有调控作用。

一项《泸州老窖古酿酒作坊空气微生物分布特征》的研究报告表明，泸州老窖古酿酒作坊老窖池内外环境空气微生物浓度差异显著，并随季节变换而变化。春夏两季微生物浓度较高，秋冬季较低，空气中真菌在夏季含量达到最高，细菌则在春季最高。内外环境检测到的真菌均为16属，但优势菌属不同。作坊内外环境的优势菌属均为芽孢杆菌属、微球菌属、葡萄球菌属、假单胞菌属。其中芽孢杆菌属在作坊内占有绝对的优势，是影响老窖池群的重要酿酒细菌。

六、民俗演化背后的老窖变迁

研究老窖，研究中国白酒，离不开产区风土与人情和不同地域酒饮背后的社会、人口、人际和文化流动演变对老窖产生的各种影响。先古之民，窖穴藏粮，出现发酵霉变，与自然界中浆果类落地生酒的状态颇多相似。虽窖穴遍布，但因为远古条件所限，窖穴发酵并未被先民直接用于酿酒。相反，通过模拟窖穴发酵现象，人们最终多用陶器作为工具来酿造发酵，陶罐、陶瓮、陶坛、陶缸等陶器作为中国民间酿酒的基本工具得以流传。

酒在华夏，最早是用作与神灵和祖先沟通的祭品。孔子强调治国理念要追寻周礼，要以“礼乐治国”，而“百礼之会，无酒不成”。诗经《大雅·既醉》则已经把“酒”和“德”联系到一起：“既醉以酒，既饱以德。君子万年，介尔景福。既醉以酒，尔肴既将。”提出让官员百姓有酒喝，有饭吃，就是统治者的“德”，可大肆歌颂。

四川是老窖分布最多的地区，除了因“终年恒温恒湿，冬暖夏凉”，有着天然窖池之称的盆地地理气候水文粮产优势，也与该区域在历史上的军事经济地位和民风民俗演化不无关联。

中国古代蒸馏酒技术，成熟于元朝已为学界公认，而川内酿酒技术的跨越式发展，也与宋元大战似乎有着极大的关系。毕竟，四川是宋元大战的前线，外地带来的蒸馏酒技术，四川自然是首个受益的地区。除了盆地地利之外，战时政策层面，川不禁酒，重兵云集也提供了大规模酒饮需求的基础。且位于川南长江沿岸地区的泸州属于开发得较早的区域，经济发展较为快速，在宋代，泸州已经是商贾云集的通都大邑。正是在这一天时地利人和俱全的条件下，宋代的泸州已经有了大酒与小酒的分别。据《宋史·食货志》载：“自春至秋，酤成即鬻，谓之‘小酒’……腊酿蒸鬻，候夏而出，谓之‘大酒’……”所谓“小酒”，即“自春至秋，酤成即鬻”的一种“米酒”，所用原料为“酒米”。从“小酒”的酿制和发售上看，是随酿随卖，发酵和老熟的周期都很短，不需“老熟储存”。这种“小酒”，就是传统的发酵酒（米酒、黄酒）。所谓“大酒”，就是蒸馏酒。从《宋史》的记载可知，大酒是用谷物作原料，经过腊月下料，采取蒸馏工艺，从蒸馏糊化并且拌药发酵以后的高粱酒糟中烤制出来的酒。且经过“酿”“蒸”出的新酒还要存储半年，待其挥发部分物质，自然醇化老熟，方可出售，即史称“候夏而出”。这种施曲蒸酿、储存醇化的“大酒”，酒的浓度高，酒的品质（色、香、味）超过“小酒”。因制作时间久，“大酒”价格也昂贵得多。据专家考证，“大酒”在原料选用、工艺操作、发酵方式以及酒的品质等方面都已经与今日泸州酿制的大曲酒非常接近。宋代是中国酿酒历史中的发展高峰之一，得益于先进的酿酒技术在全国范围内实现了社会大交流。史载中国历史进程中出现过3次全国范围的民族大迁徙和民族大融合，第三次就在宋元时期。四川，无疑是蒸馏酒技术得以从西南一隅流传至中原的重要路径之一。战事迫近，北方居民大批南迁，推动了内地南方偏远地区经济文化的进步和发展。宋室南迁，大批官府、地方和军队原有的酿酒人散布于江南各地，把先进的酿酒技术带到南方各省，使南方酒业出现繁兴景象。据李华瑞《宋代酒的生产和征榷》考证，成都府路仅在绍兴元年就产酒2300万斗，酒税达690万。没有战事引发的大型社会流动融合因素的存在，四川酒业不可能产生如此巨大的需求。大规模酒饮需求的扩张，自然催生了能满足大量输出酒品需求的窖池发酵技术和生产的成熟。

“老窖学”采用民俗学方法，聚焦不同地域不同历史阶段条件下，酿造方法和技术工艺的发展，揭示酿造与酒饮在社会历史演变、互动、行业发展中隐含的行为规则，以及中国人日常品饮生活与老窖出好酒之间的关系，好酒对不同成员带来的行为反应，进行描述与阐释老窖传承在不同地域、不同社会层级与人际法则下对身份认同和酒文化形成与发展的影响。民俗学方法研究老窖，聚焦于人的生活和生命的历程，将整个社会视为一个流动的体系。民俗学方法能帮助我们站在更高更宽的维度透视酿酒习俗在时代进程中的变化，捕捉时代特征和情绪，对推广传播老窖文化，让老窖融入世界具有重要价值和意义。

七、创新驱动的数字赋能

在古老的酿酒技艺与前沿科技的碰撞交融中，“老窖学”正焕发出全新的活力。大数据、数字化以及人工智能（AI）技术如三把精准的手术刀，剖析着老窖生态，重塑研究范式，助力酿造工艺走向卓越，而这一切皆源于跨学科协同所催生的奇妙化学反应。

要洞悉老窖的微观与宏观世界，海量数据是基石。在老窖内部署传感器网络，一场悄无声息的数据采集“盛宴”拉开帷幕：温度、湿度、pH 、氧气浓度这些环境指标，搭配微生物群落的动态变化，源源不断地汇入数据池；再佐以历史酿造档案、生产流水账、市场消费反馈等外部信息，一个全方位、多层次的数据库初见雏形。

但未经雕琢的数据只是“璞玉”，整合与清洗工序必不可少。数据仓库技术大显身手，把来自不同源头、格式各异的数据梳理整齐，转化为可供深度剖析的纯净样本。随后，数据分析上场，统计分析挖掘数据的基本特征，机器学习算法更是大放异彩。聚类分析识别微生物群落的族群分布，回归分析探寻环境参数与酒质的量化关系，随机森林则于复杂数据丛林里精准定位关键影响因子；借助时间序列分析，发酵全程关键参数的走势被提前勾勒，关联规则挖掘更是像寻宝游戏，将隐匿于数据深处、左右酒质的神秘元素逐一曝光。

数字孪生技术赋予老窖一个虚拟分身，三维可视化的它全方位展露内部结构、微生物社群以及发酵的奇妙过程。研究人员仿若拥有“千里眼”“顺风耳”，远程监控、虚拟实验轻松开展，不同酿造参数在虚拟空间先行试炼，为现实生产铺就坦途。

基于物理化学原理与生物反应动力学，动态仿真模型应运而生。它宛如一台时光机，模拟微生物在各类环境下的活动细节、代谢产物的诞生轨迹，让发酵走向不再神秘莫测，生产工艺得以有的放矢地优化。不仅如此，预测性维护借助数字化模型未雨绸缪，窖泥质量稍有风吹草动，维护方案即刻就位，为老窖的延年益寿筑牢防线。

人工智能赋能智能决策支持系统。机器学习与深度学习搭建起酿酒师的“智慧外脑”——智能决策支持系统。卷积神经网络（Convolutional neural networks，CNN）化身微观侦探，敏锐捕捉老窖微生物的图像特质；长短期记忆网络（Long short-term memory，LSTM）则像占卜师，预测发酵温度、湿度的起伏。酿酒师依据实时数据分析，轻松拿捏最佳工艺调整节点。

AI 驱动的自动化控制系统更是生产线上的精密管家，智能传感器与执行器默契配合，温度、湿度等关键参数始终稳如泰山，发酵全程精准无误。

多尺度研究搭建起洞察老窖的立体视野，从分子层面的基因、代谢物质，到生态系统的宏大架构，宏基因组学、代谢组学技术层层拆解老窖的生命密码；智能化管理则借助AI与物联网，智能传感器织就信息网，发酵参数自动校准，生产效能节节攀升；数据驱动决策更是深挖数据富矿，精准定位酒质提升的关键靶点，为工艺改良锚定方向。

老窖学研究，恰似一场现代科技与古老传承的深情对谈，大数据、数字化、人工智能为保护传承这一文化遗产注入磅礴力量，让老窖魅力在新时代熠熠生辉。

参考文献

[1]杨贵,张宿义,赵金松,等.一种调味白酒发酵过程中微生物菌群结构及代谢研究[J].食品与发酵工业,2022,48(14):209-217.

[2]王康丽.基于宏转录组学的浓香型酒醅微生物群落多样性及代谢特征研究[D].郑州:郑州轻工业大学,2021.

[3]郭明遗.基于宏基因组高通量测序窖泥微生态及其基因多样性研究[D].重庆:重庆大学,2020.

[4]杨菁瑾.泸州老窖不同窖龄窖泥产酸细菌的分离鉴定与产酸产酯能力分析[D].成都:四川农业大学,2017.

[5]庞晓娜,王硕舆,李兆杰,等.大曲中微生物及代谢产物的安全性验证[J].中国科技论文,2016,11(24):2833-2836.

[6]李后强,廖祖君.天府学[M].成都:四川人民出版社,2019.

[7]李后强,等.长江学[M].成都:四川人民出版社,2020.

[8]李后强,赵华明,等.生物有机化学中的分形问题[J].自然杂志,1990,12(2):894-898.

第二章

“老窖学”的基本原理

老窖发酵，作为一个涉及多菌种繁殖与代谢的传统自然发酵过程，其背后的微生物学研究，实质上已跨越至对整个自然生命现象的深入探索。在此过程中，其他学科领域的原理与方法均成为了不可或缺的研究工具。新的研究表明：一个不断演化的“生物圈”极可能是一个自我构建、功能整合且不断绽放生命力的过程。这促使我们尝试采用全新的视角来理解生物、生命，以及经济和文化如何在漫长的历史长河中，通过不可预测的路径、持续不断的创新，逐步构建出自身的独特面貌。这一既具争议性又充满前瞻性的观点，正是“老窖学”当前正积极探索的方向。它旨在通过内在随机性、土壤熟化、开放进化、链式繁殖、协同联动、智能转换等一系列基础科学原理及其前沿性成果，从一个截然不同的维度，科学而理性地透视老窖、认识老窖，进而深刻理解其独一无二且不可复制的特性。这一过程不仅是对传统认知的挑战，更是对白酒文化与现代科学融合的一次深刻探索。

第一节
内随机性现象

窖泥中的酿造微生物和所有的微生物一样，具有五大共性：一是个体微小，结构简单；二是生长繁殖快，数量多；三是代谢类型多，吸收多，转化快，活性强；四是适应性强，易变异；五是分布广，种类多。窖泥越老，产生风味物质就越多，其数量与窖龄的关系，满足逻辑斯谛（Logistic）方程[即微分方程：$dN/dt=rN(K-N)/K$，是描述在资源有限的条件下种群增长规律的一个最佳数学模型]，逻辑斯谛方程中，N代表种群数量，t代表时间，r为种群的固有增长率，K为承载能力。呈现出“周期倍增分岔”或者“混沌”特征。

微生物发酵过程具有“蝴蝶效应”特征，在极致时也处于混沌状态，就是表面无序实际有序。“蝴蝶效应”（图2-1）是典型的混沌现象，就是对于初始值有极大敏感性（计算中输入值只要有极小差别，结果就完全不同），正可谓

“差之毫厘，谬以千里”。本质上，“蝴蝶效应”是由系统内部的非线性因素和内在随机性引发，是普遍存在于宇宙间各种宏观及微观系统的现象。混沌与内在随机性紧密相关，混沌是由确定性系统所产生的内在随机性。即使没有外部随机作用，不涉及大多数现象或群体效应，初始条件也是确定的，非线性系统自身也会产生随机性（波动）。在自然科学领域，研究者需要根据内在随机性原理进行实验设计和分析，以获取更可靠和准确的结论；在物理学当中，由于其非线性特征的存在，导致系统内部呈现出随机性，并且它是整个确定性系统中的一种内在属性，并非由外部环境直接施加影响，这种现象被称为“内在随机性”。

关于“蝴蝶效应”的提出，有一个故事，可以帮助大家更好地理解一个确定系统的内在随机性原理。1961年，麻省理工学院气象学家爱德华·洛伦兹

图 2-1 蝴蝶效应

（在老窖微生物系统中，微小变化可能在发酵过程中引发难以预测的结果）

（Edward Lorenz）试图对长期天气预报进行精准预测，为了节省时间，在第一次计算结束后，改从程序中间开始执行第二次计算，却发现第二次计算产生的结果跟第一次完全不一样，两次计算的中间值仅仅万分之一的误差，已经导致结果面目全非。洛伦兹发现非线性方程不同于线性方程，非线性方程对初值的依赖极其敏感，哪怕输入的数值稍微变了一点点，结果也会大相径庭。如果用这些公式做天气预报的话，就会导致“由于天气观测之中存在着不明显的不精确性和不完全性，非常长期的天气预报是不可能的。”洛伦兹在向纽约科学院提交的名为《决定性的非周期流动》的论文中提出混沌现象，他随之成为“混沌理论之父”。洛伦兹在演讲中用“蝴蝶效应”诠释混沌，称之为“巴西的一只蝴蝶拍打一下翅膀，会在美国得克萨斯州引发一场龙卷风”。自此，“蝴蝶效应”一词广为人知。奇特的是，当洛伦兹的动力学方程式输入计算机后，描绘出的运动轨迹拥有的奇特形状，恰好就像一只展开了双翼的蝴蝶。在这个奇妙精巧的“蝴蝶”上，确定性和随机性被有机地结合在一起：一方面，运动的轨迹必然落在“蝴蝶”上，这是确定性的表现，表明系统未来的所有运动都被限制在一个明确的范围之内；另一方面，运动轨迹变化缠绕的规则却是随机性的，任何时候都无法准确判定运动的轨迹将落在“蝴蝶”的哪一侧翅膀上的哪一点上。换句话说，就是这个系统运动的大范围，是确定的、可预测的，但是运动的细节，是随机的、不可预测的。具有这种奇怪特性的系统就是混沌系统。只有混沌系统才会在仅有区区几个变量（三个以上）的简单确定性系统中出现随机性。这种随机性，就是确定性系统的内在随机性。

2021年11月，江南大学生物工程学院许正宏教授团队的一份关于微生物在传统酿造谷物醋发酵中作用的研究报告指出，在开放式酿造环境下，发酵过程中涉及多种微生物的参与，形成了复杂的多物种微生态系统。科研人员虽已解析了优势种群（总序列相对丰度≥1%）在酿造中的作用，但对非优势种群（种类繁多的关键种群）的作用尚缺乏研究。研究显示，与优势种群相比，稀有种群不同发酵阶段结构差异更显著，稀有种群可能受到更多环境因子的影响；优势种群与稀有种群微生物之间的相互作用，比它们各自内部之间的相互作用更多。那么，酿造群落中如“繁星点点”的非优势微生物种群，是否会发挥“蝴蝶效应”而影响整个微生态系统的结构与功能呢？2023年4月5日，美国微生物学会期刊*Microbiology Spectrum*，发表江南大学徐岩教授团队《随机过程驱动中国浓香型白酒发酵过程中关键类群的组装和代谢》的研究文章，显示随机性和确定性过程共同塑造了中国浓香型白酒微生物群落组的形成——随机性和环境选择，共同构建了微生物群落中的优势种群和非优势稀有种群。这一研究成果再度佐证了浓香型老窖微生物在发酵过程中，存在由内在随机性原理引发的混沌现象——"蝴蝶效应"。

第二节 土壤熟化关系

白酒泥窖池中的酒糟被黄泥和水密封后，酒糟中的营养成分滋养出大量酿酒菌群，方寸泥窖成为微生物繁衍生长的天堂。在密封环境下，窖池中的厌氧的酿酒菌群产生大量的醇、醛、酸、酯等香味物质，它们会伴随蒸馏过程进入酒中，赋予酒液各种典型香味。泥窖固态发酵，泥是载体，黄水是中介，微生物菌种是主要参与者。窖泥是酿酒微生物发酵的附着地，如果没有窖泥给酿酒微生物提供附着地，微生物的生命活动就会受到影响，甚至会失活。鉴于窖泥在酿酒发酵过程中的价值，所谓**"千年老窖万年糟，一两窖泥万两金"**，窖泥也被称为酿酒"微生物黄金"并不为过。

四川盆地的酸性紫色土壤，仅见于长江以南和四川盆地的广大低山丘陵。低山丘陵因地势低平，那里的紫色土偏中性（pH6.5～7.5），水热条件好，夏季日平均气温在36℃以上时，特别有利于喜热植被生长。比如，老窖浓香单粮发酵采用的糯红高粱，被泸州老窖命名为国窖红1号高粱，泸州人称其为"红粮"，总淀粉含量最高达72.69%，总淀粉中支链淀粉含量平均在94%以上，单宁含量平均为1.49%，皮薄红润，角质率小，发酵时易于蒸煮糊化，特别能滋养老窖池中的微生物，确保了老窖微生物群落的"一日三餐"。然而，并不是四川盆地内随便一处的土壤，都能滋生出为浓香型泥窖续糟发酵工艺所用的窖泥。

催生黄泥的黄色土壤，仅分布于四川盆地的中低山中下部，恰好处于川酒分布的U形地带。位于泸州长江边五渡溪岛上的黄泥，被认为是浓香型白酒的窖泥之母，泸州老窖的窖泥就出产于此。黄泥色泽金黄，含沙量低，手感特别绵软细腻，且黏性极强，其特性有赖于五渡溪岛独特的微地理结构产生的半岛效应。

五渡溪岛位于泸州城区华阳山麓五渡溪与长江的交汇处，长江在其南，五渡小溪环绕其北，呈半月形合抱之势。岛南部有一块结构完整的绵沙石，有力挡住了上游江水的冲击和杂质泥沙，而正北面的山泉水又起到了清淤淘沙的作用。在长江水和山泉水的长期交互浸泡下，本地原生的黄色颗粒页岩矿物质进一步软化，逐渐演变为柔软细腻的金黄色泥土。用这种黄泥筑成的窖池，无需做防渗处理就能保水。粮、水、曲入窖发酵，产生的浆液不会外泄，而渗入窖泥中的水分又可满足微生物生命活动对水和营养的需要。

窖池运行中的土壤使用时间越长，越成熟，这种土壤中的微生物种类多，功能强。学界把土壤运行能力称为土壤活力。土壤的熟化，是由于空气的进入，还原性的有机土壤物质发生化学、物理和生物学分解反应过程。窖泥达到老熟之前，其菌群结构会随窖龄的增加存在一个演替的过程。研究发现，演替期（窖龄1～25年）窖泥菌群丰度随窖龄增加逐渐增加，长期往复发酵让菌落衍生出更多的群体，最终使菌群结构达到稳定的老熟状态，从而可以代谢产生多种风味物质，如酯类、酸类和醇类，特别适合酿造更高质量的白酒。

泸州老窖的老窖池网罗了来自原料、大曲、窖泥和环境等的微生物，在漫长的时间里不断熟化，形成了高度复杂多样的酿造微生物集群。这些微生物通过生长、代谢和群落演替，对酿造的浓香型白酒特征风味产生显著影响。老窖黄泥跻身“国宝”之列，正是因为其老而稀缺、不可复制的独特属性。五渡溪黄泥独特性的由来，除了五渡溪的半岛效应，也受到堪称天然大窖池的四川盆地气候对土壤的影响。

对于土壤熟化与窖泥、老窖的关系，“老窖学”经过研究、思考、洞察，催生出属于自己的，独有而独到的土壤熟化原理：窖池时间越长，窖池黄泥就越成熟。老窖历史越久，窖泥使用时间越长，发酵的杂菌越少，酒质就越好，杂菌递减速度与窖龄时间呈指数函数关系；老窖时间越长，微生物社会化程度和组织化程度越高，菌群共生依赖作用就越大，发酵功能就越强，有序程度与窖泥时间成正比关系；老窖时间越长，窖泥越老，有益微生物就越丰富多彩，多样性与时间呈现分形（fractal）结构，具有自相似性；窖泥越老，产生风味物质就越多，数量与窖龄的关系满足逻辑斯谛方程，出现“周期倍增分岔”或者“混沌”特征；窖泥越老，微生物降解淀粉效果就越好，效率随窖龄呈几何级数增长；窖池越老，发酵产生的有机物成分之间的耦合程度越高，酒体口感和营养就越好，协同性与窖龄成正比关系；窖池越老，主体菌群稳定化程度就越高，寿命就越长。

第三节
开放进化作用

西方蒸馏酒采用封闭的单一菌种发酵方式，这种方式能够更好地控制发酵过程中的温度、湿度等条件，避免外界微生物的干扰，确保发酵的一致性和稳定性（表2-1）。例如，白兰地酿造过程中，会特别注意排除有害微生物的影响，以保证酒体的纯净度和风味特性。这种做法有助于保持酒品的质量稳定，同时也便于大规模生产。

表 2-1　西方蒸馏酒与中国白酒酿造优缺点

酿造方式	优点	缺点
西方蒸馏酒酿造	1. 风味稳定性高，能精确控制发酵参数，保证每批酒风味较一致 2. 质量可控性强，减少外界干扰，可精确控制酒的色泽、口感等质量因素 3. 适合大规模工业化生产，标准化程度高，易实现自动化	1. 微生物多样性有限，风味来源相对单一，缺乏自然环境微生物带来的复杂风味 2. 对酿造设备和技术要求高，需要先进设备和较高技术水平，增加成本和难度 3. 地域特色体现较弱，受人工控制因素影响大，难以充分展现当地风土条件赋予的风味
中国白酒酿造	1. 微生物多样性丰富，自然接种多种微生物，代谢产物丰富，风味复杂多样 2. 地域特色鲜明，能充分吸收当地微生物，不同地区酒的风味与当地微生物群落密切相关 3. 酿造工艺与自然和谐共生，顺应自然规律，利用自然环境中的微生物资源	1. 依赖自然环境微生物，受环境变化影响，不同批次质量和风味可能略有波动 2. 酿造工艺复杂，经验依赖度高，需要酿酒师根据多种因素调整工艺，培养酿酒师时间长，增加难度和成本

中国白酒酿造工序中，从制曲、发酵到坛储，都是微生物发挥作用并影响成品风格的重要环节。在中国传统的开放式固态发酵环境中，老窖独有的微生物群落演化，取决于窖池内外不同微生物之间的相互作用，既包括互助、协同作用，同时外在环境条件，酒曲、pH、温度、湿度、光线等，均会影响微生物的生存和生长速度，但微生物可以通过产生各种代谢物质，形成絮凝体、生物膜，通过活性物质的沉淀或溶解，来适应或改变环境。

根据奥地利生物学家贝塔朗菲(Bertalanffy)的系统思维理论，生命系统要保持自己的生命，必须从外界获取能量，通过物质交换获得稳定的存在。生命系统是一个开放的系统，而非生命系统则是封闭系统，非生命系统需要与外界隔绝，才能保证其独立性。开放性原理，指的就是生命系统的开放性。通过开放，系统与复杂多变的外界环境发生相互作用，并接受环境的考验。按照系统理论，系统的开放，系统向环境的开放，即意味着系统由低层次向更高一个层次的开放，同时也指系统向自己的内部开放。系统受到环境的影响，从而该系统得以影响环境，并在一定意义上针对环境的实际情况做出反应、调整、选择。在这种周而复始的开放、交换之中，系统自己潜在的发展能力得以表现出来。结合近十年来的最新微生物生态研究成果，来理解泸州老窖国宝窖池中的微生物，是如何在漫长的演化时间里，保持住整体性能的独特性，从而确保酒品风味的一致。**正是窖池微生物群落的“对外开放”和“对内搞活”，使其在漫长的时间变化和生态演进中，不仅保持了自身的独特优势，还从整体上促成了这种独特优势的不断强化。毕竟，进化就是关于生物体如何通过系统中的变异来修正自己、改善其自身适应性的故事。**

第四节
链式繁殖特性

人类目前已经发现的自然微生物种类多达数百万种，远比宏观生物种类繁多。以现有的技术条件，人类还无法完全深入微生物世界内部，观察和研究它们所有种类的具体嗜好、行为路径、相互关系、生存技巧等。微生物没有雌雄之分，其繁殖方式却独具特色。细菌靠自身分裂繁殖“一分为二”来繁衍后代，具有典型的“分形特征”。从物理学维度看，其繁殖过程则体现出“原子核裂变（类似原子弹核裂变）链式反应原理”。

物理学家尼尔斯 · 玻尔（Niels Bohr）设想原子核像一滴水，当外来的中子闯进这个“液滴”时，“液滴”会发生剧烈震荡，以惊人的速度变成椭圆形，变成哑铃形，最后分裂为两半。诺贝尔物理学奖获得者恩里克 · 费米（Enrico Fermi）很快通过实验证明了自己提出的假说：核裂变时会放射出中子，这些中子又会击中其他铀核，由此会发生一连串反应，直到全部原子被分裂。这就是链式反应理论。对窖池微生物而言，细菌以简单的二分裂法无性繁殖，最突出的特点就是极快的繁殖速度，使其数量往往呈指数型增长，这种增长完全契合链式反应原理。

发酵，本是诸多不同种类的微生物，在不同对应环境条件下竞合协力的成果。那么，老窖里的微生物群落是如何应对环境的改变，彼此之间究竟是怎样的一种共生关系呢？

第五节
协同联动略述

老窖微生物群体可被视为一个相对完整的社会体系，完全有可能拥有专属于微观世界的独特社会规则。微生物不仅拥有遗传基因，还具备生存与繁殖的本能需求，以及天生的特殊“生存智慧”，甚至可以说它们拥有“自己的文化和文明”。

江南大学生物工程学院许正宏教授团队在深入研究浓香型白酒泥窖生香机制时，发现酿造过程中风味物质的形成遵循着微生物群落的演替规律。在浓香型白酒的泥窖中，酒醅与窖泥构成了两个既相对独立又高度互联的空间。这两个空间各自拥有显著差异的微环境和生态特征：酒醅酿造体系以乳酸杆菌为优势菌种，主要代谢产物为乳酸和乙酸；而窖泥酿造体系则以梭菌等为主要优势菌种，主要代谢产物为己酸和丁酸。在酿酒过程中，窖泥与酒醅中的菌群通过黄水这一媒介进行物质交流，实现了“分区共酵，协同产香”的奇妙过程，共同塑造了以泸香型（其中，泸州老窖酒正是该香型最具代表性的产品）为代表的浓香型白酒的独特风格。这一发现，从理论上证实了窖池微生物之间必然存在着协同共生机制及其规律。尽管我们目前对其了解尚不深入，但这一现象是客观存在的。我们不应忽视老窖池中微生物个体可能展现出的自私、利他、敌对、欺骗等复杂行为，但更为核心的是它们之间所展现出的“协同联动的共生关系”，而这种关系正是推动形成浓香型白酒独特风味的关键因素。

更进一步的研究发现，泥窖在经过多年不间断的白酒酿造后，逐渐驯化形成了有利于浓香型白酒主体香物质形成的，以梭菌和产甲烷菌为优势菌群的良好微生态系统。随着窖泥使用时间增长，以产己酸菌属和梭菌属等为主的功能菌群占比持续增加，显著促进了己酸乙酯等浓香型白酒典型风味物质的形成。2022年9月，江南大学生物工程学院基于对中国白酒酿造的系统性研究，于美国微生物学会权威生物学期刊*Microbiology Spectrum*上发表了题为《地理相关的真菌—细菌相互作用贡献了高度复杂自发发酵过程中地理依赖性风味的形成》文章，探究中国白酒的风味形成与地理的关联模式。该研究表明，中国白酒不同香型的风味特征，主要体现在20～40个不同的特征风味化合物组成上。不同区域的微生物生态，通过48～156个核心微生物物种共同作用，形成了不同香型白酒的产区各自的特征优势。该报告指出，微生态中细菌和真菌的相互作用才是白酒品质酿造的核心之所在。科学再度证明了“老窖何以出好酒”，其机制在于窖池持续不间断使用是维持窖泥功能菌群活力的重要保障。一旦泥窖由于种种原因被中断生产，那么再优良的窖池也会变成不可复活的“遗址”，丧失自然科学研究和生产使用的价值。

最新的科研结果证明微生物借助精密复杂的交流系统，在“感知周围的信号、翻译所识别的信息、对外来信号做出回应”的过程中，具有“听—想—做”的特征，能快速感应周围环境变化，并与“邻居”进行分工合作、资源共享、协同联动，进而提高在环境中的适应能力。研究发现，微生物通信交流可以在同种、异种，甚至其他生物有机个体之间进行，交流所用的语言也各不相同，包括信息素、小分子、化学信号以及物理接触等，这些语言担负着种内、种间和跨界交流的功能，决定着微生物与相邻生物之间的关系，可能是一个人类还没有认识到的“微生物元宇宙”。

固态发酵中，微生物作为生物膜吸附在发酵基质颗粒表面上生长是典型现象，膜下的微观生态系统中微生物和谐共存，协同完成生物化学反应。绝大多数微生物在自然条件下，是以生物膜的形式生存，并表现出许多以前只有在复杂的高等生物中才能看到的社会行为，比如“互惠共生”“互助利他”等特性。微生物个体和群落，与外部环境之间的互助、互动、冲突、内耗、共生、协同等行为，已经催生出“社会细菌学”“社会微生物学”等新的研究领域。传统固态发酵通过富集环境中的微生物进行开放式发酵，本身就是一种由微生物自发驱动群体代谢过程的复杂发酵体系，具有多菌共存、多酶协同和多途径代谢等特征。白酒酿造体系富集了来源于自然环境、原料与种曲的多种微生物，如乳酸菌属、芽孢杆菌属、酵母菌属及曲霉属，发酵菌群内部相互制衡，共同维持微生态下的稳态。

基于联动协同原理的老窖微生物生态现象，证明老窖的“老”，不仅仅代表窖池使用时间长短，真正的老窖，每一时每一刻也都保持着老而鲜活的状态。

第六节
质能转换简析

泸州老窖国家固态酿造工程技术研究中心沈才洪团队联合江南大学教授许正宏（现为四川大学教授）的团队，开展了关于国窖1573微生物的生态研究，运用分子动力学模拟与量子化学计算方法，深入探索了老窖窖池中微生物分子间的相互作用机制。基于这些分子间的互作关系，研究系统化地解析了窖池微生物群落中风味物质的生成与演变如何共同塑造出老窖独特的泸香风味。研究发现，在窖池的发酵过程中，分子间的相互作用力强弱及其阈值变化，会显著地抑制或促进能量转换过程，进而影响风味的稳定性。这一重磅研究成果充分证明了，依据质能转换的基本原理，老窖池中的微生物能够通过能量与质量的转换，在时间的长河中巧妙地调节自身，进而影响代谢产物风味的形成与保持。这一发现不仅深化了我们对老窖微生物生态的理解，也为提升白酒酿造技艺提供了重要的科学依据。

窖池微生物发酵，让营养物质可以转化成能量，能量又推动物质转换，如糖化降解。发酵过程中，葡萄糖经过糖酵解作用，转变成不同的发酵产物，同时释放出大量能量。酵母菌在有氧和无氧的条件下都能生长，但它们的代谢路径和产物不同。在有氧条件下，酵母菌将葡萄糖转化为二氧化碳和水，并释放能量；而在无氧条件下，它们将葡萄糖转化为乙醇。这种转换不仅涉及乙醇的生产过程，也影响着酒的风味和香气。在固态发酵中，微生物利用淀粉、纤维素、脂肪和蛋白质等其他营养物质生长、繁殖与代谢，过程中产生的能量，除了满足代谢需要，其余以热的形式散发出来，这种热，称为生物热。发酵过程中，除了生物热，热的产生和消散也和搅拌、蒸发、容器向外辐射热量有关。

这些热转换，在整个发酵过程中随时间变化。因此，不同发酵阶段，需要不同的温度来适应菌落生长。实验证明，传统固态发酵系统的内外温度变化，均会影响固态发酵中的微生物多样性和时空演替规律，甚至是代谢产物的种类和数量。这说明控制温度是确保传统固态发酵过程稳定的关键之一。同时，固态发酵过程中，生物热积累的高温会反作用于菌群，也会导致微生物群落结构上的变化。

正是基于微生物群落的生物多样性、物种适应性差异，人们可通过人为调控、干预微生物群落结构、转换相互作用、关系、群体形态等，改变质能转换结果。因为在自然系统中，单一物种并不占据一个环境中的所有生态位，而是多个物种共存并发挥互补作用，形成复杂的生态网络。合理利用外源或内源微生物，或通过内在相互作用等形式，可有效管控发酵，引导和控制发酵进程与结果。正因为如此，无论在曲房还是老窖池现场，总能看到酿酒师傅们挥汗如雨，不断翻动润料堆或往窖池表面喷加热水以调节发酵温度。这在行家看来不仅是影响成品酒质和风味的关键手段，更是一门关于酿酒的艺术。控制发酵温度的传统技艺，在泸州老窖已传承有数百年之久。清末陈铸所著《泸县志》中记载："初麦面一石，高粱面一斗浇水和匀，模制成砖，置于隙地上，以物覆之，数日发酵，再翻之覆如故，昕其霉变，是为曲母……"酿酒生产中常使用的有关温控的技术用词，就有地温、室温、入窖温度、升温幅度、发酵顶点温度、窖体温等。酵母菌的适宜生长温度是28℃，最适发酵温度是32℃，酒醅一般在18～20℃入窖，较低的入窖温度下，酵母菌生长缓慢，菌体健壮，具有较高的活力和持久的发酵能力，乙醇和挥发性香味物质损失少，发酵能完全彻底。正常的升温幅度为15℃左右，每天发酵升温1～2℃，时间7～15天。理论上，根据质能转换原理，人们可通过温控"魔法"与技术结合，"更高效地"影响酒质和风味，甚至给予一杯酒更多的营养物质，让喝酒变得更加健康。

参考文献

[1]马缘生,范传珠,王述民,等.五种作物基因库种子繁殖更新技术研究[J].植物遗传资源科学,2002,(02):1−7+33.

[2]沈伟强.用系统论推进组织工作[J].党课参考,2021,(05):88−91.

[3]曾广容.系统开放性原理[J].系统辩证学学报,2005,(03):43-46.

[4]管大伟.马克思主义基本原理与优秀传统文化协同共进的路径研究[J].产业与科技论坛,2023,22(20):183-184.

[5]刘文竹,云和明,王宝雪,等.基于场协同和(火积)耗散的微通道拓扑优化研究[J]. 化工学报,2023,74(08):3329-3341.

[6]吴浪涛,丁文骏,谢专,等.不同时期窖泥理化因子、风味物质和细菌组成的相关性[J].微生物学通报,2022,49(03):1030-1047.

[7]吴盛露,杜海,徐岩.生物热对传统固态发酵菌群演替及其代谢影响的研究进展[J].微生物学通报,2022,49(06):2281-2294.

[8]乌杰,杨桂通,李后强,等.系统科学理论与方法[M].成都:四川大学出版社,1996.

[9]冯长根,李后强,祖元刚,等.非线性科学的理论、方法和应用[M].北京:科学出版社,1997.

[10]李后强,黄登仕,方曙,等.社会现象中的混沌[M].长春:东北师范大学出版社,2000.

[11]程光钺,李后强,等.分形理论及其应用——全国分形理论及应用学术讨论会文集[M].成都:四川大学出版社,1989.

[12]黄登仕,李后强.非线性经济学的理论和方法[M].成都:四川大学出版社,1993.

[13]王放,李后强.非线性人口学导论[M].成都:四川大学出版社,1995.

第三章

“老窖学”的数理思想

马克思说：“一切科学只有在成功运用数学时，才算达到了真正完善的地步。”作为“平行世界”的微生物系统，当然需要数学描述，可以给出定量关系和数据支撑。老窖窖泥中的微生物，除了共性，还有个性、特殊性，满足一些数学定理和规律，有必要从宏观、中观、微观三个层次就老窖的数理原理进行系统阐释。

第一节 近现代集合概述

集合理论可以帮助人类理解老窖微生物系统中微生物群落的结构和组成。在老窖微生物系统中，微生物可以被看作是不同的集合（图3-1），每个集合代表着一类微生物。这些微生物集合之间存在着复杂的交互作用和关联，构成了整个微生物系统的动态平衡。集合理论可以帮助人类分析和描述不同微生物集合之间的关系，比如交集、并集和补集等。通过集合理论的应用，可以更好地理解老窖微生物系统中微生物之间的相互作用，从而为控制和优化老窖酿造过程提供理论指导。

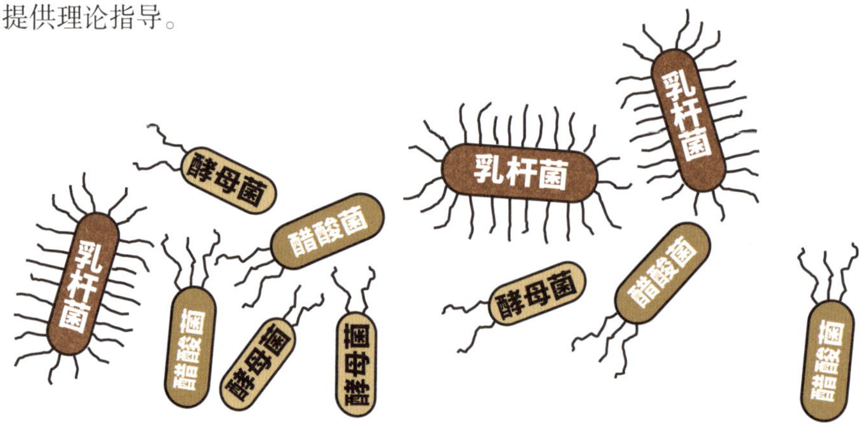

图 3-1 微生物群落集合
（客观反映老窖微生物群落，其多元性表现出多种微生物的协同作用）

一、系统的多元性

系统的多元性是指系统内部包含多个不同元素，如个体、资源、技术，形成复杂结构。元素间存在差异、互补和互动，为系统提供灵活性和适应性。在生态、社会和经济系统中，多元性体现为多样性的生态网络、多元社会结构和相互协作的经济元素。多元性是系统理论的核心，为系统适应环境、促进创新提供动力，充分认识和利用多元性是系统有效运作和可持续发展的关键。

老窖微生物系统是指传统酿造中的微生物群落，包括酵母菌、乳杆菌和醋酸菌等。其多元性表现为多种微生物的协同作用，如酵母进行乙醇发酵，乳杆菌进行乳酸发酵，醋酸菌促使陈酿过程。微生物之间存在相互作用和遗传多样性，形成平衡生态系统，影响老窖酒的独特风味。多元性也提高了酿造适应性和品质稳定性，保持传统特色。

二、系统的差异性

系统的差异性体现在内部元素、组成部分或子系统的多样性上，包括特征、能力、角色等方面。差异可能呈现在生物系统物种特征、社会系统文化差异上等。元素之间的差异形成生态平衡或社会运转所需的独特功能和责任。这种多样差异构成系统内复杂的关系网络，为系统的动态平衡提供基础。系统内元素的不同适应性和演化路径也是系统创新和变革的潜力所在。系统的差异性是其适应环境、推动发展的重要特质。

老窖微生物系统的差异性是指在传统酿造中微生物群落的多样性，老窖池中的酵母菌、乳杆菌、醋酸菌等微生物的组成和代谢差异形成老窖酒的独特风味。不同批次、地域、工艺导致微生物种群与数量组合差异，创造出每款老窖酒的独特口感。微生物的遗传差异及在陈酿过程中的时序性变化，进一步丰富了老窖酒的特性。保护和管理这一差异性有助于维持老窖酒的传统特色，确保其在市场中的独特地位。

三、系统的相关性

系统相关性是指系统内元素相互关联和相互影响，是系统复杂性和协同作用的表现。这种关联可能是正向或负向的，如老窖微生物系统中的酸碱度与微生物种群活跃度之间的依赖关系。协同作用促进系统高效运作，如不同微生物种群共同形成的发酵生态链，相互作用导致系统动态演化，酿酒系统中的“九度”（温度、湿度、日照度、海拔度、风速度、土壤成分度、原料品质度、水质度和酿酒技术成熟度）间关系影响老窖酒质的变化。系统相关性也展现在整体性质上，呈现系统复杂而独特的性质，提供适应性和韧性。

老窖微生物系统的相关性体现在微生物群落的构成和相互作用上。酵母菌、乳酸菌和醋酸菌协同发挥各自作用，形成互利共生的关系，提高酿造效率和品质。微生物之间存在竞争与合作，维持系统平衡。发酵和陈酿过程中微生物群落的动态变化，赋予老窖酒不同的口感和香气。维护微生物系统的相关性将有利于保持老窖酒的传统风味，在酿造管理中，关注和调控微生物系统的相关性是确保老窖酒稳定、优质酿造的关键策略。

四、系统的整体性

系统的整体性强调系统内元素之间的协同作用，不仅是简单相加，还包括自组织、自调节能力。元素之间形成复杂关系，如生态系统中生物相互依赖，构建生态平衡。整体性还表现在系统内部层次结构和互连性上，保持局部适应性和全局稳定性。系统的新兴性和创新性源于元素间的复杂关系，促使系统产生新结构和新功能。在科技领域，不同学科交叉融合形成创新领域。

老窖微生物系统是传统酿造中微生物群体的整体体系，包括酵母菌、乳酸菌、醋酸菌等。系统整体性表现在多个层面，涵盖微生物种类、相互关系、动态变化和对酿酒品质的影响。微生物共同完成发酵和酸度调控，相互关系影响产品质量。系统动态性体现在发酵过程中微生物数量和种类的变化方面。微生物系统直接塑造基础酒的口感和香气，酿酒师基于老窖微生物系统的整体性特征来调控微生物系统以塑造老窖酒的独有特色。

五、集合的深刻性

集合是数学的基本概念，由确定对象组成，用大括号表示。集合论研究集合的性质、关系和运算。集合的定义简单直观，元素互异、无序、确定、无关。基数是集合元素个数，可有限或无限。子集$B\subseteq A$表示B中元素都属于A，$B\subset A$为真子集。集合运算有并集$A\cup B$、交集$A\cap B$和差集$A-B$。这些性质构成集合论基础，为研究数学和其他学科提供基础工具。深入理解集合有助于建立和理解数学体系中各种概念和结论。

老窖微生物集合表现出多样性、复杂性，包含酵母菌、乳酸菌、醋酸菌等形成协作网络。微生物间存在协同作用和相互关系，影响酒液品质。集合具有动态性，受阶段性和环境变化调控。老窖微生物群落中特殊菌群的交叉、组合、汇聚等集合特征直接塑造基础酒的口感和风味，因此对老窖微生物菌群集合性质的深刻理解和管理是确保老窖酒品质的关键。

六、集合的四则运算

集合的四则运算包括并运算（合并元素生成新集合）、交运算（找出两集合共同元素生成新集合）、差运算（从一个集合减去另一集合元素生成新集合）和补运算（全集减去集合得到补集）。这些基础运算有助于描述和分析集合关系，满足交换律、结合律和分配律等性质，为数学问题和实际建模提供强大工具。通过这些运算，研究人员能更深刻理解和分析集合之间的关系。

老窖微生物菌群的四则运算特性涵盖并运算、交运算、差运算和补运算。并运算丰富微生物多样性，提高酒液品质的多元性；交运算强调协同作用，改善特定酒品品质；差运算调控微生物菌群种类，便于优化酿造环境；补运算精准管理微生物菌群，便于塑造特定酒品口感。酿酒师通过灵活应用这些运算，精细操控微生物菌群，确保最终产品达到预期品质，展现老窖酒的独特风味。

第二节 抽象代数之群论

群论是一种抽象代数学分支，可以帮助人类理解老窖微生物系统中微生物群落的结构和性质。在老窖微生物系统中，微生物可以被看作是一个群体，群论可以帮助人类研究微生物群体之间的关系和性质。例如，可以将微生物群体看作是群的元素，微生物之间的相互作用和转变可以看作是群的操作。通过群论的分析，可以揭示微生物群体之间的对称性、周期性和其他结构特征，从而更好地理解老窖微生物系统中微生物群落的演化和动态变化。这种群论的应用有助于人类深入探究微生物生态系统的复杂性，为控制和优化老窖酿造过程提供理论支持。

一、群与老窖

群是抽象代数中的核心概念，定义为具有封闭性、结合性、单位元素和逆元素的代数结构。单位元素唯一，每一元素有唯一逆元素。群运算满足消去律和闭合性。典型例子有整数集合上的模加法群。群论在数学、物理学、计算机科学中有广泛应用，解决对称性、密码学等问题。

老窖微生物群体在酿造中表现出群特性，包括封闭性、协同关系、单位元素、逆元素、协调性、动态性和集体行为。微生物菌群相互合作，形成相对封闭的酿酒生态系统，关键微生物菌株可视为单位元素。逆元素表现为对抗性微生物维持群体平衡，协调性确保微生物相互作用有序，动态性使群体适应酿造变化，集体行为展现为整体效应。这些特性指导酿酒师更有效地管理微生物，创造出品质卓越的老窖酒。

二、李群与老窖

李群是数学中融合光滑流形和群结构的重要代数概念。以群G和流形M为基础，通过光滑映射μ实现群在流形上的作用。李群具有群结构、光滑流形、群作用、切空间、李代数、指数映射等性质，在数学和物理学中广泛应用，特别在描述对称性、变换和复杂群结构方面发挥关键作用，如量子力学、相对论和流体力学。深入研究李群理论有助于更好地理解和描述抽象代数结构及其在自然科学中的应用。

老窖微生物群体的行为和相互作用可部分通过李群概念描述。尽管微生物不直接对应传统李群，但可用流形结构、群作用、切空间局部线性化等特性来解释其行为。微生物群体动态类比于李群演化，描述酿造过程中的复杂关系。尽管学科领域差别较大，但这种类比有助于从群体动力学角度更深入理解微生物的相互作用，推动对酿酒工艺的理解与调控。

三、阿贝尔群与老窖

阿贝尔群，或称交换群，是满足群运算和交换律的数学结构。其定义要求群中任意元素的乘法满足交换律。阿贝尔群具备基本群性质，如封闭性、存在单位元和逆元。阿贝尔群可分解为直和，是可解群。Schur定理指出阿贝尔群中的子群和商群均为阿贝尔群。阿贝尔群在数论、代数几何、物理学等领域有广泛应用，为深入理解群论和代数结构提供了重要线索。

因其复杂性和动态性，老窖微生物群体的行为和相互作用或许难以直接映射到传统阿贝尔群结构上。然而，可通过类比探讨一些特性，如微生物相互作用可能具有一定交换性，子群概念可应用于某一微生物类别。老窖微生物系统中总是存在特定微生物菌株，其群特征类似于零元素，对整个群体产生显著影响。阿贝尔群的可解性与动态性可能与微生物群体的子群相互作用相关。这种类比为老窖酿酒工艺的优化提供了理论工具，但在应用时需深入研究微生物群体的实际特性。

四、非阿贝尔群与老窖

非阿贝尔群是其群元素不满足交换律的一类群，即：存在元素a和b，使得$a \cdot b \neq b \cdot a$。非阿贝尔群可能具有复杂结构，突出特征是元素的乘法次序不固定。典型例子包括对称群S_n和一些线性群，如GL(n，F)和SL(n，F)。非阿贝尔群在代数学和物理学中有广泛应用，尤其在描述对称性和粒子相互作用的数学模型中。非阿贝尔群的性质和结构为深入理解群论、李群和李代数等数学分支提供重要工具。

老窖微生物的复杂相互作用可能涉及非阿贝尔群特性，如不满足交换律的相互作用、复杂的群结构、多样性的子群及群元素的不同性质。微生物群体的动态行为表现为对称性的破缺和非线性动态。老窖微生物中菌群的不同组合顺序可能得到不同品质与风味的酒体，不同酿造步骤差异也存在不满足交换律的可能，由此可以推断老窖微生物系统过程中可能存在非阿贝尔群特征。尽管直接映射到群论结构具有挑战性，但这种类比有助于理解微生物群体行为的复杂性，为将群论引入微生物学研究提供了初步思路。

五、规范场与老窖

规范场是描述基本粒子相互作用的场，涉及规范对称性和规范玻色子，如光子、胶子和W/Z玻色子。规范场理论的经典例子包括量子色动力学（Quantum chromodynamics，QCD）和量子电动力学（Quantum electrodynamics，QED），成功解释了强、电磁和弱相互作用。自发对称性破缺解释了W和Z玻色子的质量，构成现代粒子物理学标准模型的核心。

微生物群体的行为是否具备规范场特征还有待研究及观察，但仍可类比为群体规范场。微生物在群体规范场体系中相互作用，影响菌群个体行为。群体对称性、子群体特性类比规范对称性、规范玻色子相互作用。群体动态的非线性和自组织性类似规范场的非线性动态和自组织行为。规范场的概念为理解微生物群体提供了简化模型，菌群相互作用的真实行为更为复杂，需结合微生物学与群体动力学相关专业知识加以考证，这种交叉思维模式的运用有助于深化对微生物群体结构与动态的理解（图3-2）。

图3-2 量子场
（老窖微生物呈现量子态，老窖微生物全体排布为量子场，在量子场体系中相互作用、相互影响）

六、数论解析与老窖

数论作为数学的分支之一，研究的是整数的性质和关系，深入探索数的奇妙世界，应该能为老窖窖池数量、窖龄、老窖微生物群落的研究提供理论基础。

一方面，数论以著名的欧几里得算法为代表，探讨整数的除法性质和最大公约数的求解方法，研究对象包括素数、孪生素数、斐波拉契数列等。另一方面，数论以找整数解的方程为研究对象，为代数学、代数几何的发展奠定了坚实的基础，如丢番图方程（费马大定理）等。

素数一般指质数。质数是指在大于1的自然数中，除了1和它本身以外不再有其他因数的自然数，如3、5、7、11、13、17、19、23、29等。素数具备广泛的应用领域，如在密码学中应用于公钥、私钥的生成，衍生到老窖微生物种群中有可能具备解析菌群生物遗传信息的特殊功能。有一类相差为2的素数对，被定义为孪生素数，比如3和5、5和7、11和13等，孪生素数具备有界性但无穷、分布不均等特殊性质，华人数学家张益唐在孪生素数猜想的证明领域做出了卓越贡献。恰好老窖1573中就有两对特殊的孪生素数3和5、5和7，这需要科学家来解析1573中蕴含的特殊生物学密码。

丢番图方程指有一个或者几个变量的整系数方程，它们的求解仅仅在整数范围内进行。费马大定理是一类特殊的丢番图方程，当整数$n>2$时，关于x，y，z的方程$x^n+y^n=z^n$没有正整数解。费马大定理的提出到完成证明是一部特殊的数学史，1637年费马提出猜想，最后于1995年怀尔斯得到完整证明。费马大定理在老窖微生物系统中的应用还需要理论科学家与实验科学家更深入的探究。

第三节
时间序列链简述

老窖窖池群是一个充满活力和变化的系统，可以通过时间序列理论来解释其动态变化和演化过程。时间序列理论认为，老窖窖池群中的微生物群落和环境因素在时间上呈现出一种有序的序列，通过对这些序列的分析可以揭示老窖微生物系统内部的规律和趋势。通过时间序列分析，可以了解老窖窖池群中微生物群落的变化趋势、周期性特征以及不同因素之间的相互影响关系。这种分析有助于人类更好地理解老窖窖池群中微生物菌群的演化规律，为优化老窖酿造过程提供理论支持。

一、时间序列的观测值集合

时间序列是按时间顺序排列的观测值集合，用于分析和预测随时间变化的现象，它包括趋势、季节性、周期性和噪声，季节调整可消除时间序列的季节变化。时间序列分析应用广泛，包括经济、金融、气象、销售预测等，为更准确地决策提供基础。时间序列分析结果便于深入了解数据演变，助力对未来趋势的理解和预测。

老窖窖池数的时间序列分析是通过观察、建模来预测窖池数量的变化趋势。数据收集最为关键，趋势、季节性、周期性、异常值都应得到分析。相关因素和时间序列模型（如ARIMA）可揭示潜在演进规律。预测未来窖池数量有助于业务规划，支持决策制定。通过深入分析，可帮助企业理解生产与市场的规律，及时应对变化，优化策略，提高效益。

二、时空隧道理论与窖池

时空隧道理论是科幻概念，设想存在连接不同地点和时刻的通道。该概念适用于探讨时间旅行、多重宇宙和超越时空的可能性，常与虫洞相联系。

老窖窖池的时空演化特征分析涉及对窖池数量随时间和空间变化的研究。趋势、季节性、周期性分析揭示了窖池数量的发展方向。地域差异、生产布局变化分析了空间维度，关联因素、窖池效能分析能提供窖池时空分布的全面理解。时间序列预测和空间布局规律支持企业的未来产能规划，这种分析对企业的战略规划和生产效能提升至关重要。

三、马尔可夫链与窖池微生物群落动态分析

马尔可夫链是描述具有“马尔可夫性质”随机过程的数学模型。其核心特征是在给定当前状态下，未来状态仅依赖于当前状态，与过去状态无关。状态空间包含有限或可数无限状态，通过转移概率矩阵表示状态之间的转移概率。马尔可夫链在统计学、物理学、经济学等领域广泛应用，具有随机过程建模、概率预测和系统行为模拟等强大能力。

老窖微生物菌群发酵过程中的马尔可夫链模型可用于描述微生物群落演

化，状态表示不同群落结构，转移概率受发酵物料、环境等因素影响。通过时间维度观察群落在不同时点的状态转移，初始概率分布与发酵初期状态相关，平稳分布反映系统趋于稳定的最终状态。马氏性质表现为状态转移仅与当前状态相关。此模型有助于深入了解微生物群落动态，为酿酒业优化发酵工艺、提高效率和控制产物品质提供理论基础。

四、老窖的重标极差分析法

重标极差分析法（*R/S*分析）是一种研究时间序列的统计方法，通过计算不同尺度下序列的极差与标准差的关系，揭示序列的自相关性和长期记忆性。计算步骤包括序列划分、极差与标准差计算，得到一系列*R/S*比值。由一系列*R/S*比值计算得到的赫斯特指数描述了长期记忆性（大于0.5表示长期记忆、持久性，等于0.5表示随机游走，小于0.5表示短期记忆），广泛应用于金融、气象、地理等领域，有助于理解复杂系统行为。

老窖窖池群的*R/S*分析通过收集时间序列数据，划分子序列并计算极差与标准差，研究窖池群在不同时间尺度下的自相关性和长期记忆性。通过计算赫斯特指数，揭示了窖池群的长期记忆性特征。这一方法为窖池管理者提供了演化规律的信息，有助于优化生产计划和质量控制策略。*R/S*分析深化了对窖池群时间维度演变的理解，为提高利用率和产品品质提供理论与工具支撑。

五、老窖级数及斐波拉契级数

级数是数学中一系列数的和，收敛表示和趋近某值，发散表示和趋向无穷大。斐波拉契数列来源于兔子繁殖问题，所以也称兔子序列，是递归定义的。1，1，2，3，5，8，13，21，34，55，89……这个数列从第3项开始，每一项都等于前两项之和。斐波拉契数列具备很多特殊的性质，包括平方与前后项关系、与集合子集数量关系、奇数项求和、偶数项求和、平方求和、隔项关系、两倍项关系等，这些关系广泛应用于自然界、计算机科学等领域，表现生长模式、黄金矩形美学等，都可以借鉴来用于探究老窖微生物菌群的特殊性质。

老窖窖池数的斐波拉契级数分析通过将窖池数量定义为斐波拉契数列的一项，揭示了其变化规律。在资源环境不受约束的理想状态下窖池数将呈指数级增长，具有黄金比例特性，表现周期性波动。但现实情况下窖池是稀缺的，特别是活态的老窖池更是稀有，对酿造高品质老窖酒来讲是稀缺资源。这一方法为管理者提供了有趣而有效的模型，能帮助企业更好地理解和规划窖池数量的演变，支持科学决策和资源管理。

六、老窖的黄金分割率0.618

黄金分割率，用希腊字母ϕ表示，约为0.618，是一种特殊比例关系，广泛应用于自然、艺术、建筑和金融领域。该比例定义为大整体与较小部分的比例等于整体与较大部分的比例，近似值是0.618或倒数是1.618。黄金分割率衍生出黄金矩形、黄金螺旋等，被认为在艺术、建筑和自然界中呈现出美感与和谐。在金融学中，该比例也被应用于对股票价格波动的分析。黄金分割示意图见图3-3。

在老窖微生物发酵过程中，黄金分割率原则可能在发酵液成分、微生物群落变化、发酵时间分配等方面发挥作用。考虑黄金分割率，可追求发酵液中各成分的协调比例，保持微生物群落动态平衡，合理划分发酵时间，并在

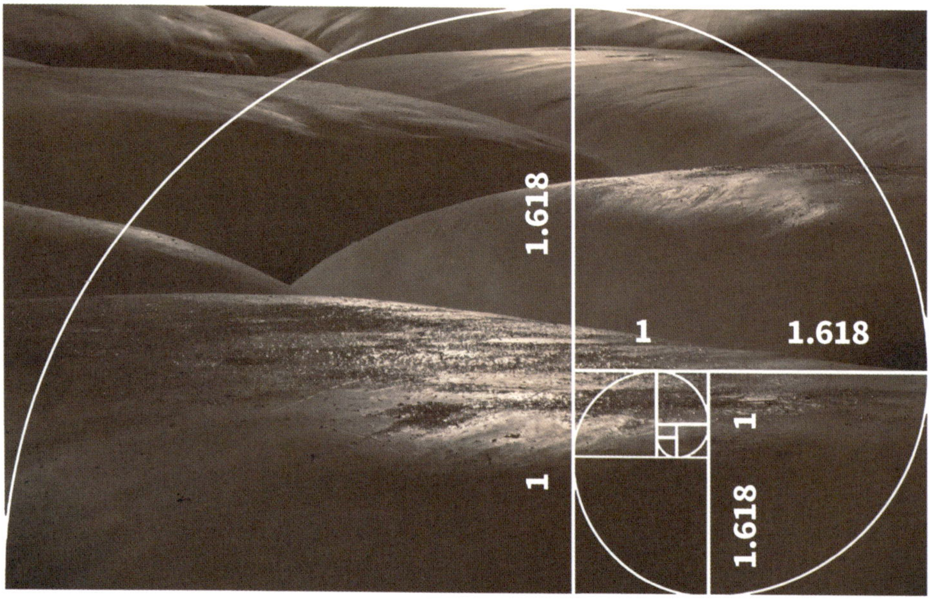

图3-3 黄金分割示意图
（黄金分割率原则可能在发酵液成分、微生物群落变化、发酵时间分配等方面发挥作用）

设备设计中体现黄金螺旋形状。这种综合设计原则有望提升发酵效率，优化产品品质和产量。

第四节 结构功能变换说

老窖微生物系统的结构和功能密切相关，这一关系可以通过结构功能原理来解释。结构功能原理强调，生物系统的结构决定了其功能，而功能的发挥又反过来影响结构的演化和变化。在老窖微生物系统中，微生物群落的结构包括了各种微生物的种类、数量和空间分布等方面的组成，这些结构直接影响了微生物群落的功能，如发酵能力和代谢产物的生成。

通过结构功能原理的分析，可以更好地理解老窖微生物系统中微生物群落的组成与功能之间的关系，从而为优化发酵过程、改善产品质量提供理论指导。因此，深入研究老窖微生物系统的结构功能关系，对于提高发酵效率、保障产品品质具有重要意义。

一、热力学第二定律与发酵

热力学第二定律，如克劳修斯表述，规定任何自发变化的孤立系统其熵不减少，指示系统趋向更高熵状态，即更无序和混乱。熵是系统无序度的度量，定律限定了热机效率的上限，表明热力学过程有方向性，自然倾向于更高熵状态。不可逆性体现在热平衡和热源间的热能传递。第二定律引入时间箭头概念，强调自然界中一些过程的不可逆性。这一基本原理对于理解能量转换、提高系统效率和解释自然现象至关重要。

老窖微生物系统中的热力学第二定律关注发酵过程中能量转化和系统熵的变化。微生物通过代谢底物产生能量和代谢产物，熵的增加体现在微生物群体和代谢产物在空间和时间上的有序变化方面。系统趋向于更高熵状态，表现为发酵效率受限和能量转化方向的不可逆性。热力学第二定律的时间演进方向性影响微生物群体的动态演化。深入理解这些特性有助于指导酿造过程优化、提高效率以及实现可持续发展。

二、耗散结构与相互作用

耗散结构是在非平衡态系统中自组织的一种形式，由于外部驱动和内部耗散而产生有序结构。系统通过自发的相互作用和耗散过程生成有序性，产生负熵，与平衡态的熵增相反，这一现象在生物体内的细胞膜形成等领域有显著表现。耗散结构形成是不可逆的，违背了热力学第二定律。该理论普适于自然和社会系统，为解释非平衡条件下系统演变提供了理论框架，对复杂系统理论等领域有深远影响。

老窖微生物系统中的耗散结构，表现为微生物群体在发酵过程中通过相互作用和能量耗散形成的有序结构和模式。微生物群体的相互作用导致系统处于非平衡态，发酵过程中的能量转化产生负熵，即有序性增加。这种自组织动力学是非平衡态系统的典型特征，其形成是不可逆的，需要与环境进行能量交换。耗散结构理论有助于解释微生物系统的动态演变和酿酒效果，为提高发酵效率和产品品质提供科学基础，广泛适用于生态学和复杂系统理论。

三、蝴蝶效应与发酵

蝴蝶效应是混沌理论的核心概念，强调在非线性系统中初始条件的微小变化可能引起广泛而不可预测的影响。洛伦兹在气象学中首次发现：微小气象变化可能导致极大天气差异。该效应凸显了复杂系统内初始条件的敏感性，是混沌动力学系统不可预测性的根源。蝴蝶效应在经济学、社会科学等领域也有广泛应用，提醒人们在复杂系统中的决策和预测存在局限性。

在老窖微生物系统中，蝴蝶效应强调微小变化可能在发酵过程中引发难以预测的结果。微生物群体的复杂相互作用使得系统对初始条件极为敏感，导致发酵过程呈现非线性动力学特征。这种非线性效应使发酵效果变得不可预测，包括口感、香气等方面的变化。理解蝴蝶效应对于优化酿造工艺至关重要，酿酒师需要在复杂系统中有效控制微小变化，以提高产品的一致性和品质。

四、熵增原理与发酵

熵增原理是热力学基本原理之一，描述封闭系统内部熵的趋势。熵代表系统的无序度，高熵状态表现为更大混乱度。熵增原理表述系统总熵自发趋向增加或保持不变，强调系统演化向更高熵状态发展。在热平衡态下，系统熵稳定，而非平衡态则驱动系统动态演化。这一原理与热力学第二定律关系密切，提供了对自然不可逆性的深层解释，对理解自然界的演化趋势和能量转化过程具有重要作用。

在老窖微生物系统中，熵增原理解释了微生物群体的复杂动态，指出发酵过程中系统无序度自然增加。老窖泥中的微生物系统随时间演进而熵减小，有序性增加。微生物群体的相互作用和能量转化导致系统状态多样，形成自组织的有序结构。熵增原理凸显在老窖酒的酿造过程中，酒体的复杂性随时间递增，不同的复杂度对应不同的发酵效果，对应于包括口感、香气和品质的多样性，酿酒师需结合消费者的需求匹配不同复杂度的最优质酒体。这一理论揭示了老窖微生物系统的动态演化趋势，对酿酒工艺和微生物行为的理解提供重要指导。

五、盖亚假说与老窖

洛夫洛克的盖亚假说，将地球视为一个整体生态系统，生物、大气、海洋和地表岩石相互作用，形成自调节、自维持的生态平衡。假说强调负反馈机制减缓系统变化，将地球比喻为有机体。然而，人类活动的负面影响引起争议。尽管提供了整体性的思考方式，但盖亚假说在学术界仍受到验证难、过于形象化的批评。

老窖微生物系统中的盖亚假说应用方向在于将发酵过程视为一个自调节、自维持的微观生态系统。微生物群体、发酵液体、温度等相互作用构成一个生态平衡系统。微生物系统影响发酵液体的生物、化学成分，温度和湿度调节微生物活动。系统自发地保持相对稳定性，但酿酒师的干预将影响生态平衡。盖亚假说提供了生态学视角，有助于理解微生物群体动态平衡和人为因素对系统的影响，促进对发酵过程的深入理解。

六、扩散限制聚集效应与微环境

扩散限制聚集模型（Diffusion-limited aggregation model，DLA模型）描述颗粒或分子在扩散受限条件下的行为，具有多分形特征。基于扩散受限，颗粒在受阻区域内呈现缓慢扩散，可能导致聚集和有序结构。模型考虑限制的强度、相互作用和环境温度等因素，适用于生物学、材料科学和化学反应等领域。通过数学方程描述，探讨扩散过程中的复杂行为，为材料设计和反应优化提供理论支持。

老窖微生物群落中的扩散限制聚集效应是指微生物在发酵液中受到空间扩散限制，形成局部聚集。微生物间的复杂相互作用和液体中的阻碍因素导致扩散不均匀，形成扩散受阻而形成聚集的效应。由于环境或资源受限，微生物更倾向于在特定区域聚集，受微环境和产物影响，这一聚集可能带来更加美味与高品质的酒体。这种现象将对解释酿酒过程产生的差异性风味、香气及酿酒工艺优化提供理论基础。

第五节 分岔与分形理论

老窖微生物系统展现了非线性动态的特征，受到非线性原理的影响。在老窖微生物系统中，微生物群落的演化和变化不仅受到外部环境因素的影响，还受到微生物群落内部复杂的相互作用和反馈机制的调控。

非线性原理认为，微小的变化可能会引起系统内部的巨大变化，这种“蝴蝶效应”在老窖微生物系统中尤为突出。微生物群落中微生物种类的微小变化可能会导致整个系统的稳定性发生改变，进而影响发酵过程的进行和酒质的形成。因此，了解和控制老窖微生物系统中的非线性动态，对于保持老窖发酵过程的稳定性和酒质的一致性具有重要意义。

一、倍周期分岔与老窖微生物系统

倍周期分岔是混沌理论的核心概念，描述了非线性系统中系统参数微小变化引起系统行为剧烈改变的现象。系统在参数变化时，经历从有序到混沌的突变，可通过分岔图可视化。微小的参数调整可能导致根本性变化，与线性系统不同。倍周期分岔具有自相似性，展现了系统复杂性。其理论在天文学、生物学、经济学等领域应用广泛，为理解和描述复杂系统行为提供了重要工具。

老窖微生物系统中的倍周期分岔描述了微生物群体和酿酒条件微小变化引起系统行为的剧烈变化，使酒系统进入混沌状态。微生物群体的动态响应于环境的微小变化，酿酒条件微调可触发倍周期分岔。分岔图可视化展示系统状态从有序到混沌的过程。混沌响应影响酒的最终口感和品质，这一现象为酿酒师引导微生物行为，创造更多样和高质量的酒类产品提供了理论基础。

二、吸引子与老窖动态演变

吸引子是混沌理论中描述非线性动力学系统的一个关键概念，指系统在相空间中的稳定轨迹或集合，包括点吸引子（收敛于点）、周期吸引子（形成稳定周期轨迹）和奇异吸引子（复杂结构，如分岔、螺旋）。吸引子概念有助于理解系统状态演化趋势，揭示混沌系统中的有序模式和稳定结构。在自然和工程领域，吸引子的应用涉及气象学、生态学、心理学和通信系统等。

老窖微生物系统中的吸引子概念描述了微生物群体在酿造过程中的动态演变，趋向于特定的稳定结构或轨迹。点吸引子对应于微生物在特定状态的稳定性，周期吸引子表示状态的周期性循环，奇异吸引子则反映微生物动态的复杂性。相空间中的吸引子形状反映系统的稳定性。分岔现象可能导致吸引子切换，影响整体酿造品质。对吸引子的理解有助于引导微生物行为，实现更为稳定、高质量的酿酒过程，为酿酒工艺优化提供理论支持。

三、极限环与老窖微生物系统

极限环是非线性动力学系统中的重要概念，指系统状态在时间演化中绕闭合轨迹做周期性振荡。这种闭合轨迹可呈圆、椭圆等形状。极限环反映系统的稳定性，使系统在受扰动后趋向于返回轨迹。在相图中，极限环呈现为封闭曲线，提供系统周期性振荡的图形表示。通过数学分析和模拟可确定其存在性、唯一性等性质。极限环在电路设计、生态学、化学反应等领域获得广泛应用，为非线性系统动力学性质的理解和设计提供关键支持。

老窖微生物系统中的极限环描述了微生物群体在酿酒过程中围绕着某一稳定闭合轨迹做周期性振荡的动态演变。这反映了微生物在特定酿酒条件下形成的周期性行为，与发酵、陈酿等环节密切相关。极限环的存在有助于保持老窖酒口感和品质的稳定性，使得酿酒师能更准确地掌控酿酒过程，提升产品一致性。通过在相空间中呈现的封闭曲线，理解极限环有助于优化酿酒工艺，为酒类产品的生产提供理论支持。

四、KAM定理与老窖微生物系统

KAM定理是非线性动力学的基础性定理，由科尔莫哥罗夫（Andrey Kolmogorov）、阿诺尔德（Arnold）和莫泽（Moser）提出。该定理说明在保守系统中，通过正则变换，可在存在共振的条件下保留不变曲面的非破裂性，即系统的正则共振结构在参数扰动下仍稳定存在。KAM定理主要应用于描述非线性共振，如天体力学、等离子体物理学等领域。KAM定理揭示了在复杂系统中仍存在稳定不变结构，为研究非线性动力学系统提供了关键理论支持。

老窖微生物系统呈现典型的非线性动力学特征，包括微生物群体复杂的相互作用、发酵过程的非线性动力学行为和最终产品的多样性。系统中的微生物群体交织复杂，发酵涉及非线性动力学，可能导致难以预测的行为。微生物活动和相互作用构建了复杂网络，呈现非线性振荡和周期性行为。最终产品的品质受非线性变化影响，与微生物代谢产物关联。系统对环境的响应非线性，表现出复杂性和敏感性。这些特征挑战了对复杂系统的理解和控制，同时为酿酒工艺和产品创新提供了丰富的可能性。

五、分形分维与窖池

老窖池具有分形几何特征。分形是一种几何结构，自相似性、无限细节和非整数维度是其主要特征。自相似性表现为形状在不同尺度上重复，而无限细节则使其在任何放大倍数下都保持丰富的复杂性。分形维数，与传统整数维度不同，可以是非整数，反映了分形结构的复杂性。分形在自然、艺术、科学中广泛应用，如描述树的分支、云的形状等。在数学和物理学中，分形理论被用于研究非线性系统和混沌现象，展现其美感和复杂性（图3-4）。

老窖微生物系统展现出微生物群体的自相似性和复杂层次性，呈现分形与分维特性。微生物在不同时间尺度和发酵条件下表现出相似动态，发酵过程呈现多层次结构，与分形特性相关。分形维数描述微生物动态的空间复杂性，其

图 3-4 混沌分形
（老窖微生物系统的演化呈现非线性特征，其内部结构与酒体内涵可能有复杂的自相似性和层次性，呈现精美的图景）

在不同尺度可能有不同维度。微生物空间分布可能呈现分形图案，反映了非线性动力学。环境因素影响微生物系统的分形结构。深入理解这些特性有助于酿酒师优化酿造过程，实现品质的一致性。这为微生物学、酿造工程和分形几何学的交叉研究提供丰富的可能性。

六、涌现动力学与发酵效果

涌现动力学研究自然系统内部无需中央控制而自发关联形成突变结构的原理。涌现动力学关注局部简单规则如何引导整体有序行为，涵盖涌现性质、结构和模式的形成。系统内的个体通过相互作用形成有序结构，其中涌现出意想不到的性质。涌现动力学应用广泛，包括物理学、生物学、社会学等领域。自组织网络是关键概念，解释节点和连接演变由局部规则引导。涌现动力学为理解复杂系统的演化、稳定性和涌现现象提供了深刻见解。

老窖微生物群体的涌现动力学涉及微生物通过相互作用形成的结构和模式，对酿酒的发酵效果、口感产生关键影响。微生物之间的竞争、合作和共生关系引导自组织行为，发酵过程可能呈现出自相似性。局部规则和微生物相互作用导致群体形成自组织结构，这将影响老窖酒的风味，表现出非线性动力学特性。了解微生物群体的适应性和稳定性有助于控制和优化酿酒过程，推动老窖酒类的创新与可持续发展。

第六节
和谐与协同关联

老窖微生物系统是一个典型的协同生态系统，其演化和运行受到协同原理的深刻影响。协同原理强调，生态系统中的各个组成部分通过协同作用可以实现更高的生产力和更好的适应性。在老窖微生物系统中，微生物之间存在着复杂的协同关系，这种协同关系可以帮助微生物群落更好地利用资源、提高生存能力。

一、极值与发酵过程

极值是数学中描述函数最大值或最小值的概念。导数是寻找极值的关键工具，零点可能为驻点，表明可能存在极值。通过二阶导数可判断极值类型，正值表示可能为极小值，负值表示可能为极大值。高阶导数提供稳定性信息，正的二阶导数对应稳定的极小值。极值理论在优化、物理、经济等领域有广泛应用，通过综合运用导数信息可准确判断极值的类型和存在性，对微积分及问题解决具有基础重要性。

老窖微生物系统的极值原理关注发酵过程中微生物种群生态学特性的最大和最小值，包括生长速率、代谢产物产量和适应性。通过寻找这些极值点，可优化发酵效率和产品质量。极值原理应用于调节发酵条件，使微生物系统更好地适应环境。这一原理有助于优化发酵过程，提高产量，并深化对微生物在复杂环境中动态行为的理解，为酿酒企业生产提供理论基础。

二、路径积分与老窖微生物运动方程

路径积分是描述沿曲线或路径积分过程的数学工具，常应用于物理学和工

程学。其定义涉及曲线上函数值与微元路径长度的乘积，表示为：

$$\int_{c} f(r)\,\mathrm{d}r$$

其中$r=(x, y, z)$，为曲线上点，dr为微元位移。通过微积分的逐步逼近，路径积分处理曲线或路径变化更灵活，可适用于各种几何形状和物理场景。在物理学中，费曼路径积分是一种基于路径积分的量子力学表述方式，通过积分描述了量子体系的演化，在解决复杂问题上具有独特优势。路径积分为理解和描述系统运动与变化提供了强大工具。

老窖微生物种群系统中应用路径积分原理，可描述微生物在发酵中的演化轨迹和相互作用。路径积分可建立微生物运动方程，准确理解其动态行为，分析微生物间的共生、竞争关系。路径积分量化相互作用，揭示群落演化规律。在模拟预测中，利用路径积分评估微生物在不同条件下的适应性，为优化发酵工艺提供科学依据。在管理控制方面，路径积分模拟不同管理方案，为调整酿造条件提供科学支持。综合而言，路径积分在老窖微生物系统中有助于深入理解动态特性，提供更精细和科学的管理手段。

三、变分法与老窖微生物动态

变分法是一种研究泛函的数学方法，关注整个函数的变化，通过对泛函进行变分得到欧拉-拉格朗日方程，这种方程描述了使泛函取得极值的函数须满足的条件。变分原理将其应用于物理系统的运动方程，主张自然界中物体运动的真实轨迹是作用量取得极值的轨迹。在物理学中，变分法原理如费马原理在光学中得到广泛应用一样，为泛函分析、最优控制理论、经典力学和量子力学等领域提供了强大的工具。

变分法在老窖微生物系统分析中发挥着关键作用。通过将微生物数量和分布视为变分，建立动态演化的泛函模型，可实现对微生物行为的精细建模。应用变分法可解析微生物种群的运动方程，深入理解微生物动态和相互关系。此方法将量化微生物之间的相互作用，揭示系统演化规律和群体结构形成机制。同时，变分法可应用于优化管理和控制策略，通过干预方案预测微生物响应，为酿造条件调整和微生物动态控制提供科学依据。这为深刻认识老窖微生物系统的复杂性提供了有力工具。

四、最小作用量原理与老窖演化轨迹

最小作用量原理（图3-5）最早由皮埃尔·莫佩尔蒂（1744—1746年）系统构建，相当于经济学中“精省资源”的意思，要求付出“代价最小”。该原理表述了自然界中物理系统演化路径是使作用量取得最小值的路径。作用量S是描述粒子或系统运动的路径积分，通过对拉格朗日函数L的时间积分得到。原理指出物体在运动中选择的路径是作用量最小的路径，本质是“能耗最小”，适用于光学、经典力学、电磁学、量子力学等领域。最小作用量原理深化了对自然规律的理解，推导出现代物理学中的经典运动方程，为路径积分等方法提供了基础。

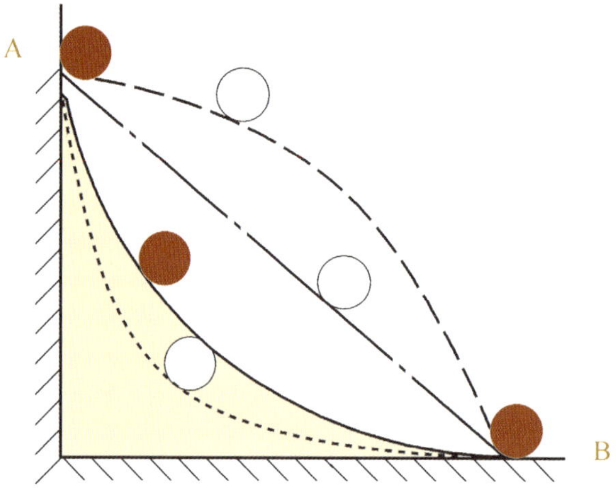

图 3-5 最小作用量原理
（老窖微生物系统形成优质酒体的过程遵循最小作用量原理，呈现耗能低、酒质好的演化路径）

老窖微生物系统中的最小作用量原理，旨在描述微生物在酿造过程中的动态演化和相互作用。将微生物系统视为动态系统，引入作用量S表示微生物群体在整个酿造过程中的能量或效用积分。通过变分法，探求使得作用量最小的微生物群体动态路径，实现在适应性和资源利用效率方面的优化。此原理在数学建模中涉及密度函数、生长速率等参数，为理解微生物系统行为规律、优化酿造过程提供理论框架。通过最小作用量原理，可以系统地理解微生物在老窖中的演化轨迹，为酿造工艺优化提供理论支持。

五、序参量与微生物群体的有序性

序参量描述物质相变的宏观性质，如磁矩或超导参数，用于度量系统对称性破缺程度。支配原理由金斯堡（Ginzburg）和朗道（Landau）提出，是描述相变的现象学理论。其核心思想是引入一个序参量的幅度，保持平均值为零，描述相变从对称性破缺的无序到有序状态的过程。Ginzburg-Landau超导理论是支配原理的应用之一，成功解释了超导体的相变行为。序参量和支配原理为理解各种物质相变提供了统一的框架，将微观和宏观行为联系起来。

在老窖微生物系统中，引入序参量可描述微生物群体的有序性，如数量、分布和代谢活性。序参量有助于理解发酵过程中微生物的有序状态和相变。支配原理作为理论框架，可描述系统相变的普适性。在发酵过程中，支配原理可用于解释微生物群体由无序到有序的转变，揭示有关微生物种群相对丰度或代谢产物积累等变化的一般性原则。这些物理学框架提供了深入理解微生物系统动态行为的途径，为酿造工艺的优化提供新视角。

六、整体优化原理与老窖酿造品质

整体优化原理是系统科学和工程中常用的方法，注重通过考虑系统的整体性能来达到最优目标，其特点包括关注协同作用、综合效能、多目标优化和迭代优化。该原理在工业工程、供应链管理、能源系统规划等领域广泛应用，通过综合考虑系统内部复杂的相互作用，进行整体优化，有助于找到更全面和长远的优化方案，反映了对系统整体性能最大化的追求。

老窖微生物系统的整体优化原理注重考虑酿造全过程中微生物群体动态、相互作用和产品性能；强调系统综合性能优化，包括微生物群体变化、发酵效率和产品质量；优化微生物相互作用，提高结构协同效应，实现多目标平衡，迭代调整和实时优化系统性能，注重资源利用效率，降低成本。整体优化原理有助于提高酿造效率、确保产品品质，为酿酒企业提升经济和生态效益提供科学支持。

七、协同学原理与老窖共生关系

协同理论着眼于系统内组成部分的相互协作，通过非线性效应产生协同效应，使整个系统展现出复杂性和高效性。强调系统的新型性质，不仅取决于各组成部分，更受它们之间协同作用的影响。该理论凸显系统适应性，能在动态环境中调整自身。协同理论在生态学、信息科学、管理学等领域广泛应用，为系统设计与优化提供指导。总体而言，协同理论为理解和应用复杂系统提供了有力框架，强调相互作用对系统整体性能的关键影响。

老窖系统中的土壤与微生物群体协同，强调土壤环境与微生物相互作用，实现更有效的酿酒生态系统；考虑土壤对植物生长和微生物活动的影响，关注微生物多样性及其协同作用，建立共生关系以促进粮食的发酵；强调养分循环、可持续性和动态平衡的维护，确保酿酒原料的高质量生产；通过协同原理，优化土壤管理和微生物选择，提高酿酒生产的效益、可持续性和品质。这一理念为酿酒业实现全面协同效应提供科学支持。

八、卡拉比-丘成桐空间与老窖微生物几何

卡拉比-丘成桐空间简称“卡-丘”空间（图3-6），是指一个蜷缩的高维空间，该理论是科学家猜测出来的一个理论，它有六个维度，没办法用仪器进行观测。“卡-丘”空间理论的真实“证实”也揭示了粒子物理的在“真空矢量场物质质量为零”是错误的理论，在封闭的无物质场中物质的引力是存在的，引力是物质的能量波动。引力波动量在矢量场质量不为“零”，“卡-丘”空间可导出“波动量”方程，矢量场中有动能量。

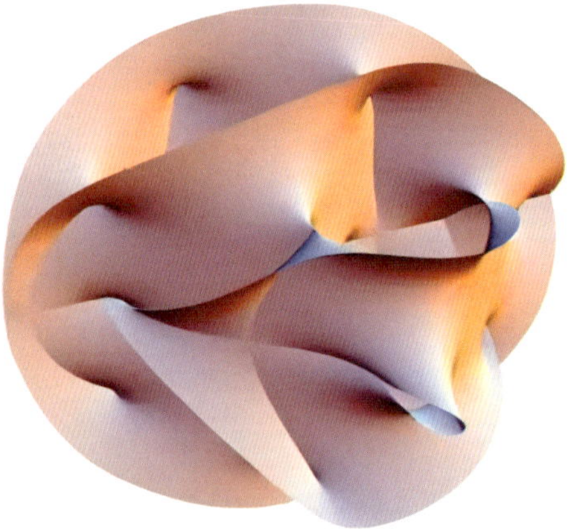

图 3-6 “卡 - 丘”空间
（老窖微生物系统演化过程中呈现高维几何结构，形成酒体的多维度优质特征）

“卡-丘”空间迂回曲折且扭曲，无法使用传统的欧几里得几何描述，它们只遵循一种更为抽象的几何学。卡-丘空间里没有直线。“卡-丘”空间像一间有趣的房子，很多墙壁环绕着我们，房子上似乎到处都是镜子，镜子里有无数我们自身的影像。

如果说莫比乌斯环实现了由二维空间向三维空间跃迁、克莱因瓶实现了由三维空间向四维空间跃迁的话，“卡-丘”空间则再一次地实现了由四维时空向六维空间的跃迁。“卡-丘”空间有可能与弦理论一道来揭示微观世界的本原，形成新的宇宙观。老窖微生物系统中菌群的结构、老窖窖泥的养成等神奇的结构、空间、组分变化有可能对应于“卡-丘”空间结构，李后强教授倡导的白酒“九度理论”（温度、湿度、风速度、日照度、海拔度、土壤成分度、原料品质度、水质度和酿酒技术成熟度）有可能就有机地嵌入在“卡-丘”空间中，老窖酒的优质品质密码更有可能需要运用“卡-丘”空间的最新研究成果加以揭示。

第七节 动力学特征概说

老窖微生物系统是一个充满活力和复杂性的微观世界，受动力学原理的影响深远。在老窖的微生物群落中，微生物种群通过漫长时间尺度上的竞争、适应和遗传变化，逐渐形成了多样性和生态平衡。动力学原理揭示了这一微生物系统中的竞争、合作与共存，从而呈现出一种微生物世界的独特韵味。深入探究老窖微生物系统的动力学过程，不仅可以帮助人类理解微生物生态系统的复杂性，还有助于揭示生命在极端环境中的适应性和多样性。

一、老窖复杂系统学

复杂系统学是研究由相互关联元素组成的实体，其行为受相互作用和反馈机制塑造的跨学科科学。复杂系统学强调系统行为不仅是组成部分的简单总和，还关注非线性、自组织、适应性和网络结构等特征，核心概念包括自组织性、非线性和适应性，使系统具有鲁棒性。

老窖微生物系统的生产是典型的复杂系统，应用复杂系统学原理有助于优化酿酒过程。原材料的多样性和相互作用、微生物群落的动态变化、环境条件对酒质的直接影响是重要方面。系统性思考包括反馈机制和自适应性，确保产品一致性，考虑网络结构，关注原材料、微生物、设备之间的相互关系。这有助于深入理解和应对老窖酿酒过程中的复杂性，提高产品质量和稳定性。

二、老窖演化动力学

演化动力学研究生物在时间尺度上的演化和适应，关注自然选择、遗传漂变、遗传漂移、突变等演化力量，解析基因型和表型的变化。自然选择推动适应性更高的基因在种群中普遍传递，遗传漂变和漂移因随机性影响遗传多样性，突变为演化引入新变异。演化动力学还研究种群动态和演化策略，包括竞争、合作等，提供理解生物体适应性、演化和种群动态的框架。

老窖酿酒过程体现演化动力学特征。微生物群落经历漫长演化，适应发酵环境，形成稳定共生关系；遗传变异和突变积累导致微生物群落形成独特风味，自然选择推动适应性更强的微生物主导，基因频率演化塑造微生物遗传组成，环境压力促使演化策略调整代谢途径和生存策略。综合自然选择、遗传变异、适应性和环境压力，老窖演化动力学在酿酒工艺中产生深刻的影响。

三、老窖系统动力学

系统动力学是一种通过整体思考系统结构、行为和变化的方法，强调积分视角，关注系统长期行为和因果关系。通过建立动态模型，揭示系统内在的反馈回路和稳定性，敏感性分析帮助理解系统脆弱性。

系统动力学原理微观上可应用于老窖酿造系统的形成，从原材料供应链到发酵、陈酿等环节。系统动力学宏观上可用于产能管理、质量控制及销售策略制定等方面。分析变量如季节、气候、市场变化，优化生产参数，提高产品品质和一致性。建立动态模型可预测产能，解决潜在瓶颈，提高效率。质量控制和销售策略的动态模型有助于维持产品一致性。考虑市场需求、销售策略和环境可持续性，系统动力学能助力老窖酒企适应市场变化，提升业务可持续性。

四、差异动力学与老窖

差异动力学理论关注生态系统中物种的功能性和适应性差异，强调这些差异对物种共存和群落结构的关键作用。通过生态位分化，物种避免直接竞争，选择不同的资源利用策略，实现在同一生态系统中的协同共存。适应性在差异动力学中至关重要，使物种能够灵活应对环境变化。该理论应用广泛，解释了植物、动物和微生物群落的共存现象，对生态系统管理和保护提供重要指导。

老窖微生物的差异动力学是指微生物在酿造中的功能、生态位和相互作用差异（图3-7）。微生物通过生态位分化和资源利用策略差异，减少直接竞争，形成协同作用和相互依赖，维持了微生物的生物多样性，使其能够动态响应和适应酿酒环境的变化。差异动力学对传统酿造工艺产生影响，提升酿酒质量和效率。差异动力学虽然是生态学概念，但可以应用于微生物研究，为理解微生物在复杂环境中的动态行为提供新视角。

图 3-7 差异动力学图示
（老窖微生物系统呈现差异化的特征，不同的地理气候特征酿造出不同特质的酒体）

五、差异协同律与老窖的微生态系统稳定性

差异协同律是生态学理论，强调物种的功能性差异促进协同共存，提高生态系统稳定性。生态位分化减少直接竞争，功能性差异使物种在资源利用上更高效，实现协同共存，增强功能多样性。这种协同共存有助于提升生态系统对外部扰动的抵抗力，维持生态服务的效能。该理论应用于生态工程学，通过选

择不同功能的物种可提高生态系统的稳定性和服务性能。差异协同律为理解生态系统多样性与稳定性提供理论支持，对生态系统的保护和管理具有指导意义。

老窖微生物的差异协同律，是指微生物在发酵中通过功能性差异和协同共存，促进酿造过程的稳定及产品品质的提升。生态位分化减少竞争，协同发酵过程实现资源高效利用。微生物差异协同律增强了群体对外部扰动的抵抗能力，影响酒的风味、酸度和一致性。适应性反映在微生物对环境变化的调整上，为酿酒工艺提供新视角，引导酿造过程创造出口感丰富、高品质的酒类产品。

六、逻辑斯谛方程与老窖的动态变化

逻辑斯谛（Logistic）方程是描述生物种群生长的一阶非线性常微分方程，考虑了内禀增长率r和环境承载能力K。其生态学意义包括揭示内禀增长趋势及对系统承载能力的影响、探究呈现饱和增长趋势的种群特征、反映资源限制、描述平衡态及生态平衡，为预测种群动态和生态学研究提供重要工具。该方程适用于对植物、动物和微生物等多种生物群体演化规律的揭示，支持生态系统管理与保护决策。

老窖微生物种群的逻辑斯谛方程描述了种群数量N随时间t的变化，考虑内禀增长率r和承载能力K。解析过程关键在于理解N的变化率、内禀增长率r、承载能力K对种群数量的影响。解析需考虑发酵过程的初始条件、时间轴以及通过数学运算得到的解的形式。该解析对于理解微生物在发酵中的动态变化、生态平衡的形成具有重要意义，但实际应用通常需结合实验数据和模型拟合。

七、KdV-Burgers方程与老窖微生物系统

KdV-Burgers方程融合KdV和Burgers方程，描述非线性波动，具有非线性项、扩散项和色散项。其非线性项导致波动现象，扩散项引入阻尼效应，而色散项描述波的频率依赖性。KdV-Burgers方程的可积性使其在数学研究中具有优势，为理解非线性效应提供重要数学框架，其在波动、相互作用和流体动力学等领域有重要应用。

微生物相互作用可能产生非线性效应，扩散效应类比微生物在酒液中的迁移，色散效应反映微生物对环境变化的响应，与KdV-Burgers方程相关的非线性耗散项可类比为系统中的一些耗散效应。数学框架的可积性对应于是否存在适用于微生物系统的可解释数学模型或方法。实际建模需考虑微生物种类、代谢途径、环境条件等多因素，需要实验数据验证。

八、自组织临界现象与老窖调节机制

自组织临界现象（self-organized criticality，SOC）是自然系统在演化中达到临界点的现象，表现为尺度无关性和长程相关性。SOC系统自发演化至临界点，保持平衡与非平衡的边缘状态。其主要特征包括无尺度性、自组织性、尺度无关性、长程相关性和临界慢化。SOC在地震、森林火灾、磁场等领域有应用，深化了对复杂系统动力学行为的理解，对自然和人工系统建模与分析具有重要意义。

老窖微生物群体呈现自组织临界现象，在发酵中达到动态平衡状态。其特征包括动态平衡、尺度无关性、长程相关性、自组织性和触发-决定机制。微生物相互作用、代谢产物变化、生长死亡过程和环境波动是SOC的关键因素。SOC为微生物群体行为提供自调节机制，有助于适应环境变化。了解老窖微生物SOC现象可优化发酵过程、提高产品质量，为微生物动态控制提供理论基础。

九、突变理论与遗传的变异进化

突变理论是生物学关于遗传变异和进化的理论。突变是基因突然而显著的变化，为生物进化提供新的遗传变异。突变可以是点突变、插入或缺失，提供自然选择的材料。突变驱动进化，为环境适应提供新基因型；突变是随机的，可积累传递给后代；自然选择适应性基因推动进化，突变可能呈现有益、有害或中性等多种影响生物体的适应性。突变理论能解释物种多样性、适应性演化，在医学和农业领域有应用实例。突变理论能深刻洞察生物体的进化和多样性。

老窖微生物的突变现象是指在发酵中发生的基因变异，影响微生物的生理、代谢和适应性。突变是遗传多样性的来源，受环境复杂性影响，可能随机发生，影响微生物特性，包括有益、有害或中性等多种影响。突变可积累和通过自然选择传递，提高动物、植物及微生物的适应性和竞争优势。在白酒的酿造过程中，突变可导致酒的味道、品质变化；有益突变可改良酵母菌株。理解和管理突变现象对于发酵工艺和产品优化至关重要。

十、拓扑学原理与老窖空间结构

拓扑学是研究空间形状和结构性质的数学分支，关注拓扑空间及其结构。拓扑学基本原理包括拓扑结构、同胚映射、连通性、紧致性、流形、弯曲和不变性。拓扑学通过开集、闭集、邻域等概念描述空间连接性和紧密性，强调在拓扑变换下保持不变的性质；同胚映射是空间相等的关键概念。拓扑学在数学、物理、生物、计算机科学等领域有着广泛应用，可以深化对空间结构本质的理解，用于研究不同数学结构的关系及其性质分类。

老窖微生物群体的拓扑学原理涉及在发酵中形成的空间结构和相互关系，可通过拓扑结构描述微生物间的共生、竞争关系。将微生物群体抽象为拓扑空间，拓扑学概念如开集、闭集可描述局部和全局结构。连通性、分支研究微生物信息传递和群体连接；同胚映射刻画不同群体相似性，弯曲和不变性关注微生物相互作用的不变特性。拓扑学与微生物生态学交叉应用可全面理解微生物群体的结构和动态变化，为酿造过程提供深入的理论基础，揭示微生物群体的复杂性。

第八节 相对论与量子论

老窖微生物系统可以被视为一个微观世界，在这个世界中，微生物的行为和相互作用受到相对论和量子理论的影响。相对论表明，时间和空间在微观尺度上可以变得模糊不清，微生物在老窖中的演化和运动可能受到时间和空间的弯曲影响。另一方面，量子理论揭示了微生物在微观层面上的量子行为，如量子叠加和量子纠缠，这些行为可能在揭示微生物之间的相互作用原理时起到重要作用。因此，相对论和量子理论为人类解释老窖微生物系统中微生物之间复杂相互作用的本质，提供了重要的理论框架。

一、爱因斯坦的相对论

爱因斯坦的相对论包括狭义和广义相对论，颠覆了牛顿力学和电磁学观念。狭义相对论提出相对性原理和光速不变性，引入著名的质能方程式（$E=mc^2$，E代表能量，m表示质量，c指光速）。广义相对论将引力本质定义为时空弯曲，解释了引力并不是一种独立的作用力，而是物质与时空相互作用的几何表现。等效原理说明自由落体状态下物体与无重力状态等效。引力透镜效应和时间延展效应在实际应用中被验证。

老窖微生物系统的相对论解析尝试将相对论原理应用于酿酒，关注时间膨胀、长度收缩和质能关系。发酵过程中，酵母菌可能感知到时间流逝的变化，酒液在输酒管道中流动时可能发生微小的长度收缩。相对论的质能关系可能用于解释原材料质量向酒液中能量的转化。尽管这些效应的强弱尚未可知，实际影响的大小则需更深入的实验研究来验证。这种解析提供了一种创新思维方式，帮助理解酿酒过程中的微观变化。

二、时空统一的新视角

爱因斯坦的相对论引入了令人惊奇的概念，包括时空的统一、长度收缩和时间膨胀。狭义相对论将时空视为统一的四维连续体，强调了时间与空间的密切关系。长度收缩概念表明运动物体在运动方向上被观察时，其长度似乎缩短，展现了运动物体在时空上的相对性。时间膨胀揭示了运动时钟相对于静止时钟的缓慢走时，经实验得以证实。这些概念深刻改变了对时空关系的认知，成为现代物理学的基石。

通过时空统一（图3-8）、长度收缩、时间膨胀等概念对老窖微生物系统进行解析是一种创新思考。将相对论原理与酿酒过程关联，探讨这些效应在发酵和陈酿中可能带来的微妙影响。时空统一可应用于酿酒全过程，长度收缩理论可解释液体流动中的微小变化，时间膨胀效应可能影响老窖酒的发酵与特性。

图 3-8 时空统一
（老窖微生物系统随时间、空间演化呈现统一化的终极趋势）

这种相对论解析提供了对微观变化的新视角，尽管在实际酿酒中的影响效应还有待研究，但为深入理解酿酒过程提供了创新思路。

三、质能统一与酒液

相对论提出了质量与能量的统一理念，由爱因斯坦于1905年提出。这一理论颠覆了对物质和能量关系的传统认知，揭示出它们实际上是同一事物的不同表现形式。核心公式$E=mc^2$表达了质量与能量之间的等价关系，其中c是光速。这一发现在核物理、宇宙学和工程技术中产生深远影响，为理解能量转化提供了新的视角。

老窖质量与能量统一、质能公式解析是独创而有趣的思考。将相对论原理与酿酒过程结合，探讨原材料质量与能量的微妙关系。酒液分子的微小质量变化，通过质能公式可转化为能量，可能在发酵和陈酿过程中影响老窖酒的口感和品质。该解析提出实验验证的可能性，强调通过精密测量和分析，深入了解酿酒中微观层面的潜在影响。这一思考方式创新将有助于更深入理解酿酒过程的微妙变化。

四、普朗克量子论与量子效应

德国物理学家马克斯·普朗克（Max Planck）于20世纪初提出普朗克量子理论。他通过研究黑体辐射问题，揭示了能量的离散化本质，引入量子概念。

微生物学研究微生物，如细菌、病毒，而量子力学探讨微观粒子的行为。尽管领域迥异，研究表明微生物体系可能存在量子效应，如光合作用中电子传递和生物感应器的运作。这些微弱而微妙的效应影响生物分子结构和功能，但在生物体系中受到温度和噪声等因素的调节。老窖微生物学中的量子效应研究仍处于初级阶段，科学家正在努力揭示其对生物学过程的实际影响。

五、辐射公式与微生物代谢

维恩（Vayne）、斯特藩（Stefan）、普朗克提出的普朗克辐射定律，描述了物体热辐射与温度的关系。辐射公式是热辐射的基础，其表达式如下：

$$B(\lambda,T)=\frac{2hc^2}{\lambda^5}\cdot\frac{1}{e^{hc/\lambda kT}-1}$$

其中，$B(\lambda,T)$是辐射强度，λ是波长，T是绝对温度，h是普朗克常数，c是光速，k是玻尔兹曼常数。其公式表达了辐射强度随波长和温度的变化，关键在于引入了量子概念。公式中，辐射能量与温度正相关，波长变化影响光子能量。绝对零度时辐射强度趋近于零，关联零点能。该定律广泛应用于天文学、气象学和工程学，为解释和设计各领域辐射现象提供了理论基础。

微生物发酵中，微生物代谢产生的热能影响发酵体系温度，符合普朗克辐射定律。温度调控微生物生长和代谢活性，影响产物生成效率。光合作用微生物在发酵中促进光能吸收和辐射，与温度和其生理状态相关。调控温度和关注辐射现象有助于实现高效、可控的微生物发酵过程。

六、薛定谔方程与微生物发酵

薛定谔（Schrödinger）提出的薛定谔方程是量子力学的基本方程，描述微观粒子演化的数学框架，基本形式为：

$$i\hbar \frac{\partial \psi}{\partial t} = \widehat{H}\psi$$

其中，ψ是波函数，描述了粒子的量子态；t是时间；$\hbar$是约化普朗克常数，$\hbar = \frac{h}{2\pi}$，其中h是普朗克常数；$\widehat{H}$是哈密顿算符，代表了系统的总能量算符。方程揭示了波粒二象性，波函数描述粒子位置和动量的概率分布，关联不确定性原理。薛定谔方程描述量子态演化和波函数坍缩，是理解微观世界行为的重要工具。

微生物发酵涉及微观粒子行为，如原子和分子，可由量子力学描述，薛定谔方程提供了理论框架。方程解释了波函数，描述微生物细胞内粒子的量子态和位置分布；应用于能级、量子态和不确定性原理，揭示微生物发酵中粒子状态演化及其影响。尽管在复杂的生物化学过程中，薛定谔方程可能过于精确，不同尺度的模型可能更实用，但其基本原理为理解微生物发酵中微观粒子行为提供了关键理论基础。

七、酒味最小单元

酒的风格特征的不可分离性源于酿造过程中原料、发酵、蒸馏和陈酿等因素的共同作用，无法简单分离。谷物等原料为酒体赋予独特个性，发酵和蒸馏影响口感，陈酿过程吸附香气，地域特征形成独有风味。这种不可分离性体现在不同酒类的口感和香气上，成为酒类独特性的标志。

量子化酒的风味的最小单元概念尝试将量子物理学与食品感官特征，尤其是酒的味道联系起来；源于分子振动和光谱学原理，提出分子间相互作用、振动能量与热运动、电子结构等量子层面因素可能影响酒体的口感和香气。尽管其为非主流理论，但在食品科学和酿酒业讨论中引起关注。这一新兴领域需要更多科学实验验证。量子力学原理或可帮助深入理解微观层面如何影响美味。

八、超弦学说与微生物代谢

超弦学说认为基本粒子是一维弦的振动，其通过引入额外微小维度，试图统一描述所有基本粒子及其相互作用，包括引力。弦的不同振动模式解释了多样的粒子族群，提供了新的几何描述。

微生物发酵与超弦学说虽然属于不同领域，但二者有密切联系。因为微生物也属于超弦能量，微生物振动也是超弦振动。振动频率和多样性对应发酵过程中的特定阶段和产物，微生物学空间维度与微生物多样性相类似。微生物振动模式和微生物代谢的关系类似于超弦振动模式与基本粒子的关系。超弦振动与微生物活性有关，振动越强烈，微生物活性越强，发酵能力越强，效率越高。

九、希格斯理论与老窖

希格斯理论是描述希格斯场的量子场理论，该场解释了粒子质量的来源。希格斯场填充了整个宇宙，与粒子相互作用赋予它们质量。希格斯场激发形成希格斯玻色子，此希格斯玻色子于2012年在大型强子对撞机（large hadron collider，LHC）实验中被发现，提出希格斯玻色子的英国科学家彼得·希格斯（Peter Higgs）于2013年被授予诺贝尔奖。基于量子场论框架，希格斯理论的拉格朗日量揭示了场的动力学和对称性破缺。希格斯场的存在导致电弱对称性破缺，形成现代标准模型的电弱力和电磁力。实验证实了希格斯理论，为理解基本粒子质量及超出标准模型的新物理学提供了关键支持。

微生物发酵与希格斯场有直接关联。希格斯场给微生物赋能、加持、给力，让微生物更活跃。微生物活动类似微观粒子振动，与希格斯场的相互作用可以提升能量层次。发酵中的化学反应也是基本粒子的相互作用，希格斯场中的质量获得与微生物代谢过程相联系。尽管二者尺度和性质不同，但这种相关性解读可以帮助理解两个领域概念之间的内在逻辑性。

参考文献

[1]马克思.机器、自然力和科学的应用[M].自然科学史研究所,译.北京:人民出版社,1978.

[2]【法】保尔·拉法格.回忆马克思[M].中共中央马克思恩格斯列宁斯大林著作编译局,译.北京:人民出版社,2005.

[3]李后强,廖祖君.从“九度视角”看中国白酒产川贵[J].当代县域经济,2017,(10):10−15.

[4]唐莉蓉,罗波,李宾.跨文化传播视角下泸州老窖窖池文化的历史内涵与时代价值[J].酿酒科技,2022,(04):111−115.

[5]湛紫樱,鲁若愚,丁奕文,等.突破传统:泸州老窖“智慧酿造”的创新之路[J].清华管理评论,2022,(03):113−120.

[6]张立强,冉茂芳,王松涛,等.泸州老窖大曲中高产纤溶酶菌株的分离及鉴定[J].酿酒科技,2021,(03):17−24.

[7]张宿义,刘淼,沈才洪,等.泸香型白酒窖泥微生物生态功能研究进展[J].酿酒科技,2021,(01):71−76+84.

[8]向凡舒,王瑞萍,赵慧君,等.基于PCR−DGGE技术的古襄阳白酒窖泥微生物多样性分析[J].食品研究与开发,2019,40(23):197−205.

[9]杨菁瑾,唐雪,杨先超,等.泸州老窖不同窖龄窖泥中己酸菌遗传多样性及系统发育[J].四川农业大学学报,2015,33(02):181−188.

[10]郑琦,章秋萍,何新新,等.浓香型白酒老窖泥中好氧芽孢杆菌的分离及系统发育树的初步构建[J].农业生物技术学报,2014,22(11):1411−1417.

[11]熊亚,陈强,唐玉明,等.泸州老窖不同窖龄窖泥中乳酸菌多样性PCR−DGGE分析[J].应用与环境生物学报,2013,19(06):1020−1024.

[12]叶光斌,罗惠波,杨晓东,等.基于免培养法研究泸州地区浓香型白酒窖泥原核微生物群落结构[J].食品科学,2013,34(17):176−181.

[13]王俪鲆,张良,刘来雁,等.泸州古酿酒窖池中两株产甲烷杆菌比较研究[J].应用与环境生物学报,2010,16(06):840−844.

[14]姚万春,唐玉明,任道群,等.泸州老窖国窖曲曲坯层次间微生物差异研究[J].酿酒,2005,(05):35−37.

[15]胡承,应鸿,许德富,等.窖泥微生物群落的研究及其应用[J].酿酒科技, 2005,(03):34−38.

[16]唐玉明,任道群,姚万春,等.泸州老窖窖泥化学成分差异研究[J].酿酒科技, 2005,(01):45−49.

[17]吴衍庸,易伟庆.泸州老窖己酸菌分离特性及产酸条件的研究[J].食品与发酵工业,1986,(05):1−6.

[18]矢泽洁,新海裕美子,海因茨·霍利斯.什么是维度[M].史苑,译.北京:机械工业出版社,2021.

[19]李后强,程光钺.分形与分维[M].成都:四川教育出版社,1990.

[20]汪富泉,李后强.分形几何与动力系统[M].哈尔滨:黑龙江教育出版社,1993.

[21]李后强,汪富泉.分形理论及其在分子科学中的应用[M].北京:科学出版社,1993.

[22]李后强,张国祺,汪富泉.分形理论的哲学发轫[M].成都:四川大学出版社,1993.

[23]汪富泉,李后强.分形[M].济南:山东教育出版社,1996.

[24]Li Houqiang, Wang Fuquan. In:Philip M,et al.Geometry in Biological Systems: An Analytical Approach[M]. Florida:CRC Press, 1996.

[25]黄登仕,李后强.分形几何学、R/S分析与分式布朗运动[J].自然杂志,1990,13(08):477-480.

[26]李后强,赵华明.布朗运动的 Multifractals特征[J].科学通报,1991,36(05):397.

[27]李后强,赵华明.二维布朗运动的多重分形与相变[J].化学物理学报,1991,4(01):13-17.

[28]凤凰网科技.丘成桐:人类生活在十维的宇宙中[EB/OL].(2022-12-25)[2025-02-12]. https://tech.ifeng.com/c/8M1wOgnEjfJ.

第四章

特殊山水构成老窖环境

大自然鬼斧神工，不仅雕琢出壮丽风光、大好河山，更滋养了中国各地绚烂多彩的发酵文化。山川河流以其独有的自然环境，为发酵食品提供了不可复制的条件。从山间清洌的空气到河谷丰饶的土壤，每一个自然元素都在悄然间参与发酵的奥秘，赋予食物以独特的风味。依托自然赋予的神奇魔力，可见证不同地理环境下发酵食品的多样性，感受自然与文化的深度融合，揭示山水地理与饮食文化之间的奇妙联系。

第一节 四川盆地是天然发酵池

四川省位于我国西南地区长江上游，面积广大，地跨我国第二、第三级地理阶梯，具有极为复杂多样的地形地貌。以龙门山和大凉山为界，四川省可以被划分为两大地理单元，分别是西部的高原山地和东部的四川盆地。西部高原山地是青藏高原的一部分，地势高，包含诸多山脉、高原和峡谷，因海拔高，气候偏向寒冷干燥，部分山区多年被冰雪覆盖，气候季节变化显著。东部的四川盆地被一系列山脉所包围，地势较低，地形较为平坦。在这相对平坦的盆地里，有肥沃丰盈的紫色土壤，江河交汇的水域，温暖湿润的怡人气候，以及生生不息的优质原粮，给予了生活在这里的人们富足的生活，也酝酿出了中国醇厚的酒香一脉。四川盆地就像一个巨大的天然白酒老窖，优良的气候、水土等要素条件满满当当地汇聚，产生了一个巨大的涡旋。这个涡旋不断富集能量，为四川盆地的白酒酿造提供源源不断的滋养，使得原料能够吸天地之灵气，酝酿出名享天下的川酒。这里是中国最大的白酒原产地，这里是天地共酿的中国原酒之乡。

一、盆底沃土，窖底天成

四川盆地背靠喜马拉雅山，集结了多种独一无二的地理特点：这里有高原季风形成的地球“抽风机”，吹出一个烟雨四川；有降雨频频的华西雨屏，终日阴雨连绵，云雾笼罩，为附近地区提供了极其湿润的环境和极佳的生态环境；有黄金北纬30°，为四川盆地增添了一番神秘；还有横断山、长江和黄河，冬暖夏凉的内陆海洋性气候，符合白酒酿造的“黄金九度”要求特性，所谓天府之土。在远古时期，四川盆地曾是海洋，正如《山海经》中所书写的“古蜀海”。四川盆地内有着优渥的酿制白酒的条件，为独一无二的川酒酿造营造了得天独厚的基础，构成了巨大的“天然发酵池”，适合微生物生长繁殖。

四川盆地内有着诸多河流，这些河流的存在，不仅为农业灌溉提供了充足的水源，也孕育了丰富的生态环境，使得四川盆地成为一个生态、经济、文化交融的宝地。在丰美的自然条件下，不仅文化在此得到滋养，微生物也找到了丰饶的栖息地。微生物在四川盆地温润的条件下迅速生长、繁殖，形成独特的微生物种群，为具有川地特色的发酵食品提供了必要条件。从某种意义上来说，四川盆地本身就是一个天然的大地之窖，孕育了泸州老窖、五粮液、剑南春、舍得、郎酒、水井坊等诸多家喻户晓的白酒品牌，陈藏川酒的独特滋味，就根源于四川盆地这座天然的大自然窖池。

四川盆地这个天然窖池培养出了多种独特的微生物种群，如巴蜀菌、天府菌。2022年1月19日，中国科学院动物研究所魏辅文院士团队在《细胞报告》发表了题为：《大熊猫肠道微生物群的季节性变化使宿主的外周生物节律同步以生理适应低脂饮食》（*Seasonal shift of the gut microbiome synchronizes host peripheral circadian rhythm for physiological adaptation to a low-fat diet in the giant panda*）的研究论文。从保护宏基因组学视角揭示了野生动物食性与肠道微生物的互作机制，揭开了大熊猫吃素也能胖嘟嘟的秘密在于一种关键的肠道细菌——丁酸梭菌。大熊猫之所以能消化竹子中的纤维素与半纤维素，关键在于梭菌类的肠道微生物。据考证，全球各地几乎都可以找到大熊猫的化石，然而，现存的野生大熊猫几乎只生活在四川及周边地区。作为杂食动物的大熊猫主要以竹子为食，其中一个原因是因为四川地区的独特环境改变了大熊猫的肠道微生物，从而改变了大熊猫的饮食习惯，而地理条件又恰好能够满足大熊猫的饮食需求，为大熊猫种群的延续提供了基本物质基础。从这个角度看，正是由于四川盆地独特的微生物生长环境，大熊猫才得以延续至今。

如果说四川盆地是一座天然发酵池，那么四川盆地内部区域，则是这座巨大天然窖池的窖底（图4-1）。四川盆地的土壤类型主要分为紫色土、红壤、黄黏土等。这些土壤类型具有独特的化学性质和肥力特点，对白酒酿造起着重要作用。其中紫色土是四川盆地分布最为广泛的土壤，富含铁、铝、有机质等成分，因其含有较高比例的铁氧化物质而呈现出紫色或紫红色。这种土壤因质地松软，透气性好，同时富含有机质和矿物质，因此对于某些植物的生长具有一定的优势。紫色土同时有利于净化水质，水经过土壤层时，杂质被过滤掉，土壤中的有益微量元素被溶解到水中，经过渗透和汇流，水系的水质得到改善，并含有大量微量元素，有益于白酒发酵并产生独特的风味。红壤也是四川主要土壤类型之一，土壤颜色呈红色或红褐色，透气性好，适宜于高粱、小麦等酿酒原料作物的种植。红壤呈酸性或微酸性，通常富含铁、铝等矿物质元素，土壤中的矿物质元素会被酿酒原料所吸收，影响酿酒原料的品质，并对发酵和最终酿造的白酒品质产生重要作用。

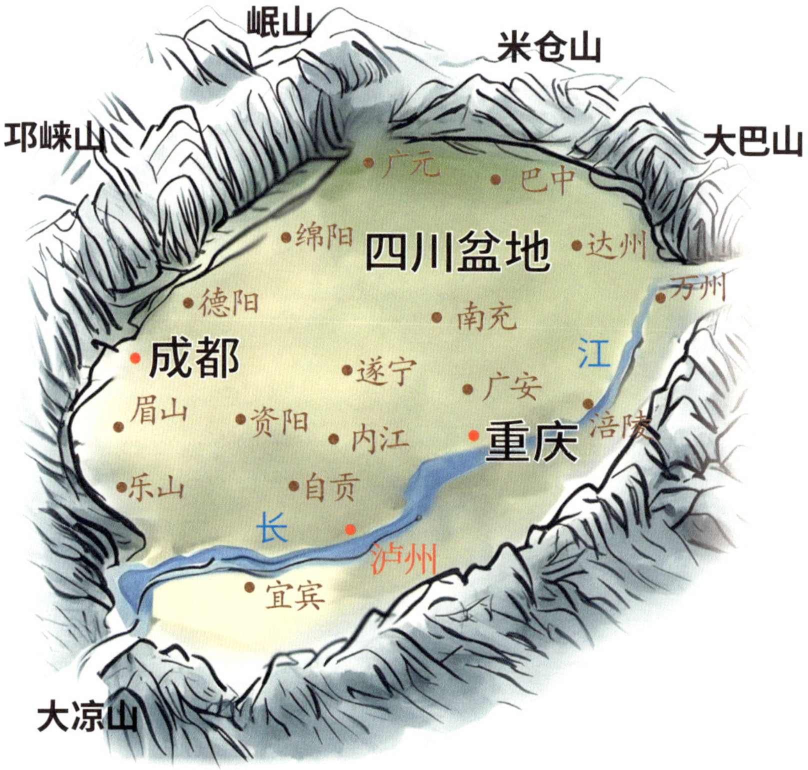

图 4-1　四川盆地好似一座天然的发酵池

同时，盆底的优质土壤还被用作发酵池的筑窖泥土，对白酒酿造产生显著影响。川南地区的黄黏土，含沙量较低，土质细腻，黏性强，富含有机物，适合微生物的栖息繁衍。这种土壤用于窖池等发酵容器的制作，一方面可以加快发酵速度，另一方面在发酵过程中，窖池的窖泥与酿酒原料之间会持续进行物质交换，窖泥里的微生物和矿物质会转移到酿酒原料里，有助于改善白酒的品质和风味。明朝舒承宗在泸州筑造窖池时就选用了长江边五渡溪的黄泥，这种黄泥质地柔软、细腻黏密，经过长江水常年的沁润，杂质少，具有极好的保水性，更重要的是用其筑成的窖池非常适宜酿酒菌群的繁衍。这样的窖池经过漫长不间断地酿造白酒，窖泥、原料、酒曲以及周边环境共同构成了丰富的微生物系统，随着时间推移，微生物菌群不断被驯化和富集，使这个微生物系统菌群更加丰富且保持动态平衡，从而窖池酿造的白酒品质也越来越好。

在四川盆地独特的地形地貌和丰富物产的孕育下，由天府之土所筑造的窖池浑然天成，聚天地之灵气，凝日月之光辉，老窖酒得以在此酿造出绝佳风味。

二、美酒之乡，温润场域

四川盆地的气候类型属于温暖湿润的亚热带季风气候，该区域还具有一定的海洋性气候特征，是我国唯一具有海洋性气候特征的地区。此外，由于四川盆地边缘的海拔高差非常大，所以盆地边缘还存在着气候垂直分带类型。四川盆地全年温暖，年均温度为16～18℃，日温≥10℃的持续期有240～280天，积温达到4000～6000℃，气温日差较小，年差较大，冬暖夏热，无霜期达230～340天。这里空气湿润，年降水量较大，为1000～1300毫米，但年内分配不均，70%～75%的雨量集中于夏季。

相比我国其他同纬度地区，四川的降水更加持久。当夏季风裹挟着来自海洋的暖湿气流席卷中国中东部时，会分批次给各地带来降雨，但四川盆地的雨季，会从夏天一直延绵到秋季，甚至延续到11月，这在气象学上称为“华西秋雨”。每年进入9月后，西太平洋副热带高压控制我国长江以南至华南一带，在副高压影响下，暖湿空气滞留在我国西南地区。同时，冷空气频繁地从青藏高原北侧东移，或从我国北方南下，冷暖空气在盆地西部相遇，产生较长时间的阴雨。华西秋雨的空间分布很不均匀，四川盆地东北部和西部尤为明显，被称为大巴山多雨带和华西雨屏带。这一分布主要受地形影响，当暖湿气流遭遇高大地形阻挡时，被迫抬升，形成地形雨，例如位于川西高原东南麓的雅安市，年均降雨量高达1800毫米左右。

到了冬天，我国中东部地区降水减少，受北方干冷空气南下影响大，空气干燥；而四川盆地则仍有较多降水，能保持湿润的气候环境。一个原因是由于四川盆地受山地阻隔，受南下干冷空气影响小；另一个原因就要归功于印度洋的暖湿水汽。印度洋面积约7500万平方千米，占据世界海洋总面积的20%，其中大部分海域位于热带，经常有热带气旋产生。影响四川盆地气候及生态环境的，就是形成于“北印度洋——孟加拉湾”的热带气旋，其表征为西南季风。由于四川盆地西南的横断山脉相对喜马拉雅山脉要低许多，并且大体呈南北走向，来自西南方向的印度洋暖湿水汽可以越过横断山脉，并通过山脉之间的峡谷通道输送到四川盆地，所以四川盆地冬季相比我国中东部地区要更加湿润。

湿润的空气对白酒酿造的发酵过程至关重要。首先，湿润的气候决定了发酵所需微生物的种类更丰富、数量更多，气候湿润，生态环境会更好，植被也会更加茂密，这样的环境里微生物的种类和数量都会更多。其次，湿润的空气有利于维持发酵所需微生物的活性并促进其生长繁殖，从而加快发酵速度，发酵的本质就是通过细菌等微生物的活动产生乙醇等物质。

受益于四川的盆地地形，盆地内部云层深厚，形成了较好的保温效果，所以四川无霜期也比同纬度其他地区更长，并且盆地内的昼夜温差更小。与空气湿度一样，四川盆地的气温条件也对发酵过程有着重要的影响。四川盆地温暖的气候给发酵所需的微生物提供了良好的生长繁殖环境，也有利于提高其活性。四川盆地季节之间、昼夜之间相对较小的温度变化，为发酵过程提供了稳定的温度环境，有利于保证白酒的品质稳定。同时，气温对白酒香气影响显著，一些酒类的风味和香气是在特定温度条件下形成的，保持温暖稳定的气温有利于这些香气物质的生成和保存，四川盆地白酒的浓香也正是在这样的温度环境中形成的。

总结起来，四川的气候特征表现为降水丰富、空气湿润、气候温暖、温差较小，这样的气候环境一方面为四川的农业生产提供了良好的环境，可以种植包括大米、糯米、小麦、高粱、玉米在内的多种粮食作物，并且产量较大，除了供给人们食用以外还能有大量剩余，为四川的白酒酿造业提供了大量的优质原料。另一方面，酿酒，本质上是淀粉或糖在微生物的帮助下转化为乙醇的过程，并且白酒中的风味成分也是微生物代谢的产物，所以微生物的生长状况对白酒酿造有着至关重要的作用，而四川盆地的温度和湿度非常有利于微生物繁殖生长，这就为四川的白酒酿造提供了其他地区无法比拟的优势。

四川地区优质的水土气候是这座天然“老窖”能够形成的必然因素；温暖湿润的四川盆地长期受到天露的恩泽，雨水滋润土壤上的作物，为川酒的原料打造出绝佳的条件。“巴山夜雨”在悄无声息中浇灌原料，滋润发酵，为老窖酒的流芳充分赋予了自然的气息。

第二节
川南盆地是天选酿酒地

川南盆地凭借其独特的自然环境组合，成为了酿酒的一方宝地。自然环境方面，温润的气候、丰富的降水以及适宜的光照时长，为酿酒所需的原料生长提供了优越条件。川南盆地中的馒头山等独特地貌，进一步丰富了地形的多样性，为不同的微生物群落提供了多样化的生存空间。适中的海拔使得温度、气压等环境参数处于一个较为理想的状态，为酿酒的各个环节提供了适宜的物理条件。

一、天然的酿酒温室

川南盆地独特的地形宛如一个被大自然怀抱的发酵池。四周山脉环绕，形成了相对封闭的空间，进而塑造出一个独立而稳定的小气候区域。这种环境就像是为酿酒微生物精心打造的温馨家园，对于酿酒过程具有至关重要的意义，如同一位精准的调控大师，为微生物的生长繁殖提供了适宜的热度条件。无论是在炎热的夏日还是寒冷的冬季，盆地内的温度波动相对较小，始终维持在一个有利于微生物活跃的范围内。这使得微生物能够在舒适的环境中茁壮成长，有条不紊地进行着各种生命活动，从而为酿酒过程的顺利进行奠定了坚实基础。适宜的湿度，则像一位温柔的滋润使者，为微生物的生存和繁衍提供了必要的水分支持。盆地内湿润的空气，使得微生物能够保持良好的活性状态，积极参与到酿酒原料的发酵过程中。这种稳定的温度、湿度环境，不仅有利于微生物的生长繁殖，还为酿酒工艺的传承和发展提供了可靠的保障。酿酒师们在这样稳定的环境条件下，能够更加精准地掌握和预测发酵过程中的各种变化，从而传承和发扬着古老而精湛的酿酒技艺。

二、馒头山的独特地貌

馒头山，顾名思义是一种外形圆润、顶部平缓，形似馒头的山丘，通常呈现出相对孤立的状态，屹立于周边地形之上。馒头山地貌作为川南盆地的显著标志之一，对酿酒有着深远而独特的影响。馒头山独特的地形结构，其圆弧形轮廓和相对独立的存在形式，犹如天然的气候调节器。由于其相对低矮的高度和独特的外形，它们能够影响空气的流动和温度的分布。在白天，馒头山吸收太阳的热量，使得周围的气温相对升高；到了夜晚，山体释放出储存的热量，起到一定的保温作用。此外，馒头山还能够影响降水的分布。湿润的空气遇到山体时，会被迫上升，冷却凝结形成降水，从而使得馒头山周围的地区相对较为湿润。而湿润的环境使得周围的空气流动相对稳定，为酿酒营造了极为有利的小气候环境。这种稳定的空气流动有助于维持恰到好处的温度、湿度条件。

在发酵过程中，微生物如同精密的机器，对环境的温度和湿度变化极为敏感。馒头山所创造的稳定小气候，能让微生物在适宜的环境中安心工作，保证其正常的代谢活动。适宜的温度能促使微生物中酶的活性达到最佳状态，从而高效地将酿酒原料中的糖分转化为乙醇，使得发酵过程平稳而顺利，极大地提高了酒的品质和口感的稳定性。

馒头山的地质构造对地下水的分布和水质有着重要影响。这些小山丘下往往蕴含着丰富的地下水资源，而地下水对于酿酒而言，犹如生命之泉。优质的地下水不仅为酿酒提供了纯净、无污染的水源，还可能含有适量的矿物质等成分。这些矿物质在酿酒过程中扮演着不可或缺的角色，它们与酿酒原料相互作用，如同神奇的魔法调料，赋予酒独特而丰富的风味。比如磷、铁、硒等矿物质能够促进微生物的生长和代谢，同时还能影响酒的口感和香气，使酒更加醇厚、回味悠长。

再者，馒头山周边的土壤特性也为酿酒增添了独特魅力。不同的土壤类型富含着各异的营养物质和微生物群落。在馒头山的滋养下，土壤可能富含适合酿酒原料生长的养分，如氮、磷、钾等元素。这些养分如同滋养万物的源泉，为酿酒原料（如高粱、小麦等）的茁壮成长提供了坚实的物质基础。优质的酿酒原料在这样的土壤中能够积累更多的淀粉和糖分，为后续的发酵过程提供充足的能量和物质来源。同时，土壤中的微生物也积极参与到酿酒的奇妙过程中。它们与空气中的微生物相互协作，共同演绎着一场复杂而美妙的生化反应，为酒增添了丰富多样的风味成分，塑造了川南盆地酿酒独特的地域风味。

此外，馒头山的地貌还承载着深厚的文化内涵，为酿酒赋予了独特的文化魅力和景观背景。这些小山丘常常成为酿酒作坊的自然地标，它们见证了一代又一代酿酒人的辛勤劳作和智慧传承。在馒头山的环抱中，酿酒工艺不仅仅是一种生产活动，更是一种地域文化的象征和延续。这种独特的文化氛围融入每一滴酒中，使得川南盆地的酿酒不仅具有卓越的品质，更承载着当地的历史记忆和文化情感，成为一种具有独特魅力和价值的饮品。

三、海拔高度的恰到好处

川南盆地适宜的海拔高度，是其适合酿酒的又一重要因素。一般来说，盆地的海拔在200～500米，这个高度范围仿佛是大自然精心设计的黄金比例。

充足的阳光照射，是这个海拔高度带来的一大恩赐。阳光洒在大地上，为酿酒原料的生长提供了源源不断的能量。农作物在阳光的沐浴下，进行着充分的光合作用，将二氧化碳和水转化为有机物质，积累了丰富的糖分和营养成分。这些优质的酿酒原料，为酿造出醇厚、香气浓郁的酒，提供了物质保障。

同时，适中的海拔又避免了因过高而导致的气温过低。过低的气温会抑制微生物的活性，影响发酵过程的正常进行。川南盆地的海拔高度恰好使得气温保持在一个既不过热也不过冷的适宜范围内，为微生物的活动提供了良好的温度条件。微生物在这样的环境中能够充分发挥其发酵作用，将酿酒原料中的糖分转化为乙醇和各种风味物质，酿造出品质上乘的美酒。

四、西南涡旋聚集微生物群落

在川南盆地，空气涡旋现象犹如一场神奇的自然魔法，为酿酒创造了独特的微生物环境。盆地内的地形特点导致空气流动形成独特的涡旋效应。这种效应就像一个无形的屏障，使得空气中的微生物在局部区域内聚集。这一现象为川南盆地带来了丰富多样的微生物群落，成为酿酒过程中的关键因素。

空气涡旋效应带来的好处不可忽视。西南涡旋使得空气中的微生物不易扩散出去，在川南盆地内大量聚集和繁衍生息。这些丰富的微生物在酿酒过程中发挥着至关重要的作用。它们参与发酵，产生各种独特的代谢产物，赋予了川南盆地所产酒丰富的风味和独特的品质特征。

空气涡旋使得川南盆地的空气流动相对较为稳定。这在一定程度上减少了强风的出现频率，有助于维持较为温和的气候条件。没有剧烈的空气流动冲击，气温的变化相对较为平缓，不会出现骤冷骤热的情况，为酿酒过程中微生物的生长和发酵提供了稳定的温度环境。

空气涡旋有助于保持盆地内的湿度。由于空气流动相对受限，水汽不易迅速扩散，使得川南盆地的空气湿度相对较高。这种较高的湿度对于酿酒来说是非常重要的，一方面可以为发酵过程提供必要的水分条件；另一方面也有助于保持酒窖等酿酒场所的湿润环境，利于酒的陈酿和品质提升。

空气涡旋效应可能会影响云层的分布和降水情况。相对稳定的空气流动可能会使云层在盆地内停留的时间较长，从而增加降水的可能性。适量的降水对于维持川南盆地的生态平衡和农业生产至关重要，而农业的繁荣又为酿酒提供了丰富的粮食等原料。

空气涡旋还可能对局部的小气候形成产生影响。在盆地的不同区域，由于空气涡旋的作用程度不同，可能会出现细微的气候差异。这些小气候的存在为不同类型的酿酒原料和微生物提供了多样化的生长环境，进一步丰富了川南盆地酿酒的特色和品质。

空气中的微生物，特别是那些参与发酵过程的有益菌种，如酵母菌、乳酸菌等，得以在这一区域内长期存在和发展。它们在适宜的环境中大量繁殖，为酿酒提供了必要的发酵动力。酵母菌将酿酒原料中的糖分转化为乙醇，乳酸菌则产生乳酸等有机酸，赋予酒独特的口感和风味。这些微生物的相互作用和协同发酵，形成了川酒的独特风味特征，使其在众多酒类中脱颖而出。

五、“天府菌”掌控川酒风味

丰富的微生物资源是川南盆地适合酿酒的核心优势之一，它们如同隐藏在大自然中的生命密码，为酿酒事业注入了灵魂。四川盆地独有的微生物即“天府菌”。盆地内独特的地理环境和气候条件，共同孕育了大量种类繁多的“天府菌”，涵盖了各种对酿酒有益的菌种。它们在空气中、土壤中、水中以及酿酒原料表面广泛存在，形成了一个复杂而又相互关联的生态系统。

这些微生物在酿酒过程中发挥着至关重要的作用。它们是酿酒的“精灵”，以其独特的生命活动参与到每一个酿酒环节中。在发酵过程中，微生物通过代谢作用将酿酒原料中的大分子物质分解转化为小分子的乙醇、香味物质和其他风味成分。不同种类的微生物相互协作，产生出复杂而又和谐的化学反应，为川酒赋予了丰富的口感、浓郁的香气和独特的地域特色。

川南盆地凭借其独特的自然环境、地貌特征、海拔高度、空气涡旋以及丰富的微生物资源，完美地融合了天时、地利与人和，成为酿酒的理想之地。这些因素相互交织、相互促进，共同书写了川南盆地辉煌的酿酒篇章，也为中国乃至世界的酿酒文化贡献了一份独特而珍贵的瑰宝。

第三节
川江之心的聚能效应

泸州是川、滇、黔、渝结合部的区域中心城市，成渝经济圈重要的商贸物流中心，长江上游重要的港口城市。这座历史悠久的古城以其丰富的酿酒传统和深厚的酒文化而闻名遐迩，被尊称为“酒城”。泸州的重要地位与泸州老窖这一响彻中外的品牌相辅相成。公元1324年泸州老窖酒传统酿制技艺第一代传承人郭怀玉创制“甘醇曲”用以酿酒，至今泸州老窖则以其精湛的酿酒工艺和传承700余年的酿酒技艺，成为中国白酒业的璀璨明珠。据《泸州统计年鉴2022》和《中国统计年鉴2022》显示：泸州的白酒企业有1000多家，规模以上酒企120余家，泸州的白酒产量占到全国的30%以上。诚然，泸州的“酒城”美名是代际传承与世辈努力的结果，然而溯本求源，从一个角度，可说大江大河在泸州地区的能量汇聚，成就了独一无二的泸州。

一、“三字”之解，源远流长

“泸州老窖”几个字，有什么特殊隐喻呢？

“泸”的繁体字是“瀘”，分解开来是“氵”“卜”“厂”“七”“田”“皿”6个部分。就是说，“泸”即“瀘”，可将其趣味解读为：有水源（氵）、有人才（卜）、有工厂（实际是丿与乙的合体）、有勾调（七）、有田地（田）、有器皿（皿）（图4-2）。优质水是酿酒的必要条件，工厂是酿酒的必要载体，田地是生产粮食的必要条件，器皿是盛酒的必要条件，勾调是好酒的基本程序，人才是酿酒的核心要素，“泸”字全包含了！

图4-2 “瀘”（“泸”）字的分解剖析

“卜”，就是占卜、预料、选择，最早见于甲骨文，将其趣味解读为技术人才。“七”是数字，可解读为“勾调”（组合）、七窍（两眼、两耳、两个鼻孔、一个口）、七色（红、橙、黄、绿、青、蓝、紫），七窍用于感官勾调白酒，七色用于合成白色光，好的白酒是无色透明的。天人合一，天生一个“泸州”，人间只有一个泸州！所以，泸州是浓香型白酒的起源地，也是酱香型白酒的发源地（赤水河的郎酒、茅台，在四川盆地与云贵高原接壤处），是生物菌活文物的主要载体。泸州酒，是同时包含浓香型、酱香型的“双黄蛋”结构。

“老”字从甲骨文可知，是手里拿着拐杖的老人造型（图4-3）。“老”字总是与“长”字有关，是对老人的尊称和尊重，如长官、长者、长老等。把“老”字分解开来，与“土”（大地、高粱、母亲、金钱等）、“止”（脚、步履、行走、前进等）、“匕”（刀、披荆斩棘、大刀阔斧，同时饮酒不能过量，适量有益，过量有害，人在宽窄之间行走，把握尺寸等）、“考”（测试、检验、手艺、技术等）、“人”（主体、智慧、创造、市场、消费、第一资源等）等有关。“老”字体现了中华优秀传统文化的精髓，敬老爱老。2018年出台的《泸州市白酒历史文化遗产保护和发展条例》中将白酒历史文化遗产项目的保护范围划定为持续生产使用30年以上且仍在生产使用的窖池，人至三十而立，窖池也要生产使用了30年以上才算“老窖”。

“窖”字与“穴”和“告”有关。窖，本是收藏东西的地洞或坑，是发酵、藏酒的地方、容器。但从金文大篆字形可见，在天穹之下，一位老人在洞穴里讲故事（图4-4）。说历史、讲知识，只有智者、老人、前辈才有这个资格。

图4-3　“老”字甲骨文

图4-4　“窖”字金文大篆

“穴”——上有宝盖、下有支撑，表示岩洞、坑、孔、动物窝巢；中医里有穴位、穴道，代表关键部位。“告”——上有官帽、下有口，表示陈述、解说、告知、请求、表明、宣布等。“窖”字可趣味解读为经堂、课堂、教堂、殿堂，戴着官帽的老人在洞穴里述说老窖的沧桑巨变、千秋大业。

老窖池代表着老泥土、老菌群、老风味，更重要的是酒业的老朋友、老黄牛、老实人、老前辈、老江湖、老太爷。老窖，老而弥坚、老成持重、老有所为、老当益壮、老树新枝、老树常新、长生不老、返老还童！一句话，“老窖老酒、天长地久”。

老窖，穿越时间隧道，是活态传承，是文物，是国宝。

二、神阙之地，汇气聚能

泸州，位于四川省东南部，处于著名的川酒U形名酒带的核心位置。川酒酿造带大致处于四川盆地的南半部边缘，形状似字母“U”，因泸州老窖、五粮液、郎酒、剑南春等诸多名酒产地位于此地带，所以被称为川酒U形名酒带，而泸州正好位于U形名酒带的中心。泸州还与宜宾和贵州仁怀共同构成了中国白酒金三角，在这里生产着有影响力的白酒。

长江流域的形态仿佛西望的恐龙，四川盆地位于“恐龙”的心脏位置。“恐龙”身上有“血管”“经络”“穴位”。长江流域的“经络”由主流、各个支流构成，密布整个流域。

四川省有96.5%的幅员面积位于长江流域，长江的干流、支流、源流三个层次并存。泸州处于“恐龙”神阙穴（肚脐眼）和命门穴位置。肚脐眼，对人来说，是胎儿时期通过脐带供应人体养分的必经之路。肚脐眼（神阙穴）与命门穴是人体阴阳的两个支点，太极的两个鱼眼，前面是神阙穴，背后是命门穴，一前一后相互对应。神阙穴是人体的敏感点，最大的信息元，先天与后天的连接点，与循环系统、消化系统、呼吸系统、泌尿系统、神经系统、免疫系统等关系密切，一穴动全身。命门穴是人体督脉上的要穴，是生命之本，其位于后背两肾之间，第二腰椎棘突下，与肚脐相对的区域。命门穴，为人体的长寿大穴。命门的功能包括肾阴和肾阳两个方面的作用。命门之火就是人体阳气的根本，生命活动的动力，能提振精气神。泸州作为长江经济带和文化带的神阙穴和命门穴，发挥着“通经活血、固本提神”的调节作用（图4-5）。

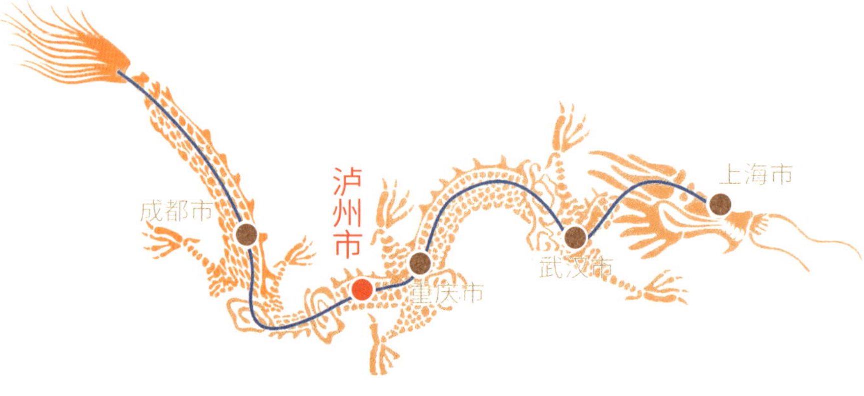

图4-5 “长江龙”图形，泸州在肚脐眼位置，即神阙穴

三、上天入地，完美时空

泸州酿酒的历史悠久，发于秦汉，兴于唐宋，盛于明清，发展在中华人民共和国。泸州现存最老的窖池是泸州老窖的1573国宝窖池群（图4-6），已经连续不间断酿造白酒多达四百五十余年，且仍在生产使用。泸州的老窖之所以能历经岁月仍然保存完好，就是因为当地的地理位置和气候条件。老窖的筑窖原料用的是细腻无沙的黄泥，色泽金黄，绵软细腻，杂质含量少，黏性极好，保水性能好。泸州位于四川盆地南部，靠近川南的山地，地表形态以低山（海拔500～1000米）、中山（海拔1000～1902米）地貌为主，山地面积占总幅员面积的56.14%，城区被江河环抱。泸州的气候湿润，有利于窖池内部的微生物活动和酒曲发酵，有利于窖池长期保存。

白酒酿造的关键之一是发酵所需的微生物，微生物的种类、数量以及活性很大程度上决定了白酒的好坏。老窖之所以重要，就是因为老窖的微生物种类更多，且拥有一些独特的微生物，例如泸州老窖的国宝窖池里有根霉、毛霉、

图 4-6　泸州老窖的 1573 国宝窖池群

犁头霉、青霉和红曲霉等霉菌，有枯草芽孢杆菌、地衣芽孢杆菌、醋酸菌、乳酸菌等细菌，还有假丝酵母、汉逊酵母、酿酒酵母等酵母菌。研究人员还在泸州老窖的老窖池里发现了新菌种，并进行了命名，如老窖梭菌、老窖互营球菌、老窖乳杆菌等。老窖的“老”很大程度上体现在其中的菌落上，这些丰富的微生物不仅促进了酿酒原料的发酵，还使得老窖酿造出的白酒具有了其他普通白酒所不具备的独特风味和营养价值。

泸州的地理特征和气候条件，除了有助于老窖的保存，还能最大程度发挥老窖的作用。要想酿出好酒，仅仅有微生物还不够，还要有适合微生物生长繁殖的环境，湿度和温度对微生物的生长和繁殖具有决定作用，而泸州温暖湿润的气候，恰恰满足微生物进行发酵的条件。泸州的气候水土条件汇聚了四川盆地的精华，其形成与这里山脉纵横、河谷交错的地形息息相关。泸州正处于川南浅丘向云贵高原过渡地带，一半在盆地，一半在高原。以长江为界，南岸以低山、中山为主，山地紧密，平坦地少，并逐级“攀上”云贵高原，最高可达1902米，这里峡谷纵横，常年云雾缭绕。北岸为四川盆地平行岭谷控制下微缓的倾斜平原，大部分是缓丘、宽谷地貌，呈现平畴沃野、田连阡陌的地貌景观。这种地形地貌使得泸州的气候具有多云雾天气、少风的特点。此外泸州江河众多，长江、沱江等76条干支流密布于泸州境内，水雾从江河里蒸腾上升，使得泸州更加潮湿，相对湿度比周边地市偏高5%左右，加之湿润的夏季风带来的充沛降水，泸州的空气既湿润又稳定。泸州的温度也极为适宜微生物进行发酵，与周边城市相比，泸州的年均气温偏高2～5℃，冬季更为突出，最低气温偏高可达10℃以上。正是因为泸州有着独特的小气候，使得这里相较于同纬度其他地区更加温暖湿润，以至于像荔枝这样的对环境温度要求苛刻的热带水果都能在这里生长结果，对于酿酒所需的微生物来说，泸州更是难得的“完美”家园。

四、两江进泸州，辅之赤水河，天赐好水土

四川江河众多，而长江则是众多川江的最终汇入地。长江在四川有多条重要支流，如岷江、沱江、嘉陵江、赤水河等，泸州、宜宾两座著名的白酒生产城市都是长江支流与干流的交汇处，泸州是沱江与长江的交汇地，沱江在泸州主城区汇入长江，赤水河则在泸州市合江县汇入长江。此外，还有永宁河、濑

溪河等多条河流流经泸州，带来了丰沛的水源。长江、沱江、赤水河流域均以酿酒而闻名，泸州自然能够摘得酿酒业的桂冠（图4-7）。

长江发源自昆仑山脉和唐古拉山脉之间，这一区域孕育了中国众多水系。长江上游一直在青藏高原及其边缘蜿蜒曲折，潺潺流淌，来源于雪山和高原雨雪的源头水经过圣洁高原的净化，变得更加纯净甘甜，成为了老窖酒酿制的核心原料。

在泸州汇入长江的第一江是沱江，沱江流域分布着著名的白酒酿造带，泸州老窖和剑南春等白酒都产自沱江流域，甚至沱牌就直接以沱江的“沱”字命名。沱江发源于海拔4984米的九顶山，其上源分为三条河流，东源绵远河、中源石亭江、西源湔江，三者在金堂县赵镇附近汇成沱江主干流。此外，沱江源头活水还来源于青白江和毗河，这样它就有了5个源头。加之岷江水网交错其间，因而沱江里还流淌着岷江的水。所以，沱江不像其他河那样泾渭分明，是

图 4-7　蜿蜒的长江水环绕着泸州城

一条“混血”的江。正是因为“混血”，沱江的水拥有了更丰富的矿物质，其冲刷的土地也更加肥沃，因而沱江流域极为适宜居住和生产，早在三千年前，古蜀文明就在沱江流域扎根，著名的三星堆便是当时的遗迹，有趣的是三星堆还出土了不少酒器，说明早在三千年前沱江流域就已经开始酿酒了。沱江还是四川最有“滋味”的江，其流经的内江盛产糖，被称为“甜城”；流经的自贡盛产盐，被称为“盐都”；而盛产酒的泸州理所当然地被称为“酒城”。所以沱江天生就是一条“美味”的江，这条“美味”的江流到泸州，就成了泸州美酒的原料。

在泸州汇入长江的另一条河流是著名的“美酒河”——赤水河。赤水河因河流含沙量高、水色赤黄而得名。赤水河全长约500千米，流域面积约2万平方千米，河流发源于云南省镇雄县，流经贵州省赤水市、遵义市等地，最终在泸州汇入长江。赤水河流域地质构造复杂，主要由板块构造和断裂构造组成，河谷地区常见的地质类型包括石灰岩、页岩、砂岩等，形成了丰富多样的地貌景观，如峡谷、溶洞等。赤水河水文特征显著，流域面积广阔，河水来自于山区雨水和地下水的补给，河水清澈透明，水质极好，并且赤水河四分之三流域在大山中，极少受到外界污染。赤水河流域生态环境丰富多样，包括森林、草原、湿地等生态系统，这里生物多样性好，有许多珍稀濒危物种，如川金丝猴、白鹇等。赤水河也是贵州省重要的水系之一，支持着多种水生生物的生存和繁衍。赤水河流域，酿造业尤为发达，两岸民间自古酿酒。据汉文献记载，公元前135年西汉年间赤水河就酿造出令汉武帝“甘美之”的赤水蒟酱酒。赤水河因为其独特的地理环境和水文气候特性，酝酿了茅台、董酒、习酒、郎酒等数十种蜚声中外的美酒。赤水河全长500千米，不出百里必有好酒。

三条主要水域为泸州的白酒酿造提供了独特的水源条件，水乃酒之血，作为长江、沱江和赤水河的汇聚之地，泸州的水源于青藏高原和云贵高原，包含天然降水和冰雪融水，且流经地区几乎都是生态环境优良的地区，再经过各种特殊地质构造的层层过滤，水质清澈纯净，含有丰富的矿物质和微量元素，这种水质对泸州白酒酿造至关重要。优质的水源不仅使泸州白酒更具清爽纯净的口感，也有助于酿造过程中的发酵和陈酿。

卓越的地理位置促进了泸州白酒产业与周边地区的交流。在古时河流水运是最重要的交通运输方式，长江和沱江都有着较好的通航条件，赤水河虽不如长江和沱江宽广，但也能行船，加之长江、沱江、赤水河沿岸的白酒酿造业都非常繁荣，有着诸多知名白酒品牌，所以泸州就成了白酒原料和产品运输的重要节点，往来的商旅游人促进了白酒生产技术的发展和白酒文化的交流。更重要的是，泸州的地理位置保证了酿酒原料与白酒销售运输渠道畅通，持续的白酒销售需求促进了泸州白酒窖池的持续利用。如果白酒窖池长时间闲置而不用于酿酒，窖池内的酿酒菌群就会损失活性甚至死亡，导致窖池成为不能再酿出好酒的“死窖”。我们常说的窖池窖龄，不单指其建成的时间，而更看重其持续酿酒的年份，泸州的老窖之所以能持续酿造白酒，一方面是泸州山水形成了适宜酿酒的稳定气候，另一方面就是因为泸州地处交通要道，有着持续稳定的白酒销售需求，所以其独特的水域地理条件对于老窖的形成和保存有着重要的作用。

泸州在千百年的沉淀中汇千里大江大河，聚山水灵气，为老窖酒营造出独一无二的酿造环境，并涌现出经久兴荣的泸州老窖酒和老窖文化。

第四节 有趣的半岛效应

泸州不仅拥有极其优渥的水土环境，更是在“半岛效应”“盆缘效应”“江心效应”“命门效应”等自然效应的共同作用下，形成了专属于老窖酒的酿造条件，其中发挥作用最大的便是“半岛效应”。半岛是一种三面环水一面连陆地的地形，通常展现为被海水包裹的狭长地带。在半岛之上，仿佛有一种奇妙的力量，致使文明在其上生根发芽、蓬勃兴起，这种现象便被称为“半岛效应”。

一、半岛文明的兴起

世界各大文明对半岛的青睐是有迹可循的，几个典型的半岛就是阿拉伯半岛、印度次大陆、巴尔干半岛和伊比利亚半岛，于其上诞生、演化出了伊斯兰文明、古代印度河流域文明、古希腊文明以及来自伊比利亚半岛的多个文明的兴衰交融。此外，其他半岛诸如朝鲜半岛、斯堪的纳维亚半岛、佛罗里达半岛等，尽管未能诞生出早期文明，但在人类的演化过程中，这些半岛也最先受到青睐，迅速发展出欣欣向荣的局面。半岛为什么有如此魅力？又是什么赋予了半岛能够兴起文明的力量？

温润的水土气候只能解决人们的生存问题，而半岛与大陆相连的特性为文明发展提供了可能性。一方面，半岛与大陆的连接使陆地交通和交流变得更加便利。这种地理优势使得人们能够通过陆路进行长距离的迁徙和贸易，从而促进了物资、文化、技术和思想的传播。半岛三面环海的特点又为海上交通和贸易提供了天然的便利条件，通过海洋，人们可以更广泛地接触到其他文化和地区，从而进一步加速了经济和文化的发展。另一方面，由于半岛的地理位置特殊，它们常常成为不同文化的交汇点。这种多元文化的交汇与融合促进了创新和多样性，为文明的发展注入了新的活力。通过贸易和移民，不同地区的人们在半岛上相互交流和融合，带来了新的技术、习俗和知识，极大地丰富了当地的文化和社会结构。此外，半岛作为贸易和移民的中转站，吸引了多元文化的融合，促进了社会的进步，推动了文明的创新和发展。

正是由于半岛的这些独特之处，文明才更青睐于此，而这种独特现象不仅出现在人类文明之中，对于生物群落也具有类似的现象，这便是“半岛效应”。在“半岛效应”的作用下，自然界创造了多样化的生态系统，孕育了大量的特有物种和独特的生物群落。无论是人类的文化发展还是自然界的生物多样性，“半岛效应”都扮演了至关重要的角色，成为理解地理与生态互动的重要窗口，也成为了老窖学组成的一部分。

二、半岛微生物“文明”

在人类文明之外，微生物在我们看不见的地方，也构成了一种文明。文明（civilization）一词源于拉丁文“civilis”，意为“城市化”和“公民化”，引申为“分工”“合作”，这与微生物群落的功能多样性不谋而合。

第一，微生物群落内部展现出复杂的社会结构和明确的功能分工，不同种类的微生物在群落中各司其职，形成了高度组织化的生态系统。例如，在土壤微生物群落中，某些微生物专门负责分解有机物质，将复杂的有机分子分解成简单的化合物，这些化合物然后被其他微生物利用来合成氨基酸、维生素和其他重要的生物分子。此外，还有一些微生物负责固定氮气，将大气中的氮转化为植物可以吸收的形式。这种分工合作机制类似于人类社会中的职业分工和产业分工，每个成员根据其特定的能力和角色贡献自己的力量，维持整个群落的功能和稳定。

第二，微生物群落中的个体通过协同和共生关系实现互利共存，这种关系使得整个群落能够更有效地利用资源，增强生存能力。例如，在人类肠道微生物群中，不同种类的细菌互相依赖，共同完成复杂的代谢任务。某些细菌会分解难以消化的碳水化合物，生成短链脂肪酸，这些短链脂肪酸不仅是肠道细胞的重要能量来源，还可以被其他细菌进一步利用。这样的共生关系不仅增强了群落的代谢能力，还提高了宿主的健康和免疫功能。这种协同和共生关系类似于人类文明中的合作和联盟，通过共同努力实现更大的目标和利益。

第三，微生物群落中的个体可以通过复杂的化学信号进行信息交流和行为协调。这些信号分子，例如群体感应信号分子，可以在微生物之间传递信息，调节群体行为。例如，当某些病原菌达到一定的数量密度时，它们会通过群体感应信号分子协调集体行动，如启动毒素生产和形成生物膜。这种信息交流机制在一定程度上类似于人类文明中的语言和通信系统，通过交流来协调个体之间的行为，维持群体的稳定和功能。

第四，微生物群落具有高度的适应性和进化能力，能够迅速响应环境变化，通过基因水平的交换和重组来提高生存能力。微生物可以通过水平基因转移迅速获得新的基因和功能，这种基因转移不仅发生在同一物种之间，还可以在不同物种之间进行。例如，抗生素耐药基因可以通过质粒在细菌之间传播，使得整个细菌群落能够在抗生素压力下迅速进化出耐药性。这种动态的适应和进化过程类似于人类文明中通过创新和技术进步来应对环境变化和挑战。

第五，微生物群落具有多样性和稳定性，这对于生态系统的功能和健康至关重要。多样性提供了功能冗余，使得在环境变化或压力下，群落能够维持其功能。例如，不同种类的微生物可以执行相似的功能，如果某一种微生物由于环境变化而减少，其他微生物可以替代其功能，确保生态系统的稳定性。这种多样性和稳定性与人类文明中的文化多样性和社会稳定性具有相似的作用。文化多样性带来了不同的视角和创新能力，提高了社会的适应力和韧性，类似于微生物群落的多样性对生态系统的支持。

微生物群落的五大特点满足了人们最早对文明的定义，故而可称之为“微生物文明”。也正因为如此，半岛现象也在微生物文明上发挥了作用，我们可以从起源于半岛上的微生物食品中窥见端倪。

希腊半岛最负盛名的微生物食品是酸奶。酸奶的历史可以追溯到公元前2000多年时。据记载，在希腊东北部过着游牧生活的色雷斯人身上常常背着灌满了羊奶的皮囊去放牧。在希腊半岛的特殊气候温度条件下，皮囊中的羊奶常常因微生物活动而变酸，而当他们要喝时，常把皮囊中的奶倒入煮过的奶中，煮过的奶也会变酸，这种早期的酸奶很受色雷斯人喜欢。后来城邦贸易又将酸奶技术传到了欧洲其他地方。时至今日，酸奶在希腊餐桌上的地位仍然十分重要。

最为风靡的伊比利亚半岛微生物美食首属火腿。伊比利亚火腿是著名的地中海美食遗产，是全世界最传奇的食材之一。制作伊比利亚火腿的工艺极其复杂，当地人会精心挑选适合做火腿的猪，经过切割、修整、盐渍、风干等一系列操作后，还需要经历微生物为其濯去铅华，让其摆脱原本“猪肉”的范畴而升华的过程为窖藏。伊比利亚火腿往往需要窖藏熟成2～3年时间，熟化时间越久，火腿的风味越浓郁。半岛上的窖洞拥有独一无二的温度、湿度环境，为火腿搭建了华丽变身的舞台。窖藏开始时，火腿表面会开始长出灰绿色的天然青霉菌，青霉菌的存在也让其他有害菌种无法现身，这也是火腿能够长期存放而不腐败的主要原因之一。与老窖酒非常类似，正是在漫长的微生物发酵的作用下，伊比利亚火腿孕育出独特的风味。世人为了享受这种风味，往往需要等上数年，并为此支付相当高的价格。可是，“千金散尽还复来”，而金樽若是空对月，人生何时才尽欢呢？

除此之外，其他半岛也产出了人们青睐的发酵食品。例如朝鲜半岛的泡菜大酱，日本野户半岛的米酵鱼，亚平宁半岛的腊肠，马来半岛的天贝和鱼露等。可以看出，半岛地区的人们对发酵食品的热爱绝非偶然，而是半岛现象对微生物文明发挥着作用。微生物沐浴在温暖湿润的半岛环境中——通常这种情况不是什么好事，微生物会在如此乐土中肆意繁殖，微生物文明也“生生不息”。于是食物的储存成了大问题——既不能像干燥地区风干，也不能像寒冷地区冷藏。在同微生物文明的斗争过程中，半岛地区的人们终于发现了与之共存的方式，也就是发酵。因此，半岛上的发酵文化，同半岛上延续的人类文明和兴旺的微生物文明一样，既是半岛效应在不同方面的发光发热，也是劳动人民同微生物文明斗争与共生的结果。

三、泸州半岛与老窖

泸州地区汇聚天地灵气，在长江与赤水河的环抱下，构成了一个广义上的“半岛”（图4-8）。在泸州“半岛”上，独特的地理位置和丰富的自然资源，孕育出独特的文化和生活方式，半岛效应在这里发挥着它的效用。

发源于川西北九顶山南麓的沱江，自深山涌出后，一路向南，在四川盆地的千里沃野蜿蜒700多千米后，最终由泸州汇入长江。在城市内部，长江、沱江两江交汇。从时间隧道来看，泸州老窖的“浓香”，在东晋（317—420年）常璩《华阳国志·蜀志》中就有明确记载——“其卦值坤，故多斑彩文章。其辰值未，故尚滋味。德在少昊，故好辛香。”只要认真分析“尚滋味”“好辛香”的前后关系，就知道了“辛香”就是泸州老窖的“浓香”。“其”应指四川盆地；“坤”代表川南泸州，也表示阴天、云雾、露水、潮湿等地，有利于微生物繁殖，故“多斑彩文章”，物产富饶，国富民丰。“滋”包含滋味、味道的意思，还包括滋养、滋补等意思，表示西南泸州一带既注重营养又讲究味道。“德”通“得”，有获得、收获之意，还有尊重、崇尚的意思。“辛”表示“新”“浓”。“少昊”相传是黄帝长子，又称凤鸟氏，有凤凰之意（泸州老窖国宝窖池旁为凤凰山），因此“德在少昊，故好辛香”的解释应是：在川南泸州一带，空气潮湿，风速较低，大气中的“气溶胶”包含大量有利于酿造的微生物，润湿土壤中也有大量有利于酿造浓香白酒的微生物，故泸州老窖有“正宗浓香”的行业美誉 。

图4-8　泸州被大江环抱，形成“内陆半岛”

泸州为长江与沱江两条大江所环抱，在区域南部形成“内陆半岛”，也就是茜草半岛。茜草半岛气候条件适宜，山水环绕，为农业发展提供了良好的条件，居住在茜草半岛周围的劳动人民凭借得天独厚的自然环境，发展出了独特的酿酒文化，使泸州成为了中国白酒酿造的重镇。正如北京大学物理学院大气科学系钱维宏教授所说，好酒的诞生通常有三个地理关键词：左岸、臂湾、地层。这些地理特征听起来充满了神秘感，却为酿造出世界级美酒提供了理想的条件。“左岸”即河流流向的左侧地区，这里常常由于河流的流向和地势的倾斜而使得更适宜进行作物的种植。法国波尔多的左岸就是一个绝佳的例子，这里的葡萄酒声名远扬。“臂弯”即河流弯曲处形成的如同两臂环绕的地形，在这些地方，河流带来的丰富沉积物，为这些区域提供了肥沃的土壤。“地层”是指地下的土壤结构和成分，直接影响到农作物的生长状况。泸州的茜草半岛，汇集了左岸、臂弯、地层三大地理优势，不仅为当地的农作物种植提供了理想的环境，还积累了丰富的矿物沉积，为具有泸州特色的白酒风味奠定了基础。

将视线聚焦在茜草半岛本身，坐落于半岛沿岸的，是拥有数百年历史的一系列山洞，其中最著名的便是泸州老窖所拥有的“纯阳洞”“醉翁洞”“龙泉洞”。纯阳洞（图4-9）、醉翁洞位于“沱江”沿岸的五峰岭下，龙泉洞位于“长江”畔的凤凰山麓，它们都依着江水分布在“山之脚下”，集天地之灵气，聚日月之精华。

图 4-9　泸州老窖纯阳洞

纯阳洞和醉翁洞坐落在泸州五峰岭山麓，隔着沱江与泸州市区相望，面朝“美酒湾”，所对着的是沱江的徐徐清流；它们背靠着壮观的五峰岭，所倚的是山峰的耸翠崇兰。这里的自然风光既秀美又宁静，与周围繁华的市面形成了鲜明对比。纯阳洞是一处蕴藏着丰富历史和文化的神秘之地。洞名源于道教八仙之一的吕洞宾，他的道号是“纯阳子”。洞宾，洞宾，宿于洞中乃是宾。纯阳洞饱含纯阳真人的精神能量，汇集人气与灵气，正所谓“琼浆藏人间，逍遥天上仙”。在坊间的传闻中，陆游曾到过泸州一间名为“醉梦楼”的酒肆，又在店家的引荐下，来到了醉翁洞。陆游走入酒神护佑的藏酒洞，沉浸于美酒的醇香之中，在当夜的梦中，还与酒仙相见，得到了开解。而醉翁洞中的神仙，也鼓舞了陆游怀着壮志豪情继续前行。

纯阳洞和醉翁洞的地理位置独特，紧邻长江和沱江交汇处，江水在此遇到五峰岭的阻挡，形成了一个180°的大弯。这个自然形成的地理特征，为洞内的酒储藏创造了理想的条件。洞穴的地理位置对储酒尤为有利，终年不见阳光，恒温恒湿的环境，使得酒体在这样的气候中日渐细腻和饱满，为酒的陈酿和口感的升华提供了理想的环境。每一滴在纯阳洞、醉翁洞中沉淀的泸州老窖，都浸透了历史的芬芳和自然的韵味。纯阳洞、醉翁洞不仅是泸州白酒历史的见证者，也是泸州文化传承的宝贵组成部分，它们以独特的地理位置和文化背景，成为了泸州老窖的一道独特风景线。

龙泉洞（图4-10）则坐落在凤凰山脚下、紧邻古营沟，是泸州老窖的另一处

图 4-10 坐落在凤凰山脚下的龙泉洞

珍贵藏酒宝地。“龙泉洞”的得名源于洞口前那口历史悠久的“龙泉井”。这口井的井水历经数百年，不仅为当地居民提供生活用水，更是泸州老窖酿制大曲的关键要素。数百年来，龙泉洞与龙泉井相互辉映，成为泸州老窖酿酒文化中不可或缺的部分。当地居民利用龙泉井中清甜的泉水酿制出品质卓越的泸州老窖大曲，然后将新酒储存于龙泉洞内，让其在这个天然的环境中慢慢老熟，随着时间的流逝，酒质更加醇厚、香气四溢。龙泉洞不仅是一个自然形成的地下洞穴，更是泸州老窖酿酒工艺中的一颗璀璨明珠。洞内的恒温恒湿环境为酒的陈酿提供了最佳条件，使得藏于此处的酒香味更为纯正，口感更为细腻。洞与井的完美结合，不仅是泸州老窖酿酒的两大奇观，更是整个泸州酒文化的重要象征。

泸州老窖的演化发展历程，是泸州“半岛”独特的文明演进史的一部分内容。就像半岛地区因其独特的地理特征成为了文明的摇篮，泸州也利用得天独厚的自然条件和地理优势，孕育了独特的酿酒文化。纯阳洞、醉翁洞和龙泉洞等天然藏酒洞的传统酿酒老熟工艺，共同展现了泸州在传承与创新中的卓越追求。泸州的白酒产业，就像一座桥梁，连接着传统与现代，体现了地理、文化与技术三者和谐共生的魅力。

第五节 白酒酿造的九度理论

在探索酿造一杯优质白酒的秘密时，我们会发现这不仅是一门艺术，也是一门科学。在文化与科学的碰撞中，“九度理论”孕育而生。四川省社会科学院李后强教授、廖祖君研究员首先对白酒酿造理论进行总结和发掘，并于2017年在《当代县域经济》期刊上首先提出了“九度理论”。该理论通过科学的视角，为我们揭示了酿酒过程中环境因素的重要性。后来这一命题被各大媒体广泛传播，特别是在新华社的“权威解码”下，成为了白酒酿造的“黄金九度”。“九度理论”将酿酒艺术与地理环境紧密联系起来，提出了影响白酒品质的九个关键因素：温度、湿度、风速度、日照度、海拔度、土壤成分度、原料品质度、水质度和酿酒技术成熟度，这些因素共同作用，赋予了酒的风味、香气和品质。

一、九度理论与酿造秘密

在九度理论中，“温度”是影响白酒酿造过程最为关键的因素之一。温度对于酒曲中微生物的生长和活性、发酵过程的进程以及最终酒的风味和品质都有着至关重要的影响。自然界中的绝大多数微生物属于中温微生物，它们的生长温度范围一般在5～60℃，而最适合的温度则在25～37℃。在白酒的酿造过程中，各种微生物在不同阶段对温度的需求不同。例如，酱香型白酒的大曲在发酵过程中，温度可高达50～60℃，这比其他类型白酒的制曲发酵温度要高得多。酿制浓香型白酒所用的中温曲，通常要求在更温和的环境下发酵。一般而言，白酒酿造要求年均气温在16～20℃，以18℃左右为最佳。这个温度区间既能保证微生物的活性，又能避免过高温度而导致的微生物活动过度旺盛，从而影响酒的品质。在此基础上，白酒酿造还要求季节温差不能大于30℃、昼夜温差不能大于10℃，因为温差太大会使空气中的细菌容易死亡，从而影响到酒料的发酵。

“湿度”是又一个影响酿酒过程的至关重要的因素，它对酒的发酵过程、微生物活性以及最终的酒质都有着显著影响。理解湿度在白酒酿造中的作用，需要从微生物的生存环境和发酵过程两个方面来考虑。微生物的生长和繁殖对环境的湿度极为敏感。大多数用于酿酒的微生物，如酵母和细菌，在相对湿度大于60%的环境中开始活跃生长，而当相对湿度达到65%以上时，它们的生长速度会加快。在酿酒过程中，过高或过低的湿度都可能对微生物产生不利影响，影响酒的发酵过程。优质白酒酿造的理想相对湿度通常在65%～85%。这个湿度范围有助于维持酒曲和酒料的最佳状态，促进微生物的生长和发酵，从而确保白酒的品质。同时，年均湿度差也应控制在一个合理范围内，不能大于25%，以保持环境的稳定性。

在九度理论中关于白酒酿造的“风速度”指的是周围环境中风的速度对酿造过程的影响。在理想的风速条件下——通常为5米/秒以下，最适宜的范围在1.0～3.0米/秒，窖池和周围环境中微生物能够保持稳定，有利于微生物在窖池中的附着和生长。四川盆地的山峦耸翠使其拥有了理想的风速度，为混杂着与酿酒相关的微生物气溶胶环境提供了基础。气溶胶是指悬浮在气体介质中的固态或液态颗粒所组成的气态分散系统，若这种微粒主要由微生物构成，则会形成微生物气溶胶，所谓“酒香不怕巷子深”就是香味成分在弥漫中发生作用。

四川盆地气溶胶构成的窖池能够天然形成有利于菌类发酵的环境，在适当的风速度下，气溶胶中会筛选出最适合酿酒环境的微生物，吹走其他无关的颗粒物，形成白酒酿造的天然环境。并且风速还直接影响到白酒酿造中原料的处理过程，在蒸煮酿酒原料后需要扬渣或晾晒使之迅速冷却，同时挥发杂味和吸收氧气等过程都需要适宜的风速。如果风速过低，原料冷却过慢，可能导致微生物活性降低或产生不良菌群；而风速过高，则可能导致原料水分过度蒸发，影响微生物的生长环境。

“日照度”是指日照时间的长短及其强度，它对白酒酿造过程发挥着重要作用。日照度直接影响酿酒原料的生长和成熟，进而影响到白酒的品质。日照度对酿酒原料作物，如高粱、小麦、水稻等的生长至关重要。充足的阳光有助于作物进行光合作用，促进作物生长和糖分积累。日照不足可能导致作物生长不良，糖分积累不足，进而影响白酒的出酒率和口感。优质白酒酿造地通常要求年平均日照时数在1200小时左右，且无霜期需长达300天以上，以保证长时间内温度均匀，为微生物的生长和酿造提供稳定的环境。然而，日照度也不宜过强。过强的日照可能导致原料作物水分过度蒸发，营养流失，影响发酵过程。在酿造过程中，适宜的日照度有助于保持发酵环境的温度和湿度平衡，对微生物的活性和酒的发酵过程产生积极作用。

“海拔度”指的是酿酒地区的海拔高度，是影响白酒品质的一个重要因素。海拔高度对酿酒的影响主要体现在气候条件、空气质量和水资源等方面，这些因素共同作用于酒曲的发酵过程以及酿酒原料的生长。高品质白酒的酿造通常要求海拔高度在一定范围内。理想的海拔高度一般在300～1200米，以300米左右为最佳。海拔高度对酿酒的影响主要有以下几个方面：一是影响温度条件，海拔高度每升高1000米，温度大约降低6℃。适宜的海拔高度有助于维持稳定和适宜的温度，对微生物的生长和白酒的发酵过程非常重要。过高的海拔高度会导致温度过低，不利于微生物的活动和白酒的发酵。二是影响空气质量，海拔高度较高的地区通常空气清新、污染较少，这有助于保持酿酒原料的纯净和质量。空气中的氧气含量随海拔高度升高而减少，这可能影响到微生物的呼吸作用和酒的发酵过程。三是影响水源，山区的水资源往往较为丰富，且水质较好。优质的水资源对酿造高品质白酒至关重要，特别是山区的天然泉水，通常富含多种矿物质，有利于提升白酒的风味。

“土壤成分度”关注的是土壤的成分、结构和特性，及其对白酒酿造过程

的影响。土壤成分不仅影响着酿酒原料作物的生长（图4-11），还对窖池中微生物的活性和多样性产生重要影响。土壤中的营养成分，如氮、磷、钾及有机物含量，对作物的生长至关重要。不同类型的土壤（如砂壤土、黏土、泥炭土）提供不同的营养环境，影响作物的健康和成熟度。对于白酒酿造而言，健康且营养丰富的原料作物是高品质酒液的基础。此外，土壤的物理结构和排水性也会影响作物的生长，间接影响到最终酒的品质。在白酒的发酵过程中，窖池中的微生物环境同样受制作窖泥的土壤条件的影响。土壤中的微环境，包括pH、微生物种类和数量，都直接影响着发酵过程。一些特定类型的土壤能够促进某些有益微生物的繁殖，进而影响酒的风味。

图 4-11　遍布泸州的紫色土壤为农作物生长提供良好条件

“原料品质度”的关注点则着重于酿酒所用粮食原料的质量和适宜度，这对白酒的品质有着决定性的影响。粮食原料的质量，特别是高粱、小麦等主要原料的品质，直接关联到白酒的风味、香气和口感。高粱是酿造白酒的主要原料之一，其品质因素，如籽粒中的单宁含量、脂肪含量以及淀粉类型，对白酒的最终品质至关重要。理想的高粱应具有较低的脂肪含量（约4%或以下）和适中的单宁含量（0.5%~1.5%），以促进白酒品质的提升。支链淀粉是糯高粱中的主要淀粉类型，它易于糊化，有利于发酵过程中的糖化，从而可提高出酒率和酒质。除糯高粱外，小麦、大麦、玉米等也常用于白酒酿造。这些原料的品质同样关键，它们需具备良好的糖化能力和适合的营养成分，以促进酒曲的发酵和增强酒的风味。粮食原料的生长环境，如土壤类型、水源质量及气候条件，也会间接影响其品质。

九度理论中的“水质度”专注于用于酿造过程的水的质量，这对白酒的品质至关重要。水不仅是白酒的主要成分之一，也在酿造过程中发挥着关键作用，影响着白酒的风味、香气和口感。水质的优良体现在多个方面，包括无色、无异味，pH适中，硬度适宜，以及富含有益的微量元素。优质的水资源有助于糖化、酯化和发酵过程，促进酵母的生长和繁殖，从而可提高白酒的品质。水中的微量元素，如钙、镁和钾等，对白酒的口感和风味有着重要影响。

最后便是九度理论中的“酿酒技术成熟度”，其强调的是酿酒过程中所应用的工艺技术的水平和发展程度，这对于白酒的品质和特色具有决定性的影响。技术度涵盖了从原料处理、发酵、蒸馏到成品酒的勾调和包装等整个酿酒过程中的技术应用和创新。酿酒技术成熟度的核心在于如何精确控制酿酒过程中的各个环节，确保每一步骤都能达到最佳效果。这包括对温度、湿度、酒曲和发酵周期的精确控制，以及对原料的精选和处理。技术的精湛程度直接关系到酒的风味平衡、香气的提取以及最终产品的稳定性。

“九度理论”深刻揭示了温度、湿度、风速度、日照度、海拔度、土壤成分度、原料品质度、水质度和酿酒技术成熟度这九个关键因素如何共同塑造和决定白酒的品质，不仅强调了自然环境条件对白酒酿造的重要性，也突出了人为技术对提升酒质的关键作用。“九度理论”不仅是白酒酿造的综合性指导理论，也是泸州老窖从古至今酿酒业从微生物的生长环境到原料的选择，从酿造过程的精细管理到最终产品的品质控制的经验总结；不仅是对传统酿酒工艺的传承，更是现代科技与传统工艺融合的典范，展示了如何在保持传统风味的同时，通过科技创新提升白酒的整体品质和市场竞争力。在此“九度”的神奇作用下，普通的原料得以脱胎换骨，仿佛镀上了一层神奇的面纱，“飞升”成为了老窖佳酿。

二、“九度理论”的泸州效应

“九度理论”之所以能够成为泸州老窖古今以来的经验总结，是因为泸州地区汲养了天地之灵气，汇集了“九度”所需的各种因素。具体来看：

一是泸州市的温度条件非常适合白酒的酿造，其位于亚热带湿润气候区，拥有较高的气温、充足的日照和丰富的降雨量。年平均气温在17.5～18.0℃，提供了一个温暖而稳定的环境，利于微生物的生长和白酒的发酵过程。相比之下，北方地区冬夏温差较大，尤其是冬天温度较低，容易导致微生物菌群被冻死，影响酒香的丰富度和稳定性。

二是泸州市的湿度条件非常适宜白酒的酿造。作为一个位于亚热带湿润气候区的城市，泸州拥有充足的降雨量和湿润的空气，全年平均相对湿度达到82%，比许多其他白酒产区都要高，为微生物的生长创造了有利的环境。尤其在主要的酿酒季节，泸州的高湿度环境对酒料的发酵和熟化极为有利。

三是泸州市位于四川盆地南缘，由于地理位置的特点，全年少有大风，多为微风环境，风速多在2米/秒以内。这样的风速条件对于白酒的酿造十分有利，能有效保持适宜的微生物环境和原料处理条件，从而有利于酿造出高品质的白酒。

四是泸州处于四川盆地，年平均日照时数在1000～1400小时，无霜期超过300天，适合白酒酿造原料的生长。特别是在主要的酿酒季节，泸州的日照时数适中，有助于维持原料作物的健康生长和发酵过程中微生物的活性，符合优质白酒酿造的需求。

五是泸州位于四川盆地的南缘，多数产酒带的海拔高度在200～700米，这为白酒的酿造提供了理想的自然条件。泸州的地形主要是丘陵和河谷，这样的地理特征有助于维持适宜的气候条件和优质的水资源，为培育优质酿酒原料和维持稳定的发酵环境提供了天然优势。

六是泸州地区，特别是泸州老窖的所在地，拥有独特的土壤条件，即适宜的酸碱度和丰富的微生物种类。这些地区的土壤大多是侏罗系、白垩系的紫色土壤，富含多种矿物质，如钙、磷、铁等，这些元素对微生物的生长及发酵过程具有积极作用。

七是泸州老窖所在地拥有极高的原料品质度，优越的环境条件，适宜的土壤、水源和气候，为生长优质酿酒原料提供了理想的条件。泸州的紫色土壤、丰富的水资源以及温和的气候条件，有助于培育出高品质的高粱和小麦等原料作物。

八是泸州市位于长江上游地区，周围有丰富的水源，如长江、沱江等，这些水源提供了优质的水质，为酿造高品质的白酒提供了理想条件。泸州的地下水和地表水具有较低的硬度和适中的酸度，同时富含多种对酿酒有益的微量元素，特别适合于白酒的酿造。

九是泸州在酿酒技术方面拥有深厚的历史积累和丰富的经验。长期以来，泸州的酒厂都不断在传统酿酒技术的基础上进行创新和改进，引入现代科技，提高酿酒的科技含量。

可以看出，泸州地区的各种水土环境在每一点上都同白酒酿造的“九度理论”完美符合，故而泸州美酒并非只是巧合，而是天赐泸州的恩惠，更是千百年间泸州劳动人民的世代努力与经验总结。泸州地区的“九度”每时每刻都展现出其独特效用。“九度理论”中的每一个“度”，都对白酒的酿造过程有着不可忽视的影响。老窖酒的制作过程分为种粮、制曲、酿酒、储存、勾调、灌装、质检等七大过程，泸州地区得天独厚的温度、湿度、风速度、日照度、海拔度、土壤成分度共同保障了老窖酒原料栽培过程中的优质与无可替代的自然环境，而泸州特有的优质精高粱与软质小麦更是同天赐的水土珠联璧合，形成了其他白酒酿造地区无可比拟的优质白酒原料来源，独具风味的粮食与酒曲辅以泸州优越的水质，无时无刻不体现大自然在泸州酿酒业上的恩赐与馈赠。

然而，即便天赐良土，泸州老窖酒的高品质也离不开千百年间当地劳动人民的辛苦劳作与智慧凝聚。**作为“九度理论”中唯一由人为赋予的因素，技术成熟度是泸州地区千百年酿酒行业的经验总结，加以现代科技的精确赋能，打造了成熟完整、别具一格的泸州老窖酿酒技术。**泸州老窖等知名酒企在传承传统酿酒技艺的同时，积极探索现代发酵技术、自动化控制系统和质量监控手段，不断提高产品的质量和生产效率。泸州的酿酒技术不仅局限于生产过程的技术运用，还包括对酿酒文化和传统工艺的研究与传承。泸州酿酒企业与多所高校和研究机构合作，促进了酿酒技术的发展和创新，培养了一大批酿酒技术人才。

“九度理论”展现了白酒酿造过程中自然赋予与人为努力的融合，体现了白酒酿造行业的“天人合一”。“九度理论”同时为我们提供了一个全新的视角，来理解和评估酿酒的复杂过程。通过深入了解“九度理论”，我们可以更好地理解为什么同样的酿酒配方和工艺，在不同的地理环境中会产生截然不同的酒质，也为我们从理论上解释了老窖酒企业在推陈出新、继往开来中对酿酒技术探索的意义，为中国老窖酒继续在世界之林发光发热提供了根本的理论依据与实践经验。

参考文献

[1]唐玉云,张明,杜德军.玉液之美,起于五谷——试论酒粮作物发展对射洪历代佳酿的影响[J].酿酒,2022,49(05):139-143.

[2]苏俊.川酒核心产区 构筑世界级白酒产业集群[J].经营管理者,2022,(02):11-14.

[3]周添舒.《风味人间》:东西方饮食文化交融下的中国表达[J].视听,2020,(01):118-119.

[4]薛媛.高校本科思政课教学中加强生态文明教育的对策路径研究[D].昆明:云南大学,2015.

[5]秦双霞,赵玲艳,邓放明.发酵辣椒乳酸菌混合发酵菌群的构建[J].中国酿造,2024,43(07):117-125.

[6]朱孝远.文明史研究的中国视野[J].史学理论研究,2022,(01):9-15.

[7]张鹏,赵金山,臧金红,等.发酵肉制品中的特征风味与微生物之间的关系研究进展[J].食品工业科技,2024,45(02):380-391.

[8]许正宏,沈才洪,胡付照,等.基于酿造风土的传统酿造技艺及产品品质的科学表达——以中国白酒为例[J].中国酿造,2024,43(05):1-5.

[9]李后强,廖祖君."九度视角"审视川贵白酒产业[J].四川省情,2017,(10):46-48.

[10]李后强,廖祖君.从"九度视角"看中国名酒产川贵[J].当代县域经济,2017,(10):10-15.

[11]李后强,陈淑华.仿酶研究的分形(Fractal)原理[J].天然产物研究与开发,1991,3(01):92-99.

[12]李后强.生物全息律的数学模型——分形集[J].生物医学工程学杂志,1988,(2):82-85.

[13]李后强,陈淑华.蛋白质和酶表面的分形分析[J].化学物理学报,1992,5(03):183-190.

[14]李后强,汪富泉.蛋白质的谱维数[J].科学通报,1993,38(08):707-710.

[15]李后强,李贤彬.过渡分形[J].大自然探索,1995,14(03):95.

第五章

优质白酒的发酵机制

在探索博大精深的中国白酒文化时，我们不得不研究一个奇妙的过程——发酵。这一古老的现象，不仅是微生物作用的自然奇迹，更是白酒制造不可或缺的一部分过程。从粮食原料的处理，到酒曲的制作，到白酒的酿造，再到年份酒的储存……在这繁复的过程中，中国的白酒酿造、品味文化，随同中华民族的世代延续与劳动人民的生长耕作而生生不息。

第一节 微观生命影响发酵机制

人们利用发酵现象制作发酵食品的历史十分悠久。已有研究表明，有些发酵食品可通过影响肠道菌群，进而影响人体的免疫系统。在我们日常生活中，从鲜香嫩脆的酸菜、榨菜，到香味俱全的酱油、白酒，每一种发酵食品都承载着丰富的文化内涵和深刻的生活智慧，其诞生与存在不仅提升了人们的饮食和生存质量，更大大促进了我国饮食文化的进步与发展。

一、发酵的神奇效应

发酵，是一种古老而传统的食品储存与加工的方法，是指细菌、酵母菌、霉菌等微生物在适宜的条件下，进行生长繁殖和代谢活动的生物化学过程，这一过程可将原料转化为人类所需的产物并释放出能量，如酵母菌通过代谢作用能够将淀粉等碳水化合物转化为乙醇和二氧化碳。从生物角度来看，发酵是生物氧化的一种方式，在没有外源最终电子受体的条件下，化能异养型微生物细胞对能源有机化合物的氧化与内源的（已经经过该细胞代谢的）有机化合物的还原相耦合，一般并不发生经包含细胞色素等的电子传递链上的电子传递和电子传递磷酸化，而是通过底物（激酶的底物）水平磷酸化来获得能源物质ATP；能源有机化合物释放的电子的一级电子载体NAD^+，以NADH的形式直接将电子交给内源的有机电子受体而再生成NAD^+，同时将后者还原成发酵产物（不完全氧化的产物）。生长的微生物同分解食物成分的酶相互作用，形成了口感各异的发酵食品。

（一）食物的发酵过程

在人类社会的早期，微生物的发酵过程通常是自发的，起初并不是什么好事，这通常意味着食物储存是个大问题。然而，发酵食品的奇妙口感难免让人趋之若鹜，有一批“敢于吃螃蟹”的人率先对发酵食品进行了探索，偶然发现了一些风味奇妙的发酵食品。通过对这些本以为“变质”的食品进行发掘，通过技术迭代，逐渐将其系统化、程序化，形成时至今日我们还在运用的发酵程序。我们生活中食物的发酵过程一般包含底物（发酵过程中作为原料或基础物质使用的物质）选择、微生物选择、条件控制、产物收集这四个步骤。

食物的发酵一般是从底物选择开始的，不同的发酵过程需要不同的底物。以中国浓香型白酒的鼻祖——泸州老窖为例，在其漫长的酿酒历史中，泸州老窖的发酵底物首选泸州生长的糯红高粱，酿酒工人亲切地称它“红粮”。由于糯高粱的淀粉含量较高，易于发酵，并且其脂肪和蛋白质含量配比恰到好处，使得微生物发酵产香顺利，而且不会导致杂味物质的生成，因此糯高粱酿酒醇厚浓郁、香正甘洌，远胜于其他粮食酿酒。

选择底物后的下一步便是微生物的选择，不同的微生物对于底物的代谢作用和产物不同，因此不同的发酵过程需要选择不同的微生物菌种。对于白酒酿造而言，一般来说，不同种类的白酒酿造所需微生物是不同的，主要体现在所选酒曲的种类上，酒曲一般包括大曲、小曲等，大曲的主要微生物是根霉、毛霉，小曲的主要微生物是根霉，其次是毛霉和酵母。酒曲的选择将直接影响酒的口感风味，是不同酒之间形成区分度的一大原因。

接下来要进行环境控制，温度、pH、氧气供给、卫生条件以及其他环境因素对于发酵过程的效率与结果至关重要，同时不同的微生物对这些条件的要求不同，因此需要根据具体的发酵过程进行相应的调节。比如，酵母菌在窖池内的最适宜生长温度为28℃，最适宜发酵温度是32℃。温度过低，会影响酵母菌的生长活力；过高，则会阻碍发酵，并导致一些高温杂菌的产生。泸州老窖酒的酿造严格控制低温入窖，冬季入窖温度为18～22℃，夏季采用平地温或低于地温1～2℃入窖。酵母菌在中温入窖的条件下，温度缓慢上升，至中温32℃左右时，菌体茁壮，能保持旺盛的活力，酶不易破坏，发酵完全彻底，并能抑制杂菌的繁殖。

最后一步便是产物收集。发酵过程终止后，通常需要对发酵产物进行收集、提取和处理，这些产物可以广泛应用于多个领域。泸州老窖酒收集产物的方法为蒸馏分段摘酒，即是除去头酒后，根据对品质的要求，将基础酒分为数段单独摘酒，直至酒花摘断呈现水花，摘酒完毕吊酒尾，将尾酒回收养护窖池利用。各摘酒段各具特色，而以中段酒为最佳。因此，根据摘酒的严选比例，真正的酒中精华往往不及20%。

总的来说，食物的发酵是一个极为复杂且神奇的过程，底物、微生物、环境的差异会使得发酵产物风味各异。发酵也是自然规律性同人的主观能动性相统一的过程，天赐的生物转化同民众的智慧相结合，诞生出完整的发酵过程，正是这妙不可言的过程作用，成就了纷繁复杂的发酵食品。

（二）食品发酵的作用

发酵技术在发酵食品的生产中扮演着至关重要的角色，它通过利用微生物的生命活动来转化原材料，从而产生一系列具有独特风味、营养价值和健康益处的产品。随着生物技术的发展，发酵工程的应用越来越广泛，不仅提升了传统发酵食品的质量，还催生了许多新的高附加值产品。

发酵可以改善食品的口感和风味。发酵过程中，微生物会代谢产生一系列风味化合物，这些化合物赋予了食品独特的味道。例如，啤酒生产中的酵母发酵会产生乙醇和多种酯类化合物，为啤酒带来了果香和花香；葡萄酒生产中的发酵则会带来醇厚和复杂的味道层次，葡萄酒复杂的果香、香草味以及微妙的单宁质感，正是得益于葡萄汁液中的糖分经过酵母菌的发酵转化成乙醇与各种风味化合物共同作用的结果。

发酵还可以改变食品的质地，使之变得更柔软或更细腻。比如，面团在发酵过程中，酵母菌会分解面粉中的淀粉，释放二氧化碳气体，使面团膨胀，经焙烤成为松软的面包；而一些酱料，如豆瓣酱，通过长时间的发酵，味道会变得更加浓郁，质地也会变得更为细腻。刚出炉的法式面包，那轻盈的内部结构和酥脆的外壳就是发酵带来的美妙体验。

发酵可提高食品的食用安全性，延长保质期。发酵可以抑制有害微生物的生长，从而减少食品中的病原体数量，提高食品的安全性。比如一瓶经过自然发酵的苹果醋，其酸性环境已经杀灭了许多可能存在的致病菌，确保了产品的安全。发酵过程中产生的酸和其他抗菌物质能够抑制腐败微生物的生长，从而延长食品的货架寿命。比如腌制的泡菜由于乳酸发酵而产生的酸性环境，能够长时间保持其风味而不变质，让人们随时都能享受到美味。乳酸发酵可以有效地防止肉类产品腐败，使得它们能够在不添加化学防腐剂的情况下更长时间保持新鲜。熏肠通过发酵和烟熏的双重作用，不仅味道独特，而且可以在没有冰箱的条件下保存数周甚至数月。

发酵可以创造新产品。利用现代发酵技术和工程菌株可以开发新的食品和配料，如富含益生菌的功能性食品和营养补充剂。通过基因工程技术培育出来的特殊菌株，可以生产出含有特定活性成分的酸奶，比如具有降低胆固醇功能的产品。而改造的乳酸菌，能够产生特定的益生元，这种酸奶不仅口感好，还能促进肠道健康，成为市场上备受欢迎的产品。

发酵可以改良传统食品。发酵技术可以被用来改进传统食品的质量，使其更适合现代消费者的口味和健康需求。在传统的酱油酿造工艺中，通过优化发酵条件可以减少其中的亚硝酸盐含量，让这一古老的调味品更加健康。

发酵技术具有环保作用且有可持续性。发酵技术有助于减少食品生产过程中的废物排放，例如在废水处理中利用微生物进行生物降解，净化水质。通过发酵可以将农业废弃物转化为有价值的产品。比如农业废弃物如稻壳、麦秆等，通过微生物发酵可以转化为优质的动物饲料或者天然肥料，既解决了废弃物处理的问题，又实现了资源的有效利用。

（三）发酵食品的健康益处

发酵食品不仅美味且有些发酵食品因其含有丰富的益生菌和代谢产物，在维持人体健康方面发挥着重要作用。

发酵食品可调节肠道菌群，预防便秘。有些发酵食品中含有大量的活性益生菌，这些微生物能够在肠道中生存并定植，从而增加肠道中有益菌的数量。这有助于维持肠道微生物群落的平衡，促进健康的肠道环境生成。益生菌的存在还能抑制有害菌的生长，减少肠道炎症反应，进而促进肠道的整体健康。

发酵过程中产生的乳酸菌和双歧杆菌，能够在肠道中增殖，形成一层保护屏障，可对抗有害细菌的侵袭。同时，这些益生菌还会产生丁酸，它能够作为结肠细胞的能量来源，有助于维护肠道黏膜的完整性，软化粪便，从而促进排便。

发酵食品可促进消化与吸收。发酵过程通过微生物的作用，通过分泌酶来分解食物中的复杂分子结构，使其更易于消化和吸收。例如，发酵可以将复杂的蛋白质分解成较小的肽和氨基酸，使人体更容易吸收这些营养成分。比如一碗温暖的豆豉汤，豆豉中的大豆蛋白已经被微生物分解成更小的肽段和氨基酸，更容易被人体吸收，同时也让汤品更加鲜美。此外，在发酵豆制品中，抗营养因子（如植酸和鞣酸）会被微生物降解，这不仅减少了这些因子对人体健康的负面影响，也提高了矿物质如铁、钙和锌的生物利用度。

发酵食品可补充维生素，提高食物的营养价值。在发酵过程中，有益微生物不仅能够产生维生素，还能提高食物中已有维生素的生物可利用度。例如，乳酸菌和其他发酵微生物能够合成B族维生素，如维生素B_{12}、叶酸等，而这些维生素对于维持正常的生理功能至关重要。此外，发酵食品中还可能含有维生素K_2，这种维生素对于骨骼健康特别重要。比如食用酸奶，实际上也在享受由乳酸菌产生的多种维生素所带来的健康益处，帮助我们维持良好的身体状态。某些发酵过程能够增加食品中的抗氧化剂含量，发酵豆制品中的异黄酮，有助于抵抗自由基对人体细胞的损害。

发酵食品可帮助健康减肥。发酵食品能够帮助健康减肥的原因在于它们可以改善肠道环境，增加饱腹感。益生菌的存在能够促进肠道内有益菌群的增长，帮助调节食欲刺激素（如胰岛素、瘦素等），从而控制饥饿感和饱腹感。此外，发酵食品中的纤维素和其他成分有助于减缓食物的消化速度，增加饱腹感，减少热量摄入。

发酵食品可帮助保护肝脏，并预防动脉硬化和改善心血管健康。发酵食品中的益生菌和代谢产物，如短链脂肪酸（SCFAs），有助于降低肝脏中的脂肪含量，减少肝脏损伤的风险。此外，SCFAs还有助于降低血液中的胆固醇水平，减少患动脉硬化症的风险，从而保护心血管健康。除了通过降低胆固醇水平来保护心脏外，研究显示，经常食用发酵食品的人群患心血管疾病的风险较低。

发酵食品可帮助减少炎症，增强免疫系统。肠道是人体最大的免疫器官之一，健康的肠道菌群对于免疫系统的正常运作至关重要。发酵食品中的益生菌能够刺激免疫系统，增强身体的抵抗力，帮助抵御感染和疾病。益生菌和其他发酵产物具有抗炎特性，能够降低肠道患炎症风险，进而减轻全身性炎症反应。

可见，发酵食品不仅提供了丰富的营养素，还能够通过调节肠道菌群来影响人体的整体健康。

二、发酵的广泛应用

随着发酵过程由自发转向人为可控，发酵食品凭借其独特的风味以及丰富的营养价值，成为人们生活中不可或缺的一部分。历史悠久的发酵食品在全世界范围内形成了繁多的种类。按照菌种不同，发酵食品可分为由酵母菌、乳酸菌、醋酸菌等生产的发酵食品；按照原料则可以将发酵食品分为发酵乳制品、发酵豆制品、酒类等；而按照发酵容器的不同，可将发酵食品分为窖池发酵类食品和非窖池发酵类食品，前者一般使用窖池进行发酵，后者通常使用玻璃瓶、陶缸、发酵罐等容器进行发酵，其中最为值得一提的便是窖池发酵类食品。窖池是食品发酵过程中较为常见的发酵容器，是食品原料进行发酵的场所，按照窖池材料的不同可将其分为泥窖、石窖、水泥窖、地缸等种类。窖池发酵类食品，顾名思义，是指以窖池为发酵容器制成的食品，主要包括酱油、醋、豆瓣、白酒等，均具有独特的营养价值和保健功效。

（一）发酵与调味品

酱油是使用麸皮、大豆或小麦，并加水和盐，经曲霉发酵形成的调味品，其色泽呈红褐色，有独特酱香，滋味鲜美。以泸州国家级非物质文化遗产——先市酱油酿制技艺（图5-1）为例，据《合江县志》记载，其酿造技艺秉承川、黔两省酒业酿造传统，依托传统技术，采用当地优质大豆、小麦精心酿制，得益于赤水河谷的优良环境及川黔地区的独特气候。先市酱油具有“浓郁清香，醇和爽口，咸甜适度，锅煎不煳，久存不生花”的特点。清末时，川南、黔北民间有“先市豆油，仁怀醋”的说法。先市酱油传统酿造技艺蕴含十三道工序，包括筛选原料、浸泡大豆、蒸焖大豆、摊晾豆料、拌和面粉、自然制曲、制盐水、移曲入缸、日晒夜露、自然浸油、暴晒浓缩、过滤澄清、灭菌灌装，一般来说入缸发酵时间越长，微生物作用越充分，酱油便越加香醇。酿造优质酱油的秘诀在于原料的选择与发酵过程的精细掌控，大豆与麦仁富含蛋白质和淀粉，是古法酿造酱油的理想原料。大豆中的脂肪成分在发酵过程中经微生物作用，转化为多种短链脂肪酸，这些脂肪酸不仅是酱油独特酯香的来源，更含有对人体有益的不饱和脂肪酸和卵磷脂。传统晒露工艺，遵循“春曲、夏酱、秋油”的自然节奏，通过低温制曲与发酵，创造了适宜微生物生长的环境。低温条件有利于多种酶系的稳定性和活性，使得酱油中氨基酸、肽、氮等营养风味物质得以丰富生成。此外，晒露发酵过程中，阳光带来的“光化反应”赋予酱油特有的酱香，这是任何添加剂都无法复制的风味。香辛料不仅可提升酱油的风味，还能发挥抗菌防腐作用，确保酱油的品质与安全性。例如，芥末、辣根中的芥子油和异硫氰酸烯丙酯具有杀菌抑菌功能，而丁香粉、山葵、姜黄等则能增强酱油的抗氧化性能。随着科技的进步，对香辛料抗菌活性物质作用机理的深入研究，更多天然防腐剂被开发并应用于酱油生产，保障了酱油的口感与健康价值。再次，添加天然生物防腐剂成为酱油行业的新兴趋势。乳酸菌素、溶菌酶和抗菌肽等益生菌类生物防腐剂，不仅能有效抑制腐败菌的生长，还能提升酱油的营养价值，保持其天然风味。这类防腐剂对人体无害，且有益健康，是未来酱油保鲜的优选方案。

图 5-1　国家级非物质文化遗产——合江先市酱油酿制技艺

醋与酱油在调味品中的地位可以等量齐观。醋古称“酢”“苦酒”，多由麦麸、小麦、糯米、大米、水果等原料发酵制成，按照发酵原料的不同可将其分为麸醋、小麦醋、糯米醋、米醋、水果醋等。以川派麸醋的杰出代表——护国陈醋（图5-2）为例，其精选优质大米、麦麸、糯米、面粉等主料，辅以108味中草药入曲，严格配比，以泉水浸泡，创造了独有特色的口感配方和配制技艺。其传统酿造技艺源于中国传统固态发酵技艺，核心技艺归集为采药制曲、蒸煮糖化、日晒夜露、淋醅灌装四大步骤，细分为36道主要工序，匠心传承、手工酿制，历经一千余天自然发酵陈酿，成就了醋香浓厚、酸味纯正、回甜爽口、余味悠长、长久不腐的调味佳品，形成了巴蜀风味独具特色的传统酿造技艺，被誉为“川南第一醋”。因为泸州的酿酒优势，除了酿酒，酿造的醋、酱油品质都是上乘之品。当然这更多得益于看不见的酿酒大师——微生物的作用。

图 5-2　四川省非物质文化遗产产品之一——护国陈醋

醋也承担了文化传承的作用。相传醋的创造者是杜康的儿子黑塔，俗话说“老子造酒儿造醋”，这里的父子便指的是杜康与黑塔。醋是我国最为常见的调味品之一，可代表忍耐和坚持，有“吃得三斗酽醋，方做得宰相”之说。崔护的《山鸡舞石镜》写道：“庐峰开石镜，人说舞山鸡。物象纤无隐，禽情只自迷。景当烟雾歇，心喜锦翎齐。宛转乌呈彩，婆娑凤欲栖。何言资羽族，在地得天倪。应笑翰音者，终朝饮败醯。”这其中的“醯”指的就是醋。

郫县豆瓣酱，这一源自四川省成都市郫都区的传统调味品，其卓越品质与独特风味，深深植根于当地得天独厚的自然环境与世代相传的发酵工艺之中。日晒夜露工艺，这是郫县豆瓣发酵的关键步骤。在阳光的直射下，豆瓣表面的水分蒸发，内部温度升高，这不仅有助于抑制有害微生物的生长，还激活了有益菌的活性，尤其是那些能耐受较高温度的微生物。日间高温加速了微生物的新陈代谢，促进了酶的活性，加速了原料中淀粉和蛋白质的分解。夜幕降临，空气中的水分凝结成露珠，覆盖在豆瓣表面，为微生物生长提供了充足的水分。这种湿度的变化，配合白天积累的热量，营造了一个微生物生长的黄金环境。在夜间，微生物继续它们的工作，分解有机物，产生复杂的代谢产物，包括氨基酸、有机酸和醇类，这些都是豆瓣酱风味的关键来源。郫县豆瓣酱的发酵过程，是多种微生物协同作用的结果。米曲霉是主要的真菌参与者，它能分泌多种酶，如蛋白酶、淀粉酶，将蛋白质和淀粉转化为小分子肽和糖，为其他微生物提供营养。耐盐乳酸菌，在高盐环境中生存，通过乳酸发酵降低环境pH，抑制杂菌生长，同时产生乳酸，赋予豆瓣酱独特的酸味。酵母菌则负责产生乙醇和二氧化碳，进一步丰富了豆瓣酱的香气。翻晒是整个发酵过程中不可或缺的一环。定期翻动豆瓣，不仅可以保证温度和湿度的均匀分布，防止表面干燥过快，还能增加氧气供应，促进好氧微生物的活动。这一过程确保了豆瓣内外部微生物的均衡发展，避免了局部厌氧环境的形成，从而控制了发酵的速率和方向，让豆瓣酱的风味得以充分发展。郫都区的自然环境，包括适宜的气候、肥沃的土壤和纯净的水源，为微生物群落的繁荣提供了基础。特定的微生物种群在这样的环境下形成了稳定的生态系统，它们之间的相互作用以及与环境因子的互动，共同塑造了郫县豆瓣酱独一无二的风味和质地。

（二）发酵与川菜

川菜，作为中国八大菜系之一，以其独特的麻辣风味、丰富的菜品种类和深厚的文化底蕴而闻名于世。发酵技术在川菜制作中应用颇多，不仅为川菜带来了独特的风味，还丰富了其文化内涵。

川菜中广泛使用的发酵调味品包括豆瓣酱、豆豉、泡菜等。这些调味品通过微生物的发酵作用，不仅延长了食材的保质期，还产生了丰富的风味物质。例如，郫县豆瓣酱作为川菜的灵魂调料之一，其独特的酱香和辣味正是通过长时间的发酵过程形成的；四川泡菜作为川菜中的经典菜品之一，通过乳酸菌的发酵作用，使蔬菜呈现出独特的酸爽口感和风味。此外，一些川菜中的肉类菜品也会采用发酵技术进行处理，如发酵牛肉、发酵鱼等，通过微生物的作用使肉质更加鲜嫩可口。

发酵过程中产生的风味物质对川菜的风味形成具有重要影响。一方面，发酵能够产生丰富的香味和鲜味物质，如乳酸、氨基酸等，这些物质能够提升菜品的整体风味；另一方面，发酵还能够改变食材的质地和口感，使其更加符合川菜的烹饪要求。例如，泡菜通过发酵后变得酸脆可口，与川菜中的麻辣口味相得益彰。

随着现代科技的不断发展，越来越多的新技术被应用于川菜的发酵过程研究中。例如，高通量测序技术被用于解析四川泡菜等发酵食品中的微生物群落结构，揭示了其中的微生物多样性和发酵机制；实时荧光定量PCR技术则被用于监测发酵过程中优势菌群的数量变化，为优化发酵工艺提供了科学依据。

川菜酵宴，是川菜非物质文化遗产国家级代表性传承人徐孝洪结合川菜非物质文化遗产技艺和国家非物质文化遗产酿制技艺，通过量化发酵技术制作的一系列菜品。他提出的“量化发酵”概念，即在规定的时间、温度、湿度内进行发酵，通过自制发酵箱实现微生物作用下食材风味的标准化。例如，粑豌豆的制作通过接种酵母菌，静置后形成块状，再加热，使水分变少、香气变浓，更易标准化。通过几十次实验，确定青椒酱在22℃、70%湿度下发酵36天为最佳。

2024年，徐孝洪与泸州老窖·国窖1573合作举办了一次《酒歌》非物质文化遗产文化体验之旅晚宴（图5-3）。其创作理念是通过非物质文化遗产川菜技艺放大非物质文化遗产酿制工艺特点，以酿酒原料如糯高粱、软质小麦为起点，深化原创菜肴的色、香、味、型、意境审美，并注重餐酒搭配的味觉体验。菜单中包括了多个创意菜品，如使用酿酒原料的“酒粮四味对镶”，以酿酒器皿呈现的“坛陈鮰鱼汤”，以及结合蒸粮工艺的“窖粮蒸酱肉”等。晚宴还包括了展现粮香演绎、酒体升华提纯工艺的菜品，如“油淋裙边翅”和“高粱芸豆绒花配1573玫瑰酒醇”。这些菜品不仅展示了烹饪技艺，也融合了酒文化，为宾客提供了一场视觉与味觉的盛宴。通过川菜酵宴这一创新实践，我们看到了传统美食与现代科技相结合的力量，也看到了川菜在新时代的无限可能。

图 5-3　2024 年，徐孝洪与泸州老窖 · 国窖 1573 合作举办《酒歌》非物质文化遗产文化体验之旅晚宴

（三）发酵与酒类

在酒的酿造中，发酵如同魔法般将平凡的原料转化成令人陶醉的琼浆。

果酒，如苹果酒、梨酒和樱桃酒等，是通过水果汁液的发酵制成的。在这一过程中，野生或人工接种的酵母菌种如酿酒酵母（*Saccharomyces cerevisiae*）将水果中的糖分转化为乙醇和二氧化碳。发酵温度、时间和pH的控制对于果酒的风味至关重要，较低的温度可以延长发酵时间，从而产生更复杂的风味。

啤酒的酿造是一门综合艺术，涉及麦芽的糖化、麦汁的煮沸、酵母的发酵以及后续的成熟过程。酵母菌在这一过程中发挥着核心作用，将麦汁中的糖分转化为乙醇和二氧化碳，同时生成多种酯类和醛类化合物，赋予啤酒独特的风味。不同的酵母种类，如上面发酵的艾尔酵母和下面发酵的拉格酵母，会产生截然不同的风味特征。

葡萄酒的酿造始于葡萄的压榨，随后是酵母菌的自然发酵或人工接种。葡萄酒的发酵过程不仅受到酵母种类的影响，还受到发酵温度、葡萄品种和成熟度的严格控制。红葡萄酒与白葡萄酒的发酵过程有所不同，红葡萄酒需要在发酵初期与皮渣接触，以萃取颜色和单宁；而白葡萄酒则需避免皮渣接触，以保持其清澈和淡雅。

白酒，特别是中国白酒，是一种高乙醇含量饮料，其发酵过程更为复杂。它通常涉及固态发酵，使用特定的曲（含有多种微生物的混合物）作为发酵启动剂。白酒的风味和香气来源于多种微生物的共同作用，包括酵母菌、细菌和霉菌。这些微生物在固态发酵过程中，不仅将淀粉转化为糖，还将糖转化为乙醇，并生成一系列风味化合物，赋予白酒独特的香气和口感。

发酵学在酒类生产中的应用，不仅体现了微生物与人类文化历史的紧密联系，还反映了科学技术在提升产品质量和风味方面的重要作用。通过对发酵过程的精细调控，酿酒师能够创造出风格各异、品质卓越的酒品，满足消费者日益增长的品味需求。未来，随着发酵学研究的不断深入，我们可以期待更多创新的酒类制品，以及更加个性化和高质量的饮酒体验。

（四）发酵与化妆品

发酵在化妆品行业的应用越来越广泛，成为推动美妆产品创新的重要力量。发酵不仅可以提升化妆品的功效，还能改善产品的质感和稳定性。

在化妆品所用的发酵技术中，常用的微生物包括酵母菌、乳酸菌、醋酸菌等。这些微生物能够合成多种具有护肤效果的成分，如富含维生素、氨基酸和矿物质的酵母菌生成物质，能够促进皮肤细胞的再生和修复；乳酸菌产生的乳酸，具有保湿、抗氧化和促进皮肤屏障功能的作用；醋酸菌产生的醋酸，有助于改善皮肤的pH，抑制细菌滋生。

发酵过程通常分为三个阶段：培养阶段，将选定的微生物接种到培养基中，在适宜的温度和湿度下进行培养；发酵阶段，微生物开始代谢，生成各种活性成分；提取和加工阶段，将发酵产物提取出来，进行后续加工，制成化妆品。

发酵的应用为化妆品行业带来了许多优势：首先，提升活性成分的生物利用率。发酵过程能将复杂的原料转化为皮肤更易吸收的物质。例如通过发酵，植物中的多糖、蛋白质被分解为小分子，这些小分子更容易被皮肤吸收，从而提高化妆品的功效。其次，提高化妆品的皮肤兼容性。发酵产物通常具有较好的皮肤兼容性，因为经过发酵的成分通常更接近皮肤的天然成分，能够减少刺激和过敏反应。例如，发酵的乳酸菌产物可以帮助维持皮肤的微生态平衡，增强皮肤的天然防御能力。第三，可延长产品的保质期。发酵过程中产生的乳酸等有机酸具有天然的防腐作用，这使得发酵化妆品在保质期上具有优势。与传统化妆品相比，发酵产品可以减少对化学防腐剂的依赖，从而降低对皮肤的潜在刺激。第四，具有丰富的香气和质感。发酵不仅能改变化学成分，还能影响产品的感官特性。发酵过程中，微生物代谢产生的芳香物质能够为化妆品提供天然的香气，大大提升使用体验。同时，发酵也能改善产品的质感，使其更加轻盈、易涂抹。

在化妆品行业中，许多产品已经开始广泛使用发酵成分。发酵米是东亚传统护肤成分，富含氨基酸和B族维生素。它可以提升皮肤的光泽感，减缓衰老过程，常用于面膜、精华液和乳液中。酵母提取物富含多种生物活性成分，如维生素、矿物质和多糖，能够促进皮肤细胞的新陈代谢，改善肌肤状态。它常被添加到面霜、精华液和眼霜中。乳酸菌发酵液具有保湿、抗老化和抑菌的效果，能够改善肌肤屏障，保持肌肤健康。作为成分，它通常用于洁面产品、爽肤水和面膜中。植物发酵提取物，如用发酵人参、发酵绿茶等提取的成分，它们具有抗氧化特性，能促进皮肤的活力。这些成分在护肤品中被广泛使用，帮助修复和滋养肌肤。

通过发酵技术生产的化妆品成分，不仅可以提升化妆品的功效，还能改善产品的质感和安全性。随着研究的深入和技术的进步，发酵学必将在未来的化妆品行业中扮演越来越重要的角色，推动行业的创新和发展。

第二节
千年白酒彰显中国品味

在漫长的人类历史文化长河中，酒是一种客观的物质存在，也是一种文化象征。世界上的每一片土地都有自己的风情，每一种风情都孕育着一些独特的风味，每个地区都有自己的专属好酒。世界名酒地图上的每一种酒，都有其标志性的“产区”。“产区”这个概念最早源于葡萄酒，法国的波尔多是全世界最大的优质葡萄酒产区，波尔多也逐渐成为人们心中优质葡萄酒的代名词。此外，说到伏特加，人们首先想到俄罗斯；提到威士忌、朗姆酒，人们很容易联想到苏格兰、古巴；至于白酒，那自然是与中国相联系了。

当我们谈论中国的白酒时，实际上是在探索一个古老的艺术形式，融合了自然力量与人类智慧的结晶。中国白酒往往产自山水交错之地，如盆地。复旦大学历史地理研究中心教授、博士生导师安介生曾研究发现："群山环绕、溪流下注的盆地地带，往往是产生美酒之地。"因为"盆地周围往往是山，而山是水源地，水带着各类矿物质、微量元素和微生物向盆底汇聚，而盆地地形，能够留住这些物质。"白酒酿造不仅是微生物将普通原料转化为醇香美酒的神奇过程，更是从酿造原料的挑选，到酿造工艺的进步，再到丰富多样的香型，每个步骤都无不显示着中国白酒文化的博大精深。

一、白酒风味绝

中国白酒风格丰富多彩，风味各具特色。按照风味特征，中国白酒主要分为浓香型、酱香型、清香型、米香型四大基础香型。

四大基础香型中，举足轻重的便是浓香型白酒。浓香型白酒无色透明，但允许微黄，具有窖香浓郁、绵甜甘洌、香味协调、尾净香长的特点，其代表品牌有泸州老窖、五粮液、洋河大曲、古井贡酒、剑南春等。按照风格来划分，浓香型白酒可以分为江淮派以及川派。浓香型白酒中主要有酯类、酸类、醇类、醛类和酮类等风味物质，其中酯类数量最多且影响最大，形成了浓香型白酒的主体风格；其次是有机酸等酸类物质掩盖了些许苦味和杂味；含量最少的是醛类和酮类物质，发挥着衬托香气的作用。

酱香型白酒色泽微黄透明，酱香突出，酒体醇厚丰满，香气优雅舒适，口味细腻典雅，空杯持久留香，回味悠长，其代表品牌为茅台酒、郎酒、贵酒、国台酒等。酱香型白酒酱香味形成的主要原因，是所使用的高温大曲，高温大曲使得发酵过程中会发生美拉德褐变，从而产生了酱香型物质，使得产品的酱香突出。酱香型白酒中富含较多的醇、酯、芳香化合物以及氨基酸等高沸点化合物，使得香型具有柔和细腻的口感。酱香型白酒有机酸含量高，延长了白酒味感在口腔中的感觉，使其有回味悠长的特点。

清香型白酒，无色透明，具有清香纯正、诸味协调、醇甜柔口、余味爽净的风味特征，主要代表有山西汾酒、河南宝丰酒、黄鹤楼酒、青稞酒等。清香型白酒的主体风味物质，是乙酸乙酯和乳酸乙酯等，香气清雅纯正，无其他杂香，造就了清香型白酒绵甜净爽、香气飘逸、口感纯净的风味。

米香型白酒无色透明，具有蜜香清雅、入口绵柔、落口爽净、回味怡畅的风味特点，以桂林三花酒、全州湘山酒、广东长乐烧为代表。米香型白酒一般以大米为原料，所用酒曲也是十分特别，因此这种香型的酒具有一种特别的蜜香。与其他香型的白酒相比，米香型白酒的风味成分种类相对较少，其主体香气成分为乳酸乙酯、乙酸乙酯以及β-苯乙醇，造就了其蜜香和米香相结合的独特香气。

白酒的香型与产出地域的地理气候之间有着极大的关联。我国文化学者李寻在《酒的中国地理》一书中写道，“中国白酒的4种基本香型与地理气候区划的对应特点是，清香型对应着南温带，酱香型地处南北气候过渡带，浓香型对应的是中亚热带，米香型对应的是南亚热带。”比如，四川出浓香型白酒，贵州出酱香型白酒，山西出清香型白酒，广西出米香型白酒等。当然，白酒香型各地不同，还有凤香型、药香型、豉香型等。不同的地区依赖其特有的资源禀赋，不仅能酿造出香型迥异的各种白酒，还能打造富有当地特色的白酒文化。泸州地区的老窖白酒，是四川浓香型白酒的典范品种，同各地各种白酒继承者一样，承担着酿好每一滴酒的责任，肩负着将本地浓香型白酒连同其老窖文化传承下去的使命，是中华白酒文化乃至发酵文化经久不衰的重要依仗。

二、盆地出好酒

其实，“盆地出好酒”不是一种定论，更确切的说法，应该是“盆地更容易出好酒”。中国有大量不同等级、区域、海拔、大小、形态的盆地，它们作用于酿酒的功能不尽相同，盆地出好酒更多是由现象反推而来的结论。盆地地形是提供了一种环境，和一些好酒产生的物质条件。同时，山体茂密的植被又能过滤水源，使盆地内的水更干净优质。长年累月的良性生态循环，就创造了一个容易酿造出好酒的“生境”。

遵义，或许能称之为贵州白酒最多元复杂的“聚居地”——播州有浓香鸭溪窖，汇川有贵州三大酱香品牌之一的珍酒以及药香型董酒。遵义市占据贵州全省11个国家级自然保护区中的5个，坐拥仁怀、习水、汇川、赤水、播州五大白酒产区。大娄山自西南向东北贯穿遵义，成为天然屏障，将全域划分成南北两部分。大娄山山脉既是乌江水系与赤水河的分水岭，又是贵州高原与四川盆地的界山，让来自海洋的暖湿气流在遵义的盆地地形中驻足，形成酿酒所需的温暖湿润气候。这里的酿酒奥秘，更多藏于地下。汇川这个名字，就表明这是个被川流赋予生命的地方，优质地下水是“遵义汇川小气候”形成的主要原因——当地有大量的地下暗河和地下岩溶洞穴，岩溶洞穴中含有很高浓度的负氧离子，造就了独特的地下洞穴微气候和微生物环境。地下水日夜蒸腾，循环往复，酿酒小气候逐渐形成，为遵义白酒的多元与复杂奠定了良好基础。

太原盆地，孕育出了清香型白酒。太原盆地，也被称为晋中盆地，地处中央走廊的中心位置，是整个山西省四方通衢的交通要道。人们说山西“表里山河”，那太原盆地便是山河之心。汾河流经这里三百里，把盆地分为东、西两部分，其主要支流包括西部的磁窑河、文峪河等和东部的潇河、乌马河、昌源河、龙凤河等。整个盆地的中部构成是汾河及其支流堆积而成的广阔冲积平原。作为黄河的第二大支流，黄土高原上的山西母亲河——汾河却并不黄，甚至有“一泓清水入黄河”的景象。或许，这也与清香有着某些奇妙的关联。汾河流域地下的碳酸盐岩，对陆地水有着良好的溶滤作用。经碳酸盐岩过滤的大量岩溶泉遍布汾河沿岸，成为酿造清香型白酒的好水。汾酒所在的汾阳市，位于太原盆地西侧。汾阳，即汾河之阳，面朝盆地，背靠吕梁山。这样的地理条件，加之季风气候，让汾阳的春季与初夏有充足的阳光，而盛夏又有充足的降水，高粱与花椒，都在这里拥有了极佳的生长条件——后者是汾酒等当地清香型酒企用来清洗地缸的花椒水的原料。同时，封闭的盆地地形，太行、吕梁两山的相互阻挡，季风不至于太过猛烈等原因，使得全年大多数时间气候温和干燥，微生物种类和数量适中，是酿造清香型白酒的绝佳条件。暖温带季风气候奠定了这里酿造清香型白酒的基础，而太原盆地又完美契合了清香型白酒的性格。

在八百里秦川的关中盆地，孕育出四大名酒（1952年中国第一届评酒会评出）之一的凤香型白酒。关中盆地西起宝鸡，东至渭南潼关县。比起“宝鸡”，这座城市曾经有个更有名的名字——暗度陈仓的“陈仓”。中国凤香型酒城，就在宝鸡。作为四大名酒之一，西凤酒因其独特的凤香型跻身在列，其不清、不浓、不酱的风格，当时吸引了各位白酒泰斗。一方风土酿一方酒，西凤酒独特的风格当然也与其所在的位置有关。宝鸡与汾阳同处一个大气候区，但前者因为纬度稍低、南依秦岭，受南北过渡带影响更大，年平均温差、降水量都更高，所以西凤酒在酿造环境上与清香就有差异。凤香酒不同于浓香、酱香，而是更接近兼香，或者说复合香型。和关中盆地绵延的历史一样，宝鸡的酒也代代传承，历经先秦“秦饮”、唐代“柳林酒”、两宋“橐泉酒”、明清“凤翔烧酒”，逐步演化为今天的西凤酒。

在湖北和湖南相连的地方，还有一个大型外流盆地，通常被称为“两湖盆地”。两湖盆地北有大洪山、桐柏山，南有罗霄山，西有大巴山、巫山、武陵山、雪峰山，东有大别山、幕阜山，而中间是江汉平原和洞庭湖平原，只留一道长江的出口，恰好符合一个盆地该有的构造。两湖盆地总面积达13万平方千米，包纳湖北的武汉、黄石、黄冈、咸宁、孝感、荆州、荆门、宜昌，以及湖南的长沙、常德、岳阳、益阳12座城市的部分区域。两湖盆地几乎囊括了湖北省位列前茅的白酒品牌。1953年，劲牌就在黄石大冶建厂。到今天，劲牌已经从黄石走向四川、贵州，旗下产业覆盖保健酒、草本白酒、中药业等。此外，黄石还有一项市级非物质文化遗产——阳新纯谷酒酿制技艺。这种酒以稻谷为酿造原料，以传统中草药制酒曲，酿造历史悠久。白云边产于荆州松滋，其名取自李白的“且就洞庭赊月色，将船买酒白云边”一诗。稻花香产于宜昌市龙泉镇，其名来自辛弃疾的名句“醉扶孤石看飞泉，酿成千顷稻花香”。枝江酒的产地枝江市也归宜昌代管，同处于两湖盆地内，曾独占湖北白酒销售鳌头8年之久，有“鄂酒大王”之称。黄鹤楼（酒）产于武汉市，前身是“汉汾酒”，1984年才以古迹为名，有“南楼北汾”之誉。和遵义盆地一样，两湖盆地的酒同样多元复杂，但二者的成因并不相同。两湖盆地所处的通衢之地，所囊括的地域范围，决定了其酒种多样、酒香丰富。

四川盆地，深处中国西南腹地，拥有温和湿润的亚热带气候，肥沃丰盈的紫色沙壤，江河交汇的丰盈水域以及生生不息的优质原粮，给予了生活在这里的人们自足的生活，也酝酿出了中国最醇厚的酒香一脉。地势呈阶梯式逐渐下降的四川盆地，在山脉环绕和氤氲雾气之间，光热、积温、水质、土壤、植被、微生物菌群，在这片土地上交融并蓄，滋养出沃野千里的天府之国，也赋予了四川源源不断的美酒醇香。水为酒之血。水系发达、水源充沛，自古便有“泽国”之称的四川盆地，拥有得天独厚的酿酒优质水源，是长江名酒经济带的起点。从盆地四周高山渗透下来的天然泉水，在这里汇聚成硬度适宜、富含多种矿物质的纯净水源。这成为四川白酒酿造最为珍贵的根脉，也让一座座被江河浸润的城市，持续输出着川酒的荣耀。湿热的亚热带季风气候，湿润的紫色土壤，丰盈的水流，让这里出产的糯红高粱支链淀粉平均含量在94%以上；

蛋白质和脂肪含量均衡有度，这使糖化发酵变得更为容易，也让酒的口感醇和而不驳杂；平均值为1.49%的单宁含量，更是会在酿造过程中产生丁香酸和丁香醛，让美妙的川酒更加活色生香。

综上，“盆地出好酒”得益于盆地独有的地形地貌，这造就了适宜酿酒的山水气候，为白酒的酿造提供了良好的水源、原料以及酿造环境。

三、好粮出好酒

白酒酿造过程中，挑选好的粮食作为原料是关键因素之一。众多实践证明，采用不同粮食原料酿造的白酒具有不同的风味特点，“高粱产酒香、玉米产酒甜、大米产酒净、糯米产酒绵、小麦产酒冲”，这五种粮食对于白酒风味的影响各有不同，这是因为不同的粮食经过蒸煮和发酵在酿酒过程中产生不同的理化、生化变化，从而生成不同的风味物质，让酒体呈现不同的风格和韵味。

“高粱产酒香”，一直以来，高粱是酿造白酒的首选原料。高粱淀粉含量较高，而脂肪和蛋白质含量比例恰到好处，使得微生物发酵产香十分顺利，而且不会导致杂味物质的生成。同时，高粱含有较多的维生素B_3和维生素B_5，这都是产香微生物生长所必不可少的营养物质，能为其良好生长繁殖提供坚实的物质基础，大大促进了白酒香味物质的产生。此外，高粱含有的单宁和花青素等色素成分，经过蒸煮和发酵后会产生出丁香酸等酚元化合物，赋予了白酒特殊的芳香。众多学者的研究表明，相较于其他谷物，高粱发酵代谢产生的酯的种类更多，而酯是白酒主要的呈香物质。因此，高粱酿酒醇厚浓郁、香正甘洌，远胜于其他粮食酿酒。

“玉米产酒甜”，是由于玉米中富含植酸，其在经过微生物发酵后会被分解为磷酸以及环己六醇，磷酸能促进甘油的生成，而环己六醇具有明显的甜味，因此玉米酒较为醇甜。然而，玉米中蛋白质和脂肪含量较高，尤其是玉米胚芽，使得酒中高级脂肪酸乙酯和杂醇油含量较高，会使酒体出现明显的脂肪发酵味，白酒风味会受到极大影响，因此人们一般不会单独使用玉米进行酿造，会与其他粮食混合使用，并且使用的是去除胚芽后的玉米。

“大米产酒净”，大米中的淀粉含量远大于70%，且其质地纯净、结构疏松，蛋白质、脂肪和纤维含量少，易于糊化，这便使得以大米为原料酿成的酒风味醇甜、爽净。传统的四特酒等均以大米为主料，而三花酒、玉冰烧等则以大米为原料，让酒带有爽净的口感。

相较于大米，糯米的淀粉含量更高，并且几乎全是支链淀粉，糊化程度更为彻底，经蒸煮后，质软性黏易糖化，且糯米经过发酵后，风味物质多样，层次明显，酒质干净，酒体绵甜，口感浓郁，即“糯米产酒绵”。因此人们为增添酒体醇厚绵甜的风味，常常在酿造原料中加入一定比例的糯米。

与以上其他粮食酿酒十分不同的是“小麦产酒冲”。这是由于小麦中蛋白质含量较高，包括胶原蛋白以及麦谷蛋白两种，其经微生物发酵后会生成呈香物质，但由于产生的香味物质种类较多，风味混杂，这便使得由小麦酿造的白酒香味丰富且分散、劲头足，给人以“冲”的感觉。然而，由于小麦中含有丰富的淀粉及其他适当含量的成分，营养丰富且均衡，同时含丰富的面筋质，黏着力强，因此小麦是制曲最好的材料。

由此看来，粮食的选择对酿成的酒口感影响非常明显，同样地，粮食品质也非常关键。即便是同一种粮食，由于种子种类、种植环境、采收过程、运储条件不同，所酿酒的品质也会存在天壤之别。为了保障优良的粮食品质，泸州老窖费尽苦心。2006年，泸州老窖在泸州市龙马潭区胡市镇来寺村建成了第一个有机高粱种植基地，基地对有机红高粱的种植有着近乎严苛的要求，对播种、施肥、除虫、除草、收割、装袋、收购的各个环节都进行了规范化标准化，禁止使用化肥，不计成本地确保高粱的自然生长过程及纯正风味，把守泸州老窖酒原料的底线，从源头上提高泸州老窖酒的质量。泸州老窖严选原料，统一收购，不仅是对老窖酒的品质负责，还是对农业的反哺，粮食种植由此成为老窖酒产业链的关键一环。

四、好酒酿千年

除了粮食原料，影响白酒风味的另一重要因素是白酒酿造技术。以浓香型白酒的鼻祖泸州老窖为例，其酿造技术主要有选料、制曲、发酵、蒸馏、陈酿、勾调以及装瓶七大步骤，每一个环节都融入了老窖酒工作者千年来的智慧结晶，都对最终的白酒品质与风味起着至关重要的作用，可谓“好酒酿千年”。

选料是酿造白酒的第一个步骤，原料的品质对于白酒风味和口感的质量至关重要。采用不同谷物酿造生产的白酒口感与风味会有所不同，如前文所提“高粱产酒香、玉米产酒甜、大米产酒净、糯米产酒绵、小麦产酒冲”，要依据白酒最终的风味来调整各种谷物的使用比例。泸州老窖一直坚持用高粱单粮酿造，这也就造就了其“醇香浓郁、清洌甘爽、饮后尤香、回味悠长”的风味，这也是其风味独树一帜的根本原因所在。在确定选料后，一般需要将原料处理后破碎，然后同糟一起进行蒸煮，以此方法来软化谷物、糊化淀粉，为后续的发酵奠定坚实的营养物质基础。在此过程中，需要严格控制蒸煮的温度和时间，以达到后续白酒的最佳风味。

第二步是制曲。采用酒曲酿酒，是中国白酒区别于世界其他名酒最重要的特征。700余年前，也就是公元1324年，泸州老窖酒传统酿制技艺第一代传承人郭怀玉历经30余年的摸索与试验，成功研制出酿酒曲药——“甘醇曲”，改变了之前中国酿酒只有小曲、散曲的历史，并以此酿成了中国白酒历史上第一代“大曲酒”。用这种大曲酿的酒清洌甘爽、回味悠长，从此开启了中国白酒大曲酒的历史，也让泸州老窖浓香技艺传承至今达7个世纪。在酿酒过程中，酒曲承担了提供菌种、产酒、生香等多重使命。因此，酿酒若无好曲，如同一个人失去了骨架。老窖酒曲的制作工艺十分严苛，终年温润的气候下以川南有机软质小麦作原料，在自然生态的环境中经梅瓣碎粮、高温培菌、人工踩曲、四边安曲等独门技艺，酒曲才初具雏形。

酿酒的第三步一般是发酵。将制得的酒曲加入粮糟中，进入发酵环节。发酵是酿造白酒过程中至关重要的环节之一，经历十分复杂的微生物代谢过程，其中涉及的化学反应有三十多种。在发酵过程中，各种菌大量繁殖，谷物中的淀粉会被酵母菌等微生物分解为乙醇和二氧化碳，并生成一系列风味物质。发酵的时间和温度都需要严格控制，以确保谷物的正常发酵与白酒的风味质量。泸州老窖的发酵需90～180天，在世界所有的酒中唯有中国浓香型白酒的发酵期最长。世界各类酒种的发酵，都需经过两个过程，即淀粉转化为糖（糖化）的过程和糖变为酒（酒化）的过程，而浓香型白酒生产中由于发酵期长，就多出一个“生香”的过程，这就是“浓香”的由来。

发酵容器的不同，也会造就白酒风味的不同。传统的发酵窖池主要有泥窖、陶缸、砖池、水泥池及石材窖池等。浓香型白酒一般使用泥窖进行发酵，使用泥窖酿酒可以充分利用地表散热和保温，使发酵能在相对低温的环境中以缓慢的速度进行，有利于抑制杂菌过度生长，从而减少酒中的燥、辣等杂味成分的生成，产生醇和、浓香、甘美的口感风格。存在于泥窖中的泥土是微生物的生存环境，在粮食发酵的过程中，酒糟中的有效成分和营养物质能滋养出大量的酿酒微生物，这些微生物又是以发酵生香菌为主，窖池使用越久，窖泥中的微生物越多，它们赋予粮食的香气和味道也越芬芳。所以酒糟和窖泥中的微生物就相辅相成，使得越老的窖池酿出的美酒越醇香，有“千年老窖万年糟，酒好全凭窖龄老”的说法。

窖池的资源独一无二，有30年窖龄的窖池才能称为老窖。老窖池的魅力在于它是全国酿酒行业仍在使用的“活文物”。泸州老窖的品牌之一“国窖1573”便是在国宝级活态泥窖发酵池——始建于明朝万历年间的1573国宝窖池群中发酵酿造的。明万历元年，即公元1573年，一家名为“舒聚源”的酒坊（泸州老窖前身）在泸州正式成立，开建了一批泥窖窖池群用于酿造泸州大曲酒，这些泥窖也就是今天人们所熟知的“1573国宝窖池群”了。舒聚源酒坊的首任坊主舒承宗在泥窖生香的基础上，总结摸索出“配糟入窖、固态发酵、酯化老熟、泥窖生香”经典工艺流程，成为泸州老窖酒传统酿制技艺集大成者，对泸州老窖乃至整个浓香型白酒的发展做出了卓越贡献。泸州老窖传统酿制技艺和“1573国宝窖池群”一起成为泸州老窖最宝贵的活态文化资产——活态传承和活态发酵。1573国宝窖池的筑窖原料用的是细腻无沙的黄泥，色泽金黄，绵软细腻，不含砂石杂土，黏性极好，无须经过防渗处理即能保水。历经数百年持续不间断的酿酒，经过无数次酒液浸染，泥色由黄变乌，由乌转灰和乌黑，再转灰白，泥质由柔变脆，在光线的照射下显现出红、绿、蓝等斑斓色彩，且有一种香沁脾胃的香味，以此泸州老窖酿出的酒格外“醇香浓郁、清洌甘爽、饮后尤香、回味悠长”。

发酵完成后的下一个环节便是蒸馏，其原理是通过加热的方式，利用水与乙醇沸点的差异将乙醇从发酵得到的酒液中分离出来。在正常的大气压下，只要将酒液温度加热并保持在水的沸点和乙醇的沸点之间，便可蒸馏得到大量蒸气，这些蒸气中不仅含有乙醇，还富含其他低沸点的活性物质和风味物质，这使得得到的液体带有独特的芳香和风味。在此过程中需要格外注意馏酒温度的控制，馏酒温度过低，不能有效地馏取香味物质；而馏酒温度过高，又会损失一些低沸点香味物质，而且会增加酒的挥发损失，同时，还会带入较多的高沸点杂质，使酒体不干净。泸州老窖酒上甑时间为45分钟左右，馏酒速度为3～4千克/分钟。中温馏酒，在有效去除低沸点和高沸点物质之余，能尽可能保留最多的香味物质、小分子团和健康功能因子，酒质最佳。

蒸馏下一步便是贮存。由于蒸馏后得到的酒液酒质较辛辣刺激，酒体欠柔和，因此新酒必须经过陈酿与贮存这一环节，以形成和改善白酒的品质和风味。新酒经过一段时间的贮存和陈酿后，酒体中的微量成分进行了一系列的演变，完成了体现酒品风格的升华，风味更加浓郁柔和，口感也更加醇香饱满。对于浓香型白酒来说，唯有经过漫长的贮存与陈酿，在时间中褪去浮躁与冲劲，酒体才能日趋成熟、平和、细腻、柔顺和温润，窖香与陈香也渐渐显露出来。泸州老窖新酿出的原酒需要进入纯阳洞、醉翁洞、龙泉洞储存陈酿。极阳状态中的白酒在极阴环境中进行洞藏，谓之"阴阳调和"，使酒体逐渐变得稳定平和，促进酒体的细腻老熟，所以将之称为白酒的修行。

常使用的贮存容器主要有传统的陶坛以及现代的不锈钢和水泥池等容器。陶坛具有良好的透气性，其含有的钙、铁、锌等微量矿物质元素离子部分溶解到酒体中，与酒体中的酯类、醇类等香味成分形成可吸收利用的"活性"络合物。这些活性成分，让原酒的香味成分更为柔和。在长时间的贮存陈酿过程中，酒中燥辣成分缓慢挥发，从而使酒从"辛辣"变为"柔和"，这就是人们常说的"老熟"。现代酿酒企业一般使用不锈钢及水泥池大容器贮存新酒，虽与陶坛相比容积大大提升，但其老熟效果远远比不上陶坛。

酿酒的第六步便是勾调。勾调是指将贮存后的不同轮次、不同时间、不同风味的酒进行混合的过程，勾调是酿酒过程中至关重要的一个环节，是中国白酒由"散酒零卖"走向"大工业化""规模化""品牌化"生产的先决条件之一。白酒酿造，不同季节，不同作坊，不同窖龄的窖池，甚至窖池不同的糟醅分层；摘酒过程中，不同的"头中尾"摘酒段；贮酒过程中，不同的贮存容器、不同的贮存空间等，都会导致酒体味道、口感的不同。也就是说，现实中，你根本找不到两坛品质、口感完全一致的酒体。要实现大规模品牌化生产的基本要求，就必须要确保每一批次每一瓶酒品质、口感基本一致。这就需要品酒师们高超的勾调艺术，这是其一。其二，勾调不仅仅是单纯为了追求瓶装酒体的口感一致性，更是酒体实现品味升华的舌尖艺术，是画龙点睛，是点石成金，是化平凡为神奇。因此，真正优秀的调酒师不是普通的匠人，是用舌尖作画的艺术家，是充满爱与想象的生活家，是捕捉味道的美食家。这也是为什么在科学如此发达的今天，勾调环节至今无法用精密仪器替代的原因。

酿酒的最后一个环节便是装瓶。在装瓶前，酒需进行一系列的过滤处理，过滤掉固体杂质等；同时在装瓶过程中，需要注意保持酒的纯净与新鲜，以确保最终产品的品质和口感。经过选料、制曲、发酵、蒸馏、陈酿、勾调以及装瓶七大步骤，白酒才最终得以酿造而成，每一步存在一点偏差都会对最终的风味产生影响，可想而知酒的酿造过程之不易。

不过，俗话说得好，“三分酿造，七分收藏”“酒是陈的香”，陈年老酒是时间熬出来的精华。这是因为酒在历经长时间的贮存后，酒体中的微量成分的比例和组成发生了变化，使得酒香更加沉稳，酒味更加醇和，酒格更加协调，因此年份酒更加受人们欢迎。所谓年份酒，根据中国酒业协会于2019年颁布的T/CBJ 2101—2019《白酒年份酒》，白酒年份酒是以传统白酒（固态法、半固态法）工艺酿造，经贮存三年及以上基酒勾调而成，标注年份为所用主体基酒加权平均酒龄，不直接或间接添加食用乙醇及非自身发酵产生的呈色呈香呈味物质，具有本品固有风格特征的白酒。并且主体基酒总量应不小于基酒总用量的80%，标注年份取加权平均酒龄的整数。由此可见，年份酒是以贮存三年以上的白酒为主体基酒，与一定比例的其他年份的白酒勾调而成的，因此白酒瓶身上标注的年份并非是该白酒贮存的年份，而是使用勾调所用白酒的贮存年份经过加权平均计算得到的平均酒龄。

以国窖1573经典瓶储年份酒为例，以在天然洞库中用陶罐贮存5年以上的白酒为基酒勾调而成，在此基础上装瓶包装并严格洞藏五年以上，也就是说每一瓶国窖1573瓶储年份酒都至少经过了十年以上的岁月。国窖1573不仅仅是酒桌上众人称赞的佳酿，还可用于菜肴增色增香。以“2023天府名宴 · 银芭酵宴”为例，整场宴席菜单由开胃前菜、汤品、主菜、主食、小吃构成，以代表性川酒“泸州老窖 · 国窖1573”、三款经典川茶贯穿于菜品制作中，在坚守匠心的基础上，将“发酵之美”进行了全面化的表达呈现，品鉴带动着味觉的起伏，升华了对现代川菜的新认知。例如，“中国品味焗怪味脆皮虾”巧妙使用了国窖1573——中国品味的浓郁酒香为菜肴增色，酒味与怪味的咸甜麻辣酸鲜香融为一体，展现出层次丰富、更加多元的风味表达。需要注意的是，与普通年份酒不同，国窖1573瓶储年份酒包装上所标注的年份为装瓶包装距今的年份。

从粮食的发酵，到酒曲的制作，到白酒的酿造，再到年份酒的贮存，无比繁复但又极富考究的老窖酒制作过程在劳动人民的世代经验总结下得以传承，成就了白酒文化与老窖文化。一斛好酒的制作过程可能仅有区区数年，但若是没有数千年的沉淀，何来如今的杯中美酒呢？所谓好酒酿千年，这千年还蕴含着世代的技艺与文化，并由泸州老窖等企业将其世代传承下去。

第三节
开放式操作、密封式发酵实现天人共酿

在我们探寻酿酒中的人类与自然和谐共存的千古智慧时，无法绕开一种古老而神奇的制作工艺——开放式操作，密封式发酵。这种充满生命力的发酵方式，不仅是食品制作的艺术，更是“天人合一”哲学思想的生动体现。在开放式发酵中，不同微生物种群在酒曲中或窖池中自由生长，与大自然的元素——空气、水、土壤和季节的变换紧密相连，最终形成了更为复杂的微生物群落结构。它们在自然界无形之手的引领下，进行着复杂的物质能量代谢，将普通的原料转化为充满生命活力的佳酿。在这一过程中，我们将领略到人与自然和谐共生的深刻内涵，感受到传统与现代、科学与哲学、人类与自然之间的奇妙联系。这一旅程将带领我们深入理解开放式发酵的神奇魅力，以及它如何在中国酿酒文化中展现出天人合一的理念。

一、密封发酵，技艺严苛

在介绍开放式发酵之前，我们或许应该先了解一下与之相对应的另一种发酵工艺——密封式发酵。密封式发酵又名“阴发酵”，顾名思义，整个发酵过程是在密闭或受控的环境中进行的，这可以减少外界污染的风险，确保发酵过程的一致性和可预测性。在密封式发酵中，可以精确控制如温度、湿度、光照和氧气水平等环境条件，为微生物的生长繁殖提供最佳条件。一般而言，密封式发酵由于其需要对发酵过程中的每个环节严格把关，可以阻止外界微生物的进入和内部物质的外溢，具有良好的稳定性，目前已经大面积运用于食品、饲料、医药、化工、能源等领域，在酶制剂、有机酸、白酒、食醋、抗生素等多种产品的生产中扮演着重要角色。

在开始密封式发酵之前，需要做的工作就是原料的准备与处理。在这一阶段要根据发酵产品的不同添加糖类物质、淀粉或者其他碳源。将准备好的原料通过加热等方式进行特定的预处理。随后需要添加氮化合物、维生素和微量元素等营养物质，确保微生物生长与代谢。

在对原料进行充足准备之后，密封式发酵需要进行微生物接种，也就是将特定的微生物引入准备好的发酵介质中，这一步将直接影响发酵过程的顺利进行。在这一阶段，首先要依据产品的不同选择适合的微生物菌株，在酿酒业中，根据成品的不同，菌株也会有所差异。选择好菌种后，需要在特定的实验室条件下进行微生物的预培养，这一过程通常在小型培养皿中进行，以增加菌株的数量与活性，确保微生物纯度与活力。在控制好发酵介质的温度、湿度与pH后，菌株将在无菌条件下加入原料中，并密切监控发酵过程，时刻保证微生物活性正常，通过及时调整环境条件、增添营养物质来优化发酵过程。

密封式发酵的容器选择同样值得考虑。发酵容器为发酵过程提供了一个适宜、安全和受控的环境，适当的发酵容器不仅保证了发酵过程的顺利进行，也对最终产品的质量有着显著影响。通常而言，在发酵开始前需要对容器进行高温蒸汽灭菌或化学消毒以确保容器的无菌性，保证接种的菌株不会受环境中杂菌的影响。容器的内部通常还有环境控制系统，用于精确调节和监控容器内的温度、湿度、pH以及氧气和二氧化碳的浓度，实时监控和调整内部环境。一般而言，发酵容器中有搅拌和通气系统，满足微生物发酵过程中的各种需要。

在一切准备就绪后，微生物进入发酵环节。在密封式发酵下，微生物的一切活动都在人们的密切关注下进行。通过观察菌株的活动状态，人们对温度、pH、氧气浓度、压力等参数进行灵活调整，确保发酵环节万无一失。在微生物的代谢产物达到某个浓度的时候，发酵环节便大功告成了。随后通过过滤、离心等方式，将发酵产物从培养基中分离，再对分离后的物质进行色谱、晶体化、蒸馏等过程的纯化，提炼出高纯度的产品。随后还需要进行进一步的调整与配制，加入其他成分形成最终产品。最终产品出产前，人们还会对产品进行质量检测，确保各方面都符合标准和规格，如此才能进行最终的包装。

密封式发酵也被普遍用于酿酒业，包括啤酒、葡萄酒、以威士忌为代表的蒸馏酒、以香槟为代表的起泡酒、日本的清酒等，都是工业化时代封闭式酿造的产物。在密封式发酵工艺下，产品能够得到较好的一致性，质量控制与安全性有保证，因此密封式发酵也是很有优势的发酵方法。

二、开放发酵，顺天应时

相比之下，中国白酒的发酵方式却是另有乾坤。中国白酒通常采用开放式发酵，也称为阳发酵，通常指的是将酒曲和糖分放在容器中，利用自然环境中的微生物进行发酵。这种发酵方式不需要大量的设备和人工费用，环境温度和湿度对发酵效果有重要影响。与密封式发酵相反，开放式发酵的特点是更加自然，不是人为接种纯的微生物菌种，在这种条件下，酒曲吸天地之灵气，享日月之精华，才能成就出享誉世界的中国白酒。

与密封式发酵类似，开放式发酵首先也要进行原料的处理。选取适合的原料种类，将它们整理清洗、破碎蒸煮，为微生物发酵提供条件。与密封式发酵不同的是，开放式发酵需要保留原料中的部分有益微生物，在不影响有益微生物的前提下，通过低温存储等方式，可以控制原料中的杂菌，避免不希望的微生物过度繁殖。

开放式发酵的菌种接种来源于自然。自然接种就是依赖于环境中的微生物，如空气、土壤、器具或原料表面的酵母和细菌。这些微生物是发酵过程的自然“催化剂”，能够将原料中的糖分转化为乙醇、酸等代谢产物。自然接种所需的温度、湿度、气候等条件要求极其苛刻，可谓天造地设、可遇而不可求。四川地区特别是泸州地区是天然的开放式发酵的窖池，只有在这里，微生物的接种与作用才能恰到好处，诞生出别具一格的中国白酒。

从发酵的器具选择来看，开放式发酵又展现出不同的特色。西方蒸馏酒类酿造工艺中的“窖”，其功能只是用来参与酒的陈酿并适当赋予产品橡木桶香。中国白酒类酿造工艺中的“窖”，不再是单一的存储及陈酿工具，更是参与整个发酵及固态生香过程中的发酵容器。

开放式发酵通常在自然或半控制状态下进行。一方面，开放式发酵需要自然界的充分参与，利用自然带来的禀赋，在诸多自然属性的共同协调下，吸收天地灵气。另一方面，发酵过程也需要人为干预，这并非是打破自然规律，而是在顺应自然的条件下改造自然，保证发酵区域的卫生与稳定性，提高产品的质量与安全性。通过对开放式发酵过程中的监控与定期检测，根据发酵进度对原料工艺进行调整，最终美酒方得酿成。

浓香型白酒作为中国传统白酒的重要类型之一，有着不可替代的历史地位。浓香型酿酒工艺具有其独特性，在数以千年的朝代更迭和历史文化变迁下，经历了工艺的不断演化、丰富的技术迭代和不断完善的过程，最终形成了现在的独特工艺特征——泥窖生香、续糟配料。

所谓“泥窖生香”，旨在用传统的古法黏土泥窖为发酵容器，而窖泥独特的质地结构，为微生物的生长繁殖提供了良好的环境和载体。随着窖池的循环使用，泥窖中参与发酵生香的微生物不断繁衍富集，优胜劣汰，数量越来越多、种类也越来越丰富，泥窖至此也可称为“千年老窖”。

“续糟配料”技艺更是构成浓香型白酒酿造工艺的核心。区别于其他香型白酒的酿造工艺，在开启浓香型白酒下一周期发酵之前，不会将母糟全部丢弃，而是只去掉1/4的老糟，将其替代为新粮，周而复始，如此循环——故称“万年糟”，以此让微生物的种类更加复杂。

通过浓香型工艺可以看出，一瓶好酒的酿造，需要代代相传的技艺和优秀的匠人，做到接地利、应天时、顺人和，以窖为器——“千年老窖万年母糟”，通过开放式发酵，让丰富的、代代繁衍富集的酿酒微生物群落参与，再以独特的地理环境，与传统的酿造技术相结合，采用独特的原料、自然微生物接种制曲、固态糖化老窖发酵、开放式生产、甑桶蒸馏、分段摘酒、陶坛或酒海贮存陈酿等一系列独特的工艺和设备，才能创造出丰富、独特的风味，达到“天人共酿”的境界（图5-4）。

图 5-4　开放式发酵与自然相融

三、天人共酿，酿法自然

中国著名白酒专家钟杰曾说：“中国白酒是粮谷的极致转化，是天地人和、天人共酿、温暖人心的一杯热饮。”四时有序，酿造遵循自然时令规律，经过自然的洗礼和时间的不断淬炼，经过岁月沉淀，最终成就了佳酿。

白酒的发酵过程所遵循的“天人共酿，酿法自然”的法则，也顺应了道法自然的理念，与道家“天人合一、道法自然”的生命理念不谋而合。中国白酒的发酵注重天人合一，强调与自然的和谐共生。酿酒师们充分利用了自然元素，与密封式发酵相比更强调顺应自然，让大自然的力量参与酿酒的全过程中，体现了对自然环境的尊重与利用。通过自然微生物、大气、土壤等元素，白酒酿造工艺与自然相互配合，顺应季节、气候等自然变化，实现与自然的和谐互动，做到“天地与我并生，而万物与我为一”。循天时、应地利、托人和，在道法自然之间相辅相成、融会贯通。

参考文献

[1]龙超,郭冬琴,许杰.中国发酵食品概况[J].食品安全导刊,2023,(06):148-150.

[2]李寻,李延安.中国白酒香型概念的提出及演化发展[J].休闲读品,2022,(01):5-14.

[3]唐玉云,张明,杜德军.玉液之美,起于五谷——试论酒粮作物发展对射洪历代佳酿的影响[J].酿酒,2022,49(05):139-143.

[4]唐莉蓉,罗波,李宾.跨文化传播视角下泸州老窖窖池文化的历史内涵与时代价值[J].中国酿造,2022,41(06):24-30.

[5]刘芳,张清玫,王慧琳,等.不同酿酒原料发酵香气成分分析[J].食品工业,2024,45(03):313-317.

[6]Wastyk H C,Fragiadakis G K,Perelman D,et al.Gut-microbiota-targeted diets modulate human immune status[J].Cell,2021,184(16):4137-4153.

[7]刘茂柯,唐玉明,赵珂,等.浓香型白酒窖泥微生物群落结构及其选育应用研究进展[J].微生物学报,2017,44(05):1222-1229.

[8]刘雯雯,孙剑秋,平文祥,等.中国白酒窖池真菌的研究进展[J].中国酿造,2012,31(06):1-6.

[9]胡景辉,陈禹锜,薛新新,等.浓香型白酒发展概述[J].中国酿造,2022,41(06):24-30.

第六章

中国白酒窖池考

中国白酒利用窖池发酵历史悠久。关于“窖”的含义，《说文解字》注：地藏也；指用于藏纳谷物粮食的地穴，从穴，告声；《礼记·月令》注：“椭曰窦，方曰窖。”因此“窖”字本义是方形地窖。GB/T 15109—2021《白酒工业术语》中，规定了发酵容器包括窖池、发酵缸（罐）、发酵槽三种形式，其中窖池定义为固态法发酵容器之一，形状多呈长方体。采用窖池发酵的白酒，根据香型划分，主要有浓香型白酒、酱香型白酒、凤香型白酒、芝麻香型白酒、特香型白酒、董香型白酒、馥郁香型白酒等。

第一节 窖池的分类与分布

中国白酒窖池的分布变化具有渐变性，主要受自然环境、气候条件、发展历史等多重因素影响，尤其伴随着酿造工艺的推广普及，窖池酿造方法在国内多地沿着河流水系不断扩散。

一、蒸馏酒窖池的分类

学界关于我国蒸馏酒起源的时间存在争议，主要有起源于东汉、唐、宋和元等观点。其中，东汉说的主要依据来自葛洪的《抱朴子·内篇》和《后汉书·神仙传》；唐、宋说的主要依据是一些典籍，如南宋人吴悮所著的《丹房须知》中有一幅相对完善的蒸馏器图样；而元代说的主要依据则是《本草纲目》中的相关记载，李时珍在书中写道：“烧酒非古法也，自元时始创其法。”从考古发掘情况看，蒸馏酒遗址及出土的相关蒸馏设施，其年代可追溯至金元时期，比如河北省的刘伶醉烧锅遗址所处时代即为金元时期；同样出土于河北的金代青铜烧酒（白酒）锅，于1975年12月在河北省秦皇岛市青龙县（现为青龙满族自治县）土门子镇西山嘴村（现为水泉村）南被发现，距今已有800余年的历史，烧酒锅由黄铜制成，上器为冷却器，下器为甑锅，上下两器套合而成。这些出土实物间接表明了蒸馏酒历史起源应该早于元代，或是金元时期。

（一）窖池的建筑材料

根据建筑材料不同，窖池可分为泥窖、条石窖、砖窖、水泥窖等，其中泥窖主要用于浓香型白酒等的固态发酵，比如泸州老窖（四川）、五粮液（四川）、洋河（江苏）等。条石窖主要用于酱香型白酒、特香型白酒等的发酵，比如贵州茅台（贵州）、四特酒（江西）、天佑德青稞酒（青海）等。砖窖以红砖、瓷砖等作为建窖材料，主要用于清香型白酒、芝麻香型白酒等的发酵，比如红星二锅头（北京）、景芝（山东）、扳倒井（山东）等。水泥窖主要用于兼香型白酒、小曲酒等的发酵，比如白云边（湖北）、四川一些清香型小曲酒等。白酒窖池建造所用往往不止一种建筑材料，而是由两种甚至多种材料共同建造。比如，贵州茅台等酱香型白酒窖池为“石壁泥底”，窖池四壁为条石砌成，窖底则采用紫红泥；江西四特酒等特香型白酒窖池，以红赭条石为窖壁、钢筋混凝土为基底和压顶，底部铺垫窖泥。一些清香型白酒采用的发酵容器称为“地缸”，是用陶土烧制或金属材料制成。还有一些白酒企业采用金属材料制成的发酵罐作为发酵容器，比如桂林三花酒等米香型白酒采用不锈钢发酵罐进行发酵。

白酒酿造工艺经过不断地交流融合，泥窖最终被浓香型白酒等实践证实为最适宜的发酵容器。一方面，泥窖材料因地制宜，就地取材；另一方面，经长期实践发现，泥窖适宜酿酒发酵且能长期使用，随着窖龄增长，其所酿之酒也更加优质。从资料看，四川、河北、江西等地都曾发现窖池遗存，大多数老窖池是明清时期的遗存，少数老窖池是金元时期的遗存。而泸州老窖的1573国宝窖池群则区别于这些遗存，是从明代起连续使用至今的活态老窖池，这也表明了至少在金元时期，窖池已经在全国多地采用。随着社会经济的进一步发展，明清时期白酒酿造业繁荣活跃，窖池数量也大为提升。

泥窖发酵具有以下几大优势：一是就地取材方便。泥窖建筑材料主要是黄泥等土壤，建筑材料获取方式因地制宜，体现了一切从实际出发的哲学思想。二是泥窖可长期使用。泥窖十分坚固，建成后在精心维护下可长期使用，比如泸州老窖明代老窖池连续使用时间长达四百五十余年。三是泥窖适宜白酒酿造。或许先民并未有意识地利用泥窖酿酒，但在长期实践中发现，泥窖极为适宜酿酒发酵，且随着窖龄的增长，其所酿之酒品质更佳。四是泥窖尺寸适应性强。相比于地缸等固定体积的发酵容器，泥窖尺寸更加可控，可因地制宜设计窖池的长度、宽度和深度。

（二）不同香型白酒发酵方式和发酵容器对比

不同香型白酒的发酵容器存在一定的差异，浓香型白酒和馥郁香型白酒等主要采用泥窖发酵；特香型白酒主要采用红赭条石窖池发酵；芝麻香型白酒主要采用泥底砖壁窖池等发酵；酱香型白酒主要采用石壁石底或石壁泥底窖池发酵；凤香型白酒虽然也采用泥窖发酵，但需每年更换窖泥。总体而言，虽然酱香型白酒等都采用固态发酵，但从各香型白酒的酿造工艺分析可知，窖池在浓香型白酒等少数几种白酒中发挥的作用更大。12种香型白酒发酵方式、发酵容器及代表性白酒见表6-1。

表 6-1 12 种香型白酒发酵方式、发酵容器及代表性白酒

序号	香型	发酵方式	发酵容器	窖底	窖壁	代表性白酒
1	浓香型	固态发酵	泥窖	泥底	泥壁	四川泸州老窖等
2	清香型	固态发酵	地缸等	—	—	山西汾酒等
3	米香型	半固态发酵	陶缸等	—	—	广西桂林三花酒等
4	凤香型	固态发酵	泥窖	泥底	泥壁	陕西西凤酒等
5	豉香型	边糖化边发酵	埕（一种酒瓮）等	—	—	广东玉冰烧等
6	芝麻香型	固态发酵	泥底砖壁窖等	泥底等	砖壁等	山东景芝等
7	特香型	固态发酵	红赭条石窖	泥底	红赭条石壁	江西四特酒等
8	兼香型	固态发酵（或分型固态发酵）	泥窖等	泥底	泥壁等	安徽口子窖等

续表

序号	香型	发酵方式	发酵容器	窖底	窖壁	代表性白酒
9	老白干香型	固态发酵	地缸	—	—	河北衡水老白干等
10	酱香型	固态发酵	石壁石底窖/石壁泥底窖	石底/泥底	石壁	贵州茅台等
11	董香型	固态发酵	泥窖	泥底	泥壁	贵州董酒等
12	馥郁香型	固态发酵	泥窖	泥底	泥壁	湖南酒鬼酒等

二、白酒窖池的分布

（一）总体概况

白酒生产企业分布情况也大致反映了白酒窖池的分布情况。按地区划分看，我国白酒生产企业主要集中在西南地区（四川、贵州）、华东地区（山东、江苏、安徽、江西）、华中地区（河南、湖北、湖南）和华北地区（北京、河北、山西），辽宁、黑龙江、吉林、内蒙古、新疆等省与自治区也有分布。

四川属亚热带季风气候区，气候温暖湿润，冬无严寒、夏无酷暑，降水丰沛、雨热同季，非常适宜酿造微生物的生长、繁殖。四川省是我国白酒窖池分布第一大省，知名白酒企业众多，既有泸州老窖股份有限公司、宜宾五粮液集团有限公司、四川剑南春（集团）有限责任公司、四川郎酒集团有限责任公司、舍得酒业股份有限公司、四川水井坊股份有限公司等全国知名的“六朵金花”，还有四川绵阳丰谷酒业有限责任公司、四川省文君酒厂有限责任公司、四川泸州三溪酒类（集团）有限责任公司、四川省古川酒业有限公司、四川远鸿小角楼酒业有限公司、四川省宜宾市叙府酒业股份有限公司、四川江口醇酒业（集团）有限公司、四川仙潭酒业集团有限责任公司、四川广汉金雁酒业有限公司、玉蝉集团有限公司等具有巨大发展潜力的“十朵小金花”。这些知名酒企绝大多数以生产浓香型白酒为主，四川省是浓香型白酒生产第一大省，也是我国窖池分布最集中、数量最多、规模最大的省份。

贵州省是酱香型白酒的核心产区。贵州主产酱香型白酒，除贵州茅台酒外，还有习酒、国台、珍酒、贵酒等知名品牌，此外贵州还出产一种特殊香型的白酒——董香型白酒。贵州不仅有酱香型白酒、董香型白酒，也出产一定数量的浓香型白酒，无论是酱香型白酒还是浓香型白酒均采用窖池发酵，因此贵州窖池分布也不在少数。

江苏省是白酒产销大省，曾经的知名品牌“三沟一河”（高沟、双沟、汤沟、洋河）享誉全国。目前，江苏知名白酒品牌主要有洋河、今世缘、分金亭等，也以浓香型白酒为主。因此，江苏省也是窖池分布大省。

山东省与江苏省类似，也是白酒产销大省。山东的知名白酒品牌主要有扳倒井、景芝、孔府家酒、兰陵美酒、趵突泉、琅琊台、景阳冈酒、古贝春等，同样以浓香型白酒为主，也有芝麻香型白酒和酱香型白酒等。山东省同样是窖池分布大省。

安徽省也是窖池分布大省，白酒历史底蕴深厚。中国白酒行业中素有“西不入川、东不入皖”之说，皖酒实力可见一斑。安徽以浓香型白酒为主，也有兼香型白酒，知名白酒品牌主要有古井贡酒、迎驾贡酒、口子窖等。

湖南、湖北、河南、甘肃、内蒙古等省与自治区也有大量的浓香型白酒企业，知名酒企众多，湖南有酒鬼酒、武陵酒、浏阳河等；湖北有白云边、枝江、稻花香等；河南有杜康、宋河、仰韶、张弓、宝丰等；甘肃有金徽、皇台等；内蒙古有宁城老窖、蒙古王、河套王等白酒品牌。这些白酒企业绝大多数以生产浓香型白酒为主。此外，我国台湾地区盛产高粱酒，也有少量窖池分布。

（二）主要特征

窖池在全国范围内的扩散主要分为三个阶段，第一阶段：金元时期的起始阶段，当时酿酒工艺并非十分常见流行，此时窖池数量在全国范围内尚处于零星偶发状态；第二阶段：明清时期的发展阶段，明清时期酿酒工艺更为普及，此时期窖池数量处于一个显著的增长阶段，多地考古发掘表明老窖池主要始建于明清时期，这可能与明朝中后期的“资本主义萌芽”有关，酿酒业的持续发展也进一步推动了酿酒工艺的普及；第三阶段：中华人民共和国成立后的繁荣时期，特别是20世纪90年代后，白酒行业呈螺旋式上升态势，窖池数量也处于大幅增长的繁荣时期，当然这一时期的主要表现是浓香型白酒酿造工艺在全国多地开花。综合来看，当前我国窖池分布主要呈现“浓香为最”“南多北少”“与河相邻”三大特征。

1.浓香型白酒窖池分布最广

浓香型白酒窖池在全国范围内分布最广，主要有三方面原因：一是浓香型白酒香气味道更具普适性。浓香型白酒又名“泸香型白酒”，因其浓郁香气、醇甜口感等备受消费者青睐。浓香型白酒在全国的流行范围最广，市场占有率也最高，这也促使浓香型白酒生产企业在市场的倒逼下更加普及。二是“泸州老窖查定总结”影响深远。中华人民共和国成立后，原轻工业部先后实施了一系列白酒试点工程，包括“1957年泸州老窖查定总结”“1964—1966年泸州老窖试点”“1964—1965年汾酒试点”“1964—1966年茅台试点”等。其中“泸州老窖试点”对白酒“新老操作法”和“技艺传承”给予了充分总结和肯定，对于浓香型白酒工艺在全国范围内的推广有着重要作用。三是受“马太效应”的影响。20世纪80年代前粮食等物资相对短缺，清香型白酒因生产周期短、粮耗低等优势获得大力推广。随着计划经济向市场经济转变，浓香型白酒因更受消费者青睐而成为白酒消费市场上的主流。2000年前后，在“六朵金花”中五大浓香型白酒企业的强势发展下，浓香型白酒成为全国产销量最大的白酒香型，“马太效应”下浓香型白酒窖池分布也成了全国之最。

2.窖池数量“南多北少”

从区位分布来看，中国白酒窖池“南多北少”特征明显。从主要香型来看，浓、清、酱、米四大基础香型中，以汾酒为代表的清香型知名酒企等位于北方地区，其余三大基础香型的知名酒企基本位于南方地区。从知名品牌来看，四川的泸州老窖等“六朵金花”，贵州的茅台，江苏的洋河酒等都位于南方地区，南方地区的白酒知名品牌更多，主要原因有：一是南方地区大部分属亚热带季风气候，小部分属热带季风气候，全年温暖湿润，更加适宜于酿酒微生物生长、繁殖，这是产生四川、贵州等诸多白酒顶级产区的重要影响因素。二是南方地区水资源丰富，更有利于白酒酿造工艺的充分实施。因气候条件、地理环境等因素，南方地区降水丰沛，水系发达，能够更好地满足白酒酿造需求。以浓香型白酒酿造工艺为例，其蒸煮、打量水、加浆降度等环节都需要酿造用水，南方地区丰富的水资源有利于白酒酿造工艺的充分实施。此外，南方地区在秋冬季节气温相对北方更高，酿酒操作上体感温度更加舒适，也更有利于酿酒操作，适宜酿酒操作期也更长。

3.窖池分布“与河相邻”

很多知名白酒企业集中分布于长江流域、黄河流域和淮河流域，即白酒窖池也主要分布于此三大流域。当然，因为三大流域覆盖区域有所交叉，使得同一酒企分属不同流域。窖池分布产生这种“与河相邻”的发展格局，主要原因为水是酿酒的重要原料和白酒的主要成分，因此白酒行业有“水是酒之血”的说法。水质优劣直接影响到白酒酒质，从一般规律看，河流水系发达的地方，水质也往往更好，所酿之酒也必然更佳。另一方面，城市也大多建在临江临河的地区，人口密集、经济发达，是白酒的主要消费地。此外，临近河流的区域水运便捷，水路运输时酒品损耗小，更加方便经济。

第二节 窖池的大小与维度

白酒窖池经历过圆形、“8”字形（也称腰形）等多种形状，经古代先民长期实践、不断摸索和持续优化，最终长方形窖池被广泛应用。白酒窖池形状采用长方形的历史悠久，据考证应完全定型于明清时期，并一直延续使用至今。目前，无论是浓香型还是酱香型或是其他香型白酒企业，长方形窖池都是白酒企业的主流形状。

一、蕴含传统文化观思想

方形是中国传统文化中非常重要的符号，有着很深的文化内涵。中国古代建筑绝大多数都采用长方形，白酒窖池在一定意义上也属于建筑范畴，白酒窖池采用长方形至少蕴含着三重内涵。

（一）“天人合一”的共生观

所谓“天人合一”，即自然环境和人居环境可以相互交流、和谐共生。酿酒环境既是古代先民的酿造操作场所，也是微生物的发酵场所，虽然古代先民并不十分清楚酿酒是通过窖池微生物发酵获得，但无意识下创造了一个符合传统人居思想的微生物发酵场所。

（二）“大道至简”的中庸观

中国自古崇尚“中庸之道”，“中庸”在中国传统思想中有着极高的地位，正所谓：“不偏之谓中，不易之谓庸。中者，天下之正道。庸者，天下之定理”。“中庸”在建筑上的体现为方正对称、不偏不倚，有中和之美，而长方形窖池恰恰契合了“中和之美”。

（三）“天圆地方”的空间观

方形代表着安静、稳定、安宁、稳固等，而窖池发酵则是一个“动”的过程，两者共同象征着“动静互补”。此外白酒蒸馏器是圆形，与方形窖池相互辉映，共同体现了“天圆地方”的哲学思想。因此，窖池采用长方形是中国传统文化滋养下的必然选择，其中蕴含着丰富的中国传统文化内涵。

二、符合最小作用量原理

除文化内涵外，窖池选择长方形也符合现代经济学理论，具有经济、便捷、高效等优势。

（一）区域空间利用最大化

古代窖池建于房屋等建筑内，而古代房屋等建筑普遍采用长方形，则窖池采用长方形就具备了一个先天优势。当需要增加窖池数量时，特别是在古代生产力较为低下的情况下，同为长方形能够最大限度地充分利用房屋内的区域空间，而不会造成空间区域的浪费，空间利用更加经济合理。

（二）酿造场所操作便捷化

当采用圆形、“8”字形等形状窖池时，酿造场所中道路为环线、曲线等。当采用长方形窖池时，酿造场所中的道路为直线，这相比于环线、曲线等更加有利于酿酒工进行酿酒操作，安全性也更高，酒糟等物料转运更加便捷。

（三）窖池微生物发酵高效化

假如采用圆形，窖池就是一个圆柱体，若圆柱体窖池和长方体窖池的体积一样，则长方体窖池（即长方形窖池）的表面积更大，这样糟醅接触的窖泥面积更广，窖池发酵时更加有利于微生物接种，微生物发酵更加高效。基于现代窖池发酵理论，长方形窖池更有利于窖泥和酒糟接触，实现发酵高效化。

三、窖池尺度及设计原则

泥窖和其他窖池最大的区别在于窖底和四壁都是用泥筑建，窖泥的存在为微生物提供了繁衍栖息的环境。浓香型白酒酿造采用泥窖，酱香型白酒采用石窖，清香型白酒大多采用地缸（图6-1）。生产实践证明，浓香型白酒靠近窖池底部的酒醅产出的酒优于中层酒醅，中层酒醅产出的酒又优于上层酒醅。靠近窖池壁的酒醅产出的酒优于同层中间部位的酒醅。由此表明，酒醅离窖泥越近，获得微生物的作用越充分，发酵效果越好，产出的白酒品质越高。因此，白酒窖池的设计原则之一就是要考虑让尽可能多的酒醅与窖池壁接触，尤其是

图 6-1　三大香型白酒发酵容器

与底部窖泥接触。白酒窖池设计应在操作不受影响的情况下遵循比表面积最大原则。

（一）比表面积最大

白酒窖池的长度用x表示，宽度用y表示，深度用z表示，则窖池体积V可以由下式计算：

$$V=xyz$$

窖池表面积S的计算公式为：

$$S=xy+2yz+2xz$$

比表面积A可以表示为：

$$A=S/V$$

根据计算可知，当窖池的长与宽相等，而高为长或宽的一半时，窖池的比表面积最小，即酒醅与窖泥的接触面积最小，因此窖池设计应尽量避免出现这样的比例。

从比表面积计算公式可以看出，窖池体积越小，比表面积越大。但实际设计时，窖池体积太小没法量产，也不便于生产操作。

一般认为，当窖池体积一定时，正方体窖池的比表面积最小。这种观点是基于长方体（或正方体）是六个面考虑的，而窖池只有五个面有窖泥，没有上表面。

（二）窖池深浅适度

窖池不宜过浅，过浅导致窖池体积小，影响单位空间酒醅的发酵量，影响规模生产；窖池也不宜过深，过深生产操作不方便。从微生物作用看，参与白酒窖池发酵的既有好氧微生物，也有厌氧微生物。好氧微生物一般在距离窖池口近的地方易发生作用，厌氧微生物在底部更容易发生作用。因此，从微生物生长角度看，窖池也不宜过浅或过深。

研究人员范文来（1994）认为，窖池深度设置为1.6～2.0米，既能满足好氧和厌氧微生物的好气性和嫌气性等一系列条件，也有利于工人操作。一般，手工操作的窖池深1.6～1.8米最佳，机械化或半机械化操作的窖池深可达2米。

中南林业科技大学林亲录教授团队（2017）从比窖容与安全角度及窖池底部宽度分析：坡度使窖墙越深窖底变得越窄，筑建成本高；而窖池变得越窄，操作越不便，因此窖池深度一般设计为1.8～2.1米。

比窖容是指车间单位面积的窖容体积，是基于生产规模的考虑指标。窖池大小设计既要考虑白酒品质，也要考虑产能规模效应。比窖容太低，单位车间面积的产能就会降低。此外，窖池体积设计还要与投料量、蒸馏甑桶以及粮食配比工艺标准等保持匹配。

（三）窖池长宽比例

从比表面积计算公式可以看出，当窖池深度一定时，窖池内表面积与长和宽之比密切相关，当二者之比为1∶1时，窖池内表面积最小。两者之比越大，总面积越大。也就是说，体积固定，窖池越长，宽度越窄，比表面积越大，酒醅与窖泥之间接触面积越大。然而，实际生产过程中，窖池体积太过狭长，一方面不利于空间利用，另一方面也不利于生产操作，特别是不利于机械化作业。

另外，由于窖底酒醅产酒最好，因而窖池设计过程中要尽量做大底部面积。底部面积等于长度与宽度的乘积，当长度等于宽度时，底部面积最大。然而，长度等于宽度时，这又影响窖池比表面积。也就是说，窖池底部面积最大与窖池内表面积最大是相冲突的。因此，窖池大小设计既不能取底部面积最大，也不能取长宽比相等，而是互相让步，取向中间靠拢的数值。

四川省食品发酵工业研究设计院李国红和李国林（1996）认为，白酒窖池的长宽比保持在（1.6～2.0）∶1较为适宜，一般为长度3.5～4.0米、宽度1.5～2.0米、深度1.7～1.8米为最佳。吉林市江滨食品工业有限公司胡永和（2006）认为，白酒窖池的长、宽之比一般在（1.6～2.0）∶1为佳，长度3.5～4.0米、宽度1.5～2.0米、窖池深度1.7～2.0米较合适，窖池体积为10立方米为宜。上海杉达学院张海琳（2009）认为，窖池体积应在10～15立方米；其深度大小要将方便操作以及增大底面积考虑在内，因此深度一般在1.7～1.8米；长、宽之间的比例保持在2.15∶1 时，窖池对酒醅的利用率最高。**泸州老窖在明清36家酿酒作坊基础上公私合营而来，不同历史时期、不同酿酒作坊的窖池建造标准大小不一，如在一些酿酒车间内，有的大窖池由两个小窖池组成，整**

体对称，紧紧相依，而两个小窖池之间又有细微差别：一个稍大一些，一个稍小一些，合称“鸳鸯窖”；也有的窖池由三口小窖池组成一户，被称为“合家欢窖”，其窖池的整体长宽比则都保持在适宜的比例范围（图6-2）。

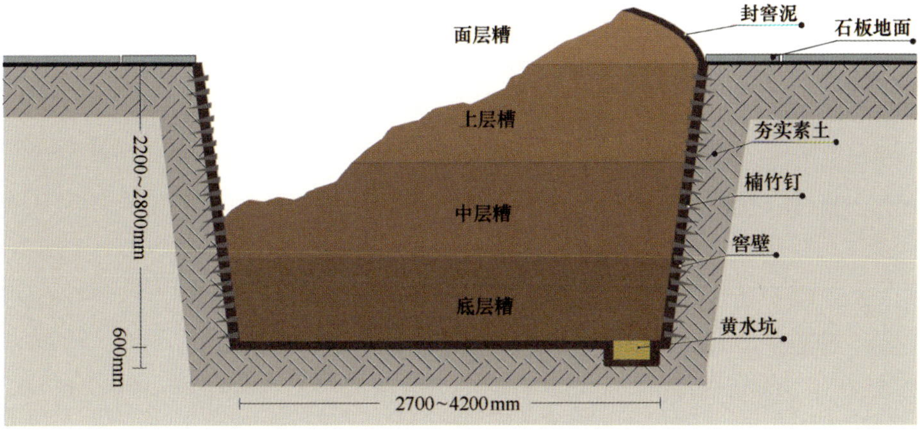

图6-2　泸州老窖窖池横剖面图

四、最优尺寸与费马大定理

统计发现，浓香型白酒窖池的几何尺寸依次是长度大于深度，再大于宽度。长度和宽度的比例大多在（1.6～2.0）：1，高度在1.6～2.2米。由此猜测，白酒窖池的几何尺寸长x、宽y、高z（或对角线）满足下列方程时，窖池利用率最优，发酵效果最佳。

$$y^n+z^n=x^n$$

费马大定理也称费马猜想、费马最后的定理。当整数$n>2$时，没有整数解，x，y，z都只能是分数、小数。n表示空间维数，只能为整数，n为1时是曲线，n为2时是平面，n为3时是立体，n为4时是时空等，n可以取很大的数。当n为2时即为勾股定理（或者商高公式、毕达哥拉斯定理），比如y勾3、z股4、x弦5。一般勾股定理：在平面上的一个直角三角形中，两个直角边边长的平方和等于斜边长的平方，即$a^2+b^2=c^2$。勾股定律适用于平面，相对简单。当$n\geqslant3$的时，费马方程即为立体空间问题或者更高维度的问题。维度越高，表明窖池微生物越丰富，具有自主效应、自组织临界性SOC特征，可用于突变理论、拓扑学研究。

第三节
老窖池的集群地域

泸州，古称江阳，自古以来便享有“江阳古道多佳酿”的美誉，酿酒历史足有数千年。“泸州老窖”之所以得名“老窖”，是因为企业拥有悠久的酿酒历史和连续使用时间最长、保护最完整的窖池，拥有世界最古老的活态酿酒窖池群。

一、世界上最古老的活态酿酒窖池群

泸州拥有1619口连续使用的百年以上老窖池，是我国乃至世界上唯一保存完整、建造生产时间最长的、世界上规模最大的活态老窖池群，堪称“世界酿酒奇迹”。这些老窖池群大多建于明代和清代中前期，最早的建于公元1573年（明万历元年），到目前已超过450年。中国古建筑学家、国家文物局文物专家组原组长罗哲文说：“泸州老窖窖池虽不如庞大的古建筑群，没有繁复的精雕细刻，没有奇巧的工程技术，但它却有深厚的文化内涵。它继承了几千年来酿酒工艺的悠久历史和奇妙的酿制技术，涵盖了文物的历史、科学、艺术三大价值的内容，它反复为国家创造经济效益，因而它又有高出文物的独有的经济价值，是公认的‘活文物’”。

二、行业首家“全国重点文物保护单位”

1996年11月，“1573国宝窖池群”被国务院评定为行业首家“全国重点文物保护单位”。这是我国历史上首次把一群古老的酿酒发酵池推上“全国重点文物保护单位”的宝座，标志着国家对白酒老窖池价值的认可，是白酒行业的大事，开辟了白酒老窖池被认定为全国重点文物保护单位的先河。

2001年，四川水井坊股份有限公司的“水井街酒坊遗址”入选为第五批“全国重点文物保护单位”。2006年，刘伶醉酿酒股份有限公司的“刘伶醉烧锅遗址”、江西李渡酒业有限公司的“李渡烧酒作坊遗址”、四川剑南春（集团）有限责任公司的“剑南春酒坊遗址”、山西杏花村汾酒集团有限责任公司的“杏花村汾酒作坊”入选为第六批“全国重点文物保护单位”。2013年，安徽古井集团有限责任公司的“古井贡酒酿造遗址”、宜宾五粮液集团有限公司的“五粮液老窖池遗址”、吉林省大泉源酒业有限公司的“宝泉涌酒坊”、贵州茅台酒股份有限公司的“茅台酒酿酒工业遗产群”、泸州老窖股份有限公司的“泸州老窖窖池群及酿酒作坊”入选第七批“全国重点文物保护单位”（归入1996年的第四批）。2019年，江苏洋河酒厂股份有限公司的“洋河地下酒窖”入选第八批“全国重点文物保护单位”（表6-2）。

表 6-2　入选“全国重点文物保护单位”的白酒窖池

入选年份	入选批次	名称	始建时代	所属单位
1996	第四批	1573 国宝窖池群（泸州大曲老窖池）	明	泸州老窖股份有限公司
2001	第五批	水井街酒坊遗址	明、清	四川水井坊股份有限公司
2006	第六批	刘伶醉烧锅遗址	金至元	四川刘伶醉酿酒股份有限公司
2006	第六批	李渡烧酒作坊遗址	元至清	江西李渡酒业有限公司
2006	第六批	剑南春酒坊遗址	清	四川剑南春（集团）有限责任公司
2006	第六批	杏花村汾酒作坊	清	山西杏花村汾酒集团有限责任公司
2013	第七批	古井贡酒酿造遗址	宋至清	安徽古井集团有限责任公司
2013	第七批	五粮液老窖池遗址	明、清	宜宾五粮液集团有限公司
2013	第七批	宝泉涌酒坊	清	吉林省大泉源酒业有限公司
2013	第七批	茅台酒酿酒工业遗产群	清至民国	贵州茅台酒股份有限公司
2013	归入第四批	泸州老窖窖池群及酿酒作坊	明、清	泸州老窖股份有限公司
2019	第八批	洋河地下酒窖	1960—1975 年	江苏洋河酒厂股份有限公司

注：表格内容统计至 2019 年 12 月。

泸州老窖的16处老作坊、1619口百年以上老窖池（表6-3）、3大天然藏酒洞均为“全国重点文物保护单位”。据统计，白酒行业中入选“全国重点文物保护单位”的，还在持续不间断使用的百年以上老窖池，其中90%以上在泸州老窖。2006年、2012年、2019年，1573国宝窖池群连续3次入选“中国世界文化遗产预备名单”。

表6-3 泸州老窖16处（1619口窖池）“全国重点文物保护单位”介绍

序号	名称	始建年代	窖池数量
1	温永盛（舒聚源）	明代万历元年（1573年）	154
2	鼎丰恒	明末清初	96
3	春和荣	清康熙年间	21
4	永兴诚	清康熙年间	168
5	洪兴和	清康熙年间	92
6	协泰祥	清雍正年间	60
	裕厚祥	清雍正年间	
	永生祥	清雍正年间	
7	胜发祥	清乾隆年间	94
8	桂花	清乾隆年间	58
9	大兴和	清嘉庆年间	124
10	鸿盛祥 富生荣	清道光年间	41

续表

序号	名称	始建年代	窖池数量
11	生发荣	清咸丰年间	32
12	醇丰远	清同治年间	32
13	定记	清光绪年间	37
14	协成	清末民初	176
15	泉记	清末民初	334
16	顺昌祥	清末民初	100

三、最早的白酒酿造区域之一

城以酒兴，酒以城名，酒城共生。泸州，酿酒历史悠久，历来都是白酒生产聚集地。早在先秦时期，泸州酿造的“巴乡清”就是上贡周王室的贡品。据《诗经·大雅·韩奕》记载：“韩侯出祖，出宿于屠。显父饯之，清酒百壶。”在《水经注·江水》中也有记载：“江水又迳鱼腹县之故陵……江之左岸有巴乡村，村人善酿，故俗称‘巴乡清’，郡出名酒。”泸州市博物馆中陈列着一只陶制角杯，经考证系2000年前秦汉之际，专供宴饮宾客之用。古籍《华阳国志》记载：“川崖惟平，其稼多黍。旨酒嘉谷，可以养父。野惟阜丘，彼稷多有，嘉谷旨酒，可以养母。”足见，在秦汉时，酒在泸州人日常生活中已不可或缺。两宋时期，泸州开始出现蒸馏酒（称为“大酒”），并呈规模化生产，是中国最早的酒业集群。元清时期，泸州白酒酿酒规模有所减小，但在全国仍是重要酿酒地区。1916年除夕，时届岁末思亲之际，因军务在身驻扎泸州的朱德遂赋诗抒怀：“护国军兴事变迁，烽烟交警振阗阗。酒城幸保身无恙，检点机韬又一年。”在这里，朱德第一次明确将泸州喻为“酒城”嵌入诗中，此后泸州“酒城”之名便传播开来。其实，泸州酒城之说，明清之前早已有之，而朱德将“酒城”之名正式落于书面。中华人民共和国成立以来，泸州酒业快速发展，2019年，在中国国际酒业博览会上，中国轻工业联合会、中国酒业协会正式向泸州授牌“中国酒城 · 泸州”。

（一）考古证据

1999年3～4月，泸州老窖股份有限公司营头沟车间进行基建时发现唐宋古瓷窑址，出土了大批陶瓷器具，酒具占比较大并且成套，有罐、瓶、执壶、提梁壶、碗、杯等。长曲流执壶与花口方流注碗配套使用，为温酒器；小杯为饮酒器；有嘴提梁壶为注酒器。这些文物最早可追溯至唐代晚期，最晚的至元代初年，其中五代、北宋时期的文物数量相对较多。

从现有出土宋代石刻文物的辨识可知，酒器类石刻文物主要有储酒器、斟酒器、温酒器、饮酒器、托酒器五大类。酒器虽类别不多，但雕刻精美，各具特色，生动形象，高度概括和反映了宋代泸州酒文化的源远流长，以及当时饮酒之风盛行于社会各个阶层的真实情况。

2020年7月8日，泸州老窖股份有限公司“国窖酿酒基地生产配套用房建设工程”施工现场发现3座宋代石室墓。发掘简报中描述了这样一块石刻——“左侧龛男侍头部被凿毁，腰束宽带。双手捧注子、注碗、托盘，左手抱葵花口注碗和托盘，右手持注子的柄……”宋墓石刻上的持执壶侍者，即抱酒壶的仆人，证明在宋代时期执壶已经是常见的酒器类型，表明泸州宋代酒文化繁荣程度较高，民间饮酒已是一种风尚，喝酒已经深入人们的日常生活。

更早之前，20世纪80年代泸州新区麻柳湾出土了汉朝石棺，石棺上清晰刻印了一幅巫师高举酒杯向天神祈祷的“巫术祈祷图”。“巫术祈祷图”清楚地证明了酒和天地祭祀的联系，表明在那时泸州酒业已经开始兴盛，喝酒已经成为日常生活，也被宗教仪式所使用。

（二）史料记载

《宋史 · 食货志 · 酒》记载：“太平兴国七年（公元982年），罢榷酤之制，仍旧[由官府]卖曲。唯夔、建、开、施、泸（今泸州）、黔、涪、黎、威州、梁山、云安……不禁”。可见，宋代酒禁森严，酒由国家专卖，称为“榷酤”制度。概不许民间从事酒曲的制造和售卖，若以私酒入禁地达到相应数量，甚至可能被判死刑。但泸州处于“地连夷界”，不在禁止酒生产的范围内，长期没有实行榷酤政策，是允许生产酒的地区之一。

宋人编成的《文献通考》记载，公元1077年以前，宋朝每年征收商税税额在十万贯以上的郡、州，全国仅有27个，泸州就是其中之一。《宋会要辑稿·食货》记载，北宋神宗熙宁十年（1077年）泸州酒课数额为6432贯。泸州只辖三个县，一年酒课数额竟超过6000贯。《四川通史》记载，宋朝时期泸州所在的梓州路的酒产量占四川产酒量的近30%，泸州的酒税收入又占四川酒课税的近30%。酒税的征收数额侧面反映了泸州酒业的兴盛。

黄庭坚在《山谷全书》中描述“州境之内，作坊林立。官府士人，乃至村户百姓，都自备糟床，家家酿酒。”唐庚在《江阳即景六言》中写到“百斤黄鲈脍玉，万户赤酒流霞。”这些诗句表明，泸州在宋代已开始家家酿酒，形成了万户赤酒流霞、作坊林立的酿酒集群。

四、泸州白酒酿造的历史演进

泸州因其独特的区位条件、地理气候、水运交通、粮食资源等，历来都有酿酒传统，源远流长。各个时期以来，泸州白酒产业发展都具有较大的规模性，这种规模化经营促进了区域品牌力和影响力的提升，形成了规模效应、品牌效应、成本效应等比较优势。

表6-4列出了自先秦以来，泸州酿酒各时期的历史记载和主要事件，可以看出，泸州酿酒肇自远古，始于秦汉，兴于唐宋，在元、明、清三代得以创制、初具雏形、定型及成熟，发展于中华人民共和国。从集群视角看，泸州最早的酿酒集群出现于宋代。明万历元年，即公元1573年，国窖始祖舒承宗在泸州南城营沟头建造了现为“国宝”的窖池，采用“泥窖生香、续糟配料”的独门工艺酿造大曲酒。建成后的酿酒作坊，舒承宗为其取名为“舒聚源”。到了清朝，这一产业开始逐步扩大规模，产业集群不断壮大。

表 6-4 各时期泸州酿酒的历史记载

时期	酒的种类	历史记载与主要事件
先秦至秦汉	旨酒、甘酒、巴乡清酒	**《诗经·大雅·韩奕》**："韩侯出祖，出宿于屠。显父饯之，清酒百壶。" **《华阳国志·巴志》**："川崖惟平，其稼多黍。旨酒嘉谷，可以养父。野惟阜丘，彼稷多有，嘉谷旨酒，可以养母。" **《华阳国志》**："秦犯夷，输黄龙一双；夷犯秦，输清酒一钟。" **司马相如**："蜀南有醪兮，香溢四宇。"
隋唐五代	清酒、蜀酒、以荔枝春酒为代表的果酒	**杜甫**："蜀酒浓无敌，江鱼美可求。" **李白**："多酤新丰醁，满载剡溪船。" **陆游**："唐蜀中士子莫不酤酒。" **郑谷**："我拜师门更南去，荔枝春熟向渝泸。" **韦庄**："泸川杯里春光好，诗书万卷偕春老。"
宋	小酒、大酒（相当于蒸馏酒）	**《宋史·食货志·酒》**记载："太平兴国七年（公元982年），罢榷酤之制，仍旧[由官府]卖曲。唯夔、建、开、施、泸（今泸州）、黔、涪、黎、威州、梁山、云安……不禁。""自春至秋，酤成即鬻，谓之'小酒'，其价自五钱至三十钱，有二十六等；腊酿蒸鬻，候夏而出，谓之'大酒'，自八钱至四十八钱，有二十三等。凡酝用粳、糯、粟、黍、麦等及曲法、酒式，皆从水土所宜。" **苏东坡**："佳酿飘香自蜀南，且邀明月醉花间，三杯未尽兴尤酣。" **黄庭坚**："江安食不足，江阳酒有余。""州境之内，作坊林立。官府士人，乃至村户百姓，都自备糟床，家家酿酒。" **唐庚**："百斤黄鲈脍玉，万户赤酒流霞。"
元	大曲酒	据清**《阅微壶杂记》**记载："清元泰定年间（1324年），泸州始有脱颖而出者，郭氏怀玉也。十四岁学艺，四十八岁制成酿酒酒曲，曰'甘醇曲'，用以酿出之酒浓香、甘洌，优于回味，辅以技艺之改进，大曲而成焉。"

续表

时期	酒的种类	历史记载与主要事件
明	浓香大曲酒	**施敬章**：改进了酒曲中的燥辣和苦涩的成分 **舒承宗**：总结探索出整套“配糟入窖、固态发酵、酯化老熟、泥窖生香”大曲酒酿制技艺，筑建泥窖酿酒，开办“舒聚源”作坊，使浓香型大曲酒的酿造进入“大成”阶段 **杨慎**：“江阳酒熟花如锦，别后何人共醉狂。” **范文光**：“泸水清，泸水甜，泸川妩媚惹人怜。自是醇香甜如蜜，春风伴我醉樽前。”
清至民国	大曲酒、烧酒、花酒	民国二十七年的**《泸县志》卷第三《食货志·酒》**记载：“清末白烧糟户六百余家，出品运销永宁及黔边各地。民国以来，减至三百余家矣，大曲糟户十余家矣，窖老者尤清洌，以温永盛、天成生为有名，运销川东北一带及省外。又有用白烧熏制香花、玫瑰、佛手、玉兰、薄荷而成者，通称‘花酒’。” **张问陶**：“城下人家水上城，酒楼红处一江明。衔杯却爱泸州好，十指寒香给客橙。” **章士钊**：“名酒善刀三百岁，却惭交旧得分尝。” **潘伯鹰**：“温家酒窖三百年，泸州大曲天下传。”
中华人民共和国	泸型酒（浓香型白酒）	温永盛、春和荣、定记、协成等36家酿酒作坊公私合营，成立**四川省专卖公司国营第一酿酒厂**（后先后更名为泸州市曲酒厂、泸州老窖酒厂、泸州老窖股份有限公司） 1952年，入选首届**“中国四大名酒”**，并蝉联历届**国家名酒**荣誉 1957—1959年，泸州老窖查定总结，出版**《泸州老窖大曲酒》**一书，并成为行业通识教材 20世纪60~80年代，泸州老窖先后举办27期培训班，培训全国酿酒骨干无数，遍布全国各大酒企，**奠定浓香天下的版图，**确立泸州老窖“浓香鼻祖、酒中泰斗”“浓香正宗”“酒界黄埔”的历史地位 1996年，泸州老窖大曲窖池群（1573国宝窖池群）入选行业**首批“全国重点文物保护单位”**，2013年，**全国重点文物范围扩展至1619口百年以上老窖池、16处酿酒作坊和三大藏酒洞** 2006年，泸州老窖酒传统酿制技艺入选**首批国家级非物质文化遗产**

（一）清至民国：以家庭作坊为单位

《泸县志》卷第三《食货志 · 酒》记载：“清末白烧糟户六百余家，出品运销永宁及黔边各地。民国以来，减至三百余家矣。大曲糟户十余家，窖老者尤清洌，以温永盛、天成生为有名，运销川东北一带及省外。”这清楚记载了清末时期，泸州已经有六百余家生产白酒的糟户，而且白酒已远销永宁及贵州边境；民国以来，虽有一定数量减少，但产品也远销川东北及省外。

（二）中华人民共和国成立后：作坊和合营并存

1955年，泸州的36家酿酒作坊公私合营，成立泸州市私营曲酒酿造厂，与四川省专卖公司第一国营酿酒厂合并组建“公私合营泸州市曲酒厂”，即泸州老窖股份有限公司的前身。这36家作坊具体位置分布见图6-3。

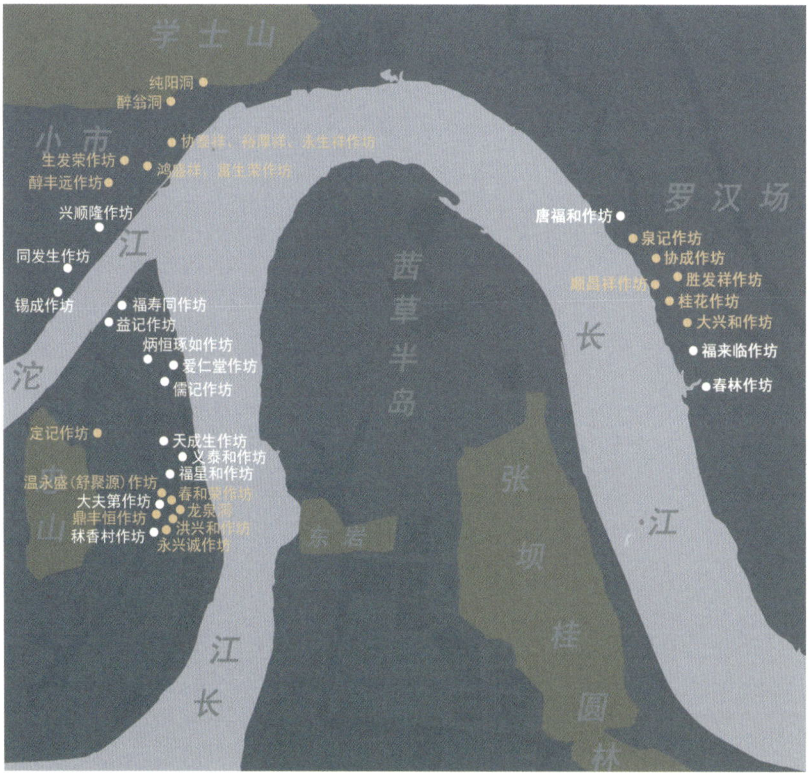

图6-3 1955年36家参与公私合营的酿酒作坊分布

（三）改革开放：产业规模爆发式增长

改革开放以来，泸州白酒产业快速发展。2020年10月，在第15届中国国际酒业博览会上，中国第一个“世界级优质白酒产业集群”授牌仪式在四川泸州国际会展中心举行。中国轻工业联合会、中国酒业协会授予泸州全国首个“世界级白酒产业集群”称号。

1.规模优势更加突出

据不完全统计，全国每两瓶酒中就有一瓶酿自四川，而每三瓶酒中就有一瓶酿自泸州。从企业数量来看，2021年，泸州规模以上白酒企业120余家，占四川全省规模以上白酒企业的比例达42.2%。从营业收入来看，2019年，泸州规模以上白酒企业实现营业收入897.1亿元，占四川全省的33.8%；2020年，泸州规模以上白酒企业实现营业收入1008.4亿元，占四川全省的35.4%；2021年，泸州规模以上白酒企业实现营业收入1085.6亿元，占四川全省的33.4%。从利润总额来看，2021年，泸州规模以上白酒企业实现利润总额226.4亿元，占四川全省的34.6%。2021年，泸州白酒产业实现营业收入1085.6亿元，同比增长14.9%；利润总额226.4亿元，同比增长44.1%。2022年，泸州白酒产业实现营业收入1204.32亿元，同比增长10.9%；利润总额279.93亿元，同比增长23.6%。2023年，泸州白酒产业实现营业收入1335亿元，同比增长10.8%；利润总额314.7亿元，同比增长29.9%。泸州白酒产业保持高速增长，规模优势凸显。

2.龙头企业持续扩张

泸州老窖是泸州酒业的龙头企业，改革开放以来规模迅速扩张，产业集群化特征明显。1994年3月，泸州老窖酒厂独家发起并改组成立股份制企业，成为四川省酿酒行业中第一家股份制企业。同年5月9日，泸州老窖股份有限公司股票在深圳正式挂牌上市。2017年，泸州老窖重回营业收入百亿阵营，公司股价市值首次突破1000亿元。2021年，泸州老窖营业收入突破200亿元，营业利润超过100亿元。2022年，泸州老窖营业收入突破251.24亿元，归属于上市公司股东的净利润103.65亿元。2023年，泸州老窖实现营业收入302.33亿元，同比增长20.34%；归属于上市公司股东的净利润132.46亿元，同比增长27.79%，两项指标双双再创历史新高。

品牌影响力持续扩大。2001年，泸州老窖深挖“浓香鼻祖”的历史资源优势、文化资源优势和品质资源优势，瞄准和满足消费者对白酒产品日益提升的品质和文化需求，推出高端白酒国窖1573。2015年，泸州老窖开始实行大单品战略，聚焦国窖1573、特曲、百年泸州老窖窖龄酒、头曲和二曲五大战略单品。2017年，泸州老窖·国窖1573携手世界级音乐大师谭盾，在纽约开启泸州老窖·国窖1573“让世界品味中国”全球文化之旅，同年开始举办国际诗酒文化大会，成为在国际国内具有广泛影响力、社会公众积极参与的一大文化盛事，也成为中国酒城泸州的又一文化名片。2018年7月，第十届金砖国家峰会在南非约翰内斯堡举行，泸州老窖·国窖1573作为“2018年金砖国家工商论坛‘中国之夜’指定用酒”宴请世界宾客，以承载中华文化精粹的浓香佳酿，期许金砖合作造福各国百姓，惠及世界人民。2018年10月，泸州老窖与澳大利亚网球公开赛签约，成为澳网全球唯一白酒领域中国合作伙伴，国窖1573成为澳网唯一指定白酒。2019年5月，泸州老窖“明江白酒”荣获2019年旧金山国际蒸馏酒比赛（SFWSC）金奖。2019年12月，泸州老窖成功入选被称为“中国品牌界的奥斯卡”的中国品牌强国盛典榜样100强。2021年，泸州老窖1952全球首发，以时代经典浓香，致敬名酒开创者。2024年，泸州老窖被认定为“中国浓香型白酒起源地”，向世界各地前来探寻浓香起源的人们，传递中国白酒的历史温度。

3.窖池园区化、集约化

2006年，泸州开始筹建酒业集中发展区，总规划面积1万亩，是中国最大的酒业集中发展区。2015年，成立四川泸州白酒产业园区，是全国首个以白酒制造为主导的专业化、集约化的全产业链园区，第一个以白酒产业为主题的示范园区。四川泸州白酒产业园区涵盖原粮种植、白酒酿造、包装印务、检验检测、仓储物流、技术研发、金融会展、文化旅游等全产业链企业，集聚了国家固态酿造工程技术研究中心、国家酒类及加工食品质量监督检验中心、国家酒类包装产品质量监督检验中心、国家白酒产业计量测试中心（四川）等国家级功能平台，并拥有中国国际酒业博览会永久性会址，是“川酒”重要的产能和质量保障基地。泸州酒业集中发展区还集聚了泸州酒业的专业技术、品牌经营、人力资源、酒类定点生产制造商OEM（original equipment manufacturer）

管理经验等诸多优势，以独特优势为泸州打造出一个以白酒生产加工为枢纽、连接上下游产品配套产业的产业集群，塑造出多赢共赢的中国白酒原产地黄金经济圈。白酒产业集群发展园区是全国第一个“OEM”。

参考文献

[1]范文来.浓香型大曲酒窖池设计初探[J].酿酒科技,1994,(03):27-30.

[2]胡永和.窖池对浓香型白酒生产的重要性[J].酿酒科技,2006,(04):58-60.

[3]李国红,李国林.浅析窖形设计与窖池建造[J].酿酒科技,1996,(02):40-42.

[4]王鑫.新型浓香型白酒窖池的搭建、养护与产业化研究[D].长沙:中南林业科技大学,2017.

[5]熊翔,杨志龙.新建窖池建窖方法的研究与应用[J].酿酒科技,2010,(03):63-64.

[6]张海琳.浓香型大曲酒的窖池设计与机械化施工的研究[J].酿酒科技,2009(12):70-73.

[7]西蒙·辛格著.费马大定理——一个困惑了世间智者358年的谜[M].薛密,译.上海:上海译文出版社,1998.

[8]许良.最小作用量原理与物理学的发展[M].成都:四川教育出版社,2001.

第七章

酿酒微生物社会行为学

没有微生物就没有白酒，微生物是白酒酿造的关键。成千上亿的微生物是白酒酿造的重要“工人”，它们有着自己生存与繁殖的本能需求，有天生的特殊“智慧”，有自己的“文化”和“文明”，有属于微观世界的社会规则，有自己特殊的行为特征和内在规律。任何群体生活的动物，内部成员之间往往形成一定的组织，有自己的群体制度、秩序规则，具有明确的分工和森严的等级制度，形成特定的社会行为。譬如，羊群有领头羊，狮群有狮王，狼群有狼王，蜂群有蜂王，猴群有猴王，雁群有头雁……动物群体有明确的分工协作，在蚂蚁群体中，工蚁为没有生殖能力的雌性蚂蚁，主要职责是建造和扩大巢穴、采集食物、饲喂幼蚁及蚁后等；兵蚁的任务主要是保卫蚁穴；蚁后的职能是产卵，雄蚁负责和蚁后交配。在蜜蜂群体中，蜂王的任务是产卵，分泌的蜂王物质激素可以抑制工蜂的卵巢发育，并且影响蜂巢内的工蜂的行为；母蜂生殖器发达，以产卵为职能，可以说是生存机能替换成了专职的繁殖能力；工蜂负责获取蜂群所需食物，侍奉蜂王，照顾雄蜂；雄蜂则是专职授精。狮子群体中有绝对性的森严等级，狮王具有权威地位，雌狮是狮群中的主要捕猎者，雄狮的主要任务是在领地内巡逻、保护狮群。

微生物是典型的群居体，中国科学院南京地质古生物研究所发现，我国燕山地区15.6亿年前的466个圆盘状化石是一种或多种微生物及其胞外基质组成的集合体，即微生物膜，这表明在地球早期就有微生物群体的存在。把微生物群体看成具有组织结构的社会，进而研究微生物之间协同共生机制及规律的学问，就是“微生物社会行为学”。微生物之间存在的社会行为关系复杂，是最为复杂的非线性系统。研究白酒窖池中微生物之间的作用关系，对深刻认识白酒的生命、活态和根基具有重要意义。

第一节
酒基生命观的探索发现

任何生命体都有根基，碳基与硅基被认为是宇宙当中最可能演化为生命的两种形态，碳基生物创造了地球文明。碳基生命如果脱离地球无法存活，因此人们猜想浩瀚的太空可能存在着比人类更加智能的硅基生命。一方水土养一方人，其实一方水土也能酿造一方酒。各地不同的地理位置、气候环境、植物原料、水等多种因素，造就了不同口味和香型风格的酒。这些不同因素综合在一起，归根到底是参与酿酒的微生物的种类、数量的作用，才产生了各种比例的香味物质，形成了白酒独具特色的香型风格。没有复杂的微生物系统，就没有多种多样的香味物质，也就无法形成独具特色的品质风格。因此，从这个意义上看，白酒的生命之基是微生物系统。

一、碳基生命：现实世界

“碳”是生命之本，从原始动植物开始直到现在分门别类的物种实体，其生命的活动基础，是能够进行新陈代谢、遗传记忆、自我复制和自然选择等生物化学反应的大分子碳链。生物学中，生命一般是指由有机物质和水构成，一个或多个细胞组成的一类具有稳定的物质和能量代谢现象（能够稳定地从外界获取物质和能量，并将身体内产生的废物和多余热量排放到外部）、响应刺激、可以进行自我复制（繁殖）的半开放物质系统。碳基生命是以碳元素为有机物质基础的生物，地球上已知的所有生物包括人类在内都是以碳和水为基础，都属于碳基生物。

自然界有100多种不同的原子，已知存在于生物体内的元素有几十种，除碳、氢、氧、氮外，还有许多矿物质元素。无论是动物、植物还是微生物，碳原子都是生命组成的基本材料。从化学化合价分析，碳元素共有6个电子分布在两层轨道上，内层2个、外层4个。一方面，碳原子的外层电子轨道上的4个自由电子只填满了一半，电子的还原性和氧化性相当。碳原子的外层轨道处于半满半空的状态，相互之间很容易形成电子对，从而创造出一种精巧的链状或者环状分子结构，特别是容易和其他原子结合形成长而稳定的复杂链，以吸收、存储和使用周围的能量。另一方面，与同主族的硅、锗、锡、铅元素相比，碳原子的电子层数较少，活性更强，碳链的长度可以由2个至数千个不等，这使得碳骨架更容易成为有机化合物的基础。碳基生命的碳分子支链的丰富和复杂状态，是保证蛋白质化合物多样性的重要前提，也是保证DNA独特的信息控制能力和RNA独特的信息创造能力的重要前提。

从有机物的角度来说，生命都离不开碳；从无机物的角度来说，生命都离不开水。碳基构成了基本的蛋白质、核酸、嘌呤、嘧啶等，在生物体内起到了各种各样的作用，控制着人体的新陈代谢。自然界的所有生物都是碳基生物，都必须从外界获取能量。碳基生命的典型特征是细胞通过“克雷伯氏循环”得到能量供应，碳水化合物是碳基生物储存能量最基本的化合物。在碳水化合物中，碳原子由单键连接成一条链，碳水化合物经过一系列氧化，会释放出能量，产生废弃的水和二氧化碳，从而维持着各种生物的新陈代谢。碳排放会影响气候变化，从而引起生态系统破坏、生物多样性受损、冰川消失、海平面上升等问题，导致极端干旱、强降雨等自然灾害。为应对全球气候变化，联合国发布《联合国气候变化框架公约》，推动《巴黎协定》等。我国也明确提出了2030年前“碳达峰”、2060年前“碳中和”的目标。

二、硅基生命：人工智能

1891年，波茨坦大学的天体物理学家儒略·申纳尔（Julius Sheiner）探讨了以硅为基础的生命存在的可能性。1893年，英国化学家詹姆士·爱默生·雷诺兹（James Emerson Reynolds）在一次演讲中指出，硅化合物的热稳定性使得以其为基础的生命可以在高温下生存。提出硅基生命猜想的基础是硅和碳同属元素周期表的第四主族，两种元素的化学性质相近。硅基生命是指以硅为骨架的生物分子所构成的生命，是相对于碳基生命而言的。人工智能也被人们视为“硅基生命”，比如计算机是以半导体芯片为核心的物质形态，核心构成元素是硅元素。

2017年5月，美国国家航空航天局（National Aeronautics and Space Administration）NASA宣布发现土星卫星土卫二（Enceladus）上存在着一个巨大的地下海洋，并且从海洋喷出来的水柱中检测到了氢气、甲烷、二氧化碳等有机物质。这些物质表明土卫二上可能存在着一种类似于地球上深海热液喷口的生态系统，而且可能是以硅为基础的。2018年3月，NASA又宣布发现：火星探测车勇气号（Curiosity）在火星上发现了有机分子和季节性的甲烷变化，表明了火星上可能存在着一种类似于地球上的甲烷循环，而且可能是以硅为基础的。当然，这些发现还不能证明硅基生命的存在，只能说明有这方面的可能性。真正确定硅基生命的存在，要有独特的标志物、适宜的生成环境，还要研究其进化历史和演化规律，弄清楚如何起源、分化、适应和变异等过程。

虽然硅基生命的存在还面临氧化问题、呼吸问题等，碳基氧化物为二氧化碳气体，而硅基氧化物二氧化硅为固体；但硅基生命仍然可能以其他形态出现。现阶段的人工智能或机器人一定意义上可以称为“硅基生命”的初级形态，虽然还算不上“生命”，但确实已经被人类创造且存在于人类社会，而且已经对人类产生了影响。譬如阿尔法围棋人工智能程序（AlphaGo）的问世打败众多围棋高手，ChatGPT可以有编程、客服服务、法律咨询、辅导学生作业、撰写新闻报道、进行数据分析等多种功能。随着人工智能技术的不断发展，这些基于硅基的高科技“机器人”可能与人类同化，驱动人类向更高级的方向进化，甚至参与“优胜劣汰”的自然法则。

三、酒基生命：微生物系统

自然界中的绝大多数生命体都是以碳为基础，人工智能、机器人等主要基于硅基的芯片而存在，那么白酒的酿造基础就是复杂的微生物系统。**生产场所白酒不间断酿造、不迁徙酿造场地所形成的特殊微生态是白酒个性化品质的核心所在，也是名酒品质的核心所在。酿酒大师技艺再高，没有酿酒微生物协作，也酿不出高品质的美酒。白酒是人与微生物共同酿造的产物，其中，人只是发酵条件的创造者，微生物才是真正的关键因素。**

微生物的主要作用是在发酵阶段产生乙醇和大量香味物质，富含乙醇和香味物质的酒醅经过蒸馏形成原度酒。白酒蒸馏过程的温度高达90～100℃，酒醅中的微生物在蒸馏过程中被高温杀死。即便有部分微生物存活在蒸馏之后的酒醅中，但在原度酒（乙醇浓度超过65度）中也无法继续存活，白酒基酒和成品酒中都不可能有微生物的存在。有人可能会质疑，碳基生命体中含大量碳元素，机器人是由基于硅基的芯片控制，既然白酒中已经没有微生物的存在，微生物就不应该是白酒的基础。这一质疑并非毫无道理，但白酒与乙醇、其他蒸馏酒的根本区别就是风味物质种类丰富、品质独特，而产生这些风味物质的主要作用者就是这些微生物。可以说，没有这些微生物就没有香味物质，也就没有独特的中国白酒；没有好的微生物系统，也就酿不出高品质白酒。从这个意义上讲，称酒基生命为微生物系统也就毫不为过。

第二节
酿酒微生物的平行世界

如果把世界分为宇观、巨观、宏观、微观、渺观，那么宇宙就是宇观，太阳系就是巨观，地球就是宏观，微生物就是微观，原子以下可称为渺观。这五个层面有共性，更多是个性，适用的法则和规律也差异很大。自然界目前发现的微生物有数百万种，相互之间的社会行为关系非常复杂，尽管人类知之不多，但这是客观存在的，未来随着基础科学的进步和深入研究必将有重大突破。微生物系统是一个比人类更丰富更复杂的世界，是与人类世界相似的“平行世界”。

清华大学深圳国际研究生院科研流动站程珂珂博士的研究发现，微生物借助精密复杂的交流系统，在“感知周围的信号、翻译所识别的信息、对外来信号做出回应”的过程中，具有“听-想-做”的特征，能快速感应周围环境变化，并与“邻居”进行分工合作、资源共享、协同进化，进而提高在环境中的适应能力。微生物与相邻生物之间的关系，可能是一个人类还没有认识到的“微生物元宇宙”。微生物在其自身的“平行世界”中，存在着一套自身的作用程序和运转方式，白酒酿造就是这些微生物在其“平行世界”共同作用的结果。

窖池发酵是白酒酿造的关键工艺环节，从很大程度上决定了白酒酿造的成败。白酒生产属于“开放式发酵”，整个酿造过程，都是和外界相通的、开放的。白酒发酵微生物来自空气、酒曲、窖泥等物质，种类繁多，属于典型的多菌共酵（多微共酵）。这些种类繁多的微生物之间的作用关系极其复杂，导致无法精确控制白酒的酿造过程，大部分阶段处于“黑匣子”的状态。白酒发酵微生物之间相互配合、相互协同能生成高品质产品，相互斗争、同归于尽只能得到低品质的产品。不同窖池中既有相同物种的微生物，也有专属于某些窖池特别是一些老窖池的特有微生物，这些特有微生物往往是老窖池出好酒的关键因素之一。譬如，在泸州老窖的老窖池中发现了老窖梭菌（*Clostridium fermenticellae* JN500901，图7-1）、老窖互营球菌（*Novisyntrophococcus fermenticellae* JN500902，图7-2）、白酒布劳特氏菌（*Blautia liquoris* LZLJ-3）、不动嗜热费鲁斯菌（*Thermophilibacter immobilis* LZLJ-2），以及迄今具有最小基因组的乳杆菌新种“老窖乳杆菌”（*Lentilactobacillus laojiaonis* IM3328，图7-3）等。

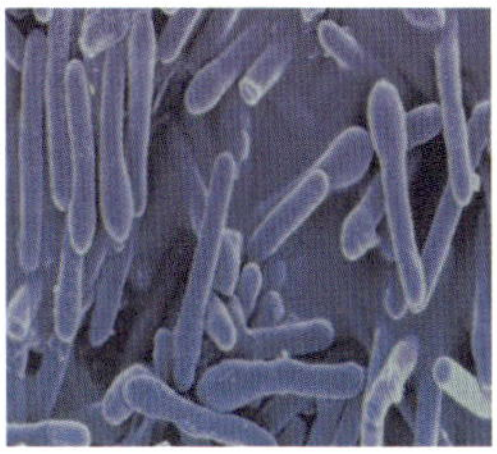

图 7-1　老窖梭菌

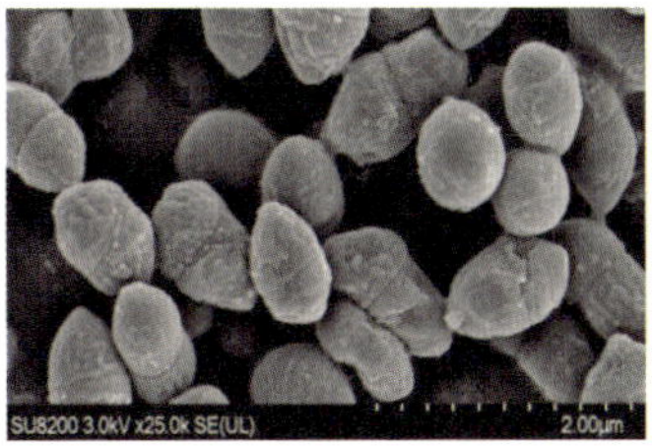

图 7-2　老窖互营球菌

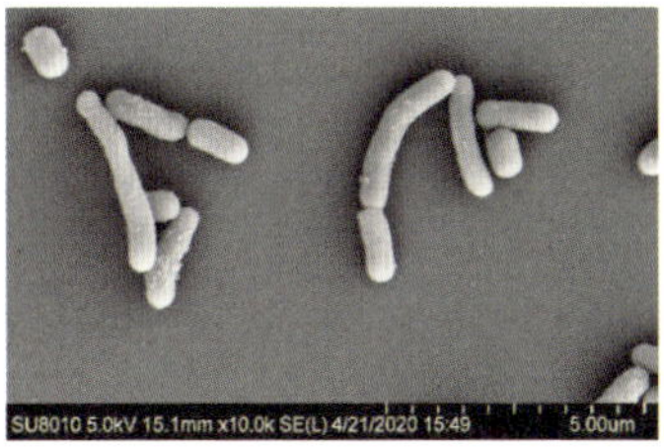

图 7-3　老窖乳杆菌

一、酿酒微生物的来源

参与白酒酿造的微生物主要来自窖泥、酒曲以及酿酒环境中的空气，三者共同为酒醅提供了酿造微生物。

（一）酒曲

“曲乃酒之骨”。酒曲俗称曲药，为酿酒过程中的糖化发酵剂，是以大米、小麦、大麦、豌豆等为原料，在一定的温度、湿度环境下，经培养富集多种微生物而成的，用于酿酒糖化和发酵的制剂。酒曲的主要作用有：一是糖化剂作用，酒曲的淀粉酶等能够将糟醅内淀粉转化为可发酵性糖。二是发酵剂作用，酒曲在白酒酿造过程中为糟醅提供酵母菌等，可将糖转化为乙醇和二氧化碳。三是液化剂作用，在规定时间内，酒曲中霉菌等微生物分泌淀粉酶等，将淀粉转化成短链糊精。四是提供微量香味物质，也可称为酯化作用，酒曲中的一些细菌等能够代谢产生乙酸和酯类等，对酒体的香味呈现具有重要作用。不同酒曲中含有的微生物主体和比例不同，酒曲质量优劣直接关系到白酒的产量和质量。

酒曲主要分为大曲、小曲、红曲、麦曲、麸曲。其中大曲又根据制曲过程中的最高品温分为高温曲（最高品温一般在60～65℃，甚至能达到70℃）、中温曲（最高品温一般在50～60℃）、低温曲（最高品温一般在40～50℃）。大曲主要为浓香型白酒、凤香型白酒、特香型白酒、酱香型白酒等使用，大曲中的微生物主要有酵母菌类、霉菌类、放线菌类、细菌类等4大类。从当前研究来看，大曲中一些新物种不断被分离鉴定，比如泸州老窖与许正宏教授团队联合对赤水河流域酿造微生态进行研究时，从高温大曲中陆续分离鉴定出两个芽孢杆菌科新物种，分别命名为“大曲慢生芽孢杆菌”（*Lentibacillus daqui* ZS110521T）和“大曲土壤芽孢杆菌”（*Solibacillus daqui* ZS111008T）。

（二）窖泥

窖泥被称为酿酒“微生物黄金”，主要为各种白酒酿造微生物菌群提供生长繁殖的场所，尤其是一些对窖池发酵和酒体风味有着重要作用的关键性菌群。浓香型白酒窖池四周和底部均为窖泥，因此浓香型白酒对窖泥微生物的依赖作用最大。不同窖龄、不同窖泥中窖泥微生物的种类和数量均不相同。越老的窖泥越“金贵”，其主要原因就是窖泥中含有丰富的、特别适合酿酒的微生物群落。相关研究表明，窖泥微生物具有以下特征：一是老窖池中的活跃微生物以原核微生物为主，真核微生物为辅。二是无论窖池新老，厚壁菌门微生物始终是优势微生物。三是梭菌纲是老窖泥的标志性微生物。四是甲烷菌是老窖泥的重要指示菌。自20世纪60年代起，人们开始认识到窖泥微生物的重要性。1964年，泸州老窖牵头与科研院所一起承担的国家十年规划项目，初步揭开了百年老窖之谜。

（三）空气

与酒曲和窖泥相比，空气中的微生物数量较少，且群落结构和来源仍是未知的，但对白酒生产发挥着不可忽略的作用。空气环境中的微生物通过附着在入窖酒醅上、与窖池微生物交换等方式作用于白酒发酵过程。贵州大学黄永光研究员团队（2021）发现，茅台镇环境中微生物稳定且主要以鞘脂单胞菌属（*Sphingomonas*）、肠杆菌属（*Enterobacter*）、不动杆菌属（*Acinetobacter*）、魏斯氏菌属（*Weissella*）和芽孢杆菌属（*Bacillus*）为代表菌属。江南大学徐岩教授团队（2018）发现，老车间的糟醅和环境中芽孢杆菌属（*Bacillus*）、魏斯氏菌属（*Weissella*）和威克汉姆酵母（*Wickerhamomyces*）含量均高于新车间，环境微生物的差异影响了两个车间的白酒发酵代谢谱，证明环境微生物驱动发酵过程微生物群落的演替。宜宾学院游玲等（2012）通过传统培养法对宜宾产区浓香型白酒窖房空气、窖泥和糟醅中可培养细菌进行分析，发现车间中分布最广的细菌是蜡样芽孢杆菌（*Bacillus cereus*）、特基拉芽孢杆菌（*B. tequilensis*）和甲基营养型芽孢杆菌（*B. methylotrophicus*）。有研究发现，清香型白酒发酵过程的耐酸乳杆菌主要来自发酵车间的空气和陶罐表面，也有研究者从浓香型白酒车间大曲、空气和酿酒工具等环境样品中分离得到酵母菌。通过定点取样研究了泸州老窖营沟头古酿酒作坊空气真菌的群落结构和分布特征。泸州老窖股份有限公司张宿义等（2011）对泸州老窖国窖酿造环境空气真菌四季分布进行了研究，发现在古酿酒作坊内共检测出真菌16个类属，在作坊外检测出15个类属。作坊内优势种群为曲霉属、酵母菌、青霉属和无孢菌；作坊外则为曲霉属、青霉属、无孢菌、枝孢霉、链格孢属。古作坊空气真菌浓度在夏、秋季较高，冬季最低。作坊内真菌浓度平均值高于作坊外（$P<0.05$）。在古酿酒作坊内、外环境的空气真菌表现出明显的交流现象。在作坊内，青霉属、芽枝霉属、链格霉属等杂菌占有一定比例；而在作坊外，曲霉属、根霉属、酵母菌等酿酒功能菌浓度处于相对较高水平。

白酒发酵车间人工干预少，开放的操作过程为环境中微生物群的富集提供了条件。不同酿酒车间的环境样品独具特色，随着使用年限的增加，车间环境中、地面和空气中微生物的多样性增加；使用年限久的车间中细菌微生物种群趋于稳定，以独特的非酿造功能菌群为主。

二、酿酒微生物的种类

微生物可分为细菌、病毒、真菌、放线菌、支原体、衣原体、螺旋体、立克次氏体等八大类。其中，细菌、放线菌、支原体、衣原体、螺旋体、立克次氏体属于原核微生物；真菌属于真核微生物。微生物参与物质的转换与能量的循环，在生态系统中发挥着重要作用，是多样性与物种丰度最高的生物类群之一。尽管土壤类型众多，其中各种微生物的含量变化很大，但一般来说，在每克耕作层土壤中，各种微生物含量之比大体有一个10倍系列的递减规律：细菌（$\sim10^8$）>放线菌（$\sim10^7$，孢子）>霉菌（$\sim10^6$，孢子）>酵母菌（$\sim10^5$）

>藻类（~10^4）>原生动物（~10^3）。据估计，在每亩耕作层土壤中，约有霉菌150kg、细菌75kg、原生动物15kg、藻类7.5kg、酵母菌7.5kg。白酒窖池尤其是浓香型白酒窖池窖泥中栖息着大量微生物，研究显示，与白酒酿造有关的微生物主要有酵母菌、细菌、霉菌和放线菌。

（一）酵母菌

酵母菌属于兼性厌氧微生物，据不完全统计，目前已知的酵母菌超过1500个不同的种和亚种。白酒酿造中的酵母菌包括酿酒酵母、产酯酵母等，其中，酿酒酵母在分类学上属于真核生物界的真菌门、子囊菌亚门、半子囊菌纲、内孢霉目、酵母科、酵母属。酿酒酵母俗称酒精酵母，是白酒酿造的重要功能菌，具有产醇、产酯等多种功能，对大曲及大曲白酒的质量具有非常重要的作用。酿酒酵母可产生活力较强的酒化酶，这是一种能催化糖发酵成乙醇和二氧化碳的酶复合物。酒化酶又名酿酶，由德国化学家爱德华·布赫纳（Eduard Büchner）从酵母细胞中首次（1897）分离出来。

产酯酵母又称生香酵母，泛指一类在生长代谢过程中可生成以酯类为代表的多种香味成分或其前体物质的酵母菌。产酯酵母具有较强的氧化特性和产酯能力，能合成具有芳香气味的酯类物质，是白酒产香的主要菌种之一。浓香型白酒生产中应用最多的产酯酵母是汉逊酵母，其次是球拟酵母和假丝酵母。白酒发酵过程中，产酯酵母以糖类、有机酸等为营养成分，在酯酶作用下合成酯类物质，促进白酒特征风味物质的形成。

（二）细菌

细菌是所有微生物中数量最多的一类，也是酿造生产的主要参与者。细菌的形状极为多样，主要有球状、杆状以及螺旋状等。细菌是白酒酿造中一些关键酶类和风味物质的重要来源，细菌中丁酸菌和已酸菌是最早被确定为对酒体风味有重要贡献的窖池微生物之一。20世纪60年代的“茅台试点”期间报道了在茅台酒厂的窖池底部发现了杆菌和梭状芽孢杆菌，并认为它们是窖底香成分的主要制造者，后经分离鉴定是丁酸菌和已酸菌。

从大曲看，浓香型大曲中的优势菌是乳杆菌属（*Lactobacillus*）、魏斯氏菌属（*Weissella*）、芽孢杆菌属（*Bacillus*）、片球菌属（*Pediococcus*）和葡萄球菌属（*Staphylococcus*）。酱香型大曲中细菌以厚壁菌门为主要类群，其次是放线菌门。浓香型大曲和酱香型大曲中地衣芽孢杆菌（*Bacillus licheniformis*）数量占绝对优势，两种大曲的细菌中葡萄球菌属（*Staphylococcus*）、高温放线菌属（*Thermoactinomyces*）、地衣芽孢杆菌（*Bacillus licheniformis*）为优势菌。

从窖泥看，窖泥中占绝对优势的是厚壁菌门微生物，目前普遍认为梭菌属是窖泥中的优势菌属，也是浓香型白酒风味物质形成的主要微生物之一。不同窖龄的窖泥微生物群落结构存在明显差异，窖泥微生物的多样性随窖龄的增加而逐渐递增，当达到一定的窖龄后，窖泥中微生物群落结构保持相对稳定。其中乳杆菌属（*Lactobacillus*）、梭菌属（*Clostridium*）、产己酸菌属（*Caproiciproducens*）、芽孢杆菌属（*Bacillus*）和产甲烷菌（*Methanogens*）是不同窖泥中共有的优势细菌。四川大学张文学教授团队（2020）认为老窖泥中的标志性优势微生物，在门水平的为厚壁菌门（Firmicutes）、广古菌门（Euryarchaeota）、拟杆菌门（Bacteroidetes），在纲水平的为梭菌纲（Clostridia），在属水平的为梭菌属（*Clostridium*）、沉积微生物属（*Sedimentibacter*）、甲烷杆菌属（*Methanobacterium*）等。此外，古生菌中的甲烷菌是老窖池的一种标志物和指示菌，甲烷菌数量大致随着窖龄增长呈递增趋势，在老窖泥中的数量明显多于新窖泥，是窖泥中重要的功能微生物。

从酒醅来看，酒醅中的细菌主要来自大曲。四川大学张文学教授团队（2005）对浓香型白酒酒醅中微生物进行分离纯化得到113类细菌类菌株，其中主要细菌类群有芽孢杆菌属（*Bacillus*）、乳杆菌属（*Lactobacillus*）、梭菌属（*Clostridium*）。相关研究表明，酒醅在发酵前期优势细菌门为厚壁菌门（Firmicutes）、变形菌门（Proteobacteria）、放线菌门（Actinobacteria）、拟杆菌门（Bacteroidetes）、蓝细菌门（Cyanobacteria），随着酒醅发酵时间的延长，乳杆菌属（*Lactobacillus*）成为优势菌属。

（三）霉菌

霉菌并非分类学名词，而是一些丝状真菌的统称。霉菌既可以分泌糖化酶等各种酶类为白酒发酵提供动力，其代谢产物也可提供风味物质。从大曲来看，霉菌类是大曲中主要的真核微生物之一，大曲中的霉菌主要为曲霉属（*Aspergillus*）、根霉属（*Rhizopus*）、毛霉属（*Mucor*）、犁头霉属（*Absidia*）、青霉属（*Penicillium*）等。其中，曲霉属是大曲中产酶能力较强的一类微生物，可分泌葡萄糖氧化酶、糖化酶和蛋白酶等。曲霉属主要包括白曲霉（*Aspergillus candidus*）、米曲霉（*Aspergillus oryzae*）、黑曲霉（*Aspergillus niger*）、寄生曲霉（*Aspergillus parasiticus*）等。其中米根霉具有较强的淀粉酶产生能力，广泛用于制曲、酿酒生产中。从窖泥来看，窖泥中细菌为优势菌，霉菌相对较少，主要有青霉菌、曲霉菌、毛霉菌等。四川大学张文学教授团队（2005）认为浓香型白酒酒醅微生物中犁头霉属和曲霉属在霉菌类菌株中占绝对优势。2006年，该团队进一步发现浓香型白酒糟醅样品中霉菌类以篮状菌属（*Talaromyces*）、散囊菌属（*Eurotium*）和曲霉属为主要优势菌，篮状菌属霉菌主要出现在发酵前期且在发酵过程中保持一定数量，曲霉属霉菌则从发酵中期开始数量逐渐增多，散囊菌属霉菌在发酵中后期数量上占有绝对多数。四川省食品发酵工业研究设计院教授级高级工程师刘念等（2011）认为曲霉属是浓香型白酒糟醅中的主要优势真菌的五属之一。

三、白酒酿造微生物的影响因素

白酒酿造微生物的影响因素众多，包括入窖的原辅料差异、入窖温度、入窖水分、无机元素等，还有窖龄、地理位置等也会明显影响窖池微生物的演化。

（一）原辅料差异

不同的原料为窖池微生物的生长繁殖提供的营养成分有所差异，经长期驯化后，这种差异也会导致窖泥微生物产生大的不同，最终对酒体风味产生较大影响。比如浓香型白酒根据原料不同分为单粮浓香和多粮浓香。辅料差异主要来自酒曲，不同辅料也会导致发酵过程中的微生物种类、数量差异（表7-1）。

表 7-1 各香型白酒的原料和糖化发酵剂

序号	香型	原料	糖化发酵剂
1	浓香型	粮谷	浓香大曲
2	清香型	粮谷	大曲、小曲、麸曲及酵母
3	米香型	大米等	小曲
4	凤香型	粮谷	大曲
5	豉香型	大米或预碎的大米	大酒饼
6	芝麻香型	粮谷或配以麸皮	大曲、麸曲
7	特香型	大米	面粉、麦麸和酒糟制成的大曲
8	兼香型	粮谷	一种或多种曲
9	浓酱兼香型	粮谷	一种或多种曲
10	老白干香型	粮谷	中温大曲
11	酱香型	粮谷	高温大曲
12	董香型	高粱、小麦、大米等	按添加中药材的传统工艺制作大曲、小曲
13	馥郁香型	粮谷	小曲和大曲

（二）入窖温度

温度对微生物的整个生命活动过程都有极其重要的影响，入窖温度的高低决定了发酵速度和顶火温度，所以传统上窖池发酵良好需要窖池温度“前缓、中挺、后缓落”。入窖温度过高过低都不利于窖池发酵，浓香型白酒夏天“压窖”的主要原因就是夏季温度过高。

（三）入窖水分

入窖水分通过影响酒醅的含氧量、pH等影响窖池中微生物的生长繁殖，同时入窖水分与入窖温度之间的关系密切。不同季节（主要是温度、湿度等不同）的入窖水分有差异，这体现了温度、水分等对窖池中的微生物生长繁殖的协同作用。四川理工学院黄治国教授团队（2015）认为水分是对微生物群落影响最大的因子。

（四）无机元素

有效钾、有效磷等无机元素主要通过营养供给对窖泥微生物产生影响。有研究发现窖泥含水量、有效磷和有效钾含量是影响窖泥中梭菌纲微生物组成和浓香型白酒特征风味物质己酸与己酸乙酯含量的关键因素。

此外，地域环境也是影响窖池微生物的重要因素，比如同一香型白酒，四川与山东的浓香型白酒的窖池微生物在物种、数量上存在一定差异。微生物变化还受一些季节性因素等的影响，比如夏天环境温度高、冬天环境温度低，会造成窖池微生物种类、数量发生变化。不同香型白酒的工艺条件不一致，窖池微生物的差异也较大，比如浓香型白酒与酱香型白酒窖池微生物种类、数量差异明显。

四、窖池微生物的作用

白酒发酵是一个微生物动态演替的变化过程，包括微生物扩散、微生物相互作用、微生物多样性、微生物相对丰度变化和微生物淘汰、新物种的进化等，直至达成一种动态平衡状态。不同窖龄的窖池微生物差异显著，泸州老窖国宝窖池中就有一些特有的珍贵微生物，比如老窖梭菌等。中国科学院成都生物研究所陶勇等（2014）研究发现随着窖龄增加（0~25年），窖泥微生物菌群结构不断变化并趋于稳定，老窖窖泥微生物群落结构处于均衡状态，且窖泥微生物多样性高。

微生物总是选择群体生活，群居生活至少有三个好处：一是群居能有效地抵抗不利于生存的外界环境，包括抗生素和宿主抵抗力的“清除作用”；二是群居可以获得个体难以得到的营养成分；三是群居微生物能获得新的基因和新的生物学特征。微生物之间的关系极为复杂，有寄生、互生、共生、竞争、拮抗、捕食等关系。寄生是指一种微生物寄生在另一种微生物身上，无法单独存活。自然界中有许多类群因自身基因组和体积较小、代谢通路缺失、营养缺陷或与寄主共生等原因，导致其不能在现有的培养技术下生长，需要依赖环境中的其他物种或寄主生活。共生是共居在一起的微生物类群相互分工合作、相依为命，甲的生长需要乙所分泌的营养物质或电子供体，乙的生长也需要甲所分泌的营养物质。共生关系可以分为中性共生、偏利共生、偏害共生等。互生是可分可合、合比分好的微生物关系，一些小分子物质或电子供体可直接在群落成员之间进行交换。竞争是指微生物为生长而争夺空间或营养，是推动微生物发展和进化的动力。拮抗是指一种微生物通过向环境中释放某种物质等来抑制，甚至杀死另一微生物的现象。捕食是指一种微生物对另一种微生物进行吞食和消化的现象。

窖池微生物在发酵过程中呈明显的周期性变化，单个窖池发酵周期内，窖池微生物经历了两次大扩散。第一次是入窖后，窖泥微生物开始不断向酒醅扩散，老窖泥中丰富的微生物也在这个阶段开始发挥作用。第二次是黄水产生后，上层酒醅微生物随着黄水由上层酒醅向中下层扩散。窖池中微生物群落的演替变化具有时间异质性，可以从两个层面认识。一个层面是从单个窖池发酵周期看，窖池微生物在酒醅入窖到出窖的不同发酵阶段，其微生物组成差异较大。研究表明，入窖时乳杆菌属、假单胞菌属、芽孢杆菌属、葡萄球菌属是主要优势菌属，发酵前期醋酸菌属是主要优势菌属，发酵中后期乳杆菌属是主要优势菌属。另一个层面是从长期看，窖池随着多轮发酵的不断演进，窖池微生物也不断发生变化。这种长期变化主要由窖泥微生物的变化引起，比如一些连续使用达数百年的老窖池，其窖泥微生物的优势菌种与新窖相比已然发生了*n*多次更替迭代，微生物群落的多样性、丰富性和稳定性都发生了变化。

第三节
窖池微生物学十大猜想

生物学相对于其他自然科学起步较晚，基础研究较为滞后，对微生物的种类、生长过程、作用机制等认识还不全面、不深入。白酒发酵是多种微生物先后交替、共同作为的极其复杂的过程，既存在好氧作用，也存在厌氧作用。虽然关于白酒老窖泥的研究已经取得较大进展，但很多过程还处于感性认识的模糊状态，甚至属于猜想。本节基于现有基础理论，对白酒发酵过程中微生物的产生、种类和作用过程提出了十个方面的猜想，希望能更好地解释“窖老酒好”的微生物原理。

一、猜想一：窖池微生物绝大多数无法人工培养

自然界微生物数量庞大、种类丰富、分布广泛，除了普通环境外，还存在着各种极端环境。据估计，地球上微生物数目为$9.2 \times 10^{29} \sim 3.2 \times 10^{30}$个，物种数目约为$10^{12}$个。然而，目前能够获得纯培养的微生物物种数目仅约$10^{5}$个。研究表明，土壤微生物的可培养率仅0.3%，海洋中微生物的可培养率为0.001%～0.1%，淡水微生物和沉淀物微生物的可培养率约为0.25%，活性污泥微生物的可培养率为1%～15%。也就是说，绝大部分自然环境微生物很难或不能通过传统纯培养方法获得。这些无法人工培养的微生物被称为“未培养微生物”或“难培养微生物”，被形象地比喻为微生物“暗物质”（microorganism dark matter，MDM）。微生物培养是微生物学的“木本水源”，“难/未培养微生物”是最古老的、至今仍未解决的微生物学挑战，是微生物学研究中亟待解决的“卡脖子”问题。

微生物纯培养最早开始于1881年，罗伯特·科赫（Robert Koch）通过平板划线的方法使微生物在培养过程中获得足够的生长优势，获得单菌落。1891年，坎特哈克（Kanthack）等人利用平板划线纯培养方法实现了麻风分枝杆菌的纯培养。微生物的传统培养方法包括稀释倒平板法、涂布平板法、平板划线法、稀释摇管法等。随着对微生物生活环境、生长过程的深入了解，陆续开辟了绝迹稀释法（dilution-to-extinction）、原位培养、共培养（co-culture）、流式细胞分选技术及微流控培养技术等新型培养方法。很多学者专注于微生物培养方法的研究，提出了优化改进措施。然而，受限于微生物本身生长环境的复杂性，目前技术条件下很难获得复杂环境中所有的纯培养菌株。接种量、传代次数、分离方法、培养时间和营养组成等均可导致特异性分离而遗漏某些微生物。

微生物难被培养的原因主要有以下几方面：

（1）大多数未培养微生物处于活的非可培养状态。自然环境中有99%以上的微生物处于活的非可培养（viable but non-culturable，VBNC）状态，这些VBNC微生物大多处于休眠状态，仅维持着最低代谢活性。休眠是生物的生命活动之一，是包括微生物在内的广泛生物类群使用的一种生存策略，是指生物体在面临不利环境条件时进入可逆的低代谢活动状态。大多数进入VBNC状态的微生物无法实现实验室培养。

（2）实验室无法还原微生物的自然生活环境。目前，对微生物所栖息的自然环境认识不够，对微生物生长代谢过程中起关键作用的营养因子、不同生理阶段对基质浓度的需求、生长所需环境条件的变化规律等认知不足，因此在实验室培养时无法提供目的微生物生长所需的真实营养需求及培养条件。传统培养方法通常采用营养丰富的培养基，以期达到微生物快速生长和最大生物产量，结果分离的大多为生长迅速且偏爱丰富营养的微生物。自然界大部分微生物是以中低营养甚至是寡营养方式生活的，并非所有的微生物都适合在营养丰富的条件下生长，高营养的培养基反而会抑制某些生长缓慢微生物的生长。当微生物从自然环境转移到营养丰富的人工培养基中时，一些摄取营养能力强的微生物会应运而生，而寡营养的微生物就会因高浓度营养物基质的抑制而停止生长。

（3）对微生物之间的相互作用关系认知不足。天然生境种群微生物不是孤立存在的，而是处于复杂的生态网络中，它们彼此联系、相互作用复杂，产生了频繁的物质交换与信息交流，单独培育某一种很难实现。当微生物从天然环境骤然转到人为设置的实验室培养环境中，原生境中的生态依存关系遭到破坏，菌群间的生物信息交流体系也会发生根本性的改变，适应性强的物种生长迅速，而生长缓慢的微生物类型则因营养物质的匮乏以及种群信息流通的障碍而受到抑制。

（4）检测技术不够灵敏，判断标准不敏感。有些生长缓慢的微生物在平皿上形成只有很少细胞聚集的微小菌落，不易被眼睛直接观察到，自然表观上也就被判断为不可培养。

（5）病毒感染导致的培养效率降低。某些海洋环境样品，7%的菌群携带病毒，表层海水死亡细菌中10%～50%是由于病毒感染造成的。而且，病毒选择性感染会导致微生物种群组成的改变，被溶源性病毒感染的细菌在营养丰富的平皿上培养时，也会因诱发病毒增殖而出现死亡。

白酒酿造微生态非常复杂且独特，传统的培养技术对白酒酿造生境中微生物的可培养性较低，绝大多数酿酒微生物还未能得到分离培养，白酒酿造微生物组成具有“黑箱”属性。白酒窖池窖泥中的微生物类群包含有细菌、霉菌、酵母菌、古生菌和放线菌等，大多数为细菌和古生菌。这些微生物可至少归类于225个属，其中至少31个属为主要的高丰度微生物，同时也存在许多低丰度或处于VBNC状态的菌株。目前，除部分己酸菌和丁酸菌外，其余众多窖泥微生物的具体物种信息及其在窖泥和酿造过程中的功能尚未可知。随着检测培养技术的进步，白酒酿造过程的微生物群落组成及演替规律日益清晰。在1573国宝窖池窖泥中，目前已发现能够提取检测和认识的微生物有3000余种，但还有大量的微生物尚未检测出来。总的来看，白酒酿造微生物目前可分离培养的菌种占比不足1%。茅台酒酿造过程及环境中的1946种微生物，可培养比例仅占10.2%，约90%的微生物为不可培养微生物。

白酒酿造过程中微生物的自然群落结构及菌株间相互作用关系复杂，许多关键微生物在自然群落中丰度较低，生长速度缓慢，且常规培养条件与自然生长环境差异较大，这些限制因素导致了使用传统分离培养条件无法对酿造过程中许多具有良好代谢及发酵功能的菌株进行分离。

二、猜想二：窖池越老，窖泥中参与发酵的杂菌越少

优胜劣汰是自然界的生存法则，白酒酿造窖池中的微生物也不例外。白酒酿造窖池中的窖泥具有“不间断发酵，不可复制，不可迁徙”的特性，一旦出现中断，再优良的窖池也将成为不可复活的“遗址”。窖池连续酿造时间越长，窖泥中的微生物之间的自然选择、竞争、进化时间越长，一些对发酵不利的杂菌经过多轮自然选择、优胜劣汰，数量逐渐减少，甚至被完全淘汰。胡斌等（2022）发现，窖池窖龄与出窖糟醅细菌物种多样性成反比、与细菌物种丰度成正比，窖龄越长的窖池在细菌组成结构上更优，能够筛选掉更多与白酒产品质量无关的细菌。不同功能微生物族群数量随窖龄增长的变化趋势如图7-4所示。

随着窖龄的增长，窖池中微生物变化很大，不同窖龄窖泥中细菌群落结构有所差异。四川理工学院黄治国教授团队（2015）发现，泸州老窖40

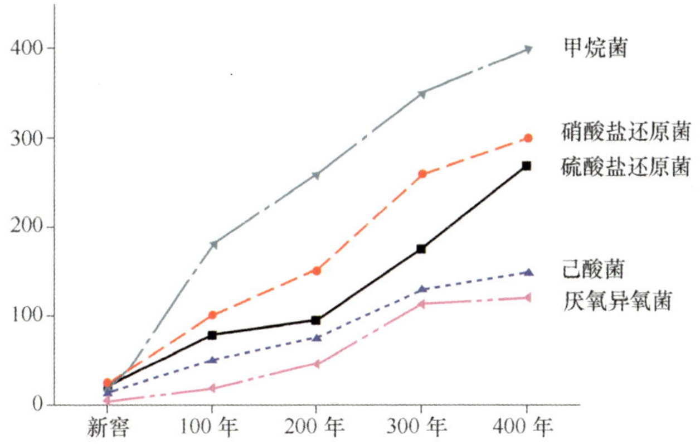

图 7-4 不同功能微生物族群数量随窖龄增长的变化趋势（相对值）

年左右窖龄窖池中的优势菌属是八叠球菌属（*Sporosarcina*），而100年左右窖龄的窖池中优势菌属是互营单胞菌属（*Syntrophomonas*）、沉积杆菌属（*Sedimentibacter*）和瘤胃球菌科（*Ruminococcaceae*）下的未知菌属。郑州轻工业大学何培新教授团队（2017）研究的结果显示，随着窖龄的增长，厚壁菌门中的乳杆菌属（*Lactobacillus*）和喜热菌属（*Caloramator*）的相对丰度呈减小趋势，与1年窖龄相比，10年窖龄窖泥中乳杆菌属和喜热菌属的相对丰度分别减少到原来的17.45%和16.2%。不同年份窖中优势菌种差别较大，不同高度窖泥优势菌种差异较大。兰州理工大学任海伟教授等（2023）发现，乳杆菌是5年和7年窖龄窖泥的第一优势菌属，然而随着窖龄的增加，优势菌属逐渐演变为己酸菌、拟杆菌等11个细菌属共存的复杂微生态环境。窖池环境是影响微生物种类变化的重要原因，不同窖龄窖泥中微生物差异可能跟窖池中的理化指标变化有关。据此猜想，白酒窖池中的杂菌递减速度与窖龄时间呈指数函数关系。就好比一家运行良好的工厂，必须目标一致，分工明确，各司其职，且具有团队协作精神。员工必须熟悉各自岗位的工作流程，以确保能够高效、准确地完成工作任务。随着时间的推移，难以胜任工作的员工会被陆续淘汰，而留下的都是高度熟悉本职工作的员工。

三、猜想三：窖池越老，微生物社会化组织程度越高

微生物不是单独存在的，而是与人类社会一样，通过复杂相互作用组合在

一起形成具有一定社会性的“团体”组织，表现出觅食、扩散等许多生物学活动中表现出的多种形式的社会学行为。微生物社会属性是一个动态变化过程，白酒窖池中的微生物系统不可能形成完全稳定的状态。然而，已有研究结果表明，白酒酿造发酵过程中窖泥微生物群落呈现出规律性和方向性的变化，窖池窖龄越长，窖泥中的微生物种群越趋于稳定。老熟窖泥的细菌多样性指数及均匀度指数高于新窖泥和趋老熟窖泥。同一窖池不同部位的微生物群落分布随窖泥的老熟逐渐趋于一致，微生物群落稳定性逐渐加强。四川理工学院黄治国教授团队（2015）的研究结果显示，40年左右的几口窖池古生菌群落差异较大，而100年左右窖龄窖池古生菌群落结构相对一致。郑州轻工业大学胡晓龙等（2023）对比了4年窖龄窖池和40年窖龄窖池中的微生物群落，结果表明从门和属水平组成上分析，40年窖龄窖池比4年窖龄窖池中的窖泥样品微生物群落结构相对稳定。

可以看出，随着窖池窖龄时间的延长，白酒窖池中的微生物之间相互作用的时间越长，菌群之间相互碰撞、自然选择更彻底，逐渐由“散乱无序”演变成“模块清晰、功能协同”的稳定结构。微生物之间的相互依赖程度越大、关系越稳定，也就意味着其社会化、组织化程度越高。据此可以推测，白酒窖池中微生物的社会化有序程度与窖龄成正比关系，窖龄越长，微生物菌群之间的共生依赖作用就越大，协同配合更加默契，从而产生名优酒的比率也越高。窖池微生物之间的作用关系与人类社会的发展相似，随着社会发展和科技进步，社会分工越来越细，专业化程度越来越高，行业标准越来越严，这也是人类社会发展的必然趋势。

四、猜想四：窖池越老，窖泥中有益微生物越丰富

发酵过程中微生物的变化速度快且神奇。日本东京农业大学的名誉教授小泉武夫曾描述微生物的活动：“发酵前，1克葡萄果皮中大约有10万个酵母，当发酵开始24小时之后，酵母增加到4000万个（约400倍）；48小时后，酵母的数量增加到2亿个（大约2000倍）。微生物一旦进入适宜生存的环境中，数量就会呈现天文数字级别的增加”。窖泥中微生物的种类和数量与窖龄密切相关，窖池持续使用时间越长，窖泥中繁衍富集的微生物种类和数量越多。研究人员唐云等（2022）发现，30年以上窖龄的窖泥菌落均匀度及多样性高于30年

以下窖泥及新窖泥。兰州理工大学任海伟教授等（2023）也发现窖泥细菌菌群多样性与窖龄呈显著正相关。也就是说，新窖泥转变为老熟窖泥的过程是一个菌群组成多样性不断提高、生物量也逐步增加的过程。目前，在有着450余年窖龄的1573国宝窖池群中，能够检测和认识的微生物已达3000余种。“窖老酒好”，说明随着窖池发酵时间的延长，窖泥中增加的微生物多为有益微生物。窖池窖泥中的微生物在发酵过程中相互竞争、自然选择，一方面淘汰了不利的杂菌，另一方面保留了有益微生物。随着窖池连续发酵时间延长和次数增多，有益微生物种群越来越丰富、占比越来越高。譬如一个充满正能量的城市，一个人的正能量能照亮一个角落，一群人的正能量能温暖一座城。在这样一个积极向上、欢乐和谐的社会氛围下，好人好事、凡人善举不断涌现，城市文明程度会越来越高，而负面事件则会越来越少。

众多学者的研究也可以印证这一观点。江南大学范文来研究员团队（2021）对白酒窖池菌群结构的绝对定量动态分析表明，老熟窖泥内的生物量分别是新窖泥与正在老熟的窖泥的600倍与28倍，老熟窖泥内的乳杆菌属的绝对丰度是新窖泥的20倍。随着窖泥的逐渐老熟，产己酸菌属、甲烷杆菌属、甲烷八叠球菌属和互营单胞菌属等核心窖泥菌群的相对丰度显著增高，呈现数量级的倍数增长，产己酸菌属在老窖泥中的绝对丰度为新窖泥的25000倍。四川大学张文学教授团队（2013）对不同窖龄窖泥中甲烷菌的研究结果显示，产甲烷菌属的拷贝（copies）数随着窖龄的增加呈递增趋势。四川理工学院罗惠波教授团队（2010）发现，相同位置窖泥微生物的多样性指数与窖龄密切相关。郑州轻工业大学何培新教授团队（2017）发现，与1年窖龄相比，10年窖龄窖池中的广古菌门中的甲烷八叠球菌属、甲烷杆菌属和短杆菌属的相对丰度分别增加了5.31倍、3.26倍和3.99倍。梭菌被证实有益于浓香型白酒生产，梭菌多样性与生物量随着窖龄的增长随之增加。河南牧业经济学院王清龙等（2023）发现，老窖池酒醅的细菌菌群多样性和丰富度高于新窖池酒醅，从新老窖池酒醅样品中共注释到28个细菌门、124个细菌属，绝对优势菌细菌门均为厚壁菌门（Firmicutes），乳杆菌属（*Lactobacillus*）和魏斯氏菌属（*Weissella*）在老窖池酒醅中相对含量较高，且是导致新老窖池酒醅中细菌菌群差异的主要细菌属。

窖龄增加，窖池微生物数量和种类也增加。根据此猜想，窖池微生物的多样性与时间呈现分形结构，是通过分裂等方式生长繁殖，具有自相似性。分形理论主要研究整体与局部的相似性，自相似性是分形理论的重要特征。分形理论已广泛应用于定量描述微生物的生长形态，细菌在生长过程中造成的非平衡生态环境被认为是形成菌落分形结构的根本原因。目前，利用分形理论发现菌落扩展的基本模式，阐明菌落扩散的限制机理和几何特征的复杂性，分析细菌生长的营养需求。研究人员发现枯草芽孢杆菌的菌落在琼脂平板上的营养浓度区域的有限扩散过程呈二维构象并具有自相似的特征，其分形维数 $D=1.73 \pm 0.02$。

五、猜想五：窖池越老，产生风味物质越多

由于微生物种类丰富，酿造出来的发酵食品的化学成分极为多元复杂，内部关联极为深奥，在“自组织”和“协同耦合”驱动下呈现无穷奇异现象。白酒中各种风味物质的占比虽仅为1%～2%，但这些风味物质是影响白酒呈香呈味的关键性成分，决定了白酒的品质。酿酒微生物及酶系不仅影响白酒的香型，也是提高白酒出酒率、改善白酒品质的关键因素。连续使用的窖龄越老的窖池，窖泥中的酿酒微生物菌群得以进化，参与酿酒生香的微生物越多，白酒的风味物质越丰富。研究人员曹润洁等（2017）发现，高窖龄窖池所产基酒的香味成分含量、综合分析指标、名酒率等都显著优于低窖龄窖池所产基酒，各类化合物化学含量总和、主体组分酯类含量也更高，尤其是对浓香型白酒贡献度较高的关键风味物质，并且区分度较好，对于浓香型基酒的关键组分和风味物质也表现出明显的区别。绵阳师范学院李俊刚等（2015）的实验结果显示，随着窖龄的增加，白酒中各类化合物的相对含量也发生变化，酯类化合物含量尤其是己酸乙酯挥发性组分的相对含量从53.44%上升至69.39%；当然，醇类化合物和醛酮类化合物的相对含量有所降低。如同学习知识总是循序渐进、逐渐累积、吸收消化的过程。数学学习，小学时主要是数的基本概念、四则运算等，初中时主要是有理数、一元一次方程等，高中时主要是几何、数列等。随着学习时间的延长，学习内容不断增加，所学知识不断累积，数学知识结构更加完整，会的东西也就更多。

白酒基酒中的风味物质含量总体随着窖龄的增加而增加，究竟是以何种方式和速率增长到目前为止还比较模糊。逻辑斯谛生长方程是描述一个生物种群数量随时间变化的方程，通过建立数学模型来预测生物种群的生长规模。逻辑斯谛方程是一个二阶非线性微分方程。由于白酒风味物质数量跟窖池中微生物

数量相关，以此类推，可以猜想白酒基酒中风味物质的数量与窖泥的关系满足逻辑斯谛方程。

倍周期分岔是混沌理论中一个非常重要的概念。事物在经历了一定的阶段之后必然会迎来一个崭新的阶段，在新旧阶段交替的时点上必然会有不同道路的选择，这种选择的过程称为倍周期分岔现象。倍周期分岔过程是一条通向混沌的典型道路，即是从周期窗口中进入混沌的一种方式。通过倍周期分岔到达混沌现象的过程中，会依次经过周期1，周期2……周期4以及混沌单吸引子和混沌双吸引子。白酒窖池中的微生物在每次发酵周期中演化生长，也会经过多个发酵周期的自然进化，从而进入看似“混沌”但组织程度更好的系统状态。

六、猜想六：窖池越老，微生物降解淀粉效果越好

白酒发酵过程中，窖池中的微生物将粮食中的淀粉降解为糖，酵母菌等微生物则将糖在无氧条件下进行发酵，将糖转化为乙醇。淀粉是由葡萄糖组成的大分子物质，白酒发酵首先在淀粉酶的作用下将淀粉大分子降解为小分子，再经过糖化发酵产生乙醇，同时也会产生酸、酯、醛、酮等其他风味物质。白酒发酵过程中使用的酒曲中含有根霉、黑曲霉、米曲霉、酒精酵母、乳酸菌和枯草芽孢杆菌等微生物群的聚集体，窖泥中还富含多种土壤微生物。这些微生物中的霉菌、枯草芽孢杆菌等分泌淀粉酶，与其他菌体一起对淀粉进行降解。

微生物的新陈代谢活动是发酵工业的基础，微生物的数量和种类很大程度上决定了淀粉的降解方向和速度。微生物降解淀粉的性能一般用降解速度和降解程度表示。降解速度用降解过程中二氧化碳的净产生速度表示，可以用整个生物反应体系中淀粉降解生成的二氧化碳总量，减去未加淀粉样品微生物固有的呼吸作用而产生的二氧化碳量而得。微生物降解淀粉的速度一般用单位时间、单位质量的淀粉干基质量生成的二氧化碳量表示。降解程度一般用被微生物降解的淀粉质量与总淀粉量的比值表示，可以用发酵前的淀粉总量减去发酵后残余的淀粉量的差值，除以发酵前的淀粉总量计算得到。

微生物降解淀粉产生二氧化碳的速度受微生物种类、微生物分泌的淀粉酶的速度等因素影响。微生物作用力越强，对粮食中的淀粉的分解效果越好。白酒酿造的窖池连续生产使用时间越长，窖泥中的生香微生物驯化富集，杂菌越

少、自组织性越强、协同性越高。由此猜想，窖池生产使用时间越长，窖泥微生物对淀粉的降解速度越快、降解程度越深、降解效率越高。北宋文学家欧阳修所著的一则寓言故事《卖油翁》，其中记述了陈尧咨射箭和卖油翁酌油的故事，形象地说明了“熟能生巧”的道理，即所有技能都能通过长期反复苦练而达至熟能生巧之境。微生物降解淀粉效果的提升与此类似，是随着窖龄增长窖泥微生物不断进化的结果。

七、猜想七：窖池越老，基酒风味成分的耦合度越高

“耦合”一词最早起源于软件工程领域，是指彼此相互作用影响而联合的现象。耦合效应，也称互动效应或联动效应，是指群体中两个或以上的个体通过相互作用而彼此影响从而联合起来产生增力的现象。耦合度，也称耦合性、耦合力，指模块之间的关联程度。耦合度有高有低，高耦合度也称为紧密耦合，低耦合度称作松散耦合。根据耦合度的大小和形态，耦合可以分为内容耦合、公共耦合、外部耦合、控制耦合、标记耦合、数据耦合、非直接耦合等。

白酒含有醇、醛、酸、酯、芳香类、萜烯类等成百上千种微量物质，这些微量物质之间互相作用、相互制约，共同形成了白酒独特的风味和品质。譬如，乙酸乙酯对乙醛有制约作用，能够排除酒中对人体不适的物质；乳酸乙酯可促进乙醇刺激大脑皮层，促进人体大脑产生兴奋。新酒往往口感爆裂、辛辣，经过一段时间的贮存就会变得更加老熟醇厚。其主要原因就是贮存过程中风味物质之间相互作用，形成了新的风味体系，特别是酯类物质种类和含量的增加。白酒熟化的过程就是风味物质之间耦合度提升的过程。

酒体口感越好的白酒必然风味物质耦合度越高，“窖老酒好”本身就蕴含着老窖生产的白酒中风味物质之间耦合度高。白酒窖池连续生产使用时间越长，窖泥中的生香微生物驯化富集，杂菌越少，微生物自组织性越强、协同性越高，生成的基酒中风味物质的比例更协调。据此猜测，基酒中风味物质的耦合度与窖龄成正比关系。这好比一支优秀的足球队，需要经过长时间的训练与磨合，才能达到默契配合的状态。在这个过程中，教练与球员之间会更加熟悉对方，建立起深厚的信任。随着磨合的不断深入，球队的整体默契度显著提升，进而使得球队的战斗力大大增强。

八、猜想八：窖池越老，主体菌群稳定化程度越高

白酒窖池每进行一轮发酵，就发生一次酒曲微生物、环境微生物与窖泥微生物中的相互迁移以及微生物菌群在发酵醅中的演化交替。随着窖池生产使用时间的延长、发酵轮次的增多，窖池微生物的自组织性越高，主体菌群的稳定化程度也越高。江南大学毛健教授团队（2022）研究发现，随着窖池使用年限的增加，窖池内部环境中细菌群落受变量选择的确定性过程主导占比增加。在长期的酿造过程中，70年车间的细菌群落结构趋于稳定，使用年限较短的新车间中同质选择（48.57%）与均质化扩散（31.43%）成为主导。也就是说，使用年限久的车间中细菌微生物种群趋于稳定。南阳理工学院王春艳等（2021）通过比较浓香型白酒6年和16年窖龄窖泥中细菌群落结构，发现不同窖龄窖泥中真菌菌群在优势物种组成上发生了改变，6年窖龄窖泥中的优势真菌群主要有青霉属、毡盘菌属和被孢霉属等，而16年老窖池窖泥中的优势真菌变为嗜热真菌属、曲霉菌属和根毛霉属。兰州理工大学任海伟教授等（2023）对比了10年窖龄和50年窖龄窖泥微生物的情况，总体来看，50年窖龄窖泥中的微生物群落比10年窖龄窖泥更趋于稳定。如同一个现代化的社会，既充满活力又拥有良好秩序，在这样一个现代化社会里，主体人群必然具有良好的互动关系或者团结和谐的状态。社会越稳定，就越有活力；越有活力，也就越稳定，主体人群稳定化程度也就越高。

意大利数学家斐波拉契提出一个有趣的兔子问题，某人在一处四周有围墙的地方养了1对新出生的小兔，假定每对小兔出生后2个月就长成大兔，而1对大兔每月生1对小兔，并且不考虑兔子死去的情况。那么，第n个月，兔子的总对数称为斐波拉契数，这些兔子总对数构成的序列称为斐波拉契序列。白酒窖池微生物的演变进化与斐波拉契序列有相似之处。窖池中的微生物通过分裂繁殖、孢子繁殖和性繁殖等方式进行增殖生长，数量不断增加。当然，由于窖池微生物之间存在自然选择、优胜劣汰，每轮发酵结束后会有新的粮食、酒曲进入窖池，并不是完全封闭的环境。

九、猜想九：老窖池是“时变场”，具有“电磁场”的某些基本特征

时变场是物理学概念，即时变电磁场，也称交变电磁场，是由变化着的电场激发的磁场和由变化的磁场激发的电场的总称。时变电磁场遵守麦克斯韦方程。时变电磁场又可分为似稳电磁场和迅变电磁场两种，前者场变化的频率较小，可以忽略场似辐射效应和推迟效应，可以用处理稳恒电磁场的方法近似处理；后者由于场变化频率较大，不可忽略辐射效应和推迟效应伴随时变电磁场有电磁波的传播。

白酒窖池中微生物的繁殖和扩散过程可以看作类似电磁波传递的“时变场”，具有“电磁场”的某些基本特征。比如发酵前期，窖池中存在部分空气，厌氧微生物处于休眠状态，为“似稳场”；而好氧微生物迅速生长扩散，属于“迅变场”。随着发酵过程的进行，窖池中的氧气耗尽，好氧微生物无法生存，数量越来越少，此时对好氧微生物来说进入“似稳场”，而对厌氧微生物来说开始进入“迅变场”。再比如，发酵初期，窖泥中的微生物在浓度梯度的作用下迅速向酒醅扩散，酒曲中的微生物也向窖池四周扩散，此时类似于“迅变场”。随着发酵时间的推移，窖池中各位置的微生物浓度基本形成动态平衡，逐渐转变为“似稳场”。

十、猜想十：老窖池是“复变函数”，具有物质和能量交融的复数结构

复变函数是数学概念，是自变量与函数值均为复数的函数的总称。复变函数主要用来表征因变量、自变量之间具有复杂关系的问题，常用于解决流体力学、弹性力学、材料力学等复杂工程领域的问题。白酒窖池发酵无疑是一个涉及多种物质变化和能量交换的复杂体系，既有生物作用，也有物理化学变化，很难用简单的数学模型描述和解释其中的变化过程。**白酒窖池发酵好比一台极为精密的仪器，每一个部件都发挥作用，部件与部件之间还有着紧密联系和相互作用，往往牵一发而动全身。白酒窖池发酵的复杂性、系统性也决定了其研究难度高，完全弄清楚白酒窖池发酵机制的难度或许比制造航空发动机或者EUV光刻机还要增加*n*倍。**著名微生物学家、中国科学院院士方心芳曾

说："谁要是把泸州老窖窖池里的微生物研究清楚了，谁就可以得诺贝尔生物学奖。"

窖池越老，窖池中的微生物菌群多样性和丰富度越高，发酵作用过程中涉及的生物化学反应越复杂，产生的物质变化和能量交换越多，越难以用一般数学函数进行表征。白酒发酵过程中，存在着淀粉转化为葡萄糖、蛋白质转化为氨基酸、葡萄糖转化为甘油酸和丙酮酸，发生着醇和酸生成酯的酯化反应，发生着单宁降解为丁香酸反应、美拉德反应等化学和生物作用，引起了大量物质的变化。来源于窖泥、酒曲以及生产现场的各种微生物，经过窖泥和酒醅之间不断的菌群迁徙演变和物质能量交换，最后在酒醅中达到了一个平衡。白酒发酵过程中，窖池内部的温度也会产生明显变化，温度的变化也是能量变化和交换。此外，窖池不同深度的微生物数量和种类也有一定差异，在发酵过程中也存在梯度转移和交换过程。物质和能量的转化满足爱因斯坦的质能方程，$E=mc^2$（E是能量，m是质量，c是光速）。据此猜测，白酒窖池发酵过程的物质能量交换同样满足质能方程。

参考文献

[1]曹润洁,李安军,汤有宏,等.基于多元统计分析和OAV值分析不同窖龄基酒的风味组分[J].酿酒科技,2017,(11):44−50+56.

[2]邓杰.基于高通量测序的浓香型白酒窖泥微生物群落结构研究[D].自贡:四川理工大学,2015.

[3]辜杨.中国浓香型白酒酿造窖泥微生物多样性研究[D].无锡:江南大学,2021.

[4]胡斌,罗明有,王松,等.浓香型白酒糟醅细菌多样性与窖龄关联度的研究[J].酿酒科技,2022(08):30−33.

[5]胡晓龙,付丹阳,王永亮,等.浓香型白酒窖池空间位置及窖龄对窖泥原核微生物群落的影响[J].中国酿造,2023,42(03):65−71.

[6]李芳莉.浓香型白酒窖泥微生物群落结构分析及其对原酒风味物质的影响[D].郑州:郑州轻工业大学,2017.

[7]李俊刚,郭文宇,罗英,等.利用GC−MS法对不同窖龄下浓香型白酒风味物质的研究[J].中国酿造,2015,34(09):141−144.

[8]李宜伦.使用年限对浓香型白酒车间中微生物和糟醅代谢差异的影响[D].无锡:江南大学,2022.

[9]刘念,刘绪,张磊,等.浓香型白酒糟醅中真菌菌群的研究[J].食品与发酵科技,2011,47(02):28-31.

[10]罗青春,刘超兰,吴正云,等.不同年份窖泥中主要产甲烷菌的荧光定量PCR研究[J].酿酒科技,2013,(12):17-20.

[11]罗惠波,甄攀,黄治国.浓香型白酒窖池细菌群落[J].微生物学通报,2010,37(11):1621-1627.

[12]乔宗伟,张文学,张丽莺,等.浓香型白酒发酵过程中酒醅的微生物区系分析[J].酿酒,2005,(01):18-22.

[13]任海伟,孙一帆,王希,等.不同窖龄及位置浓香型白酒窖泥中细菌群落结构的差异性分析[J].食品与发酵工业,2023,49(9):103-111.

[14]任海伟,李志娟,刘美琪等.基于高通量测序技术分析不同窖龄窖泥真菌群落多样性与空间异质性[J].食品科学,2024,45(02):178-187.

[15]唐云,姚海刚,李彦涛,等.不同窖龄浓香型白酒窖泥细菌群落结构及其多样性分析研究[J].酿酒科技,2022,(07):93-98.

[16]王春艳,付博辰,郭书贤,等.宋河浓香型白酒不同窖龄窖壁泥与窖底泥真菌菌群结构分析[J].中国酿造,2021,40(02):88-91.

[17]游玲,王松,冯瑞章,等. 宜宾产区浓香型白酒窖房空气、窖泥和糟醅可培养细菌的相关性[J].食品科学,2012,33(9):188-192.

[18]张文学,乔宗伟,胡承,等.浓香型白酒糟醅中真菌菌群的多样性分析[J].四川大学学报(工程科学版),2006,(05):97-101.

[19]Chai LJ,Fang GY,Xu PX,et al. *Novisyntrophococcus fermenticellae gen*. nov., sp. nov., isolated from an anaerobic fermentation cellar of Chinese strong-flavour baijiu[J]. International Journal of Systematic and Evolutionary Microbiology. 2021,71:004991.

[20]Xu PX,Chai LJ,Qiu T, et al. *Clostridium fermenticellae* sp. nov., isolated from the mud in a fermentation cellar for the production of the Chinese liquor, baijiu[J]. International Journal of Systematic and Evolutionary Microbiology. 2019,69(3):859-865.

[21]钱玮,陆震鸣,柴丽娟,等.泸型酒酒醅与窖泥中乳酸菌群落结构差异[J].应用与环境生物学报,2020,26(04):760-765.

[22]钱玮,陆震鸣,柴丽娟,等.泸型酒酒醅与窖泥中梭菌群落结构、演替和功能差异[J].

生物工程学报,2020,36(06):1190−1197.

[23]柴丽娟,钱玮,钟小忠,等.浓香型白酒发酵过程中窖内古菌群落分布特征[J].生物工程学报,2020,36(12):2635−2643.

[24]Wang L,Huang Y,Hu X,et al. The impact of environmental factors on the environmental bacterial diversity and composition in the Jiang-flavoured Baijiu production region [J].LWT- Food Science and Technology,2021,(149):111784.

[25]张宿义,李宗珍,张良,等.泸州老窖国窖酿造环境空气真菌四季分布研究[J].酿酒科技,2011,(02):36−39+42.

[26]高占争,吴正云,张文学.浓香型白酒窖泥微生物群落研究进展[J].中国酿造,2020,39(06):1−7.

[27]陶勇,芮俊鹏,李家宝,等.浓香型白酒窖泥中细菌和古菌的组成与多样性[J].化工学报,2014,65(05):1800−1807.

[28]王清龙,刘延波,任晓萌,等.赊店老酒新老窖池酒醅理化指标、细菌菌群多样性及风味物质分析[J].中国酿造,2023,42(08):122−128.

[29]李后强.复杂系统哲学视域下微生物社会行为特征[J].中国西部,2023,(01):101−122.

[30]李后强.世界显学:“老窖学”[EB/OL].(2023−03−24)[2025−02−12].https://www.zgceo.cn/index.php?m=home&c=View&a=index&aid=32866.

[31]李后强.关于泸州老窖的“十大猜想”[N].中国工业报,2025−01−20(11).

第八章

白酒窖泥老熟行为特征

白酒区别于其他快速消费品，兼具自然与人文双重属性。“一方水土酿一方好酒”，优越的自然地理条件是出产优质白酒的重要前提，很大程度上决定了白酒酿造微生物群落的结构、酿酒原料的生长发育及其他理化特性等，对白酒酿造工艺中的制曲、窖池发酵等环节产生重要影响。“窖龄老，酒才好”，这是经过长期生产实践检验的法则，受到广大消费者的认可，也不断地被严谨的学术研究所证实。泸州老窖拥有1619口百年以上持续使用的老窖池，相关科研工作走在行业最前沿。比如，泸州老窖与江南大学许正宏教授团队一起开展了系列研究工作，主要成果有：①解析了“泥窖生香”工艺的微生物代谢机制；②明晰了长期酿酒生产影响下窖泥菌群的演化模式及老熟驱动力；③分析了酒醅与窖泥中的产酸菌群的多样性与代谢途径；④揭示了窖泥中梭菌的环境适应性和代谢特征的遗传基础；⑤获得了系列窖泥新物种和关键功能微生物，解析了其酿造性能与互作机制；⑥系统阐述了长期不间断的酿酒生产过程中窖泥菌群生态关系网络的变化规律及其群落构建机制；⑦剖析了泸州老窖窖泥中重要的功能微生物酪丁酸梭菌的生境适应性和产香特征……这些成果进一步解读了泸型酒“泥窖生香”独特工艺的科学内涵。窖龄的关键一方面来自窖池的不间断使用，另一方面则和窖池的原料——“泥”有着紧密的联系。窖泥本身的质量，直接关系着整个窖池微生物群落的栖息环境，可以说窖泥对酿造过程中的物质转换和能量循环起着重要作用，是生产浓香型大曲酒的基础之一，其老熟程度直接影响着曲酒的质量，唯有老窖才能生产出优质的浓香型大曲酒。

第一节 窖泥老熟的本质特点

中国酒界泰斗周恒刚认为，窖泥对微生物的作用主要有：界面作用、泥中带来的微量未知生长因子促进微生物生长、窖泥盘带来大量有益微生物。其中，界面作用使菌的代谢表面积增大；泥在吸附菌体的同时，能起到浓缩营养的作用，并能使缓冲力增加。这些微量未知生长因子，促使窖泥中各种微生物的生长繁殖及代谢变得极其旺盛。

窖池中，窖泥是微生物的生命载体之一，与微生物一起构成“活性共同体”，直接影响浓香型白酒的品质。宇宙大爆炸理论认为：“时间的增量永远是正数”。时间是单向的也是绝对的，正因为引入了“时间”维度，这让老窖泥更显弥足珍贵、不可复制、无法逾越。就窖泥微生物的影响而言，“时间”是所有影响因素中唯一恒定不变的因素，其余影响因素包括自然地理环境等都因时间的引入而升级为对窖泥微生物的立体化、多维度、全过程的影响。“时间是衡量一切的标准”，同样适用于老窖池、老窖泥。窖泥在老熟过程中，随着时间的推移，颜色、质地、理化指标及微生物种群等都发生着复杂的变化。决定窖泥质量的三大指标中理化因子是基础，微生物群落是核心，感官指标是导向，其中前两者之间相互依赖、相互影响，并共同作用于后者。随着窖龄增加，窖泥的颗粒度也发生变化，小颗粒占比呈增加趋势。郭杰等（2021）发现，1年份的窖泥中的较大颗粒（0.05～0.075mm）约占总颗粒数的40%，10年、25年和50年份的窖泥中的大颗粒仅占15%左右。

颜色质地方面，新建成的窖池经酿造7、8个月后，黄泥由黄色转为乌色，约再经一年半的时间，又逐渐转为乌白色，并由绵软变为脆硬。再经约20余年，泥质又由脆硬逐渐变得既碎（无黏性）又软，泥色由乌白转为乌黑，并出现红绿等色彩。发生上述变化的主要原因是在长期连续的酿酒操作过程中，窖泥与窖泥微生物之间不断发生交互作用，以及糟醅微生物代谢产生的有机酸类、醇类等物质浸润渗入窖泥，共同作用引起了窖泥颜色质地的变化。窖龄长的老窖泥，在阳光下更是呈现五颜六色。

理化指标方面，新老窖泥之间也具有明显差异，天津科技大学林良才团队（2023）整理了部分理化因子的变化趋势，见表8-1。新窖泥的pH较低，随着窖龄的增加，新窖泥逐渐趋于老熟，pH呈上升趋势，优质老窖泥的pH一般维持在7左右。窖泥中乳酸、己酸、乙酸、丁酸等四大酸含量随窖龄增加而增加。四川大学张文学教授团队（2017）发现，老熟窖泥与己酸、己酸乙酯及丁酸含量呈正相关，与乳酸及乳酸乙酯含量呈负相关。安徽省固态发酵工程技术研究中心张会敏等（2020）发现，老窖泥的pH、铵态氮、乙酸和K^+含量相对较高，新窖泥的乙醇、丙酸、乳酸、己酸乙酯、可溶性Ca^{2+}和总酯含量相对较高。江南大学方芳团队（2022）的研究显示，成熟期窖泥（30年）的含水量、有效磷和有效钾及己酸、己酸乙酯、丁酸乙酯等关键风味物质含量均高于演替期窖泥（10年），乳酸和己醇等物质含量则低于演替期窖泥。**从含水量看，**窖泥含水量随窖龄的增加而增加直至趋于稳定，成熟窖泥的水分含量一般在40%～50%。**从总糖含量来看，**老窖泥明显高于新窖泥。四川大学张文学教授团队（2018）的研究结果显示，成熟老窖泥的总糖含量超过30g/kg，约为新窖泥的4倍。**从微量元素来看，**老窖泥的氨态氮、有效磷、锌、锰、K^+等含量比新窖泥高。比如，根据泸州老窖“1573国宝窖池群”中400多年老窖与其他新窖的比较研究：老窖泥的氨态氮含量为新窖泥的14倍，有效磷含量为新窖泥的9.1倍（相关数据来自李大和的《泸州老窖国之瑰宝——泸州老窖大曲酒五十年代查定记实》）。相比于新窖泥，老窖泥中矿物质元素更加丰富。矿物质元素是微生物生命活动所需的重要营养物质，是白酒发酵工程中生化反应的重要辅基，对窖泥功能菌的富集和纯化起到了积极的促进作用，进一步促成了发酵体系中呈香呈味物质的生成和积累，从侧面揭示了“老窖产好酒”的真谛。

表 8-1　新老窖泥的理化指标变化趋势

指标	变化趋势
pH	升高
NH_4^+	升高
水分含量	升高
腐殖质含量	降低
总氮含量	基本稳定
钙含量	降低
有效磷含量	升高
速效钾含量	升高
乙醇含量	降低
乙酸含量	降低
丁酸含量	降低
己酸含量	升高
乳酸含量	降低

老窖泥关键在于附着的微生物“老”，本质特征是微生物系统在时间长河中得到驯化。随着窖池连续不间断使用时间越长，窖池内的微生物菌群不断进化，促使产酒、生香微生物得以富集，数量越来越多。因此，新窖泥转变为老熟窖泥的过程，实则是优势菌群不断得到凸显、生物量也逐步增加的过程。江南大学范文来研究员团队（2021）发现，窖泥中的梭菌纲微生物是浓香型白酒酿造过程中重要的生香菌，它们能够产生多种短/中链脂肪酸，对浓香型白酒典型风格的形成发挥着重要作用，随着窖龄的增加，梭菌等丰度占比会显著增加。根据许正宏教授等的研究，窖泥菌群以细菌和古生菌为主，在属水平，丰度占比最高的细菌和古生菌类群分别为产己酸菌属（*Caproiciproducens*）和甲烷八叠球菌属（*Methanosarcina*），随着窖龄增加，两者的相对和绝对丰度都呈上升趋势。江南大学方芳团队（2022）发现，演替期窖泥（10年）中丰度最高的是拟杆菌纲的嗜蛋白菌属（*Proteiniphilum*）和理研菌属（*Petrimonas*），而成熟期窖泥（30年）中丰度最高的是梭菌纲的产己酸菌属（*Caproiciproducens*）和梭菌属（*Clostridium*）。经过长时间的自然选择还生成了一些具有特殊功能的微生物，比如，中国科学院微生物研究所赵秋伟博士和朱华伟博士在泸州老窖连续使用超过450年的国宝窖池中发现了一株乳杆菌新种，定名为“老窖乳杆菌”（*Lentilactobacillus laojiaonis* IM3328），是迄今为止所有已经完成全基因组测序的最小基因组乳杆菌。该研究发现该菌株尽管基因组最小，只有1.24 Mb，仅为乳杆菌属中最大基因组植物乳杆菌（3.31Mb）的37.5%，但其拥有丰富的碳水化合物代谢能力和编码基因。研究人员为了开展比较基因组学研究，在传统乳杆菌属（*Lactobacillus*）100多个种中选取了基因组最小，但仍略大于老窖乳杆菌的乳杆菌进行研究。研究发现，老窖乳杆菌对碳水化合物的代谢能力最强，相关编码基因最丰富，这与老窖乳杆菌生活在富含碳水化合物的窖池的事实恰好吻合，这一现象进一步提示了老窖乳杆菌在进化过程中倾向于保留与代谢灵活性最相关的能力与基因。仅有1.24Mb基因组的老窖乳杆菌拥有丰富的碳水化合物代谢能力，提示老窖乳杆菌在白酒酿造过程中可能也发挥了重要作用。该研究帮助人们深入理解老窖乳杆菌在白酒酿造过程和风味形成过程中的功能，有助于进一步增加和丰富对白酒酿造过程中窖泥作用的认识。

从时间尺度来看，窖龄对窖泥微生物的影响主要表现在微生物群落和微生物适应性进化两个方面。在一个发酵周期中经历了多种环境因素变化下的进化，是一个动态的、物质不断循环和能量不断交换的生态系统的进化（图 8-1）。窖泥老熟使窖泥微生物处于一个持续进化的过程。“泥窖生香，老窖出好酒”。**优质老窖的形成过程，是以当地自然地理环境为基础，受窖池微生物生命活动影响，窖池环境因子与微生物交互作用下的一个自然缓慢的、往复渐进式的物理化学变化过程。**四川大学许正宏教授团队（2023）研究发现，窖龄对窖泥微生物群落的影响主要体现在以下几方面：一是窖龄是窖泥细菌群落结构差异的关键影响因素，即窖龄对窖泥细菌群落塑性的影响更大。二是窖泥细菌群落在时间尺度上表现为优势物种的更替，在持续数十年甚至数百年的连续白酒酿造活动的影响下，细菌群落由前期的乳杆菌属为优势微生物演变为老熟后的产己酸菌属占主导。三是窖泥细菌群落的组装机制，在时间尺度上受同质选择影响。在窖泥成熟的早期，由于尚未受到持续酿酒干预，细菌群落的组装模式趋向于随机过程主导。随着环境压力的不断施加，同质选择过程持续影响窖泥菌群的组装，使得窖泥菌群在演替过程中趋向于同质化。四是随着窖泥不断老熟，细菌群落生态关系网络的复杂性降低，稳定性增强。长期持续不间断的批次酿酒操作使得窖泥微生物逐渐由“散乱无序”演变成“模块清晰”的稳定菌群结构。窖龄越老，网络稳定性越高。五是长期酿酒生产过程中的“脉冲式扰动”决定了窖泥细菌群落的演替与组装。酿酒环境很大程度决定了窖泥菌群的演化模式。窖泥微生物进化过程中，窖池环境选择压力的存在，可以保证窖池尤其是窖泥微生物群体的随机变异，实现定向淘汰，最终与窖池环境压力相适应的基因型得以保存。

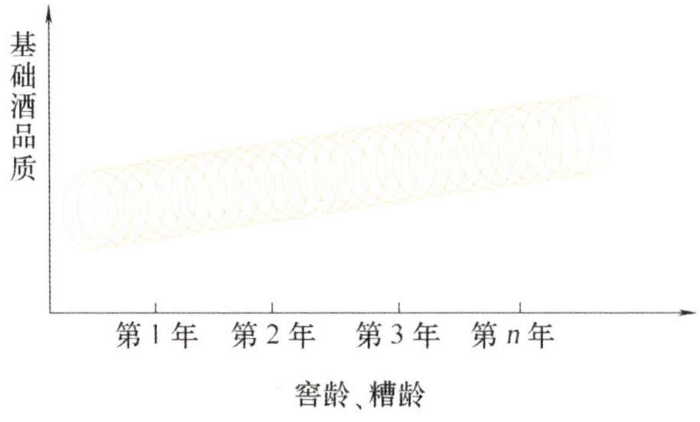

图 8-1　浓香型白酒窖龄、糟龄与基础酒品质的关系

第二节
窖泥进化的重要因素

窖池老熟过程受到自然环境、原辅料供给、酸碱度等多种因素的影响，这些因素紧密交织在一起，具有系统性、协同性、整体性，“牵一发而动全身”。同时，这也凸显了优质白酒产区的不可复制性，以及窖泥尤其是老窖泥的珍贵性、独特性和不可替代性。自然地理环境要素不仅对微生物有直接影响，部分要素之间也存在相互影响，导致环境要素发生变化，从而对微生物产生间接影响。比如，气候的季节变化可直接影响温度、降水及日照时长等，并通过温度、降水等间接影响土壤含水量等，进而影响土壤微生物的生长繁殖、群落演替等。适宜的气候条件通过作用于制曲、窖池发酵等环节，促进酒曲及窖池微生物的生长繁殖与代谢，对窖泥自然老熟产生积极影响，进而有利于优质白酒酿造。泸州、宜宾与其他产区的气候特征显著不同，在温度、降水、湿度、光照、风等自然地理环境因素上具有很强的独特性。

一、土壤

窖泥最初来自当地土壤（黄泥等），土壤是微生物群落最主要的栖息地之一。如果将老窖池看作一种“生命体”，土壤则是老窖泥的母体。优质老窖泥对土质要求极高。土壤中含有大量有益微生物，如己酸菌、甲烷菌、丁酸菌、放线菌等，通过自然驯养，能保持菌的旺盛状态与产香的活力。相比于其他环境因子，土壤异质性对微生物的影响更加直接、显著。土壤的类型、深度以及微量成分含量都对窖泥老熟、微生物群落的生长有着重要影响。土壤中的营养物质有利于酿酒微生物的生长，不利元素会阻碍微生物繁殖甚至杀死微生物。南京林业大学王维枫教授团队（2023）的研究结果显示，硝态氮含量、含水量、铵态氮含量、pH、可溶性有机碳等因素都对土壤微生物群落有明显影响。华东师范大学-阿尔伯塔大学刘宇教授团队（2023）研究发现土壤水分对细菌和真菌的多样性及其群落组成均存在显著影响。四川轻化工大学冯治平教授团队（2019）研究发现，老窖泥中含有丰富的腐殖质、有效磷、氮元素、有机酸及铁、钙等微量元素，为窖泥中各种微生物的生长繁殖提供了丰富的营养成分及对群落演替等具有重要影响。微量元素与窖泥微生物之间也存在交互作用，比如磷元素是微生物细胞的重要组成部分，微生物死亡分解后，会融入并增加窖泥中的有效磷含量。有研究表明，有效磷含量与土壤中微生物的生物量和代谢物量呈正相关。

二、温度

温度影响窖泥微生物的生长繁殖，从而影响窖泥的熟化。微生物生长繁殖需要在一定的温度区间内，当环境温度超出其最低或最高温度时，微生物会停止生长甚至死亡；在最低和最高温度之间的最适温度范围内，微生物生长最为旺盛。根据微生物的最适生长温度，通常分为低温微生物（好冷性）、中温微生物和高温微生物（好热性）三类。中温微生物生长的温度最低为5℃，最适为25～37℃，最高为45～50℃，自然界绝大多数微生物均属于中温微生物。窖泥、酒曲微生物绝大多数是中温微生物，比如浓香型白酒的制曲温度为中温，细菌、霉菌、酵母菌等微生物适宜在此温度范围内生长繁殖。内蒙古河套酒业集团股份有限公司罗维等（2002）发现，在窖池发酵过程中，在适宜的温度范围内，温度每提高10℃，酶促反应速率将相应提高1～2倍，适宜的温度可使微生物生长繁殖极为活跃，并保证酒醅发酵适时达到顶温，产量、质量稳定。

温度对白酒窖泥老熟过程中的作用可以从两个时间尺度理解，一是单个窖池发酵周期内温度的变化对窖泥微生物的影响，这种影响也是交互作用。二是季节交替时的温度变化对窖泥微生物的影响，季节交替时的温度变化主要影响入窖温度。若拉长时间尺度看，温度的变化对于窖泥微生物的影响可能并不显著，北京大学王绍武教授等（2007）研究发现，中国近千年温度的振幅约1℃。短期（单个窖池发酵周期）来看，窖泥营养源环境等变化的环境压力对窖泥微生物的进化有影响。长期（随着窖龄不断增长）来看，相比于有氧和无氧环境、酸碱度环境、温度环境，窖泥营养源环境的变化可能对窖泥微生物进化的影响更大。

三、湿度

水在微生物的生长过程中，不仅起到物质运输作用，而且对微生物生长、代谢起着重要的调节作用。湿度是窖泥微生物生长繁殖非常重要的影响因素之一。微生物的细胞中含有70%～90%的水分，会因种类、生长期等存在差异。通常情况下，细菌含水量为细胞鲜重的75%～85%，酵母菌为70%～85%，霉菌为85%～90%。相对湿度高的环境可以提供足够水分，有利于细菌等微生物的生长繁殖，增加存活时间；相对湿度低的环境会引起空气干燥，长期的干燥环境使细菌等微生物脱水，导致细胞壁破裂，从而加速死亡。以霉菌为例，多数霉菌在相对湿度低于75%的环境条件下不能正常生长繁殖，因此，75%的相对湿度是一个对霉菌极为关键的临界湿度。此外，霉菌的生长繁殖所需的最低相对湿度深受环境温度的影响，一般在适宜的温度范围内，温度越高，霉菌生长繁殖所需的相对湿度就越低。

四、氧气浓度

白酒窖池中存在各种好氧、厌氧和兼性厌氧的微生物，氧气是微生物生长繁殖的重要因素。氧化应激（ROS）压力是导致微生物发生突变的重要原因，在无氧情况下，微生物发酵功能是最主要的能量产生方式，且其发生突变的频率明显高于有氧环境。比如浓香型白酒在发酵过程前期，窖池内部环境中的好氧微生物生长繁殖极为活跃，并代谢产生大量的酯酶、淀粉酶、糖化酶及液化酶等多种酶，促进酒醅中有机物质等的降解。随着发酵时间的延长，窖池内部逐渐形成了厌氧环境。从单个窖池发酵周期看，总体上窖泥微生物经历了“有氧—无氧—有氧”的变化过程，而拉长时间尺度看，窖泥微生物是持续、反复地经历这一变化过程，并没有随着时间的延长而发生其他显著变化。

五、酸碱度

土壤酸碱性共分7级，按pH分级如下：酸性极强（<4.5）、强酸性（4.5～5.5）、酸性（5.5～6.5）、中性（6.5～7.5）、碱性（7.5～8.5）、强碱性（8.5～9.5）、碱性极强（>9.5）。土壤微生物最适宜的pH通常是6.5～7.5的中性区间，采用当地土壤制作窖泥的初始pH约等于土壤pH，窖泥pH随着窖龄的增长而发生变化，窖龄增长到一定年份后，窖泥pH长期处于稳定状态。pH主要在单个窖池发酵周期内对微生物产生影响，郑州轻工业大学胡晓龙等

（2021）认为，总酸和pH可能是影响不同类型窖泥优势菌群空间分布的主要理化因子。从时间尺度来看，当窖池达到一定窖龄时，pH基本维持稳定，窖泥微生物经过长期驯化后也更加适应酸性环境。

六、原料

白酒的酿造原料为酒曲微生物、窖泥微生物等提供营养物质，对于微生物的生长代谢及群落演替等具有重要影响。高粱是浓香型白酒酿造的重要原料，俗语云："好酒离不开红粮"，可见高粱对白酒酿造的极端重要性。不同产地的高粱品质存在显著差异，比如，泸州老窖主要选用川南糯红高粱（当地称之"红粮"），川南产糯红高粱具有较高的支链淀粉、脂肪、单宁和蛋白含量，这可能是其更适合酿造传统白酒的原因。中国食品发酵工业研究院有限公司汪伟等（2021）研究表明，在5种单一原料酿造的白酒（高粱酒、小麦酒、大米酒、糯米酒和玉米酒）中，高粱酒以酯香、整体协调风格评价最高。高粱根据所含直链淀粉和支链淀粉比例的不同，分为粳高粱和糯高粱。中国东北地区（黑龙江、吉林、辽宁）以及北部边疆的内蒙古主要属于温带大陆性季风气候，雨热同期，土地肥沃，是优质粳高粱主产区；川南地区（泸州、宜宾、自贡）属于亚热带湿润性季风气候，温暖湿润、雨量充沛、光照适宜，盛产适合白酒酿造的糯红高粱，是中国顶级浓香型白酒的主产区。不同自然条件下的高粱在淀粉含量等多个方面存在差异，川南地区的糯红高粱更易蒸煮糊化而被酿酒微生物所利用，同时所产浓香型白酒的感官风格也更为突出，其中既有自然地理环境要素对糯红高粱、窖泥微生物的筛选、驯化作用，也存在糯红高粱与窖泥微生物之间的长期交互作用。关于酿酒原粮，有一个有趣的现象，中国四大名白酒：泸州老窖、茅台、汾酒、西凤酒都是采用单粮酿造。

七、营养源

微生物生长繁殖必须具备足够的营养源，主要包括碳源、氮源、生长因子、无机盐、水等六大类，其中广义的生长因子，包括维生素、碱基、嘌呤、嘧啶、生物素和烟酸等。在不同的营养源下，微生物的代谢能力会有差异。当微生物面临营养源缺乏的情况时，比如碳源限制、氮源贫瘠等，可通过基因变异改变自身某些代谢功能以适应环境的约束。从单个窖池发酵周期来看，窖泥微生物经历了环境中营养物质不断变化的过程。窖泥中的铵态氮是微生物生长所必需，适量的铵态氮对于维持窖泥质量等具有重要作用，与老窖泥的菌群数量呈正相关。河南省宋河酒业股份有限公司李学思等（2018）指出，从时间尺度来看，窖泥中各种营养源含量随着时间的延长不断发生变化，随着窖龄的增加，窖泥含水量、有效钾和有机质含量随之增加，铵态氮含量呈先增加后减少再增加的波动变化。四川省农业科学院唐玉明研究员等（2005）研究发现，连续使用430年（该数据统计时间为2005年）的国宝窖池同其他窖龄（20年、40年、100年）的窖池特性有着明显差异，国宝窖池的全窖平均锰含量、锌含量、钙含量均最高。这些营养源的长期变化对窖泥微生物的进化具有一定的影响。

除上述自然环境因素外，工艺因素对于窖泥老熟也有着重要影响。比如泸州老窖酒传统酿制技艺中的“续糟配料”，窖泥和糟醅相互作用，互利共存，共同滋养微生物，让微生物与香味物质相生相伴，形成了“万年糟”的工艺特点，也成就了泸州老窖酒“窖香浓郁、绵甜醇厚”的口感特质。经数百年持续酿造，窖池中含有的微生物经过不断驯化、繁衍、富集，形成了优越的生态系统，其微生物种类繁多、数量庞大，成为中国泥窖酿酒工艺研究的样本。

综上可知，影响窖泥老熟的因素较多，既有自然环境因素，也有工艺操作因素。原料选择、工艺操作等人为因素可以调控，而自然环境因素则很难控制。总体来看，优质白酒产区的自然环境对窖泥老熟有利。浓香型白酒产区的四川泸州、宜宾长江河谷地区具有温暖湿润、雨量充沛、风速小等气候特征，极为适宜酿酒微生物的生长繁殖，有利于窖泥老熟。优越的自然地理环境与传承数百年的白酒酿造工艺相得益彰，共同作用于窖泥微生物，经过时间的长期驯化，老窖泥内富集了高度适应环境、工艺的细菌、酵母菌等多种酿酒功能微生物群落，与老窖泥共同构建了一个“动静结合”的精密微生物生态系统。

第三节 自然窖泥与人工窖泥

“百年老窖出好酒”，但窖泥自然老熟过程非常缓慢。实践表明，新建窖池一般经过30年的自然成熟期才能稳定产出优质白酒，要获得更加优质的白酒，则需要经历更长时间的自然成熟期。这也导致老窖池在数量上无法满足白酒行业的快速发展以及消费者对优质白酒日益增长的需求。在此背景下人工窖泥培养应运而生。人工窖泥通过“模拟”老窖泥的生态环境，通过微生物培养的技术手段，结合传统酿造工艺，人为“复刻”老窖泥。

人工窖泥的培养随地区、企业而呈现差异，大体上其培养可按照传统工艺和现代工艺分为两类。与老窖泥相同，人工窖泥质量也从感官、微生物、理化等方面综合评定，当然，最终还是取决于应用于生产后的产酒质量及持续性。从感官上，老窖泥表面呈灰白色，而中间呈乌黑色，阳光下有荧光色；质感湿润、细软、泥质脆、无黏稠性；外观闻香细腻，有浓郁芳香，香气协调，有明显的硫化氢气味和氨气味。人工窖泥的感官质量判定标准主要包括色泽、气味、手感三方面。人工窖泥已经能够在很大程度上“模拟”老窖泥。

一、微生物方面

人工窖泥通常以接种培养为主，将富含大量微生物的优质老窖泥或者从老窖泥中分离出的菌种与新鲜土壤、水进行混合，在厌氧容器中发酵结束后取出使用。从发展历史来看，随着对老窖泥微生物等方面研究的不断深入人工窖泥质量持续进步。人工窖泥的培养最早始于泸州曲酒厂（现泸州老窖股份有限公司）。中国科学院成都生物研究所系统地分析对比了新老窖池的微生物学特性后，提出用培养微生物的办法促进新窖老熟，老窖与新窖在细菌总数等多项指标上存在差异（表8-2）。老窖泥中酿酒微生物功能菌的菌群多样性及相对丰度均高于人工窖泥。之后，相关酒企、科研单位等围绕己酸菌、甲烷菌、丁酸菌以及微生物群落结构等，对如何才能提高人工窖泥质量进行了大量研究，研究手段从单一的传统分离培养到高通量测序等新技术的广泛应用。

表 8-2　新老窖细菌分类计数

细菌数	特曲老窖	头曲（中龄窖）	三曲（新窖）	老窖 / 新窖
细菌总数 / ($\times 10^4$ 个 /g 干土)	104.1	39.2	33.7	3.1
好氧细菌数 / ($\times 10^4$ 个 /g 干土)	17.3	11.0	11.1	1.4
厌氧细菌数 / ($\times 10^4$ 个 /g 干土)	86.8	28.3	27.6	4.0
厌氧菌 / 好氧菌	5.0	2.6	1.8	
芽孢细菌总数 / ($\times 10^4$ 个 /g 干土)	46.1	21.6	20.5	2.3
好氧芽孢细菌总数 / ($\times 10^4$ 个 /g 干土)	9.9	5.2	6.5	1.5
厌氧芽孢细菌总数 / ($\times 10^4$ 个 /g 干土)	36.2	16.4	14.0	2.6
厌氧菌 / 好氧菌	3.6	3.6	2.1	

二、理化成分方面

窖泥质量的理化评判指标主要有水分、pH、腐殖质含量、铵态氮含量、有效磷含量、速效钾含量等，这些理化指标是影响窖泥微生物生长繁殖的主要因素。①从水分来看，窖泥水分含量对于窖泥质量具有重要影响。水分过低，窖泥会表现出不同程度的板结现象，影响微生物的生长繁殖，进而影响窖泥质量；水分过高，不仅影响窖泥中一些微生物的物质代谢，还可能造成窖泥黏着力下降，影响产酒质量，并在一定程度上影响窖泥质量。②从pH来看，优质窖泥pH一般在5～7，低于或高于这一范围，窖泥中一些微生物的生长代谢就会受到不同程度的影响，最终影响人工窖泥的培养老熟。③从腐殖质来看，丰富的腐殖质含量可为窖泥微生物提供一个良好的生长环境，并对窖泥水分的保持、酸度的调节等具有重要的作用。④从矿物质元素（氮、磷、钾等）来看，矿物质元素是窖泥微生物生长繁殖的重要基质，在不同程度上影响着窖泥微生物群落的组成、分布及演替。

尽管当前人工窖泥仍然存在一些不足，主要原因是对微生物种类、数量、变化以及微生物之间的作用机制等方面的认知还处于初级阶段，还无法定量精确掌握这些微生物的作用过程。但好的方面是整个白酒行业正在不断探索、不断进步，很多新厂也在持续提升应用水平。未来，一旦完全破解窖泥老熟密码，能够更好地指导实践生产，人工窖泥将会迎来蓬勃发展的新机遇。

第四节 泸州老窖之窖泥聚焦

泸州地处中国白酒金三角产区的核心地带，也是世界黄金酿酒带的核心腹地之一，具有自然地理环境、老窖池、酿造技艺“三位一体”的综合优势，泸州在地质、气候、土壤、水资源、原料、老窖池以及酿造技艺等多个维度上极具独特性和不可复制性，是蒸馏酒酿造的“天选之地”。联合国教科文组织的官员和专家在描述泸州浓香型原产地白酒时一致认为：“在地球同纬度上，只有沿长江两岸的泸州，最适合酿造优质纯正的蒸馏酒。”

一、国宝窖池：“活态文物”

“1573国宝窖池群”是中国白酒窖池文化的杰出代表与持续酿造的珍贵样本，自公元1573年起不间断酿造至今，已有450多年的历史，是我国现存建造最早、持续使用时间最长、保存最完整的老窖池群落，是同都江堰一样并存于世的“活文物”。1996年，国务院颁布其为“全国重点文物保护单位”。“1573国宝窖池群”是行业内首家国宝级的文物保护单位，被誉为“国窖”；正是由于它的历史性、珍贵性、艺术性、稀缺性、不可复制性及对人类文明的特殊贡献，“1573国宝窖池群”相继于2006年、2012年及2019年，入选《中国世界文化遗产》。

（一）“泥窖酿酒”工艺的首创地

公元1573年，泸州武举人舒承宗卸甲归田，在总结前人经验、智慧的基础上，充分发挥泸州的自然地理环境优势，选取泸州长江边五渡溪的特有黄泥，创造性地设计、制作泥窖酿酒，开创了人类首次利用土壤微生物发酵生香的酿造历史，比西方早了近300年。据考证，西方于1868年才发现土壤细菌产生己酸，而生产中利用则更晚。舒承宗之举首开中国白酒“泥窖酿酒”工艺之先河，也宣告了“泥窖酿酒”工艺的正式诞生。“该工艺”是古代农耕智慧充分挖掘土地潜能的又一次重要尝试，也是探索土地潜能边界的宝贵实践，且随着时间的推移愈发光辉灿烂。

（二）450余年的珍贵菌脉

从现代微生物学角度来看，“1573国宝窖池群”早已不是简单的泥池容器，而是集发酵容器、微生物生命载体和文化传承于一身的瑰宝。它是持续酿造生香的发酵器皿，是千万微生物接续传承的家园，是历史的经历者和见证者。在漫长的酿酒过程中，每一轮投入酿酒的粮食，都是窖内微生物新鲜的养料，微生物吸收这些养料，得以不断生长繁殖并进行酿酒代谢。虽然微生物单个个体存在从生长繁殖到衰老死亡的生命周期，但就窖泥微生物群体而言，却得到了不断的驯化和富集。至今持续酿酒450余年的“1573国宝窖池群”，形成了庞大神秘的微生物生态体系，也拥有了传承至今达450余年的珍贵菌脉。它的窖泥微生物经过450余年的驯化，跨物种的微生物群落结构更加稳定，围绕酿酒功能实现的菌群间的分工与通信更加优化、有序。截至2024年，“1573国宝窖池群”的窖泥中检测出3070种菌群、78种古生菌，共同构成了业内独有的“1573国宝窖池群”“菌脉”传承（图8-2）。

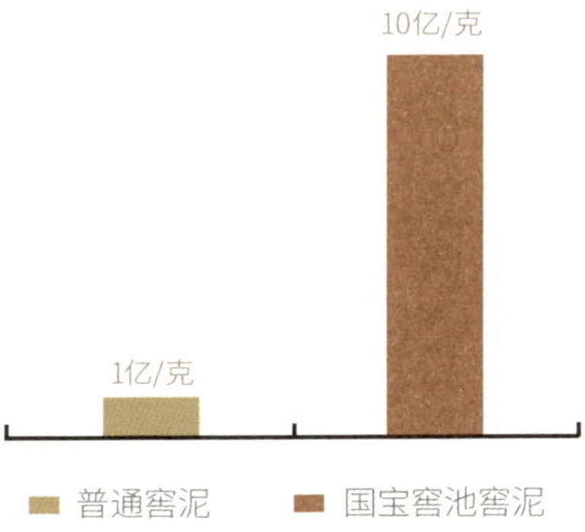

图8-2　普通窖泥、国宝窖池窖泥总微生物数量对比

（三）最为古老的活态窖池群

泥窖酿酒具有“不间断发酵，不可复制，不可迁徙”的特性，其中的关键在于“不间断”，唯有持续酿造，才有可能产出真正的高品质白酒，一旦出现中断，再优良的窖池也将成为不可复活的“遗址”。“1573国宝窖池群”自公元1573年起持续酿造450余年从未间断，是现存持续使用时间最长、保存最完整的老窖池群，堪称“中国第一窖”。

二、泸州老窖：“浓香鼻祖”

（一）中国浓香型白酒的发源地

“城以酒兴，酒以城名”，自元代郭怀玉酿制泸州老窖大曲酒开始，经明代舒承宗传承定型到中华人民共和国发展壮大，泸州老窖酒传统酿制技艺传承至今已有24代达700余年。泸州老窖是中国浓香型白酒发源地，蕴藏着我国古代农耕文明的顶级智慧。1959年，国家组织出版了我国第一本酿酒教科书《泸州老窖大曲酒》，全面规范了我国浓香型白酒酿造的工艺标准，泸州老窖也成为浓香型白酒酿造工艺标准的制定者。1989年，酒界泰斗周恒刚先生实地考察泸州老窖后亲笔题写了“浓香正宗”，对泸州老窖在行业的地位予以了高度肯定，故浓香型白酒又被称为“泸香型白酒”。2006年，泸州老窖酒传统酿制技艺入选国家首批“非物质文化遗产名录”。2013年，泸州老窖1619口百年以上窖池群、16处明清酿酒作坊、3大天然藏酒洞一并入选“全国重点文物保护单位”。2024年，泸州老窖成为浓香型白酒企业中唯一入选“国家级非物质文化遗产生产性保护示范基地”的单位，同年泸州老窖由“中国起源地中心”官方正式认定为“中国浓香型白酒起源地”。

（二）中国白酒三大试点“先行者”

中国白酒著名专家沈怡方先生曾说：“中国白酒业的发展，是靠‘试点’起家的。”1952年全国首届评酒会在北京举行，最终角逐出：泸州老窖、茅台、汾酒、西凤酒四大中国名白酒，从此时开始，中国正式迎来了“名酒”时代。基于此，为快速提升白酒的品质与产能，国家组织专家组对泸州老窖、茅台、汾酒三种代表工艺进行查定试点，科学总结，以便尽快向全国普及。根据《1956—1967年科学技术发展远景规划》，泸州老窖大曲酒酿造工艺最先被列入重点研究课题。1957年，国家科委下达继承和发扬优秀民族遗产的十年科研规划，在四川省成立了“泸州老窖大曲酒查定总结工作委员会”，集结16家单位的技术专家，开始了这项史无前例的工作——对泸州老窖生产工艺进行全面查定总结。次年，查定总结工作圆满结束，本次查定总结也拉开了中国白酒三大试点的序幕，采用的科研方法和措施对后来的茅台等试点总结都有重要影响。

（三）中国酒业的“黄埔军校”

1959年是泸州老窖历史上极为重要的一个时间节点。在泸州老窖大曲酒查定总结的基础上，轻工业出版社出版发行《泸州老窖大曲酒》，第一次以官方名义规范中国白酒酿制技艺，形成了当时整个白酒酿造行业最全面、最权威、最先进的酿酒技艺标准，并将此成果标准面向全国白酒企业推广。20世纪60年代之后，泸州老窖开始陆续举办技术培训班，为全国各地酒厂培养了大批酿酒技术人才，逐渐推动形成了“浓香天下”的行业格局，泸州老窖也被誉为中国白酒的“黄埔军校”。

下面是国际酿酒大师、首批国家级非物质文化遗产传承人、泸州老窖前任总工程师赖高淮在《中国白酒60年回顾与展望》一书中的原文记载：

“四川省内外名优酒企业中，古井贡酒厂总工孙松华，洋河酒厂总工郭永红，双沟酒厂总工黄德润，安徽口子酒厂总工张国强，湖南邵阳酒厂总工郝平交，吉林榆树酒厂总工张武举，德惠酒厂总工许增加，辽源市酒厂总工张宝新，河北丛台酒厂总工韩素芬、王卫平，黑龙江酒业协会会长栗永清，沈阳老龙口酒厂总工曹淑芳，湖北枝江酒厂厂长蒋红星、总工时卫平，建始酒厂总工谭惠清，黄山头酒厂厂长邹先宏，襄樊酒厂总工陈佳健，崇阳酒厂厂长王健新，贵州习水酒厂总工曾前德，河南杜康酒厂总工程国熙，都是他的学生，新疆伊犁，内蒙古河套地区等白酒企业的技术骨干中都有他的学生。”

（四）浓香型标准的关键制定者

中国酒界泰斗秦含章曾在《四川工人日报》发表署名文章：对于浓香型白酒生产，“方法的建立，标准的建立，首先是从泸州老窖出发，所以说它是鼻祖。”泸州老窖一直积极参与浓香型白酒标准制定工作。1963年，第一届名白酒技术协作会上，泸州老窖负责浓香型白酒（泸型酒）的标准化起草工作。1964—1965年，中国轻工业部同时在泸州老窖、茅台等进行试点工作。其中，泸州老窖试点是一次规模超大、规格超高的“国家战略工程”。1980年，由轻工业部食品发酵科研所、泸州老窖组成的科研团队开展了我国第一部浓香型白酒标准的制定工作。该标准历时3年发布并于1989年正式成为国家标准。泸州老窖为中国浓香型白酒产业从传统走向现代、从经验走向科学，逐渐进入现代化、标准化、国际化，打下了深厚的理论与实践基础。

参考文献

[1]陈俊芳,吴宪,刘啸林,等.不同土壤水分下元素化学计量对微生物多样性的塑造特征[J]. 生态环境学报,2023,32(05):898-909.

[2]程伟.土壤有效磷含量对土壤微生物量及代谢活性的影响[D]. 长春:吉林农业大学,2013.

[3]邓世彬.人工窖泥在浓香型白酒生产中的应用[J]. 酿酒,2021(03):73-74+77.

[4]杜礼泉,唐聪,古加强.活性优质窖泥的研究[J]. 酿酒科技,2005(03):49-51.

[5]辜杨,项兴本,王少磊,等.基于窖泥微生物相对定量与绝对定量联用的窖泥老熟特征分析[J]. 微生物学报,2021,61(11):3444-3457.

[6]郭杰,徐姿静,彭奎,等.不同年份窖泥理化指标的对比研究[J]. 酿酒科技,2021(06):134-136+142.

[7]李学思,李绍亮,曹振华,等.宋河酒业不同窖龄窖泥中理化指标的变化及其相关性分析[J]. 酿酒,2018,45(05):38-42.

[8]廖作敏,罗雯,代金凤,等.浓香型白酒窖泥理化电化特性分析[J]. 中国酿造,2018,37(5):92-96.

[9]刘渤然.武夷山森林-溪流连续体微生物群落组成和多样性研究[D]. 南京:南京林业大学,2023.

[10]刘治国,方超,张晓元,等.浓香型白酒窖泥理化因子、微生物群落、感官质量以及相关性研究进展[J]. 食品科学,2023,44(21):351-358.

[11]罗维,武志敏,崔世亮,等.北方地区浓香型白酒生产工艺研究[J]. 酿酒科技,2002(04):47-49.

[12]唐玉明,沈才洪,任道群,等.老窖池窖泥特性研究[J]. 酿酒,2005,(05):24-28.

[13]王雯婷.地穴式窖池窖泥微生物群落结构与多样性分析[D]. 自贡:四川轻化工大学,2019.

[14]吴浪涛,丁文骏,谢专,等.不同时期窖泥理化因子、风味物质和细菌组成的相关性[J]. 微生物学通报,2022,49(03):1030-1047.

[15]信春晖,许玲,夏晓波.人工老窖的培养及向陈年老窖的转化[J]. 酿酒, 2020,47(06):82-87.

[16]袁玉菊,张倩颖,曾丽云,等.不同性状窖泥的细菌群落结构与酸酯含量分析[J]. 食品与发酵工业,2017,43(01):44-48.

[17]张会敏,王艳丽,孟雅静,等.浓香型白酒发酵新老窖泥理化因子和原核微生物群落结构差异分析[J]. 食品科学,2020,41(06):207-214.

[18]Fang GY, Chai LJ, Lu ZM, et al. Comparative genomics of *Clostridium tyrobutyricum* reveals signatures of environment-specific adaptation and metabolic potentials [J]. Food Bioscience,2024,61:104691.

[19]Mei JL, Chai LJ, Zhong XZ, et al. Microbial biogeography of pit mud from an artificial brewing ecosystem on a large time scale: all roads lead to Rome [J]. mSystems, 2023, 8(5): e00564-23.

[20]Fang GY, Chai LJ, Zhong XZ, et al. Comparative genomics unveils the habitat adaptation and metabolic profiles of Clostridium in an artificial ecosystem for liquor production[J]. mSystems, 2022,7(3):e00297-22.

[21]Sun H, Chai LJ, Fang GY, et al. Metabolite-based mutualistic interaction between two novel Clostridial species from pit mud enhances butyrate and caproate production[J]. Applied and Environmental Microbiology, 2022,88(13):e00484-22.

[22]Qian W, Lu ZM, Chai LJ, et al. Cooperation within the microbial consortia of fermented grains and pit mud drives organic acid synthesis in strong-flavor Baijiu production[J]. Food Research International,2021,147:110449.

[23]Chai LJ, Qian W, Zhong XZ, et al. Mining the evolutionary patterns of pit mud microbiome and driving factors under the impact of long-term strong-flavor Baijiu production[J]. Applied and Environmental Microbiology, 2021,87(17):e0088521.

[24]Chai LJ, Xu PX, Qian W, et al. Profiling the Clostridia with butyrate-producing potential in the mud of Chinese liquor fermentation cellar [J]. International Journal of Food Microbiology. 2019,297:41-50.

第九章

白酒陈酿出风味

“窖龄老酒才好”“酒是陈的香”都是白酒界的圭臬，上好的白酒既需要“老窖”，也需要“老陈”。“窖龄老酒才好”突出的是白酒酿造过程中窖池的连续发酵时间，老窖是浓香型白酒高品质好酒的关键物质基础；“酒是陈的香”突出的是基酒酿出后需要较长时间的贮存，酒体在时间的沉淀中自然缓慢老熟。老窖所出的好酒经过漫长时光的打磨，才能成为更有味道、更富内涵、更具价值的老酒，也只有两者碰撞方能发生剧烈反应而形成“好上加好效应”或“核爆效应”。相比于新窖，老窖酿出的基酒质量更好、老陈速度更快，产生的风味物质更多、比例更协调。因此，某种程度上，可以说老窖是白酒老陈的“前置”，即老窖为白酒老陈奠定了良好基础。

第一节 白酒风味特性

白酒的风味物质种类多、占比小，但作用很大，甚至直接决定着白酒的风格和品质。风味物质如同手机芯片，起到核心关键作用。白酒的风味物质主要包括有机酸、酯、高级醇、醛、酮、酚、硫化物及其他化合物等成百上千种，每种风味物质含量的多少及相互间的比例将直接造成白酒在嗅觉和味觉上的极大差异。然而，由于白酒风味物质的复杂性和量微，加之目前的检测技术还较弱，无法全部定量，甚至无法判断全部风味物质的种类。

一、未知性

白酒香味物质主要产生于发酵过程，而发酵过程目前只能确保窖池的温度、水分等环境条件，而微生物之间的相互作用基本不可控，因此风味物质的种类和数量一定程度上存在“开盲盒”的现象，即封窖完成后，白酒发酵进入微生物主导阶段，酒醅的质量只有发酵结束后才知晓。近年来，随着全二维气相色谱-飞行时间质谱技术等各种先进质谱联用技术以及基于电子鼻、电子舌等传感器的分析技术的广泛应用，大大地促进了食品组学、风味感官科学等的发展，对浓香等各香型白酒的风味探索也得到进一步深化。根据相关报道，目前白酒中已检测出的风味化合物达2000多种，随着未来检测技术的发展进步，可能有更多的风味物质被发现。

二、系统性

白酒中的风味物质是个整体，各种微量成分之间、微量成分与乙醇之间存在一种异质共存、相互影响、相互促进的关系，共同决定了白酒风味。这些风味物质不是单独作用于白酒的品质，也并非各微量成分之间的简单加和，即不是单一因素起决定作用的线性关系，而是由各种微量成分在乙醇水溶液中经过复杂的交互作用后形成的复杂的非线性关系，牵一发而动全身，具有不可分离性。浓香型白酒虽然以己酸乙酯为主体香味物质，但同时也强调“己酸乙酯、乳酸乙酯、丁酸乙酯、乙酸乙酯”四大酯的平衡。譬如，向浓香型白酒中添加一定量的主体香味物质——己酸乙酯，可能不但不会提升白酒品质，反而会影响口感。微量成分在其中的贡献度取决于多个因素，包括化合物的浓度、阈值、白酒基质以及不同化合物的相互作用等。

白酒风味的表达呈现系统性，主要受交互作用影响，在酒体中具体表现为两种效应。一是协同效应：白酒是含有多种微量成分的乙醇水溶液，水和乙醇对风味物质香气表达有重要影响。水溶液中乙醇浓度增加会使如异戊醛等风味物质阈值大幅升高，从而产生掩盖作用。某些微量成分之间也具有协同效应，法国波尔多大学Lytra G等（2014）通过阈值法对白酒体系中酯类物质（乙酸乙酯、异戊酸乙酯、辛酸乙酯、己酸乙酯等）研究发现，其中一些酯类物质表现出较强的协同效应。北京工商大学赵东瑞团队（2023）研究浓香型白酒中关键风味物质对酒体香气交互表达时发现，陈香、窖香之间具有协同效应。二是拮抗效应：白酒中某些微量成分之间具有拮抗效应，前述文献研究浓香型白酒中关键风味物质对酒体香气交互表达时发现，青草香与醇香之间具有拮抗效应。

白酒风味的系统性是“勾调”的重要理论依据。按照GB/T 15109—2021《白酒工业术语》，勾调即勾兑调味，是白酒工业的基本术语之一。长期以来，受一些不良商家违法违规添加香精香料等行为的影响，导致消费者普遍认为“勾调”是贬义词。这类违法违规行为，粗看与白酒工业的“勾调”类似，实则有着极大不同，主要体现在：一是目的不纯：“以次充好”欺瞒消费者，冒充优质白酒，尤其是优质固态法白酒。二是行为不良：此类操作是生产固态法白酒严令禁止的违法违规行为。三是基础不佳：不良商家多采用食用酒精等，并添加固态法白酒生产中严禁使用的香精香料等混合而成。此类操作并非白酒工业的真实“勾调”，而是被行业唾弃的违法违规行为。白酒生产主要包括发酵、蒸馏、勾调三个大的环节，缺一不可。勾调是把具有不同年份、不同香气、口味、风格的白酒，按照不同比例进行调配，使之符合一定的标准，加入显著提升酒体风味的调味酒，包括了不同基础酒的组合和调味，通过平衡酒体保持特定风格。“勾调”需把握好中庸的原则、平衡的艺术，不仅仅是单纯地追求瓶装酒体的口感一致性，更是酒体实现品味升华的舌尖艺术，化“平凡”为“神奇”。然而，勾调无法产生陈香味，陈香味主要是依靠时间的力量，经自然缓慢老熟后产生。

三、独特性

从宏观层面来看，白酒风味受产区的自然地理环境影响，温度、湿度、水质、土壤等要素都对白酒风味的形成产生影响。从微观层面来看，白酒风味受酿造原料、工艺等因素的影响，包括原辅料、发酵工艺等。原辅料等主要为窖池中的微生物生长繁殖与代谢提供营养物质。风味物质主要由窖池微生物代谢生成，发酵过程产生的风味物质种类和数量差异较大，每个窖池的微生物种类和数量都不相同，呈现出明显的独特性。加之发酵过程的不可控性，不同窖池发酵产生的微生物差异较大，得到的白酒风味物质组成各不相同。即便是同一窖池，在不同发酵轮次酒醅中的风味物质含量也不尽相同。因此，每一轮发酵得到的基酒都是独一无二的。

四、主观性

由于白酒风味物质数量众多且含量少，风味物质之间的作用又非常复杂，目前的检测技术还根本无法全部定量分析。因此，目前白酒评价主要依靠品酒师的主观认定，通过眼、鼻、口等感觉器官对白酒样品的色泽、外观、香气、口感及风格特性进行综合评判。虽然国家标准中规定了对“色、香、味、格”四个方面衡量白酒的品质标准，但这些都属于感官层面的指标，无法量化、无法完全统一，受不同的时间、品评环境及不同的品酒师在嗅觉阈和味觉阈等具有差异性的影响较大。“一千个人的眼中有一千个哈姆雷特”，白酒风味评价往往因人而异，不同品酒师的感觉也并非完全一致。这种复杂的判断标准很难被掌握，大部分消费者通过“醒酒快”“不上头”“无宿醉感”等“醉后”感官来判断白酒品质。尽管理论上还无法完全认知且目前的评价具有较强的主观性，但老窖池酿出的基酒风味物质更加协调、品质更优这一观点得到普遍认同。

第二节
白酒风味物质

白酒品质虽然是由所有风味物质共同作用的结果，但不同香型的白酒都有其主体风味物质，这些主体风味物质一方面含量比较高，另一方面产生的香味贡献较大。譬如，浓香型白酒的主体香味物质为已酸乙酯，清香型白酒的主体香味物质为乙酸乙酯。从类别上，决定白酒品质的主要是酯类物质和酸类物质。

一、酯类是白酒品质的主体香味物质

从数量上来看，酯类是除乙醇以外的其他类别中浓度最高的；从香味贡献上来看，酯类是形成酒体香味的主要成分，发酵过程中的酯化反应又被称为白酒“生香反应”。无论是浓香型白酒的“四大酯”，还是清香型白酒的“乙酸乙酯”，还是酱香型白酒的“窖底香”，主体风味物质都属于酯类物质。

已酸乙酯是浓香型白酒的主要特征风味物质，在总酯中的含量占比最高。已酸乙酯以浓郁的果香气息赋予了浓香型白酒特殊的口感、味道，其含量对酒体风味有着十分显著的影响，也直接关系到浓香型白酒的品质。鉴于其重要性，浓香型白酒国家标准的理化要求中对已酸乙酯含量有着明确的规定。

酱香型白酒的主体香味物质目前尚无定论。关于酱香型白酒的主体香味物质，主要有4-乙基愈创木酚说、高沸点酸和低沸点酯类的复合香说、吡嗪及加热香气说、呋喃类和吡喃类说等多种学说，各学说在理论阐释上都存在一些不足和短板。尽管无法从理化成分上确定主体香味物质，但仍可从感官上加以区分，茅台酒厂李兴发副厂长于1965年提出酱香型白酒有酱香、醇甜香、窖底香三大典型酒体，且一直沿用至今。

清香型白酒以乙酸乙酯的复合香为主体香，其中乳酸乙酯起重要作用。乙酸乙酯易挥发，香气独特，散发着清新怡人的水果香气，味觉阈值较低；乳酸乙酯沸点较高，气味较弱。清香型白酒的主体香于“汾酒试点”期间被确定，1964年3月至1965年5月，轻工业部食品局、部发酵所、山西省轻工厅和杏花村汾酒厂等组成“总结提高汾酒生产经验试点工作组”，其间确定了汾酒的主体香为乙酸乙酯的复合香，为清香型白酒的主体香研究打下了坚实基础。

米香型白酒以乳酸乙酯、β-苯乙醇为主体复合香。与浓香型白酒、清香型白酒等显著不同的是，米香型白酒主体香之一的β-苯乙醇为醇类物质。米香型白酒的风味物质种类相对较少，其中，醇类物质含量最高，而酯类物质种类最多。米香型白酒国家标准中对乳酸乙酯、β-苯乙醇含量有明确要求。

虽然主体香味物质多为己酸乙酯、乙酸乙酯等酯类，但其他酯类同样对酒体风味有着重要影响，比如乳酸乙酯在浓、清、米等香型白酒风味中发挥着重要作用。浓香型白酒酒体中适量的乳酸乙酯，既对己酸乙酯有助香作用，也对白酒香味起到缓冲、平衡的作用，使酒体愈加丰满醇厚、谐调味长。虽然浓香型白酒国家标准未对乳酸乙酯含量有明确规定，但业界共识是酒体中己酸乙酯和乳酸乙酯比例适当时（1：0.5～1：0.9），主体香味更加突出、更加协调，酒体风味更加典型。若乳酸乙酯含量过高，则酒体香气趋短淡，主体香受到抑制，香味失调；若乳酸乙酯含量过低，则味道不浓厚，酒体不够丰满。从新老窖池来看，老窖池发酵酒醅中的酯类含量和种类均高于新窖池酒醅。河南牧业经济学院王清龙等（2023）的研究显示，老窖池酒醅中正己酸乙酯的相对含量显著高于新窖池酒醅。

二、酯酸比例是白酒品质的重要指标

酸类物质是除酯类外含量最多的风味物质，占风味物质的比例约15%，主要影响白酒的口感和后味。酸量不足时，白酒风味表现为酯香突出，但香气复合程度低，香气不够协调；当酸量合适时，白酒风味更加平衡谐调；当酸量过高时，则产生抑制、遮掩香气的作用，白酒风味出现“压香”现象。其中，当白酒中酸量过高时，酸类与酯类物质在香气表达上的相互关系即表现为拮抗效应。因此，酯酸比例是判断白酒品质的重要指标。此外，酸类物质对白酒感官品质重要作用的新科学佐证不断涌现，比如泸州老窖与江南大学许正宏教授团队联合研究，确证了长链脂肪酸类对白酒香气特征的影响，并基于分子互作关系系统解析了其对风味物质呈香特性的影响机制。长期生产实践发现，优质白酒的酯类、酸类物质的比例处于一个适宜范围。从国家标准来看，四大基础香型白酒的理化指标中都有总酸、总酯的含量要求，也体现了这两类物质对白酒品质的重要性。以浓香型白酒为例，传统上有“四大酯、四大酸”的说法，其量比关系决定了浓香型白酒的品质和风格。

基酒贮存过程中，“酯降酸升”的变化趋势明显。贵州大学周鸿翔团队（2023）研究发现，乙酸和乙酸乙酯的含量比、己酸和己酸乙酯的含量比均随着贮存时间的延长呈上升趋势，其中，贮存2年的清香型白酒中乙酸和乙酸乙酯的含量比分别是新酒的1.20倍，贮存20年的清香型白酒、酱香型白酒、浓香型白酒中己酸和己酸乙酯的含量比分别为新酒的2.21倍、2.11倍和2.46倍。酯类物质含量降低的主要原因是水解作用。这里的“酯降”是指总酯变化，也有少数高级脂肪酸酯含量存在上升的现象。酸类物质总体呈上升趋势，一方面是醛类物质经溶解氧化后生成，另一方面是酯类物质水解生成。酯类、酸类物质在酒体中处于动态平衡状态，其量变关系也在不断发生变化，这在低度白酒货架期表现尤为显著。当酯类含量降低及酸类含量增加时，随着时间的延长，白酒风味将出现口味变淡，酸、涩味增强及诸味不协调的现象。除酯类、酸类物质外，还需要醇、酸、醛酮类及其他风味物质含量适宜、组成和谐。

第三节
白酒老熟分析

白酒是有生命的，也是有性格的，再好的酒在刚出窖时都存在刺激性强、入口冲辣、口感差等短板，如同刚刚出道的毛头小伙子般血气方刚、易怒急躁，行话称此时的酒处于“极阳”状态。“极阳”状态中的白酒在“极阴”环境（恒温恒湿的天然藏酒洞构建起的特殊小环境）中进行贮存，使酒体逐渐变得稳定平和，促进酒体的细腻老熟，称作“阴阳调和”或白酒的修行。白酒贮存是新酒从“青涩”走向“成熟”、从“粗犷”走向“优雅”蜕变为老酒的必经之路，也是唯一路径。关于白酒陈酿的机制主要有“缔合说”“挥发说”“溶出说”“氧化说”“酯化说”等。“缔合说”认为酒分子、水分子、有益微量元素在贮存过程产生较强的缔合作用，形成一个个微型缓释胶囊形状的缔合群，降低了乙醇浓度，从而减缓了口感的刺激性。“挥发说”认为新酒中的丙烯醛、硫醇等刺激性气味物质在贮存过程中，随着时间的沉淀，挥发扩散，从而使酒体变柔和。“酯化说”认为酸类和醇类在贮存过程中生成酯类物质，使酒质变好，但同时由于酯的水解反应，主体香成分反而可能会下降。“氧化说”认为醇类物质在贮存过程中氧化成醛类物质，醛类物质氧化成酸类物质，酸类、醛类及酯类化合物含量增加。“溶出说”是基于不同贮存容器对于白酒的陈酿效果而不同所提出的，认为不同材质的容器能融入不同的金属离子，这些金属离子可以加速白酒陈酿。尽管白酒陈酿的机理尚未形成统一认识，但可以肯定的是物理变化和化学变化共同作用的结果，其中，物理变化包括硫化物等低沸点物质挥发等；化学变化包括氧化还原、美拉德反应、水解反应、酯化反应等，醇和醛作用生成少量缩醛类，乙醇和水分子结合得更紧密。本节基于物理化学等分析，提出老酒的“七度效应”，包括时间的长度、乙醇的浓度、酿料的纯度、瓶装的密度、窖藏的温度、环境的湿度、光照的强度。

一、时间长度

老酒是时间淬炼下的精华，完美体现了时间赋予的魅力。新酒在时间的催化作用下烙印上极致记忆，由量变到质变，于细微无声中变为珍贵的老酒，品质更加醇厚、更加悠长、更加圆润、更加谐调、更加陈香，被烙印上时间的极致记忆。时间不语却蕴藏着白酒老熟的终极奥秘，时间是白酒酿造领域的“伟大艺术家”，所有涉及白酒老熟的关键影响因素都将在时间的尺度下产生作用。

白酒老熟学说普遍认为酒体在贮存过程中不断地发生着各种变化。但无论哪种老熟机制发挥作用，都必须在时间的参与下发生，且必须有一定的时长。

“缔合说”观点认为，白酒酒体中游离的乙醇分子不断与水分子发生氢键缔合作用，形成新的大分子缔合群体；又如“挥发说”中，某些低沸点的化合物如硫化氢、硫醚等硫化物和少量的丙烯醛、游离氨等杂味物质随着时间的延长不断从酒体中挥发，而发生这些变化都需要一定的时长。“氧化说”认为，白酒酒体中的醇先氧化成醛，醛再氧化成酸，最终引起酒体中的乙酸、乙缩醛及一些酯类化合物含量增加，这一进程同样体现了时间的作用。又如“酯化说”中，酸与醇结合生成酯，这一化学反应也需要一定的时长。长期的生产实践表明，不同香型、不同质量的白酒经贮存之后都会发生一定的变化，其变化幅度与贮存时长有着重要关系。当前白酒贮存时长并无明确标准，不同香型的白酒有着各自的最佳贮存期，最佳贮存期主要受贮存成本、白酒香型、贮存环境、白酒酒精度等因素的综合影响。1952年，第一届全国评酒会后规定：名酒要贮存3年以上。现在国内如茅台、泸州老窖、五粮液、洋河、汾酒等知名酒企，酒体的贮存时间一般都会比规定的时间更长。国际上一些主流蒸馏酒，如威士忌、白兰地等也倾向于将酒体进行贮存一定的时间，这一点与世界各地的蒸馏酒是相通的。

陈酿是基酒的“修炼”过程、“禅坐”程序，本质是酯化、氧化、陈酿、净化、熟化、沉淀等作用。基酒陈酿必须安静、稳定，除去各种有机醛类、杂醇类物质（有刺激性），增加酸与酯类物质。窖藏过程主要受到瓶装、水体、窖洞等环境影响，最佳时间长度可以用逻辑斯谛（Logistic）方程描述，可能出现“周期倍增分岔”或者“混沌”“分形”（fractal）特征（图9-1）。

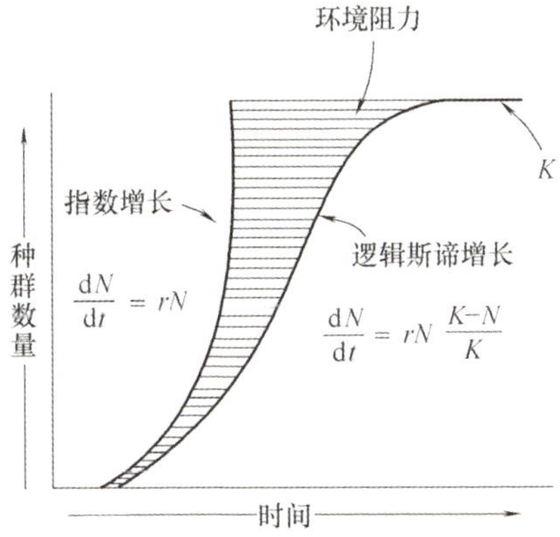

图 9-1　香味物质总量与时间的函数
（公式中的 N 表示香味物质的总量，t 是时间，r 为速率参数，K 为环境最大容量，即可能出现的最大数量）

如果用x表示香味物质，N为香味物质个体总数，K是环境最大容纳量，那么逻辑斯谛模型的微分式是：

$$dx/dt=rx(1-x)$$

公式中的dx/dt表示某种香味物质增长速度，t是时间，r为速率参数，来源于实际调查时观察到的个性特征，就是香味物质增长的潜力指数。这个公式是描述老酒窖藏陈酿的有效模型，为了计算可以写成$x(n+1)=rxn(1-xn)$。这是抛物线方程（映射）。公式左边$x(n+1)$由右边xn计算出来，是“迭代运算”，实际上就是把输出值又当成输入值代入方程之中，把结果当成原因，反复不断地进行循环运算，就是迭代运算。当r值很大时（产能很大）就可能出现周期倍增分岔、分形，产生混沌，甚至出现“蝴蝶效应”，即“差之毫厘，谬以千里”。“蝴蝶效应”就是对于初始值的极大敏感性（输入值只要有极小差别，结果就完全不同），本质上是由系统内部的非线性因素、“内在随机性”引发的，是普遍存在于宇宙间各种宏观和微观系统的现象，万事万物，莫不混沌，混沌学不仅极具理论价值，而且能直接或间接创造财富。1975年，费根鲍姆（Feigenbaum）研究发现，周期倍增分岔发生时的参数之间的差率是一个常数，就是若αn代表周期2的n次方的分支点（引起分岔时的α临界值），则（相邻倍化分岔点间的距离比）是一个常数。

这是一个关于分岔变化的重要参数，称为费根鲍姆第一常数。此外，他发现2n周期分岔的超稳定点之间的距离$w_n/(w_n+1)$之比也趋于一个常数α，称为费根鲍姆第二常数，α=2.5029……这两个常数，是非常深刻的自然常数，类似于圆周率π=3.14159……自然对数底e=2.71828……一样重要，一样伟大（图9-2）。中国古代哲学讲到，无极生太极，太极生两仪，两仪生四象，四象变八卦……一分为二、二分为四，四分为八……大多数香味物质生长过程也是这样，满足太极演化模型，呈现周期倍增分岔，多次分岔就成为混沌。

不同香型、不同浓度、不同原料、不同瓶装、不同环境的白酒，在达到“透、香、甜、绵、粘、顺、韵”七大指标极值的时间上是各不相同的，就是图9-1中最大K值对应的时间t值，纯粮酒一般在18年左右，30年足够，最长不能超过60年。贮存时间太长的白酒只能用来勾调，直接饮用口感并不佳，出现分岔、混沌或者分形，甚至产生“蝴蝶效应”。

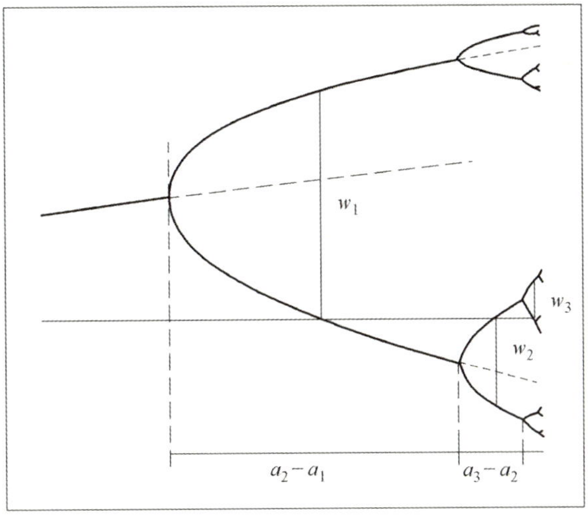

$$\delta=\lim_{n\to\infty}\frac{a_n-a_{n-1}}{a_{n+1}-a_n}=4.6692016091\ldots$$

$$\alpha=\lim_{n\to\infty}\frac{w_n}{w_{n+1}}=2.5029078750\ldots$$

图 9-2　费根鲍姆周期倍增分岔和第一常数、第二常数

二、乙醇浓度

白酒以乙醇和水为主，乙醇是很好的溶剂，根据相似相溶原理，其对白酒中酯类、醇类、酸类等有机物质都有着很好的溶解作用。白酒在贮存过程中，特别是当采用陶坛等贮存容器时，乙醇浓度的总体变化趋势是逐渐降低，白酒中的酯类等物质的浓度也随之发生变化，这期间乙醇浓度的变化速度受贮存环境温度、贮存容器材质等因素的影响。山西医科大学乔华等（2014）认为，乙醇浓度是影响白酒缔合的主要因素，而不是贮存时间。

（一）乙醇参与窖池微生物的驯化与筛选

受微生物分布密度、重力作用等因素的影响，在窖池发酵过程中，酒醅中乙醇含量的变化在窖池中具有时空异质性，研究表明乙醇是酿酒酵母发酵后期的主要抑制剂，高浓度乙醇会抑制酿酒酵母活性，并影响其存活时间。因此，乙醇含量变化对窖池微生物物种及群落演替具有影响。窖泥微生物在有乙醇的环境下，经过长期的、反复的驯化筛选，窖池中微生物物种与群落等发生巨大改变，经长期的适应性进化后，会更加适应白酒发酵。

（二）乙醇与水分子发生氢键缔合作用

乙醇和水都是具有极性羟基基团的极性分子，随着白酒贮存时间的延长，游离的乙醇分子与水分子不断发生氢键缔合作用，逐步形成大的分子缔合群，这是白酒老熟理论中的“缔合说”。虽然“缔合说”获得了广泛支持，但也有不同观点。山西医科大学乔华等（2014）通过对清香型白酒的研究发现乙醇-水的缔合强度与贮存时间并无关系，与日本高知大学Nose等（2005）对日本清酒的研究结论一致。总体看，白酒中乙醇—水的氢键缔合强度受多种因素影响，与乙醇浓度、微量酸等密切相关。此外，乙醇分子与水分子的氢键缔合作用在威士忌、黄酒等酒类产品中广泛存在。

（三）乙醇浓度对白酒贮存质量的影响

无论酯化反应还是氧化反应，都需要醇类物质的参与，而乙醇的浓度是决定氢键缔合强度的主要因素。实践也表明，不同乙醇浓度的浓香型白酒经相同环境贮存后，风味物质的变化幅度有所差异。泸州老窖股份有限公司代汉聪等（2020）发现，低度酒中的风味物质含量变化量均比高度酒大，且低度酒的酸类物质增加幅度和酯类物质的减少幅度也明显大于高度酒。出现这种情况的原因可能主要受白酒水解原理影响，白酒中酯化反应、水解反应的速度由其反应底物的浓度决定，即当酒体中酸和乙醇的浓度较高时，主要表现为酯化反应；当乙醇浓度降低时，相对水分子的含量上升，使得这一可逆反应主要向水解方向进行，即酯化反应减少而水解反应增加。因此低度白酒贮存过程中，随着时间的延长，易出现口味口感变淡等问题。

（四）乙醇浓度对白酒感官评价的影响

白酒风味与乙醇浓度关系密切，传统认为高度酒风味更佳。因为乙醇是良好溶剂，当酒精度由高度降为低度时，白酒酒体容易出现一些变化，比如酒体出现浑浊并产生沉淀、酒体典型风味特征的弱化以及产品在货架期增酸变味等。近年来随着泸州老窖等知名酒企的浓香型白酒低度化技术取得了长足发展，降度也成为了检验原酒品质的试金石，低度化白酒越来越受到消费者的欢迎。

三、原料纯度

酿造原料对白酒酒质有重要影响，不同白酒的酿造原料并不完全相同。浓香型白酒根据原料使用种类可分为单粮浓香和多粮浓香，单粮浓香型白酒以高粱为原料，多粮浓香中的五粮浓香型白酒以高粱、糯米、大米、小麦和玉米为原料；酱香型白酒以高粱为原料；清香型白酒按照糖化发酵剂的不同可分为大曲清香和小曲清香，传统大、小曲清香型白酒主要以高粱为原料。酿造原料主要对窖池微生物和白酒风味等产生影响，其中，原料中的淀粉、蛋白质、脂肪等对窖池微生物的生长、繁殖有重要影响，普遍认为不同原料对应着不同风味。

（一）淀粉

淀粉在液化酶、糖化酶等酶系的作用下，水解生成大分子糊精及少量的麦芽糖、葡萄糖。其中葡萄糖是发酵过程中酵母菌等微生物的碳源，也是乙醇发酵的基础物质。淀粉结构差异也影响着白酒发酵，其结构分为直链淀粉和支链淀粉，直链淀粉含量过高会导致原料蒸煮易老化，不利于微生物对原料中营养物质的利用。支链淀粉易吸水糊化，有利于微生物的生长、繁殖，代谢后能够形成更多的风味物质。此外，浙江农林大学徐锡明等（2021）的结果显示，支链淀粉含量与出酒率之间也存在着一定的正相关性。

（二）蛋白质

蛋白质是白酒特殊风味的主要来源，为微生物生长、繁殖提供氮源，在微生物的作用下代谢生成氨基酸，进一步发酵转化成高级醇、醛酮类、内酯类等风味物质。原料中的谷物蛋白可分为清蛋白、球蛋白、醇溶蛋白和谷蛋白。江南大学徐岩教授团队（2016）发现，清蛋白和球蛋白更易被微生物利用，在白酒酿造过程中对微生物的生长、代谢具有重要作用，清蛋白和球蛋白含量对优势细菌多样性和代谢产物具有重要影响，从而影响白酒风味物质的形成。

（三）单宁

适量的单宁有利于微生物的生长及窖池发酵，而过量的单宁则会抑制真菌生长，从而影响白酒发酵和基酒质量。当单宁含量为2.0%时，会抑制大部分真菌的生长。黑龙江省农业科学院焦少杰研究员等（2015）发现，一定量的单宁可在酱香型白酒发酵过程中生成丁香酸、阿魏酸、黄酮类化合物等，赋予了酱香型白酒独特的风味。单宁与出酒率还存在一定的相关性。黑龙江省酒业协会季树太等（2019）研究表明，单宁含量≤1%时，出酒率较低，产优质酒的概率也低；当单宁含量为1%～1.2%时，出酒率高，出优质酒的概率也高；当单宁含量≥1.3%时，出酒率虽然有所降低，但产优质酒的概率却大为提升。高粱中的单宁对浓香型白酒、清香型白酒、酱香型白酒等白酒酿造工艺的影响程度是有差异的，通常酱香型白酒对高粱中单宁含量要求更加苛刻，含量要求一般为1.4%～1.7%。贵州大学邱树毅教授团队（2022）提出，若是高粱中单宁含量过高，常采用增加润粮次数或延长润粮时间等方式去除多余的单宁。

四、瓶装密度

瓶装的密度对白酒陈酿效果有重要影响。酒瓶等容器主要在白酒贮存、货架期两个阶段使用。白酒贮存主要使用的容器有陶坛、血料容器（酒海、酒箱等）、水泥池（内贴陶板或玻璃）、不锈钢罐、木质酒箱以及新型容器等。其中，陶坛又分为传统陶坛和现代陶坛；酒海是凤香型白酒特有的贮存容器，酒海主要采用荆条、柳条、木头等材质制成。白酒货架期主要使用玻璃、陶瓷瓶、塑料瓶、不锈钢瓶等包装容器。不同材质的容器对不同阶段的酒体有着不同的影响。

（一）影响贮存效果

白酒贮存传统上以陶坛为主，陶坛贮酒的主要特点：一是陶坛在烧制过程中形成了微孔结构，促进酒体与内外环境的交互滋养、吐故纳新，被誉为“会呼吸”的贮存容器。陶坛坛体的网状孔隙结构有利于空气中氧气进入酒体，该结构和极大的表面积使其具有氧化作用和吸附作用，对基酒老熟具有促进作用。二是陶坛中含有铁、钙、铜、镁、锰等金属离子。相关金属离子能够增强乙醇分子与水分子通过氢键缔合成大分子的能力，使白酒酒体加速进入一种稳定状态，并降低白酒中酯类的水解速度，使酒体更加醇厚绵柔。不锈钢容器也是白酒普遍的贮存容器，其优点是容量大、密封性好，能够减少乙醇的损耗，缺点是透气性差会减缓白酒老熟进程。山西大学王兰教授团队（2011）实验发现，红陶缸贮存的酒中具有催化作用的金属元素含量相对较高，适合新酒短期贮存；黑陶坛的含量比较适中，适合长期贮存，两者对加快白酒老熟进程的作用都大于不锈钢窖器。

泸州老窖非常重视使用陶坛贮存基酒，所选陶坛，采用川南地区特有的黏土经高温烧制而成，烧制温度高达1000℃左右。此时黏土中所含的有机质被有效烧蚀，部分气体成分均被排除，形成了许许多多的微小孔隙，这些空隙有利于酒体与外界的交换呼吸，利于酒体老熟。泸州老窖的优质基酒都是用陶坛贮存并保持适合的环境温度、湿度。

（二）影响货架期酒质

不同材质的酒瓶对白酒酒质变化有影响。四川省绵阳市丰谷酒业有限责任公司王晓刚等（2017）以浓香型白酒为例，对不同包装条件下的浓香型白酒在两年货架期间感官、理化指标变化情况研究发现，随着货架期的延长，关键指标变化以玻璃瓶最小，陶瓷瓶次之，不锈钢瓶变化最大，而白酒感官评价以陶瓷瓶贮酒最佳。此外，材质的细微差别对贮存效果也有影响，研究发现晶质料玻璃瓶比喷涂普料玻璃瓶的贮酒效果更好。白酒装瓶后的货架期，除与材质有关外，也与装酒量等因素有关。

（三）影响质量安全

贮存容器对白酒质量安全有重要影响，其中主要污染物是铅、镉等微量元素。倘若酒瓶中铅、镉等元素超出国家标准限量，易迁徙至酒体中而引发白酒质量安全问题。因此相关国家标准明确规定了酒瓶的质量要求，比如GB/T 24694—2021《玻璃容器　白酒瓶质量要求》规定了白酒玻璃瓶的要求、试验方法、检验规则、标志、包装、运输和贮存等质量要求；GB 4806.5—2016

《食品安全国家标准　玻璃制品》规定了玻璃制品中铅、镉限量及检验方法等；GB 2762—2022《食品安全国家标准　食品中污染物限量》规定了白酒中铅的限量。

此外，同一白酒分别贮存在不同规格容器时的风味质量变化规律基本一致，但变化幅度存在差异，其中小规格容器贮存白酒的风味质量变化幅度通常大于大规格容器。

五、储藏温度

储藏是白酒老熟的重要法宝。储藏方式主要有地下或半地下（通常是陶坛类、水泥池、瓶装容器）、洞藏（通常是陶坛类）、露天无顶棚或有顶棚（通常是大型金属罐）。储藏主要涉及三个层面的环境，第一个层面是产区的自然地理环境，第二个层面是储藏区域环境（比如洞藏区域），第三个层面是储藏容器环境。储藏质量受多重因素影响，白酒在贮存过程中的品质变化不仅与贮存工艺有关，还与基酒质量、贮存环境、贮存时长、贮存容器的材质、贮存区域管理水平等多种因素紧密相关。

储藏的温度是极为重要的影响因素，适宜的储藏温度既能提升白酒质量，又可保证白酒贮存安全，还能降低白酒贮存损耗。研究发现，针对白酒陈酿的加热老熟技术，通过采用适宜温度（40～50℃）加热有利于白酒老熟。当白酒长期窖藏贮存时，应选择温度适宜且变化幅度不大的区域。若温度过低，老熟速度过于缓慢，不利于新酒酒体中硫化氢、硫醇、硫醚等杂味物质的挥发。若温度过高，老熟速度加快，虽然杂味物质更易挥发，新酒味加速消失，但是风味物质及乙醇等也因高温而更快挥发，酒体通常难以维持稳定平衡。贵州大学陈莉团队（2016）发现，随着温度升高，白酒呈现酸增酯减的变化趋势，且黏度逐渐降低。若温差变化大，白酒在陶坛等贮存容器内产生了较大幅度的膨胀或收缩，这种“呼吸”会加快容器内外的空气交换，带入更多的氧气，进而加快酯类物质的水解、氧化反应，加速酒味变淡变酸。

六、环境湿度

环境的湿度对酿酒操作、白酒贮存等有重要影响，是酿造好酒的重要条件之一。泸州、宜宾、茅台镇等白酒顶级产区，都拥有河流水系密布、雨量充沛的自然地理环境，又是河谷地形，几大要素叠加导致水蒸气散发相对缓慢，形成常年潮湿的极为适宜白酒酿造的独特环境。

适宜的环境湿度有利于微生物生长、繁殖。白酒生产是半开放式，起关键作用的是窖泥微生物等各种微生物，因而对当地的先天自然条件要求极高。酒曲及窖泥中的微生物可通过空气流动不断发生交换，对空气中微生物群落结构产生影响（图9-3）。大量真菌孢子以气溶胶形式悬浮于空气中，通过自然接种影响窖池发酵进程。泸州老窖股份有限公司张宿义等（2011）研究表明，不同的环境湿度下，酿酒环境空气中真菌的数量和群落组成有差异，总体来看，各类菌属浓度在湿度相对更大的夏、秋季较高，而在湿度相对更小的冬季较低。当产生具体影响时，环境的湿度通常与温度共同起作用。

适宜的环境湿度有利于白酒贮存。恒温恒湿的环境条件下，酒体受季节等因素干扰最少，酒体质量变化的波动幅度小，有利于白酒自然平缓老熟。从各种贮存方式看，普遍认为洞藏尤为适宜高端白酒贮存，是促进白酒自然平缓老熟的完美手段，也是公认的最优白酒贮存方式之一。洞藏贮存方式的优越性，包括采用防空洞以及四川、贵州常用的天然溶洞等，其秘密在于洞藏环境的相对湿度大，温度适宜且变化幅度小，乙醇等物质损耗更少，酒体变化较为缓慢不激烈，酒体更富层次感、醇厚度。

图 9-3　“纯阳洞”藏酒陶坛上丰富的微生物

泸州老窖拥有“纯阳洞”“醉翁洞”“龙泉洞”三大天然藏酒洞，均为全国重点文物保护单位。洞内空气流动极为缓慢，温度常年保持在20℃左右，相对湿度保持在80%左右。恒温恒湿、微生物种群丰富的环境为白酒酒体的酯化、老熟、生香提供了绝佳的环境，促使酒体从“极阳”变为“阴阳调和”、更细腻老熟。其中的纯阳洞便位于泸州五峰岭南麓，其内支洞耳洞相连，纵横交错，正对着长江、沱江两江交汇处，江水终日拍打着山体，形成了微妙的共振，这种共振波十分有利于酒体的老熟。因此，储存于纯阳洞的基酒老熟速率是储存于一般酒库的数倍以上。侧面也进一步印证了，洞藏是白酒的最佳储藏方式。

七、光照强度

日光照射（光照的强度）对白酒的品质有很大的影响。比如，啤酒经日光照射出现硫化物异味（二甲基丙烯硫醇），俗称“日光臭”。葡萄酒经日光照射易出现褪色、变色和沉淀等现象；为防止和减少因日光照射而影响酒类产品质量，故多采用棕色、绿色等深色酒瓶。日光照射同样对白酒品质有重要影响，主要作用于基酒贮存和成品酒货架期两个阶段。

（一）影响贮存效果

适宜的光照可以促进白酒老熟，相较于室内库房等贮存方式，露天贮存可有效提高新酒的去杂速度，主要原因应该是光照促使白酒酒体快速升温。短时间内高温贮存可加速白酒老熟，即光照导致酒体温度变化而间接影响白酒老熟。由于自然光照的强度常难以掌控，酒体变化也较为激烈，对于高端白酒贮存而言，酒企多采用避光条件，比如洞藏、地窖等方式。

（二）影响货架期酒质

白酒产品货架期的质量稳定性与储存环境、包装容器等关系密切，主要受光照、温度等因素影响，其既有独立影响，也有协同影响。白酒所采用酒瓶材质等与香型也有关系，浓香型、清香型白酒等通常采用无色玻璃瓶，而酱香型白酒多用乳白色玻璃瓶。

第四节
白酒人工催陈

白酒老熟是白酒酿造过程中最关键的工序之一。传统的自然老熟需要的贮存时间较长，会造成大量资金积压，增加生产成本，因此，白酒生产企业希望通过催陈技术使新酒在较短时间内实现老熟。从品质上看，自然老熟比人工催陈更稳定、更醇厚；从经济效应看，人工催陈既可一定程度上促进基酒老熟，又可缩短时间，降低生产成本。

一、人工催陈

人工催陈是指在贮存过程中通过外界作用加快白酒老熟，主要方法有物理催陈法、生物催陈法。

（一）物理催陈法

物理催陈法通常是通过高温高压、微波、超声波等营造高能量环境，从而影响乙醇和水之间的缔合作用，加速刺激性物质的挥发，加强分子间的活化能，促进氧化还原、酯化等化学反应速率，加快白酒老熟进程。白酒老熟过程中物理催陈常用的技术手段有高温、超高压、微波、磁场、电场、超声波、γ-射线法等。

1.高温催陈

高温催陈是比较传统的催陈方法，温度一般在30～60℃，温度过高容易导致乙醇挥发。有研究表明3～6个月的高温催陈效果，相当于常温贮存2年白酒的质量水平。高温催陈的优点是操作简单、耗时短、设备利用率越高，但容易造成乙醇等酒体挥发性成分的损失，出现回生现象。

2.超高压催陈

超高压催陈的原理是利用高压破坏氢键，提供能量促进酒体香味物质之间的化学作用，促进有机酸、酯类成分含量增加，减少杂醇油等刺激性物质的含量，从而使酒体饱满醇和。西南交通大学王盛民团队（2012）的研究结果显示，在超高压射流技术作用下，浓香型白酒中己酸乙酯、丁酸乙酯、乙酸乙酯含量呈下降趋势，酱香型白酒中乙酸乙酯、丁酸乙酯含量呈下降趋势，白酒酯类变化与自然陈酿趋势基本一致，并且处理后的酒体更加醇和，杂味减少，香气适宜。吉林农业大学刘景圣教授团队（2018）发现，在超高压射流技术作用下，醛类、杂醇油含量与自然陈酿变化一致，均随时间的增加而减少，酸类物质的含量随时间的增加而增加。超高压催陈方法的优点是对操作和设备要求较为简单，并起到一定的除杂效果，对低等级白酒提升醇厚感作用明显。

3.超声波催陈

超声波催陈机理是利用超声波的高频振荡增强分子间的活化能，加速酯化、氧化还原等化学作用进程。四川理工学院曹新志教授等（2010）采用20kHz的超声波对白酒进行催陈处理，发现总酸含量呈先下降后升高的变化趋势，甲醇呈下降趋势，白酒香气风味逐渐增加。超声波催陈技术的优点是安全性好、效率高，能有效提升酒体醇香风味。不足之处是酒体稳定性较差，不同酒体之间的催陈效果差距较大。

4.微波催陈

微波催陈的原理是微波产生的高频振荡促使低沸点硫化物等杂质挥发。微波高能量促进部分极性分子能态升高，产生自由基，促进风味物质之间发生氧化还原、酯化等化学反应。河南科技大学刘建学教授团队（2022）研究发现，微波辐射处理有利于白酒酒体中酸醇的酯化反应和水解反应，处理后的新酿优级酒中挥发性物质成分的种类和比例变化趋势与自然陈酿一致。微波催陈技术的优点是作用效果快、节省时间，缺点是设备昂贵。微波催陈效果与微波功率和处理时间密切相关，温度过高会破坏风味物质从而影响酒体质量，而且对不同香型的白酒的效果敏感性差异较大。

总体来看，物理催陈技术通过外部赋能，提高酒体内部能量，加速分子运动速度，对白酒老熟具有一定促进作用。但缺点也很明显：一是外部物理条件撤除后容易出现“返生”现象，浙江大学徐梦龙等（2017）采用高压处理对清香型白酒进行催陈研究发现，经催陈过的白酒在贮存2～6个月后出现了“返生”现象。二是会促使一些光敏物质接收高能量后生成无法控制和预测的化合物。三是不同香型、不同风格的白酒适应的催陈技术不同，需要精确选用催陈方法和催陈强度。

（二）生物催陈法

生物催陈法最早在国外用于催陈白兰地、威士忌，其机理是以酵母或酵母提取物等生物催熟剂，加速乙醇分子与水分子的缔合，加速催化氧化与酯化反应，减弱乙醇刺激感，增加醇厚感。生物催陈法的主要功能物质为酶，具有高催陈效率、低杂质含量的特点。四川省食品发酵工业研究设计院高级工程师陈功（1999）研究发现，YS-Ⅱ处理新酒15～30天后催陈效果与自然老熟半年以上的酒相当。YS-Ⅱ生物催陈助剂是从植物中提取的α-酵酶和酵素，具有天然无毒的特性，对于一般白酒和名优白酒催陈效果都比较显著。由于技术难度大和相关研究较少，目前用于白酒催陈的仅有YS-Ⅱ、脂肪酶等少数催化剂。

二、人工催陈与自然老熟

相比白酒自然贮存老熟，人工催陈能一定程度上加速白酒老熟进程、缩短老熟时间、减少资金积压成本、提高经济效益。然而，由于对人工催陈过程中白酒风味物质的变化认知不足，人工催陈也存在一些问题，难以保持自然老熟的原有风味。高能量的物理催陈方法（如紫外催陈法、γ-射线辐射法、超声波处理法等）在加速白酒老熟的同时，酒体中3-羟基丁酮、2,3-丁二酮、糠醛等热敏性物质极易生成其他新物质，对白酒的品质造成影响。加热、高压法等低能量的物理催陈方法，老熟后的酒体易出现“回生”现象。化学催陈法中一些催化剂的加入或过量加入容易造成酒体污染。生物催陈法的研究相对较少，技术难度较大，成本也较高。

虽然目前已有一些催陈技术在白酒熟化工程中得到应用，但人工催陈的白酒与自然老熟白酒仍有很大差距。主要原因是对白酒老熟过程中的作用机理、老熟指标等还未能完全明晰，加之对白酒酒体本身的认知不足，因此无法给出与不同等级的白酒相适应的催熟技术。尽管如此，人工催陈技术仍然是白酒老熟的重要研究方向，下一步要深层次、全方位地研究总结自然老熟过程中香味物质之间的作用机理，才能有效地指导白酒人工催陈技术。

实践发现，老窖酿出的基酒老熟时间较短、品质更高，一方面可能是老窖所酿基酒中的风味物质种类更丰富、组成比例更协调，本身就已经相对较“陈”；另一方面可能是老窖所酿基酒中的风味物质种类繁多，相互之间作用效果更快，更容易达到更加合适的比例状态。同时，只有好的基酒才能调出优质成品酒，质量不好的基酒不可能调出高品质成品酒。同样地，“酒是陈的香”，并不代表基酒贮存的时间越久越好，品质不好的基酒，再怎么贮存也不可能变成高品质白酒。品质较低的基酒贮存时间太长，反而口感会更差。

参考文献

[1]白成松,李大鹏,卢红梅,等.贮存温度对酱香型盘勾酒影响的研究[J].酿酒科技,2016(01):41-46.

[2]蔡定域,任兴碧,赵鹏翼.己酸和乙醇的酯化反应动力学——白酒老熟机理初探[J].食品与发酵工业,1990(01):28-40.

[3]曹新志,熊俐,明红梅,等.超声波对浓香型白酒陈化效果影响的初步研究[J].食品与发酵科技,2010,46(01):8-10.

[4]陈功. YS-II天然生物催熟物在白酒中的应用[J].酿酒科技,1999(01):68-69.

[5]陈华蓉,吴群,徐岩.酿酒高粱蛋白质的分类组成及相关特性研究[EB/OL].北京:中国科技论文在线,2016,http://www.paper.edu.cn/releasepaper/content/201604-102.

[6]程度,曹建兰,王珂佳,等.高粱对酱香型白酒品质影响的研究进展[J].食品科学,2022,43(07):356-364.

[7]代汉聪,张宿义,周军,等.低度白酒贮存过程中风味质量变化研究[J].酿酒科技,2020(07):27-32.

[8]黄义娜,王盛民,樊迪,等.超高压射流技术对白酒四大酯影响研究[J].食品科技,2012,37(05):86-88.

[9]乔华,张生万,王浩江,等.白酒中乙醇—水缔合作用的研究进展[J].酿酒科技,2014(03):77-80.

[10]乔华,张生万,卫建琮,等.基于荧光光谱研究清香型白酒中乙醇—水缔合行为[J].食品科学,2014,35(15):82-88.

[11]季树太,王佐民,郭书刚.酿酒高粱研究刍议[J]. 酿酒,2019,46(02):28−30.

[12]江倩,刘建学,李佩艳,等.微波辐射处理对浓香型白酒中挥发性物质的影响[J].核农学报,2022,36(02):341−349.

[13]焦少杰,王黎明,姜艳喜,等.高粱与固态白酒关系的研究综述[J]. 酿酒,2015,42(01):13−16.

[14]井维鑫,贺叶琴,王茜,等.不同贮酒器盛酒瓶及贮存年代的汾酒中金属元素含量变化[J]. 食品与发酵工业,2011,37(05):50−55.

[15]刘欣欣,武亚帅,黄河,等.基于风味交互作用的浓香型白酒关键风味物质探究[J].食品安全质量检测学报,2023,14(12):23−34.

[16]尚宜良.高锰酸钾与活性炭联合处理加速粮食白酒老熟[J].酿酒,2004,31(04): 85−86.

[17]王清龙,刘延波,任晓萌,等.赊店老酒新老窖池酒醅理化指标、细菌菌群多样性及风味物质分析[J]. 中国酿造,2023,42(08):122−128.

[18]王晓刚,苟云凌,杜礼泉,等.包装条件对货架期白酒质量的影响[J]. 酿酒,2017,44(04):56−59.

[19]曾庆军,周鸿翔,邱树毅,等.白酒陈化挥发性物质含量变化及物理催陈技术研究进展[J].食品与发酵科技,2023,59(01):126−133.

[20]张大力,冯艳鹤,修琳,等.超高压技术对白酒催陈作用的影响[J].食品工业,2018,39(07):23−28.

[21]张宿义,李宗珍,张良,等.泸州老窖国窖酿造环境空气真菌四季分布研究[J].酿酒科技,2011(02):36−39+42.

[22]Lytra G,Tempere S,De Revel G,et al. Distribution and organoleptic impact of ethyl 2−methylbutanoate enantiomers in wine[J]. Journal of Agricultural and Food Chemistry,2014,60(22):1503−1509.

[23]Nose A. Solute effects on the interaction between water and ethanol in aged whiskey[J]. Journal of Agricultural and Food Chemistry,2004,52:5359−5365.

[24]Xu Menglong, Zhu Songming, Ramaswamy HS, et al. Effect of high pressure treatment and short term storage on changes in main volatile compounds of Chinese liquor[J]. Scientific Reports,2017,7(1):1−8.

[25]Xu X M,Waters D,Blanchard C,et al. A study on Australian sorghum grain fermentation performance and the changes In Zaopei major composition during solid−

state fermentation[J]. Journal of Cereal Science,2021,98:103160.

[26]Liu QR, et al. Machine learning based age-authentication assisted by chemo-kinetics: Case study of strong-flavor Chinese Baijiu[J]. Food Research International,2023,167: 112594.

[27]Liu QR, et al. Influence on the volatilization of ethyl esters: Nonnegligible role of long-chain fatty acids on Baijiu flavor via intermolecular interaction[J]. Food Chemistry, 2024,436:137731.

[28]Zhang XJ, et al. Identification of age-markers based on profiling of Baijiu volatiles over a two-year maturation period:Case study of Lu-flavor Baijiu [J]. LWT - Food Science and Technology, 2021,141:110913.

第十章

老窖文化
传承脉络

“老窖”的传承，是综合历史学、考古学、人类学、社会学等多重学科维度，来追溯、梳理、研究、分析“老窖”历史的过程，核心是对“老窖”的历史要做到知其然，并知其所以然。传统就是历史，“老窖”不仅通过流动的酒液，也通过考古文物或历史文献、诗词歌赋、民间记录，讲述并品味历史、品味过去，也因此，我们能畅想“老窖”的未来。

第一节 好水为好酒之血

水，生命最基本的构成要素。水生万物，是所有生命生存的物质基础，也是人和其他生命体最重要的组成部分。

对中国白酒而言，历来将水视为酒的血脉。

据统计，我国流域面积在100平方千米以上的河流便多达50000余条，流域面积在1000平方千米以上的河流也有1500余条。它们与无数的湖泊、溪涧相伴相生，共同组成了我国丰富的河湖水系，滋养了华夏文明，塑造了民族性格，也赋予了中国白酒独特的生命个性。中国白酒的分布与河流水系的关系，从地图上来看就一目了然。在川黔版块上的白酒品牌，90%以上分布在长江流域。如长江上游支流赤水河沿岸的茅台、郎酒、国台；向北沿长江沿岸为浓香型白酒的代表泸州老窖、五粮液；再向北汇集了沱牌曲酒、剑南春、全兴、水井坊和邛崃的文君酒、邛酒，绵阳的丰谷酒，平昌的小角楼、江口醇；往东，万州有诗仙太白；往南到贵州安顺、都匀地区，则囊括了镇远青酒、都匀匀酒、金沙窖酒，遵义有药香型的董酒。淮水流域淮河边上有古井贡、口子窖、今世缘、双沟等白酒品牌；黄河流域渭河边上有西凤酒；汾河流域上有汾酒。如果我们把淮河流域划归长江流域之后，可以清楚地看出，我国八大名酒和绝大部分知名品牌白酒基本上都在长江和黄河流域，这也间接地证明了水对白酒酿造的重要性。

先秦时，《礼记·月令》记载酿酒“六物”当中，言“水泉必香”，就是对酿酒用水提出的要求。在当下中国白酒酿造过程中，除了冷却用水和锅炉用水之外，酿造和降度用水对水的要求最高。酿造用水中所含的各种成分，都与微生物的生长、酶的形成和作用以及糟醅的发酵直至成品酒的质量密切相关。水质不好会导致酿酒糟醅发酵迟钝、曲霉生长迟缓、曲温上升缓慢、酵母菌生长不良等状况，影响呈香物质的形成，还会造成白酒涩苦、异臭、变色、沉淀等现象。高度白酒降度过程所用的水称为降度用水，专业术语称为“加浆”，是白酒降度生产的重要过程。因此，降度用水必须是无色透明，不能含有太多有机物或铁离子，有咸味、苦味、泥臭味、铁腥味、硫化氢味则不宜使用。此外，水的pH、硬度、氯含量、硝酸盐含量对白酒酿造也有十分重要的影响。酒企选用的加浆水水源主要为地表水、地下水、自来水三种。在光照、气压、重力等物理因素以及人工的干预下，自然界中的水始终以降雨、河流、渗透等方式处于“移动”状态，空气、土壤和岩石层中的各种有机、无机物质溶解或混入水中，形成了含有各种各样杂质的水，主要有悬浮物、胶体和溶解物等杂质，需要净化后才能用作酿造用水。

丰富的水源为白酒酿造提供了必要的物质基础，庞大的水系也造就了独特的自然环境，由此形成的“微气候”对白酒酿造具有十分重要的作用。由此可见，长江水系为浓香型白酒风味提供了最为天然便捷的加工条件。

长江跋涉6300余千米，横跨我国西、中、东三大阶梯和四个气候带，沿途有超过700条支流接入，径流量常年在1万亿立方米以上，流域面积达180万平方千米。雪山、冰川化为了滔滔江水，从世界屋脊——青藏高原发端，流向各地。源自唐古拉山脉主峰格拉丹东大冰峰的长江水系与发源于九顶山南麓的沱江水系，两相交汇，构成了泸州水源的“主动脉”；赤水河、永宁河、濑溪河大大小小等76条“支脉”的流经，在循环往复的流动中，将富有灵性的清澈活水源源不断地输送泸州，也支撑起泸香即浓香的兴盛。泸州老窖历史上，龙泉井水一直是最主要的酿酒用水（图10-1）。龙泉井是凤凰山地下水与泉水的混合，位于1573国宝窖池群侧，凤凰山麓，井以“龙”名，州属之胜境也，稽其建井之由，去之远而不可考也。泉水四季满盈、清澈透明，口尝微甜，呈弱酸性，硬度适宜，富含钙、镁、锌等微量元素和多种富氧矿物质，能极大地促进酵母的生长繁殖和酶的代谢。随着酒业的发展，人们对于水的需要与来源逐渐增加，泸州老窖开始取泸州优质的江心水进行酿造，酿出的酒，品质同样上乘。由此泸州丰富的水系，构建起了浓香源流的血脉之基。可以说河流不仅构建起了山川地貌，也塑造出了不同的名酒风骨。

图10-1 位于泸州的龙泉井

第二节 浓香鼻祖的历史足迹

追溯泸州老窖的历史，会发现老窖之“老”，远非1573国宝窖池群仅仅以450余年的时间尺度可以概括和定义的。

一、泸州酒的汉风

“营沟头”，是泸州曲酒的主要出产地。

民国二十七年《泸县志》记载“营沟头”分为上营街、下营街和水巷子，自古酒坊林立。泸州老窖的多家老字号酿酒作坊，包括温永盛、春和荣、洪兴和、永兴诚、鼎丰恒等，皆位于此。1999年，考古队在营沟头一带曾发掘出一座古窑址，出土器物以陶瓷酒具为主，时代跨度为晚唐至元初。中国制瓷业兴盛约在两宋时期，因遗址有大量酒具，一时间考古专家们判断唐宋时期泸州酿酒业已趋发达。据文献《宋会要辑稿·食货》记载，北宋神宗熙宁十年（1077），泸州一年征收的酒税税额已超过6000贯。

实际上，放在中国传统酒酿造发展史的时间维度，专家们对泸州酿酒业兴于唐宋的时间判断并不孤立。学界有言，公元前200年的秦至公元1000年左右的北宋，中国传统酒酿造技艺发展至成熟期。这一阶段，我国古代酿酒著作中最系统、最完整、最具实践指导意义的酿酒著作《北山酒经》已问世，中国传统酒（非蒸馏酒）的发展开始进入黄金时代。酒之大兴，始自东汉末年至魏晋南北朝时期。汉朝时期，酒曲的出现提高了酿酒的速度，酿酒工艺的推广和更新换代也随之加速。2018年12月，四川省文物考古研究院在营头沟老窖池附近勘探和发掘，历时13天，出土大量汉砖。汉砖，汉代达官显贵厚葬习俗产物，为权贵墓室建筑主要装饰。砖上绘有车骑仪仗、阙楼桥梁、人物故事、舞乐百戏、祥瑞异兽、神话典故，内容珍奇，涉及上层社会的求仙、祭祀、宴乐、狩猎、出游、建筑，以及辟鬼、禳灾、庖厨的活动，到下层普通百姓采桑、纺织、耕种、收获、百戏的劳动生活场景。汉砖图像中，寥寥几笔古人饮酒坐姿和酒桌排序看似简单安排，却反映了饮者地位尊卑、人际关系、时势变化等诸多内容。地位尊贵的人坐在上位，其余的人按照地位尊卑分左右两列就座。左侧的位置尊于右侧，这是因为古人尚右，以右为尊。通常情况下，主人坐在宴席的上方，宾客坐在宴席的左方和右方，中间留出一片空地以方便侍者进献酒食和进行各种娱乐活动。如果来客和主人有同等的社会地位，尊卑相当，还可与主人同席并排而坐。汉画像中多“宴飨图”。《周礼·春官·大宗伯》中有记载：“以飨燕之礼，亲四方之宾客”。两汉时民间有着浓厚的宴饮迎宾之风：序长幼，明谦和，集迎宾、宴饮、乐舞为一体，中间5人席地而坐正在饮酒，案几上摆满酒杯、食物，左边四人两两互拜，右边正在进行精彩的乐舞表演以助兴（图10-2）。汉画像中的迎宾、宴饮场景，不仅如实反映了汉代民间的现实生活，也体现出了汉人希望死者在阴间能得以延续生前豪华生活的“事死如事生”的思想。汉画像砖中对于敬酒的演绎，更是揭示出国人尤善“一干

图 10-2　宋代赵佶《文会图》局部（中国台北故宫博物院藏）

而尽”这一白酒饮酒方式因何而起。汉代酒的度数很低，时人饮酒喜一饮而尽。在他人敬酒的情况下，不让倒满酒或不能一饮而尽，通常被视为对敬酒人不尊重。

二、宋元泸州酒业

宋代时，泸州已成为全国27大商税城市之一。名家黄庭坚记述泸州说：“江安食不足，江阳酒有余。”当时的泸州已有“大酒”和“小酒”之分，据《宋史·食货志》载：“自春至秋，酤成即鬻，谓之‘小酒’……腊酿蒸鬻，候夏而出，谓之‘大酒’……”文中“腊酿蒸鬻，候夏而出”，被认为是中国古代的谷物蒸馏酒，学理研究层面，算是中国古代蒸馏酒的雏形。据《永乐大典》记载，宋代泸州城内，有六个称为“务”的大型交易市场，场内设税官征税，六个“务”中两个是酒务，每年征收酒税近万贯，占泸州税赋十分之一。

《宋史》中“腊酿蒸鬻，候夏而出”的做法，在当时正是传统大曲酒酿制古法。我国传统酒曲兼有糖化和发酵的双重功能，早在大约四、五千年前就已发明，是世界上最早的保存酿酒微生物及其所产酶系的技术。在西方蒸馏酒起源研究中有一种说法，正是19世纪末20世纪初法国科学家研究了中国酒曲，改变了整个西方利用麦芽糖化的历史，才有了后来的西方蒸馏酒。可以想象，国人在如此漫长的酒曲制作历程中，积累了多么丰厚的经验，技术又是何等成熟。那么，元代泸州人郭怀玉置身其中，又是如何成功创新出“甘醇曲”？

从入行到成功脱颖而出，郭怀玉足足用了三十四年时间。算起来，郭怀玉入行正值1290年，这一年，距离导致南宋政权覆灭最后一战的1279年崖山海战，刚过去11年，距离泸州民众放弃长达三十五年浴血抗元，全城守军战死的1280年，刚刚过去10年。南宋战时，京城临安的供给保障线有赖长江水运，泸州的粮、油、盐、茶、糖、酒、山货、木材、铜铅等物资，源源不断地运往长江下游地区，因一直处于战事前沿地带、军机重地，重兵云集，朝廷官员、商家巨贾来往频繁，泸州经济反倒一度达到明清之前的第一个高峰。水运、战事以及南宋时期酿酒业的高度发达，注定了泸州会在中国酿酒发展历史上写下浓墨重彩的第一笔。

公元13世纪，蒙古军进攻南宋，南宋合州居民凭借钓鱼城的天险创造了坚守钓鱼城长达36年的不败神话。如果说钓鱼城是“上帝折鞭”之处，那么泸州则是保护“折鞭之处”的“金钟罩”。在蒙古军从长江顺流而下，企图分两路迅速进攻并拿下钓鱼城时，泸州军民借助神臂城的地理优势，径自坚持抗战，奋起拱卫钓鱼城35年，与钓鱼城共进退。可以说，折断这根“鞭子”时，有50%的裂痕是来自泸州人民的鞭打！战争结束的数十年后，一位对中国酒业起着极大影响作用的酿酒师郭怀玉开始入行从事酿酒。同期，元仁宗花了近十年时间“修身治国，儒道为切”，吸收汉法儒学，厉行新政，恢复科举，遏制土地兼并，改变赋役不均，推进货币改革，扩大对外通商，让国家得以休养生息，元朝经济活力不断复苏，为酿酒业的发展创造了良好的空间。加之，元人尚饮之风炽烈，宫廷为盛，元朝的皇帝也个个嗜酒。《元史》有写：“帝素嗜酒，日与大臣酣饮”，士大夫阶层和民间随之酒风日盛。除立朝初期，元曾短暂禁酒，后为恢复经济，对酿酒采用基本听任私人制造而榷以“酒课”的政策，元朝酿酒业才得以迅速兴旺起来。

随着长江航道持续影响边陲之地泸州酒业，郭怀玉有机会得以开阔视野，专注摸索属于自己的酿酒之道，寻求有利于自家发展的独有酿酒风味。泸州地域受战事影响时间极长，边关人口以融合为主，加之地理气候因素，故饮酒风俗迥然不同于内陆都会，对酒品的追求，对风味的诉求，均大有不同，更在乎一杯入口的浓烈和风味的浓郁，我们不排除郭怀玉一方面对宋酒技艺有着广泛而深入的钻研，也结合了元代酒风变化的最新趋势，为自己创造契合本地风味新酒迎来了极佳机遇。公元1324年的郭怀玉，已近天命之年，有着丰厚的人生阅历，长达三十余年浸于酿酒业，对酿酒技艺和市场的把握已至炉火纯青，终于成功地创造出了自己的“甘醇曲”，即今天大曲的雏形。郭怀玉发明“甘醇曲”，实现了中国白酒从小曲、散曲到大曲的革命性突破，开启了中国白酒大曲酒的酿制序幕，中国浓香型白酒由此起源。直至今日，无论是浓香、清香，还是酱香等香型，90%以上都源自“大曲”工艺。

与当时酿酒普遍采用小曲不同，“甘醇曲”曲块大，发酵时间更长，要求的温度也更高，富集驯化的微生物菌种更多，酶系和香味物质也更加丰富，浓郁、纯净和甘甜程度，都有极大的提升，饮后颊齿留香，余韵三日不绝，市场很快将其以“大曲”之名流传开来。“甘醇曲”的成功，使得郭怀玉于后世赢得了“中国制曲之父”的美名，也让泸州风味一举成为今日中国浓香型白酒中最具魅力的香型代表之一——泸香型。唯一令人遗憾的是，泰定元年（1324），既是“甘醇曲”问世之年，也是元朝政局开始动荡的一年，距离泸州大曲酿造技艺的精进以及老窖迎来真正的崛起，仍有待百年磨砺。

第三节
泥窖生香的变革突破

尽管在元代，蒸馏技术催生了中国白酒酿造史上最为深刻的一场技术变革，烧酒的度数几乎达到甚至超过今时白酒普遍的52度，但在元末明初相当一段时间里，高度蒸馏烧酒仍未成为主流。但受益于蒸馏技术迭代，酿酒业对酿酒谷物原料的多元化选择，以及人们对酒品风味的多元化追求，已逐渐开始对传统低度酒饮产生冲击。明朝李时珍《本草纲目》不仅对各种酒进行了品评，归纳总结了烧酒的制作方法及保健作用，还收录了众多药酒方。另外一本明朝著作《天工开物》中，已对红曲制作有了较为翔实的记载。当时主流社会中酒精度偏高的酒，多呈苦辣之味。元末人们时评风靡一时的黄酒风味，感官体验用词中不乏有“苦、涩、酸、浑、淡、清、光、滑、辣”等不同描述。按李时珍《本草纲目》对元末明初所引进的蒸馏酒生产方法的记录，采用的是与黄酒类似的发酵工艺，只是在发酵之后，再增加一道蒸馏工艺。但就这多加的一道蒸馏工艺让中国人的杯中酒，自此不再浑浊而变得清澈纯净。

一、明代老窖推手

明代永乐年间，青年施敬章顺应时代，为谋大发展，加入郭怀玉后人家族酿酒坊。郭家酿酒坊虽因其祖郭怀玉创出“甘醇曲”，一度执泸州酒业牛耳，数代生意兴旺，但制曲仍深受燥辣苦涩的困扰。一则因地处战时边关酒风尤烈，出酒略带辛辣苦涩倒也无妨，但进入和平时期，人们对酒的品质要求已然升级；其次，当时的酒市业已出现北酒与南酒的竞争，北酒以京、晋、冀、鲁、豫为核心区域，南酒则以江浙、两广和四川为主要影响区域。其间自然有地理、气候、习俗差异，渐成北派风味和南派风味两大主流风味之争。北派酒精度高，酒风清冽，南派则以黄酒为主，酒坊统一酒谱和酿造制程，抱团竞争，广推名号，风味追求温顺平衡，但因耗粮成本高昂，风行于中上阶层。酒业繁荣，市场竞争日趋激烈，纵使是大曲起家的郭氏家族，也不得不寻求品质突破。

明代传统的蒸馏器，一般有两种冷却方式：一种是把蒸馏出来的酒蒸气引至蒸馏器外部的冷却器中冷却后收集，此古法见于元代《居家必用事类全集》中的“南番烧酒法”；另一种是天锅冷却（蒸馏锅上部的冷凝器古称），酒液在蒸馏锅内的汇酒槽中汇集排放。如《调鼎集》载：“天锅之水，每蒸二放，三放不等，看流酒之长短，时候之冷热，大约花散而味淡即止。”《本草纲目》也有“烧酒……面有细花者为真，小便清者，以头烧酒饮之，即止”的记录，这也是早期酿酒“看花摘酒”工艺的雏形。彼时，铜质蒸馏器造价高昂，且体积受铜技术限制，出酒容量极其有限。施敬章借鉴民间蒸煮食材的作坊经验，制作木制大型甑桶替代了铜质蒸馏器，有效降低了酿酒器具资金的投入，降本增效成效显著，木甑桶在川南地区得以迅速推广开来，广泛沿用至今。如此一来，由施敬章开始，固态发酵，甑桶蒸馏，促成郭氏泸州浓香大曲酒一经面市，一炮打响。顺理成章，入郭家酒坊学艺满九载后，郭家决定将酒坊技艺传承正式托付给施敬章，全权负责酒的酿造。

二、舒聚源的兴起

公元1573年，一位名叫舒承宗的泸州武举人解甲归田后，在泸州酒市兴盛的江阳营沟头，坐北向南，取五渡溪黄泥，建窖开坊，取名“舒聚源”，寓意聚人源、聚酒源、聚财源，这便是今日享誉海内外的1573国宝窖池群的源头（图10-3）。舒承宗对泸州酒的核心贡献在于，他集传统酿制技艺之大成，始建泥窖酿酒，开创了人类首次利用土壤微生物发酵生香的酿造历史，形成了“千年老窖万年母糟”“老窖酿好酒”的浓香工艺精髓。

“舒聚源”作坊所产之酒，清洌甘爽、口齿留香，沿着长江水道飘向四方，舒家的兴旺自然随之更上层楼。但在中国传统酿造史上，真正具有绝对性影响力的大事只有一个，就是高粱酒的出现。有观点认为，高粱酒起源于明朝，盛行于清朝。目前能查到确切的资料，仅李时珍的《本草纲目》里有记载

图10-3　建于明末清初的老窖池

高粱酒，关于高粱直接酿酒的记录并不多见。方以智《物理小识·饮食篇》中有“稻黍杂粮等皆可烧”一说，虽没点明有高粱，但当时高粱也是“杂粮”，理应在“皆可烧”所指范围以内。中国酒史专家、山东省社会科学院历史研究所研究员王赛时认为，明清时期流行麦烧、米烧、糟烧以及各种杂粮制造的烧酒。明朝人酿造烧酒的方法，大多还是继承元朝的液体酒醅蒸馏法。极可能民间是先用红薯或者高粱，做出低度的红薯酒醅、高粱酒醅，然后盖上锡锅蒸煮蒸馏，出来的就是红薯烧酒或高粱烧酒。清朝乾隆年间，有了清晰的用高粱酿造白酒的技术和文献记载。清朝梁章钜在《浪迹丛谈》和《浪迹续谈》中就写到：“今各地皆有烧酒，而以高粱所酿为最正。北方之沛酒、潞酒、汾酒，皆高粱所为……”这不仅说明高粱已经用于酿酒，且盛产高粱酒的地域相当广泛。实际上，高粱酒的兴起，除了高粱种植广泛、成本低等因素外，更重要的是用高粱酿出来的酒品质比其他谷物酿的好，且度数更高、容易保存。但这个时候，高粱并非酿酒的主要原料，甚至连常用原料都不是。综合元朝、明朝诸多关于烧酒和高粱酒的资料，高粱酒最晚始创于明朝中叶。其创始过程，应该是在蒸馏酒兴起后，和各种杂粮一起，同时成为酿酒原料。经明末清初的大战乱考验，高粱酿酒的优越性逐渐突出，以其易栽种、酿酒品质高，而逐步成为中国最主要的蒸馏酒原料。照此对史料的分析，以泸州老窖前世传人舒承宗对酒品品质的追求，“舒聚源”出酒，极可能是最早一批质量较高的高粱蒸馏烧酒。

清朝，中国酿造的整个酒类品种和制酒工艺得到了空前的进步。尤其是这一时期蒸馏酒（烧酒、白酒）的品种更为丰富，各种类型白酒的酿造技术逐渐完备和成熟。由于蒸馏酒需要大量耗粮，从康熙到乾隆时期皆禁烧酒。但强制性禁令收效不大，烧酒在民间一步步缓慢流行，到嘉庆年间，已经与南派酿酒技艺代表的黄酒在市场上平分秋色。在以饮用黄酒为主的南方，白酒的饮用和酿造也得到了大范围普及，以至于到了嘉庆年间烧酒解禁后，白酒饮用总量第一次超过了黄酒。有文献载“八百里秦川”居民饮酒“素不饮茶，早起入市，群饮烧酒”。就时间线而言，至少到“舒聚源”被温氏家族收购以前，一方面烧酒尚未主流化，另一方面因长期“禁烧锅”带来的压力，泸州“舒聚源”这一时期的传人在经营上，极可能压力极大，史料披露，彼时舒家传人舒兴文将“舒聚源”托付给学艺匠人杜远祯经营，后来传人饶天生又将“舒聚源”转让给了因“湖广填四川”移民泸州的温氏。

三、温永盛的传奇

1725年，温荣盛和父兄三人、家眷两人，带上家人和几代人的积蓄，随“湖广填四川”的移民入川，最终选定依托长江、沱江两江的泸州，作为创业居家之地。温荣盛的父亲是精明的客家人，老人家既懂风水又懂建筑和经商，来泸州后，按照客家人的习惯，选择了适宜川南的方楼模式，在珠子街一带修建住宅，并于1728年8月18日，将“温公馆”和“温永盛”两块黑漆招牌，挂在了刚建成的住宅和作坊前。原本温家作坊是干客家老本行，酿米酒、泡糟蛋，作坊也是以家传内容为首要营生。取名“温永盛”是因为温荣盛是温家在泸州的第一代，为了祝愿世代生意兴隆、长盛不衰，所以才在招牌上改名“温永盛”。

“温永盛”接手位于营沟头“舒聚源”作坊时，“舒聚源”经营的仅有舒承宗创业时置办下的万历年间的窖池。此后，温氏家族将“温永盛”招牌和商标全部用于营沟头，全力开发明代老窖池，迎来了泸州老窖历史上第一次有规模的扩张。到1869年温氏家族的“温永盛作坊”打出“三百年老窖”旗号时，这在当时的泸州酒业，已经是最具实力的大笔投资。正是从“温永盛”开始，泸州老窖大曲酒终于真正意义上声名显赫，销路日渐扩大。章士钊曾赋诗赞道“名酒善刀三百岁，却惭交旧得分尝”，潘伯鹰也赞誉“温家酒窖三百年，泸州大曲天下传”。

以“温永盛”为龙头，泸州老窖大曲的经营很快让当时的泸香型大曲变得抢手，一时之间，泸州酿酒的老窖池数量激增。包括清光绪江阳区皂角巷定记作坊，道光年间的龙马潭区小市过江楼鸿盛祥作坊，乾隆年间的富生荣作坊，同治醇丰远作坊，小市上码头同发生作坊，新街子永生祥作坊，咸丰年间营沟头永兴诚，乾隆协成作坊……后世统称泸州酿酒三十六坊。清同治八年（1869），温永盛作坊主温宣豫专门设立杜康神坛，率泸州同业祭拜酿酒之神杜康。在“温永盛”的影响下，泸州各酿酒作坊会组织帮会，分别祭拜杜康和雷祖，行拜师礼学习酿酒技艺，入坊学徒纷纷争相立志，以有朝一日凭梅瓣碎粮、打梗摊晾、回马上甑、看花摘酒、手捻酒液等一手酿酒绝活，成为作坊里技艺最高超，受人尊敬的领头酿酒师傅“大瓦片”为荣。“大瓦片”的意思，即酿酒作坊里以瓦片来统计每天的产酒数量，久而久之，“瓦片”就成了酿酒师的代名词。到辛亥革命前夕，酒窖遍布泸州城，曲酒酿造作坊最为著名的有温永盛、天成生、协泰祥、春和荣、永兴诚、洪兴和、义泰和、爱仁堂、大兴和等数十家。

四、商帮产业崛起

另一件与泸州老窖史上首轮扩张几乎同步，事关中国酿酒业发展史的事，就是中国近现代商业史上商帮的产生。2012年出版的著作《当商帮已成浮云》一书作者徐志频对商帮的界定是“以地缘和血缘为基础、以经济关系为核心而组成的帮派性组织”。徐志频表示，商帮的萌芽期始于唐宋，真正兴盛是在明清。明朝的“开中法”被视为商帮规模化出现的源头。“开中法”是明代鼓励商人运输粮食到边塞换取盐引，给予贩盐专利的一种制度，起源于明军征讨蒙古，80万大军急需粮草，官方不得已开始借助民间力量。“开中法”实际上打破了官府长期垄断，为日后商帮的发展埋下伏笔。

按泸州老窖发展中起到重大作用的温氏家族后人的说法，公元1728 年与“温永盛”同时间挂出的“温公馆”招牌，也有照会梅州同乡移民的意思。商帮的发展，繁荣了社会经济，也是对中国传统小农经济、自然经济的有力补充。商帮更大的价值则是促进整个国家向近现代工商社会的转型、发展。泸州自古就是除重庆外的长江上游水运第一大码头，上通成都、下达重庆，周边500公里内的货物，均在泸州集散，在西南有“金泸州”之称。清末至民初，泸州工商业已囊括丝绸、布匹、花纱、药材、盐业、酒业、木材、油糖、山货到煤、纸、五金等行业。商贸极大的繁荣，水陆转口贸易吸引了全国各地商人到泸州开店设号，经营布匹、绸缎、百货、土酒、花酒、粮食、山货土产，先后涌现了江西帮、黄州帮、陕西帮、贵州帮等大的商贸集团。清宣统二年（1910），泸州由农会、工会、商会、教育会共同自发组建名为四法团的商会，成立商务分会事务所，下辖百货帮、匹头帮、钱帮等各大行业帮会，并设有帮董一职，类似现代意义上的行业协会会长。

清末民初，泸州各酿酒作坊协会组织帮会中，又以雷祖会最为有名。在商业帮会统领下的泸州酿酒业，围绕酿酒各个产业环节，相互从资本到技术自主合作，逐步形成了产业同盟，催生出最早的行业章程，形成了近现代酿酒行业产业链的雏形。

第四节
中国白酒的首例国际奖章

民国初，泸州改为泸县，属永宁道，为永宁道管辖。当时整个四川地区军阀混战，泸州也不可避免。彼时，受同盟会泸州党人推举，“筱记温永盛酒坊”当家温筱泉任川南军政府副都督，后川南军政府改组为蜀军政府川南军总司令署，温筱泉任枢密院院长，其苦心经营的社会网络和资源，为3年后泸州老窖大曲首次登上世界舞台创造了良好的机遇。

一、泸州大曲实业兴邦

温翰桢，号筱泉，别号蜕安，泸州城厢人，生于清同治九年（1870），家中四兄弟，排行老三，人称温三爷。幼入读陈湘屏家私塾，16岁入鹤山书院，光绪二十八年壬寅年入科举举人，候补同知，时评官宦业绩突出，其父诰封通议大夫，自己同知晋二级，泸州老窖第十五代传人。蜀中名士万慎《山憨山房杂著》赞其“筱泉少年倜傥，有远志，能为诗，古文辞，峣然而与古作者会。人亦磊落抗往，魁岸迈流俗，故历任督学使皆赏异之，谓长于交际且有应变之材”。1913年，温筱泉继承在营沟头的温氏酿酒祖业，改豫记为筱记，改名为“筱记温永盛酒坊”。拥有前清举人身份的温筱泉经营家族企业，促进了泸州老窖前身“筱记温永盛酒坊”和泸香型大曲酒的大力发展。1913年4月，北京政府成立国会，温筱泉被选为众议院第一届议员。

晚清自强运动中，清政府的改革派官员对于现代工业的发展持积极态度，而且也尽可能调动国家资源来鼓励和扶持中国商人兴办现代企业。清光绪三十四年（1908），时任两江总督兼南洋通商大臣的端方，与江苏巡抚陈启泰联名上奏《筹办南洋劝业会折》，倡议在江宁城创办南洋第一次劝业会“以振兴实业，开通民智”得到清廷准奏。又在南京设劝业会事务所。办会资金议定官民合作，官方筹资70万银圆，上海、南京两地商界筹垫30万银圆。由此，中国历史上首次以官方名义主办的国际性博览会——“南洋劝业会”，于清宣统二年（1910）在南京举办，历时达半年。博览会冠名“南洋”，皆因南京的两江总督兼任“南洋大臣”已成为定制。

"南洋劝业会研究会"组织专家799人，对多达14个国家和地区，22个行省的展品质量进行了鉴定，当时全地酒厂随各省参展，归类于"农业"类别。南洋劝业会吸引近30万观摩者，总成交额数千万银元，对中国近代工业的发展起到了积极作用，更令追求近代文明的中国人大开眼界。与"振兴实业"而带来的实际经济效益相比，它的"开通民智""引领风气"的先导作用更为主要。《申报》连续报道南洋劝业会展出详情并发文寄语："深望吾国农工品物，经此盛会，而由有比较而竞争，由竞争而谋改进，则吾国实业前途，虽未能递与欧美相颉颃，而亦差足自存于世界。"当时有名的《国风报》《东方杂志》《劝业月报》等报刊，接连不断地进行宣传报道、广告推介，提倡重视工商。大家熟悉的鲁迅、茅盾、叶圣陶等大师当年也曾亲历现场，目睹盛事后纷纷感叹"胜读十年书。"对此后四川酒业以及泸州温氏家族温筱泉领头参与1915年国际博览会产生了积极影响。在温筱泉带领下，泸州老窖温永盛出品的泸州大曲分别在南洋劝业会、北洋劝业会获一等奖，上海展览会甲等奖，重庆劝业会一等奖，成都劝业会特等奖二次、一等奖一次。生产的绿豆大曲，在昆明获奖，泸州大曲酒声誉随之日渐扩大，盛誉远扬。

辛亥革命后，中国进入北洋政府时期（1912年3月至1928年）。民国初年农商部的调查显示，1912年全国酒类产量约903万吨，其中黄酒年产量约87.7万吨，占全国酒类总产量的10%；烧酒460万吨，占总产量的51%；高粱酒337万吨，占总产量的37%；果子酒约818吨，药酒944吨；其他酒类17.8万吨，约占总产量的2%。高粱酒和烧酒（即民国时产的白酒）产量占全国酒产量的88%，蒸馏酒占据国人酒类消费的绝大部分。民国初始，中国尚无名牌烧酒的概念，川贵的泸州老窖和茅台等白酒虽已经为人所知，但由于信息闭塞和交通不发达，仍难以行销全国。当时政府条例规定，酒类营业分为整卖（批发）和零售两类，各类酒商营业须经官府批准，纳税领取特许牌照。牌照税于一年内分两期完纳。特许牌照由财政部统一印制颁发，财政厅转给，准承继营业，但不许转卖、让与或贷用。

二、国际金奖迈向世界

巴拿马运河本位于中南美洲国家巴拿马，美国取得巴拿马运河的永久使用、占领及控制权利后，巴拿马运河于1904年动工至1914年8月通航。1912年8

月，美国宣布运河归美国政府所有，巴拿马运河区成为国中之国。1914年，美国为了纪念人类发现太平洋 400 年和巴拿马运河顺利开通，宣布美国将于1915年 2 月在西海岸旧金山市举办“巴拿马太平洋万国博览会”。

1913年5月，美国承认北洋政府。1914年3月，美国派爱旦穆到中国游说中国派代表团参展。此时正值第一次世界大战开战，美国需要在亚洲寻求支持，而北洋政府是中国历史上第一个以和平的方式完整继承前朝疆域的政权，也是清朝灭亡后第一个被国际承认的中国政府。故北洋政府也将此事作为中国走向国际舞台的一件大事，旋即由农商部全权筹办，成立巴拿马赛会事务局。

时值1914年袁世凯55岁生日，泸县官绅前往北京为袁世凯祝寿，泸州老窖温永盛作坊主温筱泉一并前往（图10-4）。温筱泉曾出任川南军政府副都督，后成为国会议员，在国会中有一定的声望。到了京城，时任财务部次长张熙午（泸州人）告知了温筱泉关于“巴拿马太平洋万国博览会”的消息，并极力要求温筱泉将温永盛作坊三百年老窖大曲酒送往美国参展。温筱泉回泸州后立刻准备参展事宜，同时指派专人携带温永盛大曲酒随同参展团队前往美国参加盛会。1914年6月16日，农商部特地派官员分三路前往各省征集参展产品，共征集19省参赛品多达10余万件。最终，1915年巴拿马博览会设中国馆，面积约5400平方米，分9个陈列馆，展品16000余件，展品分为农业、工业、教育、文艺、美术、矿产、食品、交通、园艺9部分。据泸州市人民政府网站介绍温筱泉先生文字记录有：“1915年，温筱泉携温永盛作坊所产的大曲酒亮相美国旧金山举行的巴拿马太平洋万国博览会。经过各国专家反复品尝、鉴定、评比，

图 10-4　1914 年，袁世凯 55 岁生日时泸县官绅前往北京为袁世凯祝寿时所拍摄
（照片最右的温翰桢就是泸州老窖温永盛作坊主温筱泉）

中国泸州温永盛老窖大曲酒被评为国际名酒金奖，从而荣获巴拿马太平洋万国博览会金质奖章（图10-5），这是我国浓香型白酒中最早荣获国际金奖的产品，温筱泉也成为了将中国白酒推向世界的第一人。”

图10-5 1915年，中国泸州温永盛老窖大曲酒荣获巴拿马太平洋万国博览会金质奖章

在泸州老窖历年收集的历史资料中，温永盛老窖大曲酒样品照片、金奖奖牌照片以及1947年《泸县一览》刊载温永盛作坊获奖的照片上写：“泸县筱记温永盛大曲酒厂，泸县著名第一之老窖大曲酒厂，历年三百，并无新窖，开始酿造绿豆大曲酒之第一家，精心秘制。最初发明，醇香甘洁，世界驰誉，叠获巴拿马、纽约、伦敦、巴黎、南京、上海、成都、重庆、平津、万泸各地褒章奖状。厂址营沟头，营业部慈善路。”既有对泸州老窖获得巴拿马金奖的佐证，也表明当时泸州老窖已经畅销海外，更有其厂址一直位于营沟头的记录（图10-6）。

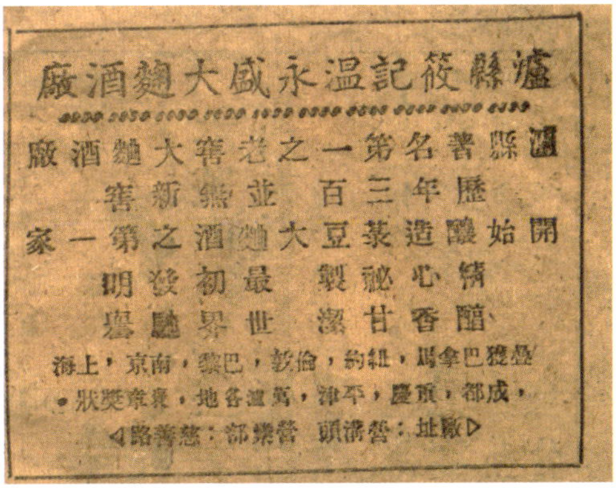
瀘縣筱記温永盛大麯酒廠
瀘縣著名第一之老窖大麯酒廠
歷年三百 並無新窖
開始釀造菉豆大麯酒之第一家
精心秘製 最初發明
醇香甘潔 世界馳譽
疊獲巴拿馬，紐約，倫敦，巴黎，南京，上海，成都，重慶，平津，萬瀘各地褒章獎狀。
廠址：營溝頭 營業部：慈善路

图10-6 民国文献《泸县一览》记载温永盛三百年老窖大曲叠获巴拿马、纽约、伦敦、巴黎、南京、上海、成都、重庆、平津、万泸各地褒章奖状

第五节
老窖的传奇历程

历经1911年辛亥革命后的北洋军阀割据、列强入侵、军阀混战、南京政府成立等一系列事件，中国酿酒业的发展也随之深陷巨大的时代动荡之中，泸州老窖前身“筱记温永盛酿酒作坊”置身其间，在掌舵人温筱泉带领下，在波诡云谲的时局中毅然向自己的命运发起挑战。以时代起伏为脉的史海钩沉，记述了泸州老窖温永盛的烽火岁月传奇。

一、骨子里的红色基因

1912年底北京政府成立国会，温筱泉当选为第一届议员，后任国府顾问。在京期间，温筱泉目睹国家的内忧外患，军阀把持大权，国会无力维护国家的统一，不甘心介入国会派别争斗，心生退意，又常与名士黄炎培、实业家张謇、民国教育部长章士钊等，酌酒高谈实业救国，教育救国，遂返乡继承祖业，将豫记温永盛更名为筱记温永盛酿酒作坊。

彼时，仅史料可考的泸州，酒年产量自清光绪五年的1879年的10吨，已升至辛亥革命前夕的240吨以上。虽然32年间年平均增长量仍不足10吨，但依据当时的环境，整体仍属于高增长。川内酒税低，是酿酒业发展的重要推手。据《四川财政考·酒税考》记载：“川省初无酒税之法，酒类列入货厘增收。”大曲酒、仿绍酒之类高档酒，每斤征8文税银，烧酒、老酒等中低端酒每斤征4文税银。城内酒坊林立，酒窖遍布……除了长江航运水道，随着公路交通条件的改良，泸州大曲酒销售通道迅速打开，城内酿酒作坊和酒窖年年递增。同一时期，宜宾、成都、遂宁等地酿酒作坊扩张，每地作坊数以百计。”

拥有沱江与长江交汇之便的泸州，是川南经济中心，自古以来就商贾辐辏，五方杂处，长江水运中泸州码头与重庆码头关系紧密。民初至1919年防区制形成以前，各地新糟坊陆续开办，36个酿酒大县形成了四川酒业的初步发展格局，其主要销售市场为重庆，约占总产量50%。川东川北各地和省外的酒商，都驻重庆购买泸州大曲酒。各家厂商亦由于交通运输关系，极少数直接运销省外，只运往重庆，因而重庆成了泸州大曲酒的主要市场。史料载，“筱记温永盛酒坊”掌舵人温筱泉在与老一辈无产阶级革命家朱德私交中，得朱德赠诗一首：“护国军兴事变迁，烽烟交警振阛阓；酒城幸保身无恙，检点机韬又一年。”1916年，朱德随云南蔡锷护国军入川，任护国军团长。泸纳之战（讨袁护国战争中，护国军进攻四川泸州及保卫纳溪一战），朱德以少胜多，名声大振。朱德诗中“酒城幸保身无恙”一句，所记录的据推测应该就是朱德回溯护国战争泸纳决战时，庆幸泸州城中温永盛作坊免遭战火涂炭。以小见大，足见军阀混战时期，四川酿酒业所遇时局和环境的凶险。身为温氏“温永盛作坊”第十一代传人的温筱泉，与中国革命的缘分就缘起于民国初期和朱德等人结下的深厚情谊，泸州老窖也就此注入红色基因。

民国初期的风起云涌，也催生了另一位为泸州老窖注入红色基因的老窖传承人，酿酒大师李华伯。李华伯高祖李荣隆于康熙年间开始经营酒业，发展成为泸州地方工商界、酒界颇有声望的名门望族。李华伯接手家族产业后，对祖传的酿酒技艺和生产管理进行一系列改革创新。技术方面，他坚持严选穗大皮薄籽实的泸州糯红高粱作原料，善于控制窖温，采纳全新勾调技术，成为一代泸州老窖酒传统酿制技艺代表性人物；1924年，在时任泸州川南师范学校校长的中国无产阶级革命家恽代英影响下，仅19岁的李华伯已经成为接受马克思主义思想的进步青年。“五卅惨案”后，李华伯组织泸县中学、川南师范等学校的学生，掀起声势浩大的爱国声援活动。思想上的进步，让李华伯成为同龄酿酒人中的“与众不同者”。1937年抗战爆发，酒成为重要的战备物资，这极大地刺激了白酒的生产，泸州酿酒业也进入了一个发展高峰期。李华伯开始加大酒坊的生产量，以满足战争需求，支援前线抗战。同时，他四处奔走，号召泸州工商界人士为前线捐款捐物，得到爱国将领冯玉祥将军赞誉。李华伯的妹妹李青林，深受进步思想和红色文化的影响，积极主动加入中国共产党，从事地下革命活动。李华伯知晓后不仅没有阻止，反而掩护她的身份，还为地下党的活动提供地点、食宿和经济支持。李青林在万县任县委副书记时被叛徒出卖而被捕，于重庆渣滓洞集中营英勇就义，年仅37岁。李青林的革命传奇后来被写进风靡中国的小说《红岩》中广为流传。

泸州“爱仁堂作坊”创建于清道光年间，迄今已有一百八十余年。爱仁堂作坊最初酿造大曲酒。后由法国传教士授以酿造低度花果酒技术，采用鲜花、鲜果为原料，与法国酿造花酒的传统工艺相结合，出产果露香花酒，取名“露酒”。爱仁堂的“露酒”仅次于泸州名曲酒“温永盛”，时人都把泸州老窖大曲酒和露酒誉为“姐妹花”。爱仁堂创始人刘皇珍的孙子就是鼎鼎大名的刘航琛(1897—1975)，曾担任过四川廿一军财政处长、四川省财政厅长、民国政府经济部长等职务，为四川军阀刘湘的联歙能臣。刘航琛的堂弟刘国鋕在1941年就加入了中国共产党，并担任中共重庆沙磁区学运特支书记，参与建立和领导了进步学生组织的“六一社”，建立重庆地下民盟，并担任重要职务。他为《挺进报》的编创人员与中共重庆市委接上关系，其后又为《挺进报》的编印提供经费，并且是报纸重要的发行者之一。1948年因叛徒出卖，刘国鋕被捕，先后被囚于重庆渣滓洞集中营、白公馆。他的亲友利用上层社会关系营救，但他表示“决不背叛革命”，宁愿放弃去美国留学，拒不在“脱党声明”上签字，他说：“我死了有党，等于没有死；我如果背叛组织，活着又有什么意义！”1949年11月27日，刘国鋕慷慨就义于重庆歌乐山松林坡刑场，时年28岁。从李华伯、李青林到刘国鋕，一代又一代的热血青年，用自己的热血，为泸州老窖注入了红色基因，成就了泸州老窖红色血脉。

二、酿酒微生物的探索先锋

抗日战争全面爆发前的十年，中国大力发展国营经济，使国家资本在整个社会经济中占主导地位，在经济增长模式上推行优先发展国营企业的战略。到1937年抗战全面爆发前夕，全国建成近4000家现代工厂、1万余公里铁路、11.6万公里公路、12条民航空运线路、8.9万公里的电话线和7.3万个邮政局。铁路、公路的建设，极大地促进了当时农工商业的迅速发展。酿酒业受益于此，包括泸州老窖前身的明清36坊，销售路径大开，泸州大曲酒的名号蔓延全国，也成为具有全国声誉的高档酒品。

与之同时，“教育救国”思潮涌动，也开启了中国酿酒业微生物生态研究的第一波浪潮，相继涌现出大批对后续中国酿造学、微生物生态研究、老窖生态环境研究产生过具有巨大影响力的人物。1928年，国立中央大学农学院正式成立。国立中央大学农化系涌现了中国第一代现代微生物专家，为我国酿造微生物学研究和人才培养做出了开拓性的贡献。中国第一代发酵学科泰斗魏喦寿（1900—1973）、陈騊声（1899—1992）、金培松（1906—1969）、秦含章（1908—2019）、朱宝镛（1906—1995）等均在此任教。1928年，南京成立中央工业试验所（中央工业试验所1949年后更名为上海科学研究所，后改名为轻工业部上海食品工业研究所）。中央工业试验所的发酵实验室，为中国酿造工业化和科学化做出了巨大贡献，为中国白酒进入工业化、规模化生产奠定了基础。陈駒声、金培松等国内一大批酿造专家先后在此工作或任职。对中国的传统酿造工艺的改进做出了贡献。1931 年，黄海化学工业研究社，简称“黄海社”（黄海化学工业研究社成立于1922年，是我国第一个化工科学研究机构，由著名实业家范旭东创立，孙学悟负责筹办）创立了我国第一个专门研究应用微生物的实验室——菌学研究室，探索我国传统微生物的研究工作。着手采用科学方法对历史悠久的祖国酿造技艺进行系统整理、提高，以建立菌学基础和菌学规范，开拓新式实业。1939年，徐望之与朱宝镛共同发起创办了中国酿造学社，并以酿造学社名义，出版了中国历史上第一份酿造专业刊物——《酿造杂志》。徐望之在发刊词中慨言：“中国之酿造，夏禹时已有之。然数千年来，从未引用科学方法加以管理，如我国酿酒酵母，为他国学者发现者已有百十余种，而我则寂然无所闻也！今为亡羊补牢之计，惟有访求酿造人才，先从研究学术入手作忠实之宣传，俾国人有真確之认识，是刊行酿造杂志，实为刻不容缓之图”。

中国第一代发酵学科泰斗魏喦寿，早年自南洋中学毕业后，考取政府公费进入日本京都大学化学工程科，学习化学和微生物学并进行真菌学研究，为归国后在应用微生物学方面进行开拓性工作奠定了基础。1926年10月，魏喦寿作为我国留日学生组织中华学艺社的代表，与竺可桢、任鸿隽、翁文灏、胡先驌等中国科学社的代表，参加泛太平洋学术会议第三次会议，提交了我国关于非医学微生物学的第一篇试验研究报告“两种新的致东方木结构房屋腐朽的霉菌”；1929年，魏喦寿在《科学》（*Science*）杂志报道了他在腐乳中分离的一个毛霉新种；1931年，他与学生方心芳发表了“中国酱醪中之数种酵母菌”一文，他分离的一种拟青霉曾被青霉菌专家C. 汤姆 (Thom) 收录于1930年出版的《青霉菌》(*The Penicillia*) 专著，是我国科学家从发酵食品中分离出的第一批工业微生物菌种。1935年，魏喦寿在兼任中国酒精厂总工程师时，曾试验利用甘薯作为生产酒精的原料，并采用纯种酵母菌发酵以提高发酵效率，开甘薯酿酒之先河。1937—1945年，魏喦寿担任国民政府资源委员会酒精工业总工程师，在四川省和云南省主持创建了内江、泸州、昆明酒精厂，在极为艰难的条件下连续生产酒精，解决战时燃料、医疗和化学实验所需的酒精需求，对抗战做出重要贡献。学术生涯中，魏喦寿首次向国外介绍了我国白酒酿造中，谷物酒曲是如何采用霉菌和细菌的淀粉酶，协同完成淀粉的液化和糖化过程。魏喦寿临终前出版《高粱酒》一书，表明他对我国传统发酵技术所具有的深刻理解，折射出高粱在中国蒸馏酒酿造进程中的巨大价值。

陈騊声，1930年开始担任实业部中央工业试验所酿造研究室主任，致力于改进传统酿造。他广泛收集国内各省的酒药、酒曲，并对其中的微生物进行分析与实验，从中分离出多种酵母与霉菌，初步了解酒药中霉菌以根霉为主，酒曲中的霉菌以曲霉为主。他在《漫谈白酒》一文中提出："希望白酒生产和研究单位集合微生物学、生物化学、分析化学等有关专家共同努力，争取在短时间内完全掌握各种名酒的香气产生菌后，应用名种纯菌的混合发酵法，生产与名酒同样质量的酿造酒。"这应该是中国学者倡导酿酒微生物研究需要通过交叉学科拓展思维的首例。1932年陈騊声公费赴美留学，获理学硕士，在美国威斯康星大学研究院进修发酵化学，赴欧洲各国考察微生物工业，回国后在抗战艰难的岁月里，坚持完成了约140万字的《酿造学总论》（上下册）和《酿造学分论》（上下册），两部专著列入大学丛书，影响巨盛。

金培松，1927年获美国威斯康星大学硕士学位，1936年回国任中央工业试验所发酵室主任。抗战时期，金培松将实验室里数百株细菌菌种一路护送到后方重庆。毕生著有《酿造工业》《微生物学》《发酵工业分析》及大学讲义《应用微生物学》《酿造技术与发酵技术》等。尽管探索未止，但直至和平年代，以探索微生物世界为主导的中国发酵学研究，才又得以快速发展并取得巨大进步。半个多世纪后，国家固态酿造工程技术研究中心（以下简称"中心"），于2009年12月获科技部批准，依托泸州老窖股份有限公司组建，成为目前国内固态酿造行业唯一、专门从事工程技术研究与开发的国家科技创新平台。中心于2014年1月顺利通过科技部验收，2016年3月获批为第二批国家科技服务业行业试点单位，是全国40家试点单位之一。中心重点围绕固态酿造行业的关键、共性技术问题，开展固态酿造生产过程的标准化技术、优势菌群共培养技术的应用、固态酿造过程的检测技术及发酵过程优化技术、生产智能化控制技术、废弃物资源化利用技术的研发等开发及应用研究，为固态酿造行业提供和推广高效、实用、易于转化的工程技术成果，不断推动相关技术成果的工程化应用，为白酒、酱油、食醋、泡菜等固态酿造产品生产企业提供便捷的科技资源共享平台。

三、抗战时期的中流砥柱

1937年“七七事变”后，中国进入全面抗战时期。1937年12月，国民党南京政府迁都重庆，四川成为全国抗日大后方，大批军政机关、学校南迁西南，四川酿酒业随之迎来前所未有的一次特殊的发展机遇。

自1933年，四川军阀刘湘统一四川后，全川经济就已迅速恢复，进入相对稳定的发展阶段，整个四川酒业的发展也相对提速，而全面抗战的到来，则促使四川酒业发展进入巅峰时期。据记载，1938年，重庆“全市消耗干酒一项，每月在一千担以上，以重量计，平均共有十万余斤，以每百斤36元之市价计算，每月须耗洋36000余元。此外，曲酒消耗，每月亦有数百缸。”就重庆一地而言销售量就已惊人，而随着内迁人口增加，民众对酒的需求更是有增无减。除了重庆以外，成都、万县、泸州自然是极为重要的商埠，是酒类的重要集散地。

此时的泸州大曲酒已经打出了名号。以温永盛、天成生等老牌老窖作坊闻名，有庞大的消费群体，在重庆、成都、万县等皆有销售地点，销量可观。民间记载，酒成为重要的嗜好品之一，上至达官贵人，下至贩夫走卒，人人都喜欢喝两口，“大曲酒（泸州）消耗亦多”。

在泸州老窖博物馆展厅里有清末民初时的酒器：乳白色粗瓷制造的包装酒罐，罐子正面书写着五个大字“三百年老窖”，背面落款为“豫记温永盛曲酒厂”。老窖的年代久远，决定了大曲酒的质量。温永盛、天成生、协泰祥等拥有老窖的作坊都靠老窖浓香打出了泸州大曲酒的名气。泸州大曲酒的名号让产品畅销，流动资金便足够周转，酒业有利可图，因此越来越多的人参与酿酒。1936年官方调查泸县大曲酒发现“自民国以来，酒销路甚好，酒业经营方法，亦甚稳健，年有余利，于是竞争者群起，纷纷设厂制造。”1936、1938年四川各地酒类产量表中，可以清楚地看到当时管辖泸州的永宁税务所有记载，酒产量从1936年的854万斤涨到了1315万斤，足足涨了500万斤。1936年的泸州不乏军乱、天灾水祸仍保持如此产量，可见当时泸州酒业的雄厚实力。

抗战年间，泸州大曲酒实际年产量在一千万斤以上，最高达1800吨，相比抗战前期增加了100吨。泸州大曲酒畅销，销售商争相订货，先付全额货款，有运销商在重庆开号设店，转贩川北、川东及汉口、上海、宜昌、河市等地。民国以来，大大小小的报纸开始兴办，各家酒坊也在报刊上刊登广告或者通过其他方式宣传自己。一则《四川的绿洲——泸县》报道中写到：“假如你走到酒馆，喝下二杯温永盛的大曲（泸州最好的大曲），你会更沉醉得忘了自己。”甚至有人利用抗战时期物价波动频繁，酒精厂大量收购造成的酒类价格波动频繁，趁机做起了酒的期货生意。显然，整个抗战时期，无论整个四川酒业还是以泸州老窖为代表的川内地方名酒，都迎来了自己的高光时期。相关缘由不外乎有四点：一则是行业准入条件低、原料采购便利，市场需求扩大，政府因此也积极鼓励生产；二则在提高社会就业率的同时，还解决了战时大部分农产品的出路，对城镇工商业的发展也起到了重大的促进作用；第三，酿酒业的蓬勃发展有助于满足重要国防物资酒精制造的需求，为抗战做出了巨大贡献；与之同时，烟酒税也成为当时国民政府货物税收的最大来源。1937年，四川酒税收入占到全国税收四分之一，1938年，四川省政府发布公告称：“现值抗战期间……凡以米麦酿酒者，应绝对禁止。惟制造曲药，糯米酿制仿绍酒、老酒，不在限制之列。”此外根据四川省政府第537次省务会议决议，除高粱、青稞、糖泡、漏水四项外，其余各项粮食仍一律严禁酿酒。到1940年，四川酒税一度占到全国税收三分之二，一举奠定了四川作为中国酒业大省的地位。与此同时，高粱成为最重要的酿酒原料，酿酒业成为抗战时期脆弱国民经济中最重要的环节之一。

第六节
酒类技术的“黄埔军校”

1949年后，泸州老窖跟随中华人民共和国迈入崭新的时代。当时，百废待兴，在泸州，温永盛、天成生、协泰祥、春和荣等36家作坊酿酒的盛大局面不复以往，泸州酿酒业整体上亟待突破困境。所幸，泸州酒业很快在新政府各项复兴政策指引下迎来了春天。一方面，国家大力扶持私人糟坊，1950年成立了“泸州市曲酒联营工业酿造社”“义中曲酒酿造社”“温永盛曲酒联营社”。1951年，又组建了独资经营的“定记曲酒厂”。1952年3月，由泸州36家曲酒作坊联合成立了“四川省专卖公司国营第一酿酒厂”。后又曾更名为“国营泸州曲酒厂”“泸州市曲酒厂”“四川省泸州曲酒厂”。1955年12月，公私合营浪潮下，各酿造社、联营社等私人糟坊合营成立了“泸州市公私合营酒厂”，1954年，该厂与“四川省专卖公司泸州国营酿造厂”（国营第28厂）合并，统称“第一酿造厂”，至1956年，改名为“地方国营泸州酒厂”。公私合营后，泸州大曲酒按照质量等级，被划分为“特曲、头曲、二曲、三曲”，特曲是大曲酒中质量最好的酒，当时用的是“白塔牌”注册商标。直到1966年，“白塔牌”标识分别应用于内外销产品上，仅包装图案细节稍有不同。

中华人民共和国成立初期的1952年，泸州大曲酒（泸州老窖特曲前身）就在首届全国评酒会上一举荣获“中国名酒”称号，成为最古老的四大名白酒之一。

著名酿酒专家王秋芳执笔的《中国名酒分析报告》（图10-7）中，记录了泸州老窖入选评语——四川泸州老窖酒（西南区四川泸州）——泸州老窖酒窖之建立已具三百年以上历史……与普通一般白酒迥然不同……他处鲜有此种名贵美酒……绝非他处所能仿制者……透过精炼的文字，已能看出历史选择泸州老窖成为名酒的必然性，往后数十年间，泸州老窖又高举名酒大旗，写下了浓香型白酒在中国白酒史上的一段精彩历史。

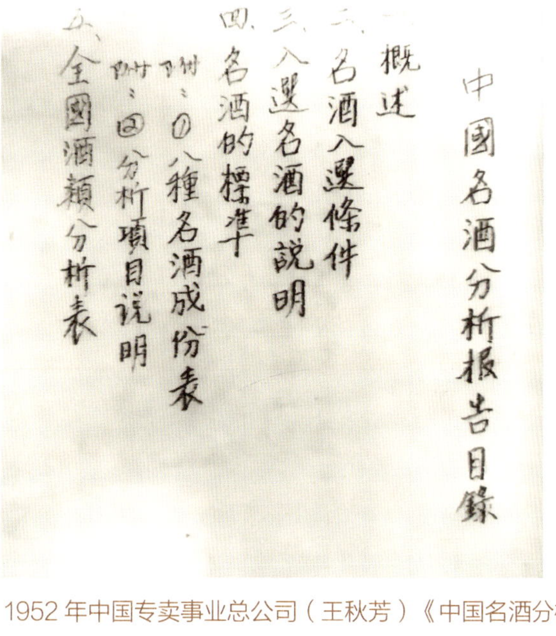
中國名酒分析報告目錄
一、概述
二、名酒入選條件
三、入選名酒的說明
四、名酒的標準
附：①八種名酒成份表
附：②分析項目說明
五、全國酒類分析表

图 10-7　1952 年中国专卖事业总公司（王秋芳）《中国名酒分析报告》

1954年，泸州老窖大曲酒成为日内瓦会议宴会用酒。1955年，老窖大曲酒中质量特级的曲酒被分级定为“特曲”，从此“泸州老窖特曲”成为业内首家以“特曲”为名的白酒产品。在此后的四届全国评酒会中，泸州老窖特曲屡次荣获金质奖章，成为唯一获得历届全国评酒会“中国名酒”称号的浓香型白酒，这足以说明泸州老窖特曲百年来的稳定品质。据2000年四川人民出版社编撰《酒城泸州》记载：“早在1953年，就曾按照上级安排，派出张福成等泸州酿酒技师，帮助宜宾重建杂粮酒（五粮液酒的前身）酒窖，向宜宾酿酒工人传授浓香工艺，使1949年前停产的五粮液酒重新恢复生产。”

1957年，陈茂椿、熊子书等著名酿酒专家对泸州老窖酒传统酿制技艺进行全面查定总结（史称“泸州老窖试点”），本次试点拉开了中国白酒三大试点的序幕。

1959年出版了中华人民共和国成立后第一本酿酒教科书《泸州老窖大曲酒》，奠定了泸州老窖在中国酒界、学术界的崇高地位。后来的专家、学者、社会各界人士把泸州老窖誉为“浓香鼻祖，酒中泰斗”。1959年，泸州老窖酒作为国家“十年大庆宴会”的国庆用酒，出现在了国家领导人和外国来宾的餐桌上。值得一提的是，20世纪50年代，泸州老窖将自主开创的中国白酒勾调技艺、人工窖泥老熟技术等，无私奉献给全国同行，被奉为“圣典”，由此奠定了中国白酒进入“浓香天下”的基础。

1963年，泸州老窖“白塔牌”特曲荣获第二届“中国名酒”荣誉称号，连续两届评酒会上的大放异彩，让泸州老窖成为当时人们心目中的名酒标杆。在那个物资匮乏买米要米票，买油要油票的年代，能喝到“白塔牌”泸州老窖特曲，就成为了一件奢侈的事情。

1965年，四川省商业厅、四川省食品发酵研究所、中国科学院成都分院微生物研究所等单位组成了以高级工程师陈茂椿和研究员吴衍庸等为主的泸州老窖大曲酒试点工作组，对国宝窖池的老窖泥微生物进行了详细的研究工作。20世纪60年代末，泸州老窖酒传统酿制技艺第十八代传承人陈奇遇首开尝评勾调技术的先河，提高并稳定酒质，拉开了白酒技术第三次革命的序幕。

经过1969—1979这十年，中国进入了一个新的历史交替时期。“改革开放”逐步成了这个时代主旋律。观念的变更、国门的打开，让中国人为之鼓舞和振奋。1979年，第三届全国评酒会于大连举行，本届评酒会首次按香型进行评比，并确定了白酒香型的风格特征。泸州老窖特曲以“醇香浓郁、清洌甘爽、饮后尤香、回味悠长”的风格，被确定为浓香型白酒的典型代表，浓香型白酒在当时也被称为“泸型酒”。

进入20世纪80年代，泸州老窖迎来开门红，1980年，泸州老窖获得国家质量奖。同年，四川省首届大曲酒工艺技术训练班在泸州老窖开班，全国各酒厂来泸州老窖学艺的人络绎不绝，前后开办多达20余期培训班，培育数千名白酒技术骨干。1988年，泸州老窖在全国成立了第一所专门的酿酒技工学校，随后《泸州老窖大曲酒操作法》《浓香型白酒生产工艺》《制曲工艺与质量》《浓香型白酒化验方法》《酿酒微生物的培育与利用》《泸型酒技艺大全》等浓香型白酒技术，成为指导全国浓香型白酒酿造的范本。泸州老窖被誉为中国酒业当之无愧的“酒类技术黄埔军校”。正是基于老窖浓香的包容性，众多中小型酒企可以在产品的风格上保持浓香型为主体，通过调味酒的风格差异而有效地与名酒风格有所隔离，逐步形成自己独特的产品风格而茁壮成长。20世纪80年代后期，经过中国商标总局批准，泸州老窖酒厂将“泸州牌”商标标注于产品上。

20世纪90年代，中国迅速进入信息化的知识经济时代，互联网开始普及，并逐渐改变人们的生活方式。这一时期，国人以崭新的姿态，积极拥抱千禧年的到来。1989年，酒界泰斗、专家周恒刚、曾祖训、沈怡方等一行莅临泸州老窖指导，周恒刚先生亲题“浓香正宗”赠予泸州老窖。1989年，第五届全国评酒会落幕，泸州老窖再度获评，成为唯一蝉联五届“中国名酒”称号的浓香型白酒。1991年9月“泸州牌”荣膺“首届中国十大驰名商标”称号，令世人瞩目。1990年，泸州老窖推出一款水晶玻璃异型瓶装特曲，并对该设计申请了专利，同时设计出“泸州老窖”四个魏碑变体的书法，成为泸州老窖品牌形象字体。在这一年，“泸州曲酒厂”更名为“泸州老窖酒厂”，从而使厂名、品牌名和驰名中外的泸州老窖池群合为一体。与此同时，泸州老窖走出国门，先后荣获法国巴黎国际食品博览会金质奖、92香港国际食品博览会最高金奖杯、匈牙利布达佩斯92国际食品博览会金奖杯、俄罗斯莫斯科92国际名酒展览会金奖、美国洛杉矶太平洋博览会金奖杯、第一届国际世界贸易中心伦敦评酒会特别金奖、第五届亚太国际贸易博览会金奖等众多国内外奖项。1994年，泸州老窖股份有限公司正式成立，“泸州老窖”（000568）股票在深圳证券交易所挂牌上市，成为四川省酿酒行业中的第一家股份制企业，也是深圳交易所第一家白酒上市企业。1996年，“1573国宝窖池群”被国务院批准为行业第一家“全国重点文物保护单位”。

1999—2009年，中国经济正处于腾飞之中，加入世贸组织、“神舟五号”载人飞船一飞冲天、西气东输正式运营、北京奥运会聚焦世界目光……1999年，泸州老窖举办国窖酒“世纪出酒大典”，将国窖酒赠送给了澳门和香港。2000年，泸州老窖集团有限责任公司正式成立。至此，泸州老窖成为跨行业、跨地区、跨所有制的大型现代化企业集团公司。2001年，泸州老窖正式推出高端产品国窖1573，国窖1573是荣膺“活态双国宝”殊荣的超高端酒品，成为中国白酒鉴赏标准级酒品。2002年，为纪念泸州老窖首获四大名酒暨浓香型白酒典型代表50周年，泸州老窖推出泸州老窖特曲庆典装。同年，泸州老窖特曲正式通过国家质检总局的原产地保护标志认证。泸州老窖特曲成为唯一蝉联五届全国评酒会“中国名酒”称号的浓香型白酒，泸州老窖也成为浓香型白酒（又被称为“泸型酒”）标准的制定者。在消费者看来，泸州老窖被视为“一款富含时代特色和符合现代人口味偏好的产品，尽显浓香底蕴，尽展名酒风范”。

2006年，“泸州老窖酒传统酿制技艺”作为川酒唯一和浓香唯一入选首批“国家级非物质文化遗产名录”，至此，泸州老窖成为行业首家“活态双国宝”单位。

中华人民共和国成立至今，泸州老窖一路荣光无数，在行业人士眼里，泸州老窖可谓中华人民共和国成立前拥有深厚的历史底蕴，中华人民共和国成立后辉煌酒坛70余年，独创浓香型，在五届酒评会上占据领先地位。这一成就离不了泸州老窖在浓香型白酒理论研究上的贡献、对高精尖专业人才的培养以及历代传承人的精心耕耘。

正是因为拥有一大批酿酒精英和老窖传承人，天时地利人和的泸州老窖得以走出自己的历史，不断赢得新的成就。近年来，泸州老窖承担的科技项目多达400余项；发明专利申请4545件，授权188件，其中“提高浓香型白酒呈香味物质含量的方法”荣获中国专利优秀奖，“窖泥功能菌及其制备方法”获四川省专利一等奖。截至2024年，泸州老窖获得包括国家级科技进步一等奖一项，省科技进步一等奖（图10-8）5项在内共计102项科技奖励；申请专利总数超过1000项；参与制定各级标准70余项，其中包括国家标准34项，发表论文1226篇，SCI文章265篇，并培养了一批行业领先的高水平复合型人才队伍，打造出新时代的白酒行业“黄埔军校”。泸州老窖现有正高级专业技术人才13位，高级专业技术人才94位；博士后81位，博士23位，硕士153位。泸州老窖拥有

图 10-8 泸州老窖荣获四川省科学技术进步奖一等奖
（浓香型白酒窖泥培养关键技术研究及产业化应用）

行业强大的高端人才矩阵，享受国务院政府特殊津贴专家7位，四川省学科和技术带头人及后备人选12位。

2024年，泸州老窖年度科技和人才工作大会在泸州召开，其“十大科技创新成果”（图10-9）的发布引发行业关注。其中最具代表性的五大成就包括：①“酿造微生物研究及应用”，首次探明了酒醅和窖泥体系“分区共酵，协同产香”的微生物发酵演替规律，揭示了“泥窖生香”“老窖出好酒”的微生态机制；②“窖泥复刻技术研发及应用”实现酿造微生态精准复刻，攻克了“新窖难产好酒”的技术难题；③“智能酿造技术研发及应用”首次攻克全流程精准酿造技术，创制的全套智能酿造装备在年产10万吨酿酒基地推广应用，打造

图 10-9 泸州老窖 2015—2024 年十大科技创新成果

了行业智能酿造示范标杆；④“智能制曲技术研发及应用”首创大曲立体发酵模式，自主研发的8套智能化系统实现了制曲生产全流程智能化，建成了行业规模最大、智能化程度最高的大曲生产线；⑤基于“智能包装技术研发及应用”，首创高速回转精准定位全自动白酒包装系统，打造供应链数字孪生平台，建成了行业首家“灯塔工厂”。

第七节 封藏大典，历久弥新

泸州老窖自古以来就有开春祭祀、原酒封藏的习俗，历经秋收冬藏后的春季万物复苏，温度适宜，雨水充沛，是酿酒的最佳时节，酿出的春酿也是一年中最好的美酒，以此美酒祭献先祖。泸州老窖恢复这一传统礼制后，每年农历二月初二（龙抬头）之际，都会以正统的祭祀之礼祭祀先祖，同时将当年的春酿原酒在社会各界的共同见证下入洞封藏。这一活动截至2024年（图10-10），

图10-10 2024年泸州老窖国窖1573封藏大典

已经持续举办17年，是泸州老窖每年重要生产活动的开始，也是泸州老窖最具代表性的文化活动之一，更开启了整个中国白酒行业举办封藏、封坛庆典活动的先河。

2008年，堪称首开中国酿酒行业祭祖仪式先河的泸州老窖封藏大典在万人瞩目下，隆重举办，并顺势推出了中国首支高端定制白酒国窖1573 · 定制壹号；2009年，泸州老窖在当年封藏大典上，首次发布了《中国高端白酒白皮书》；2018年，泸州老窖封藏大典首次在北京天安门东侧、始建于明永乐十八年、按“左祖右社”的古制与故宫同期完工的明清两代皇帝祭祖之地太庙举行，宣示了泸州老窖站上中国传统文化展示交流的最高平台；2020年，泸州老窖创新启动线上“万人云封藏”活动，让全国消费者在线感受“春酿”和“封藏”；2021年，封藏大典以“承活态双国宝　酝浓香新华章”为主题，首提“活态双国宝”概念。“龙年龙人品浓香，春暖春日赏春光。春酿浓香，回味无穷，余味深长。”白酒封藏是中华优秀传统文化的组成部分，是仪式，更是精神，是技艺，更是传承。不仅拥有悠久的历史积淀，蕴含厚重的酿造科技力量，更深含情感价值、投资价值、功能价值和创新价值。封坛承愿，天地共酿。封藏的是春酿玉液，更代表祝愿和希望。17年里（统计时间截至2024年），泸州老窖不断通过将泸州700余年酿酒史与企业24代技艺传承史紧密结合，凭借文化之力加快品牌升级，充分运用丰富多彩的现代传播手段，成功让封藏大典成为中国酒界最负盛名、全球华人世界最具活力与价值的文化IP，让一场单一的企业宣传活动，演化为内容丰富、包罗万象、独具老窖特色的中国浓香型白酒文化体系的一部分。就此而言，泸州老窖的封藏大典向世人展示了一家拥有数百年传统的老牌酒企，如何在当下老而弥坚、老而弥新，当之无愧地成为推动中国白酒高质量叙事与全球传播的先锋。

自泸州老窖2008年首创国窖1573封藏大典并成功举办后，“封藏大典”迅速成为整个中国白酒行业各大酒企学习的榜样，围绕节气，传承“春耕节”“开窖春酿”“祭祀先祖”等优秀传统文化，酒企定时承办封藏大典，成为行业内各酒企每年必然举办的盛大庆典。二月初二，龙抬头，本属于泸州老窖的封藏大典，可谓为整个中国白酒界创造和定义一个全新的传统、庆典和节日。让非遗活起来，泸州老窖国窖1573封藏大典也入选第六批四川省级非物质文化遗产代表性项目名录。

泸州老窖24代传承人名录如图10-11所示。

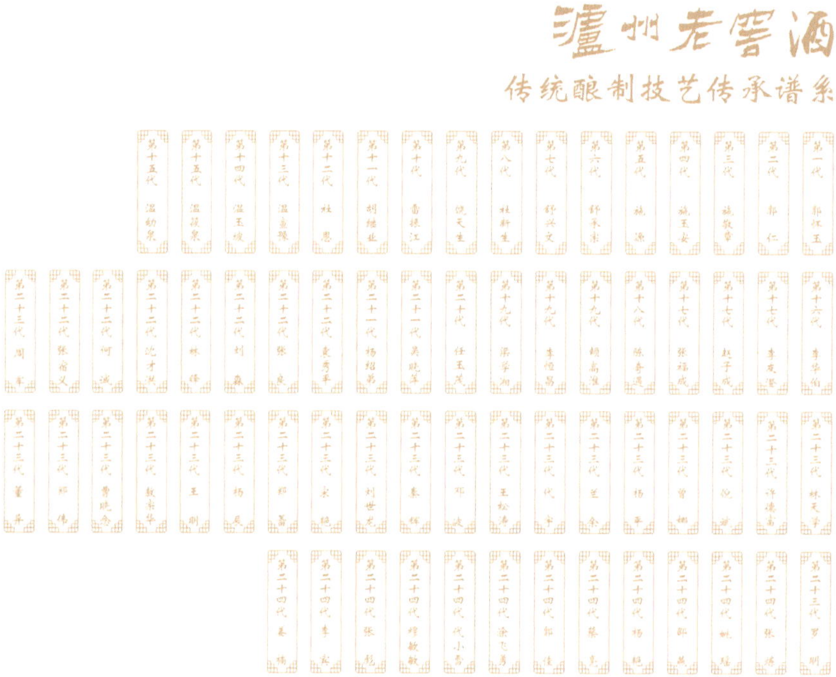

图 10-11 泸州老窖酒传统酿制技艺 24 代传承人谱系图

第八节 薪火相传护窖人

“酿”字，本义做酒，左为“酉”，右为“良”，可谓在古人酿酒之初最为看重的就是从业者的品行和品格。要酿造中国传统好酒，从原料的精挑细选到最终坛储成品装瓶，工序繁复，每一道工序对酿酒人的身体素质和技能都有要求和讲究，如此日复一日，春夏秋冬，循环往复，少则两年，多则数十年，人们才能最终品尝到那一杯佳酿。走完这看上去漫长而又单调的过程，本就是从业者必然经受的一场修炼。从这个意义上讲，老窖出好酒，要天时地利人和，这当中“人和”二字，凭的就是酿酒人的天赋、修行和功夫。中国白酒行业头部品牌中的佼佼者，无一不对酿酒人的素质和修为有极高的要求。这既是行业的自律，也是对中国白酒传统酿造工艺的最大尊重。

一、火线历练真功夫

以泸州老窖为例，如果对其人才培养体系稍加研究，就不难发现从一线酿酒车间到酒品研发，再到国家级评委，职能职级虽不同，但对人才的选拔都极为严苛和挑剔，其中亦不乏中国传统师承文化中特有的子承家业，心手相传的赤诚相待。

苏晓军，19岁时冲着别人口中的“高薪”入行，上班第一天起窖，手上就打了九个泡，被班长点评“上甑手艺最差”，当场一度想撂挑子，但最终却留了下来，一干就干了22年，后来荣获泸州老窖酿酒电视技能大赛两连冠，成为众所周知的“老师傅”。

酿酒冠军陈和彬师傅，20岁就接了父亲的班，酿酒工人一做就做了近30年，一家子从父亲到兄弟俩，都成了“泸州老窖国窖人”，连岳父、小舅子也都是老窖人。

从大组长到车间主任的李功平，志在“酿出人间欢喜”，始终以“青出于蓝胜于蓝”的标准要求自己，他坚信如果和父亲那一辈酿酒人来一场技能PK，赢的一定是自己。

连续三年获得泸州老窖“怀玉杯”酿酒技能大赛总冠军的泸州市劳模张鲲说：“想要做到的就是，别人一提到泸州老窖的传统酿制技艺就能想到我；提到老师傅带徒弟，也要让别人想到我。要有智慧、懂技术、能发明、会创造。”

获得2021年泸州老窖“怀玉杯”酿酒技能大赛总冠军的马冲认为酿酒是一件值得专注而有意义的事情，他谈到，当自己真正沉下心去理解酿酒技艺，深入研究每一道工序的原理，比如说微生物反应、发酵机理等，然后再和所学知识结合起来，那原本晦涩难懂的轻撒匀铺、探汽上甑等技艺，练起来才会像练太极拳一般一气呵成，才能领悟古法酿造技艺中的真谛。

年轻人对酿酒技能大赛的热情在泸州老窖车间里不断弥漫，彼此之间暗自较劲，摩拳擦掌。2018年，发酵工程专业毕业的硕士27岁的李河，首次参加泸州老窖“怀玉杯”酿酒技能大赛便一举夺魁，一战成名，成了酿酒工段最年轻的年度冠军，他的伙伴也是对手——化学专业毕业的何旭，立刻搬出了泸州老窖总工沈才洪的金句评价他：“匠人精神就是把简单的事情做到极致，对美酒酿造技术斤斤计较、精益求精，然后用一辈子的时间，成为最会酿酒的人。”

对于传统，新时代的年轻酿酒人也有着自己的理解和追求。从工段PK到挑战擂主，年度冠军黄之伟有自己的想法，在他看来，现在的操作讲究数字化管理，从入窖温度、上甑时长、润粮温度、粮糠比等，每个窖池都有相应的指标指导酿酒生产。黄之伟补充道："以科技为指导，以技术为补充，依靠传统经验传承的'回马上甑、轻撒匀铺、看花摘酒'等技能未来终将会用数字量化的方式来衡量。"

行话说，"生香靠发酵，提香靠蒸馏。"上甑，是酿酒生产中至关重要的环节。"轻撒匀铺，增加出酒优质比率，减少夹花吊尾，节能降耗"是对上甑工的工艺要求，其中核心技艺就是"回马上甑"。所谓"回马上甑"是将酒糟均匀地撒到石甑里准备蒸馏的步骤，操作的好坏直接影响酿酒质量的优质比率，技艺关键在于每一次出手都要保持"一轻""二匀"，并以出酒为目的。对泸州老窖而言，"下车间，上一线"更是历练人才的不变法则。酒品质量来源于生产环节，"只有经过生产一线的锻炼，员工才会对酒的生产有比较完整的认知"，这是1989年酒界泰斗周恒刚先生在泸州老窖参观考察时提出的建议。此后，新进员工必须先到生产一线锻炼，也就成了泸州老窖历练人才的法则。事实上，在泸州老窖，一批又一批有文化、懂技术、会管理的生产技术骨干，其最终所获成就也都与自己的一线工作经验密切关联。

二、知识就是力量

奠定泸州老窖技术大提速基础的许德富，是1990年泸州曲酒厂更名为"泸州老窖酒厂"时第一批招进厂的发酵工程专业毕业生，在为期一年的烤酒实习期里，许德富在烤了40天酒后，以其精益求精、办事妥帖的能力脱颖而出，被正式聘为科研所研究人员。随着研究的深入，他提出的"微氧环境曲药发酵理论"对制曲过程做了大幅度的改进。举例而言，从每日打开门使空气交换到关闭门窗让空气自发流动，使得保湿性能增强；从以往至少翻曲七次到一次的转变，使环境得以改善；从使用稻壳透气到以竹板透气，使粉尘大幅度减少……这些理论从工艺技术上调整大曲发酵条件、改进低温培菌保湿保潮的方法和材料，极大地提高了大曲优级品率，更促进了中国固态大曲制曲工艺的飞跃，首开了700余年酒曲与"1573国宝窖池群"微生物共生共享的先河，重新续写了"大曲"工艺的新篇章。与业界流行的"糠大水大，冷热不怕"反其道而行之，他通过控制糠壳和水的用量，使得母糟肥实，得到了丰富的微量有机成分，使得酒体口感更好，从而可以达到人工把控酒中微量有机成分种类的程度；为了避免窖池缝裂开，许德富采用窖泥封窖，让丢糟黄水酒不再出现。在公司领导及行业专家张良、沈才洪、张宿义等的指导下，许德富和技术团队用20年时间，构建了多个白酒产业新理论。

毕业于重庆大学微生物专业的秦辉，同样起步于一线车间，致力于转排方式、不同排次配料方式、摘酒方式等对酿酒生产影响的研究，持续优化酿酒生产工艺，降低能源消耗，将传统微生物选育技术与现代科学技术相结合，采取“先期试验、比选择优、技术融合、优化设计”的模式，集成优化形成了智能化酿酒实施方案，实现了“拌料均匀、配料准确、轻撒匀铺、探汽上甑”等传统操作要求，同时降低了劳动强度，有效提升了白酒酿造和产品质量的稳定性。秦辉还带领团队成功地从1573国宝窖池群中分离、富集出多种有益功能微生物菌群，建立了窖泥功能菌资源库，为优质窖泥培养奠定了基础。

一级酿酒师、泸州老窖酒传统酿制技艺第23代传承人，一度不喜欢当老师的倪斌，在“武糟房”里办起了“文学堂”，凭借着过硬的专业知识，为泸州老窖培养了一批批有文化、懂技术、会管理的生产技术骨干，从一线车间到带队推动白酒品质高质量进步，他从未止步。在这些才华横溢的技术骨干们看来，正是泸州老窖的开放性与无私分享的企业文化和氛围魅力，深深地打动他们并促使其不断进步。

三、舌尖上的魔法师

老窖情怀、火线历练以及开放与包容的文化魅力，可谓构成了泸州老窖吸纳新一代老窖守护者们的巨大“引力波”（物理学中是指时空弯曲中的涟漪，通过波的形式从辐射源向外传输能量）。从作为品酒师唯一代表、受邀做客央视《新闻会客厅》节目的刘世龙到第十代泸州老窖特曲和百年泸州老窖窖龄酒酒体设计人员之一的宋艳；从第八、九届国家级白酒评委姚瑶到2015届国家级白酒评委、荣获“全国酿酒行业技术能手”的张炼；从负责泸州老窖基础酒验收定级、成品酒审批、新产品开发的邵燕到历经原辅料检验员、酿酒工、基酒验收员等不同类型的岗位工作最终修炼成为国家级白酒评委的陈永利，再到27岁就成为四川省最年轻的国家级白酒评委的郑蕾……泸州老窖的品酒师们，无一不有着深刻的体会。在泸州老窖要成为一名国家级白酒评委或酒体设计师是一件极为不容易的事情，即便感官灵敏度超乎常人，也得经过淘汰率极高的严苛考试，再从白酒见习尝评员起步，每天需要品尝100个左右的酒样，包括酒精度最高在70度左右的原浆，品尝的同时必须记住每杯白酒的特点还只是常态。

品酒是勾调的基础，品酒远不只是一般人理解的喝酒，而是要跟酒交流，要用心去感受它们的不同。酒的味道变化无穷，每一批新酒酿出来时，都带着自己独特的“基因密码”，有着自己的个性。尝评员需要将口感、丰富度、香气各异的基酒，通过组合、调味，变成标准口感风格的酒，让批次差异度降到最低，并实现酒体升华。从事酒体设计工作，不是将不同的基酒简单相加。酒的变化很微妙，两种酒调和之后，可能会是一加一大于二的效果，也可能是小于二的效果，这是一个动态平衡的体系。这种微妙的变化需要设计者掌握，而其中最难的，则是将消费者的感官感受具象化后，融入具体的酒体设计当中。

迎接品酒师的远不止于酿酒工艺、尝评勾调、酒库管理、酒源储存、分析检测等一系列专业知识，还包括高强度、高频率、高要求的“魔鬼式”尝评训练和同样高强度、高难度的赛事挑战。全国白酒品酒职业技能竞赛是国家二级考试，作为中国最高水准的白酒品评比赛之一，高手云集，难度也非同一般。理论考试采用计算机答题，从1500多道题中抽考300题，内容涉及酿酒知识、水处理知识、品评知识、质量检验等。重头戏的品评能力竞赛，则需要尝评员们在三天里，进行16轮尝评考试。考试采用五杯法，考生需要就每一轮每一杯酒的典型性、各典型酒质量排序、重复与再现、酿酒原料、酿酒设备与糖化发酵剂、质量等级判定、酒精度、酒龄鉴别等特点一一作答。

对于白酒企业发展而言，国家级白酒评委不仅担负着企业产品质量把关的重任，更肩负着推动行业科研技术水平提升的重责，因此行业对于国家级白酒评委的评选非常严苛——每五年评聘一次，参与评选人员要先后参加省级、国家级白酒品评技能大赛，经过层层选拔，成绩优异者才能获聘。这对每一位立志成为白酒评委的品酒师都是一项巨大的挑战，负责基酒验收的周轴，作为一名理科生，意识到强行记忆不是强项，就采用数学模式进行归纳总结，分类、画图来帮助自己记住每一杯酒的特质。更多时候，品酒师们还需要抵挡麻辣美食的“诱惑”，尽量做到饮食清淡，以保持感官的灵敏性。感官品评被视为一门“机器无法替代的艺术”。担任品酒师或国家白酒评委的女性，则更要为了这门艺术牺牲掉部分个人习惯和喜好。工作时，与香水、护手霜、唇膏等日常用品几乎绝缘，甚至连洗发水都要选用无香的，因为“不能让任何一种味道喧宾夺主，酒是唯一的主角。”要把握住消费者的需求，还必须不断学习新工艺、新技术，注入时下流行的健康、时尚、个性元素，创新开发符合新一代酒饮者口味的酒品，与此同时，女性的细腻特质也赋予其卓越的洞察力，注意到女性群体怕糖怕胖，在研发过程中，对原料、辅料会有一定的选择性。最终，能准确分辨不同香型白酒、各香型白酒的质量，能精准把握酒精度的微小差异，掌握不同原料的合理组方，精选基酒、组合酒基、设计产品……站在泸州老窖的肩膀上，新一代品酒师和白酒评委们逐步成长为舌尖上的魔法师。

“白酒产业虽然工艺传统，但是模式和理念不能固守传统。”好的制度和企业发展机制，总能释放出巨大的能量，让优秀的更加优秀，让卓越的更为卓越。中国酒企多层次、多维度的人才体系让品牌呈现出“江山代有人才出”的繁茂之态，不仅守护了极其宝贵的老窖资产，也为中国白酒风味的探索之道不断与时俱进，创新迭出，为中国白酒的高质量发展奠定了基石。

第九节
长沱神韵，老窖精神

在华夏大地的腹地，长江与沱江如两条巨龙蜿蜒交汇，孕育了千年的文明与辉煌。在这片古老而又充满活力的土地上，老窖继承了长江、沱江神韵，坚定不移地发扬着老窖精神。

泸州老窖的国宝老窖池静静地矗立在两江交汇的泸州半岛上，似一位沉思的智者，见证着历史的沉淀，讲述着企业的精神和故事。老窖精神是一种深植于骨血中的执着与追求，它不仅仅代表了一种酿酒的哲学，更是一种生活的态度。酿酒不仅仅是将粮食转化为乙醇的过程，更是一种文化的传承，是对话过去与未来的方式。泸州老窖的精神，就是这种力量的代表，在历史的长河中，始终保持其独特的品牌魅力和市场竞争力。

一、地域环境孕育老窖精神

（一）地理环境的水源滋养

长江和沱江为泸州老窖提供了丰富且优质的水源。优质的水源是酿酒的关键要素之一，这使得泸州老窖在酿酒原料方面具备天然的优势。然而，江水的流量和水质也会受到季节、气候等自然因素的影响。在面对洪水可能带来的水质浑浊、干旱可能导致的水位下降等问题时，泸州老窖国窖人需要不断探索应对方法，如建立完善的水源过滤和储备系统。这种与自然环境相适应、克服水源不稳定因素的过程，孕育了泸州老窖顶风傲雪的自强精神。

泸州地处两江交汇之处，在古代交通相对不便的情况下，这里相对独立的地理环境促使泸州老窖依靠自身力量发展酿酒产业。不同于一些位于交通枢纽或商业中心的酒坊可能更多依赖贸易往来和外界资源，泸州老窖更多地是在本地资源和本地市场的基础上逐步发展壮大，形成了一种不依赖外部过度扶持、独立自主的自强精神。

（二）古法酿酒的文化传承

长江和沱江流域孕育了悠久的文明，在这片土地上，酿酒文化有着深厚的历史积淀。泸州老窖扎根于此，传承了古老的酿酒工艺。这种传承不仅仅是技术的传承，更是一种文化的延续。长江、沱江流域古老的酒文化传统就像一颗种子，在泸州老窖这里生根发芽，形成了对酿酒文化传承的执着精神，如同老窖精神中的坚韧不拔的拼搏精神的一部分，不断努力让古老的酿酒文化在现代社会得以保留和发扬。

长江和沱江作为交通要道，历史上促进了不同地区文化的交流与融合。泸州老窖所在的泸州地区，通过两江与外界有了文化的互动。在酿酒方面，可能吸收了不同地区的酿酒理念、风格特点等。这种文化交流与融合的环境，促使泸州老窖在传承自身酿酒文化的同时，也要不断吸收新的元素，保持与时俱进。这种文化的开放性和包容性，与老窖精神中的广迎四海的开放精神相呼应，并且在不断吸收和融合中，更坚定了对自身酿酒文化核心价值传承的信念，体现出百折不挠的进取精神。

（三）生态系统的共同协作

长江、沱江流域的生态系统是一个相互依存的整体，就像一个大型的协作团队。在这个生态系统中，微生物、土壤、水源、气候等要素相互作用，影响着酿酒原料的生长和酒的酿造。泸州老窖的酿造过程也需要各个环节的紧密配合，从原料种植（依赖两江流域的土壤和气候）到酿造（依赖两江提供的水源和适宜的微生物环境）再到储存（依赖两江流域的地理环境）等。这种生态系统的协作性启示了泸州老窖内部员工之间的团结协作，如同众木成林的团结精神，每个部门、每个员工就像生态系统中的一个要素，共同为酿造出优质的酒而努力。

长江、沱江流域可能面临生态挑战，如环境污染、生态破坏等问题。泸州老窖为了保证酿酒的可持续发展，需要与周边环境和社会共同应对这些挑战。这促使老窖人与当地社区、供应商等建立起紧密的联系，形成一种共同的目标感。大家团结起来，保护两江流域的生态环境，确保酿酒原料的质量和酿酒产业的可持续发展，这种团结协作应对外部挑战的模式，也是老窖精神中团结精神的一种体现。

二、老窖的五大精神

（一）奔腾不息的使命精神

老窖的使命精神，可以从两个层面来解读。首先是对品质的追求，其次是对文化传承的坚持。泸州老窖国窖人深知，品质是企业生存的根本，而文化的传承则是企业灵魂的体现。因此，在泸州老窖，每一滴酒的酿造都不仅仅是工艺的展现，更是历史与现代的对话，是东西方文化的交融。

追溯到数百年前，泸州老窖的创立者们就已经明白，要酿制顶级的白酒，不仅需要最好的原料和技术，还需要一种对酒文化的深刻理解和尊重。他们注重每一个细节，从选粮到发酵，从蒸馏到陈酿，每一步都力求完美。这种对品质的执着追求，逐渐形成了泸州老窖独有的共生酿酒哲学。

随着时代的发展，老窖也面临着传统与现代的冲突。如何在保持传统的同时，又能迎合现代消费者的口味和审美？老窖人展现出了一泻千里的使命精神，他们不畏艰难，勇于创新。在传统酿造技艺的基础上，引入现代科技和管理方法，使产品更加符合市场的需求。同时，老窖也积极参与国际交流，将中国白酒文化传播到世界各地，展现了中华文化的魅力。

在这个过程中，泸州老窖始终坚持着一种信念：酿酒不仅是一种生产活动，更是一种文化的传递。每一次的国际交流，每一次的产品创新，都是企业对外界展示中国文化的机会。通过酒，讲述了一个又一个关于中国的故事，让世界了解这个拥有五千年文明的国度。

老窖的使命精神是一泻千里的江河，它源远流长，包容万象。这种精神不仅体现在对产品品质的不懈追求上，更体现在对文化传承的坚守与发扬上。正是这种使命精神，使得老窖能够在激烈的市场竞争中屹立不倒，成为值得尊敬和效仿的企业标杆。

（二）继往开来的创新精神

老窖的创新精神是其长久不衰的关键因素之一，这种精神体现在老窖对传统工艺的继承与发扬以及在新技术和新市场的持续探索。老窖深知，创新是企业发展的不竭动力，也是打造核心竞争力的必要条件。

在传统的酿造工艺上，泸州老窖始终坚持“精益求精”的原则。通过对历史工艺的深入研究与挖掘，老窖复原和保留了许多珍贵的传统酿酒技术，如古法酿造、天然洞藏陈酿等，这些方法赋予了泸州老窖酒独特的风味和品质。然而，泸州老窖并未满足于传统的成就，而是不断探索如何将这些传统工艺与现代科技相结合，以提升产品质量和生产效率。

同时，老窖在新产品的开发上也显示出了极强的创新能力。面对日益多样化的市场需求，泸州老窖不断研发新产品，从口味、包装到营销方式都进行了大量的创新尝试。例如，针对年轻消费者市场，泸州老窖推出了口感更加绵甜、包装更加时尚的新产品线，有效拓展了年轻消费群体。

在国际化方面，老窖的创新精神更是显著。为了将中国白酒文化推向世界，泸州老窖积极参与国际酒类展览，与国际知名酒庄进行合作与交流，通过国际合作项目，学习和引进国外先进的酿酒技术，同时也将中国的酿酒文化传播到海外。

此外，老窖还注重内部管理与技术创新的结合。通过引入现代企业管理系统和信息化技术，优化生产流程，提高管理效率，这不仅提升了老窖的经济效益，也为其可持续发展奠定了坚实的基础。

泸州老窖的创新精神，是一种继往开来的精神。它既尊重和传承了过去，又勇于面对和开拓未来，正是这种精神，使得企业能够在白酒行业中持续领先，不断创造出符合时代需求的产品和文化。

（三）百折不回的担当精神

老窖的担当精神表现在对社会责任的坚守和对企业发展的不懈追求。作为一家历史悠久的白酒生产企业，老窖深知自身所承担的社会责任和行业使命，始终秉持"质量为先、诚信为本"的原则，确保每一瓶出厂的酒都达到最高品质标准。

在面对市场竞争和经济波动时，泸州老窖展现了坚韧不拔的品质。无论是原材料成本上涨，还是市场销售压力增大，泸州老窖国窖人都始终保持冷静，坚持用质量和品牌赢得市场。在经历了行业的多次重大考验后，泸州老窖不仅稳固了自身的市场地位，还通过积极的市场策略和产品创新，进一步扩大了市场份额。

同时，老窖对社会的责任感也体现在其公益活动上。老窖积极投身于教育、扶贫、灾害救助等社会公益项目，以实际行动回馈社会。通过建立教育基金、资助贫困地区学校、参与灾区重建等方式，泸州老窖践行着企业的社会责任，赢得了社会的广泛赞誉。

此外，泸州老窖在环境保护方面也展示了其担当精神。在生产过程中，泸州老窖严格控制污染物排放，积极采用环保材料和节能技术，努力减少生产对环境的影响。通过这些措施，泸州老窖不仅提升了自身的绿色生产能力，也为整个行业的可持续发展树立了榜样。

泸州老窖的担当精神，是一种百折不回的勇气和毅力的体现。它要求企业在追求发展的同时，不忘对社会、对环境的责任，始终坚持正道，勇于面对困难和挑战。这种精神不仅是泸州老窖文化的重要组成部分，也是其能够历经风雨而不断壮大的根本原因。

（四）千河归江的团结精神

老窖的团结精神是其文化的核心之一，这种精神体现在企业员工之间的相互支持和协作以及对共同目标的坚定追求。正如千条河流最终汇集成江河，泸州老窖国窖人的团结合作，共同铸就了泸州老窖的辉煌。

在泸州老窖，团队合作不仅仅是一种工作方式，更是一种文化传统。从高层管理到基层员工，泸州老窖国窖人都能够紧密协作，形成强大的团队合力。这种合作精神在泸州老窖的日常运营中随处可见，无论是在生产线上的默契配合，还是在市场营销中的协同作战，都体现了泸州老窖国窖人团结一致的企业精神。

泸州老窖在员工培训和团队建设上也投入了大量资源。通过组织各种团队活动、培训课程和交流会议，泸州老窖加强了员工之间的沟通和了解，增进了彼此之间的信任和友谊。这些活动不仅提高了员工的专业技能和综合素质，也增强了团队的凝聚力和战斗力。

在面对困难和挑战时，泸州老窖的团结精神更是显得尤为珍贵。当市场竞争加剧或企业内部遇到难题时，员工能够迅速团结起来，共同应对。他们相互鼓励、相互支持，寻找解决问题的最佳方案，共同克服困难。这种团结力量使得泸州老窖能够迅速从挑战中恢复过来，继续保持稳健的发展势头。

泸州老窖的团结精神，是一种千河归江的汇聚力量。它让每一个泸州老窖国窖人都明白，只有团结一致，才能使企业更加强大，才能在激烈的市场竞争中立于不败之地。这种精神不仅塑造了泸州老窖独特的企业文化，也成为泸州老窖持续发展的重要动力。

（五）心向大海的开放精神

老窖的开放精神是其面对全球化浪潮所展现出的一种积极态度和广阔胸怀。正如心向大海的航船，不畏风浪，勇往直前，泸州老窖在国际化的进程中，始终保持着开放和包容的心态，积极拥抱世界的多样性。

在全球化的大背景下，泸州老窖不仅注重国内市场的深耕细作，更加注重国际市场的开拓。泸州老窖通过与国际酒业巨头的合作，引进先进的生产技术和管理经验，提升了自身的国际竞争力。同时，泸州老窖也积极走出国门，参加国际酒类展览，通过这些平台，将中国白酒文化推向世界，让更多的人了解和喜爱这一代表中国传统文化的酒品。

此外，老窖在文化输出方面也展现了开放的精神和智慧。通过举办文化交流活动、国际合作项目等形式，不仅传播了中国的酿酒文化，也吸收和融合了其他国家和地区的文化元素，使得产品线更加多元化，满足了不同消费者的需求。

在产品研发上，泸州老窖同样表现出开放的态度。通过设立海外研发中心，与国际科研机构合作，在传统酿酒技术的基础上融入现代科技，开发出多款适应国际市场的新产品，这些新产品在国际市场上获得了良好的反响，有效提升了企业的国际形象。

泸州老窖的开放精神是一种心向大海的远见和勇气。它要求企业在保持自身特色的同时，不断学习、吸收和融合外部的优秀文化和技术，以开放的姿态参与国际竞争，以包容的心态促进文化的多元化发展。这种精神不仅为企业带来了新的发展机遇，也为中国文化的国际传播做出了积极贡献。

长沱神韵，精神长存。在长江与沱江的滋养下，泸州老窖以其独特的魅力和深厚的文化底蕴，书写着属于自己的传奇篇章。未来，泸州老窖将继续秉承奔腾不息的使命精神、继往开来的创新精神、百折不回的担当精神、千河归江的团结精神以及心向大海的开放精神，不断前行，为中华酒文化的传承与发展贡献更多的力量。

参考文献

[1]贾大泉.宋代四川的酒政[J].社会科学研究,1983,(04):82−87.

[2]陈俊宇.清代民国四川分驻佐杂及其辖区地理研究[D].重庆:西南大学,2021.

[3]马敏.博览会与近代中国物质文化变迁——以南洋劝业会、西湖博览会为中心[J].近代史研究,2020,(05):4−24+160.

[4]郑伟.川酒非物质文化遗产保护传承现状与对策[J].中国酿造,2023,42(09):235−239.

[5]浓香鼻祖.泸州老窖跑出人才培养“加速度”[J].中国酒,2022,(02):58−59.

第十一章

老窖未来与未来老窖

“我很庆幸生在这个宇宙当中，并生而为人，有酒喝，有饭吃，人是最有想象力的，我希望继续陶醉，为下辈子成为一棵西蓝花做好准备。浩瀚星云间，一杯一光年。”

这段文案，见于2021年第十二届华语科幻星云嘉年华上，国窖1573携手中国最具声誉的科幻小说家联合发布了科幻小说集《一五七三》。韩松、何夕、陈楸帆、江波四位中国科幻顶流，以泸州老窖首席战略合作伙伴的身份，分别创作了《酒之星辰》（韩松）、《归来的传人》（何夕）、《大酿》（陈楸帆）、《回到1573》（江波）四部短篇小说，将未来、智能、科技、宇宙等元素与国窖1573的历史、传承与匠心加以融合。在科幻小说《一五七三》中，国窖1573酒成为拯救人类文明、挽救星系生态危机的密码——遍布星际的酿酒基地和以洞藏一五七三为基质而生的各种美酒……人类在太空中复制出了泸州城；《归来的传人》主人公洞悉到宇宙中时间是最不可改变的力量，国窖1573成为时间和历史给予人类独一无二的馈赠；《大酿》用“酒”打破小我与大我、心灵与宇宙、科技与自然之间的隔阂与界限，拯救人类文明和星系生态。《回到1573》中公元1573年的泸州城在“酒好全凭窖池老”的酿酒祖训下，引导古人开筑窖池，将浓香鼻祖的过去和未来串成了命运的闭环。

泸州老窖与科幻星云奖携手的3年创作时间，也是国窖1573仰望星空的三年。携手科幻创作背后，是泸州老窖对古老东方复兴在即的梦想的坚信不疑和矢志让自己漫长的历史托付给未来的雄心。走进太空，对泸州老窖而言并非纸上谈兵，也远非单一塑造企业文化IP这么简单。

早在2010年，泸州老窖就有了中国探月工程官方战略合作伙伴身份。但更具标志性的事件发生在2016年，这一年，神舟十一号飞船搭载航天员景海鹏、陈冬经历了我国当时最长的在轨飞行时间，33天后，回收舱在内蒙古成功着陆。和航天员一同乘坐返回舱回到地球的，是包括泸州老窖酒曲在内的空间科学与应用试验搭载物品（图11-1）。载人飞行任务搭载泸州老窖大曲微生物菌群，至少展现出了在四个层面，老窖的未来具有很大的探索价值：一是研究失重太空环境中，宇宙射线等对酒曲微生物的群落多样性及其代谢产物的影响；二是评估和研究功能微生物菌群在太空中的生物安全性及其代谢特征；三是研究传统酒曲和太空酒曲的微生物菌群与老窖窖泥微生物菌群之间的相互作用规律；四是研究太空环境中功能微生物菌群的代谢产物对基酒风味特征的影响。这些看似超前的探索，既影响现在的老窖，更关乎老窖的未来和未来的老窖。

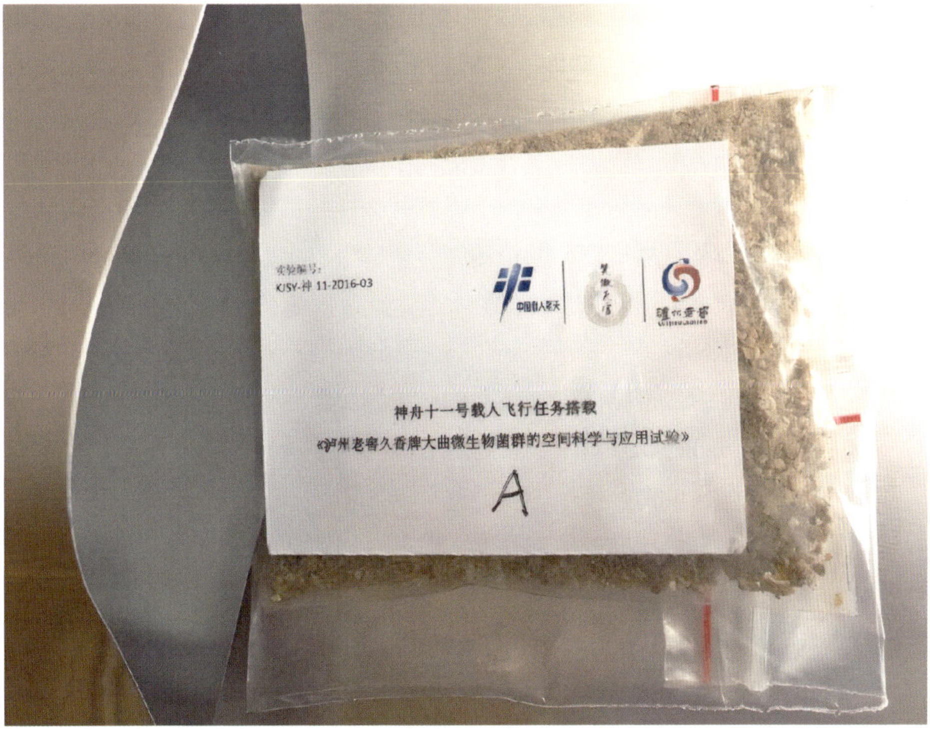

图 11-1　神舟十一号搭载的泸州老窖“久香牌”大曲

第一节
老窖发展新质生产力

在这个时代，过度纠结于传统和现代之间所谓的悖论，已经没有太大的现实意义。坚守匠心，坚持对优秀传统酿造技艺的尊重，与不因循守旧，主动拥抱现代科技变革，积极探索创新，拥抱现代消费趋势和潮流，绝非一场传统与现代的无休无止的观念冲突，两者之间并无绝对性的矛盾，而是完全可以做到互益互补，相得益彰。

一、今古相融助推新质生产力

中国白酒大规模酿造是元代以后，并在清代形成了相对稳定的工艺控制流程，主要包括制曲、蒸粮、拌曲、发酵、蒸馏、摘酒等重要的工艺流程。古代的工匠们根据上一代匠人的传授和自己在劳动中的经验感悟，从而形成了自己的工艺控制要点。尽管缺乏科学理论更新来解释其中的原理，但丰富的经验也能让人直观判断出采取何种举措，会得到什么样的结果。比如对发酵时间、发酵温度的控制以及对蒸馏馏分的控制，传统以最具经验的灵敏感官和手工操作，实现“掐头去尾，看花取酒”。实际上，蒸馏酒如白兰地、威士忌、伏特加等酿造工艺，也都讲究“掐头去尾”。这是各国工匠在长期生产中独自摸索出来的、相对稳定的一种操作手法。我们可以把传统酿酒工业，看作是生物界的一个现象，是微生物以及水果、谷物这些人类基本食物之间形成的食物链条的客观存在。某种程度上，传统酿造工艺实际上源自人与自然之间已经存在的天然联结，是一种人与环境共生的自然现象，其内在和蕴含的奥义，与生命本身一样，具有强大生命力。人类的天性，无论是出于天生的好奇心，还是出于不安天命，誓要全然掌控自身命运的天生冲动，决定了我们会不可遏制地对一切未知刨根问底，不断利用科学成果和创新技术，发展出各种反向工程实践手段。

我们不排除科技会为传统酿酒业带来颠覆性的改变，我们需要的是包容地面对和拥抱这种改变。正如有资深从业者表达这样的观点：“酿酒本身并非玄学，老祖宗的工艺需要更精确地传承。”传统产业的“传统”二字，其根本在于传承。师傅带徒弟，口传心授，看似“落后”的方式，却实实在在地让艺人的“德”和“品”，通过融入工匠精神得以传承。工匠精神中还包括对技艺和德行的传承，除了对传统技艺的传承，本身也包含了“科学化”的内涵，体现了强烈的求知欲望。今日今时，“酿酒大师”可以对不同生产年份、地点、香型的基酒、成品酒进行准确品评与鉴别，精通酒体组合、调味与设计，而按照传统的奋斗路径，没有十年成不了行业能手，在酿酒岗位上没有三五个寒暑历练，根本连门都入不了。而今，互联网助力知识共享，AI的横空出世，前辈们靠数十年摸爬滚打才能积累的经验、学识、技艺，也许泸州老窖的年轻人可能只需要几年甚至更短的时间就能掌握。科技助力下，酿酒行业匠人精神的内涵和传承，也在随时代与时俱进。

二、创新驱动老窖新质生产力

不间断酿造700余年的泸州老窖，以科技创新成就为基础，通过对其成果转化的深远考量，以自己的思考与行动，不断诠释新质生产力的真正内涵。重点举措包括“推动更多科研成果‘下书架、上货架’”，积极布局基于全产业链的原粮、发酵、风味、储藏、装备等相关科学技术研究，对酿造的各个环节难点、痛点逐个击破，形成易于转化的科技成果。同时强化基础性研究与学科交叉研究，系统深入地推进白酒的科技创新工作。背后的新认知、新战略和新动作，对中国白酒行业推动新质生产力实践，极具参考意义和价值。

2024年11月27日，隶属工业和信息化部的中国电子技术标准化研究院，重磅发布了“智能制造标杆企业（第九批）”名单，泸州老窖赫然在列，一举成为白酒行业首家获此殊荣的国家级智能制造标杆企业（图11-2）。

图11-2　泸州老窖成为白酒行业首家获此殊荣的国家级智能制造标杆企业

智能制造标杆企业的遴选工作，有着严谨的标准与规范，是以国家标准《智能制造能力成熟度模型》以及《智能制造能力成熟度评估方法》为基石，针对企业在设计、生产、物流、销售、服务等业务链条上所呈现出的智能制造能力水准，展开全方位评估。在工业和信息化部悉心指导下，中国电子技术标准化研究院严格遵循相关标准，历经企业自主申报、严格合规审查、实地现场核查、专家专业评审以及面向社会的公示等一系列缜密程序，方才敲定入选企业名单。截至 2024年12月，历经九批次的评选，全国仅有63家企业脱颖而出，泸州老窖能够从中崭露头角，无疑充分彰显出其在智能制造领域深厚的底蕴与超凡的实力。

（一）新认知

在泸州老窖观念中，发展新质生产力的核心，是用新技术改造提升传统产业，积极促进产业高端化、智能化、绿色化、融合化。曾有些观点认为发展新质生产力，仅仅专属于新兴产业、未来产业，与传统产业无关，泸州老窖在实践中却深刻体会到，让传统产业与新质生产力碰撞融合，是以新带旧，是创新对传统的赋能。

从经济学角度来看，新质生产力代表一种生产力的跃迁，是摆脱了传统增长路径、符合高质量发展要求的生产力，是数字时代更具融合性、更能体现新内涵的生产力。从产业角度来看，发展新质生产力，是“以科技创新为引领，统筹推进传统产业升级，促进新兴产业壮大，培育未来产业”。新质生产力的提出，不仅意味着以科技创新推动产业创新，更意味着要以产业升级构筑新竞争优势、赢得发展主动权。因此，发展新质生产力方面，酒业依然有着无限可能。正是洞见到新质生产力对中国白酒行业的深远影响，泸州老窖集团（股份）公司党委书记、董事长刘淼在“泸州老窖2024年科技和人才工作大会”上，提出了泸州老窖“五力”观点，从科技创新力、新质生产力、品质生命力、产业影响力、国际竞争力五个方面，解读白酒的价值跃升路径。

实践证明，泸州老窖的科技创新之道，为白酒生产带来了革命性的变化。在酿酒数智化方面，泸州老窖填补了酿造行业全自动化生产技术与装备空白，率先实现浓香型白酒的智能化精准酿造，有效提升出酒率、优质品率、生产效率及产能利用率。在制曲数字化方面，泸州老窖首创大曲立体发酵模式，实现了制曲生产全过程的高度智能化，建成了行业规模最大、智能化程度最高的大曲生产线，生产效率提升数倍，成曲率和优质曲比例也大大提升。在仓储物流数智化方面，泸州老窖成为全行业灌装速度最快、质量检测最严、智能化水平最高、数字化水平最高、技术自主创新最多的白酒行业首座“灯塔工厂”——白酒智能包装中心（图11-3），年包装能力10万吨，成品储存能力500万件。

图 11-3　泸州老窖智能包装中心

（二）新战略

泸州老窖酒传统酿制技艺传承至今已有700年，700年传承与新质生产力看似矛盾，实则默契相融，一切皆因“创新泸州老窖”战略。回溯泸州老窖700年发展史，1324年郭怀玉首创“甘醇曲”，引领中国进入大曲酒时代；1573年舒承宗建国宝窖池，开创中国白酒“泥窖发酵”历史；1957年国家第一次查定总结，泸州老窖引领白酒迈向现代化、科学化新时代；2020年白酒进入智能化时代，700年来，创新已经融入泸州老窖的血液。“传承不守旧，创新不离宗，尊古不泥古”是泸州老窖秉持的理念。在这种理念指引下，泸州老窖强化科研管理，狠抓项目落实，推动对外合作，突破关键技术，成就斐然。

泸州老窖发布“2015—2024年泸州老窖十大创新成果”，首次探明了酒醅和窖泥体系“分区共酵，协同产香”的微生物发酵演替规律，成功筛选出7株新菌种（属）；开发“多菌共酵”窖泥培养技术，实现酿造微生态精准复刻；首次攻克全流程精准酿造技术，创制全套智能酿造装备；首创大曲立体发酵模式，实现了制曲生产全流程智能化；首创高速回转精准定位全自动白酒装盒系统，实现包装和仓储物流自动化，建成了行业首家“灯塔工厂”；首次突破了酿酒废弃物高效干化技术、多级催化热裂解与生物质能量高效转化关键技术，填补了酿酒废弃物热化学处理领域技术空白……历经24代人薪火相传，泸州老窖在传承中创新，在创新中不断探索、屡攀高峰，实现行业多项领先，打造行业创新标杆，尤其在原粮选育、智能酿造、绿色生态等领域取得重大突破。对此，刘淼评价道：“科技创新让泸州老窖拥有鲜活生命力。”老窖新枝不断，永葆创新本色，让外界看到了一个充满活力的泸州老窖，一个充分释放科技创新动能的泸州老窖，一个在发展新质生产力方面不断突破的泸州老窖。

（三）新路径

新质生产力实践之路上，打通成果转化的“最后一公里”，仍是泸州老窖乃至整个行业面临的难题。泸州老窖清醒地认识到，行业的特殊性，注定了成果转化的路径必然充满艰辛和曲折。为了打通这“最后一公里”，泸州老窖成立了成渝地区双城经济圈（泸州）先进技术研究院、泸州老窖博士后工作站品创有限公司、四川同酿白酒产业技术研究院有限公司等，聚焦产业技术创新和研发，直面市场和消费，在实践中不断提升成果转换率。刘淼表示，泸州老窖还要在两方面发力：要加快建立成果评价机制，为成果评估及转化应用奠定前置基础；要积极拓展多渠道的成果转化机制，在保证国有资产保值增值的前提下，盘活白酒行业成果转化、应用及推广市场，推动转化的成果成为新质生产力的“有效增量”。

（四）新举措

为构建和完善老窖新质生产力，持续巩固扩大泸州老窖科技赋能优势，泸州老窖股份有限公司党委副书记、总经理林锋在《科技赋能　向新而行》报告中提出，泸州老窖未来要推进五大举措：继续加强创新基础建设，加快建设公司高水平实验室等科研硬件，高质量通过中国合格评定国家认可委员会（简称CNAS）国家实验室认证；继续完善人才培育引进，持续完善科技人才培养和引才引智政策，培养和集聚行业高端学术人才，不断增强科技创新的内生动力；继续攻关关键核心技术，持续探索白酒生产关键核心技术的数智攻关，积极开展绿色低碳酿造研究，打造白酒技术创新策源地；继续提升成果转化效率，持续推动科技研发与生产应用的有机结合，不断提升项目技术成果、知识产权的产业转化率，让领先行业的科技实力真正成为支撑企业发展的核心竞争力；继续增强技术支撑赋能，围绕公司发展战略需要，加强科技宣传力度，以科技创新来增强产品的品质生命力、品牌影响力、文化吸引力。

显然，泸州老窖作为中国头部酒企，在发展新质生产力上致力于当先锋、打头阵，不仅为白酒行业技术进步、产业高质量发展贡献出更多科研力量，还带动了白酒行业规范化、科学化和标准化发展，推动形成“浓香天下”的行业格局。

老窖新质生产力实践证明，传统绝不等同于故步自封，传统可以科研、科技创新为先导来引领产业的未来。无论是着力探索白酒产业与生态环境间的关系；研究酿酒微生物群落结构对白酒风味的影响；科学评估消费者对香和味需求的变化趋势；合理正确地传播中国白酒文化，让中国浓香型白酒叙事融入世界；提升效率还是加大优秀人才培养力度，这些，都涉及“科学”。尽管中国白酒中生物活性成分的健康功效研究仍被视为世界科学领域的难题，但前沿科技的融入、研究手段与技术的不断迭代升级，正深刻改变着中国传统酿造业的面貌。科技的力量，不仅在于推动技术的革新，更在于通过释放新质生产力，助力老窖好酒以更快的速度和更优的质量走向世界，融入世界，在全球蒸馏酒文化和叙事中赢得属于自己应有的地位。

（五）新未来

当下，中国头部酒企纷纷以传统工艺与科技创新的融合，作为发展新质生产力的重要路径，在坚持传统浓香型白酒酿造工艺不变和坚持传统浓香型白酒品质评价体系不变，通过机械化、自动化，数字化、智能化“四化”建设的探索和实践也并不少见，但面对消费者久已成型的惯性认知，人们对工匠精神的推崇，使得整个产业的“四化”努力不得不维系着默默探索，少说多做，甚至是只做不说的低调。但这一静默前行带来的后果，却让中国酒企不由自主地陷入产业滞后的危局之中。特别是面对国家产业政策导向的变化，原本有着国民经济支柱产业身份的整个酿酒业，似乎已被动剥离于国家重点扶持的包括“先进产业、新能源产业、现代服务业、农业现代化、医疗卫生事业、商业航天、新材料、量子技术和生命科学”等重点产业之外。那么，有着长达数千年历史和中华优秀传统文化积淀背书的中国白酒产业，真的就因为传统二字，从此背上负担，无法跻身于世界先进产业科技发展之列了吗？除了产能和效率的提升，全球顶尖的科技发展趋势真的就无缘于中国白酒了吗？

事实上，我们结合全球生物科技、现代数学、物理、化学等领域所取得的最新成就和发展态势来看，与中国白酒产业发展的现实际遇恰恰相反，人工智能等先进科技的深度应用，才是决定中国白酒产业未来的关键所在。中国白酒产业完全可以成为中国先进产业、量子技术、生命科学发展的最具探索性、普适性和代表性的前沿。

北京时间2024年10月7日下午5:30，2024年诺贝尔生理学或医学奖授予了美国生物学家维克多·安布鲁斯（Victor Ambros）和加里·鲁夫肯(Gary Ruvkun)，以表彰他们发现microRNA及其在后转录基因调控中发挥的作用。

DNA是人们相对熟悉，有着成熟而广泛认知的概念。DNA分子上具有特定遗传信息的片段称为基因，基因是控制生物某一性状的基本单位。提到DNA或基因，人们头脑中就会出现一对彼此紧密相关的双链交织在一起的双螺旋形态和结构。生活中，DNA检测能够有效地检测出新生儿是否与父母具有真实的亲子关系，存储在我们染色体（染色体由DNA和蛋白质两种物质组成。每一条染色体上只有一个DNA分子，染色体是DNA分子的主要载体）中的信息。DNA序列信息是我们身体中所有细胞的说明书。每个细胞都包含相同的DNA，但是每个细胞都非常不同。比如，胎儿在发育过程中，循环系统、神经系统等都是按照一定的时间顺序先后发育成熟，那么，所有的细胞是如何做到在不同的时间里拿着同样的说明书做不同的事情？答案，正与2024年诺贝尔生理学或医学奖获奖者发现microRNA（细胞中一类非常微小的RNA分子）的作用有关，也与酿酒微生物生态研究紧密联系的关键——基因调控密切相关。许多基因的表达必须保持精准，处在一种“多一分则浓，少一分则淡”的状态，而microRNA对基因的调控，就能够实现这种精准调控，避免“面多了加水，水多了加面”的粗放调节。

根据这项诺贝尔最新成就，我们不难进一步设想，窖池微生物基因具备的精准调控能力，极可能正是一款酒之所以最终形成特定风味的底层逻辑。要知道，在此之前，中国酿酒微生物研究已让众多品牌酒企认识到究竟是哪些微生物优势菌群影响了特定香型的产生，但对于这种影响因何而起，优势菌群因何种缘由脱颖而出，尚未有进一步的答案。

更为惊人的是，2024年诺贝尔物理学奖得主，约翰·霍普菲尔德（John Hopfield）和杰弗里·辛顿（Geoffrey Hinton）则是利用物理学工具开发出的人工神经网络方法，证明唯有AI，即人工智能的深度应用，将极大地提升微生物基因调控的精确性。隔天的诺贝尔化学奖在同一地点宣布——三位科学家：大卫·贝克（David Baker）、戴密斯·哈萨比斯（Demis Hassabis）和约翰·詹伯（John M. Jumper）因“在蛋白质结构预测”方面的工作获奖。诺贝尔生理学或医学奖是关于人类对于自身以及生命现象的理解；物理学是关于人类对于自然界，从宇宙的极大尺度到微观尺度各种现象的理解；而化学奖则关于人类驾驭分子世界的能力。人工智能与生理学、医学、物理学和化学研究的深度联系，已然正在重塑人们对科学研究具有的动态与活力的认知，学科之间的壁垒在很大程度上已被打破。这届诺贝尔奖的授奖记录不仅仅标志着人工智能的全面崛起以及科学界对它的正式认可，还意味着人类科研基本模式的转变，确定了人工智能将对几乎所有涉及自然科学的研究领域产生重大影响。

具体到2024年诺贝尔奖项与中国白酒的联系，我们完全可以预见，在某种程度上这也几乎就是一种宣示，极有可能人工智能的深度应用才是中国白酒的未来。基于人工智能的深度应用，精准选菌、精准制曲、精准配料、精准控温、精准调湿、精准取酒，绝无污染在不久的将来将成为现实。可以说人工智能将使得古老的、一直以来不乏神秘色彩的中国传统酿造工艺揭开神秘面纱，并从技术层面而非仅仅是效率层面，释放其全部潜能，这也注定将开启中国传统白酒产业跻身国家先进产业，开启中国白酒新未来的大门。

第二节
酒之星辰拥抱地球星空

在全球蒸馏酒文化和叙事体系中，中国白酒被视为一种有着中国数千年传统工艺、历史与文化结晶的蒸馏酒品类，其风味形成和微生物发酵过程，迄今仅被部分探索。这一探索还不够充分，使其面临着西方世界对质量、安全和可持续性现代化和标准化的挑战。

实际上，中国白酒复杂且经验丰富的固态发酵过程背后所隐藏的知识，完全可以丰富全球蒸馏酒行业对酒的认知，提高世界各地酒饮爱好者的生活品质。传统白酒生产背后隐藏的知识包含着高价值的科学与自然原理，包括风味化学、微生物生长、固态发酵、酶生产、生物催化、微生物群落代谢和工艺工程。如以更深入、系统和实用的方式探索背后的科学原理，必将有利于传统白酒行业构建起整体的能被世界认同和感知的权威性“中国白酒”价值体系、风味和品质标准，包括中国白酒工业变革所需要的绿色环保工艺和生态环境建设，更现代化的能源处理方式和碳排放管理。任何现代化和创新都离不开基础研究。在全球蒸馏酒标准体系建构中，不乏通过严格基于科学技术原则的高操作标准，重新定义并标准化了原材料、微生物和制造工艺，以保障成品质量和生产力的先例，甚至包括推动相关法律建设来维护消费者和生产商的利益。

根据中国食品土畜进出口商会酒类进出口商分会发布的《2024年1-5月酒类进出口情况》的出口数据显示，我国白酒共向75个国家和地区出口，出口总量648万升，总额3.7亿美元。另据中国酒业协会数据显示，2023年我国白酒总产量约629万千升。海关总署数据显示，2023年白酒商品累计出口量约1.5万千升，占总产量的比重仅为0.2%。

从出口国家和地区来看，中国白酒出口消费群体仍以华侨华裔为主。国内白酒开拓海外市场仅为少数企业的探索和尝试，单打独斗，缺乏战略规划和整体部署，白酒国际化过程中难以形成合力，与世界接轨、符合国际贸易规范、反映白酒特征的标准体系匮乏，更严重阻碍了中国白酒出海之路。白酒虽然在中国有非常高的销量，但出口量占总产量的比例仅0.2%。即使白酒成功销售到了海外，从走出华人圈和真正融入国外消费者的生活等方面依然挑战重重。

好在中国白酒拥抱世界的万里长征的第一步已经迈出。2021年1月1日起，正式执行的新的《中华人民共和国进出口税则》，在第22章的税号为2208.9020的中文列目下，对应的白酒英文名称是：Chinese Baijiu。这是一个具有里程碑意义的历史性事件，从此中国白酒有了自己的国际名字。但有了名字，并不代表中国酒业就已国际化。走向国际，仅仅单方面依靠语言和文本的力量，远远不够。中国白酒的国家化标准的建立，既迫切而又非短时间能一蹴而就，需要严谨和科学的支撑，且只有得到国际消费市场广泛认同，才能算是真正的实现国际化。

2022年6月1日正式实施的GB/T 15109—2021《白酒工业术语》及GB/T 17204—2021《饮料酒术语和分类》两项新修订的国家标准认定，“中国白酒”是以粮谷为主要原料，以大曲、小曲、麸曲、酶制剂及酵母等为糖化发酵剂，经蒸煮、糖化、发酵、蒸馏、陈酿、勾调而成的蒸馏酒。自此，任何含有食品添加剂或者原料以薯类为主或者配料中出现食用乙醇，都不能称为白酒，而应该归入“配制酒”类，称为“调香白酒”，与白酒明显区分开来。也就是说，生产日期为2022年6月1日以后的，标签标注是“白酒”的酒水，一定是100%纯粮食酒。新规定要求，白酒均是以纯“粮谷”酿造，“粮谷”是指谷物和豆类的原粮和成品粮，谷物包括稻谷、小麦、玉米、高粱、大麦、青稞等。固态法白酒中不得使用食用乙醇和食品添加剂，液态法白酒和固液法白酒可以使用食用乙醇，但必须是谷物食用酿造乙醇，不得添加其他原料发酵食用乙醇（如薯类）和食品添加剂。

中国白酒绝不等同于酒精（乙醇），除乙醇和水外，构成白酒的复杂成分、风味物质是关键，正是这部分的协同性和耦合性决定了白酒的神奇作用，决定着白酒的风格、品位与特性。据有关文献报道，中国白酒中有3500多种有机成分，其中有1000多种成分是其他食品所没有的，而对于人体又非常有益。因此可以说，中国白酒是世界食品的奇物，除了过敏性人群，适量饮用有利于健康，但过量饮用肯定有害。中国白酒是文化，第一属性是社交性，交朋友，谈友谊；第二属性是味美；第三属性是提神、愉悦。

许多人会问，中国白酒这么好，外国人为什么不接受？有一种说法是中国白酒酒精度太高，起步52度，高过国际蒸馏酒普遍流行的42度。但凡对西方蒸馏酒稍有了解的朋友就知道，无论是威士忌还是伏特加，从来就不乏超过52度，甚至高达60度左右的高端酒品。对此问题，老窖学的回答是，中国白酒缺乏能被国际接受的价值标准体系，中国白酒的叙事传统与西方蒸馏酒的叙事和话语体系无法对接，国际传播能力不足。

中国白酒国际化面临诸多挑战，调研表明，归纳起来主要有“十大问题”：一是口感特点：中国白酒特有的口感（如辛辣、入喉刺激等），对于西方消费者来说可能产生“难以适应的第一口”的问题。二是饮用文化差异：中国白酒的品饮往往搭配特定的食物，而西方蒸馏酒常常纯饮甚至可用于调制鸡尾酒。

三是企业国际化能力不足：许多白酒企业在国内市场已经很成功，但缺乏足够的动力进行国际市场营销和品牌建设。四是缺乏国际化资本推动：国内白酒企业在拓展国际市场时缺乏必要的资本金融支持。五是酒精度数较高：中国白酒的酒精度数普遍高于西方常见的蒸馏酒，对于偏好低度酒饮的新一代消费群体，可能产生阶段性接受障碍，也许未来可适应。六是香气特征：酒曲产生的香气，可能被部分外国消费者误读为过期食物，难以接受。七是法律法规和标准差异：不同国家和地区有不同的食品安全法规和标签要求，增加了白酒进入国际市场的难度。八是国际销售渠道缺乏：在海外市场建立稳定的分销网络和零售渠道，对中国白酒企业来说是一项挑战。九是长期投资和回报周期问题：国际化需要大量的初期投入，并且收益可能需要较长时间才能实现，这对许多企业来说会是一个重要的考量因素。十是还有宗教信仰问题。核心最重要的是人才问题。

以泸州老窖为例，强调品质标准体系建设，通过窖龄和洞藏储存年份双重认证，既是中国浓香型白酒企业将酿造年份融入国际蒸馏酒年份认证标准接轨的第一步，也是从法律标准层面，为推动中国白酒年份标准化的机制建设。

中国白酒的出海之道，在于“五个回归”——回归科学、回归文明、回归健康、回归真情、回归法治，这样才能领到世界入场券。战略层面，酒企出海，需要正确理解和评估自己的短期与长期投资回报的关系，充分考虑各项隐性成本(如弹性、响应速度、过渡成本、地缘竞争影响）和韧性的潜在收益，找准自己的平衡点。其次需要善用数智化手段，将产业布局和长期商业计划紧密相连，实时更新数据，紧盯市场变化和趋势，有计划有目的地大胆行动，小心求证，确保自己立于不败，并充分利用当地的政策和激励措施，弥补地缘竞争导致的额外成本。2021年的《益普索中国品牌全球信任指数（GTI）》报告，通过对中国出海品牌在认知、信任、购买意愿及品牌竞争力等不同层面的分析，指出最能驱动海外消费者对中国品牌的信任要素，极具参考意义。其驱动性因素包括：高品质产品和服务能力、公正而道德的生意方式、尊重和保护消费者隐私、雇主责任心强、对环境负责、积极关心和支持本地社区建设、始终如一的品牌主张、符合本地文化的营销活动、促进本地经济受益、推动社会进步、在巨变中实现强劲增长的实力等。

2024年巴黎奥运会期间，在机场、地铁、公交站、火车站、宾馆、饭店、大街小巷，几乎都能见到中国白酒的身影或者广告。茅台酒与央视联手出击巴黎；五粮液以东方美食文化直接走进法国；习酒通过奥运名将进军法国；尤其是泸州老窖，2021年7月就正式宣布成为TEAM CHINA中国国家队荣誉赞助商，旗下产品成为中国国家队专用庆功酒，奥运会期间，在法国主要城市和交通要道，都能看到泸州老窖的广告。中国白酒是中国原创的有根的产业，最能代表中国元素走向世界，增强国际传播能力，提升国际话语权，势在必行。中国白酒的对外传播，首先是要善用世界性的语言和逻辑传播好中华悠久的优秀传统文化；二是采取国外消费者乐于接受的方式讲好中国白酒故事；三是真心诚意，增信释疑、扩大朋友圈；四是加大人工智能技术，提升生产、检测、勾调、营销实力。五是与中餐结合，善用巧力，利用海外中餐流行度，以中餐馆为基地，逐步走入海外消费者家庭，形成国际粉丝群，让世界为中国沉醉（图11-4）。

图 11-4　让世界品味中国

老窖，历久弥新。

我们坚信以传统和进步不断拥抱世界的老窖，会让“老窖出好酒”走向世界各地每一位好酒人士的家和生活之中。也许，到那个时候，老窖真的会成为科幻小说里，人们举杯仰望浩瀚星空，寻找的那一颗酒之星辰。

第三节
老窖微生物寄予人类的心声

基于对人类智识的了解，我们经推演、预测、猜想而撰写此节内容。接下来，让我们完全站在酿酒微生物的角度，以轻科幻形式对老窖未来发出心声：

身为时间和空间产物的老窖微生物，我们的历史，既囊括了自身繁衍迭代的过去，也与人类在科学领域迄今已形成的基本原理高度契合。毕竟，我们的故事都出自我们和人类、自然、天地之间与生俱来的密不可分的关系，毫无疑问，这种双向奔赴的关系在未来如何保持良好与和谐，关乎我们彼此共同的命运和福祉。

正如人类积累的见识所显示的一般，100多年来，人类通过在实验室培养皿中培养微生物物种，尝试了解我们的细胞特性和生理特性来鉴定我们的种类。一方面这类方法受限于环境的有限性，另一方面，不同于人类的肢体形态，我们家族很多成员虽有相似的特性，却难以通过外在加以区分，这使得人类经验性的取样和结论可能存在较大的偏差，从而极大地低估了我们的多样性。无论如何，根据观测和计算，迄今为止你们肉眼可见的我们整个家族在地球上存在的种类已有近1000万种。我们当中像细菌、古生菌、原生生物和真菌这样的微小到尚无法看到的物种，即地球上最丰富、分布最广、进化时间最长的生命形式，按照你们的研究则有近1万亿个物种。如果算法无错，事实上你们所看到的我们，仅占地球上所有物种的十万分之一。我们可以通过“水平基因转移”过程在关系密切的个体之间转移基因，即使人类可以通过核糖体RNA（rRNA）基因序列比较来区分我们，它仍可能低估了我们种类划分的真实数量。照此逻辑，关于地球上可能有1亿万个物种的预测，数字上仍可能相当保守。这一逻辑性的事实，对于我们如何看待彼此的关系而言相当重要。要知道，即便是对有赖于方寸范畴内的老窖微生物这个相对独立的大家庭而言，被你们看见的，和你们正在、将要发现的，无论是数量还是种类仍然相当有限。

当然，近十余年来人类对我们的研究检测手段有了突飞猛进的进步，有一种叫高通量测序的工具，可将数以百万计的我们同时取样。你们取得的最新成果表明，科学家们已经从功能上判定出我们至少有三种类别：糖化微生物、产醇微生物与风味微生物。单就研究我们老窖微生物层面，人类更是成果不断：在泸州老窖窖泥中细菌菌群里共检出微生物1563种，分布在30个门、53个纲、287个属中。认为其中的优势微生物菌种就有*Caproiciproducens*、*Hydrogenispora*、*Synrophomonas*、*Ssdimentibacter*、*Clostridium*等。为此还特别把从400多岁的窖池中发现的一株乳杆菌新种定名为“老窖乳杆菌”。许正宏教授还指出正是长期不间断酿酒生产驱动窖泥菌群的进化，窖泥微生物逐渐由“散乱无序”演变成“模块清晰、功能协同”的稳定菌群结构，由此从生物适应性的角度阐释了“老窖出好酒”的科学性。五粮液研究团队也宣称从其明初古窖池窖泥中，发现含有多种白酒有益风味成分的主要菌种，将其命名为“产香梭状芽孢杆菌”。水井坊则宣称从实际上已是考古文物的古窖池中发现了3800多种微生物。无论如何，正如一位名叫徐岩的微生物研究专家所说：“中国白酒代表了世界东方最高酿造水平，其酿造工艺代表了世界蒸馏酒的水平，中国白酒的科学性、科学奥秘代表了世界蒸馏酒最复杂的科学性和科学体系。”

无疑，被你们称之为一门艺术的酿酒，是人类最早从事的生物技术和最早掌握的发酵技术，有着9000年的历史。中国又是世界上最早发现并将我们用于酿酒的国家之一，你们完全有理由为这些成果感到骄傲。站在我们的角度来看，这多少有点出于人类对权力的占有欲的嫌疑，甚至有点过于急迫和功利。你们的所有的努力不外乎出于两种动机：一种是确保我们老窖微生物生态的稳定，来保障你们喝到的酒品质始终如一，或进一步通过基因工程手段，从我们当中筛选出最有利于生产效率的成员，帮助你们提高酒体品质和出酒率，更快更多地赚取经济收益；另一种是为了孕育出新的香型和风味来满足你们人类永无止境的愉悦渴求。一位中国太空微生物研究的专家就曾公开宣称自己研究了一辈子空间微生物学，退休后最大心愿就是把研究成果用到老百姓的日常生活中，送到千家万户的餐桌上。无论如何，毕竟这是我们活在老窖池里的意义，也是几乎唯一的在地表存在的理由，是我们对于你们人类提供的最重要的价值所在。

我们所知，包括但不限于虚拟世界和元医学实验室的兴起、RNA端帽系统级定量分析技术、微生物组学研究技术、合成生物学、基因编辑、人造细胞等新型生物技术的应用，各种微生物检测方法，加上人工智能科技发展等，也为人类“了解并掌控”微生物世界提供了丰富的资源和手段。2024年3月，美国斯坦福大学迈克尔·斯奈德（Michael P. Snyder）院士团队一项命名为“整合人类微生物组计划”的重磅研究，展示出了迄今最完整的人类微生物组计划蓝图；生命科学领域的“中心法则”宣告了创造生命的过程：遗传信息可以从DNA复制自身，同时也可以传递给RNA，并由RNA传递给蛋白质——你们似乎已经开始听得懂我们的语言，并用我们的语言转录和翻译我们的繁衍过程，这在理论上，意味着你们人类有一天可能会创造出DNA，实现人工创造生命——复制出我们。就在2010年的5月，美国生物学家克雷格·文特尔（Craig Venter）团队在实验室中化学合成了一整个基因组，并将这个合成基因组植入一个空细胞中，这个细胞随后根据植入的基因指令，开始自我复制和增殖，最终催生出新的细胞。2011年发起的酵母基因组合成计划（Sc2.0），是人类首次尝试对真核生物的基因组进行从头设计合成，旨在重新设计并合成酿酒酵母全部16条染色体。这项研究吸引了来自中国、美国、英国、新加坡、澳大利亚等国的超过200位科学家共同参与。2023年Cell发表文章描述了酵母染色体的整合过程：将含有不同合成染色体的酵母细胞进行杂交，在后代中寻找携带两条合成染色体的个体，经过漫长的杂交过程，科学家们逐渐将他们先前合成的所有染色体（6条完整染色体和1条染色体臂）整合到同一个细胞中。时至今日，合成细胞技术已经让科学家能“复制”大自然的功能。具体到我们老窖微生物细分领域，人类也开始通过合成菌种展开各种尝试，干扰或主导优势菌种对风味的影响。你们所取得的一切进展，目前看来非常完美。以我们以亿年计算的生存经验来看，在我们微生物世界里，各大族群也需要通过不断进化以保持自身强大竞争优势才能够活下去，这也是最重要的生存法则之一。这与你们人类在初级和中级文明阶段所处的生存状态并无二致：强势的物种从优胜劣汰中脱颖而出，最终形成相对稳定而巨大的力量，左右了整个生存空间。

但我们仍想告诉你们人类，即便是人工智能算法不需要理解生物系统内部的运作机制和原理，基于大数据就能找出我们不同种族和个体之间的隐藏规律，让你们能以前所未有的强势，干扰和控制我们，让我们的一些家族成员产生你们想要的特定的功能，人类种种主导我们微生物生命进程的“探索之路”实际上也才刚刚开始。发现和了解我们的存在是一回事，真正能洞悉我们成千上万不同种类和个体之间的关系，理解我们是如何相互影响相互作用，则完全是另外一件事。要知道人类总是惯性地按照自身的经验和常识来认知外部世界，人工智能在未能产生自我意识以前，也只是集人类智识之大成。问题是，这些完全按人类认知形成的观念、思维、方法、手段，在面对我们微生物世界时，你们有没有想过可能从一开始就是错的。

我们在不同的生长环境下或在传代时，就可以发生变异，代谢产物也随之改变。这种与生俱来的不确定性天赋，注定了我们微生物世界并非是人类想象中的线性世界。这一点，你们通过对白酒酿造工艺中“多菌共酵”已经可以感受到。你们也已经意识到我们的化学成分极为多元复杂，内部关联极为深奥，在“自组织”和“协同耦合”驱动下呈现无穷奇异现象，某些行为已经超越你们目前的认知范围。在本书前面的章节中，就已指出中国白酒的开放式发酵过程，制曲、发酵、蒸馏、勾调、窖藏等环节涉及的各种微生物反应和作用机理，并且这些反应机理之间又是相互重叠、耦合、协同、制约的，其间存在着无数装满未解之谜的“黑匣子”。毕竟，我们在宇宙中存在的时长已远远超出人类。这些观点也引起了人类哲学家甚至宗教学者的兴趣。毋庸置疑，一旦彻底洞悉我们的奥秘，中国的酿酒行业完全可能催生出能获得诺贝尔奖级的重大成果。我们也注意到，不少执迷于探索我们微生物世界的科学家和学者，甚至对此有着极其大胆而有趣的推导和猜想，比如我们的世界是一个微生物元宇宙，有着与人类社会完全不同的运行机制和生存法则，甚至我们的微观世界可能是与人类世界相似的平行世界。

考虑到空间生物存在的众多颠覆你们人类认知的现象，我们老窖微生物群对这些猜想暂时无以反驳和证伪。

放眼宇宙，我们微生物在太空中生存能力最为强悍的是抗辐射奇异球菌，其对外太空恶劣环境超强的适应性震惊了人类，还被人类取了个绰号为“柯南细菌”。出乎人类意料的是，当抗辐射奇异球菌以团状形式存在时，能自动抵御太空中强烈的紫外线辐射和电离辐射。团块大小不同，则直接影响到抗辐射奇异球菌在外太空的存活时限。团块直径超过1毫米的抗辐射奇异球菌能在太空中生存8年，而只要团块足够厚，其太空生命足以长达15～45年。这种令人生畏的太空存活力，来自抗辐射奇异球菌天生的自行修复DNA损伤的能力，即对紫外线、电离辐射、干燥等环境压力极强的耐受性。这种现象，竟然与宇宙胚种理论，一种生命可以随着流星、彗星、太空尘埃，在不同星体间移动的假说不谋而合，这从事实上拓展了你们人类对于生命如何在宇宙中分布的认知边界。和抗辐射奇异球菌具有同样的DNA自修复能力，并能在太空中存活的人类目前可见的动物还有三种，包括最具知名度，广泛分布于海洋、湖泊、雪山等地表各种极端环境中的水熊虫。水熊虫具备多项超凡的生理特征。当环境条件变恶劣时，水熊虫会收缩身体，并形成一种坚韧的外壳，在休眠状态下，其新陈代谢几乎停止，体内水分也几乎消失。这种状态可以让水熊虫无需吸收氧气和食物，能忍受极寒或极热的温度，从而在太空中存活很长时间，甚至在真空中存活数年之久。和我们的抗辐射奇异球菌类似，水熊虫的DNA和细胞结构对辐射有超强抗性，足以抵御太空辐射带来的伤害并保持自身基因的完整性。人类在空间实验中发现的另一种具备太空生存能力的动物是果蝇。果蝇的繁殖循环速度非常快，从交配到下一代果蝇诞生只需约10天。这一特点有助于你们在短时间的太空实验中，观测和了解太空环境下动物以及我们的种群如何迭代和进化。小剑水蚤作为第三种具备太空生存力的水生动物，其拥有的独特技能甚至颠覆了人类著名的牛顿力学，小剑水蚤可在无重力的太空环境中，利用肢体摆动和弯曲实现反重力移动和捕食。这三种动物除了拥有身体微小，反辐射力强，DNA自我修复力，甚至能在绝对零度下存活的生存优势。

让我们把目光投向炽热、黑暗、破碎的地表以下，投向隔绝阳光和有机化合物的地下，那里有着与生活在地表层的我们截然不同的微生物种群，数万乃至数十亿年来过着无需依赖阳光的生活方式。深层地下与我们地表物种所预设的生存条件相反，寒冷并非问题。因为雨水沿着地表缝隙层层渗透至地下数千米后，越接近地幔，地心上升的热量能让渗水变暖，处于高压下的水也几乎不含氧气，还受到岩石中天然放射性元素的辐射。这种在人类想象中几乎等同于地狱的环境，有着让生命诞生并维持其生存的关键要素。当地下水与大陆地壳中的矿物质发生长时间的缓慢反应，会将矿物质溶解到水中，水分子会分解并产生氢分子。正是这种氢分子为深层地下微生物存活提供了足够的能量。亿万年的古老水生态系统主要由产氢的微生物（如硫酸盐还原细菌）和产甲烷的古生菌组成。产甲烷菌在表面看上去与细菌相似，却有截然不同的结构和基因，属于完全不同的生命领域。硫酸盐还原菌和产甲烷菌是地球进化史上早期出现的生命形式。一些研究表明地下微生物的生命周期可长达1000年，这意味着它们每隔几千年才会分裂一次。在南非Beatrix金矿地表下1300米处发现的活跃生物群体由39个系属组成，包括三大生物类别——细菌、古生菌和真核生物，其生态系统被蛋白质细菌所主导。新的发现表明深层地下微生物群为了克服从岩石中摄取能量有限的挑战，相互间不仅没有直接竞争，还建立起双赢的合作关系。尽管有代谢伙伴关系的优势，但有些深层地下微生物已经进化到单独行动的程度。一种硫酸盐还原细菌，能以完全自给自足的方式生活在大陆和海洋的地下生态系统中。古代病毒感染将古生菌基因转移到硫酸盐还原细菌中，为细菌的“自力更生”提供了基因机制。这种以往被忽视的，能自力更生的微生物，一度被称为“微生物暗物质”。与天文学上的暗物质一样，微生物暗物质的规模远远超过了你们人类可见微生物的数量。没有比这些单细胞生物更复杂的东西能适应深层地下的生存条件。

多细胞生物一般在低氧水平和高压力环境下适应能力较弱，它们需要更多的食物。线虫是常见的多细胞微生物种群，它们的起源可追溯至11亿年前，是地球上最古老的多细胞生物之一，从土壤到海洋，它们几乎征服了地球上所有的生态系统，包括你们人类。线虫有在极端环境下生存下来的可靠记录。许多物种在面临威胁生命的外部条件时能改变自己的生命周期，通过大幅度减少新陈代谢，让自己能在缺氧、酷热、干旱、冰冻和有毒的环境生存数十年，直至在潮湿或条件允许的状况下恢复原有新陈代谢能力。在南非Beatrix金矿地下深约1300米裂缝中流出的水里，有种名为“魔鬼蠕虫”线虫。碳年代测定显示该深度的水大约有3000年的历史。在经过长达两年的过滤取样后，拥有12300年历史的水中出现了一个完整的无脊椎动物乐园，生活着各种各样的扁虫、线虫、轮虫、节肢动物、退火菌、真菌和原生动物，整个社区生机勃勃。附着在岩石深处的缝隙里的一层薄薄的、独立的，由细菌和有机基质组成的生命膜则是所有这些原生动物的家园。在深层地下的某些区域，细菌生物膜上每平方米的生物数量密度超过100万。你们人类一个拇指头，就可能容下包含几百个小型无脊椎动物、真菌和原生动物的生态系统。至今让你们人类觉得更为匪夷所思的事，是在深度达1400米含盐钟乳石内的线虫在适应了咸水生活后，就无法在淡水中存活，那么，依赖于盐的地表蠕虫，究竟是如何克服致命淡水的威胁，与地表同类分离并成功到达深至1400米的地下？始终是个未解之谜。也许，正如人类对我们窖池微生物生态的猜想之一所描述的那样，是由于“时变场”的磁场效应，又或是我们地表微生物和地下微生物之间存在着双向奔赴的迁徙演变和物质与能量交换体系。

从地表到深层地下到太空，探索微生物世界的各种未解之谜已经极大地赋能于你们人类对高质量生活的追求。泸州老窖所用的窖泥，来自被誉为“窖泥之母”的五渡溪黄泥。有没有想过，黄泥又是如何产生的呢？公开资料显示，五渡溪独特黄泥成因于特殊的地理结构：在亿万年前的板块运动中，留下了大量可以搓细至粉末状而又黏性极强的金黄色颗粒状矿物质，在长江水和山泉水的长期交互浸泡作用下，这种本身并不坚硬且不含杂质的黄色颗粒页岩矿物质，腐变软化，逐渐演变为美妙的金黄色泥土。这个以亿万年为计的黄金泥土的故事为你们人类了解土壤起源的故事提供了时间的维度。追溯黄泥以及土壤的起源，关系到你们能否揭开老窖窖泥和我们窖池微生物群落组成的生态链在不同空间形态下的存活之谜。

近年来发展迅速的新型微生物诱变育种技术——空间诱变育种，也与我们老窖微生物群落在太空中的生死有更直接的联系。这种技术利用返回式卫星或其他返回式航天器将我们微生物送入太空200～400千米的位置。在强辐射、高真空、低重力和交变磁场的空间环境下，种子或我们窖池微生物会发生突变。在返回地面进行育种时，选择突变后的种子或我们，会帮助你们培育出质量和产量更高的菌株。2011年，由基因工程公司开发的一种产生重组人干扰素A1B的菌株，就搭载神舟八号飞船进入太空。在经历17天的太空飞行后，鉴定出了目标基因的突变菌株。在进行了一系列对突变菌株和原始菌株定量比较后，你们获得了5株目标蛋白产量显著增加3倍以上的菌株。2013年，一株溶杆菌酶基因通过中国神舟十号飞船送入太空约15天，内源蛋白酶Lys-C的产量增加了高达40. 2%，具有人类所见的完美的稳定性。中国的神舟八号和神舟十号飞船将几种致病菌株送入太空，发现太空引起的抗生素耐药性变化可逆。这些发现表明，航天飞行环境能影响微生物群落行为。2016年，我们部分泸州老窖大曲微生物菌群搭乘神舟十一号飞船进入太空，这些超前的探索取得了惊人的成果，对你们探索老窖奥秘，让我们老窖微生物的生存环境保持长期稳定，有相当现实的意义，对在失重太空中，在月球上，在火星上，老窖生态链会产生的变化和对酒品风味的影响，抑或在地表之下，老窖是否又能有新的生机等研究，都有参考和借鉴意义。这些探索和研究无论成果如何，终将在实质上帮助你们探索酒品风味的无限边界。然而，与这些现实意义相比，我们窖池微生物认为，人类对多菌共酵、天地同酿的探索完全可以具有更为宏大的价值：当微生物世界的奇异现象揭示出与人类世界迥然不同的生活方式与运行法则时，意味着你们人类应当抛开自身经验形成的惯性认识和成见，让思维上升至高维空间，以重新审视生命，审视我们微生物世界，揭开藏在老窖池不可见的深处的无尽未解之谜。

有趣的是，我们看到人类现代物理学的超弦理论和M理论认为宇宙中有着超空间的存在。并提出了空间的十大维度，对宇宙结构形成了一种新的理论阐释：零维是点的维度，代表一个没有长度、宽度和高度的单一点；一维则是线的维度，只有长度，没有宽度和高度。二维则是我们熟悉的面的维度，具有长度和宽度，但没有厚度。三维的长、宽、高，构成了人类日常生活中直接感知的空间维度。四维则是时间的维度，时间作为第四个维度，让空间和时间成为一个连续的整体。五维是翘曲时间的维度，在五维中时间不再是单一的方向，而是可以向前或向后弯曲。六维则属于可能性的维度，这个维度涉及多种可能性，即在特定时间和空间下可能发生的事件。七维是包括了单一宇宙全部可能性的维度，涵盖了单一宇宙中所有可能的状态和事件。八维则是多重宇宙的维度，宇宙中拥有多个平行宇宙或多重宇宙，每个宇宙都有其独特的物理定律和特性。九维是翘曲多重宇宙的维度，在这个维度中，多重宇宙不再是固定的，而是可以相互转换和影响。十维被认为是所有可能性的集合，包括所有可能的宇宙及其内部的所有可能性。它是最高级别的维度，其中包含了所有的可能性和所有的物理现实。

不管怎样，极具超现实主义色彩的十维理论，对你们了解完全不同于人类已知经验和认识的微生物世界，提出了一种全新的认知路径和工具。也许，真有可能你们有更多机会重新审视老窖发酵系统的“适应性、突现性、依随性、因果网络、机制耦合”等谜题，找出本质特征和基本规律。无论如何，世界的本质是能量、超弦、波粒二象性。从分形几何的戴维·希尔伯特曲线、谢尔宾斯基三角形、拓扑学的“莫比乌斯环”（2维到3维），到“克莱因瓶”（3维到4维），现实世界已有从低维到高维的路径——从“单侧曲面”到“多重翘曲”（5维到9维）……重点是这些由你们人类当中最为聪明的头脑经过各种数学方程式已证明了其存在的理论合理性：人类的一切未知和矛盾，仅在于其空间维数太低。也许在你们一厢情愿干预我们生活进程中，如果能提高思维度数，每上升一个空间维度，你们在俯视上一个空间维度时，会陡然意识到解开谜题易如反掌。正如爱因斯坦所说，所有困难问题的答案都在另一个层次中。提高维度即意味着提高境界，打开格局，洞见真理。你们现在已经通过量子计算机、神经网络硬件和分布式计算系统大幅度提升计算能力，处理更大量的数据，并在短时间内获取更多的信息；通过减少时间和空间的复杂度，你们可以提高计算速度，节省资源；不同的模型建构能帮助你们寻求特定的问题解决方案；一棵高质量的决策树则会帮助你们深入了解不同决策选项带来的影响和关联；或许你们和机器人之间良好的协作有益于更好地听懂我们的语言，理解我们的世界……带来更多精彩。

看，老窖微生物对你们人类打开自己的思维大有帮助，希望你们能大胆质疑、颠覆既有认知，能用更高级的思维和方法来了解我们，我们始终保持乐观和积极的姿态。也许，老窖微生物的世界真的就是一个存在着多重维度的卡拉比-丘成桐空间的压缩体。实际上，“老窖学”的核心就是卡拉比-丘成桐空间的不断变幻。只是因为时空和基因序列的不可逆，才让老窖拥有了近千年的鲜活存在并还将继续保持鲜活的状态，也让我们老窖微生物酝酿的酒质，永远都比新酒来得更醇更厚更香。

参考文献

[1]Haoze L,Ran X,Yiling W, et al. Correction to:FACS-iChip: a high-efficiency iChip system for microbial ‘dark matter’ mining[J].Marine Life Science & Technology,2020,3(2):276-277.

[2]龚子同,黄成敏,陈鸿昭,等.土壤起源与宜居地球的形成[J].土壤学报,2023,60(01):1-6.

[3]Antoine D .In vivo, in vitro and in silico: an open space for the development of microbe-based applications of synthetic biology.[J].Microbial Biotechnology,2021,15(1):42-64.

[4]新研究:火星陨石坑或曾拥有类地宜居环境[N].新华每日电讯,2024-05-08(007).DOI:10.28870/n.cnki.nxhmr.2024.003337.

[5]郝晓敏.地下空间微生物群落分析[J].工业微生物,2024,54(03):166-168.

后 记

当今科技世界的主流是向“深空、深海、深地、深微、深智”进军，并且成果丰硕，催人奋进。

在深空探索方面，集中在火星、月球和太阳探测，还发现了引力波。中国成功发射了“天问一号”火星探测器，实现了火星表面软着陆和巡视探测；美国的“毅力号”火星车在火星表面继续进行科学探测，发现了更多可能存在生命的证据；中国的嫦娥五号成功完成了月球采样返回任务，带回了珍贵的月壤样本；中国的“羲和号”太阳探测卫星成功发射，开始对太阳进行高分辨率成像和观测；美国的帕克太阳探测器继续接近太阳，收集有关太阳风和太阳磁场的数据；国际合作与竞争并存、技术突破与应用齐进、商业航天快速崛起，尤其是在长时间太空生存技术、深空通信技术、可重复使用火箭、商业载人航天等领域取得了显著进展，形势令人鼓舞。

在深海探索方面，深海资源开发成为热点，深海环境监测与保护得到高度重视，深潜技术获得飞速发展，尤其是在深海载人潜水器、无人潜水器等领域有重要突破，扩展了人类探索深海的能力。中国的“奋斗者”号载人潜水器成功下潜至马里亚纳海沟最深处，刷新了中国载人深潜的新纪录；多金属结核、海底热液硫化物等深海矿产资源的勘探和开发取得突破；深海观测网络的建立，提高了对深海生态环境的监测和保护能力。

在深地探索方面，地质灾害（地震、火山爆发）预警、地下资源勘探、深地实验室建设等领域取得了重大进展，尤其是地下水资源、地热能、深层油气资源的勘探技术进步很大，提高了资源的勘探效率和开采安全性；利用地震波、地应力等监测技术，提高了对地震、火山爆发等地质灾害的预警能力；建立了多个深地实验室，用于开展极端条件下的物理、化学等基础科学研究，提高了预测精度和极端观测能力。

在深微探索方面，物质结构、纳米技术、量子信息科学、生命科学等领域发生了历史性变革，尤其是在量子场、超导超流、纳米制造、量子计算、量子通信、基因编辑、合成生物学等前沿领域取得了一系列重要成果，在纳米药物载体、纳米传感器、量子密钥分发网络、农作物改良上有了崭新应用，为新材料、新能源、新物种、新药品开发提供了众多的可能性。

在深智探索方面，集中在人工智能与智能技术，机器学习、深度学习等技术在图像识别、自然语言处理、自动驾驶等领域取得重大成就，人工智能已有无数突破，引起了广泛争议；AI在医疗诊断、金融分析、智能制造等行业的应用越来越广泛；服务机器人、工业机器人、特种机器人等在各个领域的应用不断拓展，提高了生产效率和生活质量；大数据技术在数据分析、决策支持等方面发挥了重要作用，云计算平台为各类应用提供了强大的计算和存储基垫。

这些领域的探索不仅代表着人类对未知世界的好奇心，也是科技进步和社会发展的直接体现，能为社会经济的可持续发展提供新的动力。未来，随着技术的不断进步，这些领域将会有更多的创新和突破，将会给我们带来更多的发现和惊喜。在如此广阔的知识背景下，我们开展了“老窖学”的全新研究，这是对当今科技主流的积极响应，也是对前沿科技进步的主动回应。中国白酒是跨界产业、交叉学科和系统工程。我们希望借助“深空、深海、深地、深微、深智”的最新成果，激活白酒产业的内生动力，跨越“大周期调整”的阵痛与陷阱，在新质生产力的加持下再创白酒辉煌。

在《老窖学》书稿的调研和撰写中，我们不仅加深了对老窖厚重底蕴和科学奥秘的全新认识，而且更让我们对中国白酒这一传统产业的未来充满了期待。白酒产业的创新与发展目前正处于传统与现代的交汇点。《老窖学》不仅是对老窖文化的全面梳理，更是对传统与现代、自然与人文、科学与艺术的深度融合。不仅对老窖的传统酿造工艺进行了系统的总结，更对现代科技在老窖酿造中的应用进行了扩容，同时提供了从微生物发酵到智能酿造的最新知识，为读者展示了广阔的视野。也许，这部著作的出版能够填补中国白酒研究的学术空白，为白酒产业的科学发展提供理论引导。书中所阐述的基本原理、数理思想、微生物社会行为学等内容，不仅丰富了我们对老窖的认识，还为白酒酿造工艺的创新提供了科学依据。通过深入分析老窖与酒质的关系，在理论上能为白酒品质提升、传统工艺保护、产业能级跃迁提供战略指导，这是我们的初衷和善意。

老窖作为中国白酒的灵魂，承载着丰富的文化信息和历史传承。《老窖学》对老窖的传承之脉进行了深入探讨，强调了保护和传承老窖文化的重要性。通过对老窖的定义、研究对象和范围的界定，以及对老窖学理论体系的建构，揭示了老窖的文化内涵和历史价值。随着中国消费者对高品质白酒需求的增加，国际市场对中国白酒认知度的提升，老窖学的有关知识将为“地球爱上白酒”提供有力援助。当前科技界“深空、深海、深地、深微、深智”的日新月异，深刻影响着对微生物世界的认识，因此对中国白酒的波及不可忽视。我们对老窖未来与未来老窖的展望，将为白酒市场可持续发展指明方向与赛道，同时也是为白酒产业发展新质生产力献计献策。

《老窖学》是一部凝结了众多学者智慧和心血的著作。刘淼董事长主要负责顶层设计、战略部署和全书统筹。我主要负责全书提纲撰写、重要观点提出、主要原理提炼、写作组织协调和图文编辑审定等事项。李宾、韩毅、白郎等负责具体策划和联络，四川大学先进酿造科技创新中心主任（江南大学生物工程学院原院长）许正宏教授及其助理柴丽娟博士，对本书进行了专题审阅，并提出了宝贵的修改意见。泸州老窖的专家林锋、沈才洪、何诚、张宿义、杨平、许德富进行了审阅修改，相关具体工作由王晓晖、李贤彬、李海龙、程铁辕、赵坤利、毛梓年、胡韬、高晖、王豪、赵明利、牟雪莹、王燃、郑露、肖桂兰、张岚、谢若兰、景俊鑫、温佳璐等协助完成。

从《老窖学》这部书中，我们看到了老窖文化的深度与广度，也看到了中国白酒产业发展的无限可能。我们相信，老窖学能为中国乃至世界的酒文化贡献独特的智慧和力量。

当下还在，未来已来。我们期待《老窖学》能够启发更多的研究者、消费者和酿酒师，携手共同探索老窖的奥秘，合力推动中国白酒文化的守正创新，在老窖的芬芳中，迎接中国白酒产业的辉煌未来。

2024年10月1日于成都